Art. 12. — Subvention a la Société de tir
scolaire du lycée de Poitiers.   .   50   »
Art 13 — Indemnite de logement a l eco-
nome de l Ecole normale d'instituteurs   .   600   »
Art 14 — Indemnite de logement a l'eco-
nome de l'Ecole normale d institutrices.   .   600   »
Art 15 — Subventions aux Societes co-
lombophiles :
  1° La Colombe Poitevine   .   .   25   » ⎫
  2° L'Union Châtelleraudaise   .   25   » ⎪
  3° L'Esperance de Châtellerault   25   » ⎪
  4° De Naintré (l Hirondelle patrio-   ⎬   125   »
tique)   25   »   ⎪
  5° L'Union colombophile Loudu   ⎪
naise   25   » ⎭
Art. 16. — Indemnite de logement au com-
mandant de gendarmerie.   600   »
Art 17. — Subvention a la Société des
Sauveteurs de la Vienne   50   »
Art 18. — Subvention a l'Union des Fem-
mes de France   100   »
Art 19 — Subvention a l'Association Ge-
nerale des etudiants de l Universite de Poi
tiers   100   »
Art 20. — Subvention a l Association Fra-
ternelle des employes des chemins de fer
francais   25   »
Art. 21 — Subvention a l Orphelinat Fra
ternel de chemins de fer francais.   .   25   »
Art. 22 — Depenses diverses (reserve).   .   »   »
Art 23. — Reserve pour paiement de
dettes arrierees   .   .   .   4 000   »
Art 24. — Subvention a l'Association des
cantonniers des Ponts et Chaussees   .   .   25   »
Art 25. — Indemnité de logement au
lieutenant de gendarmerie de Montmorillon.   400   »
Le total du chapitre 10 a ete réserve.

LES
INSECTES VÉSICANTS

PAR

H. BEAUREGARD

Professeur agrégé à l'École de pharmacie,
Aide-naturaliste au Muséum d'histoire naturelle de Paris

AVEC 34 PLANCHES EN LITHOGRAPHIE HORS TEXTE
ET FIGURES DANS LE TEXTE

PARIS

ANCIENNE LIBRAIRIE GERMER BAILLIÈRE ET Cⁱᵉ

FÉLIX ALCAN, ÉDITEUR

108, BOULEVARD SAINT-GERMAIN, 108

1890

LES

INSECTES VÉSICANTS

AUTRES TRAVAUX DU MÊME AUTEUR

Recherches sur les réseaux vasculaires de l'œil des Vertébrés. (*Ann. des Sc. nat.*, juillet 1876.)

Note sur l'examen ophthalmoscopique de l'œil des Poissons. (*Journ. de l'Institut*, 1875.)

Contribution à l'étude du rouge rétinien. (*Journ. de l'Anat. et de la Phys.*, novembre et décembre 1877.)

Contribution à l'étude du développement des organes génito-urinaires. (Paris 1877, 12 pl.)

Étude sur le corps vitré. (*Journ. de l'Anat. et de la Physiologie*, 1880.)

Encéphale et nerfs crâniens de Ceratodus Forsteri. (*Journ. de l'Anat. et de la Physiol.*, 1881.)

Note sur la placentation des Ruminants. (En collaboration avec M. BOULART, in *Journ. de l'Anat. et de la Physiol.*, 1885.)

Recherches sur les organes génito-urinaires des Balænides. (En collaboration avec M. BOULART, *id.*, 1882.)

Recherches sur le larynx et la trachée des Balænides. (En collaboration avec M. BOULART, *id.*, 1882.)

Recherches sur l'encéphale des Balænides. (*Id.*, 1883.)

Note sur l'organe du Spermaceti. (*Bull. de la Soc. de Biologie*, 1885.)

Note sur une Balænoptera rostrata échouée à Cavalaire. (*Bull. de la Soc. de Biologie*, 1885.)

Note sur une Baleine franche (B. biscayensis) échouée à Alger. (En collaboration avec le professeur POUCHET. *Comptes rendus Acad. des Sciences*, 1888.)

Zoologie générale, 1 vol. in-18 de la *Bibliothèque utile*, F. Alcan.

Guide pratique pour les Travaux de micrographie. (En collabor. avec le Dr GALIPPE. 2e édit. Masson, 1888.)

Traité d'Ostéologie comparée. (En collabor. avec le professeur POUCHET. Masson, 1889.)

Monographie du Cachalot; 1re partie. (En collaboration avec le professeur Pouchet; *Nouvelles Archives du Muséum*. Masson 1889.)

ÉVREUX, IMPRIMERIE DE CHARLES HÉRISSEY

LES
INSECTES VÉSICANTS

PAR

H. BEAUREGARD

Professeur agrégé à l'École supérieure de Pharmacie.
Aide-naturaliste au Museum d'histoire naturelle de Paris

AVEC 34 PLANCHES EN LITHOGRAPHIE HORS TEXTE
ET 44 FIGURES DANS LE TEXTE

PARIS

ANCIENNE LIBRAIRIE GERMER BAILLIÈRE ET Cⁱᵉ

FÉLIX ALCAN, ÉDITEUR

108, BOULEVARD SAINT-GERMAIN, 108

1890

A M. J.-H. FABRE

MEMBRE CORRESPONDANT DE L'INSTITUT

*Hommage de reconnaissance
et de sincère admiration.*

H. B.

TABLE DES MATIÈRES

TROISIÈME PARTIE. — ZOOLOGIE ET DÉVELOPPEMENT

QUATRIÈME PARTIE. — CLASSIFICATION

CATALOGUE DES ESPÈCES

INTRODUCTION

C'est en 1879, il y a donc dix années, que j'ai entrepris mes recherches sur la famille des Insectes vésicants et je n'avais certes alors aucune idée des proportions qu'elles devaient prendre. Aujourd'hui je me décide à publier les résultats obtenus, non point que je me fasse illusion sur leur importance, mais parce que je pense qu'il est toujours bon, au cours d'un travail de longue haleine, de jeter à un moment donné un coup d'œil d'ensemble sur les documents recueillis ; les conclusions que l'on peut poser deviennent alors le point de départ de nouvelles études parfois fécondes.

J'ai abordé beaucoup de points de l'histoire du groupe des Vésicants, mais il reste encore fort à faire ; et j'ai crainte qu'il en soit longtemps ainsi. L'étude des insectes est bien abandonnée aujourd'hui, et le compte est vite fait de ceux qui s'occupent de ces animaux si l'on excepte, bien entendu, les entomologistes classificateurs. Nous devons assurément beaucoup à la patience de ces derniers ; nous leur devons peut-être même un peu trop. C'est du moins le sentiment qui m'est resté du travail considérable que m'a demandé l'établissement du catalogue des espèces par lequel je termine cet ouvrage. Il me paraît certain, en effet, que beaucoup d'espèces ont été établies un peu à la hâte et je le prouverai plus tard quand j'aurai terminé de réunir tous les matériaux propres à la publication d'un catalogue raisonné que je prépare actuellement.

Si les documents relatifs à la diagnose des espèces et à
leur répartition géographique sont nombreux, il n'en est
plus de même des notions d'anatomie, de physiologie et
d'embryogénie qui font le plus souvent complètement défaut.
Pour les Vésicants en particulier, c'est à peine s'il est possible de trouver sur ces questions quelques renseignements
incomplets concernant deux ou trois espèces seulement. Le
développement de certaines d'entre elles est bien connu
grâce aux recherches de Newport, de Fabre, de Valéry-
Mayet, de Lichtenstein et de Riley ; mais à cet égard même
il reste encore beaucoup de points à élucider et non des moins
intéressants. Somme toute on constate au sujet des insectes
un retard assez marqué par rapport à l'accroissement général
de nos connaissances sur la plupart des autres animaux. Ce
retard est imputable à l'espèce de fièvre qui s'est emparée
des esprits et qui les pousse actuellement d'une manière à
peu près exclusive vers l'étude des faunes marines. Les
premiers laboratoires maritimes ont été créés en France et,
comme il arrive souvent, c'est en France que nous avons
été les derniers à comprendre leur importance au point de
vue du développement des sciences naturelles. Puis, quand
on s'est aperçu qu'à l'étranger ces laboratoires étaient en
honneur et devenaient le point de départ d'importants travaux,
on s'est étonné de s'être laissé distancer, on s'est ému et nos
côtes se sont bientôt, comme par enchantement, couvertes
de laboratoires. A l'heure actuelle on peut dire que la majeure partie des forces scientifiques de la France, dans l'ordre des sciences naturelles, est employée à l'étude des
animaux marins. Les travaux qu'ils suscitent chaque année
sont nombreux ; de plus ils sont de mode et partant fort
goûtés. Quant aux Insectes, qui offrent cependant un
immense champ d'études à peine défriché, on les néglige à
peu près complètement. Au cours de mes recherches parfois
pleines de difficultés et de déceptions, j'ai senti l'isolement
où je me trouvais. Je ne me suis pas découragé cependant ;
je n'ignore pas que la mode est changeante et pour tout

dire j'étais soutenu par l'intérêt qu'offrent ces études. En publiant ce travail je ne m'attends donc pas à éveiller l'attention non plus qu'à recueillir de bien vifs suffrages. J'ai dit plus haut la raison qui m'a poussé à faire cette publication ; j'ajouterai qu'il m'a paru utile également de faire connaître les indications qu'un aussi long travail m'a procurées et qui, je l'espère, pourront être utilisées par d'autres et leur permettront d'arriver plus rapidement à la solution des problèmes que comporte la question. C'est dans ce but que je me suis décidé à faire pour chaque partie de ce mémoire une histoire aussi complète que possible réunissant à la fois les documents empruntés à ceux qui m'ont précédé dans ces études et les notions que j'ai pu tirer de mes propres recherches. Si quelques faits n'ont pas été relevés, on reconnaîtra que j'ai fait tous mes efforts pour restreindre le nombre de ces omissions involontaires.

Mon mémoire est divisé en quatre parties. La première est réservée à l'anatomie. J'ai étudié comparativement tous les types qu'il m'a été possible de me procurer dans un état convenable pour cet ordre de recherches. Pour l'étude du test, en particulier, j'ai passé en revue près de deux cents espèces ; l'anatomie des organes internes est exposée d'autre part chez une ou deux espèces des principaux genres que comporte la famille.

La deuxième partie comprend la physiologie et la pharmacologie ; j'ai laissé de côté les questions de physiologie générale pour m'attacher aux particularités que présentent les Vésicants et spécialement à leur singulier pouvoir épispastique. Là encore mes recherches ont porté sur un nombre considérable d'espèces prises dans tous les genres.

La troisième partie est consacrée à la zoologie et à l'embryogénie.

La quatrième partie enfin à la classification et comporte avec un genera un catalogue des espèces aussi complet qu'il m'a été possible de le dresser. Dans le groupement des genres j'ai adopté un ordre un peu différent complet de ceux qui avaient ét proposés jusqu'ici. Je me suis servi pour cela des caractères empruntés aux mœurs larvaires et aux formes évolutives. Je crois avoir prouvé dans le cours des chapitres relatifs à ces questions tout le profit qu'on peut tirer de ces caractères employés avec discernement et conjointement à ceux que donne l'examen anatomique des individus adultes. Si ma tentative peut paraître un peu prématurée vu nos connaissances encore incomplètes sur le mode de développement d'un grand nombre de Vésicants, on m'accordera que j'ai apporté à cet essai tous les ménagements et que je n'ai employé que les caractères bien déterminés et dont la valeur me paraît indiscutable.

Pour mener à bien ces recherches sur des sujets aussi variés, j'ai dû avoir recours à maintes reprises aux conseils et à la bonne volonté d'un grand nombre de personnes. Je me plais à reconnaître que j'ai rarement éprouvé des déboires de ce côté. Je tiens à remercier tout d'abord mon excellent maître et ami M. Pouchet, professeur de la chaire d'Anatomie comparée du Muséum. Ses encouragements ne m'ont jamais manqué; non seulement il m'a donné place dans son Journal pour publier les parties relatives à l'anatomie, mais encore il m'a fait bénéficier des libéralités du Conseil municipal de la ville de Paris, en me faisant obtenir à deux reprises une bourse de voyage. — J'ai dit ailleurs les sentiments de reconnaissance que j'éprouve envers M. Fabre. L'accueil bienveillant qu'il m'a fait à Sérignan, les conseils savants qu'il m'a prodigués, nos conversations, nos excursions, ne sortiront pas de ma mémoire. Je compte parmi les meilleures heures de ma vie celles que j'ai passées près de cet éminent zoologiste, retiré dans son *harmas*, livré tout entier à ses études, dédaignant les hautes situations qui sont le seul objectif de tant d'autres. Dans mes excursions en Provence j'ai été puissamment aidé par un de mes excellents amis M. Nicolas, d'Avignon, savant distingué que je remercie bien vivement de tout ce qu'il a fait pour moi avec une rare générosité. Dans le même ordre d'idées, j'ai également rencontré la plus grande bienveillance auprès de M. François, instituteur à Saint-Victor-Lacoste qui a même bien voulu organiser à mon intention des expériences en pleine campagne sur le développement de l'*Epicauta verticalis*. Son zèle et son dévouement à la science méritent une mention toute spéciale. Je dois de grandes facilités pour l'étude des espèces, à M. Preud'homme de Borre, qui m'a communiqué la belle collection de Vésicants du musée de Bruxelles ; à M. le professeur A. Milne-Edwards qui a fait acquérir par l'Ecole de pharmacie de Paris des spécimens que je désirais examiner ; à M. Fumouze qui depuis plusieurs années a laissé sa collection entre mes mains ; à mon vieil ami Turcas qui m'a fait don d'une riche collection d'espèces américaines : à Miss C.-S. Mathews et à mon ami Diguet qui ont bien voulu recueillir pour moi divers spécimens américains et me les faire parvenir en excellent état de conservation ; au professeur Laboulbène ; au professeur Ricardo J. Gorriz de l'Université de Barcelone ; à MM. Dollé, de Laon : E. Dugès, du Mexique ; Court, pharmacien à Sétif ; Miot, de Saumur, qui m'ont fait don de divers matériaux d'études, je les en remercie ainsi que mes collègues et amis Künckel d'Herculais, le Dr Galippe et le professeur R. Blanchard.

J'adresse enfin de sincères remercîments à l'Association française pour l'avancement des sciences qui m'a aidé à donner un plus grand développement à cet ouvrage ; à mon éditeur M. Alcan pour les soins donnés à son impression et à M. Delahaye qui a gravé les planches.

Paris, 20 octobre 1889.

MONOGRAPHIE

DE LA

TRIBU DES VÉSICANTS

PREMIÈRE PARTIE

ANATOMIE

CHAPITRE PREMIER.

Téguments.

Composition chimique. — On sait que le squelette tégumentaire des insectes est chimiquement composé d'une substance azotée, la *chitine*, et de différents sels parmi lesquels du phosphate de chaux, du sous-carbonate de potasse (Odier) (1) et des traces de phosphate de magnésie et de phosphate de fer. — Ces notions générales résultent de recherches déjà anciennes et qui n'ont porté que sur un nombre d'espèces très restreint, savoir : le Hanneton analysé par Lassaigne (2) et Odier, et l'Oryctes nasicornis analysé d'autre part par Odier. Ces chimistes ne soumettaient à leur examen que les élytres et les ailes qui représentent très approximativement des pièces squelettiques privées de tissus étrangers au tégument chitineux. Depuis lors, on a fait évidemment de nombreuses analyses d'insectes, mais celles-ci tendent à faire connaître la composition chimique de l'animal entier et non celle des téguments pris à part. De telle sorte qu'il est actuellement impossible de soumettre à un examen comparatif les proportions de chitine et de sels qui entrent dans la composition du test chez les insectes des divers groupes. Une telle comparaison pourrait cependant offrir un réel intérêt, et l'on y trouverait peut-être la raison de certaines particularités dont on ne fait que soupçonner la cause.

Chez les insectes vésicants, par exemple, à quelle cause doit-on attribuer la consistance « molle » des élytres, qui est un caractère de la tribu? Faut-il y voir un état particulier de la chitine qui serait plus flexible que chez d'autres insectes, ou bien y a-t-il lieu d'admettre une proportion de sels moindre, entraînant une plus faible consistance des téguments?

S'il existait un certain nombre d'analyses qualitatives et quantitatives du test de divers insectes, le problème serait probablement aisé à résoudre. Il y aurait toutefois à procéder à une semblable étude chez les vésicants. En effet, je n'ai pu trouver aucune analyse du squelette de ces insectes, bien qu'ils aient été très souvent l'objet des recherches des chimistes les plus distingués. Presque toutes les analyses ont eu pour objectif principal, soit de déterminer la nature du principe qui donne aux vésicants leur vertu singulière, soit de doser ce principe dans un intérêt toxicologique ou commercial, et ce n'est qu'incidemment qu'il a été pris note des autres substances entrant dans la composition de l'animal. On se trouve ainsi en présence d'un nombre relativement considérable d'analyses qui, presque toutes, portent sur l'ensemble du test et des organes mous et qui, par suite, ne répondent nullement à la question qui nous occupe. Nous reviendrons avec détails sur ces analyses dans le chapitre que nous consacrerons à l'étude chimique des vésicants au point de vue médical et pharmaceutique. Pour le moment, nous nous contenterons, faute de mieux, de comparer les chiffres donnés par Lassaigne pour le Hanneton, et ceux qui ont été obtenus dans divers essais qu'a bien voulu faire, sur notre demande, notre ami M. Delarue, pharmacien en chef des hôpitaux du Havre. Ces analyses ont porté sur les élytres seules.

Dans un premier essai, 1 gramme d'élytres sèches a laissé après incinération 0 gr. 05 de cendres, soit 5 p. 100.

Dans un second essai, 0 gr. 412 d'élytres ont donné 0 gr. 021 de cendres, soit 5.09 p. 100.

L'analyse qualitative de ces cendres au moyen des réactifs ou par l'emploi du spectroscope a donné les résultats suivants :

Acides : sulfates, chlorures, phosphates. Bases : magnésie, chaux, potasse et soude. Au point de vue qualitatif, la composition des téguments des cantharides ne diffère donc pas de celle du test des autres insectes, mais le poids des cendres est très inférieur à celui qui a été obtenu par Lassaigne dans ses ana-

lyses. Celui-ci trouve en effet 15 p. 100 de cendres. Ce chiffre
très supérieur au nôtre est peut-être le résultat de procédés d'incinération moins parfaits que ceux qui sont mis en usage aujourd'hui ; quoiqu'il en soit, jusqu'à preuve du contraire, il semblerait que la mollesse des téguments des vésicants peut s'expliquer par une proportion moindre des sels par rapport à la matière organique. Nous verrons d'ailleurs plus loin qu'une autre
cause intervient d'une manière beaucoup plus certaine et indiscutable.

Propriétés physiques. — *Couleurs.* — La coloration du test
des insectes vésicants offre de grandes variations. Il est à remarquer toutefois que la gamme des couleurs qui se rencontrent
dans un même genre est ordinairement peu étendue. Ainsi, chez
les Meloe, les teintes sombres sont très générales et elles ne sont
que très rarement égayées par des taches jaunes ou rougeâtres
sous forme de points (*M. maculifrons*, Lec., *M. corallifer*, Germ.)
ou sous forme de bandes étroites qui bordent les anneaux de
l'abdomen (*M. majalis*, Linn.).

Le genre *Mylabris* n'est pas moins remarquable sous ce rapport. Le noir ou des teintes très foncées constituent avec le jaune
plus ou moins rougeâtre les deux seuls éléments de coloration.
Les dessins que forment ces couleurs sur les élytres sont d'ailleurs variés à l'infini, et rien n'est plus curieux à observer que
ce grand groupe qui compte plus de 300 espèces toutes distinctes
par une particularité dans le mode de répartition de deux couleurs. C'est à peine si chez quelques-unes le noir est remplacé
par une teinte d'un vert sombre ; toutes les autres nous montrent
sur un fond noir ou brun des taches jaunes ou rouges, tantôt
réduites à de petites ponctuations ou affectant la forme de points
d'exclamation (*M. exclamationis*, Mars.) ou celle d'un croissant
(*M. lunata*, Pall.), tantôt se transformant en bandes longitudinales ou transversales et prenant parfois alors une telle extension
qu'elles constituent le fond de la teinte sur laquelle le noir n'apparaît plus que sous forme de taches.

Le noir et le jaune sont encore les couleurs à peu près exclu-
sives dans le genre *Sitaris*, et, si chez les *Cerocoma* le noir est
remplacé par des teintes métalliques vertes ou bleues, le jaune
apparaît encore parfois sur les anneaux de l'abdomen. Les genres
Cantharis, Lytta, Épicauta, etc., semblent faire exception à

cette loi de l'uniformité des couleurs assez générale chez les Vésicants. En effet, à côté du vert brillant de la Cantharide ordinaire, on voit des colorations d'un beau jaune (*C. ochrea*, Lec.) ou d'un noir intense (*C. lugubris*, Ulke) qui peuvent séparément envahir tout le corps de l'animal ou se mélanger pour donner lieu à des dessins plus ou moins semblables à ceux des Mylabres (*Pyrota Mylabrina*, Chevr., *P. Germari*, Fisch., *Lytta Vittata*). Ailleurs, les élytres prennent des reflets d'un rouge pourpre (*C. Nuttali*, Say) ou bien elles sont d'un gris argenté (*C. immaculata*, Say). Les noms spécifiques, *pruinosa, ferruginea, cinerea* qui ont été donnés à certains de ces insectes montrent assez combien sont variées les teintes que l'on peut rencontrer.

Une autre particularité du groupe des Vésicants est qu'il n'existe guère de genre qui ne présente des espèces remarquables par leur éclat métallique. Les reflets cuivrés ou mordorés peuvent alors se généraliser et orner la surface entière des élytres ainsi que le reste du corps (*C. Vesicatoria, C. Dussaulti*, Duf., *C. Dives*, Brullé) ou bien se localiser en certains points de la surface des élytres (*Coryna argentata*, Fabr.). Tantôt enfin, l'éclat métallique s'ajoute aux plus brillantes nuances, tantôt au contraire, comme chez beaucoup de Meloe, il jaillit d'une surface sombre et l'éclaire sous certaines incidences de la lumière.

Toutes ces colorations mates ou brillantes peuvent se rapporter à trois causes. D'une part, les couleurs métalliques sont le résultat de phénomènes d'interférence, d'autre part, des matières colorantes spéciales interviennent pour produire certaines nuances; enfin, la présence de poils colorés ou non modifie parfois profondément les teintes.

Reflets métalliques. — La Cantharide ordinaire peut être prise comme type de Vésicant à reflets métalliques accompagnant une brillante coloration.

Les premiers observateurs pensèrent que cet insecte devait sa riche parure verte à une huile colorée, comme cela a lieu chez beaucoup d'autres coléoptères. Ainsi, Odier après avoir démontré qu'on obtient des huiles colorées en brun et en rouge en traitant par l'alcool le Hanneton et le Criocère du Lys, ajoute : « La Cantharide donne une huile d'un beau vert semblable à la couleur de cet insecte » conclusion : « on peut, je pense, conclure de ces faits que c'est à une huile différemment colorée suivant les espèces qu'est due la couleur que présentent les pièces cornées des Insectes. » Straus Durckheim (3) dit de son côté : « D'après les recherches de M. Robiquet (4), les téguments des Cantharis vesicatoria (Cantharides des boutiques) qui sont d'un beau vert en dehors, fournissent également par le même dissolvant une huile verte. » Cette opinion ne saurait se soutenir aujourd'hui. Il est démontré d'une part que l'huile verte en question n'est pour rien dans le coloris brillant des téguments de la Cantharide, et d'autre part qu'il n'existe aucune matière colorante verte dans le test de ces insectes. C'est M. Chautard (5) (Comptes rendus, janvier 1873) qui, le premier, montra l'erreur commise par les précédents observateurs. Il soumit à l'examen spectroscopique des teintures faites, les unes avec les élytres isolées de la Cantharide, les autres avec l'insecte entier. Les premières à peine colorées ne lui donnèrent pas de résultat appréciable, tandis que les secondes, d'un vert brunâtre assez foncé, fournirent au milieu du rouge la raie noire caractéristique de la chlorophylle. L'huile verte obtenue dans les analyses doit donc sa couleur à la chlorophylle des feuilles dont se nourrit l'insecte et nullement aux téguments. La chlorophylle n'intervient pas d'ailleurs dans la coloration de ces téguments puisqu'on ne l'y retrouve pas au spectroscope. Cependant des élytres traitées par l'éther ont donné à M. Pocklington (6) (1873) un liquide qui, à l'examen spectroscopique, reproduit les raies propres à la chlorophylle. Ce résultat s'explique par la présence d'une certaine quantité de chlorophylle dans le sang qui circule dans les élytres. Somme toute, M. Pocklington est arrivé à la même conclusion que M. Chautard : « La matière colorante verte, dit-il, huile verte de quelques analyses, est due à la chlorophylle. » Mais il est impossible d'admettre que cette matière colorante des végétaux intervient dans la production de la couleur du test. Pour lever tous les doutes à cet égard, il me suffit de signaler ce que j'ai observé dans le cours de mes éducations artificielles de larves de Cantharides. A aucune époque de son développement la larve n'use de substances renfermant de la chlorophylle, et cependant la coloration verte envahit complètement les élytres et les autres parties des téguments, alors que le jeune insecte arrivé au terme de son développement est encore enfermé dans le tube de verre où il a subi ses dernières transformations.

Il faut donc chercher ailleurs que dans l'existence d'une matière verte, la cause qui donne lieu aux brillantes couleurs de la Cantharide, et les mêmes conclusions s'appliquent à tous les Vésicants qui offrent le même coloris vert à reflets métalliques, ainsi que me le prouvent mes observations sur le développement du Cerocoma Schreberi. On sait que les Cerocomes revêtent des teintes brillantes où le bleu et le vert se montrent à peu près dans les mêmes rapports que chez la Cantharide. Or, à mesure que l'animal passe de l'état de chrysalide à celui d'insecte parfait, on voit ces couleurs apparaître graduellement d'abord sur le vertex, puis sur les côtés de la tête, aux pattes, dans les régions de l'abdomen, enfin sur le corselet et les élytres jusqu'à ce que l'animal qui n'a pas encore commencé à se nourrir ait revêtu sa brillante parure.

D'ailleurs, si pour rechercher la cause de ces colorations, on examine des portions d'élytres au microscope, on constate qu'aucune matière verte n'intervient. Les élytres de la Cantharide, par exemple, offrent dans ce cas, c'est-à-dire par lumière transmise, une coloration brun foncé ; c'est donc à leur structure qu'il faut rapporter la couleur verte qui les revêt si brillamment. Les Cantharides rentrent, en effet, dans le cas ordinaire des insectes à reflets métalliques. Outre que la coloration brune de la chitine est évidemment favorable à la production des phénomènes d'épipolisme, la structure même des téguments suffit à expliquer les vives couleurs de l'insecte.

A l'examen microscopique, la surface des élytres se montre marquée d'un dessin hexagonal très régulier; les limites des figures sont plus claires et leurs aires se montrent à un fort grossissement et avec une vive lumière, très finiment chagrinées. Ces lamelles hexagonales sont bombées de telle sorte que sur les coupes perpendiculaires à l'organe, la surface paraît très régulièrement mamelonnée, et par places au moins, les lamelles composantes sont superposées en plusieurs plans. Les élytres des Cerocomes présentent une structure très semblable, mais les lamelles sont moins régulièrement polygonales; elles semblent plus aplaties et la surface des élytres présente de place en place des groupes de stries irrégulièrement disposées, étoilées ou parallèles.

Dans ces deux cas on se trouve donc en présence d'une structure qui paraît bien réunir les conditions physiques nécessaires à la production des phénomènes lumineux dits «d'interférence.» M. Pocklington a expérimentalement démontré sur la Cantharide l'intervention de ces phénomènes. Il a fait remarquer, d'une part, que si l'on introduit une élytre de l'insecte dans un petit tube rempli d'alcool ou de sulfure de carbone et qu'on l'examine à la lumière d'une lampe placée entre le tube et l'observateur, la couleur change et de verte qu'elle était devient d'un rouge cuivreux avec reflets dorés. A ce propos, il n'est pas sans importance de noter que la couleur des Cantharides, à l'état normal, et sans qu'il soit besoin pour cela de rechercher une direction spéciale des rayons lumineux, est susceptible de varier beaucoup suivant les individus que l'on observe. C'est ainsi que, au mois de mai 1884, j'ai reçu d'Avignon un lot de Cantharides qui toutes, au lieu du reflet d'un vert doré éclatant qui leur est le plus habituel, offraient une teinte d'un rouge cuivre avec reflets mordorés. Si pour revenir à l'expérience de Pocklington, on change un peu la position du tube, la couleur devient nettement jaune, puis le vert se montre bientôt de nouveau. Pour une nouvelle position du tube, la couleur paraît d'un beau bleu et passe ensuite au pourpre. Ces changements singuliers ont engagé l'auteur à essayer l'action de la lumière avec un prisme de Nicol. De son examen il conclut que les diverses lumières, bleue, pourpre, sont dues à la fluorescence ou à des phénomènes de dispersion par réflexion.

2° *Colorations dues à des pigments.* — Chez la plupart des Mylabres, chez tous les Sitaris et chez nombre de Cantharides et de Meloe, les reflets métalliques font complètement défaut; les couleurs sont mates. Elles sont alors dues à des pigments particuliers. Ces pigments ne sont point granuleux. Ils forment des teintes homogènes qui siègent toujours dans la couche la plus superficielle du tégument de l'élytre. Dans les divers insectes sur lesquels ont porté mes études (*Cantharis Vesicatoria, Meloe majalis, M. Proscarabœus. Mylabris 4-punctata,* Linn., *Epicauta verticalis,* Illig., *Zonitis mutica,* Fabr., *Cerocoma Schreberi,* Fabr. et *C. Schœfferi,* Linn.), j'ai toujours trouvé le pigment occupant la même situation et ne se répandant jamais dans le tissu hypodermique dont il est séparé par une couche chitineuse souvent très épaisse (*Mylabris 4-punctata*) complètement incolore. La matière colorante n'est toutefois pas localisée complètement dans la couche superficielle ou cuticulaire de la face supérieure des élytres, elle envahit aussi les piliers d'écartement (voir plus loin) qui unissent entre elles les deux lames supérieure et inférieure de l'élytre. Enfin, elle siège aussi le plus souvent, quoique en moins grande quantité et formant par suite une teinte beaucoup plus claire dans la couche cuticulaire de la lame inférieure des élytres. Chez la Cantharide, par exemple, cette couche est comme lavée d'une teinte d'un violet noir; chez le Meloe Majalis, la couleur est d'un brun noir, enfin elle peut être incolore, chez le Zonitis mutica et chez le Mylabris 4-punctata entre autres.

Poils colorants. — Quant aux colorations dues aux poils, elles n'offrent aucun intérêt particulier, et n'ont rien qui les distingue des colorations de même ordre chez les autres Coleoptères.

Lorsque les poils sont colorés, ils le doivent à une huile ou à un pigment granuleux; ce dernier cas s'observe, par exemple : dans les poils ferrugineux de l'*Epicauta ferruginea* (Say) et de l'*Epicauta adspersa* (Klug). Qu'ils soient ou non pigmentés, les poils sont le plus souvent striés longitudinalement, comme le montrent les poils incolores du *Cerocoma Schreberi* et ceux de la Cantharide. Assez fréquemment d'ailleurs, les poils interviennent pour modifier la couleur des téguments; ainsi, l'*Epicauta adspersa* qui est d'un gris cendré tacheté de points noirs arrondis, doit cette couleur grise, parfois ferrugineuse, à des poils. Les points noirs résultent de l'absence de poils en certains endroits bien définis et à peu près régulièrement espacés. Par suite, si ces poils viennent accidentellement à tomber, l'animal revêt une coloration d'un noir mat qui est celle du fond; c'est là d'ailleurs un fait bien connu des entomologistes. Pour ma part, il m'est arrivé de recevoir un flacon rempli d'Epicauta adspersa, dans lequel un grand nombre d'individus étaient complètement noirs, et à ce point débarrassés de leurs poils, par frottement réciproque, que j'aurais pu croire à une espèce distincte, si je n'avais trouvé tous les passages, depuis les insectes en parfait état de conservation, jusqu'aux échantillons totalement glabres et noirs. C'est également à des poils qu'est due la coloration gris perle du *Macrobasis albida* (Say), celle du *Macrobasis unicolor*

(Kirby), la bordure cendrée des élytres noires de l'*Epicauta
cinerea* (Lec.). Ailleurs des poils remplis d'air et striés produisent
des phénomènes d'iridescence qui donnent lieu aux taches brillamment argentées ou dorées des *Coryna argentata* (Reiche) et
C. pavonina (Fabr.).

Ornements du Test. — Les ornements du test, chez les Vésicants, sont tellement variés que je ne peux que les signaler ici.
Tantôt ce sont des pointes plus ou moins longues et aigues (*Cysteodemus armatus*, Lec.), ou de petites saillies vivement colorées
(*Meloe corallifer*, Germ.), qui ornent le corselet. Très fréquemment aussi, les élytres sont rugueuses et marquées d'empreintes
irrégulières et parfois assez profondes qui les font paraître plus
ou moins grossièrement chagrinées (*Meloe coriarius*, Br. et Er.,
M. rugosus, Marsh, *M. æneus*, Tausch, *Cantharis Cooperi*, Lec.).
Chez *Cysteodemus armatus* (Lec.) un réseau assez régulier dont
les mailles sont en creux, dessine d'une façon remarquable la
surface des élytres. Une disposition assez semblable se retrouve
chez *Tegrodera erosa* (Lec.), dont la surface des élytres présente assez bien le dessin du réseau des fines nervures d'une
feuille. Je signalerai encore les ponctuations très fines et très
serrées qu'on observe à la loupe sur le test d'un nombre considérable de Vésicants, et parfois, mais plus rarement, des taches
colorées et enfoncées par rapport au niveau de la surface du test
de l'élytre, ainsi que cela se voit chez quelques Mylabres (*Mylabris Hemprichi*, Klug).

CHAPITRE II.

Système squelettique.

La composition du système squelettique des Vésicants est semblable dans ses points essentiels à celle du squelette de la plupart des Coléoptères. Son étude ne donne lieu qu'à un petit nombre d'observations générales propres à caractériser la tribu. On peut les résumer en disant que la tête est inclinée en bas et presque verticale chez le plus grand nombre des espèces, voire même parfois oblique en dessous et en arrière (*Nemognatha*), que le prothorax est très généralement moins large que l'abdomen, que l'organisation des pattes place ces insectes dans le groupe des Hétéromères tétramères; enfin, que les élytres sont de consistance molle.

Dans cette étude d'ensemble, je me contenterai donc de montrer la composition du squelette chez quelques-uns des principaux genres pris comme types, renvoyant pour les détails des particularités génériques ou spécifiques aux chapitres réservés à ces divers groupes.

TÊTE.

Forme. — La tête unie au corselet par un cou relativement assez développé est inclinée de telle sorte que lorsqu'on examine l'insecte par sa face dorsale, on n'aperçoit en avant du corselet que la région la plus postérieure de l'épicrâne, celle qu'on désigne parfois sous le nom d'occiput. L'occiput, vu de la sorte, représente, tantôt un bord droit assez épais, échancré ou non vers son milieu, tantôt un bord fortement convexe très épais.

Chacun de ces aspects correspond à une forme assez différente de la tête. Dans le premier cas qui est propre à beaucoup de Cantharides et particulièrement à *Cantharis vesicatoria*, la tête est à peu près triangulaire, et c'est la base de ce triangle qui forme l'occiput. Elle est alors comprimée et son épaisseur est moindre que son diamètre transversal. Ses angles postérieurs peuvent être plus ou moins aigus ou arrondis suivant les espèces. Chez certaines d'entre elles même ces angles se prolongent en pointes obtuses assez développées. Dans le second cas, la tête a une forme orbiculaire, il n'y a plus à proprement parler d'angles postérieurs. Elle est beaucoup moins comprimée que précédemment et particulièrement à sa base son épaisseur égale ou à peu près son diamètre transversal. C'est ce que l'on observe chez un grand nombre de Meloe (*Meloe majalis*) et de Mylabres et au plus haut degré dans le genre Macrobasis, exemple : *Macrobasis albida*, *M. torsa*, etc. On peut rencontrer d'ailleurs entre ces deux formes extrêmes des intermédiaires nombreux.

Structure. — Les pièces dont se compose la tête sont les suivantes :

1° *A la partie supérieure* d'avant en arrière, on trouve successivement un *labre*, un *épistome* et un *épicrâne*.

Le *labre*, petite pièce aplatie ordinairement rectangulaire

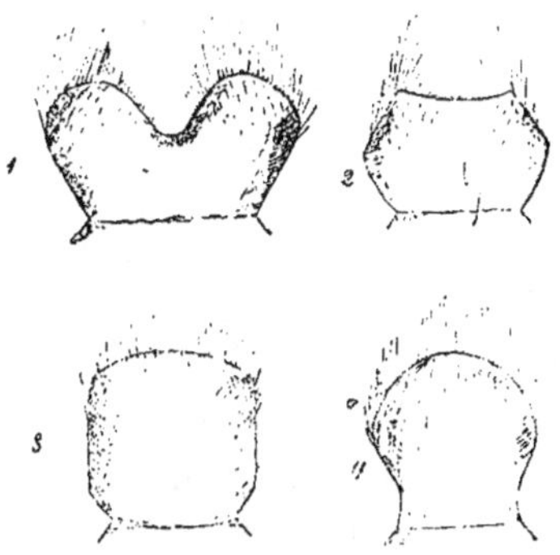

Fig. 1. — Types de labres. 1 *Epicauta corvina* $\frac{10}{1}$;
2. *Pyrota Germari* $\frac{15}{1}$; 3. *Leptopalpus rostratus* $\frac{20}{1}$; 4. *Tricrania Stansburii* $\frac{20}{1}$.

(fig. 1), présente un bord libre dont la forme varie suivant les genres et les espèces considérés. Ce bord peut être droit, convexe ou concave; échancré ou non, presque toujours il porte

des poils serrés. Les formes que nous reproduisons ci-contre
sont celles qu'on rencontre le plus fréquemment.

Cette pièce est mobile sur l'épistome et toujours facile à délimiter, car son articulation avec ce dernier est bien apparente.

L'*épistome* (pl. XXII, fig. 1) tantôt rectangulaire, tantôt plus
ou moins cordiforme est immobile ; il est en effet fixé à l'épicrâne
par une suture parfois si complète que la limite entre les deux
régions n'est accusée que par un sillon transversal très superficiel
ou par une différence de coloration, ou bien encore par l'absence
de poils, alors que l'épicrâne en est couvert.

Épicrâne. — L'épicrâne se montre chez les Vésicants (fig. 1 *e*,
pl. I et II) comme le résultat de la soudure de deux larges
pièces chitineuses qui forment la presque totalité de la tête
en arrière des deux pièces médianes que nous venons de mentionner. Dans la plupart des espèces, parmi les Meloe et les
Mylabres surtout, il ne reste aucune trace de cette soudure.
Au contraire, chez beaucoup de Cantharis (fig. 1), chez les
Macrobasis, les Cerocomes, etc., une rainure sagittale médiane
très prononcée ne laisse aucun doute sur l'existence de deux
pièces principales soudées pour former l'épicrâne. D'ailleurs,
l'étude du développement conduit au même résultat. Chez toutes
les larves de Vésicants qu'il m'a été donné d'observer, j'ai vu
l'épicrâne composé de deux pièces réunies par une mince membrane chitineuse et très aisément séparables sur la ligne médiane du vertex. C'est d'ailleurs suivant cette suture sagittale
que s'ouvre le tégument de la tête lorsque le triongulin vient à
opérer sa mue.

Sur les côtés de l'épicrâne, vers son bord distal, on trouve les
yeux, sous forme de saillies bombées, allongées à peu près transversalement ou plus souvent affectant une direction oblique
d'avant en arrière et de dedans en dehors. Leur bord externe et
postérieur est convexe. Leur bord interne et antérieur est concave et en général assez profondément échancré en son milieu.
C'est à ce niveau, dans un petit espace réservé entre l'épistome
et l'œil que se trouve la surface articulaire de l'antenne.

2° *Face inférieure.* — D'avant en arrière, on trouve à la face
inférieure de la tête chez les Vésicants : la *languette*, le *menton*,
et la *pièce basilaire*. Ces trois pièces impaires occupent la ligne
médiane. De chaque côté, la face inférieure de la tête est com-

plétée par l'épicrâne dont les bords se repliant en dessous viennent rejoindre la pièce basilaire. Chez les Meloe, cette disposition
est très nette ainsi que le montre la figure (pl. II, fig. 5); on
voit même vers le milieu de la pièce basilaire un indice de division transversale qui répond évidemment à la division complète
que figure Lacordaire (7) pour la tête du Mylabre. Il en résulte
une pièce entre le basilaire et le menton, à laquelle on donne le
nom de *prébasilaire*. Chez tous les Mylabres, ces pièces ne sont
pas aussi nettement distinctes, et chez les Cantharides en particulier, *C. Vesicatoria* (fig. 5, pl. I), la fusion entre les diverses
parties est telle que c'est à peine si l'on peut reconnaître un basilaire dans une petite surface excavée, placée en avant du trou oc-
cipital ; quant au prébasilaire il a complètement disparu, et les
ailes de l'épicrâne viennent s'unir sur la ligne médiane en avant
du basilaire par une suture parfaitement apparente.

On voit d'après ce qui précède que la tête des insectes Vésicants est constituée suivant le plan général que l'on observe
chez la plupart des Coléoptères.

Appendices céphaliques. — Je laisserai momentanément
de côté les pièces buccales me réservant d'en faire une étude détaillée à propos de l'appareil digestif, et je dirai seulement quelques mots des antennes.

ANTENNES. — Celles-ci sont fixées à l'épicrâne dans un espace

Fig. 2. — Types d'Antennes. 1. *Macrobasis albida* $\frac{5}{1}$;
2. *Ænasafer* $\frac{10}{1}$; 3. *Pyrota Mylabrina* $\frac{5}{1}$; 4. *Meloe proscarabœus*; 5. *Coryna Bilbergi* $\frac{10}{1}$.

limité en arrière par l'œil, en avant par le bord postérieur de
l'épistome. Par exception cependant (*Cerocoma*), elles s'insèrent

plus en dedans et en avant, assez loin des yeux, et sont rapprochées l'une de l'autre de chaque côté de la ligne médiane de la tête.

Les antennes sont ordinairement composées de onze articles. Toutefois, dans quelques cas particuliers, ce nombre varie. Il n'est jamais plus élevé, mais il peut être moindre. Ainsi, dans le genre *Decatoma* (Dej.), on compte dix articles apparents, neuf seulement dans les genres *Cerocoma* (Bilb.) et *Coryna* (Latr.), et huit dans le genre *Actenodia* (Casteln). La forme de ces organes est excessivement variable et donne lieu à d'excellents caractères tant génériques et spécifiques que sexuels. Les différences peuvent porter sur l'ensemble de l'antenne qui est allongée et alors filiforme à son extrémité (*Zonitis*) ou un peu renflée (*Cantharis*), ou au contraire courte, ramassée et renflée en massue au sommet (*Mylabris*, *Coryna*, etc.). Dans ces cas, les articles sont tantôt très allongés (*Macrobasis*), tantôt, au contraire, courts et globuleux (*Meloe*), mais ces formes ne se rencontrent généralement pas dans tous les articles de l'antenne. Ainsi, dans le genre Meloe, ce ne sont que les derniers articles qui sont globuleux, les premiers sont plus ou moins allongés et coniques. Ajoutons enfin que chez les ♂ des Cerocomes et de certains Meloe, la plupart des articles dans le premier genre et quelques-uns seulement dans le second (fig. 2, 4.) se modifient au point de prendre les formes les plus singulières et de donner à l'organe un aspect caractéristique qui le distingue absolument de celui des individus du sexe femelle. On observe d'ailleurs chez presque tous les Vésicants des différences sexuelles très apparentes dans les antennes. Le plus souvent, la plus grande longueur de ces organes et le volume plus considérable de leurs articles distinguent les individus mâles des individus femelles qui ont les antennes beaucoup plus grêles (*Canth. Vesicatoria. — Stenoria apicalis* (Muls.) — *Epicauta verticalis*).

THORAX.

Le thorax chez les Vésicants suivant en cela la règle générale chez les Coléoptères présente une assez grande inégalité de développement dans ses diverses parties. Le prothorax et le métathorax l'emportent de beaucoup sur le mésothorax. Par exception, dans le groupe des Meloe, insectes dépourvus d'ailes et dont les élytres elles-mêmes sont très courtes, le prothorax seul a un développement normal, et les deux autres anneaux thoraciques sont, au moins quant à leur arceau tergal, excessivement réduits.

1° Prothorax. — (Pl. I et II, fig. 2). Le prothorax est toujours moins large que l'abdomen, parfois, mais rarement, un peu plus large que la tête (Meloe). Il ne prend pas ordinairement un développement suffisant pour recouvrir en arrière le scutellum de l'anneau suivant. Cependant chez les Meloe, ce scutellum a des dimensions très faibles et il peut être alors recouvert par le tergum du prothorax. La forme du prothorax varie sensiblement d'un genre à l'autre. En forme de pyramide triangulaire chez la Cantharide et la plupart des Meloe, il est à peu près cylindrique chez les Mylabres et conique chez l'Epicauta Verticalis, etc. L'arceau dorsal peut être lisse ou présenter des enfoncements, des sillons, des crêtes ou des saillies; un sillon sagittal persiste fréquemment comme vestige de la soudure médiane des deux pièces qui le composent. Sa forme est assez variable, à surface carrée ou rectangulaire chez les Meloe, il est à peu près cylindrique chez les Mylabres et en forme de tronc de cône chez les Epicauta. Ailleurs (*Cantharis vulnerata*, Lec.), sa surface est hexagonale et offre de chaque côté un angle antérieur très saillant, caractère que l'on retrouve également chez la Cantharide ordinaire.

Le *tergum* du prothorax se replie sur les côtés de l'anneau et paraît contribuer seul à les former. Il se soude en effet très intimement avec les épimères sans qu'aucune ligne de démarcation subsiste. En général, il va se rétrécissant à mesure qu'il se rapproche de la face ventrale, de telle sorte que les flancs du prothorax sont triangulaires, leur sommet dépassant même parfois le niveau de l'arceau sternal. Cette disposition s'observe particulièrement chez Meloe majalis, et aussi, bien qu'à un moindre degré chez la Cantharide.

L'*arceau sternal* comprend, chez la Cantharide (pl. I, fig. 6), un sternum formé de deux pièces rectangulaires soudées sur la ligne médiane; il se prolonge en pointe obtuse en arrière; ses bords antérieur et postérieur sont concaves; son bord externe est oblique d'arrière en avant et de dedans en dehors. Lorsqu'on examine ce sternum au microscope après l'avoir traité par l'acide azotique pour ramollir le test et l'éclaircir, on voit qu'il présente de chaque côté une pièce triangulaire située à son bord antérieur et séparée du reste de l'organe par une ligne claire; ces pièces triangulaires nous paraissent devoir se rapporter aux épisternum.

Chez les Meloe (fig. 16, pl. II) l'arceau sternal a un diamètre antéro-postérieur un peu moindre; il se prolonge en arrière en un lobe médian plus développé. On retrouve aussi la trace des pièces épisternales.

Dans le prothorax des Vésicants on trouve un entothorax peu développé consistant en deux apodèmes de consistance cornée qui sont dirigés d'arrière en avant et de bas en haut. Ils vont en convergeant l'un vers l'autre, et on les voit en place, lorsqu'après avoir détaché la tête de l'insecte, on regarde par l'orifice antérieur du prothorax (fig. 10, pl. I). Chacune de ces pièces, chez la Cantharide, a la forme d'une tige grêle formée d'un talon élargi, d'un manche plus étroit et d'une tête renflée en massue, à bords épaissis, et à surface couverte de poils (fig. 9, pl. I).

Chez Meloe Proscaraboeus (fig. 9, pl. II) ces pièces comparativement un peu plus fortes sont de forme assez irrégulière. Le talon largement étalé est continué par un manche courbé en S allongé et terminé par un petit renflement un peu bifide. De longs poils recouvrent sa partie supérieure.

D'après ce qui précède, on voit que les différences sont très peu sensibles entre le prothorax de la Cantharide et celui du Meloe. Il n'en est plus de même pour les autres parties du thorax. Le défaut d'ailes et l'état rudimentaire des élytres chez les Meloe entraînent en effet de profondes modifications. Je décrirai donc ces parties du thorax, d'une part, chez la Cantharide prise comme type de Vésicants à ailes bien développées, et d'autre part, chez le Meloe.

Mesothorax. — 1° *Cantharide*. — Le Mesothorax est assez peu développé, et il est en grande partie recouvert par le tergum du prothorax.

Son *arceau dorsal* comprend un scutellum (fig. 3, pl. I) en forme de languette à bord convexe dirigé en arrière. C'est la seule partie libre de la surface supérieure de l'arceau. On l'aperçoit entre les élytres à leur base, aussi bien chez la Cantharide que chez un grand nombre d'autres Vésicants. En avant cet arceau est complété par deux pièces assez larges, unies sur la ligne médiane par une suture sagittale et qui semblent représenter le scutum. Cette partie antérieure est recouverte par le tergum du prothorax. Il n'y a point de præscutum ni de postscutellum. De minces membranes chitineuses et hérissées de saillies coniques unissent le mésothorax aux zonites antérieur et postérieur.

L'arceau sternal est bien développé et facile à décomposer en ses diverses parties (fig. 17). Le sternum est formé de deux ailes irrégulièrement triangulaires, réunies par leur base sur la ligne médiane. En arrière, il se prolonge en pointe et est en continuité avec le sternum du métathorax, on distingue à peine une suture entre eux. Au contraire en avant, il n'est pas en contact avec le sternum du prothorax, il en est séparé par les épisternum (*e*) qui de chaque côté occupent le bord antérieur du sternum et atteignent la ligne médiane, prenant ainsi une grande part à la constitution de la face inférieure de l'arceau sternal. On voit sur notre figure, sur le bord antérieur de l'épisternum, une surface (*e¹*) qui est ici étalée, mais qui en réalité se dresse obliquement en haut et forme un rebord assez élevé. Les épimères (*ep*) situés sur les côtés y forment une lame accolée le long du bord externe des épisternum. Ils s'élargissent en arrière et au niveau du sommet de l'aile triangulaire du sternum, leur bord postérieur coupé obliquement de dehors en dedans et d'arrière en avant, présente une surface articulaire pour la hanche de la deuxième paire de pattes. Dans l'espace libre entre le sternum et l'extrémité postérieure de l'épimère, on voit une petite pièce semi-lunaire, le trochantin (*t*), adossée au bord postérieur du sternum, et dont le bord externe concave concourt avec l'épimère à former la cavité articulaire de la hanche.

L'Entothorax que nous représentons (fig. 11, pl. I) à la face supérieure de l'arceau sternal est constitué par deux branches grêles qui partent d'un tronc commun très court, légèrement dilaté et fixé à l'extrémité postérieure du sternum; ces branches divergent bientôt et se dirigent d'une manière un peu sinueuse vers l'extrémité externe de l'épisternum en se relevant en haut. Environ au tiers inférieur de chacune des branches, on distingue une lame étalée dirigée en dedans.

2° *Meloe.* —Chez les Meloe (*Meloe Proscarabæus, M. Majalis*, etc.) l'arceau dorsal du mésothorax est très simple. Il se compose d'une seule paire de pièces unies sur la ligne médiane (fig. 3, pl. II) par une suture qui reste assez apparente. Ces pièces sont rectangulaires et constituent un tergum en forme de demi-anneau. Elles répondent évidemment au *scutum*, et il n'y a pas de *scutellum*. Elles donnent en effet attache latéralement aux élytres, caractère indiqué par Audouin (8) comme propre au scutum. Il n'y a ni prœscutum ni postscutellum, au moins à l'état de pièces distinctes. De simples membranes chitineuses en tiennent lieu. Quant à l'*arceau sternal* (fig. 7, pl. II), il offre un développement relativement beaucoup plus grand, et il est comparable à l'arceau sternal du même zonite chez la Cantharide. On y trouve un sternum formé de deux ailes triangulaires soudées très intimement par leurs bases sur la ligne médiane. Ce sternum terminé en pointe obtuse en arrière a un diamètre antéro-postérieur plus grand que celui de la Cantharide. Sur son bord antérieur, un épisternum se voit de chaque côté. Ces deux pièces sont triangulaires et soudées sur la ligne médiane par leur sommet. Leurs bases, externes, sont complètement confondues avec les épimères et leur angle postérieur se termine par un petit crochet aigu. Les épimères forment donc comme chez la Cantharide le bord antérieur du sternum, mais sur une moindre épaisseur.

L'entothorax très rudimentaire consiste en deux branches grêles émanées d'une tige courte commune.

Métathorax. — 1° *Cantharide*. — Le métathorax de la Cantharide et de la plupart des Vésicants est bien développé. Il donne insertion aux ailes membraneuses et à la troisième paire de pattes.

Son *arceau dorsal*, à peu près rectangulaire, offre une surface irrégulièrement bosselée et enfoncée dans laquelle on a de la peine à retrouver les parties composantes. Sur la figure 4 de la planche I, toutes les pièces ont été ramenées sur un même plan; on y voit : en avant, le prœscutum (*p*) formé d'une lame chitineuse mince, incolore ou seulement jaunâtre. Cette pièce, à l'état normal, est placée à peu près verticalement de sorte qu'elle n'est pas visible. Son bord antérieur dans la figure est donc inférieur. Une suture médiane antéro-postérieure montre qu'elle est formée de deux parties symétriques. Son bord inférieur est sinueux, marqué de trois encoches profondes, dont deux latérales et une médiane. Du fond de l'encoche latérale part de chaque côté un renforcement chitineux qui s'étend de bas en haut. Ces deux baguettes chitineuses convergent vers le milieu du bord supérieur mais l'atteignent sans se rejoindre. Le *scutum* (*s*) offre une surface bosselée très irrégulière. Il est confondu en arrière avec le scutellum. Vers son tiers antérieur, on voit de chaque côté les cavités articulaires des ailes. En avant de ces cavités, il est formé à droite et à gauche d'une pièce bombée fortement colorée en noir, lisse à sa surface et glabre. Ces deux pièces se confondent par leur bord postérieur avec une large surface hérissée de saillies chitineuses qui forme la plus grande partie de la face supérieure du métathorax. Leur bord antérieur est très épais, corné, un peu réfléchi en dessous et irrégulier. Enfin, ces deux bords ne se joignent pas sur la ligne médiane, mais se prolongent en arrière sous forme de deux tiges grêles sinueuses qui séparent les deux surfaces droite et gauche situées en arrière des cavités articulaires des ailes. Ces deux tiges grêles ne se touchent pas sur la ligne médiane. Elles sont écartées et la gouttière qui les sépare est occupée par une membrane chitineuse relevée de petites ponctuations aiguës très serrées. Enfin le bord postérieur du tergum ainsi formé est renforcé dans sa partie médiane par un épaississement chitineux qui le rattache au postscutellum. Nous désignons sous ce dernier nom une lame chitineuse verticale ramenée sur notre figure dans le plan commun; cette lame est soutenue par un système de branches chitineuses qui se raccordent avec le bord postérieur épaissi du scutum.

Ajoutons qu'à la face inférieure de l'arceau dorsal, on aperçoit deux lames saillantes qui partent de la ligne médiane au niveau de l'espace qui sépare les deux surfaces bombées du scutum; ces lames se dirigent en arrière en divergeant.

L'*arceau sternal* du métathorax est très grand relativement aux précédents. Chez la Cantharide (fig. 8, pl. I), il est formé d'un sternum composé de deux pièces symétriques séparées par une suture médiane. Contrairement à ce qui a lieu pour le mesothorax, il forme ici toute la face inférieure de l'arceau, les épisternum étant rejetés en dehors et ne se réunissant pas sur la ligne médiane. L'ensemble des pièces du sternum forme une lame un peu bombée hexagonale. Par le milieu de son bord antérieur, il est en continuité avec le sternum du mésothorax. Son bord postérieur est libre. Ses bords externes concaves reçoivent

dans leur concavité les épisternum (*e*), lames allongées triangulaires dont la base continue en dehors le bord antérieur du sternum et dont le sommet répond à l'angle externe formé par le
bord externe et le bord postérieur du sternum. En ce même
angle on voit coiffant l'extrémité de l'épisternum un petit cône
épais, chitineux, qui semble répondre à un trochantin très atrophié qui forme une saillie articulaire reçue dans une cavité correspondante de l'extrémité de la hanche. Il n'y a pas d'ailleurs,
à proprement parler, d'articulation, car la hanche ici n'est pas
mobile comme celle des premières paires de pattes ; elle est fixe
et couchée obliquement de dehors en dedans et d'avant en arrière
sur le bord postérieur également oblique du sternum. Quant à
l'épimère, placé sur le bord externe de l'épisternum, il est peu
développé.

La longueur de l'arceau sternal du métathorax ainsi composé
l'emporte au point d'égaler et même de surpasser la longueur
des deux arceaux sternaux réunis du mésothorax et du prothorax, de telle sorte que les pattes postérieures se trouvent rejetées
très en arrière de celles de la deuxième paire qui sont très proches
au contraire des pattes de la première paire.

L'*Entothorax* du métathorax consiste en une tige grêle fixée par
son extrémité un peu étalée au milieu du bord postérieur du sternum. Cette tige d'abord unique, se divise bientôt en deux branches
assez divergentes. Au niveau de cette division s'attachent deux
autres branches courtes et très larges formant comme deux
sortes d'oreilles dilatées. La direction de ces dernières branches
est transversale par rapport à la direction des premières. L'ensemble de l'appareil est dirigé obliquement de bas en haut et
d'arrière en avant.

2° *Meloe*. — L'*arceau tergal* (fig. 4, pl. II) du métathorax est
d'une extrême simplicité qui contraste largement avec la complexité de la même pièce chez les Vésicants pourvus d'ailes. Il
consiste en effet en une seule paire de pièces minces, unies mé-
dialement par une suture sagittale. Chacune de ces pièces est relevée d'un épaississement chitineux qui coupe sa surface en dia-
gonale. L'*arceau sternal* (fig. 8, pl. II) reproduit exactement
celui des Cantharides sauf que le bord postérieur du sternum
est peut-être un peu plus oblique, disposition qui correspond
à la situation de la hanche qui au lieu d'être fixée presque ho-

rizontalement comme chez la Cantharide est dirigée en arrière.
D'ailleurs la forme de la hanche dans les deux genres est très
différente. L'*entothorax* plus grêle que chez la Cantharide n'est
formé que d'une tige subdivisée en deux branches fines; les
lames transversales font défaut (fig. 10, pl. II).

Comme on le voit, les différences entre les Meloe et la Cantharide sont toutes entraînées par l'état rudimentaire des organes du
vol. Les arceaux tergaux et les entothorax sont modifiés et réduits
en proportion de la réduction ou de la disparition de ces organes.
Mais les arceaux sternaux qui supportent des appendices bien
développés puisque l'animal n'a que la marche comme mode de
locomotion, conservent leur développement tout entier.

Appendices thoraciques. — J'étudierai successivement les
élytres, les ailes et les pattes.

Élytres. — Chez les Vésicants, tantôt les élytres sont complètes, c'est-à-dire qu'elles recouvrent la plus grande partie de
l'abdomen, tantôt au contraire elles sont incomplètes, ainsi qu'on
l'observe chez les Meloe et les Sitaris.

Le premier cas est le plus général, et nous voyons les genres
Cantharis, Mylabris, Cerocoma, Lydus, etc., pourvus d'élytres
bien développées, souvent même débordantes. Straus Durckheim,
dans son ouvrage général sur les coléoptères, prend pour exemple
de ce caractère le genre *Mylabris*, et fait remarquer que cette
particularité est propre aux insectes à téguments flexibles, et en
effet nous la retrouvons à un degré plus ou moins prononcé chez
la plupart des genres ci-dessus mentionnés. Les auteurs avancent
en outre que les élytres recouvrent l'abdomen tout entier. Cette
manière de voir ne peut s'expliquer que par l'habitude que l'on
a de décrire les insectes tels qu'ils se trouvent dans les collections. En réalité à l'état vivant, ainsi que j'ai pu l'observer sur
les divers individus que j'ai eus en ma possession (*Cantharis vesicatoria, Mylabris 4-punctata, Epicauta verticalis*), le dernier
anneau apparent de l'abdomen, parfois même les deux derniers
anneaux font saillie au delà des élytres. La dessiccation amenant
un retrait prononcé de l'abdomen, celui-ci disparaît complètement sous les élytres quand on examine les insectes piqués.
Quoiqu'il en soit, les élytres chez tous ces vésicants sont placées côte à côte, de telle sorte que leurs bords se joignent à la

suture sans se recouvrir. Vers l'extrémité terminale seulement elles divergent parfois un peu. Tantôt aplaties, tantôt très fortement bombées (Macrobasis), elles présentent dans leur forme certains caractères dont on peut tirer parti pour l'établissement des genres. Un peu en arrière de leur articulation au mésothorax elles offrent un renflement (épaule) plus ou moins saillant, quelquefois même un peu anguleux. Leur base est tantôt large, tantôt rétrécie. Leur extrémité terminale enfin est arrondie ou coupée obliquement.

Un second type d'élytres nous est offert par le genre Sitaris. Dans ce genre, elles sont incomplètes par défaut de largeur. En effet, à leur insertion au thorax elles présentent un diamètre transversal normal, et se joignent à la suture, mais fort peu en arrière, elles se rétrécissent considérablement, l'espace compris entre elles est très grand et elles forment comme deux languettes à bords sinués qui reposent sur l'abdomen.

Enfin le troisième type propre aux Meloe est caractérisé par une réduction considérable des élytres qui laissent à découvert la plus grande partie de l'abdomen. Toutefois dans un certain nombre d'espèces de ce genre on trouve des variétés à élytres bien développées s'étendant sur toute la surface de l'abdomen. Dans tous les cas, les élytres des Meloe offrent cette particularité qu'elles se croisent un peu à leur base, mais bientôt elles divergent et leurs extrémités se trouvent reportées très loin l'une de l'autre, de chaque côté de l'abdomen.

Les élytres des Vésicants ont une consistance molle, c'est là un caractère de la tribu et j'ai montré dans le premier chapitre que la composition chimique donne en partie la raison de cette particularité. Je ne doute pas après les recherches que j'ai faites, que l'on doive attribuer cette consistance particulière surtout à la structure même de l'organe qui s'écarte de celle que l'on rencontre chez les Coléoptères à élytres dures.

Structure des élytres. — Si l'on examine la surface supérieure d'une élytre à la loupe, on y voit de petits enfoncements plus ou moins nombreux, larges et profonds, et des poils tantôt épars, tantôt assez serrés, colorés ou non. J'ai, d'ailleurs, attiré déjà l'attention sur ces détails de structure en traitant des couleurs et de l'ornementation du test. On trouve également de nombreuses mentions de ces faits par tous les auteurs.

Mais la structure histologique des élytres me paraît avoir été
complètement négligée. A part les recherches de Bernard Deschamps (9), basées sur la simple observation de l'organe en surface, et un mémoire d'Emilio Cornalia (10) sur « les caractères mi-
croscopiques offerts par la Cantharide et autres coléoptères faciles
à confondre avec elle », je ne trouve rien sur la structure des
élytres. On sait toutefois que ces organes doivent être considérés
comme des dédoublements de la peau (Leydig) (11), « à l'intérieur circulent les trachées, et *entre les duplicatures, de grosses
cavités persistent*, et elles fonctionnent comme des espaces san-
guins. » Je souligne à dessein quelques mots de cette citation
emprunté à Leydig, parce qu'ils laissent à penser que les
espaces libres entre les deux parois inférieure et supérieure
de l'élytre ne sont autre chose que des intervalles ménagés
entre des plis de l'organe. Or, les coupes que j'ai faites m'ont
montré une toute autre structure. Mes recherches ont porté
sur un certain nombre d'espèces, et elles m'ont toujours donné
les mêmes résultats. Il n'y a que des différences de détails.
Chez le Mylabris 4-punctata par exemple voici ce que j'observe :
(fig. 12 et 13, pl. III) sur une coupe normale à la surface et
perpendiculaire au grand axe, l'élytre apparaît comme formée de
deux lames, une supérieure et une inférieure en continuité aux
bords de l'organe, et séparées par un espace vide. Chacune de
ces lames est subdivisée elle-même en deux couches, une *cuticule* (c) et une couche profonde (d). La cuticule de la lame supérieure est colorée en jaune ou en noir, suivant qu'elle appartient
à une portion de l'élytre jaune ou noire; la cuticule de la lame
inférieure porte, à partir d'une certaine distance du bord de
l'élytre de petites éminences aiguës semblables à des poils courts
et serrés. Quant aux couches chitineuses profondes sous-jacentes
à la cuticule, elles sont incolores, plus épaisses, et par endroits
montrent des striations dans leur masse. Ce n'est pas tout, sur
les coupes on aperçoit, de place en place, des sortes de piliers (p)
qui, partant de la lame supérieure, reposent sur la lame inférieure et qui divisent la cavité interposée aux deux lames en
logettes de grandeur inégale. A l'examen des premières coupes
je pensais être en présence de sections de ces duplicatures dont
parle Leydig, et que ces piliers n'étaient autre chose que la
coupe de cloisons longitudinales de l'élytre. Des coupes faites

sagittalement, en me donnant un aspect identique vinrent bientôt m'éclairer, et l'examen en surface de l'organe ne me laissa
plus aucun doute sur la nature de ces piliers.

Si l'on examine en effet à plat la surface d'une élytre au microscope (fig. 7, pl. III), on aperçoit sur une surface très finement ponctuée, de gros points très réfringents, un peu excavés,
colorés en jaune ou en noir, suivant les régions que l'on observe.
Ces gros points que Bernard Deschamps signale (loc. cit.) comme
des « sortes de stigmates dont l'élytre est couvert » et que E. Cornalia ne reproduit pas dans ses figures très imparfaites de l'élytre
de la Cantharide, mais qu'il a observés sur le corselet (voir loc.
cit., fig. 78, pl. III), ne sont autre chose que la base supérieure
des piliers qui se montraient sur les coupes. Assez irrégulièrement
répartis, mais plus nombreux à la base de l'élytre, c'est-à-dire au
voisinage de l'articulation de celle-ci sur le mésothorax, ces piliers
qu'on peut appeler *piliers d'écartement* s'opposent à l'affaissement
de la paroi supérieure de l'élytre sur la paroi inférieure. Ils sont
formés d'une zone centrale analogue à la cuticule, ainsi qu'on
peut s'en convaincre, en observant que leur centre est coloré
comme cette cuticule et est continu avec elle, et d'une zone périphérique en continuité avec la couche chitineuse profonde de la
lame supérieure de l'élytre. Dirigés verticalement, ils atteignent
la couche profonde de la lame inférieure où ils se terminent par
une extrémité arrondie, mais ils n'arrivent pas jusqu'à la cuticule inférieure.

Dans l'espace libre entre les deux surfaces de l'élytre, espace
qui n'est pas cloisonné à vrai dire, mais qui plutôt doit aux
piliers d'écartement d'être conservé intact, on voit circuler des
trachées nombreuses. En général, un peu en dedans du bord
marginal de l'élytre (fig. 12, pl. III), un gros tronc trachéen
détermine une saillie de la lame inférieure, saillie qui à l'œil nu,
sur une élytre entière, représente une nervure de cette face. En
même temps que les trachées, je trouve dans les coupes d'élytres
fixées par l'acide osmique, des cellules granuleuses ovoïdes ou
arrondies, de volume variable, irrégulièrement rangées contre la
lame supérieure et la lame inférieure de l'élytre. Entre ces cellules, une substance amorphe remplie de fines granulations remplit tous les vides. C'est évidemment le sang qui trouve là une
circulation facile dans ces espaces relativement considérables;

quant aux susdites cellules, elles appartiennent à la couche hypodermique.

La structure que je viens d'exposer, d'après le Mylabris 4-punctata, est la même dans ses traits essentiels chez les autres Vésicants, on peut la résumer ainsi : Les élytres sont formées de deux lames en continuité par leurs bords ; chacune de ces lames est formée d'une cuticule et d'une couche dermique sous-jacente chitineuse. La *cuticule* seule est colorée, la couche dermique l'est rarement. Des *piliers d'écartement* ménagent entre les deux lames s upérieure et inférieure un espace libre occupé par des cellules hypodermiques, et parcouru par le sang et par des trachées.

J'ai voulu voir si cette structure est la même chez d'autres Coléoptères ; j'avais pu m'en convaincre déjà à l'examen des figures données par Cornalia où il reproduit à la surface des élytres d'un certain nombre de Coléoptères les grosses ponctuations brillantes formées par la base des piliers. J'ai fait des coupes sur les élytres dures d'un Geotrupe. Ces coupes m'ont parfaitement montré sur quoi repose le peu de dureté des élytres des Vésicants. Dans les élytres dures du Geotrupe par exemple la structure générale est la même que plus haut, mais l'épaisseur de la cuticule et surtout celle de la couche dermique chitineuse est de beaucoup plus considérable. Les piliers d'écartement sont énormes, très nombreux, et les cavités qu'ils ménagent entre eux, par conséquent très réduites. L'élytre en somme acquiert une densité considérable et une solidité très grande.

Ainsi, chez les Vésicants, les élytres sont molles, non seulement par suite d'une constitution chimique spéciale, mais surtout à cause d'une épaisseur moindre de leurs lames chitineuses et d'une gracilité toute particulière des piliers d'écartement de ces lames. Je vais donner rapidement quelques détails sur la structure de ces élytres, dans les principaux genres.

Chez *Cantharis Vesicatoria*, la cuticule supérieure colorée en noir intense, est assez épaisse et ne laisse voir qu'une couche dermique peu développée. Cette cuticule est subdivisée en petites lamelles qui, sur les coupes (fig. 9, pl. III), paraissent un peu soulevées et hérissent la surface libre. Vues de face (fig. 5 et 6), ces lamelles déterminent une sorte de carrelage polygonal, au milieu duquel on aperçoit, sous forme de grosses ponctuations noires, la base des piliers, en même temps que des poils et de nombreux petits pores qui piquent la surface de très fines ponctuations incolores.

La cuticule inférieure est mince, d'un noir violacé, peu intense, elle paraît divisée en lamelles polygonales plus larges que celles de la face supérieure (fig. 6). Examinée en même temps que la lame dermique qui lui correspond, on aperçoit la base inférieure des piliers, mais ce n'est que par transparence, car, ainsi que je l'ai dit, ceux-ci n'arrivent pas jusqu'à la cuticule inférieure. Cette cuticule, à une certaine distance du bord de l'élytre, se soulève pour loger une grosse trachée. Ce pli qu'on observe sur toutes les coupes correspond à la nervure marginale de la face inférieure de l'élytre et à l'exclusion du reste de cette face il est couvert de papilles aiguës, assez fortement colorées en noir. Les nervures qu'on aperçoit sur la face supérieure de l'élytre ne sont pas formées de même par des soulèvements de la paroi, mais simplement par des épaississements de la cuticule.

Les mêmes caractères généraux de structure se retrouvent chez les *Cerocomes*, sauf que le dessin polygonal de la cuticule inférieure est à peine indiqué. On y observe, par contre, de petites cannelures très irrégulièrement réparties.

Chez *Zonitis mutica* (Fabr.), la cuticule supérieure est d'un beau jaune, très finement ponctuée; les piliers, cylindriques comme chez Mylabris, Cantharis et Cerocome, sont terminés par des surfaces circulaires.

Chez *Epicauta verticalis*, la cuticule supérieure assez épaisse est noire, ainsi que les piliers; la cuticule inférieure est brune, hérissée de papilles aiguës.

Enfin, chez les *Meloe* (fig. 10, pl. III), comme le montre le Meloe majalis qui a été pris pour sujet d'étude, la cuticule supérieure épaisse est fortement colorée en noir, la couche dermique correspondante moins développée est incolore, très nettement striée. La cuticule inférieure (fig. 10 et 11) est relevée de grosses papilles noires en forme d'aiguillons de ronces tandis que la couche chitineuse sous-jacente est incolore; mais celle-ci, vue de face, montre de place en place de larges taches noires étoilées, irrégulières, qui ne sont autre chose que les bases des piliers d'écartement. Ceux-ci, en effet, qui marquent la surface supérieure de l'élytre de ponctuations circulaires, correspondant

à leur forme cylindrique, s'étalent largement en arrivant à la
lame inférieure, et y forment les figures caractéristiques que je
reproduis figure 11.

J'aurai terminé l'exposé de cette structure, quand j'aurai dit
qu'en général, dans la région antérieure de l'élytre, le bord
externe assez épais, montre un double plissement et qu'en ce
lieu l'espace ménagé entre les deux lames de l'organe a sa plus
grande largeur.

AILES. — Les ailes manquent chez les Meloïdes. Chez tous
les autres Vésicants elles existent et appartiennent au même
type qu'il me suffira, par suite, de décrire chez l'une des espèces.
Je prendrai pour exemple la Cantharide ordinaire.

Lorsque les ailes sont complètement étalées (pl. II, fig. 13),
leur bord antérieur est rigide, car il est soutenu par deux fortes
nervures marginales, très peu écartées l'une de l'autre. Une troisième nervure partant également du sommet articulaire de l'aile,
et formée comme les précédentes d'un épaississement chitineux
coloré en brun foncé, se dirige vers le bord postérieur de l'aile.
Mais cette nervure n'est pas parallèle aux premières et s'en
écarte au contraire en divergeant de plus en plus. Outre ces trois
nervures de premier ordre, il en existe quatre de second ordre,
qui sont beaucoup moins épaisses, à peu près incolores, et disposées en éventail dans la partie postérieure et interne de l'aile.
Comme les précédentes, elles prennent leur origine au point
d'attache de l'organe au métathorax. A ce niveau on aperçoit,
en outre, six ou sept replis transverses courts qui rident la surface de l'aile.

A l'examen des coupes perpendiculaires au grand axe de l'aile,
on observe d'une part que les nervures de premier ordre ne font
pas toutes saillie sur la même face de l'organe, car la plus externe
(fig. 14, pl. II), que j'appellerai nervure *marginale*, fait saillie
à la face supérieure, tandis que sa voisine au contraire proémine
à la face inférieure. Quant à la troisième nervure, elle émerge
comme la première à la surface supérieure. En réalité des trois
nervures, les deux marginales appartiennent à une face différente
de l'aile. Si l'on s'arrête à l'examen du trajet des nervures de
l'extrémité antérieure de l'aile à son extrémité postérieure, on
constate, sur des préparations d'organe entier, aussi bien que

sur les coupes, que les *nervures marginales* n'occupent pas absolument (fig. 13 et 14) le bord de l'aile. Assez rapprochées de ce bord à leur point de départ, elles s'en écartent sensiblement dans la partie moyenne de leur trajet, comme on le voit sur une coupe qui a été faite vers le tiers postérieur de l'aile. Plus loin, en arrière, elles se rapprochent complètement du bord et se confondent avec lui en une marge assez épaisse qui se continue en s'atténuant, jusque vers l'extrémité postérieure de l'organe. Quant à la troisième nervure, elle va toujours en divergeant à mesure qu'elle se rapproche du bord postérieur, qu'elle n'atteint point d'ailleurs. En effet, à quelque distance de ce bord, elle se bifurque en deux branches, l'une transversale qui va rejoindre le bord antérieur de l'aile, l'autre oblique d'avant en arrière, qui s'atténue rapidement en pointe déliée. La branche transversale ainsi produite isole du reste de l'aile un lambeau situé à l'extrémité libre de l'organe et limité en arrière par la branche oblique. Quand l'aile est ramenée sur le dos, ce lambeau ne reste pas étendu, mais se replie sur la partie antérieure de telle sorte que la petite nervure transverse devient le bord postérieur de l'organe. Ce plissement se fait d'une manière automatique. Je renvoie pour l'explication du mécanisme de cette aile à la note publiée par M. Chabry dans les comptes rendus de la Société de Biologie (12). On y verra que l'aile des Coléoptères, au point de vue mécanique est une *machine pliante* formant un *système à liaisons complètes* et possédant *deux positions d'équilibre*. L'aile des Cantharides répond à cette définition et j'ai pu reproduire, au moyen d'une feuille de carton convenablement découpée le dispositif très simple qui amène le plissement transversal automatique de l'extrémité libre de l'aile. Il suffit d'autre part que les deux nervures marginales rapprochées de la troisième nervure à l'état de repos, s'écartent de celle-ci lorsque l'aile s'étend, pour que le déplissement de l'extrémité ait lieu.

Tout ce qui précède s'applique aussi bien aux Mylabres et aux Épicauta qu'à la Cantharide ; la structure est la même dans tous les cas. J'en dirai autant de la structure histologique. Comme le montre la figure 14, l'aile est formée de deux lames superposées et soudées intimement sauf à l'endroit des nervures qui résultent d'un écartement des lames épaissies à ce niveau. Dans la cavité ménagée entre les parois ainsi soulevées, on voit une ou deux trachées d'un calibre variable suivant le point où se fait la coupe et suivant la nervure que l'on examine. Ces trachées sont plongées au milieu d'une substance granuleuse parsemée de cellules qui se colorent assez bien par le carmin. C'est du sang, et celui-ci remplit en partie la cavité de la nervure.

Dans mes coupes sur les ailes de la Cantharide, j'ai trouvé outre les trachées, dans la nervure intermédiaire, la section circulaire d'un corps cylindrique difficilement définissable à travers la paroi épaisse de la nervure sur l'aile examinée en surface. Cette section très nette que j'ai retrouvée sur toute la plus grande longueur de la nervure me paraît être celle d'un troncule nerveux. Enfin, sur des ailes d'Épicauta verticalis fixées par l'acide osmique et conservées dans l'alcool, j'ai pu observer que la cavité des nervures est tapissée de noyaux un peu allongés, pourvus d'un nucléole, se colorant bien par le carmin, et disposés en files longitudinales régulières. Des lignes de séparation entre ces files de noyaux étaient bien apparentes, mais je n'ai pu observer les cloisons transversales séparant le corps des cellules auxquelles appartiennent ces noyaux. Je n'avais pas vu cette sorte de couche endothéliale chez la Cantharide et les Mylabres, probablement parce que n'ayant pas à ma disposition de pièces fixées par l'acide osmique, la conservation de ces éléments n'avait pas été suffisante. Quoiqu'il en soit, j'ai retrouvé cette enveloppe hypodermique interne avec constance dans mes préparations d'Épicauta verticalis (fig. 12, pl. II). Je pense donc qu'il faut reconnaître dans l'aile, au niveau des trachées, et de dehors en dedans :

1° Une couche chitineuse épaisse, plus ou moins colorée en brun, principalement en dehors, et striée dans son épaisseur.

2° Une sorte d'endothélium à noyaux ovoïdes, régulièrement disposés en files longitudinales.

3° Du sang, des trachées, des nerfs.

J'ajoute, pour terminer ce qui a trait aux ailes, que leur surface est hérissée de petits prolongements en forme de poils aigus et courts, ceux-ci devenant assez allongés chez la Cantharide au niveau de la moitié antérieure des nervures internes, et restant courts, mais plus robustes et plus serrés sur la nervure interne de premier ordre chez l'Épicauta verticalis.

Pattes. — J'indiquerai seulement les caractères extérieurs de ces organes car les coupes que j'ai faites sur les divers articles ne m'ont rien appris qui ne soit commun à tous les autres Coléoptères. Sur les coupes transversales, on observe immédiatement au-dessous des téguments une couche de volumineuses cellules hypodermiques. Puis viennent les muscles et leurs apodèmes ; une grosse trachée traverse ordinairement l'axe des articles. Le sang occupe des espaces relativement considérables. J'avais pensé, en faisant des coupes sur la jambe arriver à déterminer le siège de la production de ce liquide jaune que les Meloe laissent échapper, dès qu'on les prend, de leurs articulations tibio-tarsiennes ; je n'ai rien observé de particulier. Il m'a été impossible de trouver aucun organe sécréteur spécial. Peut-être sont-ce les cellules hypodermiques qui interviennent en ce cas.

Les pattes sont ordinairement grêles et allongées ; les Vésicants sont, en effet, pour la plupart au moins des insectes susceptibles de courir sur le sol avec une remarquable rapidité. Cette allure rapide est très frappante chez la Cantharide et l'Épicauta verticalis. Les Meloe cependant, dont le corps est lourd et volumineux, ont des pattes plus robustes et proportionnellement moins longues. Ils se traînent sur le sol bien qu'encore avec une certaine agilité.

Les pièces sternales des segments thoraciques sur lesquels s'insèrent les pattes, présentent, comme nous l'avons dit, des dimensions fort inégales. Il en résulte que l'écartement n'est pas le même entre les diverses paires de pattes. En règle générale, la paire postérieure est très éloignée des deux autres. Celles-ci, au contraire, sont très rapprochées et presque contiguës au niveau de leur attache sternale. Il en est ainsi chez les Cantharides, les Mylabres, les Lydus, les Cerocomes, les Sitaris, etc. Les Meloe font exception toutefois ; dans ce groupe, en effet, les pattes antérieures sont plus écartées des intermédiaires que celles-ci des postérieures. Cette disposition, inverse de celle qu'on observe chez les autres Vésicants, tient autant à la forme et aux dimensions relatives des pièces sternales, qu'au mode particulier d'articulation des hanches intermédiaires dont il sera question plus loin.

Les *hanches des pattes antérieures* sont en général assez allongées, mobiles, et dirigées en bas et un peu en arrière. Elles sont contiguës ou convergent l'une vers l'autre de telle sorte que les trochanters se touchent presque.

Les *hanches intermédiaires* sont également mobiles et disposées comme les antérieures, cependant elles sont généralement plus inclinées d'avant en arrière.

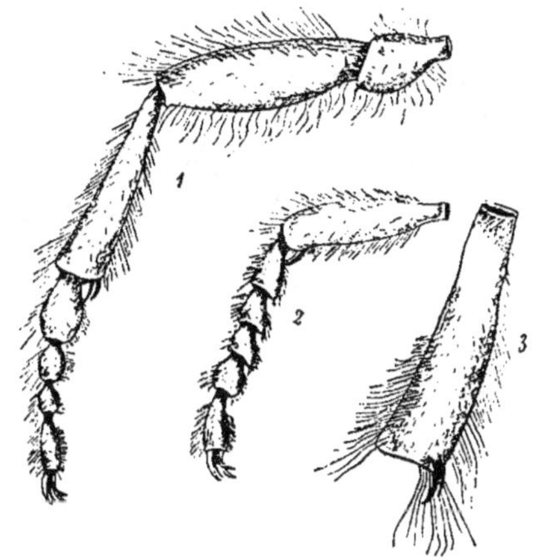

FIG. 3. — *Mylabris pustulata.* 1. Patte postérieure $\frac{5}{1}$;
2. Jambe et tarse d'une patte intermédiaire $\frac{5}{1}$; 3. Jambe d'une patte antérieure $\frac{10}{1}$.

Les *hanches postérieures* enfin sont ordinairement couchées obliquement de dehors en dedans et d'avant en arrière, et soudées au bord postérieur du sternum du métathorax. Il en résulte une mobilité moindre. Chez les Meloe cependant, leur disposition se rapproche davantage de celle des hanches intermédiaires (pl. I et II, fig. 8).

Les *cuisses* sont ordinairement allongées, bien développées, comprimées, parfois un peu renflées. Dans le genre *Nemognatha* les cuisses postérieures se distinguent des antérieures ; elles sont plus courtes et très renflées. Chez beaucoup de Vésicants d'ailleurs (*Meloe, Sitaris*) les cuisses postérieures sont plus fortes que les autres, et dans le genre *Tetraonyx* elles se font particulièrement remarquer par leur grande longueur et leur épaisseur.

Les *jambes* sont en général longues et assez grêles, plus épaisses à leur extrémité distale. Elles portent au voisinage de cette extrémité, et à leur face inférieure, deux *éperons* mobiles saillants. Les éperons des jambes antérieures et intermédiaires

(fig. *1*, *2* et *3*) diffèrent le plus souvent de ceux des jambes postérieures (fig. *4*, *5* et *6*) par leur volume et leur taille moins considérables. Ils sont aigus, souvent inégaux, le plus petit étant courbé.
Les éperons des jambes postérieures sont aussi inégaux. Le plus
court, externe, est parfois fort épaissi, tronqué obliquement à son

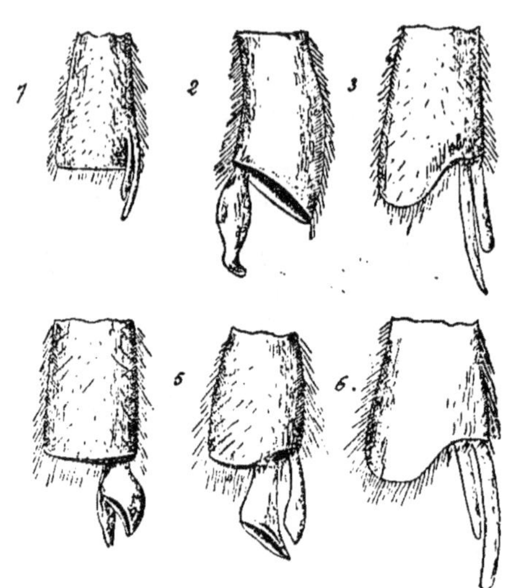

FIG. 4. — Divers types d'épérons. 1. *Pyrota Afzeliana*, jambe antérieure $\frac{20}{1}$;
2. Cantharide ordinaire ♂, jambe antérieure $\frac{20}{1}$; 3. *Epicauta corvina*, jambe antérieure $\frac{20}{1}$;
4. *Pyrota Afzeliana*, jambe postérieure $\frac{20}{1}$; 5. *Canth. vésicatoria*, jambe postérieure $\frac{20}{1}$;
6. *Epicauta corvina*, jambe postérieure $\frac{20}{1}$.

extrémité, ou arrondi en massue, ou bien encore dilaté et creusé
en forme de cornet. L'éperon interne est généralement plus grêle
et plus long. Les variations que l'on observe chez les différentes
espèces d'un même genre dans la forme des éperons des jambes
postérieures sont assez nombreuses et assez appréciables pour
que quelques entomologistes les aient utilisées dans la diagnose
de ces espèces. Leconte (13) en particulier s'est servi de ces caractères pour établir des coupes dans le grand genre Lytta aussi bien
que dans le genre Nemognatha. V. Audouin (14) a signalé d'autre
part que chez la Cantharide il n'existe qu'un éperon aux jambes
antérieures. Celui-ci est comprimé, fort, tranchant, terminé en
bec recourbé (voir fig. 4, n° 2). En outre, le premier article du
tarse est échancré fortement « de telle sorte que l'épine en s'ap-

pliquant contre lui ferme exactement son échancrure et la convertit en trou ». C'est dans ce trou que le mâle retient les antennes de la femelle pendant l'accouplement.

Tarses. — Les Vésicants sont des *hétéromères* qui possèdent cinq articles aux tarses des deux paires antérieures, et quatre articles seulement à ceux des pattes postérieures. La forme et les dimensions réciproques de ces articles sont extrêmement variées. D'une manière générale cependant, les premiers et derniers articles sont plus allongés que les intermédiaires. Courts et subglobuleux chez certaines espèces (*Meloe, Tetraonyx,* etc.), les articles du tarse peuvent être cyathiformes (*Zonitis*) ou grêles et presque cylindriques (*Cantharis*).

Il est à remarquer que chez presque tous les Vésicants la face plantaire des articles des tarses est un peu élargie, et en tout cas garnie de poils d'une nature spéciale disposés en brosse.

Chez les Meloe (pl. III, fig. 14) ces brosses sont formées d'une sorte de plateau représenté par la face inférieure élargie des articles, et couvert de poils pressés les uns contre les autres. Ceux-ci se distinguent aisément des poils ordinaires par leur couleur terreuse peu foncée, et par leur forme. Ils sont plus courts, moins rigides, moins gros et terminés en pointe mousse ; chez certaines espèces cependant ces poils sont complètement noirs et rigides. Chez le plus grand nombre des autres Vésicants, les poils des brosses sont à peu près incolores et il ne me paraît pas possible de leur refuser le rôle de poils tactiles. Ceux de la Cantharide et du Mylabris cichorii ont été figurés par Tuffen West (15). Chez le premier de ces insectes, ils sont allongés, grêles, un peu granuleux ; quelques-uns se renflent en fer de lance vers leur extrémité. Chez les Mylabres (pl. III, fig. 16), on observe des poils incolores, formés d'une tige cylindrique qui s'évase à son sommet en une sorte de disque oblique. Il est à remarquer que cette forme de poils n'existe pas chez toutes les espèces du genre, et que chez celles où on l'observe elle ne se retrouve qu'aux tarses de la paire antérieure ; les deux autres paires ont des brosses peu fournies de poils allongés et terminés en pointe. Chez beaucoup d'espèces du genre Cantharis, les poils des brosses sont longs et brusquement coudés vers leur extrémité qui se dirige en avant. Une seule espèce de Cantharide (*C. Sphœricollis*) (fig. 17), m'a présenté des brosses de poils terminés par un disque comme

ceux des Mylabres. Ailleurs *C. insulata* (Lec.), *C. texana* (fig. 15)
(Lec.), *Lydus marginatus* (Dug.) etc., les poils des brosses ont
la forme de lames de sabre à extrémité très pointue. Ils sont au
contraire renflés en bouton à l'extrémité chez d'autres (*Coryna
Bilbergi*) (Gyll). Enfin il n'existe pas de brosse, et la face inférieure
des tarses se distingue seulement par l'abondance plus grande de
poils semblables à ceux qui sont répartis sur le reste des articles,
chez un certain nombre de Vésicants et en particulier chez les
Zonitis et Nemognatha (fig. 18, pl. III).

Ongles. — Chez tous les insectes Vésicants, l'article distal des
tarses de toutes les pattes est terminé par quatre ongles, deux
externes robustes et volumineux, deux internes ordinairement
grêles, toujours plus minces et moins développés que les premiers (fig. 1 à 4, pl. IV). Jamais les ongles internes ne font
défaut; chez quelques espèces seulement ils sont considérablement réduits. Ainsi, dans le genre Tricrania (fig. 14 et 15),
(*T. Stansburii* (Hald.) et *T. Sanguinipennis* (Say), ils sont réduits
à deux sortes de stylets allongés et chez *Cysteodemus vittatus*
(Lec.) (fig. 18, pl. IV), et *Tegrodera erosa* (Lec.), ils consistent seulement en une sorte d'éperon à la base de chaque
ongle externe, si bien qu'à moins d'un examen attentif on pourrait croire à l'existence d'une seule paire d'ongles.

Dans le plus grand nombre des insectes Vésicants, le bord
inférieur des ongles plus ou moins tranchant et concave est
lisse, mais chez certains d'entre eux les ongles externes (supérieurs) ont leur bord concave pectiné. Ce caractère qui a été
utilisé par nombre d'entomologistes dans la systématique du
groupe s'observe (fig. 7, 9, 14, etc., pl. IV), chez les genres
Zonitis, Nemognatha, Tricrania, OEnas et *Lydus,* et chez quelques espèces du genre Cantharis (*C. fumosa* (Sturm.), *C. testacea* (Fabr.), *C. coccinea* (Fabr.), (d'après Haag Rutenberg).
Réduites à une seule rangée chez *Nemognatha rostrata,* les denticulations sont disposées en deux rangées plus ou moins égales
sur chaque ongle, chez les diverses espèces que nous avons étudiées parmi les genres ci-dessus dénommés. Les dents sont
élevées et très semblables à celles d'un peigne chez *Zonitis
bilineata* (Say) (fig. 20), *Z. mutica* (Fabr.), *Nemognatha apicalis*
(Lec.), *N. bicolor* (Lec.), *Lydus algiricus* (Linn.), *Tricrania
Stansburii* (fig. 15), *T. sanguinipennis,* etc. Elles sont plus courtes

et moins pointues chez *Oknas afer* (Linn.). Enfin, les dents les plus voisines de la base de l'ongle sont larges et hérissées de mamelons coniques un peu à la façon de molaires tuberculeuses chez *N. lutea* (fig. 6).

Plantula. — Il me reste à parler d'un singulier organe que j'ai retrouvé chez tous les insectes Vésicants, en partie inclus dans le dernier article du tarse en partie saillant entre les ongles. Cet organe qui ne paraît pas avoir appelé l'attention des anatomistes ou qui n'a été étudié que très sommairement se retrouve chez certains autres Coléoptères; il a été signalé en particulier chez les Lucanides. Nous lui conserverons le nom que Kirby et Spence (16) lui ont donné. Ils ont nommé « *plantula* un petit « article accessoire quelquefois attaché en dedans des ongles au « sommet de l'*ungula*. »

« J'ai trouvé, est-il dit plus loin, en examinant le Cerf-volant « et beaucoup d'autres Lamellicornes, entre les ongles, un petit « article terminé par deux soies, qui ressemble en petit à l'*un-* « *gula* (1) et à ses ongles. Cette partie est longue chez le Cerf-« volant, épaisse chez les Melolonthides et dans beaucoup de « Cétonides, ressemble à un ongle intermédiaire. »

L'examen que j'ai fait d'un nombre considérable de ces pièces parmi les insectes Vésicants, m'a montré que la *plantula* existe chez eux d'une façon constante et qu'elle y est très remarquablement développée. Elle offre d'ailleurs comme nous allons le voir des degrés divers, mais somme toute, elle constitue un organe que sa constance ne permet pas de négliger.

La plantula se compose d'une sorte de sac chitineux de couleur brun pâle, de forme un peu variable, mais le plus souvent sphérique ou ovoïde, terminé antérieurement par un col beaucoup plus grêle qui porte à son sommet un ou plusieurs poils roides, de couleur très foncée, aigus (voir fig. 1 et 2, pl. III). Le ventre de cette sorte de bouteille, ce que nous pouvons appeler le *corps* (*u*) est placé dans la partie distale du dernier article du tarse; le *col* (*c*) fait saillie entre les ongles et prolonge la face ventrale du corps. La face supérieure de celui-ci est parcourue dans presque toute sa longueur par une fente (fig. 2, pl. III) qui n'intéresse pas le col et sur laquelle nous aurons à revenir.

(1) L'Ungula, d'après la nomenclature de Kirby et Spence est le dernier article du tarse, celui qui porte les ongles.

La plantula, ainsi composée, existe aux tarses de toutes les
pattes; toutefois, aux pattes postérieures, elle est généralement
moins bien développée, soit qu'elle paraisse en partie atrophiée
chez les espèces où elle offre le moins de développement, soit
que les poils qui se trouvent au sommet du col y soient moins
nombreux qu'aux pattes antérieures. C'est chez les Meloe, les
Nemognatha et les Zonitis (fig. 20, pl. IV), que la plantula offre
son moindre développement. En général, en effet, chez les deux
derniers genres, le corps et le col sont de très petite taille et il
faut des dissections faites avec beaucoup de soin pour retrouver
l'organe. Chez les Meloe (fig. 16, pl. IV), la plantula est sphérique, souvent assez volumineuse, mais elle est glabre, c'est-à-
dire qu'il n'existe pas de poils au sommet du col. Il en est ainsi
pour les *Meloe majalis, M. lœvigatus, M. murinus, M. proscarabeus, Cysteodemus vittatus, Nemognatha immaculata, N. scutellaris, N. rostrata* et *Zonitis bilineata,* que nous avons observés.
Chez d'autres espèces de Nemognathes, telles que *N. piezata,
N. bicolor, N. vittigera,* ainsi que chez *Tricrania Stansburii*
(fig. 14), on trouve un poil au sommet de la plantula. Enfin une
espèce, *Nemognatha lutea* (Lec.) (fig. 6), s'est montrée différer
des précédentes par l'existence de cinq à six poils à la plantula
des deux premières paires de pattes. Ce nombre, relativement
considérable, n'est pas ordinaire chez les Vésicants. On en trouve
cependant un plus élevé encore chez les *Mylabres,* qui peuvent,
sous ce rapport, être opposés d'une manière très nette aux Meloe
et Nemognatha. Chez tous les Mylabres que j'ai observés, *M. pustulata* (Thunb.) (fig. 1 et 2, pl. IV), *M. cichorii* (Linn.), *M. fuesslini,* etc., voire même chez *Coryna Bilbergi,* j'ai vu la plantula
porter six à huit gros poils noirs, aigus, rigides, dont quelques-
uns sont très allongés. Ce fait répond d'ailleurs à un caractère
très général chez les Mylabres qui ont les diverses parties du
corps, recouvertes de longs poils noirs. Il est tellement caractéristique que la seule inspection du col d'une plantula de Mylabre
permettrait de reconnaître que l'organe appartient à un insecte
de ce genre. Entre ces deux types extrêmes, Meloe et Nemognatha d'une part et Mylabris de l'autre, viennent se placer les autres
insectes vésicants, chez lesquels la plantula porte généralement
deux poils (exemple : *Cantharis Cardinalis* (Chev.) (fig. 13),
C. reticulata, C. vesicatoria, C. Thildii, C. biguttata, Macrobasis

immaculata, Lydus algiricus, Epicauta convolvuli, E. strigosa, Œnas afer, etc.). Malgré l'intérêt que présente l'étude de ces particularités, on ne saurait, comme je l'avais pensé tout d'abord, en tirer des caractères propres à définir des groupes d'une manière nette, tout au plus pourrait-on s'en s'ervir pour les groupes où la plantula présente ses formes extrêmes, car parmi les autres, à côté d'espèces qui offrent une plantula à deux poils, on en trouve chez lesquels il y a six poils (*C. nutalli*, Lec.), ou quatre poils (*Lydus marginatus*) (fig. 10). Chez *Cantharis Viridana* (Lec.) (fig. 19), le sommet de la plantula porte trois poils dont le médian est ramifié et présente généralement trois branches. Enfin, on trouve ordinairement trois poils chez *Henous confertus* (Say), *Cantharis sphæricollis* (Lec.) (fig. 7), *Macrobasis albida, Epicauta pruinosa*, etc.

Le plus souvent, comme je l'ai dit, le nombre des poils de la plantula est moindre aux tarses postérieurs qu'aux tarses antérieurs. C'est ainsi que chez *Cantharis cyanipennis* (Lec.), il y a trois de ces appendices aux plantula des pattes antérieures et un seul aux pattes postérieures ; deux aux pattes antérieures et un seul aux pattes postérieures chez *Cantharis vulnerata* (Lec.), *C. Cooperi* (Lec.), *C. Dichroa* (Lec.) (fig. 11). Parfois au contraire, mais beaucoup plus rarement, et on pourrait dire exceptionnellement, la proportion est renversée. Chez *Epicauta corvina* (Lec.) et *E. cinerea* (Forst.), par exemple, on trouve deux poils à la plantula, aux pattes antérieures et trois aux pattes postérieures.

Pour nous résumer, c'est chez les Meloe et les Nemognatha que la plantula a son plus faible développement. Elle y est atrophiée et nue. Chez les Mylabres, au contraire, elle est puissante et couverte de nombreux et longs poils. Chez les autres Vésicants, elle présente des caractères intermédiaires. Il y a probablement aussi à tenir compte de variations individuelles. Je dois dire cependant que chez une même espèce, j'ai à peu près toujours trouvé le même nombre de poils à la plantula, et dans les cas où il n'en était pas ainsi, on était en droit de se demander si la différence observée ne relevait pas de quelque accident de préparation. Dans tous les spécimens, en bon état de conservation que j'ai pu observer, j'ai toujours été frappé, en effet, de la constance dans le nombre des poils de la plantula.

Sans insister plus longuement sur ces détails, j'ajouterai quelques mots relativement à la structure de cet organe. La paroi est chitineuse et relativement mince. Sa surface est marquée d'un dessin polygonal assez régulier, dont les aires convergent vers la ligne médiane de la face ventrale où elles se relèvent sur leurs bords convergents pour former une sorte de crête mousse. En même temps, et par suite de ce relèvement, la surface se hérisse de petites saillies chitineuses qui augmentent vers la partie supérieure et qu'on voit se continuer le plus souvent sur le col. Quant aux poils qui recouvrent l'extrémité du col, ce sont de véritables poils et non de simples prolongements chitineux de la surface. Dans l'intérieur de l'espèce d'outre que forme la plantula, je n'ai pas pu mettre en évidence les cellules hypodermiques que je pensais devoir y trouver. Je n'ai pu les voir même sur des pièces fixées par l'acide osmique. Tout ce qu'il m'a été donné de constater, c'est l'existence de trachées.

Rapports de la plantula; sa nature. — La plantula telle que je viens de la décrire et logée dans la partie supérieure du dernier article du tarse ne possède aucun muscle propre pour la mouvoir. Sous ce rapport elle ne se distingue pas des autres articles du tarse, et comme eux reçoit les mouvements dont elle est évidemment capable du fléchisseur commun du tarse. Chez les Vésicants en effet, comme chez tous les Coléoptères, le tarse est traversé dans toute sa longueur (fig. 1 *a*, pl. III) par un cordon chitineux à peu près central qui part de la jambe et à la partie inférieure duquel s'attache le muscle fléchisseur. Chez toutes les espèces que j'ai examinées (Mylabre, Cantharide, Épicauta, etc.), cet apodème (tendon du fléchisseur) a la forme d'un tube cylindrique hyalin, parfois coloré en brun à sa partie supérieure et qui se continue dans le dernier article du tarse jusqu'au voisinage du fond du corps de la plantula. Arrivé là, ce cylindre se termine brusquement et s'épanouit en une fine membrane chitineuse, lisse d'abord, puis bientôt relevée de saillies papilleuses aiguës, et qui revêt les caractères des membranes minces qui unissent entre elles, dans toutes les articulations des membres, deux portions consécutives de ceux-ci. Cette membrane n'enveloppe pas complètement la plantula. Elle passe sur la face dorsale de cet organe et s'attache aux lèvres de la fente longitudinale qui, nous l'avons dit plus haut, occupe cette face dans presque toute sa

hauteur. De là elle se fixe à la base des ongles externes (supérieurs), en passant pour se rendre de l'un à l'autre en avant du
col avec lequel elle se confond sur une certaine étendue. Cette
même membrane se rend à la base des crochets internes (inférieurs). Il résulte de cette disposition que la plantula est, à sa
face ventrale, libre de toute adhérence avec l'expansion de l'apodème, sauf au niveau du col, tandis qu'elle est attachée à cette
expansion par sa face postérieure (fig. 2, pl. III).

Pour se bien rendre compte de ces rapports, des coupes faites
à différents niveaux sont nécessaires. Les deux coupes que nous
donnons suffisent à expliquer ce que nous venons de dire. Dans
la coupe (fig. 4, pl. III) qui passe au niveau de la base du col,
on voit la membrane chitineuse contourner la face inférieure.
Dans la seconde qui est prise à un niveau un peu postérieur (fig. 3),
la membrane chitineuse s'attache aux bords de la fente qui occupe la face dorsale de la plantula.

Il me semble résulter de ces faits que la plantula est en rapport médiat avec les ongles. D'autre part, ses relations avec la
membrane chitineuse (apodème articulaire) rappellent les rapports qui existent entre un article quelconque du membre et
ces apodèmes. Il y a continuité entre la plantula et cette membrane comme entre les articles du membre et les membranes
articulaires. Je suis donc porté à croire que la plantula n'est
autre chose qu'un article du tarse surajouté aux précédents et
peut-être lié à l'existence des ongles internes. C'est d'ailleurs une
opinion qui a été émise par quelques auteurs, bien qu'ils ne l'aient
pas appuyée des raisons que je viens de donner. Ainsi Kirby et
Spence définissent la plantula un *petit article accessoire*, et Tuffen
West (*loc. cit.*) dit de son côté que sans avoir eu le temps d'observer beaucoup d'insectes, la plantula du Lucanus avec sa paire
de petits ongles lui paraît être un sixième article du tarse de la
même manière que le *pulvillus* lobé de la mouche qui porte toujours les ongles.

Dans le cas particulier des Vésicants, les rapports de la plantula
d'une part avec l'apodème articulaire, d'autre part avec les ongles,
me paraissent également démontrer que cet organe représente
bien un article du tarse. Les Insectes de ce groupe se trouveraient
donc posséder en réalité six articles aux tarses des deux paires
de pattes antérieures et cinq articles aux pattes postérieures.

Les mouvements de la plautula sont évidemment entraînés par l'action du fléchisseur du tarse. Quand celui-ci agit il tire en bas et en arrière la plantula qui rentre plus ou moins profondément dans l'article du tarse ou elle est engagée. Quant son action cesse et que les ongles s'étalent, la plantula fait saillie entre eux de toute la longueur de son col.

ABDOMEN.

Je n'ai rien à dire, qui ne soit connu déjà, sur le squelette tégumentaire de l'abdomen des Vésicants. Celui-ci n'offre en effet rien de particulier. Je compte (1) neuf anneaux à l'abdomen dont les deux postérieurs sont plus ou moins complètement cachés et l'antérieur représenté le plus souvent par l'arceau dorsal seulement. Sur les côtés de l'abdomen, il existe une aire membraneuse formée de chitine beaucoup moins épaisse que sur les faces ventrale et dorsale. Ces aires membraneuses plus ou moins larges suivant les espèces, portent les stigmates. Elles se distinguent ordinairement du reste de l'abdomen par une couleur différente ; d'un noir terne ou d'un jaune sale, elles ne revêtent généralement pas les teintes brillantes qu'on voit aux portions tergales ou ventrales des arceaux de l'abdomen.

Les derniers anneaux de l'abdomen portent des appendices de volume et de forme variables avec le sexe et avec les genres ou les espèces. Je reviendrai avec détails sur leur disposition à propos de l'étude des organes génitaux.

---

(1) Mulsant (17) en indique sept seulement chez les Meloe, six chez les Mylabres. Il ne tient probablement pas compte des premiers anneaux incomplets et du dernier qui est caché sous ceux qui le précèdent.

CHAPITRE III.

Appareil digestif.

J'étudierai successivement les pièces buccales et le tube digestif.

I. — PIÈCES BUCCALES.

Dans leur constitution générale, les appendices buccaux des insectes vésicants présentent de nombreux traits communs en rapport avec le régime peu variable des diverses espèces de ce groupe. Tous ces Coléoptères sont en effet herbivores; quelques-uns seulement se contentent du pollen ou des parties les plus tendres des fleurs, tels les Nemognathes et les Cérocomes et ce sont aussi les seuls qui présentent dans l'organisation extérieure de la bouche des modifications appréciables. Aucune espèce n'est carnivore.

Comme c'est la règle chez les Coléoptères, on trouve chez les Vésicants, comme appendices de la bouche les pièces suivantes : un labre, une paire de mandibules, une paire de mâchoires avec palpes maxillaires et une lèvre inférieure avec palpes labiaux.

J'aurais fort peu de chose à dire qui n'ait été maintes fois répété dans les ouvrages entomologiques si je voulais m'en tenir à la description succincte de ces diverses parties de la bouche. Les caractères généraux de forme, de volume, de couleur des organes en question ont été signalés par tous les auteurs qui ont traité des insectes qui m'occupent.

Quelques-uns de ces caractères peu nombreux, il est vrai, ont même été utilisés dans l'établissement des groupes et des genres.

On peut se demander par quel concours de circonstances les pièces buccales ont été si rarement prises en considération, malgré toute la valeur qu'il est convenu à juste titre de reconnaître aux caractères qui sont tirés de leur examen. Deux raisons me semblent pouvoir être invoquées. La première repose sur ce que j'ai dit plus haut des différences extérieures peu accentuées qui se montrent à un examen superficiel chez des animaux dont le régime est très sensiblement le même. La seconde se trouve dans ce fait que les entomologistes ont une tendance très marquée à faire de la taximonie et non de l'anatomie comparée. Ils recherchent avant tout, chez les insectes qu'ils étudient et qu'ils décrivent, les caractères les plus apparents au risque d'accorder une trop grande attention à des particularités d'importance minime et de laisser dans l'ombre des caractères anatomiques d'une réelle valeur. Cette observation, incontestablement vraie pour ce qui concerne les organes internes qui ne sont connus que chez un nombre relativement très petit d'insectes est applicable aussi à l'étude des pièces buccales. On comprend facilement qu'il est très souvent impossible d'étudier les organes internes des insectes, parce qu'on n'en possède les spécimens qu'à l'état sec ou dans un état de conservation souvent imparfaite, mais il n'en est plus de même pour l'étude des pièces buccales, étude que l'on peut faire sur tous les échantillons. Or, l'anatomie de ces organes n'a jamais été faite ou tout au moins d'une manière approfondie. J'aurai l'occasion de montrer qu'elle permet cependant de trancher d'une façon très nette des questions douteuses relatives à l'établissement des genres. Au surplus, qu'on relise les lignes suivantes écrites par Latreille (18). Je m'associe dans une large mesure aux considérations qu'elles mettent en avant :

« Quelle que soit, en fait de méthode entomologique la manière de voir, il est incontestable que la connaissance des organes de la manducation des insectes est *si l'on veut approfondir leur étude, un complément non seulement utile, mais nécessaire.* Il est encore certain que l'examen de ces parties n'exige point, malgré leur exiguïté, une attention extraordinaire ni l'usage du microscope composé et qu'à l'égard des faits, il n'y a jamais de variations importantes toutes les fois qu'ils sont recueillis par des observateurs patients et exercés. Mais l'emploi de ces considérations est-il indispensable dans l'établissement des genres? Voilà ce que contestent des naturalistes qui voudraient faciliter l'étude de l'entomologie en faisant usage de caractères plus apparents. Je partage leur opinion, quant aux coupes génériques qui sont susceptibles d'être autrement signalées. Je suis aussi d'avis qu'on a abusé des principes introduits par Fabricius, qu'il en a le premier donné l'exemple, et que lorsqu'on est forcé de se servir des caractères fournis par les organes de la manducation, il faut autant que possible se restreindre aux parties que l'on peut observer sans dissection ou sans peine, et à imiter, à cet égard, Clairville qui n'emploie que les mandibules et les pattes. *Mais le désir de familiariser promptement les élèves avec cette science, ou d'être élémentaire, doit être subordonné à cette règle : qu'ici, de même que dans tous les animaux vertébrés, l'on ne peut établir aucune bonne coupe naturelle sans l'examen préalable de ces organes et que l'on ne peut réunir génériquement des animaux qui, quoique semblables par leur physionomie diffèrent néanmoins sous ce point de vue. »*

L'étude détaillée que j'ai faite des pièces buccales d'un nombre assez considérable (environ 200) d'espèces prises dans tous les genres de la tribu des Vésicants, m'a conduit aux mêmes conclusions. Je n'entrerai, pour le moment, que dans l'exposé des généralités, réservant pour un autre chapitre, les descriptions relatives à chaque genre et à chaque espèce. Mais, dès maintenant, on remarquera la constance des caractères dans chaque groupe déterminé. Je ferai voir en même temps par quelques exemples que ces caractères sont susceptibles de remplacer avantageusement ceux que, faute de mieux, l'on tire trop souvent de la couleur ou seulement de la consistance des organes, lorsqu'il s'agit d'établir la parenté d'espèces indécises. Enfin, j'ajouterai que les caractères sexuels sont ici généralement fort peu marqués, ou consistent dans des détails insignifiants.

LABRE (1).

Le labre est formé chez tous les Vésicants d'une seule pièce saillante en avant de l'épistome, au-dessus des mandibules, qu'il recouvre presque complètement (voir fig. 1 et 2 ci-contre).

Sa face supérieure est ordinairement velue, principalement vers le bord antérieur et sur les côtés ; sur sa face inférieure est un épipharynx (fig. 2 E, *ep*.) consistant le plus souvent en deux bandes de poils convergeant en arrière. De consistance cornée et parfois même très dure chez un grand nombre d'espèces

(1) Contrairement à Brullé (19) et d'accord avec M. Milne Edwards (20), je ne considère pas le labre comme faisant partie des pièces buccales proprement dites. J'en parle dans ce chapitre, pour ne pas rompre avec les usages.

(*Mylabris, Meloe, Cantharis, Halosimus*), le labre peut être membraneux (*Cissites testacea, Cerocoma*, etc.).

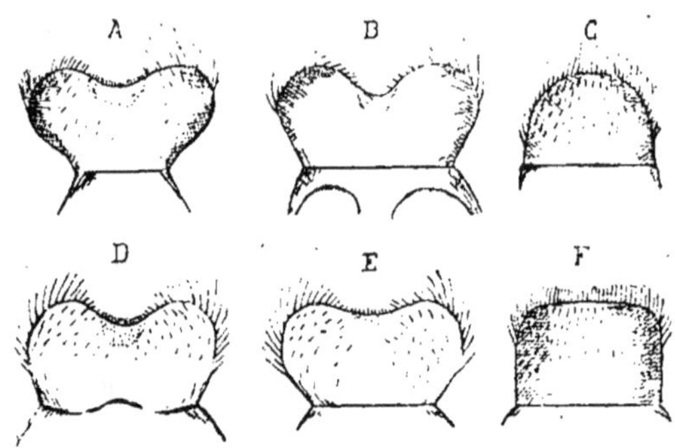

Fig. 1. — Types de labres, grossissement, $\frac{20}{1}$;
A, *Mylabris cichorii;* B, *Lytta pennsylvanica;* C, *Nemognatha lutea;*
D, *Lagorina scutellata;* E, *Meloe proscarabœus;* F, *Cissites testacea.*

Son bord libre antérieur offre presque toujours en son milieu des poils d'une nature spéciale, probablement tactiles, qui se font remarquer par leur délicatesse. Ces poils, cylindriques ou obconiques, sont incolores, régulièrement pressés côte à côte en plusieurs rangées. Ils semblent être rétractiles, car suivant les conditions de préparation, ils deviennent très apparents ou cessent d'être visibles chez une même espèce.

Dans la grande majorité des espèces, le bord antérieur du labre est échancré. Mais on observe sous ce rapport de multiples variations non seulement d'un genre à l'autre, mais aussi entre les espèces d'un même genre. Ainsi, dans le genre Meloe, le *Meloe majalis* se fait remarquer ainsi que *Meloe proscarabeus* (fig. 1 ci-contre, E) par un labre à bord concave tandis que ce bord est profondément échancré au point que le labre semble divisé en deux lobes chez *Meloe rugosus. M. brevicollis, Meloe murinus*, etc. D'un genre à l'autre on observe des différences plus profondes encore. Échancré dans le genre *Cantharis* (fig. 2, C), le bord antérieur du labre est droit chez *Cysteodemus armatus*, convexe chez *Nemognatha, Zonitis, Gnathium*, etc. (voir ci-contre, fig. 1 C et fig. 2 B). Ces particularités contribuent à donner à la lèvre supérieure un aspect très caractéristique et qui a été fort employé pour la diagnose des genres.

La forme générale du labre ne présente pas moins d'intérêt. D'après les recherches que j'ai faites chez un grand nombre d'espèces, cette forme m'a paru donner lieu à quatre types principaux bien tranchés entre lesquels toutefois on peut observer des formes de passage.

1er *type*. — (Fig. 1, ci-contre A et B). Cordiforme, à pointe dirigée en arrière, et tronquée de telle sorte que le bord antérieur est plus large que le bord postérieur qui s'attache à l'épistome. Dans cette forme, le bord libre est ordinairement concave ou profondément échancré en son milieu, et les angles antérieurs sont arrondis et proéminents. On l'observe chez le genre *Mylabris* et chez quelques espèces du genre Lytta (*L. erythrocephala, L. pensylvanica*).

2e *type*. — (Voir ci-contre, fig. 1 D et 2 C). Plus large que long, bords latéraux convexes. Bord antérieur ordinairement échancré ou concave, à peine plus large que le bord postérieur. Ce type s'observe dans les genres *Cantharis, Lagorina, Lydus, Hapalus, OEnas, Épicauta, Pyrota* avec quelques modifications de détail.

Le genre *Meloe* (fig. 1 E) offre un type intermédiaire aux deux précédents. En effet, le bord postérieur du labre est moins large que dans le second type et plus large que dans le premier. Somme toute, il se rapproche assez de l'apparence cordiforme qu'on observe chez les Mylabres.

3e *type*. — (Voir ci-contre, fig. 1 C et F, et fig. 2 A). Tout dif-

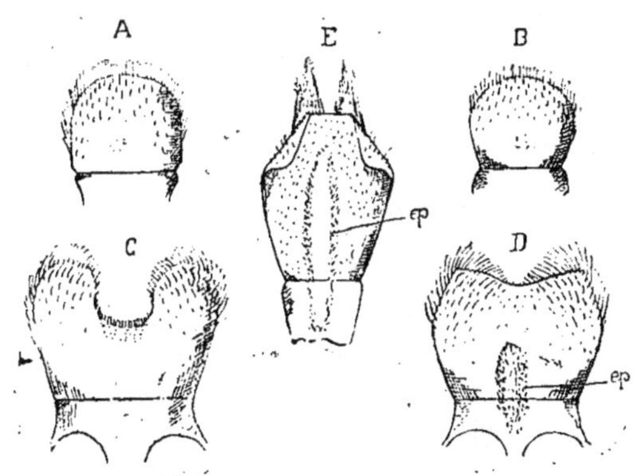

Fig. 2. — Types de labres, grossissement, $\frac{20}{1}$;
A, *Henous confertus;* B, *Zonitis mutica;* C, *Pomphopœa Texana;*
D, *Cantharis Dussaulti;* E, *Cerocoma Vahli* ♂.

férent des précédents, le troisième type appartient aux genres *Nemognatha, Gnathium, Henous* et *Cissites*. Le labre est plus long que large, son bord libre est convexe, ses côtés droits.

4ᵉ *type*. — (Voir ci-contre, fig. 2 B). Il se rapproche du précédent, mais il est proportionnellement moins long et est parfois coupé carrément en avant et obliquement sur ses côtés de manière à prendre une forme pentagonale. C'est ce qu'on observe chez *Sitaris humeralis* et chez *Zonitis bilineata*. Toutefois, chez les Zonitis en général le bord libre est convexe et la forme du labre se rapproche beaucoup de celle qu'on observe chez les Nemognatha. Enfin, on observe une forme assez aberrante chez les Cerocomes si remarquables d'ailleurs par les particularités que présentent leurs diverses pièces buccales (fig. 2 E). Dans ce genre, le labre très allongé est généralement décrit comme un organe bifide. Mulsant (17) dit : « labre plus long que large presque en fer de lance, fendu longitudinalement. » En réalité, il n'est point bifide. Il consiste en une lamelle membraneuse plus longue que large dont les angles repliés se réfléchissent en bas et dont le bord antériéur est droit. Il a somme toute une forme pentagonale. De plus, sur chacun des angles antérieurs, s'insère un pinceau de poils qui se projettent en avant et ont été considérés à tort comme deux lobes. En somme, le labre des Cerocomes rentre dans notre 4ᵉ type. Il n'est nullement bifide.

Il est à remarquer que les types que je signale sont très constants et peuvent compter parmi les caractères des genres. C'est d'ailleurs ce qu'avait très bien compris Mulsant qui ne néglige pas d'indiquer la forme du labre dans ses descriptions. Toutefois quand il s'agit de différencier les espèces, il n'y a guère à compter sur le labre pour aider à la diagnose.

MANDIBULES (1).

Les *mandibules*, robustes et de consistance cornée chez tous les Vésicants, se composent d'un corps épais, le plus souvent excavé à sa face inférieure. On y peut distinguer un *maxillaire* reconnaissable aux poils qui garnissent son bord externe épais et convexe, et un *galea* glabre, en forme de bec dont l'extrémité pointue, rarement obtuse ou tronquée se recourbe plus ou moins en dedans. Le galea termine la mandibule et en forme l'extrémité distale. Maxillaire et Galea sont parfois soudés complètement, mais une ligne de moindre épaisseur, plus transparente marque le plus souvent leur limite. Le bord interne de la man-

(1) J'adopte dans mon exposé la nomenclature de Brullé (Ann. des Sc. nat., 3ᵉ série, t. II, 1844).

dibule est formé pour les 2/3 antérieurs environ par le Galea et pour le 1/3 postérieur par une saillie quelquefois très épaisse qui représente le *sous-maxillaire* (molaire de Marcelle de Serres) et qui est toujours soudée intimement avec le maxillaire. Le sous-maxillaire occupe l'angle postérieur et interne de la base de la mandibule. L'angle externe étant prolongé par un condyle pour l'articulation avec la tête.

A l'union du sous-maxillaire, du maxillaire et du Galea, on observe sur le bord interne de la mandibule une échancrure profonde (1) ordinairement carrée, mais parfois réduite à une encoche triangulaire ou demi-circulaire. Cette échancrure supporte sur sa lèvre postérieure une pièce membraneuse velue.

Cette pièce est l'*Intermaxillaire* (*prostecha* de Kirby). Audouin avait reconnu l'existence de cette « membrane tendineuse jaunâtre qui occupe en partie le côté interne de la mandibule » chez la Cantharide; Brullé (19) en parle également et la décrit chez le Meloe et la Cantharide.

« Chez les Staphylins, dit-il, c'est un article biarticulé, revêtu d'un bouquet de poils. Chez les Blaps, c'est un gros mamelon membraneux, sorte de vésicule située entre le sous-maxillaire bien développé et les dentelures robustes (Galea) qui terminent les mandibules. Les Meloe ont une vesicule du même genre située comme chez les Blaps, entre le sous maxillaire et le Galea ; c'est encore un intermaxillaire membraneux. Les cantharides (*Lytta* ou *Cantharis Vesicatoria*) ont l'intermaxillaire conformé comme dans les staphylins, c'est-à-dire qu'il est comprimé et velu sur le bord, ce qui le distingue de l'intermaxillaire des Blaps et des Meloe. »

L'intermaxillaire, d'après mes recherches, existe chez tous les vésicants, plus ou moins développé et varié dans sa forme et sa structure.

Dans le genre *Cerocoma* (*C. Vahli*) (pl. V, fig. 16) il semble formé de deux parties ; l'une supérieure qui répond peut-être à un prémaxillaire (*g*) est de consistance semi-cornée et couverte de longs poils groupés en une sorte de bouquet ; l'autre, membraneuse, formant les 2/3 inférieurs de l'organe est mince et revêtue de petits poils fins, courts et serrés.

Ailleurs, l'intermaxillaire est membraneux dans toute son

(1) « Un peu au-dessus de la molaire, dit Audouin (14), dans sa description des mandibules de la cantharide, et sur le bord interne de la mandibule, existe une forte échancrure ou entaille quadrilatère qui avait échappé aux entomologistes. » Cette échancrure existe chez presque tous les vésicants.

étendue, à peu près linguiforme et appliqué plus ou moins intimement contre le bord interne des mandibules. Cette forme s'observe chez les espèces du genre Cantharis (*C. Vesicatoria, C. Nuttalli, G. Sphœricollis, C. Viridana*, etc.), ainsi que chez les genres *Lydus, Hapalus, Zonitis*, etc. (pl. **V**, fig. 12 et 13 et ci-contre, fig. 3 A *p*).

La forme vésiculeuse signalée par Brullé chez le Meloe, s'observe en effet chez la grande majorité des espèces de ce genre, et aussi chez les *Epicauta* (*E. Verticalis, E. callosa, E. ferruginea. E. pruinosa, E. vittata, E. strigosa*, etc.), les *Pyrota*, les *Macrobasis* (*M. Albida, M. Fabricii, M. Torsa*), le *Leptopalpus rostratus* le *Cissites testacea*, etc. (pl. **V**, fig. 5 et ci-contre fig. 3 D *p*).

Enfin, l'intermaxillaire est réduit à une très courte languette membraneuse, velue, chez quelques genres (*Hapalus, Tricrania*, etc.), (pl. **V**, fig. 16 et ci-contre fig. 3 A).

Dans un certain nombre de mes préparations j'ai constaté l'existence d'un axe central chitineux servant de support à la partie membraneuse de l'intermaxillaire (pl. **V**, fig. 5).

La nature des poils que porte l'intermaxillaire montre qu'on a à faire à un organe tactile. En effet, outre les poils aigus de consistance cornée qu'il porte sur presque toute sa surface, on observe des organes beaucoup plus délicats qui ont tout à fait l'apparence d'organes tactiles et qui se font remarquer par leur forme et leur répartition. Ce sont des sortes de papilles, roides, cylindriques ou coniques, généralement courtes, groupées régulièrement; sous ce rapport, les faits les plus curieux m'ont été offerts par l'étude de l'intermaxillaire chez *Meloe Majalis, Cantharis vesicatoria* et *Lagorina Scutellata*.

L'intermaxillaire de *Meloe Majalis* se présente sous la forme d'une sorte de vésicule trilobée dont le lobe externe, le plus court est à peu près sphérique et occupe en majeure partie l'échancrure de la mandibule. Le lobe moyen, cylindrique, est couché dans la concavité de la mandibule, tandis que le lobe interne, de même forme, mais un peu plus allongé, repose sur le bord interne. Tout l'organe est relevé d'un dessin polygonal formé par des épaississements en forme de petites écailles qui se relèvent et produisent de courtes saillies qui se transforment dans les 2/3 potstérieurs de l'organe en de longs poils cylindriques couchés obliquement et très serrés. Le bord externe du lobe interne de l'intermaxillaire porte dans sa partie supérieure un épaississement, sorte de lèvre saillante sur laquelle sont disposés régulièrement en une rangée des spinules roides, obconiques, chitineux et durs. Ces spinules sont localisés en ce seul point et ne se retrouvent sur aucune autre région de l'organe.

Ajoutons enfin qu'une expansion chitineuse, colorée en brun et couverte de semblables spinules, se voit lorsqu'on examine la face inférieure de la mandibule. Cette expansion qui remplit presque toute l'étendue de l'échancrure sert de support à l'intermaxillaire membraneux.

L'intermaxillaire de la *Cantharide* (pl. V, fig. 12 et 13), (C. Vésicatoria) a une forme bien différente. Il consiste en une sorte de lame linguiforme soutenue en son centre par une tige chitineuse légère et appliquée contre le bord interne de la mandibule. Toute la lame membraneuse est velue; en outre, sur une ligne correspondant à l'axe chitineux, on observe une série de petits faisceaux de spinules roides, épais et courts, également distants les uns des autres et groupés par 6 ou 10. Ces petits groupes de spinules semblent sortir chacun d'une sorte de calice formé par un relèvement de la membrane chitineuse tout autour de leur base.

J'ai observé une disposition toute semblable chez *Lagorina scutellata* (pl. V, fig. 1 et 2).

Comme il me serait impossible d'entrer dans une étude détaillée de toutes les particularités qu'on observe dans la structure des mandibules chez les nombreuses espèces qui composent la tribu des Vésicants, j'ai cherché pour les résumer, à grouper les principales modifications que présentent ces organes. Ils me paraissent pouvoir rentrer dans quatre types principaux comme suit :

1° Mandibules *semblables entre elles*, très robustes, cornées, à galea pointu et recourbé en dedans ; *bord interne muni de une ou plusieurs dents* très irrégulières en général, et formées par des sortes d'entailles de ce bord. Échancrure profonde, *carrée*. Intermaxillaire *vésiculeux* en général, molaire *lisse*. Genres : *Pyrota, Epicauta, Lytta, Macrobasis, Meloe* (pl. V, fig. 3 et 14, et ci-contre, fig. 3 E).

Une modification consistant dans la forme de l'intermaxillaire qui est réduit à une lame linguiforme, se rencontre chez les genres *Cantharis, Henous*, etc. (pl. I, fig. 13).

2° Mêmes caractères que précédemment, mais, bord interne du Galea lisse et dépourvu de dents. Genres : *Cabalia segetum, Lydus;* chez *Cysteodemus* et *Tegrodera,* l'extrémité du Galea est

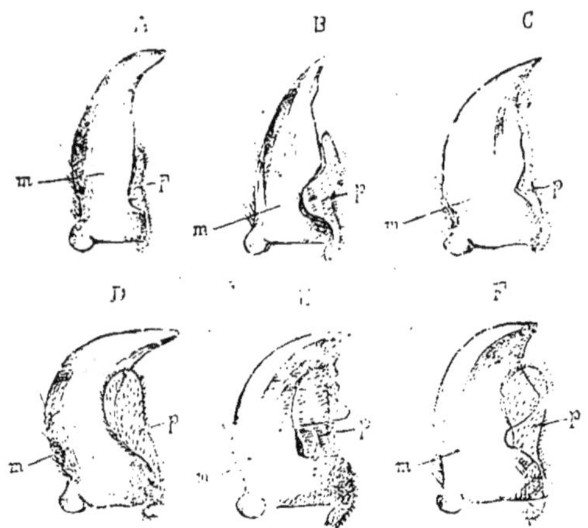

Fig. 3. — Types de mandibules, grossissement, $\frac{20}{1}$.
A, *Hapalus bipunctatus;* B, *Nemognatha lutea;* C, *Zonitis mutica*
D. *Cissites testacea;* E, *Pyrota insulata;* F, *Cysteodemus armatus.*

bifide et la concavité de la face inférieure de la mandibule est extrêmement prononcée (pl. I, fig. 7, et ci-contre fig. 3 F).

Chez *Lagorina scutellata,* l'extrémité du galea est obtuse (pl. I, fig. 1).

3° Dans une troisième modification, les mandibules se font remarquer par l'absence complète d'échancrure au bord interne. Ce bord est lisse et fortement concave.

L'intermaxillaire est *vésiculeux* et le Galea s'avance en dedans en une longue dent. Genre *Cissites* (voir ci-contre, fig. 3 D).

L'intermaxillaire est *lamelleux.* Genres : *Sitaris, Cerocoma* (pl. V, fig. 6 et 15).

L'intermaxillaire est encore lamelleux, mais le bord interne de la mandibule est dentelé et une encoche porte l'intermaxillaire. Genres : *Pomphopœa, Zonitis, Nemognatha* (pl. V, fig. 4, et ci-contre, fig. 3 B et C).

Enfin, l'intermaxillaire est *rudimentaire* et le bord interne de la mandibule est presque droit ou à peine concave. Genres : *Hapalus (H. bimaculatus), Tricrania (T. Stansburii)* (pl. V, fig. 16, et ci-contre, fig. 3 A).

4° Un quatrième groupe comporte tous les genres dont le sous-maxillaire (molaire) au lieu d'être lisse est hérissé de tubercules plus ou moins pointus, qui le transforment en une sorte de râpe. En général, l'échancrure de la mandibule est réduite à une encoche. Genres : *Halosimus, Œnas, Mylabris, Coryna* (pl. V, fig. 17 et 8).

Les *Mylabris* et *Coryna* offrent une très intéressante particularité qu'on ne retrouve nulle part ailleurs chez les Vésicants (1). Chez ces insectes, en effet, les mandibules sont *dissemblables*. Tandis que la mandibule droite est pourvue d'une très forte dent à son bord interne (pl. V, fig. 8, 9, 10 et 11), au-dessous de l'extrémité du Galea, la *mandibule gauche est inerme*.

Chez ces deux genres, en outre, le bord des mandibules offre une grande échancrure, mais celle-ci, au lieu d'être carrée ou triangulaire, consiste en une sorte d'entaille oblique, d'arrière en avant et de dedans en dehors qui donne à l'organe un aspect tout particulier et très caractéristique.

On peut dire que les genres Mylabris et Coryna seraient facilement distingués de tous les autres Vésicants au seul examen de leurs mandibules.

En exposant les caractères des mandibules chez les principaux genres, je ne me suis pas préoccupé des classifications adoptées. Par un simple coup d'œil on peut voir toutefois que ces caractères correspondent le plus souvent aux groupements ordinaires. Là où il semble y avoir des divergences, celles-ci portent sur des genres dont la place est douteuse. Cette observation vient à l'appui des considérations que je faisais valoir au début de cette étude des pièces buccales. J'aurai à y revenir d'ailleurs au sujet de l'examen des mâchoires. Je montrerai par quelques exemples que l'étude détaillée de ces divers organes si importants crée en réalité une réserve d'excellents matériaux qu'il sera possible de mettre à profit lorsqu'il s'agira de procéder à la diagnose des genres et des espèces.

MACHOIRES.

(Pl. V, fig. 19 à 40). — Pour l'étude des mâchoires chez les Vésicants, il n'est pas de sujet plus convenable que les diverses espèces du genre *Pyrota* (ci-contre, fig. 4 A). Chez ces insectes,

(1) Cette particularité qui est passée sous silence par les auteurs et que je croyais avoir été le premier à observer a été signalée et figurée pour le genre Mylabris par Bilberg (?1) dans sa monographie des Mylabres.

en effet, toutes les pièces des mâchoires sont reconnaissables et faciles à distinguer, tandis que dans tous les autres genres ces pièces sont plus ou moins soudées et confondues entre elles, au point qu'il devient souvent impossible de distinguer autre chose qu'un organe bilobé portant un palpe.

Je prendrai donc pour type la mâchoire des Pyrota, d'après mes recherches sur les *Pyrota Mylabrina, P. insulata, P. Ger-*

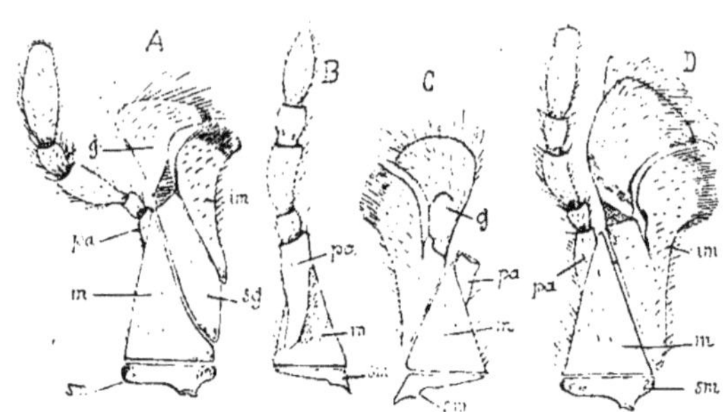

Fig. 4. — Types de mâchoires, grossissement, $\frac{20}{1}$;

A. *Pyrota insulata*; B, *Meloe proscarabœus*, maxillaire et palpigère, face supérieure.

C, du même, mâchoire, face inférieure; D, *Halosimus viridissimus*, $\frac{40}{1}$.

mari et *P. Afzeliana*. Les mâchoires sont en parties cornées et en partie membraneuses.

Les pièces qui les composent sont assez régulièrement disposées en trois séries linéaires placées côte à côte, savoir : d'arrière en avant, série interne : l'*intermaxillaire* et le *prémaxillaire*. Ces deux pièces sont soudées, comme cela s'observe d'ailleurs chez tous les Vésicants sans exception.

Série intermédiaire : *Sous-Galea* et *Galea*.

Série externe : *Sous-maxillaire, maxillaire*. Ce dernier portant le *palpigère* que termine un *palpe* de quatre articles.

L'*intermaxillaire* est ici, comme d'ailleurs chez tous les Vésicants, une pièce allongée, appliquée au bord interne de la mâchoire et couverte de poils plus ou moins serrés suivant les espèces. Cette pièce se termine à son extrémité distale par un faisceau de poils plus durs, plus longs et plus roides, disposés en brosse et tournés en dedans. Cette portion est celle qu'on désigne communément sous le nom de *lobe interne* de la mâchoire. Elle me paraît représenter le prémaxillaire soudé à l'intermaxillaire.

Kirby et Spence (16) pensaient que, parmi les Coléoptères,

l'intermaxillaire manquait chez les Scarabæoïdes et les *Nemognathes*. Brullé prétend qu'il n'en est rien et que l'intermaxillaire existe toujours ; quand il ne paraît pas nettement, c'est qu'il est soudé au sous-galea. « C'est, dit cet auteur, le cas des « Lucanes et genres voisins. On retrouve, ajoute-t-il, cette dis- « position dans quelques Téléphores d'Amérique et dans les « Ripiphores, et *sans doute aussi dans les Nemognathes* que je « n'ai pu examiner. » Mes recherches sur de nombreuses espèces de Nemognathes (*N. lutea, N. bicolor, N. piezata, N. lurida, N. vittigera, N. immaculata*) confirment cette manière de voir. Chez tous ces insectes il existe un intermaxillaire, soudé, il est vrai, avec le sous-galea et le maxillaire, mais bien reconnaissable encore (pl. V, fig. 15).

Le *sous-galea* est une pièce rarement distincte. Chez les Pyrota, où il se montre nettement séparé du maxillaire, il consiste en un article allongé, couché obliquement entre le maxillaire et l'inter- maxillaire. Par contre, chez *Leptopalpus rostratus* (pl. V, fig. 34 et 35), il offre un grand développement ; de forme triangulaire, il empiète considérablement sur la place ordinairement occupée par le maxillaire qui se trouve ainsi proportionnellement très réduit. Le *Galea* offre chez les divers genres de la tribu de nom- breuses variations. Le plus souvent il se montre sous la forme d'un triangle irrégulier dont le sommet tronqué est dirigé en arrière et confine au sous-galea, tandis que la base convexe ou plane porte des poils nombreux et épais en forme de brosse. Ces poils sont ordinairement plus serrés au côté interne du galea et y for- ment une houpe en avant de celle que forment les poils du som- met de l'intermaxillaire.

Les rapports du galea (lobe externe) et du prémaxillaire (lobe interne) sont tels que, dans la plupart des cas, le galea embrasse le prémaxillaire et se courbe pour le contenir dans la concavité de son bord interne.

Les espèces du genre Nemognatha offrent un galea d'une forme toute particulière et qui depuis longtemps a attiré l'atten- tion des entomologistes. Il consiste en effet en une longue pièce conique recourbée en dehors à son extrémité terminale. Cette pièce (pl. V, fig. 25) est crénelée sur ses bords et particulière- ment sur le bord interne les crénelures sont larges et profondes. Au premier coup d'œil, on croirait être en présence d'un organe composé de nombreux articles superposés. Il n'en est rien cependant; le galea est formé d'un seul article. Au bord interne des poils très serrés et couchés les uns sur les autres se montrent dans toute l'étendue de l'organe.

Les Nemognathes sont les seuls insectes parmi les Vésicants qui offrent cette disposition. On en a rapproché les Zonitis sous le prétexte que le galea dans ce genre est terminé par un long pinceau de poils. Je ne vois pas en réalité qu'il y ait une assimilation possible entre ces deux formations. Le pinceau de poils du galea des Zonitis (pl. V, fig. 36 et 37) contribue il est vrai à allonger les mâchoires de ces insectes; mais, somme toute, ce galea a la même forme que chez la plupart des autres Vésicants.

Il n'en est plus de même du galea du Cérocome (pl. V, fig. 21 à 24). Chez Cerocoma Vahli ♂, par exemple, cet organe revêt une forme très irrégulière comparable à celle d'une massue tronquée obliquement au sommet. Membraneux dans une partie de son étendue, il est occupé en son axe par une tige chitineuse qui s'élargit en s'amincissant à mesure qu'elle se rapproche de l'extrémité libre. A quelque distance de cette extrémité, le galea porte sur sa face inférieure (pl. XI, fig. 22) un épaississement sinueux transversal couvert de spinules épais, coniques, disposés en une rangée, et qui non loin du bord interne se répandent en plus grand nombre sur une certaine étendue de la surface de l'organe. En outre, trois sortes de poils peuvent se distinguer sur le galea, savoir : 1° sur tout son bord libre antérieur, des poils allongés, grêles, hyalins, et terminés par une sorte de tête en forme de petite ventouse taillée obliquement (c, fig. 23) à la façon des poils des brosses qui garnissent les tarses des Mylabres; 2° sur la moitié antérieure du bord interne, des poils (a, fig. 24) ramifiés à leur extrémité en cinq ou six branches courtes et ondulées; 3° sur la moitié postérieure de ce même bord, des poils aigus, roides (b, fig. 24). — Cette complexité dans la structure est évidemment en rapport avec un rôle très actif du galea dans les fonctions de nutrition.

Le *sous-maxillaire* se présente à peu près toujours sous la même forme. C'est une sorte de lame étendue horizontalement à la base de la mâchoire, et pourvue sur son bord postérieur d'une assez longue apophyse pour son articulation à la tête et pour l'insertion des muscles.

Le *maxillaire* est toujours triangulaire. Le plus souvent il figure un triangle isocèle dont la base est en rapport avec le sous-maxillaire et dont le sommet atteint l'extrémité postérieure du galea et vient même parfois s'appliquer plus en avant au bord externe de ce dernier. Le maxillaire porte sur sa face supérieure le *palpigère*.

Palpigère. — Le palpigère est toujours très développé. Le plus ordinairement, il est comparable comme forme à l'article tibia des pattes, c'est-à-dire qu'il est conique, allongé, un peu courbe, à concavité externe. Toutefois dans quelques genres, *Cissites* et *Nemognatha* en particulier, il est court et large, tronqué à sa base ou fortement obtus (pl. V, fig. 25). Le palpigère est couché sur la face supérieure du maxillaire et occupe une grande partie de sa surface. Toujours il se prolonge jusqu'au bord externe de cette pièce, et c'est seulement en ce point qu'apparaît le palpe.

Palpe. — Le palpe maxillaire comprend, chez tous les vésicants, quatre articles superposés. Il existe de nombreuses variations dans la forme et les rapports de grandeur de ces articles entre eux. Je ne puis entrer ici dans ces détails. Qu'il me suffise de dire que d'une façon très générale (*Meloe, Cantharis, Mylabris, OEnas, Nemognatha, Zonitis,* etc.), le premier article est très court ; le deuxième très allongé, plus ou moins cylindrique ou cyathiforme ; le troisième, de longueur moyenne ; le quatrième, enfin, aussi long ou plus long que le second, et ordinairement cylindrique.

Parmi les exceptions les plus remarquables que je ne peux cependant pas passer sous silence, je citerai le palpe des mâchoires des Cerocomes.

Chez Cerocoma Vahli, par exemple, espèce déjà remarquable par la forme et la situation du galea (voir page 98) le palpe maxillaire comprend un premier article (p^1, pl. V, fig. 38) long et cylindrique qui s'évase un peu à son extrémité distale. Cette extrémité évasée reçoit le second articel (p^2) presque complètement membraneux et qui a la forme d'une sorte de coupe dont la concavité assez profonde est couverte de saillies courtes et aiguës. Le troisième article (p^3), également membraneux forme un couvercle bombé qui se fixe à l'un des bords de la coupe, de telle sorte que les deux articles réunis constituent une pièce composée de deux valves susceptibles de s'appliquer à peu près exactement l'une sur l'autre.

C'est, en somme, une sorte de cuiller capable de recueillir le pollen car j'ai toujours trouvé de nombreux grains renfermés entre les deux valves susdites.

Quant au quatrième article (p^4) du palpe maxillaire, il est subcylindrique, un peu vésiculeux et légèrement renflé à son extrémité. Il porte sur une de ses faces un organe dont il m'est absolument impossible d'apprécier l'usage. C'est une sorte de plaque cornée ovale, allongée parallèment au grand axe de l'article, et enfoncée en son milieu de manière à figurer deux lèvres dont les bords sont garnis de poils.

Enfin l'extrémité terminale du quatrième article est convexe et hérissée de petites papilles cylindriques de nature probablement tactile.

Je signalerai encore en passant le curieux palpe (pl. V, fig. 34 et 35) de *Leptopalpus rostratus* supporté par un long palpigère et formé de quatre articles dont les trois derniers très allongés à bord externe un peu convexe et à bord interne garni d'une brosse de poils donnent à la mâchoire une grande longueur. Rien de semblable ne s'observe chez les Nemognathes auxquels Lacordaire a réuni le Leptopalpus. Chez les Nemognathes en effet, l'allongement de la mâchoire est dû au développement singulier du *Galea* tandis que chez Leptopalpus il tient à l'allongement du *palpe*. Ces caractères, comme le dit fort bien Fairmaire (22), paraissent motiver suffisamment la séparation de ces deux genres que Lacordaire réunit, et j'ajouterai qu'on semble s'accorder à tort à réunir (voir Catal. de Gemminger et Harold 1870) encore aujourd'hui.

Pour compléter cet exposé général de la structure des mâchoires chez les Vésicants, je réunirai comme je l'ai fait pour les mandibules les principales formes qu'on peut observer en groupes qui permettent de saisir plus facilement l'ensemble des particularités qui distinguent ces appareils. En considérant le degré de soudure des diverses parties des mâchoires j'établirai quatre types comme suit :

Premier type. — Toutes les pièces sont distinctes sauf toutefois le premaxillaire qui, je l'ai dit, est toujours soudé avec l'intermaxillaire. — A ce type appartiennent les espèces du genre

Pyrota. — On peut leur rattacher le genre *Leptopalpus* (*L. ros-tratus*) qui se distingue toutefois par le grand développement du sous-galea au détriment du maxillaire et par l'allongement con-sidérable du palpe (pl. I, fig. 34, et ci-dessus, fig. 4 A).

Deuxième type. — Le sous-galea n'est plus distinct de l'inter-maxillaire avec lequel il est complètement soudé. Parfois cepen-dant, il reste une trace de différenciation du sous-galea, accusée par une encoche sur le bord interne de la mâchoire à l'extré-mité postérieure de l'intermaxillaire et par une encoche sem-blable au niveau du premaxillaire (*Halosimus viridissimus*, *OEnas afer*, etc.) (pl. V, fig. 28, et ci-dessus, fig. 4 D).

Tantôt l'encoche postérieure seule est apparente. Ex. *Mylabris variabilis* (pl. V, fig. 19). Ailleurs, au contraire, c'est l'encoche antérieure qui est seule apparente. Ex. *Meloe proscarabœus*, *M. lœvigatus*, etc. (voir ci-dessus, fig. 4 B et C).

Quoiqu'il en soit, ce second type est celui qu'on observe le plus fréquemment chez les Vésicants. Je citerai particulièrement les genres *Halosimus*, *OEnas*, *Cabalia*, *Mylabris*, *Meloe*, *Lagorina*, *Lydus*, *Cerocoma*, *Coryna* (pl. V, fig. 39, et ci-contre, fig. 5 A).

Le genre *Sitaris*, tout en présentant les caractères de ce groupe,

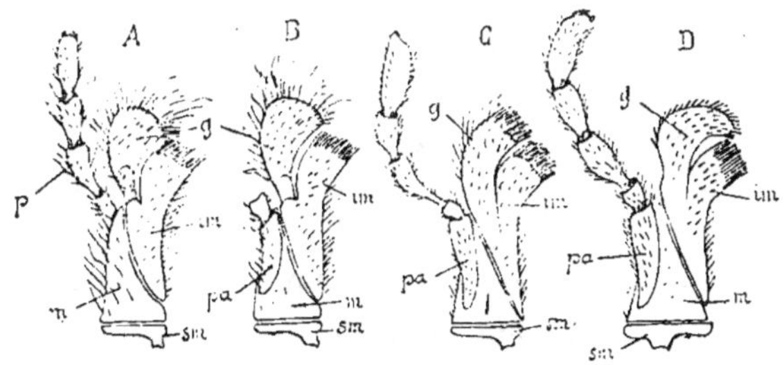

Fig. 5. — Mâchoires;

Grossissement, $\frac{25}{1}$: A, *Coryna distincta*, face inférieure;

B, du même, face supérieure avec palpigère *pa*;

Grossissement, $\frac{20}{1}$: C, *Henous confertus*, face supérieure;

D, *Epicauta verticalis*, face supérieure.

(Mêmes lettres explicatives que pour les figures des planches.)

s'en distingue cependant en ce que le sous-galea est soudé au maxillaire et non à l'intermaxillaire (pl. V, fig. 52).

Troisième type. — Le galea, le sous-galea, l'intermaxillaire et le premaxillaire sont soudés en une seule pièce bilobée située au bord interne du maxillaire. C'est le cas des genres : *Tegrodera*,

*Henous, Cantharis, Macrobasis, Lytta, Epicauta, Pomphopœa,
Cysteodemus* (ci-contre fig. 5 C et D, et fig. 6 A).

Quatrième type. — Enfin, une dernière modification montre
le maxillaire soudé lui-même avec les parties voisines. Le galea

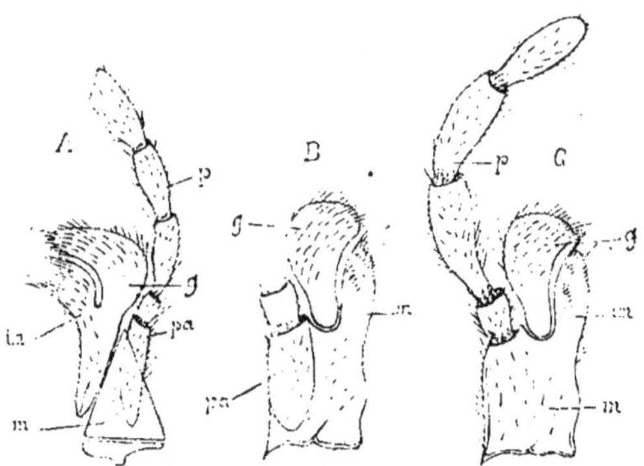

Fig. 6. — Mâchoires, grossissement, $\frac{20}{1}$;
A, *Macrobasis albida*, face inférieure: B, *Cissites testacea*, face supérieure;
C, *Cissites testacea*, face inférieure.

cependant dans ce cas reste distinct. Le sous-maxillaire et le palpigère restent également différenciés comme dans les trois premiers types; — à ce groupe appartiennent les genres *Hapalus*
(*H. bipunctatus*), *Cissites* (*C. Testacea*), *Zonitis, Nemognatha* et
Gnathium, (pl. V, fig. 30 à 37, et ci-contre, fig. 6 B et C).

Comme on le voit, par ce qui précède, le mode d'arrangement
et la forme des pièces qui entrent dans la composition des mâchoires ne sont pas sans intérêt. Ils constituent des caractères
dont la constance dans chaque genre mérite d'attirer l'attention ;
aussi me paraît-il indispensable d'en tenir grand compte dans
l'étude des Insectes. J'ai montré plus haut par un fait frappant,
à quelles erreurs conduit l'habitude de s'en référer aux caractères extérieurs, tels que la longueur des organes. Il me serait
facile de multiplier les exemples qui montrent quel parti on
pourrait tirer de l'étude approfondie des pièces buccales pour le
classement des genres ou des espèces douteux.

C'est ainsi que si je veux intervenir dans le débat qui a eu lieu
entre Mulsant et Fairmaire relativement à la place que doit occuper le genre *Hapalus*, je puis le faire en apportant des documents
d'une autre valeur que ceux que l'on met ordinairement en avant,
longueur des poils, disposition de ceux-ci en pinceaux, etc.

« Mulsant, dit Fairmaire (22), a rangé dans le groupe des Zoni-
« tites les Hapalus que je crois devoir laisser près des Sitaris, le
« lobe externe de leur mâchoire n'étant nullement prolongé en
« pinceau bien qu'il soit oblong, étroit et fortement cilié. » La
« structure du lobe interne des mâchoires de l'*Hapalus*, disait
« cependant Fairmaire, dans une autre partie de son genera
« (article : *Hapalus*) forme une transition naturelle pour arriver
« à la modification du même organe chez les Zonitis et les
« Nemognathes. » On voit par ces deux extraits contradictoires sur quelle faible base reposait l'opinion de Fairmaire.

En examinant les types ci-dessus établis, je crois pouvoir me
ranger de l'avis de Mulsant, et rapprocher l'Hapalus des Zonitis,
car les Zonitis et Hapalus ont tous deux les diverses parties du
corps de la mâchoire soudées en une seule pièce, tandis que dans
le genre *Sitaris* auquel Fairmaire voudrait joindre le genre
Hapalus, le sous-galea seul est soudé au maxillaire.

Autre exemple : Le genre *Lagorina* de Mulsant, est contesté;
beaucoup d'entomologistes le font rentrer dans le genre Cantharis. « Ce genre, dit Fairmaire, a beaucoup de ressemblance
avec les vraies *Cantharis*, mais, la forme des cuisses postérieures,
du corselet, et du *lobe externe des mâchoires* permet de les distinguer facilement, » j'ajouterai qu'il y a mieux que le caractère de la forme du lobe externe des mâchoires, caractère somme
toute assez peu important. Mais que l'on jette les yeux sur les
types que j'ai établis plus haut, et l'on verra que les genres Lagorina et Cantharis sont complètement distincts puisque le premier
appartient au second type, tandis que le second appartient au
troisième. J'interviendrai de même plus tard dans l'examen des
genres discutés tels que Lytta, Epicauta, etc.

Ce n'est d'ailleurs que par la combinaison des divers caractères empruntés aux pièces de la bouche et aux autres organes
aussi bien qu'à l'étude du développement qu'on pourra arriver
à des résultats précis et susceptibles de quelque rigueur.

LÈVRE INFÉRIEURE.

(Pl. V, fig. 51 à 54). — La *lèvre inférieure* comprend chez tous
les Vésicants une pièce médiane impaire ou *languette* en partie
confondue en arrière avec le *menton*. Rarement la séparation

complète entre ces deux pièces existe; le plus souvent une
ligne sinuée de forme très variable, indique seule la limite.

Les *palpes labiaux* portés à la partie inférieure et postérieure de
la languette se composent ordinairement de trois articles. Cependant, chez un certain nombre de genres, on en peut compter
quatre par suite de l'adjonction d'un article basilaire.

Les anatomistes paraissent avoir complètement ignoré l'existence de cet article basilaire que je ne vois mentionné dans
aucune description. Il a parfois cependant un grand développement et représente évidemment un palpigère analogue à
celui qu'on observe aux mâchoires. C'est dans le genre Sitaris
(pl. V, fig. 68) que ce palpigère acquiert sa plus grande longueur.
Il se présente alors sous la forme d'un article ovoïde aussi long
que la languette et qui se confond postérieurement avec le menton, si bien que les deux palpigères font assez bien l'effet d'un
menton profondément divisé en deux lobes ovoïdes qui atteignent le bord antérieur de la languette. Dans ce cas, le menton
semble avoir conservé sa composition théorique; les soi-disant
palpigères en question peuvent être considérés en effet comme
les deux coxites du membre transformé qui sont restés libres au
lieu de se souder comme à l'ordinaire. Ou bien encore ils figurent
les deux maxillaires isolés et alors la languette proprement
dite est formée uniquement par les galea et intermaxillaires
soudés.

Cette dernière manière de voir me parait devoir être adoptée
et me semble encore appuyée par le mode d'organisation que
présente la lèvre inférieure chez *Hapalus bipunctatus*. Dans cette
espèce, en effet, à la face inférieure (pl. V, fig. 51) de la languette
largement bilobée on voit une lame membraneuse rectangulaire
qui prolonge le menton et s'étend en avant jusqu'au niveau du
bord antérieur de la languette. Cette lame rectangulaire porte
à sa *face supérieure*, au niveau de la base de la languette deux
petits palpigères qui supportent les palpes de trois articles. En
réalité, la partie bifide appelée ordinairement languette, répond
aux galeas et aux intermaxillaires confondus, tandis que le prolongement rectangulaire du menton figure la portion maxillaire
du membre.

En admettant cette manière de voir, les palpes labiaux se
trouvent occuper la même situation que ceux des mâchoires par

rapport au maxillaire, c'est-à-dire qu'ils sont alors insérés sur
la face supérieure des maxillaires et non sur leur face inférieure,
ce qui avait quelque lieu de surprendre quand on considère que
toujours à la mâchoire, les palpes siègent à la face supérieure
du maxillaire. Pour étendre cette explication à tous les Vésicants,
il suffit d'admettre que la languette est formée seulement par
les galea et intermaxillaires confondus en une pièce plus ou
moins bilobée, tandis que les maxillaires sont atrophiés et réduits au lieu d'insertion des palpes. Ils rentrent donc dans la
loi la plus générale chez tous les insectes.

Parmi les insectes Vésicants chez lesquels le palpe est sup-

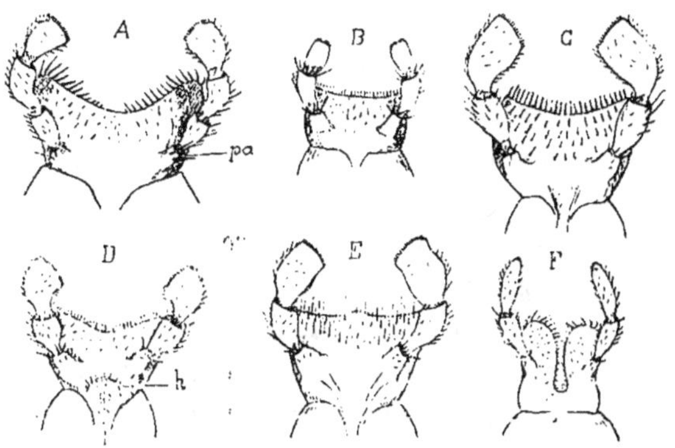

Fig. 7. — Lèvre inférieure des Vésicants, types :
Grossissement $\frac{10}{1}$: A, *Meloe Tuccius*. Grossissement $\frac{20}{1}$: B, *Cysteodemus armatus*.
C, *Epicauta verticalis*. D, *Pyrota insulata*. E, *Cantharis vesicatoria*.
Grossissement $\frac{40}{1}$: F, *Nemognatha apicalis*.

porté par un palpigère distinct, je citerai encore diverses espèces
de *Meloe*, (*M. Majalis, M. Murinus, M. Tuccius*, etc.), *Cabalia
segetum, Tegrodera erosa, Cerocoma Vahli*, etc.) (pl. I, fig. 43
et 49).

Chez ces insectes, le palpigère consiste en un petit article
inséré vers le 1/3 postérieur de la face inférieure de la languette.

Palpes labiaux. — Les articles des palpes labiaux se présentent
sous des formes assez différentes. En général le premier article
est le plus court, le troisième au contraire est volumineux,
ovoïde, cylindrique ou triangulaire. Son bord terminal convexe
est couvert de petites papilles délicates, que leur forme cylin-

drique, leur faible longueur et l'absence de coloration font distinguer facilement des poils ou spinules qui recouvrent plus ou moins complètement le reste de la surface des autres articles.

Languette. — La languette est souvent composée d'une pièce unique à bord libre plus ou moins excavé (*Meloe, Cysteodemus, Pyrota, Epicauta*), ou droit et relevé légèrement dans son milieu (*Cantharis, Lydus, Lytta*, etc.) (pl. V, fig. 40 et 50, et ci-contre, fig. 7, B, C, D, E).

Fréquemment aussi la languette est divisée profondément en deux lobes. Chez *Mylabris* (pl. V, fig. 41), ce n'est qu'une échancrure au milieu du bord antérieur (*M. Variabilis*) mais parfois une suture plus claire s'aperçoit au centre de l'organe (*M. 4-punctata*).

La bifidité est complète, et les deux lobes s'écartent légèrement l'un de l'autre, chez les genres *Zonitis, Nemognatha, Sitaris, Leptopalpus, OEnas, Coryna*, etc. (pl. I, fig. 46 à 48 et ci-contre, fig. 7, F).

Hypopharynx. — A la face supérieure du menton, on observe un hypopharynx ordinairement peu développé et consistant en séries de poils divergeant en avant. Parfois cependant cet organe est un peu plus compliqué et consiste en un ou plus ordinairement deux lobes velus, supportés par une charpente chitineuse spéciale (Cabalia Segetum) (pl. V, fig. 48).

II. — TUBE DIGESTIF.

A. Forme extérieure.

Le tube digestif a été étudié chez quelques insectes Vésicants par différents naturalistes, Ramhdor (23), Brandt et Ratzburg (24), L. Dufour (25), Audouin (14), etc.; mais en général, ces auteurs n'ont examiné qu'un petit nombre de genres et leurs descriptions sont assez sommaires.

L. Dufour (1824), est celui qui a étendu ses recherches au plus grand nombre de types. Il a figuré le tube digestif des *Meloe Majalis, Mylabris melanura, Zonitis præusta* et *Sitaris humeralis.*

Audouin (1826), de son côté, n'a étudié que la Cantharide, mais il a donné dans la belle monographie qu'il a consacrée a cet insecte la description la plus détaillée que l'on possède du tube digestif d'un Vésicant.

Je me suis proposé de compléter ces notions dans la mesure du possible. Mes investigations, à cet effet, ont porté sur tous les types que j'ai pu me procurer vivants ou conservés dans l'alcool.

Les *Cantharis vesicatoria, Epicauta verticalis, Lytta Fabricii, Lytta pensylvanica, Cerocoma Schreberi, Mylabris 4-punctata, Mylabris geminata, Zonitis mutica, Meloe angusticollis, M. proscarabœus, M. Majalis* et *Sitaris humeralis* que j'ai étudiés représentent, à quelques exceptions près, les principaux genres du groupe.

Le tube digestif examiné en place présente chez tous les Vésicants trois parties bien distinctes par leurs caractères extérieurs; ce sont, d'avant en arrière : l'œsophage (préintestin); le ventricule chylifique (intestin moyen) et l'intestin proprement dit (post-intestin). La forme et les dimensions réciproques de ces diverses parties sont un peu variables avec les espèces.

L'*œsophage*, toujours court et cylindrique dans sa partie antérieure, se renfle plus ou moins en arrière avant de s'unir au ventricule chylifique. Cette partie dilatée qui est très développée chez Meloe majalis, a reçu de certains auteurs le nom de *jabot;* nous verrons qu'il n'existe point chez les espèces qui, comme les Zonitis (Z. mutica, Z. prœusta) se nourrissent exclusivement du pollen des fleurs. Dans ce cas, l'œsophage (fig. 16, pl. IX) est grêle et cylindrique dans toute son étendue.

Chez certains Vésicants, comme la *Cantharide* ordinaire (*C. Vesicatoria*) les parois de l'œsophage semblent assez épaisses. Dans la région postérieure elles sont relevées extérieurement de saillies longitudinales séparées par des dépressions de largeur à peu près égale, et au niveau où commence l'estomac l'œsophage se termine par un bord festonné (pl. VI, fig. 1). Ailleurs, chez *Epicauta verticalis, Lytta Fabricii* et *Lytta pensylvanica* la paroi paraît plus mince et l'on aperçoit par transparence les pièces internes qui composent la valvule cardiaque (pl. VIII, fig. 2).

Le *Ventricule chylifique* a toujours un diamètre de beaucoup supérieur à celui des autres parties du tube digestif. Chez *Meloe Majalis* en particulier, sa capacité est telle que Graber a pu dire (26) que de tous les insectes c'est certainement celui qui a le plus grand estomac (1). Dans les autres genres, sans atteindre un développement aussi considérable, il reste encore le plus volumineux des organes internes.

Allongé et de forme ovoïde chez le plus grand nombre (Cantharis, Meloe, Epicauta, Lytta, Mylabris), il est à peu près régulièrement cylindrique chez les Zonitis et Sitaris.

Chez tous, il se rétrécit plus ou moins brusquement dans son 1/3 ou son 1/4 postérieur et se termine en un renflement ovoïde ou annulaire auquel fait suite l'intestin proprement dit. C'est en cette région renflée (*renflement pylorique*) à son union avec le ventricule chylifique que débouchent les tubes de Malpighi.

Rarement (Zonitis, Sitaris) la surface extérieure du ventricule est lisse; ordinairement elle est marquée d'épaississements transversaux très prononcés dans les 2/3 antérieurs et qui s'atténuent un peu en arrière pour disparaître complètement dans la

---

(1) Il est à remarquer toutefois que cette grande capacité ne se montre que lorsque l'organe est distendu par les aliments. Chez les insectes à jeun, le volume est beaucoup moindre.

portion postérieure rétrécie du ventricule ainsi qu'à la surface du renflement pylorique qui est toujours lisse.

Ces épaississements annulaires ont été regardés par les auteurs (L. Dufour, Audouin, etc.) comme formés de rubans musculaires transversaux. Il n'en est rien, car ainsi que nous le montrerons plus loin, l'enveloppe musculaire de l'intestin moyen n'a qu'une faible épaisseur. Ces épaississements traduisent à l'extérieur les replis annulaires de la muqueuse sur lesquels se moule la paroi très mince de l'organe. Cela est si vrai, que dans la région pylorique du ventricule où la muqueuse cesse d'être plissée, la surface est lisse bien qu'à ce niveau les plans musculaires de la paroi acquièrent un plus grand développement. Pour se convaincre de l'erreur que nous signalons, il suffit d'ailleurs de lire le passage suivant du mémoire de Audouin :
« La paroi externe de l'estomac, offre une quantité de bande-
« lettes transversales *qui sont formées par la tunique musculaire ;*
« *cette structure est beaucoup plus sensible à l'intérieur où elle*
« *constitue des plis saillants séparés entre eux par des sillons*
« *très larges...* »

Il est évident qu'il s'agit bien là de la muqueuse. Les coupes ne laissent d'ailleurs aucun doute sur l'origine des épaississements annulaires en question.

L'*intestin proprement dit* est un tube flexueux qui sous le rapport de la forme extérieure et de la longueur présente deux types distincts :

D'une part, chez les espèces qui ne sont pas à proprement parler herbivores et qui se nourrissent principalement de pollen (*Mylabris, Zonitis, Sitaris*) l'intestin relativement très court se rend directement à l'anus en décrivant seulement quelques sinuosités. Avant sa terminaison, il se renfle brusquement en un réservoir pyriforme qui aboutit à l'anus par son extrémité retrécie (pl. IX, fig. 16, 18 et 19).

D'autre part, chez les espèces qui se nourrissent de feuilles comme les Cantharis, Epicauta, Lytta, Meloe, etc., l'intestin est comparativement plus long et pour trouver place dans la cavité abdominale, se courbe en formant deux anses. On peut alors y distinguer trois parties qui se caractérisent tant par leurs dimensions que par leur direction.

La première portion, toujours la plus courte, fait immédiatement suite au ventricule chylifique. Elle s'abouche au renflement pylorique et se dirige en arrière. Après un trajet de quelques millimètres, l'intestin en faisant un coude brusque se porte en avant, en se plaçant au côté droit du ventricule. Enfin, par un nouveau coude, l'intestin reprend sa direction primitive et se porte en ligne droite vers l'extrémité postérieure du corps. Il est alors rapproché de la face dorsale de l'abdomen. La situation relative de ces trois parties de l'intestin se voit bien sur la coupe transversale de la Cantharide que nous donnons (pl. VI, fig. 11).

De ces trois portions, les deux premières sont à peu près cylindriques et ont sensiblement même diamètre chez *Cantharis*, *Lytta Fabricii*, *L. pensylvanica* et *Meloe*. Chez *Epicauta verticalis* la deuxième portion est fusiforme et même passablement renflée en son milieu. Quant à la troisième portion elle est ordinairement cylindrique, mais d'un diamètre presque double de celui des précédentes parties. Chez Meloe Majalis, toutefois, la forme de cette région rappelle davantage celle de la région correspondante des Mylabris et Zonitis, en ce sens que le renflement est ovoïde et limité à la partie postérieure de l'intestin. D'ailleurs, ainsi que je le montrerai plus loin la structure de cette dernière région de l'intestin ne laisse voir qu'une différence de longueur suivant les espèces. On arrive à la même conclusion, si l'on considère que c'est toujours à l'extrémité antérieure de ce renflement cylindrique ou ovoïde (*cœcum* des auteurs) que se voit l'insertion postérieure des tubes de Malpighi.

Enfin l'intestin se termine par un tube cylindrique extrêmement court et d'un petit diamètre, mais qui n'est pas à négliger, car il offre une structure interne toute particulière.

B. STRUCTURE DU TUBE DIGESTIF.

Si après avoir ouvert le tube digestif dans toute sa longueur, on l'étale pour l'examiner à la loupe, on constate la présence de deux valvules, situées : la première (*valvule cardiaque*) à l'union de l'œsophage et du ventricule chylifique ; la seconde (*valvule pylorique*) à l'union du ventricule et de l'intestin. En outre, la surface interne de chacune des régions du tube digestif offre un aspect particulier, indice de profondes différences de structure.

Il était nécessaire pour prendre une idée exacte de la structure de ces organes, de pratiquer des coupes en série. Dans ces recherches histologiques, j'ai procédé de la manière suivante avec les espèces telles que *Cantharis vesicatoria, Epicauta verticalis, Mylabris 4-punctata* et *Meloe proscarabæus* que j'ai pu me procurer vivantes : le tube digestif était fixé par l'alcool absolu ou l'acide osmique, puis durci dans la gomme et les coupes colorées au moyen du picro-carmin ou de l'hematoxyline.

Comme agent de fixation l'acide osmique m'a donné d'excellents résultats par la méthode suivante : j'injecte dans le tube digestif en place une solution d'acide osmique au centième, puis après un contact peu prolongé, je fais un lavage à l'alcool. Il est bon pour réussir de faire les injections à la fois par l'anus et par la bouche, le jeu des valvules pouvant s'opposer au passage des liquides dans un sens ou ne cédant qu'à une pression qui peut nuire à l'intégrité des parois.

Je me suis trouvé mieux encore d'une autre méthode consistant à ouvrir dans toute sa longueur le canal alimentaire et après l'avoir étalé, à le traiter par l'acide osmique. On suit mieux ainsi l'action du réactif et on obtient d'excellentes préparations.

Mes investigations m'ont montré que les caractères généraux de structure se retrouvent à peu près semblables chez les diverses espèces sauf en ce qui concerne la structure et le développement des valvules. Je prendrai pour type la Cantharide ordinaire (*C. Vesicatoria*).

a. OESOPHAGE ET VALVULE CARDIAQUE.

1° Cantharide. — Comme chez tous les insectes, l'œsophage comprend, de dedans en dehors, trois couches nettement définies, savoir : 1° une cuticule ou revêtement chitineux interne, 2° une couche de fibres musculaires longitudinales et 3° une couche de fibres musculaires à disposition circulaire.

En dehors de cette dernière, la surface de l'œsophage est parcourue par de fines trachées englobées en partie dans une masse adipeuse qui forme une double traînée à la face ventrale et à la face dorsale de l'organe. Cette masse adipeuse n'offre pas la même structure que celle qui enveloppe l'intestin. Elle est formée de cellules irrégulièrement polyédriques, finement granuleuses, larges d'environ $12\,\mu$ à $17\,\mu$, et qui renferment un noyau à peu près sphérique dont le diamètre mesure $6\,\mu$. Ce noyau qui se

colore très bien par le carmin, possède le plus souvent deux nucléoles fortement réfringents. Les cellules sont groupées dans
une substance fondamentale hyaline (fig. 12, pl. VI), qu'on voit
par places sur les bords, se prolonger en de grèles filaments
transparents. L'ensemble des cellules affecte parfois des groupements tels qu'on penserait avoir affaire à des tubes tapissés d'épithélium. Cependant jamais sur les coupes je n'ai pu
obtenir des sections qui confirment cette manière de voir. J'avais
pensé d'abord être en présence de quelqu'organe de sécrétion,
tel que glandes salivaires. Mais la disposition de ces amas de
cellules à la surface des trachées, leurs caractères histologiques
et la coloration noire intense qu'elles prennent sous l'action de
l'acide osmique en même temps que l'absence de conduit d'aucune sorte débouchant dans l'œsophage sont, autant de raisons
qui me déterminent à les considérer comme une formation à
rapprocher du corps adipeux.

Sur mes coupes, non plus qu'au moyen des dissociations, je
n'ai pu mettre en évidence une couche hypodermique interposée entre la cuticule et la musculeuse longitudinale. Ici comme
chez les autres insectes, la cuticule repose directement sur les
fibres musculaires; toutefois à partir d'une certaine distance en
arrière de l'orifice buccal, la face externe ou profonde de la cuticule présente des champs polygonaux irréguliers, d'abord mal
définis, puis plus arrêtés, qui offrent un aspect finement granuleux et se colorent bien en rouge par le picro-carmin.

Je n'ai trouvé dans la paroi de l'œsophage ou à son voisinage
aucun élément ou organe pouvant être interprété comme glande
salivaire. Les récentes recherches de M. Gazagnaire (30) sur les
Glandes salivaires m'ont engagé à réétudier ce point particulier
et mes études me confirment dans mon opinion première relativement aux insectes vésicants. M. Gazagnaire a décrit, en effet,
des éléments glandulaires dans l'épaisseur du labre des *Ditycidæ*,
et a cru pouvoir, vu leur structure, les considérer comme glandes
salivaires. Je retrouve bien dans le labre de la Cantharide des
éléments glandulaires formés d'une cellule volumineuse ovoïde
avec noyau nucléolé et pourvue d'un fin conduit chitineux qui
partant de l'intérieur de la cellule où il forme un crochet prononcé, va après un long trajet aboutir à la surface du tégument.
Or ces glandes unicellulaires s'ouvrent aux deux surfaces, supé-

rieure et inférieure du labre, ce qui semble bien indiquer qu'elles so nt simplement des glandes de la peau. Bien plus, j'ai retrouvé de semblables éléments glandulaires dans les antennes dans les divers articles des pattes (cuisse, jambe, tarse), et jusque dans les élytres. Pour considérer les glandes de la face inférieure du labre comme glandes salivaires, il faudrait admettre, ce qui est possible, qu'une même forme d'éléments est susceptible de donner des produits variés (de même que chez les animaux plus élevés, nous voyons les glandes en grappes constituer un type qui se reproduit dans des organes qui donnent des secrétions très distinctes). L'abondance des glandes monocellulaires dans le labre cheez la Cantharide laisse à penser tout au moins qu'elles secrètent un liquide qui s'écoulant sur les mandibules au moment de leur fonctionnement peut avoir une action mécanique sinon chimique, et aider à la trituration. Les orifices de ces glandes à la face infé· rieure du labre, siègent en effet de chaque côté, en avant de l'épipharynx, par conséquent immédiatement au-dessus des mandibules qui ne peuvent manquer d'être lubréfiées par la secrétion. Mais je répète que des glandes en nombre non moins grand, et absolument identiques, débouchent à la face supérieure du labre.

Les deux couches musculaires de l'œsophage, sont superposées sans interposition d'aucun tissu apparent entre elles. La *couche musculeuse interne* est composée de fibres striées longitudinales disposées côte à côte en une sorte de membrane. Cet arrangement s'observe fort bien à travers la cuticule lorsqu'on examine une préparation d'un œsophage ouvert et étalé. La paroi semble alors striée longitudinalement, apparence due aux lignes de séparation des fibres longitudinales. Sur les coupes transversales on se convainct que cette musculeuse interne est fort peu épaisse. Elle n'est formée en effet que d'un ou deux plans de fibres sauf au niveau de certains replis de la cuticule dont nous parlerons tout à l'heure, où les fibres musculaires se groupent en petits faisceaux entre les deux lames de la cuticule qui par leur adossement forment ces replis.

La *musculeuse externe* est composée de fibres circulaires. Elle comprend deux ou trois plans de fibres superposés et a une épaisseur moyenne de $0^{mm},010$ environ.

Cuticule. — La cuticule consiste en un revêtement chitineux épais d'environ 6 μ à 7 μ,5 appliqué à la face interne de la couche des fibres musculaires longitudinales. Incolore et transparente, cette cuticule est relevée à sa surface de prolongements en forme de poils qui font saillie dans la cavité de l'œsophage et qui disposés en rangées régulières (fig. 25, pl. VI) reposent sur des épaississements ondulés de la membrane chitineuse. Ces appendices cuticulaires sont coniques et très aigus; les uns, sont simples, d'autres sont composés, c'est-à-dire qu'une ou deux éminences plus petites se voient à leur base et les font ressembler quelque peu aux dents de certains squales.

Toute la surface de la cuticule n'est pas ainsi hérissée. En effet, si l'on examine des coupes transversales de la partie antérieure de l'œsophage (fig. 2, pl. VI), on voit qu'en une région qui correspond à la face ventrale de cet organe, la cuticule se relève pour former trois replis saillants, dont un médian plus élevé que les deux latéraux. Ces deux replis sont assez écartés l'un de l'autre et délimitent deux sortes de gouttières parallèles dont les bords accolés sont représentés par le repli médian et dont le fond formé par la paroi chitineuse paraît lisse. Il ne l'est pas cependant. Si l'on examine un œsophage ouvert et étalé, on constate en effet que si ces gouttières sont dépourvues des saillies cuticulaires qui hérissent le reste de la surface interne de l'œsophage, elles sont par contre renforcées d'épaississements linéaires transversaux qui donnent tout d'abord la sensation de deux grosses trachées accolées. Ces lignes d'épaississement s'arrêtent à la base des replis et la surface saillante de ceux-ci (fig. 15, pl. VI) est hérissée comme le reste du revêtement chitineux. Sur ces mêmes préparations, on peut voir que le repli médian à la forme d'une crête saillante plus épaisse à son sommet qu'à sa base et à peu près rectiligne ou à peine ondulée, tandis que les replis latéraux moins élevés sont très sinueux et comme étranglés de place en place.

Telles sont les particularités que présente la cuticule de l'œsophage dans sa partie antérieure. On peut suivre les trois replis qui y apparaissent et que je désignerai sous le nom de *replis de premier ordre* jusqu'à l'extrémité postérieure de l'organe.

Les coupes faites en arrière des précédentes montrent que de nouveaux replis apparaissent bientôt dans la zone qui en est dépourvue. C'est d'abord et bien avant tous les autres un repli qui occupe le voisinage de la ligne dorsale de l'œsophage et qui

par conséquent est opposé au repli médian décrit plus haut. Ce
sera le quatrième repli de premier ordre. Enfin, sur les coupes
pratiquées au voisinage du point où commence le ventricule chylifique on constate que quatre nouveaux replis (*replis de second
ordre*) ont pris naissance. Ceux-ci se sont interposés entre les
replis primaires, de manière à diviser les espaces qui les sépa-
raient en deux parties à peu près égales, de telle sorte (fig. 3 et 4,
pl. VI) qu'on se trouve en présence de quatre gouttières rigides,
au lieu de deux qui existaient primitivement.

Le niveau où apparaissent les replis secondaires est celui où
commence la partie de l'œsophage que je désigne sous le nom
de *valvule cardiaque*.

En effet l'œsophage arrivé au contact de l'estomac ne se continue pas directement avec cet organe. Il pénètre par son orifice
cardiaque et se prolonge dans sa cavité sur une longueur de
1 millimètre à peine. C'est cette portion intra-stomacale de l'œsophage que j'appelle *valvule cardiaque*, et on va voir qu'elle mérite
bien ce nom. Sur les coupes transversales en effet (fig. 4, pl. VI)
on constate que la musculeuse interne à fibres longitudinales a
disparu presque complètement et est réduite aux extrémités
effilées de ses faisceaux, mais que par contre la musculeuse
externe à fibres circulaires a pris un grand développement. Beaucoup plus épaisse que dans l'œsophage proprement dit car elle
mesure 0^{mm},030, elle forme un véritable *sphincter*. On ne peut
douter du rôle de sphincter que joue cette couche musculaire
lorsqu'on divise longitudinalement la valvule pour l'étaler sur
une lame de verre. On n'arrive alors, en effet, qu'avec les plus
grandes difficultés à faire de bonnes préparations, car les bords
divisés ont une tendance presque invincible à se rapprocher, ce
qui n'a point lieu pour l'œsophage proprement dit.

Le revêtement chitineux de la valvule montre les huit replis
dont il a été question plus haut, et l'on voit sur les coupes transversales (fig. 4, pl. VI) que les quatre replis primaires s'étalent à
leur extrémité libre et semblent se bifurquer irrégulièrement.
On s'explique bien cette disposition en examinant la valvule à
plat (fig. 15, pl. VI). J'ai reproduit dans cette figure trois des replis de premier ordre et les deux replis de second ordre qui leur
sont interposés. On voit qu'à leur extrémité terminale, c'est-à-

dire dans presque toute la hauteur de la valvule, les replis de premier ordre s'étalent en une sorte de lame foliacée parallèlement à la paroi chitineuse. L'un des bords de cette feuille est plus étalé que l'autre. C'est ce qu'indique la bifurcation irrégulière des replis sur les coupes transversales. Quant aux replis de second ordre, ils sont un peu plus saillants et moins largement étalés.

Je n'ai pas figuré le quatrième repli de premier ordre et les deux autres replis de second ordre, car ils n'offrent rien de particulier, sauf que la paroi chitineuse dans les espaces qui les séparent n'est pas renforcée d'épaississements transversaux, mais est hérissée de petites pointes coniques.

A mesure qu'on se rapproche du bord libre de la valvule, épaississements et pointes disparaissent pour faire place à un très fin réticulum. Comme on le voit sur la figure, le bord libre de cette valvule est régulièrement festonné, les extrémités de chacun des replis se prolongeant dans une sorte de lobe convexe. Il y a ainsi quatre lobes convexes de grande taille correspondant aux quatre replis de premier ordre et quatre dépressions qui alternent avec eux. Dans le fond de chacune de ces dépressions on trouve un petit lobe convexe qui dépend du repli de second ordre correspondant. Ainsi s'explique cette phrase par laquelle Audouin (loc. cit.) décrivait la valvule cardiaque de la Cantharide : « l'œsophage se prolonge intérieurement dans l'estomac en un bourrelet conique et tronqué offrant un *ouverture valvulaire en rosace et à quatre échancrures cordiformes.* » C'est bien en effet (fig. 16, pl. VI) la forme à laquelle donnent lieu les huit lobes susdits rapprochés.

Il me reste à établir comment se fait la continuité de l'œsophage et de l'estomac.

On pourrait croire que les diverses couches qui composent la paroi de l'œsophage passent directement dans celles de l'estomac. Il n'en est rien cependant. J'ai dit en effet que les musculeuses de l'œsophage se continuent dans la valvule, et je puis ajouter qu'elles ne sont pas en continuité avec celles de l'estomac. On sait d'ailleurs que les couches musculaires du ventricule chylifique sont disposées dans un ordre inverse par rapport à celles de l'œsophage. Voici en réalité comment les choses se passent :

Lorsque j'examinai pour la première fois les coupes transversales de la valvule cardiaque comprenant à la fois la paroi
du ventricule chylifique et celle de la valvule, puisque cette dernière est intra-ventriculaire, je fus très intrigué par la présence
d'une zone sinueuse épaisse par places de $0^{mm},077$ qui sépare le
sphincter valvulaire de la muqueuse du ventricule. Cette zone
est formée (fig. 4, pl. VI) en dehors, d'une cuticule hyaline et
fortement réfringente, ne mesurant pas moins de $0^{mm},020$ en
épaisseur, et en dedans au contact avec la valvule, d'une assise
de cellules épithéliales cylindriques. J'eus bientôt l'explication
de cette particularité, par l'examen des coupes longitudinales.
On peut voir sur ces coupes (fig. 21, pl. VI) qu'au bord libre de
la valvule, la cuticule de l'œsophage est en continuité avec une
lame cuticulaire qui se réfléchit en avant vers l'extrémité cardiaque du ventricule chylifique pour se continuer avec le revêtement chitineux très mince de la muqueuse de cet organe. Cette
lame cuticulaire qui établit l'union entre l'œsophage et le ventricule, est séparée de la musculeuse externe de l'œsophage par
une assise de cellules épithéliales. Celles-ci, dans la portion
voisine du bord libre de la valvule sont à peine apparentes ; mais
peu à peu elles se dessinent mieux, et au niveau où l'œsophage
pénètre dans l'estomac elles affectent la forme de cellules cylindriques, très allongées, pressées les unes contre les autres et
pourvues d'un noyau arrondi. Ces cellules sont très semblables
à celles de la muqueuse du ventricule et sont en continuité avec
elles. En ce même point, la cuticule sur laquelle elles reposent
s'épaissit en formant une espèce de bourrelet convexe au dehors
qui peut-être est destiné à s'opposer à une désinvagination de
la valvule.

Quant à la forme ondulée qu'affecte sur nos coupes transversales cette lame d'union, elle s'explique par ce fait que la valvule y est en état de contraction. Dans l'état de dilatation, ces
ondulations disparaissent. Il est également à remarquer que dans
les mouvements de la valvule s'il y a frottement contre la muqueuse du ventricule, c'est cuticule contre cuticule qu'a lieu
ce frottement puisque la membrane d'union double la valvule
en dehors. Cette membrane d'union me semble pouvoir prendre
le nom d'*enveloppe perivalvulaire*.

En résumé, la valvule cardiaque est un prolongement de l'œsophage dans la cavité du ventricule chylifique. Le rôle que joue cette valvule sera étudié plus tard.

2° **Mylabris 4-punctata** (pl. IX). — Chez Mylabris 4-punctata, l'œsophage et la valvule cardiaque diffèrent assez peu des mêmes parties que nous venons de décrire chez la Cantharide.

La *cuticule* de l'œsophage se fait remarquer toutefois par une moindre épaisseur dans toute son étendue. Hérissée dans sa partie antérieure, elle est glabre dans les régions moyenne et postérieure où commencent à apparaître les replis qui concourent à former l'armature de la valvule. Dans ces régions (fig. 22, pl. IX), les espaces séparés par les replis sont relevés d'épaississements transverses plus ou moins régulièrement anastomosés entre eux, plus écartés d'ailleurs et moins forts que ceux que j'ai figurés chez la Cantharide. La surface seule des replis est alors hérissée de prolongements chitineux épars, hyalins, aigus, longs et grêles, recourbés au sommet et dirigés irrégulièrement dans tous les sens suivant la manière d'être générale des poils ou des prolongements chitineux chez les Mylabres.

La *valvule cardiaque* est comme chez la Cantharide, formée de huit replis dont quatre de premier ordre et quatre de second ordre. Je reproduis (fig. 21, pl. IX) une coupe transversale de cette valvule à son extrémité antérieure en avant du bourrelet formé par la *membrane perivalvulaire* qui offre ici les mêmes caractères que précédemment. D'autre part, on peut voir sur la figure 22 qui représente une portion de la valvule étalée, que les replis dont elle est pourvue prennent une forme assez particulière.

Les replis de premier ordre s'étalent en forme de folioles lancéolées, rattachées à la paroi par un de leurs bords. Il en est ainsi au moins dans leur partie la plus proche du bord libre de la valvule. Plus en avant, les replis ne s'étalent plus de même, mais ils sont plus élevés ainsi qu'on le voit dans la coupe transversale (fig. 21, pl. IX). Quant aux replis de second ordre, qui alternent avec les précédents, ils sont beaucoup moins larges et moins élevés, et ils ne prennent naissance que dans la région valvulaire proprement dite de l'œsophage.

Le bord libre de la valvule ainsi constituée est festonné régulièrement. Quatre saillies convexes correspondant aux grands replis alternent avec quatre saillies plus petites auxquelles aboutissent les quatre replis de second ordre.

Enfin le sphincter est très developpé et les fibres musculaires circulaires qui le forment au lieu de disparaître comme chez la Cantharide, à une certaine distance du bord libre de la valvule, forment une couche continue qui s'étend jusqu'à la limite de ce bord.

3° **Genre Meloe.** — J'ai eu l'occasion d'étudier trois espèces du genre Meloe, savoir : les *M. Majalis*, *M. Proscarabœus* et *M. angusticollis*. Tous trois m'ont offert des caractères à peu près identiques et qui diffèrent notablement de ceux que j'ai observés dans les précédents genres.

Je prendrai pour type le *Meloe Majalis* (1).

Meloe Majalis. — Léon Dufour (25) a étudié cet insecte, mais la description qu'il donne de la valvule cardiaque est très succincte et la figure qui l'accompagne est absolument schématique.

Je rappelle d'abord que l'œsophage, cylindrique dans sa partie antérieure, se renfle au voisinage du ventricule chylifique (voir la fig. 15, p. VII).

Dans la portion cylindrique, la cuticule déjà assez épaisse offre à sa surface libre des champs irrégulièrement polyédriques et à surface bombée, disposés en une sorte de pavage régulier et qui supportent chacun de cinq à six petits prolongements chitineux cylindriques d'inégale hauteur (fig. 6, pl. VII). Bientôt on voit apparaître, sur les coupes les replis de la cuticule, et au voisinage de la partie renflée de l'œsophage, ces replis constituent quatre groupes, bien distincts, également espacés, opposés en croix et formés chacun de trois replis saillants dans la cavité œsophagienne (fig. 3, pl. VII). La cuticule entre ces trois replis est épaisse, excavée, et l'ensemble constitue deux gouttières parallèles accolées par un de leurs bords. Le fond de ces gouttières est glabre, mais renforcé d'épaississements transverses. Il existe donc, au total, douze replis cuticulaires qui engendrent quatre paires de gouttières accolées deux à deux. Lorsqu'on examine

(1) Je saisis avec empressement cette occasion pour remercier bien sincèrement mon savant ami le professeur Ricardo José Gorriz J. Munoz de la faculté de pharmacie de Madrid. C'est grâce à ses soins que j'ai pu recevoir en bon état de conservation dans un mélange de glycérine et d'alcool les échantillons de Meloe Majalis qui ont servi à mes recherches.

des coupes pratiquées un peu plus loin en arrière, on constate que quatre replis de deuxième ordre, très peu élevés, apparaissent entre les groupes de premier ordre, ci-dessus décrits. Somme toute, la cuticule de l'œsophage dans sa région postérieure offre *seize replis* qui vont constituer l'armature de la valvule cardiaque. A ne considérer chaque groupe de trois replis primaires que comme le représentant d'un repli primaire de la valvule cardiaque chez la Cantharide et le Mylabre, on voit qu'on peut ramener à huit le nombre des replis chitineux, dont quatre primaires trifides et quatre secondaires simples, nombre égal à celui qui existe chez les deux genres précédents.

A mesure qu'on se rapproche de l'estomac, le fond des gouttières s'épaissit considérablement, prend une consistance cornée et une coloration noire (fig. 3 et 4, pl. VII. Les bords libres des replis composants restent toutefois incolores et la chitine qui les revêt est relevée de petits mamelons garnis de tubercules courts et obtus (fig. 7, pl. VII).

Si l'on examine les coupes transversales de la région renflée de l'œsophage, on constate qu'à ce niveau le repli médian de chaque groupe de premier ordre qui primitivement était le moins élevé s'est considérablement exhaussé au point de dépasser les deux replis latéraux. En même temps les deux lames de la cuticule qui, par leur adossement, forment ce repli médian s'écartent, et les bords des gouttières chitineuses qu'elles limitent se réfléchissent en dehors tendant ainsi à transformer chaque gouttière en un cylindre. C'est ce qu'on voit très bien encore sur la fig. 1, pl. VII à l'extrémité antérieure des gouttières de la valvule étalée.

Dans la région moyenne de la valvule, il n'en est plus de même, et les bords contigus des gouttières se redressent. Enfin, à l'extrémité postérieure, le repli médian s'étale en une lame foliacée hérissée de petits tubercules. L'existence de cette lame foliacée vient à l'appui de la comparaison que je cherchais à établir plus haut entre ces groupes de trois replis de la valvule du Meloe Majalis et les replis de premier ordre des valvules de la Cantharide et du Mylabre. Ces replis de premier ordre ont, en effet, nous l'avons vu, une forme tout à fait semblable.

En examinant la fig. 1, pl. VII on se rend bien compte de la forme des gouttières. On voit qu'à leur extrémité antérieure elles s'écartent un peu l'une de l'autre pour se rapprocher en arrière, et qu'à leur extrémité postérieure elles se terminent par un bord profondément concave. Elles répondent à cette description de L. Dufour : « l'armature consiste en quatre pièces principales résultant chacune de l'adossement de deux cylindres creux tridentés en arrière. » En réalité ce ne sont pas des cylindres, mais des gouttières.

La valvule ainsi composée est pourvue d'un sphincter puissant qui occupe sa moitié antérieure. Elle est doublée comme chez la Cantharide et le Mylabre d'une membrane périvalvulaire (fig. 5, pl. VII) qui établit la continuité de l'œsophage et du ventricule chylifique. Son bord libre, enfin, présente quatre saillies correspondant aux quatre petits replis de deuxième ordre et alternant avec les extrémités trifides des quatre groupes formés par les replis de premier ordre.

J'ai figuré (fig. 2, pl. VII) l'orifice ventriculaire de la valvule cardiaque. On voit que cet orifice rappelle beaucoup par sa forme générale celui de la valvule de la Cantharide. C'est une sorte de rosace à échancrures cordiformes.

La longueur de la valvule ainsi constituée est de $1^{mm},75$ environ.

Meloe proscarabæus. — La valvule cardiaque, chez cette espèce offre exactement la même disposition que chez le Meloe Majalis. Les gouttières sont seulement moins épaisses, moins dures et elles ne sont pas colorées en noir. Je reproduis une portion de cette valvule, fig. 16, pl. VII. Cette figure me dispense d'entrer dans de plus longs détails.

Meloe angusticollis (1). — Chez cette espèce on observe quelques modifications de détails qui peuvent se résumer de la façon suivante :

Les replis de deuxième ordre prennent naissance très en avant dans l'œsophage. Ils sont élevés, sinueux et se terminent dans la région valvulaire en une lame ayant la forme d'une foliole lancéolée bifide à sa pointe et placée parallèlement à la paroi.

---

(1) J'adresse mes meilleurs remercîments à mon cher ami J. Turcas, négociant à New-York, qui m'a fait parvenir en excellent état de conservation des Meloe angusticollis, Lytta Fabricii, Lytta Pensylvanica, etc. C'est à lui que je dois d'avoir pu étendre ainsi mes recherches.

Les replis de premier ordre sont beaucoup plus courts, sauf l'un d'eux qui, on le voit dans la figure que je donne de la valvule étalée (fig. 17, pl. VII) prend naissance dans la partie antérieure de l'œsophage.

Quoiqu'il en soit, tous ces replis de premier ordre donnent lieu chacun à une paire de gouttières accolées dont les détails rappellent ceux que j'ai décrits à propos du Meloe Majalis. Toutefois, en avant, ces gouttières sont plus irrégulières, et à leur extrémité postérieure elles sont moins profondément concaves. J'ajouterai que les épaisissements qui les forment sont moins puissants que chez le Meloe Majalis et qu'ils sont incolores.

Je reproduis (pl. VII, fig. 18) des coupes partielles de cette armature. La figure 18 représente une coupe faite au niveau *a* de la gouttière (voir *a* fig. 17). On peut remarquer que le repli médian interposé aux deux gouttières est étalé à son bord libre. On voit également en dehors de la couche de fibres musculaires circulaires que la valvule est doublée comme chez les autres espèces d'un repli chitineux avec couche épithéliale.

La fig. 19 pl. VII qui reproduit une coupe transversale partielle faite au niveau *c* de la valvule (voir fig. 17 *c*) montre les modifications qu'ont subi les replis dans cette région postérieure de l'organe.

Enfin, je donne pl. VII, fig. 20 une coupe transversale totale de la valvule qui montre les rapports de situation et de grandeur des seize replis dans la région antérieure de celle-ci.

4° **Epicauta verticalis.** — Chez cette espèce, la structure de l'œsophage se fait remarquer par un développement assez grand de la musculeuse interne. L'hypoderme est aussi bien moins rudimentaire que précédemment. Sauf dans la partie tout à fait antérieure du préintestin où on n'aperçoit aucune trace de cellules épithéliales au-dessous de la cuticule, dans tout le reste de l'organe ces cellules sont faciles à mettre en évidence. Tout d'abord leurs contours sont mal définis, mais elles se reconnaissent à leur corps cellulaire granuleux contenant un noyau sphérique, qui se colore bien par le picro-carmin. A mesure qu'on se rapproche davantage du ventricule chylifique, le contour des cellules s'accuse plus nettement. Elles sont aplaties, irrégulièrement polyédriques, et remplissent exactement chacun des champs polygonaux dont est ornée la cuticule.

Cette cuticule offre également quelques particularités intéressantes. Elle mesure environ 8 μ d'épaisseur. Dans la région antérieure du tube œsophagien, elle est marquée de dessins polygonaux qui portent sur un de leurs bords de petites saillies chitineuses courtes, obtuses, dirigées en arrière de telle sorte que cette partie du conduit présente intérieurement une sorte de brosse à poils renversés en arrière de manière à empêcher les aliments de revenir vers l'orifice buccal. Plus en arrière, le dessin polygonal subsiste, mais les prolongements piliformes disparaissent.

Dans presque toute son étendue la cuticule de l'œsophage présente des replis saillants. Ceux-ci concourent à former une valvule cardiaque dont la structure est assez différente de celle des valvules que j'ai étudiées précédemment pour constituer un type à part que je vais décrire avec quelques détails.

Dans la région antérieure de l'œsophage, la lumière du conduit alimentaire est, comme on le voit sur la coupe transversale (fig. 3, pl. VIII) occupée par huit *replis* d'inégale hauteur formés, comme toujours par adossement de la lame chitineuse interne à elle-même, avec interposition de faisceaux musculaires longitudinaux aux deux lames adossées.

De ces huit replis, quatre de premier ordre sont plus saillants et plus riches en fibres musculaires; les quatre autres, de second ordre, ne sont encore accusés que par un soulèvement de la cuticule.

Sur les coupes transversales qui intéressent la région moyenne de l'œsophage (fig. 4) on observe déjà de profondes modifications: les quatre replis de premier ordre se sont compliqués par l'apparition d'un petit repli de chaque côté de leur base. Il y a donc en tout maintenant seize replis, dont douze de premier ordre disposés par groupes de trois, et quatre de second ordre alternant avec ces groupes.

Un peu plus en arrière, dans la partie légèrement renflée de l'œsophage, qui précède le ventricule chylifique, les coupes montrent subitement d'importants changements dans la structure des replis (fig. 5, pl. VIII). Trois des groupes de premier ordre se sont organisés de telle sorte qu'ils figurent chacun la coupe de deux gouttières accolées, tout à fait comparables à celles que j'ai décrites chez les Meloe. Le fond de ces gouttières s'est considérablement épaissi, et la chitine qui le forme est dure, de consistance cornée et colorée en brun foncé. Quant au quatrième groupe de premier ordre (o^1), il est resté dans son état primitif. Si l'on oriente la coupe, on constate que ce groupe *avorté* pour ainsi dire, occupe la face dorsale de l'œsophage; les trois autres groupes étant disposés à peu près à égale distance sur les faces ventrale et latérales droite et gauche. Quant aux replis de second ordre, ils sont allongés et proéminent largement. Il est encore à remarquer sur ces coupes que les replis médians des trois groupes de premier ordre en voie d'évolution sont bifurqués à leur sommet et qu'ils s'étalent parallèlement à la paroi de l'œsophage, tendant ainsi à rejoindre les replis latéraux et à transformer les gouttières en cylindres. Cette apparence des coupes transversales, déjà rencontrée chez d'autres espèces, s'explique de la même manière. Il suffit en effet de jeter les yeux sur la figure (fig. 1, pl. VIII), que je donne de l'œsophage entier et grossi, pour voir qu'au niveau c où passe la coupe, chaque paire de gouttières est recouverte d'une sorte de foliole à bords ondulés et à surface hérissée, qui résulte de l'étalement du repli médian en question. Ces folioles mesurent environ $0^{mm},53$ de longueur sur $0^{mm},23$ dans leur plus grande largeur.

En arrière de ces folioles, dans la région c (fig. 6, pl. VIII) qui correspond au point de pénétration de l'œsophage dans le ventricule et par conséquent à l'extrémité antérieure de la valvule cardiaque, les coupes transversales montrent les modifications suivantes : le repli médian de chaque groupe de premier ordre s'est presque complètement affaissé, tandis que les replis latéraux ont pris plus de développement; la coupe de chaque paire de gouttières rappelle la lettre grecque ω. Aucune modification dans les replis de second ordre.

Plus en arrière, au niveau d de la figure 1, pl. VIII, les coupes montrent que le fond des gouttières diminue de largeur, mais s'épaissit davantage. On constate en même temps que l'œsophage est engagé dans le ventricule chylifique, dont la muqueuse se voit au dehors du prolongement œsophagien. Les fibres musculaires longitudinales du préintestin ont à peu près

disparu complètement ; par contre, les faisceaux de muscles circulaires sont très développés, et se sont subdivisés en trois arcs qui
s'étendent entre chaque groupe de replis de premier ordre. Il y a
en somme à ce niveau interruption de la musculeuse externe
au niveau des gouttières chitineuses. L'arc musculaire dorsal
est moins épais que les deux autres, mais il est beaucoup plus
étendu car il s'étale sur toute la surface dorsale de l'organe
comprise entre chacune des gouttières latérales. On voit également sur cette coupe la membrane périvalvulaire qui s'inter-
pose à la valvule cardiaque et à la muqueuse du ventricule.
Cette membrane présente la même structure que chez les insectes précédemment étudiés.

Plus en arrière, les choses changent d'aspect. On voit sur la
coupe que représente la figure 7, pl. VIII, que les gouttières chitineuses se réduisent à des prismes épais, à section triangulaire,
fortement colorés en noir, disposés par paires comme toujours,
mais un peu écartés l'un de l'autre. Encore un pas et la séparation devient complète entre chacun des prismes. Cette séparation
s'opère bientôt en effet (fig. 8 et 9, pl. VIII). Alors la valvule
qui précédemment était cylindrique s'est divisée en trois lobes
inégaux savoir : un lobe dorsal, très large, qui porte en son milieu le repli de premier ordre avorté, et deux autres plus petits,
à peu près égaux.

Chacun de ces lobes est bordé de part et d'autre par une tige
prismatique triangulaire cornée et noire, qui lui forme comme
un cadre. L'apparition de ces lobes étant le résultat de la division qui s'est opérée entre les deux gouttières de chaque groupe
de replis de premier ordre, il en résulte que chacun d'eux est
limité par deux tiges épaisses appartenant l'une et l'autre à deux
groupes différents de replis.

En examinant cette même coupe transversale (fig. 9, pl. VIII)
on se rend bien compte de la façon dont se comporte la lame
périvalvulaire. Cette lame se divise, elle aussi, en trois lobes
qui doublent extérieurement les trois lobes de la valvule. L'union
de la lame avec les lobes se fait au point de rupture de la cuticule
œsophagienne, de telle sorte qu'il n'y a aucune solution de continuité entre le revêtement chitineux de l'œsophage et celui du
ventricule.

J'ai figuré à un fort grossissement (fig. 10, pl. VIII) la coupe

de la marge de l'un des lobes de la valvule cardiaque. On voit
à l'union des deux lames chitineuses valvulaire et périvalvulaire
l'épaississement corné qui contient le bord du lobe de la valvule; on constate en outre que les cellules épithéliales de la
lame périvalvulaire sont aplaties en ce point et très semblables
à celles de l'hypoderme de la valvule, tandis que plus en avant,
dans la région où cette lame forme un bourrelet (fig. 7, pl. VIII),
elles sont allongées et cylindriques. Je reproduis d'ailleurs une
coupe longitudinale de cette région du tube digestif (fig. 13,
pl. VIII) d'après laquelle on peut voir que la lame périvalvulaire se comporte chez Epicauta verticalis, absolument comme
chez les autres Vésicants.

En résumé, la valvule cardiaque de l'Epicauta verticalis est
constituée de même que chez tous les Vésicants que j'ai pu examiner, par huit replis du revêtement chitineux de l'œsophage.
Semblablement à ce qui a lieu chez les Meloé, les quatre replis
de premier ordre se compliquent par l'apparition de deux replis à leur base de manière à former chacun une paire de gouttières accolées et parallèles. Mais, tandis que chez les Meloe
quatre paires de gouttières étaient ainsi composées, trois paires
seulement se constituent définitivement chez Epicauta verticalis, par suite de l'avortement du repli dorsal de premier ordre.
Somme toute, les huit replis primitifs ont finalement engendré
seize replis comme chez les Meloe.

Les trois paires de gouttières qui forment l'armature de l'œsophage de l'Epicauta sont recouvertes comme chez les Meloe, à
leur partie antérieure, par des appendices foliacées. Ces appendices occupent la région un peu renflée de l'œsophage qui précède immédiatement le ventricule. Dans la région valvulaire,
proprement dite, qui est engagée dans le ventricule, les gouttières primitivement larges et accolées se réduisent bientôt à
des tiges qui s'écartent l'une de l'autre et divergeant de plus en
plus, limitent les lobes de la valvule. Les pièces de l'armature
œsophagienne consistent donc (fig. 1) en une tige postérieure,
grêle, allongée, terminée antérieurement par une sorte de
manche creusé en gouttière. La longueur des gouttières est de
1^{mm},03, celle des tiges et par suite des lobes de la valvule
atteint 2^{mm},025. *C'est l'addition de ces tiges aux manches qui
fait toute la différence d'avec l'armature des Meloe. Le type de*

la valvule de l'Epicauta ne diffère en réalité du type étudié chez
les Meloe que par l'addition de lobes à la valvule cylindrique,
ou mieux, par l'allongement des lobes qui festonnent le bord
libre de celle-ci chez les Meloe. En tenant compte de l'avortement
de l'un des replis de premier ordre chez Epicauta, on ne peut
nier la concordance absolue qui existe entre les deux types.
C'est d'ailleurs à l'avortement de ce repli dorsal qu'est due
l'inégalité des trois lobes de la valvule de l'Epicauta, inégalité
telle que le lobe dorsal égale à peu près à lui seul en largeur
les deux autres lobes réunis.

J'ai parlé plus haut du sphincter formé par la musculeuse
externe de l'œsophage. J'ai dit qu'il constitue vers la partie antérieure de chaque lobe de la valvule une lame transversale allant
d'un bord à l'autre de ce lobe. Il me faut ajouter que dans la
partie qui précède immédiatement ces lobes et qui répond au
niveau des gouttières cornées, la musculeuse externe est très
puissante, et qu'elle y forme un sphincter complet. En outre, à
la hauteur des lames foliacées qui recouvrent les gouttières, on
observe entre les gouttières de chaque paire un faisceau de fibres
musculaires obliques (*mo* fig. 1, pl. IX) qui se fixent directement
aux bords contigus de ces gouttières et à la face externe de la
lame foliacée. Nul doute que ces faisceaux obliques ne doivent
avoir un rôle dans le jeu des pièces de la valvule. Peut-être sont-
ils des antagonistes du sphincter. Ces muscles obliques ne sont
d'ailleurs pas particuliers à la valvule cardiaque de l'Epicauta.
Je les ai retrouvés également chez les Meloe, et j'ai particulièrement pu bien les examiner chez Meloe Angusticollis.

5° **Lytta Fabricii** (*Lec.*). — Chez cette espèce américaine, la
valvule cardiaque appartient absolument au type que je viens
de décrire chez Epicauta Verticalis. Les figures que je donne
(pl. IX, fig. 1 à 6) et qui reproduisent les coupes transversales
de l'œsophage et de la valvule faites à différents niveaux, me
dispensent d'entrer dans de plus longs détails.

Je ferai remarquer toutefois qu'ici les replis de second ordre
font complètement défaut ainsi que le repli dorsal de premier
ordre. Je ne trouve sur les coupes que trois groupes de replis de
premier ordre constituant, comme le montre la figure d'ensemble de la valvule étalée (fig. 1, pl. IX), une armature de trois

pièces chitineuses, noires et cornées absolument semblables à celles de l'Epicauta verticalis. Les lobes de la valvule longs de 2 millimètres sont plans et doublés extérieurement par la lame périvalvulaire comme on le voit sur la coupe transversale que je reproduis (fig. 4, pl. IX).

Ajoutons enfin, que la cuticule de l'œsophage, dans la région antérieure présente une sorte de pavage formé de mamelons hémisphériques supportant chacun une ou deux saillies courtes et obtuses.

6° **Lytta pensylvanica** (Lec.) — Cette espèce donne lieu aux mêmes observations que la précédente. La valvule est formée de trois lobes et armée des mêmes pièces que ci-dessus. Toutefois, ces pièces sont moins dures et de coloration plus pâle. La longueur de ces pièces est de $0^{mm},8$ environ. Les lobes de la valvule mesurent eux-mêmes $1^{mm},20$. Ils sont proportionnellement un peu plus allongés que chez l'espèce précédente.

En résumé, chez tous les Vésicants phytophages qu'il m'a été donné d'examiner, le préintestin est pourvu d'une valvule qui fait saillie dans le ventricule chylifique. L'armature qui accompagne cette valvule, est parfois très puissante et présente des aspects variés, mais elle a toujours pour point de départ huit *replis* de la cuticule de l'œsophage. Ces huit replis concourent seuls à former la valvule cardiaque chez Mylabris et chez Cantharis vesicatoria. Ils se compliquent et donnent lieu à un total de seize replis chez Meloe, Epicauta et Lytta. Dans ce dernier genre toutefois, les replis de second ordre peuvent manquer, et le premier repli de premier ordre qui tend à avorter chez Epicauta, disparaît complètement chez Lytta.

Le groupement des replis cuticulaires donne lieu à une paire de gouttières ventrales chez la Cantharide, à quatre paires de gouttières chez les Meloe, et à trois paires chez les Epicauta et les Lytta (1).

Ajoutons que chez ces deux derniers genres trois lobes allongés et inégaux terminent la valvule.

______

(1) On remarquera que les gouttières ventrales du préintestin de la cantharide ne sont pas absolument comparables à celles des Meloe, Epicauta, etc. Ces dernières, en effet, résultent d'une trifurcation de replis de premier ordre, tandis que celles de la cantharide sont dues à une modification de la cuticule dans l'espace qui sépare deux replis de premier ordre et à l'interpositon de l'un des replis de second ordre.

Il m'a été impossible, faute de sujets en bon état de conservation, de poursuivre cette étude chez tous les genres de la
tribu des Vésicants, toutefois il paraît certain que chez les espèces qui se nourrissent plutôt de pollen ou des parties les plus
tendres des fleurs, la valvule cardiaque et l'armature du préintestin sont réduites à leur plus simple expression.

Il en est ainsi, par exemple, chez le *Sitaris humeralis* et le
Cerocoma Schreberi. La valvule consiste alors en un court prolongement de l'œsophage dans le ventricule en une sorte de
rebord à peine festonné.

Les replis formés par la cuticule, rudimentaires chez le Cerocome, un peu plus marqués chez le Sitaris où ils sont hérissés
de pointes chitineuses aiguës ne m'ont offert aucune particularité notable.

b. **VENTRICULE CHYLIFIQUE** (*intestin moyen*).

Chez tous les insectes vésicants que j'ai pu examiner j'ai trouvé
la structure du ventricule chylifique identique dans ses points
essentiels.

Dans la description qui va suivre, je prendrai pour type la
Cantharide ordinaire. Je rappelle que toutes mes observations
ont été faites sur des pièces fixées par l'acide osmique concentré
ou par l'alcool absolu, et j'ajoute que l'emploi du picro-carmin
m'a donné d'excellents résultats.

La paroi du ventricule chylifique comprend cinq couches qui
sont, de dedans en dehors : 1° une cuticule ; 2° un épithélium ;
3° une couche conjonctive et folliculeuse ; 4° une musculeuse
et 5° une séreuse.

Les trois premières peuvent être considérées comme constituant la muqueuse proprement dite ; en tous cas, lorsque je me
servirai du terme « *muqueuse* », je ferai allusion à l'ensemble
de la cuticule, de l'épithélium et de la couche conjonctive avec
ses follicules.

Lorsqu'on ouvre le ventricule chylifique, on constate que sa
surface interne est marquée de sallies circulaires plus apparentes encore et beaucoup plus élevées que celles qu'on observe
à la surface extérieure (voir plus haut, page 64). Des coupes
longitudinales pratiquées sur l'organe, montrent qu ces saillies

sont dues à des replis circulaires de la muqueuse. On peut compter vingt-cinq à trente de ces replis formés par adossement de la muqueuse à elle-même et plus ou moins saillants dans la cavité ventriculaire. Les plus élevés sont ceux des régions antérieure et moyenne du ventricule; vers l'extrémité postérieure ils s'effacent insensiblement et deviennent bientôt tellement bas qu'ils n'ont guère plus que la hauteur des cellules épithéliales. Toutefois, chez la Cantharide, à cette région presque lisse, succèdent à quelques millimètres du renflement terminal où s'abouchent les tubes de Malpighi, deux ou trois replis presque aussi élevés que ceux de la région moyenne.

Quoiqu'il en soit, ces replis très serrés et à peu près régulièrement parallèles entre eux déterminent à la surface interne du ventricule ces alternances régulières de saillies et de dépressions circulaires dont nous parlions tout à l'heure. On pourrait leur appliquer très exactement le nom de valvules conniventes. Extérieurement ils trahissent leur présence par des plissures transversales qui ont été regardées à tort par Audouin et L. Dufour comme résultant de la présence de bandelettes musculaires.

« La paroi externe de l'estomac, de la cantharide, dit Au- « douin, offre une quantité de bandelettes transversales qui sont « formées par la tunique musculaire; *cette structure est beau-* « *coup plus sensible à l'intérieur où elle constitue des plis sail-* « *lants séparés entre eux par des sillons très larges.* » En réalité les bandelettes circulaires qu'on observe à la surface extérieure du ventricule correspondent aux intervalles qui séparent les replis de la muqueuse; les espaces enfoncés qui limitent ces bandelettes répondent chacun à l'angle rentrant formé par l'adossement de la muqueuse à elle-même et sont opposés par suite aux replis saillants de la face interne du ventricule (fig. 18, pl. VI).

La muqueuse du ventricule n'est pas lisse, elle est comme finement villeuse, et elle doit cette apparence à des replis secondaires qui ondulent très fortement la surface des grands replis.

Cuticule. — La surface de la muqueuse est revêtue d'une cuticule chitineuse qui prend une légère teinte jaunâtre par le picro-carmin. Dans les régions antérieures du ventricule, cette couche cuticulaire est très mince et n'a guère plus de 1 µ 8 d'épaisseur, mais dans les régions moyenne et postérieure elle est sensiblement plus épaisse et attent 6 µ. Sur les coupes, elle paraît marquée de fins canalicules dirigés perpendiculairement à la surface des cellules épithéliales sous-jacentes, et a quelque ressemblance avec le plateau strié de l'intestin du lapin. Bien que les dissociations soient très difficiles à opérer, on peut arriver cependant à isoler des groupes de trois à quatre cellules (fig. 22 et 28, pl. VI) qui ont alors tout à fait l'apparence de cellules à *cils vibratiles*. En réalité la cuticule du ventricule chylifique est poreuse dans ces régions.

On peut s'en convaincre facilement par l'examen à plat d'un lambeau d'épithélium. On y voit la cuticule marquée d'un dessin polygonal qui répond aux limites des cellules sous-jacentes (pl. 26, fig. VI). Les aires de ces figures polygonales sont remplies de petites ponctuations noires extrêmement serrées, qui sont les orifices des pores de la cuticule.

Sur les coupes de la muqueuse on trouve parfois des endroits où les cellules épithéliales ont été enlevées et qui sont occupés par un réseau à mailles polygonales vides (fig. 17, pl. VI). Ce réseau formé par des tractus hyalins réfringents, m'a paru en continuité avec la cuticule. Je crois pouvoir en conclure que la cuticule envoie plus ou moins loin en dehors des prolongements entre les cellules épithéliales. Ainsi s'expliquerait aussi la grande difficulté qu'on éprouve à obtenir de bonnes dissociations de l'épithélium (1).

Épithélium. — Le revêtement épithélial du ventricule chylifique est composé de cellules cylindriques disposées sur un seul rang. Ces cellules mesurent en longueur $0^{mm},06$ environ. Le corps cellulaire légèrement granuleux se termine en dehors par un ou deux prolongements courts et déliés. Un noyau sphérique ou ovoïde, pourvu ordinairement de deux nucléoles brillants occupe à peu près le milieu de la cellule.

Dans le fond des intervalles qui séparent entre eux les replis de la muqueuse, l'épithélium offre une structure toute particulière. Les cellules qui les forment sont en effet très différentes de celles qui viennent d'être décrites. Elles sont assez comparables aux cellules à mucus que Leydig (11) a signalées dans l'estomac des poissons et me paraissent représenter une variété de cellules calyciformes appartenant probalement au groupe

(1) Il se peut aussi que ce ne soit là qu'un artifice de préparation car. sur l'épithélium frais, ce réseau n'est pas visible.

de celles qui ont été considérées par divers auteurs comme cellules sécrétantes de mucus.

Ces cellules offrent des aspects assez divers que je considère d'ailleurs comme de simples variations d'état de l'élément. Le plus ordinairement, elles se présentent comme suit : le corps cellulaire (pl. VI, fig. 13 et 14) à peu près cylindrique ou effilé en cône, finement granuleux et se colorant en rose pâle par le carmin, renferme un noyau sphérique ou ovoïde, nucléolé. Ce corps cellulaire se prolonge du côté de la cavité du ventricule chylifique en une large portion dilatée en massue, coiffé d'une calotte hémisphérique d'une substance très réfrigente qui se colore en rose pâle par le carmin, alors que toute la partie sous-jacente reste incolore.

Là où ces cellules sont mélangées aux cellules cylindriques, elles dépassent ces dernières et font saillie au-dessus du plan de la cuticule qui m'a paru faire défaut à leur niveau Dans le fond des replis de la muqueuse où elles remplacent presque complètement les cellules cylindriques, celle-ci est recouverte d'une sorte de mucilage granuleux parsemé d'un grand nombre de ces calottes hémisphériques réfringentes (pl. VI. fig. 19), qui semblent dès lors être un produit de secrétion des éléments en question. Parfois, la partie renflée des cellules est remplie de granulations extrêmement fines qui ne se colorent pas par le picrocarmin, mais qui noircissent par l'acide osmique. La calotte réfringente qui coiffe l'élément est alors moins épaisse que dans les premiers cas.

Parmi les réactions propres à ces éléments, il est à noter que l'acide osmique les colore très rapidement en noir ; aussi sur les pièces fixées par ce réactif, est-il très facile de déterminer leur localisation. Elles ne siègent pas seulement dans le fond des replis de la muqueuse. On les retrouve encore en abondance dans la région postérieure du ventricule chylifique. Dans cette région, ai-je dit, les replis de la muqueuse s'effacent presque complètement. Celle-ci offre alors un aspect villeux qui est dû au groupement particulier des cellules muqueuses. Ces cellules en effet, se disposent en bouquets qui font saillie de toute leur partie renflée dans la cavité de l'organe. Sur les pièces fixées par l'acide osmique on reconnaît très bien le revêtement continu formé par les corps cellulaires pourvus de leurs noyaux et colorés en rose par le carmin tandis que les parties renflées en massue des cellules, colorées en jaune noirâtre par l'acide osmique sont unies en faisceaux ou bouquets qui font saillie à la surface de la muqueuse et lui donnent son aspect villeux. Toute cette partie de la cavité du ventricule chylifique se distingue par l'abondance de la substance granuleuse parsemée de corps réfringents, produit de secrétion des cellules susdites.

En somme, la structure histologique du fond des replis de la muqueuse rappelle assez bien celle d'une glande à épithélium sécrétant. En admettant que ces parties viennent à s'allonger en tubes faisant saillie à la surface extérieure du ventricule. on se trouve ramené à la structure du tube digestif de maints Coléoptères. Ce qui caractérise dès lors les espèces ici étudiées, c'est que les glandes de l'intestin moyen au lieu de former des tubes saillants en dehors, se réduisent à des surfaces dont la présence ne se manifeste au dehors que par des épaississements annulaires de la surface de l'organe.

2° *Couche conjonctive et folliculeuse*. — Au-dessous de l'épithélium, la muqueuse comprend une trame conjonctive. Les fibres qui composent cette trame sont longues et disposées par faisceaux qui s'entre-croisent en un réseau dont les mailles ovoïdes ou irrégulièrement arrondies renferment chacune un follicule. Ces follicules, semblables à ceux qui ont été signalés par Sirodot (28) dans la muqueuse de l'estomac de l'Oryctes nasicornis, consistent en des corps ovoïdes ou sphériques mesurant en moyenne un diamètre de $0^{mm},040$ et formés d'un amas de noyaux polyédriques par pression réciproque. Ces noyaux qui ont environ 7 à 8 μ de diamètre, sont assez fortement réfringents, et se colorent bien par le picro-carmin. Ils renferment un gros nucléole brillant. A la surface de ces follicules qu'enveloppe la trame conjonctive et qui semblent recouverts d'une fine membrane anhyste, on observe des traînées protoplasmiques fusiformes, striées transversalement et pourvues d'un noyau (fig. 20, pl. VI). Ces éléments musculaires de volume variable, et longs en moyenne de $0^{mm},035$ sur 14 à 15 μ de large rappellent sous beaucoup de rapports ceux qu'a décrits M. Huet (29) dans la paroi du réservoir séminal des Isopodes. Pour les bien voir, il suffit de pinceauter un lambeau de muqueuse dont on a enlevé l'épithélium. On chasse ainsi un certain nombre de follicules hors des mailles où ils siègent et dans le vide qu'ils laissent, on aperçoit très bien les éléments auxquels je fais allusion.

J'ai dit précédemment que la couche conjonctive accompagne toujours l'épithélium. Il en résulte qu'elle participe aussi à la formation des replis de la muqueuse. Aussi, sur les coupes longitudinales du ventricule (fig. 19, pl. VI) voit-on la trame conjonctive et les follicules occuper la face externe de chacune des lames adossées de la muqueuse. Mais la couche conjonctive de la lame supérieure ne se confond pas avec celle de la lame inférieure. En effet, dans l'angle rentrant que font ces lames en se soulevant, des trachées et des fibres musculaires cheminent en formant une sorte de cloison de séparation. Sur les sections longitudinales la coupe de cette cloison figure une sorte de raphé médian de chaque côté duquel les follicules forment comme les grains d'une grappe ; on y voit en outre une rangée régulière de fibres musculaires circulaires, dont la section transversale mesure de 9 μ. à 12 μ.

Il n'y a qu'une assise de follicules, comme on peut s'en convaincre soit par l'examen des coupes longitudinales du ventricule, soit par l'examen de la couche conjonctive à plat. Sur les coupes transversales cependant (fig. 18, pl. VI) on trouve le plus souvent trois ou quatre rangées de follicules superposées. Cette apparence s'explique aisément si l'on se reporte à ce que je viens de dire. Les coupes qui se montrent ainsi sont seulement celles qui passent par le milieu de l'un des replis circulaires de la muqueuse. Elles montrent alors l'épithélium qui limite la cavité du ventricule, et en dehors de cet épithélium la série des follicules qui occupent toute la hauteur du repli. Pour peu que la coupe ait été un peu oblique, elle passe alors en même temps par le fond du repli, de sorte qu'on retrouve une lame d'épithélium en dehors des follicules, et une nouvelle assise de follicules en dehors de cette lame épithéliale. Les coupes transversales présentent une complication plus grande encore lorsqu'elles passent à une certaine distance au-dessus ou au-dessous du plan médian d'un repli circulaire. En effet, grâce aux replis secondaires de l'épithélium de la muqueuse, elles se trouvent intéresser successivement de dedans en dehors : l'épithélium, puis la couche conjonctive, une nouvelle couche épithéliale, puis la couche conjonctive, et ainsi de suite à plusieurs reprises.

Quoiqu'il en soit, toujours la couche transversale est limitée au dehors abstraction faite de la musculeuse longitudinale, par une assise de follicules.

3° *Musculeuses.* — Il existe dans la paroi du ventricule chylifique deux couches de fibres musculaires, mais contrairement à ce qui a lieu pour l'œsophage, la musculeuse interne est composée de fibres circulaires, tandis que la musculeuse externe est à fibres longitudinales.

La couche interne est d'ailleurs peu épaisse; ses fibres sont espacées et elle ne me semble pas continue.

Quant à la couche externe, elle paraît plus puissante; les fibres striées qui la composent ne forment il est vrai en général qu'une seule assise, mais ces fibres sont très rapprochées les unes des autres. Elles présentent de nombreuses anastomoses; de plus, elles pénètrent dans les replis de la muqueuse et leurs ramifications vont se mêler plus ou moins intimement aux fibres de la couche conjonctive.

Tout ce qui précède peut s'appliquer aux autres Vésicants.

Chez *Epicauta Verticalis* (fig. 11 à 13, pl. VIII) le nombre des replis circulaires de la muqueuse est de 16 à 18; ils s'effacent complètement dans la partie postérieure du ventricule. La cuticule y est plus mince que chez la Cantharide; les cellules épithéliales, cylindriques et très longues mesurent environ $0^{mm},07$ de longueur (fig. 15, pl. VIII).

Chez *Lytta Fabricii* les replis de la muqueuse sont plus compliqués que dans les espèces précédentes, grâce à l'apparition de replis de deuxième et de troisième ordre. La cuticule est relativement plus épaisse, en particulier dans des régions postérieures de l'organe, où elle atteint 6 à 7 μ. Aussi, mieux encore que chez la Cantharide, donne-t-elle aux éléments dissociés l'apparence de cellules à cils vibratiles (pl. IX, fig. 9, 14 et 15).

Chez les *Meloe* enfin, les replis de la muqueuse paraissent moins élevés que chez les espèces précédentes, eu égard surtout à la dimension considérable du ventricule chylifique. Ces replis sont d'ailleurs très nombreux et très serrés.

En résumé, le ventricule chylifique me semble avoir chez les Vésicants la plupart des attributs d'un organe sécrétant et ceux d'un organe absorbant; les replis de la muqueuse figurent en effet de véritables valvules conniventes, et la présence des follicules dans la couche conjonctive ainsi que l'existence d'une cuticule poreuse rappellent plusieurs des caractères de structure qu'on retrouve dans l'intestin des vertébrés.

Valvule pylorique.

Le ventricule chylifique est pourvu à son extrémité postérieure d'une valvule qui fut signalée pour la première fois par L. Dufour (1824) chez Meloe Majalis. « L'intestin, dit cet anatomiste, offre à son origine dans le Meloe, une portion conoïde dont l'intérieur a de légères plissures longitudinales et une valvule correspondant au ventricule chylifique, composée de six tubercules ovales, bilobés, un peu calleux; je n'ai point, ajoute-t-il, observé cette structure dans les autres Cantharidies. » Cependant, deux ans plus tard (1826), Audouin (loc. cit.) décrivit chez la Cantharide, « à la terminaison de l'estomac à l'in« testin une véritable valvule formée par la réunion de plu« sieurs petits corps réniformes, libres sur tous leurs bords, et« n'adhérant au ventricule chylifique que par le milieu de leur« côté externe. On en compte six, et entre chacun d'eux, on« voit un vaisseau biliaire. » Cette description toute sommaire est absolument exacte. J'ajouterai que j'ai retrouvé une semblable valvule chez tous les insectes vésicants qu'il m'a été possible d'étudier, *Cantharis*, *Epicauta*, *Lytta*, *Meloe*, *Mylabris*, etc.

L'étude de cette valvule pylorique m'a présenté quelques particularités que je vais exposer en prenant pour type la Cantharide ordinaire.

Cantharis vesicatoria. — Lorsqu'on fend en long le paroi du ventricule et qu'on l'étale pour l'examiner à loisir, on constate à l'extrémité postérieure de l'organe, l'existence de six petits corps disposés en couronne et également espacés. Ces petits corps, ou tubercules saillants, sont arrondis ou un peu ovoïdes et formés chacun, comme le montre la figure 28, pl. VI de deux épaississements latéraux de chaque côté d'une gouttière médiane dans le fond de laquelle se trouve une saillie moins élevée qu'ils cachent en partie. — Ces corps valvulaires sont donc trilobés; c'est ce dont on se rend mieux compte à l'examen de leur coupe transversale (fig. 24, pl. VI).

On y voit qu'ils sont constitués chacun d'un épais repli de la muqueuse du ventricule, repli trilobé et dont le lobe médian peu saillant est profondément enfoncé entre les deux lobes latéraux. A sa base, qui correspond à sa face externe, ce repli est brièvement pédiculé et il est en continuité avec la muqueuse du ventricule.

La structure de ces corps valvulaires est très simple. Ils comprennent, de dedans en dehors : une cuticule, une rangée de cellules épithéliales cylindriques et une très mince trame conjonctive.

L'arrangement de ces diverses parties rappelle assez bien celui qui caractérise le bourrelet que j'ai décrit à l'union de la muqueuse et de la membrane périvalvulaire de la valvule cardiaque.

Cellules épithéliales et cuticule sont en continuité par le pédicule avec les mêmes parties de la muqueuse ventriculaire ; mais la cuticule revêt un aspect différent ; beaucoup plus épaisse, elle n'est pas poreuse et sa surface est relevée de stries ondulées couvertes de petites éminences chitineuses cylindriques groupées par trois ; cet aspect rappelle celui de la cuticule œsophagienne.

On comprend bien les rapports de la valvule avec le ventricule d'une part et l'intestin de l'autre, en examinant les coupes longitudinales de cette région du tube digestif. La coupe que je reproduis (fig. 23, pl. VI) passe par le centre d'un des corps valvulaires. On y voit que le lobe central qui est intéressé dans la coupe est assez bas pour être surplombé par les replis circulaires de la muqueuse du ventricule, replis qui, je l'ai dit, reparaissent à l'extrémité terminale de cet organe après avoir complètement disparu dans la région immédiatement antérieure. Cette coupe montre la continuité qui s'établit par l'intermédiaire du corps valvulaire entre le muqueuse du ventricule et celle de l'intestin.

Sur cette coupe, et mieux encore sur les coupes transversales qui passent au niveau de la valvule, on constate que la musculeuse interne à fibres circulaires est extrêmement mince, la musculeuse externe conservant les mêmes caractères que dans le reste du ventricule. Il n'y a donc pas là de sphincter, c'est en effet immédiatement en arrière des corps valvulaires et non à leur niveau qu'on trouvera un anneau musculaire épais.

Les tubes de Malpighi s'ouvrent dans le ventricule chylifique en avant de la couronne valvulaire et dans un ordre tel qu'un tube de Malpighi alterne avec un corps valvulaire.

C'est ce que montre la figure 12, pl. VII, qui reproduit une coupe longitudinale de la région pylorique chez Epicauta verticalis.

Epicauta verticalis. — Chez cette espèce, la couronne valvulaire est comme chez la Cantharide formée de six corps également trilobés. Vus de face, ces corps figurent chacun une sorte de foliole allongée, épaisse (fig. 17, pl. VIII). Sur les coupes transversales de la région valvulaire, on les voit rangés en couronne et régulièrement espacés (fig. 18, pl. VIII). La cuticule qui les recouvre est très épaisse, hérissée comme précédemment. Quant aux cellules épithéliales, elles présentent un aspect tout particulier. Au sommet des repiis qui constituent les corps valvulaires (fig. 24, pl. VIII), ces cellules ont beaucoup des caractères des cellules à mucus décrites dans la muqueuse du ventricule chylifique. Vésiculeuses et remplies d'une substance incolore finement granuleuse, elles se terminent du côté extérieur par un corps cellulaire linguiforme qui se colore bien par le picro-carmin. Le noyau relativement petit et comme ratatiné est situé à l'union de ces deux parties. Une auréole de granulations assez serrées l'entoure. Au voisinage de ces éléments vésiculeux qui occupent avons-nous dit le bord libre des replis valvulaires, on voit des cellules épithéliales cylindriques terminées en massue du côté de la cuticule ; ce renflement terminal est rempli de granulations et se colore en noir intense par l'acide osmique. A mesure qu'on se rapproche de la muqueuse de l'estomac, on voit ces renflements s'étrangler, se séparer même du corps cellulaire et se réduire bientôt à des traînées qui sur les coupes de pièces traitées par l'acide osmique marquent de taches noires la tranche de la cuticule très épaisse à ce niveau. On passe enfin aux cellules cylindriques ordinaires. Ces différentes formes me semblent pouvoir être considérées comme des modifications marquant des périodes de l'évolution des cellules épithéliales.

c. INTESTIN PROPREMENT DIT (*postintestin*).

L'intestin proprement dit, c'est-à-dire toute la partie du tube digestif qui fait suite à la valvule pylorique, se caractérise très nettement par sa structure histologique.

La cuticule (intima) y prend une épaisseur relativement assez grande. Les cellules épithéliales, très bien développées, et ne rappelant en rien la réduction de l'épithélium de la région œsophagienne, ne sont plus cylindriques, mais aplaties, cubiques ou presque sphériques suivant les régions. La couche conjonctive est rudimentaire, dépourvue de follicules; enfin, les couches musculaires ont entre elles les mêmes rapports que dans l'œsophage, c'est-à-dire que contrairement à ce qu'on observe dans le ventricule chylifique, c'est la musculeuse interne qui est formée de fibres longitudinales et la musculeuse externe qui est composée de fibres circulaires. Dans certaines régions toutefois, la zone de fibres circulaires est comprise entre deux couches à fibres longitudinales.

Ces caractères généraux de structure comportent certaines modifications de détails qui permettent de reconnaître cinq parties bien distinctes dans l'intestin des Vésicants.

Cantharide. — La *première partie*, très courte, et ne mesurant pas plus de 1ᵐᵐ de longueur chez la Cantharide, fait immédiatement suite à la valvule pylorique et répond au renflement qui occupe l'extrémité postérieure du ventricule chylifique. Son diamètre transversal mesure 0ᵐᵐ,95 environ. Sa structure est très caractéristique. La muqueuse, en effet, y forme dix-huit replis longitudinaux saillants. Audouin qui avait parfaitement vu ces replis, s'est également bien rendu compte de leur origine. « Si on les examine avec soin, disait-il, on voit qu'ils partent des six corps valvulaires. Chacun en fournit deux et il en naît régulièrement un des intervalles qui les séparent. » C'est bien ainsi, en effet, que les choses se présentent. Ces replis ne sont pas égaux en hauteur; il y a alternativement un repli plus bas et un repli plus élevé (fig. 6, pl. VII).

La muqueuse qui les forme, offre à considérer, une cuticule épaisse de 3 μ environ, hérissée comme celle des corps valvulaires. C'est celle-ci en effet qui se continue sans modifications dans cette première partie de l'intestin. Par contre, les cellules épithéliales sont bien différentes. Aux cellules cylindriques font place des cellules polyédriques, presque aplaties et qui ne mesurent pas plus de 12 μ de hauteur sur 15 μ de largeur. La couche conjonctive très mince est réduite à quelques fibres éparses. Enfin, l'enveloppe musculaire consiste en une épaisse couche de

fibres musculaires comprise entre deux couches de fibres longi-
nales. De ces deux dernières, l'interne semble être la continuation des fibres musculaires longitudinales du ventricule
(fig. 23, pl. VI); quant à l'externe elle est représentée par quelques faisceaux peu serrés. L'épaisseur de la couche à fibres circulaires est remarquable, car elle ne mesure pas moins de $0^{mm},14$.
C'est un anneau musculaire puissant, et il n'est pas douteux que
cette première partie de l'intestin constitue une sorte de sphincter placé à l'extrémité postérieure du ventricule.

La *deuxième partie* de l'intestin est caractérisée par la di-
minution du nombre des replis de la muqueuse qui se réduisent
à douze (fig. 7, pl. VI). En même temps, la cuticule devient
complètement glabre, et les cellules épithéliales peut-être un
peu plus longues que dans la précédente région mesurent environ 14 μ de hauteur. La musculeuse interne est représentée
par quelques fibres longitudinales. Quant à la musculeuse externe, elle est moins épaisse que dans le gésier, elle mesure toutefois encore $0^{mm},10$ à $0^{mm},12$.

Enfin une sorte de gaîne formée par le corps adipeux et qui
enveloppe toute la longueur de l'intestin apparaît pour la première fois dans cette région. La structure de cette gaîne est très
remarquable, les cellules adipeuses étant groupées en sortes de
colonnes cylindriques qui entourent l'intestin, et sont placées
côte à côte parallèlement à son grand axe.

La deuxième partie de l'intestin constituée comme il vient
d'être dit, n'a qu'une faible longueur, environ 2 à 3^{mm}. Elle
comprend la portion qui s'étend directement en arrière, du renflement à dix-huit replis jusqu'au coude que forme l'intestin
pour revenir en avant (voir la fig. 1, pl. VI). Son diamètre transversal peu considérable, mesure, paroi comprise $0^{mm},65$.

Vient alors la *troisième partie* de l'intestin représentée par la
portion ascendante qui se place le long du côté droit du ventricule chylifique. Elle est caractérisée par une nouvelle diminu-
tion du nombre des replis de la muqueuse qui se réduisent à
six. Sur les coupes transversales pratiquées sur un abdomen
entier de Cantharide on reconnaît facilement cette région de l'intestin à ses six replis qui suffisent parfaitement à la caractériser
(fig. 8, pl. VI) et l'on constate comme je le disais plus haut,
qu'elle occupe le côté droit du ventricule.

Il est à remarquer que le calibre de cette troisième portion du ventricule est notablement réduit. C'est la partie la plus grêle de tout le conduit intestinal. La musculeuse externe, bien que représentée encore par deux ou trois assises de fibres circulaires est beaucoup moins développée que dans les régions précédentes.

La *quatrième partie* de l'intestin comprend toute la portion descendante de cet organe jusque vers son extrémité terminale. Sur les coupes transversales d'ensemble de l'abdomen (fig. 11, pl. VIᴿ), on voit qu'elle occupe la face dorsale, au-dessus du ventricule.

Son diamètre transversal, paroi comprise, mesure dans sa région la plus large $0^{mm},90$ à 1^{mm} et l'emporte de beaucoup sur les régions précédentes ; c'est la partie qu'on désigne ordinairement sous le nom de rectum ; les extrémités postérieures des tubes de Malpighi sont fixées à son origine. Chez quelques Vésicants tels que les Mylabres, dont l'intestin est beaucoup plus court, ce rectum est réduit à un renflement à peu près sphérique. Quoiqu'il en soit, la structure de cette quatrième région de l'intestin est remarquable. Les six replis de la muqueuse s'affaissent peu à peu et disparaissent bientôt presque complètement (fig. 9). La cuticule est lisse ; les cellules épithéliales sont très différentes de celles des régions précédentes. Elles sont presque sphériques ou à peine comprimées latéralement ; volumineuses car leur diamètre atteint $0^{mm},017$, elles possèdent un noyau plongé dans un protoplasma hyalin, à peine granuleux. Il m'a semblé que, au niveau des replis, là où ils font encore une saillie appréciable (fig. 9, pl. VI), ces cellules épithéliales ont un diamètre un peu plus considérable. Enfin la couche musculaire est réduite à une seule assise de fibres circulaires. Le corps adipeux lui forme une enveloppe continue.

La *cinquième partie* de l'intestin comprend sa région terminale et aboutit à l'anus. Brusquement, en effet, le rectum se rétrécit et un conduit grêle, long seulement de 1 à 2 millimètres lui succède. Cette portion terminale (fig. 10, pl. VI), qui ne mesure pas plus de $0^{mm},7$ de diamètre transversal, paroi comprise, a une structure toute différente de celle de la région qui la précède.

La muqueuse, y offre de huit à dix replis très saillants, dont la cuticule est très épaisse. La couche épithéliale par contre est extrêmement réduite et les cellules rudimentaires rappellent la structure de l'œsophage. Enfin, deux couches musculaires très développées ajoutent encore à ces caractères distinctifs. C'est d'une part, une couche externe à fibres longitudinales, et d'autre part, une couche interne à fibres circulaires, très épaisse et qui mesure $0^{mm},098$ et forme un sphincter comparable à celui que j'ai signalé dans la première partie de l'intestin mais plus puissant encore.

En résumé, l'intestin de la Cantharide comprend cinq parties bien distinctes par leur structure. Dans l'état actuel de nos connaissances sur le rôle de ces diverses parties, il ne me paraît pas possible d'essayer de les comparer aux parties de l'intestin des animaux vertébrés, aussi n'ai-je à dessein pas employé les noms d'intestin grêle, de gros intestin, de rectum, etc. Si l'on veut les désigner par des noms particuliers, on peut emprunter ces noms à l'un de leurs caractères le plus apparent, c'est-à-dire au nombre des replis. On aura alors, la région à dix-huit replis, celle à douze replis, la région à six replis, la portion lisse et le sphincter terminal. Ces noms peuvent d'autant mieux être adoptés qu'ils sont applicables à l'intestin de tous les insectes vésicants.

Chez l'Epicauta verticalis en effet, j'ai retrouvé une disposition identique. Les figures que je donne des coupes transversales de ces diverses régions (fig. 19 à 25, pl. VIII) rendent compte de cette disposition. Les Mylabris quadri-punctata, Lytta Fabricii, Meloe proscarabœus, etc., ont même structure, les différences siègent seulement dans la longueur plus ou moins grande des diverses régions et en particulier de la quatrième portion.

d. **TUBES DE MALPIGHI.**

L'étude des vaisseaux de Malpighi ne m'a rien appris qui ne fut déjà connu. Je rappellerai que chez tous les Vésicants il existe six vaisseaux de Malpighi qui s'ouvrent à l'extrémité postérieure du ventricule chylifique entre les six pièces de la valvule pylorique et que ces six vaisseaux viennent se fixer à l'intestin, à la limite de la troisième et de la quatrième partie. En ce point ils se groupent en général par trois, et chaque groupe se fixe à la paroi intestinale par un tube très court (fig. 17, pl. IX), souven-

réduit à un simple mamelon (1). L. Dufour avait indiqué cette disposition et fait remarquer en même temps, ce qui a été confirmé depuis par M. Fabre (27), à savoir que le *Sitaris humeralis* fait exception à la règle générale. Il ne possède en effet que quatre vaisseaux de Malpighi unis deux à deux à leur extrémité postérieure.

c. CORPS ADIPEUX.

Le corps adipeux est généralement abondant chez les Vésicants, et teint en jaune (Cantharide et Zonitis) ou en rouge (Mylabris 4-punctata). Ses rapports avec le tube digestif sont tels qu'il enveloppe l'intestin comme d'une sorte de gaîne continue que j'ai signalée déjà à propos des coupes transversales sur cet organe. C'est ainsi que chez la Cantharide (fig. 7 et 8, pl. VI), on voit l'intestin entouré d'un manchon formé de deux ou trois assises de cellules groupées par petits paquets cylindriques. Chaque cylindre paraît nettement séparé du cylindre voisin par un contour qui est peut-être une fine membrane conjonctive ou seulement la limite de la substance hyaline dans laquelle sont plongées les cellules. Ces cellules volumineuses, ovoïdes ou sphériques, mesurent en moyenne 28 à 30 μ de diamètre. Elles renferment un gros noyau très réfringent, large de 15 à 16 μ et sont réunies par une substance intermédiaire hyaline ou très finement granuleuse (fig. 29, pl. VI). Elles se colorent rapidement en noir par l'acide osmique. Cependant elles ne renferment pas de globules graisseux. Quelques granulations seulement se voient parfois dans le noyau.

Le tissu graisseux de l'abdomen et celui qui s'étend sur l'estomac et jusqu'à la surface de l'œsophage ne présentent pas les mêmes caractères. Sur ces dernières parties du tube digestif les cellules sphériques, sont très granuleuses, d'un diamètre plus petit, et la substance intermédiaire dans laquelle elles sont plongées, semble moins dense. Cette seconde forme constitue un tissu beaucoup plus lâche et qui n'enveloppe pas d'une manière aussi intime les organes sur lesquelles il s'étend d'ailleurs irrégulièrement.

(1) Toutefois, comme l'a fort bien vu Audouin (*loc. cit.*) chez la Cantharide, les tubes de Malpighi s'unissent postérieurement en un seul tronc.

CHAPITRE IV.

Appareils circulatoire, respiratoire et nerveux.

I. — APPAREILS CIRCULATOIRE ET RESPIRATOIRE.

J'ai fort peu de choses à dire de l'appareil circulatoire qui ne diffère pas de celui des autres insectes. Il consiste en un vaisseau dorsal étendu de la tête à l'extrémité de l'abdomen, et je ne l'ai point étudié d'une manière spéciale.

Quant au système respiratoire, il comprend une série de stigmates disposés de chaque côté du corps, et des trachées.

Les stigmates offrent ceci de particulier chez tous les Vésicants, qu'ils sont assez rapprochés de la face dorsale des Zoonites abdominaux et qu'ils siègent dans une aire, pour ainsi dire membraneuse, qui relie de part et d'autre les tergites cornés aux sternites. Cette aire membraneuse, molle et flexible est de couleur sombre et terne chez les insectes dont le test revêt des teintes métalliques; de couleur blanchâtre ou jaune pâle, chez les espèces à test jaune ou brun.

Les stigmates sont ordinairement très simples et formés d'un péritrème ovalaire qui circonscrit la base d'une cavité conique, hérissée de fins prolongements chitineux à sa face interne. Chez Cerocoma Schreberi toutefois, l'appareil se complique d'un lambeau chitineux, de forme triangulaire qui se fixe par sa base à la paroi interne de la cavité conique en question, recouvre l'orifice profond du stigmate et fait saillie au dehors.

La distribution des trachées a été étudiée par Audouin (loc. cit.) chez la Cantharide. Chaque stigmate abdominal donne naissance à un gros tronc trachéen qui se divise bientôt en deux branches dirigées, l'une en avant, l'autre en arrière. Au thorax, chaque tronc se divise aussi en deux branches, mais dont la direction est différente. L'une de ces branches se dirige en haut, l'autre en bas, et chacune se subdivisant en un grand nombre de ramifications, il en résulte deux plans trachéens superposés, dans l'intervalle desquels est compris le tube digestif.

II. — SYSTÈME NERVEUX.

Audouin, en 1826, a donné une description assez détaillée du système nerveux de la Cantharide. On trouve, d'autre part, dans l'ouvrage de Brandt et Ratzburg (1829), des renseignements sur le système nerveux du Meloe et de la Cantharide. En 1832, Brandt et Erichson (38) ont décrit celui du Meloe. Enfin, en 1846, M. Blanchard (39) contrôla les précédentes recherches et les étendit à une autre espèce (*Mylabris Cichorii*). J'ai pu de mon côté reconnaître l'exactitude des précédentes observations et examiner sous le même rapport les genres Zonitis (Z. *mutica*) et Mylabris (M. *Geminata*).

Il est intéressant de remarquer, avec M. Blanchard, que dans ces différents genres, qui cependant présentent de nombreux caractères distinctifs, on trouve la plus grande unité dans la composition du système nerveux. Chez tous, en effet, outre les renflements cérébroïdes et le ganglion sous-œsophagien, on trouve trois ganglions thoraciques et une chaîne abdominale de quatre ganglions, dont le volume va grossissant jusqu'au dernier. La forme de ces ganglions abdominaux est à peu près triangulaire, à sommet antérieur; le dernier seul, beaucoup plus volumineux que les autres, est rectangulaire, et présente souvent dans le milieu de sa masse, un petit enfoncement ou même une petite fenêtre qui le divise incomplètement en deux parties.

Suivant M. Blanchard, par le nombre des ganglions de la chaîne abdominale, comme par leur arrangement, les insectes vésicants se rapprochent plus spécialement des Chrysoméliens. Toutefois, chez les Vésicants, les ganglions thoraciques seraient plus espacés et plus petits comparativement aux ganglions abdominaux.

Audouin le premier, paraît avoir reconnu l'existence d'un système nerveux viscéral. Il décrit, en effet, chez la Cantharide, deux filets nerveux « excessivement longs et très prolon- « gés en arrière, » situés de part et d'autre du vaisseau dorsal et partant d'un ganglion très distinct, situé en avant du cerveau et qui fournit antérieurement deux autres filets très grêles, se rendant au chaperon.

Plus tard, Brandt et Erichson ont donné une description complète de ce système nerveux viscéral chez le Meloe. Il comprend, comme c'est le cas général, chez les Coleoptères, une partie impaire destinée à l'estomac et dans laquelle le nerf récurrent est simple, et une partie paire réservée comme l'a montré M. Blanchard au vaisseau dorsal et aux trachées. Le ganglion frontal est triangulaire ; il en est de même du renflement dans lequel se termine, en arrière, le nerf récurrent.

J'ajoute que chez les larves (Cantharide et Meloe), d'après Brandt et Ratzburg, le nombre des ganglions de la chaîne sousintestinale est de treize, alors qu'il n'y en a que huit chez l'insecte parfait.

CHAPITRE V.

Appareil de la génération.

1° APPAREIL MALE.

a. Organes internes.

Comme chez la plupart des Coléoptères, l'appareil mâle des insectes vésicants comprend une paire de testicules avec canaux déférents s'unissant en un conduit éjaculateur commun, et un certain nombre de glandes accessoires plus ou moins développées.

L'étude morphologique de cet appareil a été faite par Léon Dufour (31) qui l'a décrit et figuré chez quelques espèces (Mylabris, Zonitis). Audouin (14) de son côté, a fait connaître l'appareil mâle de la Cantharide, et on trouve dans la zoologie médicale de Brandt et Ratzburg (24) des dessins relatifs à cette espèce et au genre Meloe. Toutes ces descriptions sont ordinairement très sommaires et parfois inexactes, c'est pourquoi j'ai cru bon de reprendre cette étude en même temps que je me suis efforcé de l'étendre à un plus grand nombre d'espèces.

L'appareil mâle des insectes vésicants offre dans sa composition, suivant les genres que l'on étudie, des différences assez sensibles pour qu'il me paraisse nécessaire d'en donner une description détaillée chez chacun des types pris à part. Mais pour ne pas avoir à me répéter je commencerai par indiquer les caractères communs ou peu variables qui se rencontrent.

Les *testicules* sont relativement peu volumineux et mesurent de 2 à 3 millimètres de diamètre. Ils siègent aux côtés de l'abdomen contre les parois de l'estomac et sont cachés au milieu des nombreux replis des conduits déférents et de certaines glandes accessoires. Ils consistent chacun en un nombre parfois considérable de petits cœcums groupés autour d'un réceptacle central auquel aboutit le conduit déférent.

Leur forme est un peu variable ; tantôt sphériques ou orbiculaires, ils sont ailleurs réniformes. Leur surface est ordinairement lisse ou marquée d'un fin réticulum dont les mailles correspondent au fond des follicules testiculaires. Parfois chez les Zonitis, par exemple, leur surface est hérissée, la tunique vaginale semblant faire défaut et les follicules se montrant alors comme un petit amas de poils fins et serrés.

La couleur des testicules est également un peu variable. D'un beau rouge orangé chez *Mylabris 4-punctata*, ils sont d'un jaune paille chez *Épicauta verticalis*, ou d'un jaune citron chez *Mylabris Geminata*. Ces diverses teintes sont dues à l'existence de cellules remplies de granulations colorées et interposées aux follicules testiculaires.

Les *Canaux déférents* sont plus ou moins considérablement renflés dans leur portion voisine du conduit éjaculateur. Ces extrémités renflées sont toujours remplies de spermatozoïdes, et avec Siebold et Stannius je crois qu'on peut les considérer comme jouant le rôle de réservoirs spermatiques. Le canal déférent proprement dit serait alors représenté seulement par la longue portion grêle qui aboutit au testicule.

Le *canal éjaculateur* est toujours représenté par un conduit d'un fort petit diamètre, droit ou un peu sinueux.

Quant aux *glandes accessoires*, elles offrent dans leurs formes comme dans leur nombre d'assez grandes variations. Le plus souvent toutefois, elles sont au nombre de trois paires, et en forme de tubes droits ou enroulés.

Cantharide (pl. X, fig. 1). (*C. Vesicatoria*) (1). — Je prends pour type la Cantharide ordinaire parce que j'ai pu l'étudier avec plus de détails que la plupart des autres espèces. Beaucoup de ces détails s'appliquent d'ailleurs à ces dernières espèces.

(1) Voir Audouin (*loc. cit.*); Brandt et Ratzburg (*loc. cit.*); Cuvier, *Règne animal*.

TESTICULES.

Les testicules chez la Cantharide sont à peu près sphériques, incolores ou légèrement jaunâtres et formés d'un très grand nombre de tubes testiculaires allongés et renflés en massue, à l'extrémité libre périphérique. Par leur extrémité centrale ces tubes débouchent dans une cavité commune à laquelle aboutit d'autre part le canal déférent.

La paroi des tubes testiculaires est formée d'une membrane parsemée de noyaux et parcourue par de fines trachées.

CANAUX DÉFÉRENTS.

Le réservoir central des testicules est tapissé d'un épithelium cylindrique qui passe en se modifiant un peu dans le conduit déférent qui lui fait suite. Ce conduit déférent tapissé dans sa partie épididymaire d'un épithélium à cellules cylindriques élevées est revêtu extérieurement d'une tunique musculaire à fibres circulaires et longitudinales. Cette région épididymaire extrêmement grêle est assez longue et s'enroule plusieurs fois sur elle-même, puis augmente peu à peu de diamètre jusqu'à constituer un tube large, cylindrique, proportionnellement très renflé (fig. 1 *d*) dont la surface extérieure est pourvue d'étranglements très marqués, que produisent des faisceaux de fibres musculaires circulaires. Cette portion renflée du canal déférent forme un réservoir spermatique que l'on trouve en effet toujours rempli de spermatozoïdes. Elle débouche dans l'extrémité antérieure élargie (*v*) du canal éjaculateur et semble continuer ce canal.

CONDUIT ÉJACULATEUR (Fig. 1, *c*).

En effet, comme l'a bien vu Audouin, le canal éjaculateur, chez la Cantharide s'évase à son extrémité antérieure de manière à former une sorte d'urne arrondie dans laquelle débouchent d'une part les conduits déférents et d'autre part les glandes accessoires de l'appareil génital. (Pl. X, fig. 2.) Dans le reste de son étendue le conduit éjaculateur se présente sous la forme d'un tube très grêle, un peu sinueux, dont la longueur égale à peu près l'espace mesuré par les cinq derniers anneaux de l'abdomen, et qui siège immédiatement au-dessous et à gauche de

l'estomac. Sa paroi est formée de dedans en dehors, d'un épithélium à cellules cylindriques et d'une tunique musculaire à
fibres longitudinales et circulaires. Aussi lorsqu'on ouvre l'insecte par sa face abdominale reconnaît-on facilement le canal
éjaculateur aux énergiques contractions qui persistent pendant
longtemps.

GLANDES ACCESSOIRES.

Les glandes accessoires sont, chez la Cantharide au nombre
de trois paires (1). Elles s'ouvrent dans la portion antérieure
renflée du conduit éjaculateur, sur la face ventrale de ce dernier, à peu près au niveau où débouchent les canaux déférents.

De ces trois paires, la médiane est insérée plus en avant que
les autres et consiste en deux cœcums longs de 10 à 12 millimètres et mesurant $0^{mm},50$ de diamètre dans leur partie la plus
large (pl. X, fig. 1 s). Chacun de ces cœcums après un court
trajet en ligne droite se recourbe en une longue anse à convexité
antérieure dans laquelle son extrémité libre s'enroule plusieurs
fois sur elle-même en forme de crosse. Je désignerai ces glandes
sous le nom de glandes *scorpioïdes* qui indique assez bien leur
forme générale. Quand on a ouvert l'abdomen de la Cantharide,
on reconnaît de suite les glandes scorpioïdes à la couleur d'un
blanc crayeux qu'elles offrent dans une partie de leur étendue
et à leur mode d'enroulement caractéristique. Elles occupent
dans l'abdomen l'espace qui s'étend du 3ᵉ ou 4ᵉ anneau abdominal au bord postérieur du sternum du métathorax.

La seconde paire de glandes accessoires (pl. X, fig. 1 v) est
insérée un peu en arrière et en dehors de la précédente. Ce sont
deux cœcums cylindriques courts qui passant entre les glandes
scorpioïdes et les canaux déférents embrassent étroitement la
base de ces derniers.

La troisième paire enfin (pl. X, fig. 1 x) consiste en deux longs
tubes qui prennent naissance immédiatement en arrière des canaux déférents. Ils s'appliquent contre la face inférieure de ces
derniers et se dirigent en arrière. Les tubes en question sont d'une
grande longueur et pour prendre place dans l'abdomen ils s'en-

____

(1) Audouin (loc. cit.) décrit quatre paires de glandes accessoires : je n'en ai pour
ma part jamais trouvé que trois paires, et Brandt et Ratzburg n'en figurent également
que trois.

roulent de chaque côté du tube digestif en replis irréguliers tout
au voisinage des testicules qu'ils cachent en partie. Leur paroi
est tellement mince et délicate que lorsqu'on cherche à les dé-
rouler on doit prendre les plus grandes précautions pour ne pas
les déchirer. Ils semblent en effet au premier abord ne consister
qu'en un filament de gelée claire et transparente un peu élastique. Leur forme est irrégulière ; ils présentent de place en
place dans toute leur longueur des renflements ovoïdes irréguliers et leur extrémité libre est claviforme.

Quant à la quatrième paire de glandes que Audouin décrit
comme formée de « petits tubes déliés s'ouvrant dans le conduit
spermatique commun », je ne l'ai jamais rencontrée malgré les
nombreuses dissections que j'ai faites.

Il me reste à donner quelques détails sur la structure et le
contenu de chacune des glandes que je viens de décrire.

Première paire ou Glandes scorpioïdes.

C'est vers le milieu de leur longueur que les glandes scorpioïdes commencent à s'enrouler. A partir de là aussi elles deviennent plus grêles, et chez certains individus leur extrémité
terminale consiste en un petit cœcum qui paraît surajouté à la
glande. C'est cette forme que représente notre fig. 4 (*h*), dans laquelle la glande est vue en partie déroulée. Audouin fait évidemment allusion à cette disposition quand il dit (loc. cit., p. 51) :
« Un petit vaisseau flottant se voit non loin de leur extrémité
libre, mais il manque quelquefois ». Souvent en effet la glande
est formée d'un tube continu qui va seulement en diminuant
de diamètre jusqu'à son extrémité libre, comme le montre la
fig. 3. Quoiqu'il en soit d'ailleurs, la structure de la glande scorpioïde présente les caractères suivants :

Sa paroi est formée de dedans en dehors d'un épithélium et
d'une musculeuse séparés par une membrane hyaline épaisse
de 5 à 6 μ.

Épithélium. — L'épithélium est formé de cellules cylindriques,
mais celles-ci n'offrent pas les mêmes caractères dans toute
l'étendue du tube glandulaire. Les coupes transversales pratiquées sur les régions postérieure et moyenne de ce tube montrent deux bourrelets épais (pl. X, fig. 10), latéraux, formés par
de très longues cellules (*c*), tandis que les espaces qui séparent

ces bourrelets et qui correspondent aux bords interne et externe de la glande sont tapissés par un épithélium à cellules courtes (*i*) polyédriques qui ne mesurent pas plus de 12 μ de hauteur. On peut suivre les bourrelets épithéliaux dans toute la longueur de la glande jusque vers son extrémité, où ils vont en s'effilant et laissent une place de plus en plus grande à l'épithélium prismatique. Mais sur les coupes on constate qu'ils n'occupent pas aux différents niveaux la même situation relative; on les voit en effet gagner peu à peu les faces interne et externe en abandonnant les faces latérales qu'ils occupaient d'abord, puis revenir à cette situation primitive. En un mot ils décrivent un long tour de spire, et sans aucun doute ils ont une influence sur l'enroulement si caractéristique du tube glandulaire.

Les cellules épithéliales des bourrelets, examinées sans l'interposition d'aucun réactif ou sur des dissociations de pièces fixées par l'acide osmique, se présentent comme des éléments très allongés, mesurant 35 à 45 μ de hauteur sur 8 à 10 μ de largeur à leur extrémité libre. (Pl. X, fig. 7 et 6.) Elles sont claviformes, terminées en pointe à leur extrémité externe. Leur contenu est finement granuleux; leur noyau sphérique ou ovoïde pourvu de 2 à 3 nucléoles brillants, mesure 7 à 8 μ de diamètre en moyenne. Il est situé dans le tiers interne de l'élément.

Ces cellules ne forment qu'une seule assise et offrent une disposition qui est un peu différente pour chacun des bourrelets qu'elles constituent. Dans l'un (fig. 10 *b*) elles sont un peu plus courtes, moins épaisses et ce sont leurs extrémités internes qui ont une légère tendance à converger entre elles. Dans l'autre (fig. 10 *e*), elles sont plus hautes, et leurs extrémités périphériques sont tout à fait convergentes; sur les coupes tranversales elles présentent par suite une disposition en éventail très marquée.

Parmi les cellules que je viens de décrire, on en voit d'autres qui se distinguent par leur forme plus grêle, leurs contours irréguliers et leur contenu homogène, très réfringent que le picrocarmin colore en jaune pâle. Leur noyau pâle, comme ratatiné, occupe un point un peu renflé de la cellule. (Pl. X, fig. 8.) Ces divers caractères me font penser que ces éléments représentent des formes de régression des cellules épithéliales. On trouve d'ailleurs dans ces mêmes régions des traînées granuleuses

— 109 —

interposées aux cellules normales (fig. 10 *k*) et qui semblent un
état ultime de leur évolution. Il est à remarquer que c'est seulement dans les parties moyennes les plus développées des bourrelets qu'on trouve ces éléments en assez grande quantité. Dans la
région terminale du tube, où les bourrelets vont en diminuant
de volume, l'épithélium qui les forme est beaucoup plus homogène (pl. X, fig. 12).

Musculeuse. — La musculeuse des glandes scorpioïdes est
formée (fig. 6 *n*) de fibres longitudinales disposées en une ou
deux assises à la surface de la membrane hyaline sur laquelle
reposent les cellules épithéliales, et d'une couche externe de
fibres circulaires (*m*). Toutes ces fibres musculaires présentent
sur leurs coupes transversales l'aspect bien connu d'un disque
clair marqué en son centre d'un point sombre, qui se colore fortement par le carmin. Les éléments musculaires paraissent
plus nombreux à la surface des bourrelets que sur les régions
voisines.

Contenu des glandes scorpioïdes. — Les éléments épithéliaux
que nous venons de décrire forment un organe de nature glandulaire, ainsi que l'atteste le contenu des tubes scorpioïdes. Ce
contenu n'est pas homogène. Dans les régions postérieure et
moyenne qui, à l'œil nu, se font remarquer par leur couleur d'un
blanc crayeux, les tubes scorpioïdes renferment une matière
légèrement jaunâtre, très dense et élastique qui forme un épais
cordon remplissant en partie la lumière du canal. D'autre part,
sur l'une des faces de ce cordon (pl. X, fig. 5 et 10) est creusée une rigole remplie par une substance gélatineuse et parsemée
de nombreux corps cristallins, qui apparaissent plus nettement
après addition d'une goutte d'eau à la préparation. En poursuivant l'examen de l'organe, on voit que cette substance gélatineuse devient de plus en plus abondante (fig. 11 et 12) dans la
portion terminale du tube glandulaire en même temps que le
cordon de substance épaisse s'effile et disparaît, si bien que la
portion grêle qui termine le tube scorpioïde n'est plus guère
remplie que d'une matière semi-liquide, présentant des vacuoles
(fig. 11 *l*) et des cristaux en grand nombre en même temps que
de fines granulations qui offrent une disposition radiée très nette.
Plus en avant encore, les cristaux disparaissent et il ne reste plus
(fig. 12) qu'une matière granuleuse où des zones concentriques

d'épaississement sont parfaitement visibles ainsi que des traînées radiaires de granulations.

Un examen plus approfondi du contenu des glandes scorpioïdes permet de noter quelques particularités dont voici les principales.

En étudiant sur des coupes ou des dissociations le cordon de matière épaisse, on constate que sa surface est piquetée de petits orifices atteignant à peine $1/2\,\mu$ de diamètre dans lesquels pénètrent de fins prolongements (fig. 10 *o* et *o'*) qui semblent partir des longues cellules épithéliales des bourrelets. Sur les dissociations d'ailleurs, il est facile d'isoler des lambeaux d'épithélium (fig. 6 *e*), dont la surface est hérissée de ces délicats prolongements des cellules épithéliales. En même temps, la surface du tube présente de petits enfoncements qui représentent le moule de petites calottes muqueuses (fig. 10 *r*) qu'on voit se détacher de la surface de l'épithélium des bourrelets. Ces faits s'observent particulièrement bien dans les régions du tube où l'épithélium présente ces éléments à divers états d'évolution dont j'ai parlé plus haut. J'en conclus que ces bourrelets sont des organes de sécrétion muqueuse et que ce sont eux qui donnent plus particulièrement naissance au cordon de substance élastique. L'activité de la sécrétion est accusée par les nombreux éléments en voie de régression qui se rencontrent dans les parties postérieure et moyenne de l'organe.

Quant à la substance granuleuse de consistance plus molle, elle est plus spécialement le produit de sécrétion des cellules polyédriques courtes dans ces mêmes régions, et de l'ensemble de l'épithélium dans la partie terminale des tubes glandulaires. La surface de cette substance gélatineuse est marquée de dessins polygonaux, empreintes des cellules épithéliales (fig. 9).

Enfin les cristaux contenus en si grande quantité dans cette matière muqueuse méritent une attention spéciale. J'avais pensé tout d'abord qu'ils pouvaient être rapportés à de la cantharidine ou à un cantharidate, mais l'examen le plus superficiel ne permet pas de s'arrêter à cette manière de voir. La cantharidine cristallise en lames aplaties, très minces (fig. 18), tandis que les cristaux en question sont des prismes (fig. 13) hexaédriques très réguliers, de toutes tailles. Les essais physiologiques que j'ai faits (voir plus loin) m'ont démontré d'ailleurs que les glandes

scorpioïdes ne sont point vésicantes. Ces cristaux ne rappellent
point non plus les cristallisations de l'acide urique et des urates
et d'ailleurs il m'a été impossible d'obtenir la réaction de la mu-
rexide par l'addition d'acide azotique et d'ammoniaque, même
en agissant sur des quantités assez fortes de produit.

Ces cristaux sont insolubles dans l'eau, le chloroforme et
l'éther. Les bases fortes, ammoniaque liquide ou potasse
caustique en solution concentrée, les gonflent rapidement au
point de les faire disparaître à peu près complètement. Ils
perdent alors leur forme cristalline, mais cependant ne sont
pas détruits, car, par l'addition d'un acide fort, on voit peu à
peu une sorte de contraction se produire, et les apparences
cristallines se montrent de nouveau. Cette action est particulièrement nette avec l'acide acétique. Sous l'influence des acides
forts et particulièrement de l'acide azotique, les cristaux disparaissent complètement sans trace d'effervescence. A ces différents caractères, je crois pouvoir admettre que l'on est en
présence, non pas de cristaux de phosphate insoluble comme
je l'avais pensé d'abord en les voyant se dissoudre rapidement
et sans effervescence dans l'acide azotique, mais en présence de
matières protéiques affectant des formes cristallines comme il
s'en rencontre souvent dans les mucus. Ce ne sont donc pas de
vrais cristaux, mais des cristalloïdes. Un autre fait vient appuyer cette conclusion. Les matières colorantes et en particulier le picro-carmin, colorent très bien en rose les corps cristallins en question, ce qui prouve bien que ce ne sont pas des
vrais cristaux. L'iode les colore en jaune.

En résumé, les tubes scorpioïdes sont des glandes muqueuses
spéciales annexées à l'appareil reproducteur, mais nullement
des réservoirs spermatiques. Je n'y ai, en effet, jamais trouvé
de spermatozoïdes. La sécrétion de ces glandes n'a, d'autre
part, aucun rapport avec les propriétés vésicantes de l'insecte.

Deuxième paire.

Les cœcums courts qui avoisinent les tubes scorpioïdes sont
également des glandes spéciales qui ne servent pas comme réservoirs spermatiques. Ce sont de petits tubes remplis d'une
substance gélatineuse parsemée de fines granulations, princi-

palement à la périphérie ; des traînées plus homogènes et réfringentes, se voient au centre de la masse.

La paroi de ces glandes (pl. X, fig. 20) comprend un épithélium à cellules polyédriques hautes de 8 à 10 μ avec noyaux
sphériques mesurant 6 à 8 μ de diamètre et renfermant un ou
deux nucléoles brillants. Les cellules se modifient un peu dans
le fond du cœcum où elle sont un peu plus aplaties. L'épithélium repose directement sur une membrane hyaline de 5 à 6 μ
d'épaisseur, transparente et homogène, dans laquelle on distingue quelques noyaux espacés, allongés tangentiellement à la
surface de la glande. Il n'existe aucune trace de fibres musculaires.

J'ai dit, plus haut, que le produit de sécrétion de ces glandes
est une sorte de mucus granuleux ; j'ajoute que les cellules épithéliales, dessinent à la surface de ce mucus leur empreinte
hexagonale et que les granulations sont régulièrement disposées
en traînées ou colonnes radiales qui mesurent exactement en
épaisseur le diamètre des cellules. Je ne saurais dire si ces
glandes renferment de la cantharidine, mais j'indiquerai plus
loin les raisons qui me donnent à penser qu'il en peut être ainsi.

TROISIÈME PAIRE OU GLANDES A CANTHARIDINE.

J'ai dit plus haut que la troisième paire de glandes accessoires
consiste en longs tubes moniliformes à paroi très mince, à contenu absolument hyalin et qui figurent comme des chapelets à
grains ovoïdes, qu'on dirait faits en verre filé, tant ils sont transparents. En examinant ces tubes à la loupe, on remarque que
les espaces qui séparent leurs portions renflées présentent des
stries transversales rapprochées. Cet aspect s'explique facilement
quand on connaît la structure de la paroi. Celle-ci comprend,
en effet, outre l'épithélium interne, une musculeuse assez
puissante formée de fibres longitudinales et circulaires. (Pl. X,
fig. 16.) Or, dans les portions dilatées du tube, les fibres musculaires sont comme dissociées et écartées les unes des autres.
Dans les parties dont le calibre est resté cylindrique au contraire,
les faisceaux de fibres sont rapprochés et déterminent des
étranglements de la muqueuse alternant avec des saillies circulaires de celle-ci qui produisent la striation transversale.

En dedans de la musculeuse il existe une couche conjonctive formée de cellules étoilées qui se distinguent dans les parties renflées du tube par leur état de dissociation; leurs prolongements s'allongent alors et en s'unissant forment un remarquable réseau dont les noyaux très réfringents se colorent difficilement par le carmin. L'épithélium repose sur cette couche lamineuse et est formé de cellules sphériques ou polyédriques par pression réciproque qui renferment un fort noyau sphérique ou ovoïde pourvu de deux ou trois nucléoles très brillants (fig. 15 *a*, *b*). Suivant les parties de la glande que l'on observe, l'épithélium montre quelques modifications dans la forme de ses éléments.

Dans les parties les plus voisines de l'abouchement au canal éjaculateur, les cellules épithéliales, relativement petites, mesurent 11 à 12 μ en moyenne, avec un noyau dont le diamètre atteint 7 μ. (Fig. 15 *a*.) Elles sont alors très serrées les unes contre les autres et de forme hexaédrique. Dans les parties moyenne et terminale du tube glandulaire, on voit se mêler à ces cellules d'autres éléments complètement sphériques, beaucoup plus volumineux, qui mesurent 15 à 17 μ de diamètre avec un noyau de 8 à 10 μ (fig. 15 et 16 *b*). Enfin, dans les parties cylindriques de la glande, la muqueuse présente de grandes cellules allongées (fig. 15 *c*) en forme d'outre dont l'orifice s'ouvre dans le tube glandulaire et dont le fond sphérique, rempli d'une matière granuleuse, est occupé par le noyau. Le contenu du col de ces ampoules est homogène, fortement réfringent. Ces ampoules, véritables glandes unicellulaires, mélangées aux cellules épithéliales, rappellent les cellules calyciformes de l'épithélium de l'intestin des Mammifères et présentent différents états de régression que nous figurons. Elles deviennent par places, en effet, plus grêles, totalement réfringentes (fig. 15 *d*), et le noyau ne se voit plus que comme un petit amas, appliqué contre le fond de l'élément et reconnaissable à la coloration rose qu'il prend encore par le picro-carmin.

Contenu. — Les glandes de la troisième paire sont des réservoirs séminaux (1); j'ai toujours trouvé, en effet, le fond rempli de faisceaux de spermatozoïdes (voir fig. 14 *sp*). De plus, ce

____

(1) Peut-être est-ce beaucoup dire que ces tubes fonctionnent comme réservoirs séminaux. Il est toutefois incontestable qu'ils renferment toujours une certaine quantité de faisceaux de spermatozoïdes massés dans leur partie la plus profonde.

sont les organes d'élection de la cantharidine, ainsi que me l'ont prouvé les nombreuses expériences que j'ai faites sur moi-même et qui seront exposées dans une autre partie de ce travail. Il m'a d'ailleurs été possible d'en faire la preuve chimique, et voici comment j'ai procédé :

Dans toute leur longueur, les tubes en question sont remplis d'une substance muqueuse hyaline, transparente et homogène qui se colore en rose par le carmin. Si, prenant un des tubes et le plaçant sur une lame de verre, on le traite par une goutte d'acide acétique ou d'un acide fort (nitrique ou sulfurique), on voit au bout de peu de temps se déposer dans la masse muqueuse qui perd sa transparence de nombreux cristaux en forme de fines aiguilles ou en lamelles allongées rectangulaires, groupées irrégulièrement autour de masses amorphes à surfaces mamelonnées (voir fig. 17, pl. X). — Ces cristaux sont solubles dans le chloroforme et à peu près insolubles dans l'eau ; caractères qui appartiennent bien à la cantharidine. Bien plus, si on ajoute un peu d'eau sous la lamelle où les cristaux sont dissous dans le chloroforme, on voit bientôt apparaître une magnifique cristallisation en tables rhomboïdales (voir fig. 19) absolument comparable aux cristaux de cantharidine pure que j'ai figurés pl. X, fig. 18, comme terme de comparaison.

Ces faits me paraissent démontrer que, s'il existe de la cantharidine en dissolution dans le mucus des tubes glandulaires, cette cantharidine ne représente pas tout le produit actif ; il doit y avoir également une certaine quantité de cantharidine à l'état de cantharidate alcalin ; on s'explique dès lors l'action de l'acide qui déplace la base et laisse la cantharidine en liberté (1). D'ailleurs, je reproduis cette expérience de la façon suivante : prenant de la cantharidine pure, je la convertis en cantharidate de potasse en la chauffant pendant quelque temps dans un tube renfermant une solution concentrée de potasse caustique. Une fois la cantharidine dissoute, je neutralise avec précaution. Une goutte du liquide placée sous le microscope ne laisse voir aucun cristal. J'ajoute alors sous la lamelle une goutte d'acide

______

(1) On sait, depuis les travaux de MM. Blum (32), Massing et Dragendorff (33) que la cantharidine est un anhydride de l'acide cantharidique, et est susceptible de se combiner avec les bases en fixant deux équivalents d'eau.

azotique ; très rapidement des cristaux se déposent ; leur forme
en tables rhomboïdales est bien celle de la cantharidine ;
d'ailleurs ils se dissolvent rapidement dans le chloroforme. Je
suis donc arrivé de la sorte à reproduire l'expérience faite sur
le tube à cantharidine, mais en employant un cantharidate ; je
me crois donc bien fondé à admettre que la cantharidine existe
pour une part au moins à l'état de cantharidate dans le tube en
question. Cette manière de voir est conforme à l'opinion émise par
Blum (34), qui admet que la cantharidine existe dans les cantharides à la fois à l'état de liberté et à l'état de combinaison. Il
est vrai que M. Béguin (35), dans un travail plus récent, n'a pas
adopté cette manière de voir ; mais les raisons qu'il en donne ne
me paraissent pas très convaincantes. M. Béguin commence, en
effet, par remarquer que dans l'extraction de la cantharidine l'emploi d'un mélange d'acide acétique et d'éther lui donne un rendement relativement plus considérable que lorsqu'il emploie
l'éther seul ou le chloroforme. Puis, observant dans une seconde
série d'expériences qu'après le traitement des cantharides par le
chloroforme seul il n'obtient plus de cantharidine en essayant l'action de l'acide acétique et de l'éther, il conclut que l'existence
de cantharidates dans les cantharides ne saurait être admise et
que le principe actif doit être considéré comme existant dans ces
insectes tout entier à l'état de liberté. Je ferai remarquer que dans
ces expériences il se peut fort bien que le chloroforme d'abord
employé ait dissous non seulement la cantharidine libre, mais
aussi une partie du cantharidate qui, bien que moins soluble, l'est
cependant dans une certaine proportion. Ainsi s'expliquerait le
rendement nul ou peut-être très faible donné par le traitement
secondaire au moyen d'un acide. Pour ma part, je crois que mes
expériences histochimiques résolvent la question, car s'il n'existe
pas de cantharidate dans la glande soumise à mes expériences, je
ne sais comment on pourrait expliquer l'apparition de cristaux de
cantharidine par l'addition d'un acide. Je rappelle que les cristaux en question, par leur forme, par leur insolubilité dans l'eau,
par leur solubilité dans le chloroforme et l'éther ne peuvent donner lieu à aucune méprise et sont certainement des cristaux de
cantharidine.

En résumé, des trois paires de glandes annexées à l'appareil
mâle des Cantharides, deux paires, la première et la seconde,

fonctionnent comme organes de sécrétion de substances muqueuses. Une seule paire, la troisième, fonctionne comme réservoir séminal, et cette dernière en même temps est le siège de la production du principe actif.

Genre Meloe (1). — Chez les Meloe (M. *Proscarabœus*, M. *Majalis*), l'appareil mâle est tout à fait comparable à celui de la Cantharide. Les testicules réniformes déversent leur produit dans des canaux déférents, dont la portion distale dilatée fonctionne comme réservoir spermatique.

Les glandes accessoires sont aussi au nombre de trois paires, mais la partie du canal éjaculateur dans laquelle elles débouchent n'est point renflée comme chez la Cantharide en une sorte de réceptacle.

De ces trois paires de glandes, l'antérieure est enroulée et le nom de tubes scorpioïdes convient aussi bien à ces organes qu'à ceux qui leur correspondent chez la Cantharide. Leur contenu d'un blanc crayeux consiste également en une matière épaisse élastique, et en nombreux et volumineux cristaux qui m'ont offert les mêmes caractères que dans l'espèce précédente. Dans leurs recherches sur diverses espèces de Meloe employés comme vésicants en Piémont (M. *Violaceus*, M. *Autumnalis*, M. *punctatus*, M. *Majalis*, etc.). MM. Lavini et Sobrero (36) avaient remarqué « que quelques individus de forte taille présentaient dans leur ventre desséché de petits cristaux prismatiques blancs transparents, visibles même à l'œil nu ». Ils ne s'étaient pas expliqués sur la nature de ces cristaux, et des indications qu'ils donnaient ensuite, il résultait qu'ayant retrouvé chez les insectes en expérience de la cantharidine et de l'acide urique, les cristaux sur lesquels ils avaient appelé l'attention pouvaient être l'une ou l'autre de ces substances. D'après ce que nous avons vu, il n'en est rien ; l'acide urique, dont ils ont « reconnu la présence dans l'extrait aqueux » provenait des vaisseaux de Malpighi ou de l'intestin qui en renferme parfois des quantités assez considérables. Quant à la cantharidine, elle n'existe pas dans les glandes scorpioïdes. Les cristaux auxquels ces auteurs font allusion ne sont autre chose que les cristaux de matière protéique si

(1) Voir Brandt et Ratzburg, loc. cit.

abondants dans ces dernières glandes et qu'on distingue en effet comme une fine poussière crayeuse chez les individus de taille un peu volumineuse.

La seconde paire de glandes accessoires est formée de cœcums un peu plus allongés et plus volumineux que chez la Cantharide.

Quant à la troisième paire, elle consiste comme chez cette dernière espèce en tubes moniliformes très fragiles, qui sont sinueux et enroulés sur eux-mêmes dans les côtés de l'abdomen. Ce sont les tubes à cantharidine.

Lytta pensylvanica (fig. 21, pl. X). — Chez Lytta pensylvanica, les testicules sphériques se trouvent complètement cachés au milieu des nombreux replis des canaux déférents et des tubes à cantharidine.

Les canaux déférents très renflés dans les 2/3 de leur longueur s'abouchent dans le conduit éjaculateur sans l'intermédiaire d'une dilatation de ce conduit.

Il existe trois paires de glandes accessoires. La première paire (tubes scorpioïdes) est formée de longs tubes, grêles à leur origine, plus larges et de calibre irrégulier dans leur partie moyenne et terminés enfin par une extrémité déliée. Ces tubes s'enroulent et s'enchevêtrent en confondant leurs anses avec celles des conduits déférents; ils se portent en arrière et non en avant comme chez la Cantharide. Sur notre figure, nous les avons pour plus de clarté ramenés en avant, mais on voit très nettement le coude brusque que nous avons dû leur faire faire pour les placer dans cette position.

Les glandes accessoires de la seconde paire sont deux petits cœcums (*v*) longs de 2 à 3 millimètres, qui prennent naissance comme chez la Cantharide sur la face ventrale du conduit éjaculateur un peu en arrière et en dehors des précédents. Ces tubes, très grêles, sont droits ou un peu courbés à leur extrémité libre.

Enfin les glandes de la troisième paire (*x*) naissent sur la face dorsale du conduit éjaculateur au niveau de l'origine des canaux déférents et leurs replis très nombreux enveloppent ces canaux et les testicules. Ce sont les tubes à cantharidine. Ils offrent comme chez la Cantharide un aspect moniliforme, mais bien moins régulier. Leur calibre est généralement plus considérable que dans cette dernière espèce.

Lytta vittata. — D'après Leydi (37) cette espèce possède comme la précédente trois paires de glandes accessoires.

Cerocoma schæfferi (pl. X, fig. 22). — Ici les canaux déférents très grêles à leur extrémité voisine du testicule, sont relativement peu allongés. Il existe trois paires de glandes accessoires, savoir : en avant une paire de tubes scorpioïdes proportionnellement très longs, par suite fort enroulés et qui s'ouvrent à la face ventrale du conduit éjaculateur à peine élargi à ce niveau. A l'endroit même où débouchent les tubes scorpioïdes, on voit s'insérer les petits cœcums de la seconde paire qui sont très courts un peu renflés à leur extrémité libre et rejetés sur la face ventrale du conduit éjaculateur. Ces petits cœcums sont couchés de telle sorte qu'ils semblent continuer en arrière les tubes de la première paire (fig. 23 *v*). Enfin latéralement de gros tubes, à calibre très irrégulier fortement sinueux, figurent la troisième paire de glandes accessoires.

Mylabris 4-punctata (pl. X, fig. 24). — Dans cette espèce, les testicules réniformes ont une belle couleur rouge orange ou jaune citron ; on distingue sous ce rapport des variations individuelles assez marquées. Les canaux déférents sont longs et volumineux.

Quant aux glandes accessoires, elles présentent quelques particularités. D'après Léon Dufour (loc. cit.), il y aurait « *quatre paires de vésicules séminales* ». Cette manière de voir n'est pas absolument juste. Voici en réalité comment les choses se présentent : à la partie antérieure du conduit éjaculateur il existe une paire de tubes allongés, sinueux, recourbés à leur extrémité libre. Ces extrémités un peu renflées sont ordinairement au contact l'une de l'autre et sont retenues dans cette position par de fines attaches lamineuses. Les tubes en question répondent aux tubes scorpioïdes des précédentes espèces, ils s'ouvrent dans le conduit éjaculateur au niveau où débouchent les canaux déférents qui semblent être la continuation de ce conduit. En ce point, les tubes scorpioïdes deviennent très sinueux, renflés et on peut les suivre accolés et confondus sur une certaine longueur à l'intérieur du conduit éjaculateur.

La deuxième paire de glandes accessoires (*v*) est formée de deux longs tubes moniliformes insérés de chaque côté des précédents et qui renferment une substance incolore et transparente. Leur paroi est excessivement mince et leur contenu se gonfle très rapidement dans l'eau. Bien que je n'aie point fait d'expériences spéciales à ce sujet, je ne crois pas m'avancer trop en admettant que ces tubes sont des glandes à cantharidine ; les caractères ci-dessus l'indiquent suffisamment.

Quant à la troisième paire de glandes accessoires (*x*), elle se présente de la manière suivante :

De chaque côté, on voit déboucher dans le conduit éjaculateur, à l'orifice même du canal déférent, un petit canal court qui se renfle immédiatement en une sorte de grosse ampoule (fig. 24 et 25 *o*) d'où partent deux tubes moniliformes d'inégale longueur, beaucoup moins longs toutefois que ceux de la Cantharide, mais présentant pour le reste les mêmes caractères. C'est l'existence de ces deux tubes de chaque côté qui avait fait croire à L. Dufour que les Mylabres possèdent quatre paires de glandes accessoires. On voit d'après notre description qu'il n'en est rien et que le M. *4-punctata*, sous le rapport du nombre des glandes séminales, ne se distingue pas en réalité des espèces précédemment décrites.

Mylabris geminata. — D'ailleurs, l'étude d'autres espèces de Mylabres nous ramène à la forme ordinaire. Ainsi, chez (pl. X, fig. 26) M. *geminata*, on ne trouve que trois tubes de chaque côté, savoir : en avant les tubes scorpioïdes, puis une paire de larges cœcums un peu atténués à leur extrémité et renfermant un contenu hyalin. Enfin, une paire de tubes moniliformes, peu allongés, répondant aux glandes à cantharidine des autres espèces.

Chez Mylabris *melanura*, j'ai noté une tendance très particulière des canaux déférents à se renfler en ampoules en différents points de leur trajet ; sur la figure que je donne (pl. X, fig. 26 *o*) en particulier, on peut voir qu'à quelque distance des testicules les canaux déférents sont largement dilatés en une sorte de réservoir ovoïde. Il se peut que cette apparence ne soit qu'un accident de préparation et résulte de la facilité avec laquelle le contenu de ces tubes se gonfle dans l'eau où se fait la dissection. En tous cas, cette tendance à présenter de pareils renflements montre que la paroi des canaux déférents est dans ces espèces beaucoup

plus délicate que chez les Cantharides, les Lytta et les Meloe, où
je n'ai observé rien de semblable dans des conditions cependant
identiques.

Épicauta verticalis (pl. X, fig. 27). — L'appareil mâle interne de l'Epicauta verticalis présente une organisation un peu
différente de celle que nous avons rencontrée chez tous les Vésicants étudiés jusqu'ici.

D'une part, les canaux déférents se font remarquer par la
limite très nette qui existe entre leur portion grêle rattachée au
testicule et leur portion dilatée qui s'ouvre dans le conduit éjaculateur renflé à ce niveau comme chez la Cantharide. La portion
grêle est très sinueuse et cesse brusquement pour se continuer
par la portion renflée, presque cylindrique. Cette dernière portion, vrai réservoir spermatique, est donc mieux délimitée que
partout ailleurs et parfaitement distincte de la portion grêle qu'on
pourrait appeler épididymaire. Bien plus, et comme pour mieux
marquer cette limite, au niveau où le tube grêle se continue dans
le réservoir cylindrique, on voit déboucher un petit cœcum, long
de quelques millimètres, sorte d'appendice glandulaire dont nous
n'avons trouvé aucune trace chez les autres Vésicants précédemment étudiés (pl. X, fig. 27 *b*).

D'autre part, tandis que chez ces derniers nous avions toujours trouvé trois paires de glandes accessoires, chez Épicauta
verticalis il en existe quatre paires ainsi disposées : la plus antérieure s'attache à l'extrémité antérieure du conduit éjaculateur quelque peu à sa face dorsale (fig. 26 et 27). Elle consiste
en tubes très longs, enroulés, dirigés en avant; leur contenu
est d'un blanc crayeux. Ces organes correspondent aux tubes
scorpioïdes des précédentes espèces. Un peu en arrière de ces
tubes, et vers le milieu de la face ventrale du conduit éjaculateur,
on voit s'ouvrir une seconde paire de glandes qui consiste en
deux cœcums courts, recourbés en crochet à leur extrémité
légèrement renflée. Une troisième paire de glandes est composée
par deux tubes légèrement sinueux (*a*), mais non enroulés, qui
se dirigent en avant entre les tubes scorpioïdes dont on a peine
à les isoler. Ces cœcums sont insérés en arrière de la deuxième
paire et en dehors.

Plus en dehors enfin, on voit encore de chaque côté un long

tube, très renflé à son origine, puis devenant plus grêle, sinueux, et s'enroulant d'une façon presque inextricable au milieu des replis de la portion épididymaire du canal déférent. Cette quatrième paire correspond aux glandes à cantharidine.

Bien qu'on retrouve chez l'Epicauta verticalis les parties essentielles décrites dans l'appareil génital des autres Vésicants, un coup d'œil jeté sur la figure que nous donnons montrera mieux encore que toute description les différences assez grandes qui distinguent cette espèce.

Genre Zonitis. — Avec le genre Zonitis nous arrivons à un type bien différent des précédents. Léon Dufour (loc. cit.) a déjà décrit et figuré l'appareil mâle de Zonitis *prœusta*; il est semblable, à quelques détails près, à celui de Zonitis *mutica* que j'ai étudié et que je reproduis (pl. X, fig. 20).

Chez Zonitis mutica, les testicules (*t*), comme l'a bien vu Dufour chez Z. prœusta, se distinguent des testicules des autres Vésicants en ce que leur tunique externe semble faire défaut. Les capsules spermatiques oblongues se montrent alors comme de petites éminences papilliformes au-dessus d'une sorte de calice auquel aboutit le canal déférent. Les testicules ainsi composés siègent assez haut dans l'abdomen et ne sont pas placés comme chez les autres espèces dans la partie postérieure de cette cavité.

Les spermatozoïdes présentent également un caractère tout particulier. Beaucoup plus allongés, ils mesurent jusqu'à $150\,\mu$ de longueur et forment des faisceaux rubanés qui ont environ $12\,\mu$ de largeur.

Les canaux déférents présentent une portion grêle très développée, à laquelle fait suite une portion cylindrique un peu sinueuse et très renflée qui débouche dans l'extrémité dilatée en ampoule d'un conduit éjaculateur grêle et court.

Quant aux glandes accessoires, elles sont au nombre de trois paires comme chez la Cantharide, mais elles offrent des formes tout à fait nouvelles et se présentent comme suit :

La paire la plus antérieure est formée de chaque côté par un tube qui prend naissance au sommet de l'ampoule du conduit éjaculateur. Ce tube, d'abord grêle et dirigé en avant, se renfle brusquement (pl. X, fig. 29 et 30 *a*) en une sorte de sac irrégulier qui bientôt s'incurve, puis s'atténue et se termine en un long et grêle cœcum sinueux qui se dirige en arrière et se place dans la région postérieure de l'abdomen.

Non loin du point où s'insère la première paire de glandes, on voit naître sur la face ventrale une paire de courts cœcums cylindriques un peu renflés à leur extrémité terminale (*v*).

Enfin, les glandes accessoires de la troisième paire consistent en deux petits sacs ovoïdes (*x*) qui communiquent avec le conduit éjaculateur par un col très grêle et court. Ces glandes vésiculeuses siègent un peu en arrière et en dehors de la seconde paire. Je n'ai malheureusement pas fait d'observations relativement au contenu des glandes accessoires du Zonitis mutica, mais si l'on prend en considération le mode d'insertion et les rapports réciproques de ces glandes, la première paire, caractérisée par les renflements que j'ai décrits, répondrait aux tubes scorpioïdes des autres Vésicants. Les cœcums cylindriques seraient assimilables à la seconde paire de glandes, et les sacs ovoïdes aux glandes à cantharidine qui seraient ici très courtes mais volumineuses. Leur contenu est d'ailleurs hyalin. Du volume relativement peu considérable des glandes à cantharidine chez les Zonitis on peut conclure à priori, si ces glandes ont bien la fonction que je leur attribue, que ces espèces sont moins franchement vésicantes que les autres. Cela est si vrai que Leclère (40) les avait classées parmi les Cantharidies non vésicantes. Depuis, Béguin (35) a reconnu que cette opinion était erronée, et je l'ai vérifié moi-même, mais il n'en reste pas moins vrai que le pouvoir vésicant des Zonitis a pu être nié, fait qui concorde avec le peu de développement des glandes à cantharidine.

La description que fait L. Dufour (loc. cit.) des glandes accessoires de l'appareil mâle du Zonitis præusta répond dans ses traits essentiels à ce que nous venons d'indiquer. Toutefois, les glandes de la première paire sont représentées simplement comme des tubes cylindriques sans renflements et les rapports d'insertion sont tout autrement indiqués. C'est ainsi que Dufour ne figure pas de renflement à l'extrémité antérieure du conduit éjaculateur, et qu'il représente les glandes comme fixées de part et d'autre de ce conduit sur le canal déférent correspondant; les glandes vésiculeuses en dedans et en avant, les cœcums en dehors et les longs tubes flexueux en arrière. Je rappelle ces différences sans les discuter, parce que je n'ai pas eu l'occasion d'étudier cette espèce, mais je tiens à affirmer que chez le Zonitis mutica, qui a fait l'objet de mes recherches, les rapports d'insertion et les caractères morphologiques sont bien ceux que j'ai indiqués.

Sitaris humeralis. — Suivant L. Dufour, on retrouve chez le Sitaris la même disposition et la même texture des organes que chez le Zonitis præusta, mais il n'existerait que deux paires de glandes accessoires, sous forme de tubes allongés.

En résumé, l'appareil mâle interne des insectes vésicants peut être rapporté à plusieurs types caractérisés chacun par le nombre des glandes accessoires. Dans la plupart des espèces (*Cantharis, Lytta, Cerocoma, Mylabris, etc.*), il y a trois paires de glandes. Mais il n'y en a que deux chez les Sitaris, tandis que les Épicauta (*E. Verticalis*) en possèdent quatre.

D'autre part, parmi les Vésicants qui ont trois paires de glandes accessoires, les Zonitis se distinguent par la forme toute spéciale de ces glandes et les Mylabres par le développement des tubes de la deuxième et de la troisième paire.

Enfin, il ressort de mes recherches que c'est dans l'une au moins des glandes accessoires de l'appareil mâle (3e paire) que se rencontre et que se produit la cantharidine qui donne à ces insectes leurs propriétés épispastiques.

b. — Spermatogénèse et spermatozoïdes.

J'ai profité de ce que je possédais en assez grand nombre des Cantharides mâles, pour étudier la spermatogénèse chez cette espèce et apporter ainsi ma part aux connaissances générales que l'on doit sur cette question aux travaux de Siebold (44), Lavalette Saint-Georges (41), H. Landois (42), Butschli (43), Balbiani (45), etc.

Pour exposer l'ensemble de mes recherches, il me faut revenir un peu en arrière et donner quelques détails sur la structure intime du testicule, détails que j'avais négligés à dessein en parlant de cet organe, afin de ne pas compliquer la description que j'en faisais.

Si l'on examine la coupe transversale du testicule (fig. 1,

— 124 —

pl. XI) passant par le canal déférent (1), on voit que ce canal
se renfle à son extrémité terminale et que c'est sur ce renflement que sont insérées toutes les vésicules spermifiques ou
tubes testiculaires. L'épithélium qui tapisse le conduit déférent
et le réservoir central du testicule est composé de cellules cylindriques (fig. 2, pl. XI) à noyau ovoïde, hautes en moyenne
de 19 μ. Au niveau (o) où chaque tube testiculaire débouche
dans le réservoir, l'épithélium s'interrompt; ses cellules, devenues plus petites près de l'orifice, pénètrent quelque peu
dans le col du tube testiculaire et font bientôt place à l'épithélium du tube. C'est ce que montre bien notre figure où
deux tubes sont représentés, s'ouvrant dans le réservoir, tandis
qu'un troisième compris dans la coupe entre ces deux dernières
est à son extrémité interne recouvert par l'épithélium.

Sur cette même coupe on voit que le testicule est enveloppé
extérieurement par une couche de cellules qui tout à fait en dehors se disposent assez régulièrement pour figurer un revêtement continu. Plongées dans une substance fondamentale granuleuse et quelque peu fibrillaire (préparations fixées par l'acide
osmique) ces cellules se prolongent en traînées entre les tubes
testiculaires et dans ces traînées on voit les éléments diminuer
progressivement de volume à mesure qu'ils avancent plus profondément entre les tubes qui en se rapprochant ne laissent
plus entre eux qu'un très faible intervalle.

Quant aux tubes testiculaires, ce sont de longs sacs dont le
fond élargi répond à la surface du testicule. Ils se rétrécissent
peu à peu jusqu'à leur extrémité interne.

La paroi de ces tubes est constituée par une membrane hyaline à la face interne de laquelle se voient des cellules qui se
présentent très différemment suivant les régions que l'on observe. Dans le fond des tubes, ces cellules sont de deux sortes:
les unes, à noyau arrondi avec deux ou trois nucléoles brillants
et pourvues d'un corps cellulaire granuleux dont les limites
sont peu marquées, sont de petit volume et le diamètre de leurs
noyaux ne dépasse pas 4 μ; les autres, au contraire offrent un
noyau volumineux, sphérique (fig. 4, o, pl. XI) mesurant jusqu'à
10 μ de diamètre et pourvu de deux ou trois nucléoles; leur

(1) Toutes mes préparations ont été faites sur des pièces fixées par l'acide osmique
ou par l'alcool absolu et colorées par le picro-carmin.

corps cellulaire, hyalin ou à peine granuleux, a des limites parfois très difficiles à voir. Ces grosses cellules sont éparses sans ordre apparent au milieu des petites, et parfois rappro- chées les unes des autres.

Plus loin, vers les régions moyenne et interne des tubes, le nombre des grosses cellules sphériques diminue sensiblement; la surface de la membrane est alors tapissée de cellules épithé- liales plates.

Telle est la structure des tubes testiculaires. Pour étudier le mode de développement des spermatozoïdes, il suffit, si l'on a des individus jeunes d'examiner un de ces tubes pour y suivre toutes les phases de l'évolution. C'est ce qu'il m'a été possible de faire et de répéter à loisir. Je rappellerai avant d'entrer dans les détails de la spermatogénèse que les spermatozoïdes de la Cantharide, comme ceux d'ailleurs de tous les Vésicants que j'ai observés, affectent la forme de fils allongés, très fins, un peu ondulés et groupés en faisceaux fusiformes (fig. 13) très régu- liers. Ces faisceaux sont plus ou moins renflés dans leur mi- lieu et atteignent 90 à 95 μ de longueur, sur 15 à 20 μ dans leur plus grande largeur.

L'examen d'un tube testiculaire pris chez une Cantharide jeune permet d'observer au moyen de bonnes dissociations, les particularités suivantes : dans le fond renflé du tube, on aperçoit contre la face interne de la paroi, au milieu des grosses cellules à noyau sphérique que j'ai décrites, de petits groupes sphé- riques nettement isolés et composés de quatre ou six cellules (fig. 4, 5 et 6 g, pl. XI). Celles-ci ont la forme de pyramides et leurs sommets convergent de telle sorte que l'ensemble a une structure rayonnée très frappante ; on rencontre de ces groupes étoilés qui sont très petits et qui ne mesurent pas plus de 20 μ de diamètre. D'autres groupes composés du même nombre d'élé- ments atteignent au contraire 25 à 30 μ de diamètre. Une très mince couche protoplasmique granuleuse enveloppe ces groupes et renferme un noyau ovoïde rempli de fines granulations ; ce noyau occupe donc la périphérie du groupe sphérique de cel- lules pyramidales, et deux de ces cellules semblent souvent s'écarter un peu pour lui laisser place. En cherchant attentive- ment dans la même région du fond des tubes testiculaires, on trouve également de place en place parmi les grosses cellules

sphériques quelques-unes d'entre elles qui offrent leur noyau
en état de division (pl. XI, fig. 4, o). Enfin, j'ai pu observer dans
plusieurs préparations (pl. XI, fig. 6) des groupes où les cellules avaient déjà l'apparence rayonnée et où l'un de leurs éléments que l'on apercevait sur la coupe optique se montrait en
état de division et présentait un corps cellulaire cordiforme
pourvu de deux noyaux écartés et séparés par l'étranglement.
Il n'y a donc pas à douter que les grosses cellules sphériques
du fond des tubes testiculaires sont susceptibles de se diviser
pour former des groupes sphériques de cellules à disposition
radiaire.

La suite de l'évolution de ces groupes est la suivante : on en
voit à côté d'eux de plus volumineux qui mesurent 30 à 40 μ
de diamètre et qui renferment des cellules en nombre plus
considérable. Je figure (pl. XI, fig. 8) un de ces groupes que
j'ai choisi pour le reproduire, parce qu'il montre bien que la
multiplication des cellules qui conduit à sa formation résulte
d'un phénomène de division et non pas d'un bourgeonnement.
Deux des cellules de ce groupe sont en état de division. On remarquera que cette figure n'est point une coupe, mais qu'elle
reproduit la surface d'une sphère formée d'un amas de cellules
enveloppé d'une fine couche de protoplasma granuleux.

Plus en dedans à l'intérieur de la cavité des tubes testiculaires
et tout à fait au voisinage des précédents groupes sphériques,
on rencontre des masses également sphériques, mais plus volumineuses et formées de cellules en nombre beaucoup plus considérable, mais plus petites, car elles ne mesurent plus que 8 à
9 μ de diamètre. Elles proviennent de la division des précédentes
cellules et forment par leur assemblage des masses muriformes
qui répondent aux *sphères spermatiques* que décrit Balbiani (*loc.
cit.*) (1) chez les Aphides et qui ont été figurées à maintes reprises par les auteurs. La disposition radiaire de leurs éléments
est encore apparente.

Une nouvelle division des cellules conduit à la forme de la
figure 9, dans laquelle les cellules ne mesurent plus que 4 à 6 μ.
Dès ce moment l'aspect des sphères spermatiques change. Elles

(1) Il est à noter que chez les Aphidiens, les sphères spermatiques sont groupées
en certain nombre dans une enveloppe cellulaire commune pour former les kystes
spermatiques.

s'allongent et prennent une forme un peu ovoïde. Enfin en même temps que cette forme s'accentue, les cellules se subdivisent encore et donnent lieu finalement à de très petits éléments, un peu polyédriques par pression réciproque, et qui sont les spermatoblastes proprement dits, car ils donneront chacun naissance à un filament spermatique. A ce moment (pl. XI, fig. 10 et 11), les striations, premier indice de l'apparition de ces filaments se montrent dans la masse devenue complètement fusiforme. Puis ces striations s'accumulent et prennent l'apparence de filaments tendus de l'un des pôles du faisceau au pôle opposé. En même temps, les spermatoblastes diminuent peu à peu de volume ; ils apparaissent bientôt comme des granulations qui s'espacent de plus en plus le long des filaments. En fin de compte, ces granulations disparaissent elles-mêmes, et le fuseau spermatique après n'avoir plus présenté que quelques épaississements visibles seulement à ses extrémités, n'est bientôt plus constitué que par un faisceau de filaments atténués à leurs extrémités et paraissant avoir même diamètre dans tout le reste de leur longueur (fig. 15 et 18).

On remarquera que ces faisceaux sont enveloppés d'une membrane où l'on distingue un et parfois deux noyaux granuleux, ovoïdes.

Avant d'aller plus loin, il me paraît nécessaire de revenir sur certains des phénomènes que j'ai indiqués. D'après Balbiani, chez les Aphides, les spermatoblastes se formeraient par bourgeonnement ; toutefois, cet auteur « n'a pu constater la présence dans les sphères spermatiques d'une cellule centrale pouvant être considérée comme ayant donné naissance par bourgeonnement aux petites cellules de la périphérie. » De mes observations, il résulterait que les groupes de spermatoblastes proviennent chacun par divisions successives d'une des grosses cellules ou ovules mâles qui occupent le fond des tubes testiculaires.

La disposition radiée qui s'observe nettement dès les premières divisions, est d'autant plus intéressante à noter qu'elle reproduit un fait très général dans le mode d'apparition des spermatoblastes chez les vertébrés et les invertébrés. Par rapport au développement des ovules mâles chez les Sélaciens (voir Herrmann) (46), il y a ici cette simplification que les ovules mâles ne se groupent pas pour former une ampoule spermatique, mais

qu'ils évoluent séparément à la façon du mode décrit chez les
Gastéropodes par Mathias Duval (47). Chez ces derniers les spermatoblastes forment des grappes, tandis que chez les Sélaciens
ils forment des rayons, qui combinent leur action avec les
rayons formés par les spermatoblastes des cellules mères voisines pour donner à l'ensemble de l'ampoule une structure
radiée. Chez les insectes, ils forment des masses sphériques,
et dans ces sphères, les spermatoblastes offrent une disposition
radiée. Nous avons dit que cette structure radiée se conserve
après les multiplications des stades suivants de l'évolution des
spermatoblastes. Balbiani avait attiré l'attention sur cette disposition des éléments des sphères chez les Aphides.

> Une compression légère, dit Balbiani, exercée sur les petites agglomé-
> rations celluleuses (sphères spermatiques) montre qu'elles ont une disposi-
> tion visiblement radiée, et que les cellules composantes semblent converger
> vers le centre de l'amas par une de leurs extrémités effilée en pointe.

Il est un autre point sur lequel je désire attirer l'attention.
C'est sur la fine couche protoplasmatique qui enveloppe la
sphère spermatique dès le début de son évolution et sur le
noyau qui se voit dans cette enveloppe. Balbiani figure chez les
Aphides autour des kystes renfermant les sphères spermatiques
une enveloppe formée de plusieurs cellules; mais il ne parle
pas d'une enveloppe propre aux sphères spermatiques. En considérant que les sphères spermatiques des Vésicants peuvent
être comparées chacune à un kyste renfermant une seule sphère
spermatique, nous nous trouvons ramenés à la même structure,
sauf qu'ici l'enveloppe est constituée, comme d'ailleurs chez la
plupart des Coléoptères, d'une seule cellule.

Enveloppe et noyau persistent dans les phases successives de
l'évolution des groupes de spermatoblastes; bien plus, on les
retrouve à la surface des faisceaux fusiformes de spermatozoïdes
développés. J'explique la présence de ce noyau et de cette enveloppe, de la manière suivante : puisque le noyau est apparent
dès les premières phases de la division de l'ovule mâle, il y a
tout lieu de croire qu'il n'est que l'un des deux noyaux provenant de la division du noyau de l'ovule mâle. L'autre noyau,
accompagné d'une partie seulement du protoplasma de l'ovule
mâle, contribuerait par divisions successives comme l'observa-

tion me l'a démontré à former les spermatoblastes, tandis que la partie du protoplasma non employé, formerait au groupe de spermatoblastes l'enveloppe protoplasmatique qu'on retrouve à la surface jusqu'aux derniers stades du développement.

J'étais arrivé à cette conclusion avant de connaître les recherches de M. Gilson (48). Cet auteur admet lui aussi que la masse de protoplasma qui entoure la sphère spermatique et plus tard le faisceau de spermatozoïdes, représente la partie non employée du protoplasma de la cellule mère. Mais il regarde le noyau comme un des « noyaux femelles » de la cellule mère ; suivant M. Gilson en effet, la cellule mère des spermatoblastes serait une cellule multinucléée, et certains de ces noyaux participeraient à la formation des spermatoblastes en s'entourant chacun d'une portion de protoplasma de la cellule mère, tandis que les autres noyaux restant à l'écart de ce processus se retrouveraient dans l'enveloppe protoplasmatique de l'amas de spermatoblastes. Ce que nous avons dit du développement des sphères spermatiques chez la Cantharide ne nous permet pas dans le cas particulier qui nous occupe d'admettre sur l'origine du noyau qui accompagne ces sphères l'opinion de M. Gilson. Nous n'avons jamais rencontré de cellule multinucléée. M. de Wielowieyski, dans une note récente sur la spermatogénèse des Arthropodes (49) en nie complètement l'existence, et pense que M. Gilson a été induit en erreur par la facilité avec laquelle sous l'influence des réactifs les cellules mères des spermatoblastes confluent entre elles et s'unissent en une masse renfermant autant de noyaux que de cellules soudées ; — mais si je suis d'accord avec M. Wielowieyski sur l'absence de cellules multinucléées et sur le mode de formation des spermatoblastes par division binaire successive des cellules mères, il me paraît difficile d'admettre avec lui que l'enveloppe des sphères spermatiques et son noyau n'est qu'une cellule épithéliale enroulée sur elle-même pour former une capsule tout à fait fermée (1). L'auteur que je cite me paraît avoir été amené à conclure ainsi parce que chez certains Lepidoptères (*Vanessa Io* entre autres) le faisceau spermatique est enveloppé d'un épithélium consti-

(1) Pour Balbiani, le faisceau spermatique résultant de la transformation successive du contenu des kystes spermatiques, la paroi cellulaire de ce faisceau n'est autre que celle du kyste et résulte du dédoublement de la paroi de la capsule spermifique.

tué par des cellules aplaties, qu'il considère comme ayant même origine que les spermatoblastes qu'elles enveloppent. Je n'ai point eu l'occasion d'observer la spermatogénèse des Lépidoptères, et je ne mets pas en doute l'exactitude de cette manière de voir; mais pour la Cantharide, je persiste à penser que l'enveloppe des sphères spermatiques représente une partie du protoplasma de l'ovule mâle non employée à la formation des spermatoblastes et que le noyau qu'elle contient est l'un des noyaux provenant de la première division du noyau de cet ovule mâle. En supposant que ce noyau et ce protoplasma soient susceptibles de se diviser par la suite, ils pourraient donner naissance à une enveloppe multicellulaire comme on la rencontre chez les Lépidoptères.

Pour ce qui regarde l'évolution des spermatoblastes à partir du moment où apparaît le filament spermatique, je n'ai rien à ajouter à ce que l'on sait déjà. Les figures que je donne montrent que dans chaque spermatoblaste, à côté du noyau, il existe dans le protoplasma un petit corps réfringent, sphérique. C'est de ce petit corps (*corpuscule céphalique*, *corps spermatogène* de Balbiani) que part un filament tenu, absolument hyalin qui s'allonge en dehors du spermatoblaste; parfois, même (fig. 24 à 26) deux filaments partent côte à côte de ce même point. Dans un stade plus avancé, on voit dans le noyau et à sa périphérie apparaître un épaississement en forme de croissant qui embrasse à peu près la moitié de la circonférence du noyau. Cet épaississement se remarque par sa grande réfringence, et paraît pendant un temps absolument indépendant du filament. Mais en dissociant des faisceaux spermatiques plus avancés dans leur développement, on voit l'épaississement en question entrer en contact avec le filament spermatique. Dans ces mêmes préparations on trouve en même temps des filaments plus allongés, qui présentent sur toute la longueur des renflements hyalins en même temps que le spermatoblaste a complètement disparu. Ces formes ont déjà été décrites par les auteurs et je n'y insiste pas. Pour conclure, il m'a paru, en étudiant attentivement cette dernière phase de l'évolution des spermatozoïdes de la Cantharide, que ces éléments sont constitués finalement par le spermatoblaste tout entier dont la substance passe graduellement dans le filament spermatique.

c. LE 9ᵐᵉ URITE ABDOMINAL.

Avant d'entrer dans le détail des pièces qui forment l'appareil copulateur, il me paraît nécessaire de revenir en quelques mots sur la composition de l'abdomen des insectes Vésicants, afin de montrer dans quels rapports se trouvent les orifices anal et génital.

L'abdomen de ces insectes comporte neuf urites et si les entomologistes n'ont pas toujours été d'accord sur le nombre de ces pièces squelettiques, ce me paraît être parce qu'ils ne les ont pas étudiées d'assez près.

Chez Meloe majalis, par exemple (ci-contre fig. 8), il n'y a il est vrai que huit tergites apparents et sept sternites seulement ; mais au-dessous du huitième tergite et cachées complètement par lui, il existe un certain nombre de pièces qui forment un neuvième urite et parmi lesquelles, on le verra tout à l'heure, on retrouve un tergite plus ou moins complètement développé. Quant aux sept sternites apparents, ils répondent aux sept der-

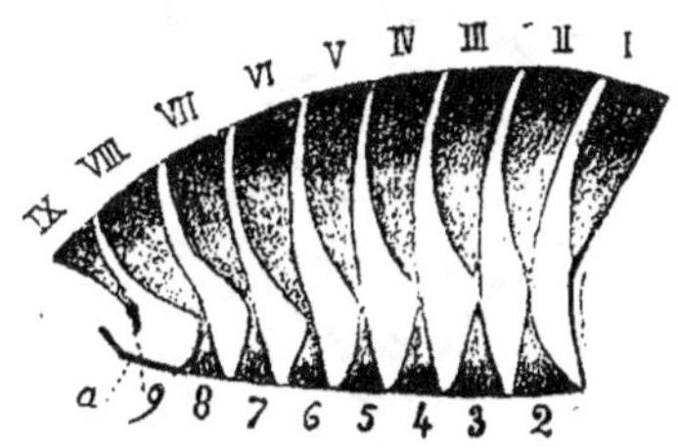

Fig. 8.
Schema de la disposition des zoonites de l'abdomen de Meloe majalis.

niers tergites, car le premier urite consiste en un tergite seulement, dépourvu de sternite. Les sept sternites en question doivent donc être comptés de deux à huit.

Chez la Cantharide (C. Vesicatoria) on compte huit tergites apparents et six sternites seulement. En effet, le premier urite est dépourvu de sternite et le premier sternite apparent répond à la fois aux deuxième et troisième tergites. Beaucoup plus grand que les autres, il résulte évidemment de la soudure des deuxième et troisième sternites en une seule pièce. Il existe donc encore ici, comme chez les Meloe et d'ailleurs chez tous les Vésicants (Mylabris, Epicauta, etc.) huit urites apparents. Le huitième urite qui semble terminer postérieurement l'abdomen cache en réalité un neuvième segment. C'est ce dernier qui va nous occuper maintenant.

1° **Mylabris melanura.** — Je prendrai pour premier type *Mylabris melanura*, insecte chez lequel le neuvième urite est particulièrement bien développé.

Lorsqu'on a enlevé successivement les sept premiers urites et que divisant avec précaution le huitième sternite par son milieu, on en tient écartés les deux lambeaux, on aperçoit, placés à la face inférieure du huitième tergite un certain nombre de petites pièces chitineuses noires qui forment par leur réunion un anneau complet dans lequel se voient l'anus et l'orifice génital (voir le diagramme ci-contre, fig. 9).

Ces pièces sont les suivantes : immédiatement au-dessous du huitième tergite et par conséquent dans la région dorsale médiane, une lame cornée, noire, haute et large, recourbée en gouttière (9 T), à concavité inférieure, et dont le bord libre posté-

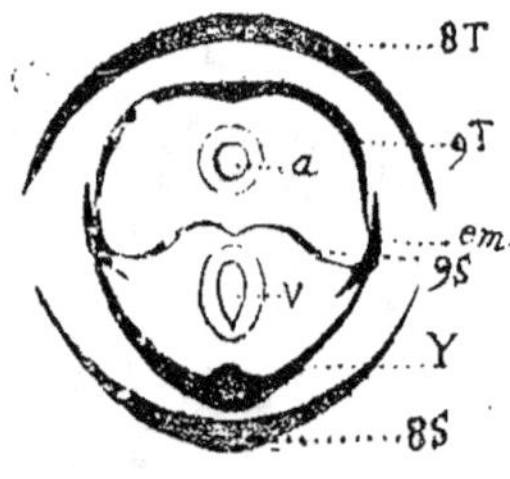

Fig. 9.

Diagramme de l'extrémité postérieure de l'abdomen
de Mylabris melanura ♂.

rieur est hérissé de longs poils noirs (pl. XI, fig. 27). Cette lame représente évidemment, par sa situation comme par sa forme le neuvième tergite. C'est au-dessous d'elle et dans sa concavité que s'ouvre l'anus.

De chaque côté de ce tergite, et affrontant ses bords latéro-inférieurs, on voit une pièce irrégulièrement triangulaire (*em*), cornée et noire, dont l'angle au sommet dirigé en arrière est épaissi et mousse ; sa surface porte de longs poils rigides noirs. Ces pièces sont les épimérites du neuvième zoonite, et elles donnent attache à une fine membrane (9 S) chitinisée, incolore, couverte de petites saillies aiguës, qui s'étend transversalement d'un côté à l'autre, séparant ainsi à la manière d'une cloison l'orifice génital (*v*) qui se trouve au-dessous d'elle, de l'orifice anal (*a*). Cette pièce représente-t-elle le neuvième sternite très réduit ? je suis porté à le croire car chez certaines espèces, ainsi que je le montrerai tout à l'heure, elle présente un bord libre épais, cornéifié et coloré en noir, à la façon d'une pièce tégumentaire (1).

Enfin, tout à fait à la face ventrale, immédiatement au-dessus du huitième sternite, on trouve une pièce chitineuse (2), sorte de longue tige médiane (Y) épaisse, dirigée parallèlement au grand axe du corps et qui, postérieurement, se bifurque en deux longues branches divergentes.

Cette pièce impaire affecte la forme de l'Y et, par son extrémité inférieure, est fixée à la base de l'organe copulateur. Des muscles rétracteurs s'y attachent. Chacune de ses branches se prolonge latéralement jusqu'à l'épimérite correspondant sur lequel elle s'appuie. Enfin, entre ces branches, on voit une fine membrane chitineuse qui limite le bord inférieur de l'orifice génital et qui s'attache en dehors aux épimérites, en avant au huitième sternite. Cette membrane (pl. XI, fig. 27 *e t*), hérissée de petites saillies aiguës, tant sur sa surface que sur son bord libre, est incomplètement divisée en deux lobes égaux par une fente médiane, et dans chacun de ces lobes, on voit le long des branches chitineuses de la pièce en Y des traînées noires cornéifiées, en même temps que d'autres traînées irrégulières se montrent aussi au point de bifurcation de ces branches. Ces traînées me paraissent indiquer que les deux lobes membraneux en question représentent des pièces du neuvième zoonite, probablement les épisternistes et les branches chitineuses qu'elles supportent seraient alors assimilables à des sternorhabdites qui, convergeant en avant, formeraient la tige médiane impaire.

De cette étude, il résulte donc que chez Mylabris melanura, l'orifice anal s'ouvre dans le neuvième segment et l'orifice génital à l'extrémité du huitième, par conséquent dans les mêmes rapports de situation que ceux qui ont été indiqués par M. de Lacaze-Duthiers (loc. cit.) pour les insectes du sexe femelle. Au

(1) D'ailleurs, d'après les recherches de M. de Lacaze-Duthiers, sur l'armure femelle des insectes (50), le neuvième sternite, lorsqu'il existe chez les Coléoptères, occupe la place de cette sorte de cloison chitineuse et sépare le rectum de l'orifice génital qui s'ouvre généralement entre le huitième et le neuvième zoonite.

(2) *Pièce anale inférieure*, d'après Strauss Durkheim (loc. cit.).

premier abord cependant, ces deux orifices semblent s'ouvrir au même niveau, mais cette apparence n'est que le résultat, d'une part, du faible développement du neuvième sternite réduit à une cloison transversale membraneuse, d'autre part, des petites dimensions des épimérites, ainsi que de la réunion des épisternites et sternorhabdites en une pièce unique qui occupe la face ventrale.

Chez tous les Vésicants, on peut reconnaître dans l'organisation de l'extrémité postérieure de l'abdomen les mêmes caractères. Les différences siègent dans le développement plus ou moins grand des parties qui constituent le neuvième zoonite; mais comme ces différences peuvent apporter quelques éléments d'appréciation et appuyer la manière de voir que j'ai adoptée dans l'homologation des pièces susdites, je vais entrer dans quelques détails au sujet d'un certain nombre d'espèces.

2° **Stenoria apicalis.** — Chez *Stenoria apicalis* (pl. XI, fig. 28), je retrouve la même disposition que chez Mylabris melanura. Le neuvième tergite est une pièce chitineuse entière, cornéifiée, mais délicate et jaunâtre, hérissée de poils.

Les épimérites sont très grands, presque rectangulaires, mais la cloison qui représente le neuvième sternite est extrêmement délicate, au point qu'on ne pourrait songer à y voir une pièce tégumentaire, si l'on n'était guidé par les rapports de position. Enfin et ceci mérite une attention spéciale, les branches de la pièce en Y que nous avons assimilées aux sternorhabdites, sont très développées, coudées, appuyées contre les épimérites. En ce point, la membrane chitineuse qui les supporte se relève de chaque côté (pl. XI, fig. 28 *st* et 29) en une sorte de lobe un peu cornéifié à extrémité arrondie garnie de poils, dans lequel on reconnaît, à n'en pas douter, une pièce tégumentaire. La membrane chitineuse en question revêt donc bien toutes les apparences d'un épisternite, mieux développé que chez Mylabris melanura. Nous devons dire d'ailleurs que parmi les nombreuses espèces que nous avons étudiées, Stenoria apicalis est la seule avec Sitaris (voir plus loin) qui ait présenté cette différenciation. Ajoutons que dans cette espèce également les sternorhabdites se font remarquer parce que bien que convergeant en avant, ce n'est que près de leur extrémité, ou à leur extrémité même (fig. 29) qu'ils se joignent. Pendant la plus grande partie de leur trajet ils restent séparés, manifestant ainsi leur individualité primitive.

L'étude de Stenoria apicalis, me paraît donc particulièrement intéressante, en ce qu'elle apporte des preuves du bien fondé de l'interprétation de la pièce en Y et de la membrane qui la supporte, comme Sternorhabdites et Episternites.

3° **Sitaris humeralis** (pl. XI, fig. 30). — Chez cette espèce, le neuvième tergite est complètement atrophié. Par contre, les épimérites sont très développés et présentent la forme de deux valves un peu concaves, cornées, brunes, hérissées de poils. Les Sternorhabdites sont unis à la région ventrale en une tige épaisse relevée d'une crête saillante et dure qui se prolonge dans les deux branches. Ces branches s'étendent en arrière et en haut et atteignent les épimérites, en formant avec eux et le tergite un cercle complet. Au point où les sternorhabdites arrivent de chaque côté au contact de l'épimérite, ils s'étalent en une extrémité élargie qui se fixe par sa face interne à la fine membrane chiitneuse représentant les épisternites. Mais ici mieux peut-être encore que chez Stenoria apicalis, ces épisternites sont différenciés d'une façon très nette. On les voit, en effet, de chaque côté sous la forme d'une lame triangulaire à pointe postérieure obtuse qui s'applique contre la face interne des épimérites et déborde inférieurement pour se continuer dans la membrane qui limite à la face ventrale l'orifice génital.

En résumé, Sitaris humeralis et Stenoria apicalis, à part quelques détails secondaires, offrent dans la constitution de la partie postérieure de l'abdomen des caractères tout à fait semblables; j'ajoute qu'ils forment un groupe à part sous ce rapport dans la tribu des insectes Vésicants, ce qui n'est pas sans intérêt lorsqu'on réfléchit à leurs nombreux caractères communs.

4° **Cerocoma Schreberi** (pl. XI, fig. 31). — Cette espèce est beaucoup plus comparable à Mylabris melanura que les deux précédentes, parce que le neuvième tergite y est très développé quoique délicat et peu épais; il forme une pièce dorsale colorée en noir à son bord libre qui est droit ou légèrement concave.

Ce qui mérite d'attirer ici l'attention, c'est le développement de la cloison transversale médiane que nous rapportons au neuvième sternite. Chez ce Cerocome en effet, aussi bien d'ailleurs

que chez Cerocoma Schœfferi que nous avons également étudié,
cette cloison transversale est cornéifiée, brune sur tout son bord
libre hérissé de poils. Elle est une preuve excellente qu'on a
ici à faire à un sternite. Par contre, les branches de la pièce en
Y sont courtes, obtuses et sont loin d'atteindre les épimerites.

5° **Meloe majalis** (pl. XI, fig. 32 et 34). — Cette espèce se
rapproche de Mylabris melanura et des Cerocomes et Stenoria
par l'existence d'un neuvième tergite bien développé (fig. 46)
et représenté par une pièce médiane cornéifiée, noire, hérissée
de poils sur son bord libre. Le neuvième sternite est également
bien développé. C'est une lame à bord postérieur convexe, un
peu cornéifiée et brune, relevée de petites éminences pointues.
Placée transversalement entre les épimérites, elle déborde en
arrière, et forme comme une sorte de valvule qui semble pouvoir
se rabattre sur l'orifice anal pour le fermer (fig. 33). Les épimérites sont également bien développés mais réunis en une lame
membraneuse ventrale à bord postérieur libre, concave au
milieu, de couleur noirâtre et couverte de poils. Les sternorhabdites forment une pièce en Y à branches postérieures très courtes.
C'est d'ailleurs ce que nous allons rencontrer maintenant d'une
façon constante chez tous les insectes que nous allons examiner.
Il est à remarquer que le bord libre (pl. XI, fig. 32) de la pièce
épisternale est profondément excavé en son milieu, ce qui donne
encore à penser que cette pièce résulte de la soudure de deux
lames symétriques, preuve nouvelle s'il en était besoin, de l'origine de cette partie du neuvième zoonite.

6° **Meloe americanus** (pl. XI, fig. 35). — Par d'autres espèces du genre Meloe et particulièrement par l'intermédiaire de
M. Americanus, on passe à des Vésicants chez lesquels le neuvième urite se réduit à des proportions très minimes et où en
particulier le neuvième tergite cesse d'être complet.

Chez Meloe Americanus en effet, le neuvième tergite est membraneux et incolore dans la partie médiane et ses angles seuls
sont durs, chitinisés et noirs. Ils forment deux pièces à angle
postérieur arrondi, disposées de chaque côté de la région dorsale du neuvième urite et unies par une fine membrane.

Les épimérites sont peu développés. Ils ont la forme de languettes cornées et donnent attache à un sternite membraneux

un peu teinté de brun. Les sternorhabdites forment une tige chitineuse à branches postérieures courtes et épaisses. Les rapports d'ensemble de ces pièces abdominales sont les mêmes que précédemment.

7° **Epicauta verticalis** (pl. XI, fig. 36). — Cette espèce offre les mêmes caractères que la précédente. Nous figurons seulement les épimérites et le sternite du neuvième urite, pour montrer que le bord libre de ce sternite coloré en brun foncé et hérissé de poils a bien tous les attributs d'une pièce tégumentaire.

Les stenorhabdites (fig. 37) sont complètement soudés en une tige rigide dont l'extrémité postérieure forme trois petites branches courtes et épaisses. La médiane de ces branches prolonge le corps de la tige, tandis que les latérales vont en divergeant.

8° **Cantharis Vesicatoria** (pl. XI, fig. 38 et 39). — Même disposition générale ; les angles cornéifiés du neuvième tergite (9 T, fig. 10 ci-contre) et les épimérites sont toutefois un peu moins épais et plus larges. Le sternite (9 S) présente un bord convexe coloré en brun. Les branches de la pièce en Y sont très courtes.

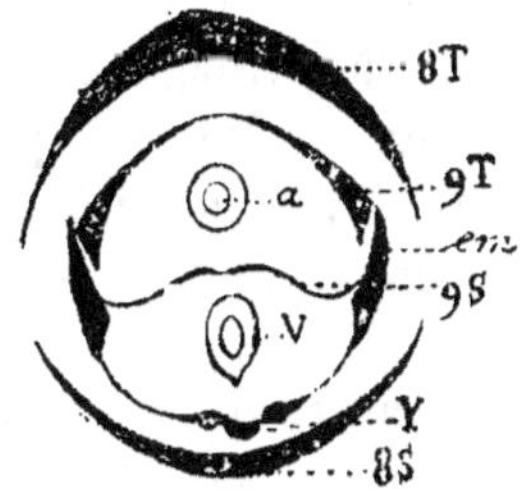

Fig. 10.

Diagramme de l'extrémité postérieure de l'abdomen de Cantharis Vesicatoria ♂.

9° **Epicauta adspersa** (pl. XI, fig. 40 et 41). — Appartient au même type. Les pièces cornées du neuvième urite, et principalement les épimérites sont toutefois plus puissantes et relevées de poils noirs. Les branches de la pièce en Y sont également plus longues et tendent à atteindre le bord des épimerites.

10° **Lytta Fabricii** (pl. XI, fig. 42). — Ici encore le tergite est incomplet et les épimérites ainsi que le sternite sont bien développés, mais en outre la pièce en Y est formée en arrière de deux larges lames renforcées sur leur bord externe par un épaississement linéaire et séparées par une fente. Postérieurement elles s'unissent en une tige peu épaisse. Leur division en avant rappelle le cas de Mylabris melanura que nous avons figuré (pl. XI, fig. 27).

11° **Ænas afer** (fig. XI, pl. 43 et 44). — Chez cette espèce à tergite également incomplet le développement bien marqué du sternite est à noter ainsi que quelques îlots noirs, cornéifiés dans la membrane qui supporte la pièce en Y.

12° **Lydus marginatus** (fig. XI, pl. 45). — Je signale enfin le Lydus marginatus à cause de la grande épaisseur de l'extrémité postérieure de la pièce en Y qui présente un petit prolongement médian et deux latéraux courts rappelant la forme indiquée déjà chez Epicauta verticalis. La membrane chitineuse (épisternites soudés) qui supporte cette pièce présente un bord libre sinué avec éminence convexe médiane et longs poils qui la hérissent. Enfin les épimérites sont très volumineux par rapport aux angles cornéifiés du tergite qui figurent de petits mamelons obtus.

En résumé les diverses particularités rencontrées au cours de cette étude qui embrasse les principaux genres de la tribu des Vésicants, montrent que le neuvième urite peut présenter dans son développement quelques différences qui portent principalement sur le tergite et sur les épisternites et sternorhabdites. Le tergite est complètement cornéifié chez Mylabris melanura, Cerocoma, Stenoria, etc., mais ce qui montre bien que ce fait est de peu d'importance, c'est que dans le genre Meloe, M. Majalis, insecte de taille énorme a un neuvième tergite complet, tandis qu'il est incomplet chez Meloe Americanus dont la taille est moins grande et l'ensemble du système tégumentaire moins puissant.

Aussi ce dernier cas se présente-t-il dans la majorité des insectes Vésicants, tels que Cantharis, Lytta, Épicauta, Œnas, Lydus, etc. Je ferai toutefois remarquer l'intérêt qu'il y avait à étudier un grand nombre d'espèces, puisque c'est grâce à cela qu'il a été possible, en passant d'une forme bien développée à une forme réduite, d'attribuer leur véritable valeur aux pièces latéro-dorsales du zoonite.

Enfin un troisième type offrant une dégradation complète du tergite qui n'est représenté par aucune pièce cornéifiée s'est montré chez Sitaris humeralis.

Les conclusions auxquelles m'ont amené ces recherches relativement à la pièce en Y et à la membrane chitineuse qui la porte, sont nouvelles. Je ne sache pas en effet que ces parties aient été assimilées jusqu'ici à des épisternites et stenorhabdites. Cette manière de voir me paraît cependant bien prouvée par les diverses transformations que j'ai pu montrer, depuis Mylabris melanura et Sitaris humeralis où ces pièces sont parfaitement reconnaissables, jusqu'à la Cantharide où elles sont réduites pour ainsi dire à leur plus simple expression et ne sauraient être ramenées d'emblée à leur véritable valeur. Aux preuves fournies par l'étude comparative, j'ajouterai que la pièce en Y et la membrane qui la supporte appartiennent sans conteste au neuvième urite, car elles l'accompagnent toujours quand on isole ce zoonite.

d. Appareil copulateur.

L'appareil copulateur des insectes Vésicants bien que présentant suivant les genres et les espèces des différences assez sensibles, consiste généralement en un étui extérieur solide, corné, renfermant une sorte de gouttière également cornée, mais moins résistante, dans laquelle pénètre le conduit éjaculateur. Ce dernier s'y élargit en un tube chitineux constituant la verge.

1° **Cantharis Vesicatoria.** — Chez la Cantharide (pl. XII, fig. 1 à 5), l'étui corné externe comprend : en avant, une pièce orbiculaire volumineuse (*le tambour* ou *pièce basilaire* des auteurs) soudée à deux branches disposées en forme de pince et dirigées en arrière. L'endroit de la soudure est marqué par un étranglement principalement visible sur le côté. La pièce orbiculaire est creuse. Elle offre une face bombée pleine, opposée à une face largement échancrée qui livre passage au conduit éjaculateur. Elle est placée par rapport à l'axe du corps dans une position telle que sa face bombée est à gauche et sa face ouverte, à droite. Les bords qui sont convexes sont donc dorsal et ventral. En arrière, ils se continuent en deux branches épaisses, cornées et dures, qui forment une sorte de pince. Chacune des branches de cette pince est pliée longitudinalement en forme de carène dont la convexité est extérieure et dont la concavité loge les autres parties de l'appareil copulateur.

Les flancs de cette carène ne sont pas symétriques. Celui qui répond au côté gauche de la pièce orbiculaire (côté plein) est très court en ce sens qu'il s'unit bientôt avec le flanc correspondant de l'autre branche pour former une large lame qui s'unit à la pièce orbiculaire et semble la continuer. Le flanc qui répond au côté droit (côté ouvert) est au contraire allongé et il s'enroule sur lui-même à son bord libre, comme le montre la (fig. 1, pl. XII) pour se terminer en une fine membrane chitineuse qui est en continuité avec les autres pièces de l'appareil copulateur.

Si l'on fait saillir l'appareil copulateur en comprimant l'abdomen de l'insecte, et si l'on écarte un peu les branches de la pince on aperçoit entre celles-ci une pièce cornée épaisse, très dure qui se présente comme suit lorsqu'on l'a isolée : c'est une sorte de long et gros stylet creux (1) dont l'extrémité antérieure est logée dans la pièce orbiculaire, bien qu'elle puisse parfois la dépasser en avant et dont l'extrémité postérieure appointie est recourbée d'arrière en avant en un crochet acéré (pl. XII, fig. 2). Un peu en avant de ce crochet il en existe un second qui siège sur le côté droit du stylet. La verge pénètre dans ce stylet creux par une fente située vers le milieu de son côté droit. Elle consiste en un tube chitineux dont la surface est hérissée de petites saillies aiguës et son orifice terminal est armé d'un filet corné à tête épaisse, papilleuse, recourbée en croc dont la pointe est dirigée en avant (pl. XII, fig. 4). Ce croc fait saillie au côté gauche du stylet au-dessus de l'orifice terminal de la verge ; il constitue avec les deux crochets du stylet l'appareil de fixation du pénis pendant la copulation.

J'ai retrouvé une organisation semblable en ses traits essentiels, chez la plupart des Vésicants. Les modifications notables que j'ai observées conduisent toutefois à l'établissement d'un certain nombre de groupes.

2° **Groupe A.** — Dans un premier groupe on peut ranger les

---

(1) Pièce analogue aux *filets cornés* qui soutiennent immédiatement la verge chez le Hanneton. (Voir Strauss-Durkheim, *loc. cit.*)

Mylabris et les Meloe, qui se rapprochent beaucoup de la Cantharide.

Chez *Mylabris melanura*, par exemple, il n'y a de différence sensible que dans la forme des branches de la pince (pl. XII, fig. 6 à 9) qui sont simplement pliées en gouttière terminée postérieurement en une extrémité pleine un peu courbe et d'inégale longueur pour chaque branche. Ajoutons que le stylet pénial est très allongé, aigu et recourbé en hameçon à son extrémité.

Chez les *Meloe* les quelques particularités que l'on observe affectent les mêmes parties de l'appareil. Ainsi chez Meloe majalis (fig. 10), les branches de la pince se distinguent par leur forme plus courte et leur largeur plus grande. Les crochets de la gouttière cornée ou stylet qui enveloppe le pénis sont placés plus en arrière que chez la Cantharide et l'extrémité du stylet pénial est recourbée presque à angle droit. Chez *Meloe americanus* (fig. 11), l'extrémité de ce stylet est hérissée de petites saillies coniques et le crochet épais qu'elle présente rappelle davantage la forme que j'ai décrite chez la Cantharide.

3° **Groupe B.** — Un second groupe comprend les Vésicants chez lesquels la verge est pourvue de deux crochets à son extrémité, au lieu d'un seul crochet terminal. C'est ce qu'on observe particulièrement chez les *Cerocomes* (fig. 12 à 14).

Chez Cerocoma Schœfferi et Schreberi les branches de la pince se distinguent par leur extrémité antérieure très élargie. Elles sont peu intimement unies à la pièce orbiculaire. Un étranglement très prononcé les sépare. Quant à la pièce cornée qui loge le pénis ce n'est plus à proprement parler une gouttière; c'est une sorte de tube se prolongeant antérieurement en cuilleron corné et formé postérieurement d'une membrane chitineuse peu épaisse relevée de saillies aiguës. Deux crochets terminent un de ses bords. Deux crochets arment également la verge (pl. XII, fig. 13 et 14). Très rapprochés chez Cerocoma Schœfferi, ces crochets sont plus écartés chez Cerocoma Schreberi.

4° **Groupe C.** — Dans un troisième groupe on peut ranger les insectes dont la verge et la gouttière qui la loge ne sont pourvues chacune que d'un seul crochet. Tels sont :

A. *Epicauta verticalis* (pl. XII, fig. 15 et 16). — Dans cette

espèce les branches de la pince sont longues, triangulaires, carê-
nées. Elles se séparent facilement de la pièce orbiculaire. Comme
chez les Cerocomes l'étui du pénis est un tube membraneux
terminé antérieurement en cuilleron et postérieurement par une
pointe recourbée en hameçon. La verge est armée d'une longue
tige rigide également recourbée à son extrémité en crochet court
et droit.

B. *Epicauta adspersa* et *Macrobasis Fabricii* présentent à peu
près mêmes caractères, mais la verge est armée d'une simple
tige cornée pointue un peu courbée en arc.

Chez *Lydus marginatus* en particulier, cette courbure est très
prononcée et forme un croc puissant à l'extrémité de la verge. La
forme des branches de la pince (pl. XII, fig. 17) se rapproche
plus que chez les espèces précédentes de celle que j'ai figurée
pour la Cantharide.

5° **Groupe D.** — Ce groupe comprend seulement *Sitaris humeralis* qui s'écarte des précédentes espèces par un caractère important. *L'étui corné extérieur est en effet univalve.* La pièce orbiculaire se continuant en une seule branche creusée en gouttière
large et épaisse. L'enveloppe du pénis est peu cornée et terminée (pl. XII, fig. 18 et 19) par un renflement papilleux. Le
pénis est inerme.

6° **Groupe E.** — Chez *Stenoria apicalis*, l'étui corné extérieur *est également univalve*; de plus, il est très court, large à
la base, hérissé de petites saillies à sa face interne et presque
membraneux. Mais c'est la pièce dite orbiculaire qui revêt ici
un caractère tout à fait nouveau. Elle n'est pas soudée comme
chez les autres Vésicants, mais paraît plutôt articulée avec l'extrémité postérieure de l'unique branche qui représente la pince.
De plus, elle a la forme d'une cloche cylindrique large, ouverte
à sa base et sur l'une de ses faces (pl. XII, fig. 20), sa paroi est
formée d'une mince membrane chitineuse transparente, soutenue par des baguettes chitineuses qui renforcent ses bords.
La gouttière qui enveloppe le pénis n'est qu'en partie contenue
dans cet étui qu'elle dépasse de beaucoup en avant; elle est aussi
formée d'une membrane chitineuse délicate et se termine postérieurement en trois lobes élargis étalés en une sorte de cornet
qui renferme six ou huit corps papilliformes. Ces corps sont des

lobes chitineux hérissés de petites pointes qui garnissent l'extrémité du pénis (pl. XII, fig. 21) et qui, lorsque cet organe fait saillie, s'étalent en éventail. Ils se groupent en un faisceau compact lorsque le pénis est complètement invaginé et sont alors recouverts par les lobes de la gouttière.

En résumé, chez la plupart des insectes Vésicants, l'appareil copulateur est formé d'un étui corné bivalve qui renferme une gouttière plus ou moins solide armée d'un ou deux crochets et enveloppant le pénis, pourvu lui-même à son extrémité de un ou deux crochets.

Les Sitaris et Stenoria font exception, l'étui externe étant univalve et la gouttière péniale inerme. La verge est également inerme.

2° APPAREIL FEMELLE.

a. Organes internes.

L'appareil génital femelle des insectes Vésicants est organisé sur le même plan que celui du plus grand nombre des Coléoptères. Il comprend deux *ovaires*, dont les *oviductes* courts, s'unissent bientôt en un canal commun ou *vagin* qui se dilate antérieurement en une vaste *vésicule copulatrice*. Un *réservoir séminal* et une *glande accessoire* lui sont annexés.

Les Ovaires sont formés d'un large calice central sur lequel s'insèrent de nombreux tubes ovigères, dont l'extrémité libre se prolonge en un filament ténu et hyalin. Les filaments des tubes voisins ne se réunissent pas en un cordon unique comme cela a lieu chez beaucoup d'insectes (1).

La couleur des tubes ovigères varie du jaune pâle au rouge orangé.

Les oviductes, toujours courts et assez larges, débouchent après s'être unis en un tube commun, à la face ventrale du vagin qui, lui-même, est cylindrique, peu allongé et se prolonge en avant dans une vésicule copulatrice remarquablement développée. Cette vésicule occupe la partie dorsale de l'abdomen et s'étend parfois antérieurement jusqu'à la base du thorax.

(1) Les Ovaires des Vésicants appartiennent au deuxième groupe d'ovaires établi par Stein (51), dans lequel le calice est central. Ce sont ses ovaires *racémeux*, ceux que Muller d'autre part, les comparant au corps d'un hérisson, avait désignés sous le nom d'*ovaria baccata* (beerenförmige eierstöcke).

« Elle a une forme et une structure, dit Dufour (25) qui diffèrent beaucoup de celles des autres Coléoptères. C'est un trait anatomique remarquable qui paraît commun à toutes les Cantharidies. »

Tantôt un réceptacle séminal et une glande accessoire lui sont annexés, tantôt la glande accessoire manque et la vésicule copulatrice paraît alors en remplir la fonction. De là, deux groupes à établir parmi les Vésicants.

Premier groupe : *Il existe un réservoir séminal et une glande accessoire.* — Parmi les espèces que j'ai étudiées, Cantharis vesicatoria, Lytta pennsylvanica, Meloe antummalis et Zonitis mutica appartiennent à ce groupe. Je prendrai pour type la Cantharide (C. Vesicatoria). Mais je dois faire remarquer que l'étude morphologique de l'appareil femelle chez cette espèce a été faite avec détails par Audouin (loc. cit.); aussi n'aurai-je à insister que sur quelques points particuliers. Stein (51) d'autre part, a étendu à la Cantharide les détails de structure histologique qu'il a donnés au sujet du Meloe proscarabœus; je n'aurai qu'à compléter sa description.

Cantharis vesicatoria. — Les ovaires sont formées d'un très grand nombre de gaînes ovigères d'un jaune pâle. Lorsqu'ils sont complètement développés, ils remplissent presque toute la cavité de l'abdomen et repoussent le tube digestif tout à fait à la face ventrale. Chaque gaîne ovigère (voir pl. XII, fig. 22) arrivée à peu près à maturité comprend en arrière une grande chambre renfermant l'œuf en développement; à son extrémité antérieure, cette chambre ovale et d'autant plus volumineuse que l'œuf est plus avancé, est suivie d'une loge plus petite dans laquelle on distingue un jeune ovule à peu près sphérique, pourvu de sa tache germinative. Enfin, une chambre allongée, irrégulièrement cylindrique et remplie de grosses cellules vitellogènes termine le tube ovigère. L'ensemble est enveloppé d'une fine membrane conjonctive qui, à l'extrémité libre de l'organe, forme une sorte de coiffe prolongée en un cordon hyalin parsemé de quelques noyaux ovoïdes. Latéralement, cette enveloppe conjonctive émet des tractus qui l'unissent lâchement à l'enveloppe des tubes voisins, mais d'une manière générale, les extré mités effilées restent libres ou seulement rapprochées sans soudure.

Les oviductes très courts s'unissent bientôt en un canal commun qui débouche dans le vagin. Celui-ci est cylindrique en arrière, mais en avant il se dilate en une large vésicule copulatrice, longue d'environ 8 millimètres et qui siège au côté gauche de l'abdomen. Cette vésicule copulatrice est une sorte d'outre irrégulièrement renflée, qui se continue par un col cylindrique avec le vagin. Sur la face ventrale de ce col s'insère un tube légèrement sinueux (pl. XII, fig. 23) long de trois à quatre millimètres, c'est le *réservoir séminal;* à droite et à un millimètre ou deux en arrière du point où débouche ce réservoir, une petite vésicule sphérique s'insère au moyen d'un court pédicule. C'est à peu près à ce même niveau, mais un peu à gauche, que l'oviducte s'ouvre dans le vagin. Cette vésicule sphérique est une glande accessoire.

Je vais donner quelques détails sur ces diverses parties :

La *Vésicule copulatrice* est toujours remplie d'un mucus épais, blanchâtre, opaque, dans lequel on trouve parfois des spermatozoïdes, circonstance qui prouve que l'accouplement a eu lieu récemment. La paroi de cette vésicule comprend de dedans en dehors :

1° Une fine membrane chitineuse, transparente et homogène;

2° Une couche de cellules épithéliales;

3° Une enveloppe conjonctive;

4° Dans la région rétrécie du col des fibres musculaires en épaisses assises, qui passent aux couches musculaires du vagin.

L'épithélium mérite de fixer un moment l'attention. En effet, dans les parties voisines du col, il est à peu près uniquement formé de cellules prismatiques de petites dimensions, mesurant environ 8 μ de diamètre. Mais dans les parties renflées de la vésicule copulatrice et plus particulièrement vers le fond de l'organe, on aperçoit au milieu des cellules prismatiques (pl. XII, fig. 24) des éléments beaucoup plus volumineux, hyalins, arrondis, mesurant environ 16 μ de diamètre et renfermant un noyau sphérique large de 5 à 6 μ. — Ces éléments forment des amas irréguliers qui font saillie à la face externe de la vésicule et qui représentent évidemment des parties secrétantes du mucus contenu dans la poche copulatrice.

La structure de cet épithélium est assez comparable à celle de l'épithélium des tubes à cantharidine des individus mâles.

Le *réservoir séminal* se montre, chez les femelles adultes, toujours rempli de spermatozoïdes. Mais il est à remarquer que ceux-ci ne sont plus en paquets fusiformes, tels qu'ils ont été émis par le mâle. Ces paquets se sont dissociés, et les spermatozoïdes qui remplissent le réservoir séminal sont libres et forment un amas de filaments enchevêtrés.

La structure de la paroi du réservoir séminal est la suivante de dedans en dehors (pl. XII, fig. 25) :

1° Une fine membrane chitineuse hyaline ;

2° Une couche de cellules épithéliales prismatiques ;

3° Une couche musculaire formée de deux plans superposés de fibres dont les internes sont circulaires et les externes disposées obliquement, de telle sorte qu'à l'extrémité libre du réservoir elles sont à peu près longitudinales et contournent sa surface en spirale.

Glande accessoire. — Cette glande, courte et sphérique, renferme une substance muqueuse assez consistante.

Sa paroi présente la structure suivante, de dedans en dehors :

1° Une intima chitineuse, hyaline ;

2° Une couche glandulaire ;

3° Une couche lamineuse.

Stein, qui a montré le premier l'existence de la couche glandulaire, la décrit chez le Meloe proscarabœus (loc. cit. pl. VII, fig. 1) comme formée de « quatre plans superposés de cellules secrétantes. »

Chez la Cantharide, ainsi d'ailleurs que chez tous les Vésicants que j'ai étudiés, les cellules en question ne sont point disposées en plans superposés, mais groupées en petits lobules sphériques de $0^{mm},050$ de diamètre environ, parfaitement séparés (pl. XII, fig. 26) qui donnent à l'ensemble de l'organe l'apparence d'une glande en grappe à réservoir central formé par la cavité sphérique de l'appareil glandulaire. Chacun de ces lobules est composé d'un certain nombre de glandes unicellulaires pourvues de leurs petits canaux chitineux qui viennent déboucher dans le réservoir commun en traversant l'intima (*e*) qui se trouve ainsi percée comme un crible.

C'est seulement dans la partie sphérique de la glande que la structure susdite s'observe. Au niveau du col, les glandes disparaissent et une épaisse couche de fibres musculaires se montre en dehors de l'épithélium.

Lytta pensylvanica. — L'appareil femelle (fig. 27) présente les mêmes caractères que chez Cantharis vesicatoria. Les ovaires forment deux masses ovoïdes composées de nombreuses gaînes ovigères.

La poche copulatrice, volumineuse, de forme cylindrique irrégulière, est accompagnée d'un réservoir séminal et d'une glande accessoire. Mais ici, c'est le réservoir séminal qui est sphérique, relativement peu volumineux, à parois très musculeuses. Il contient des spermatozoïdes qui affectent la forme de longs faisceaux rubanés effilés aux extrémités.

Quant à la glande accessoire, elle est tubuleuse, allongée et sinueuse et se montre hérissée de petits lobules sphériques (pl. XII, fig. 28) qui ont même structure que ceux que j'ai décrits chez la Cantharide.

D'ailleurs comme dans cette dernière, bien que morphologiquement il y ait une différence, le réservoir séminal siège sur le col de la poche copulatrice et la glande accessoire s'ouvre à une certaine distance en arrière, au voisinage de l'abouchement des oviductes.

Zonitis mutica. — D'après Dufour (loc. cit.) les ovaires de Zonitis prœusta ne sont formés chacun que d'une trentaine de gaînes ovigères. Il n'en est pas de même chez Zonitis mutica où je compte au moins une soixantaine de gaînes à chaque ovaire.

La vésicule copulatrice (pl. XII, fig. 29) est très grosse, ovoïde et par sa forme se distingue sensiblement de celle des précédentes espèces. Un long col relativement grêle la fait communiquer avec le vagin. Une vésicule de même forme, mais beaucoup plus petite, s'insère près de sa base et représente le réservoir séminal. Enfin une glande accessoire tubuleuse et assez allongée complète l'appareil.

Cerocoma Schœfferi. — D'après Stein (loc. cit.), cette espèce présenterait même organisation que la Cantharide, sauf que le réservoir séminal est plus volumineux.

Je m'en réfère à l'autorité de cet anatomiste. Bien que sur un individu que j'ai examiné il m'ait semblé que la glande accessoire fait défaut; n'ayant pu renouveler mon observation, je range provisoirement les Cérocomes avec la Cantharide.

Chez les Cérocomes, la vésicule copulatrice se fait remarquer par sa forme sphérique qui est également celle des ovaires. Le réservoir séminal est allongé et tubuleux.

Meloe Autumnalis. — Les ovaires sont formés de gaînes ovigères nombreuses. La poche copulatrice énorme est étranglée en son milieu et présente ainsi deux renflements séparés par un conduit irrégulier. Elle se rattache par un court pédicule au vagin qui lui-même est peu allongé. Stein (loc. cit.) en décrivant et figurant l'appareil femelle de Meloe proscarabœus montre à la base de la poche copulatrice un petit réservoir séminal sphérique et plus loin en arrière, au niveau de l'abouchement de l'oviducte une longue glande accessoire en forme de massue. Chez Meloe Antumnalis (pl. XII, fig. 30), je trouve bien aussi ces deux organes, mais dans des rapports différents. En effet, à la base de la vésicule copulatrice, il existe un petit sac ovoïde, brièvement pédiculé et de très petite taille, qui n'est point un réservoir séminal, mais une glande accessoire, ainsi que l'accuse sa structure. Le réservoir séminal est plus en arrière, à peu près au niveau où débouche l'oviducte. Il a la forme d'un tube flexueux terminé par un renflement ovoïde, et les spermatozoïdes qu'il contient ne laissent aucun doute sur sa véritable nature. Ces spermatozoïdes sont disposés par faisceaux comme chez Lytta pensylvanica, contrairement à ce que j'ai indiqué pour la Cantharide où ils sont toujours dissociés.

Le volume très petit de la glande accessoire chez Meloe autumnalis et la situation nouvelle du réservoir séminal qui s'éloigne de la vésicule copulatrice pour se rapprocher de l'orifice de l'oviducte sont deux faits intéressants parce qu'ils conduisent au deuxième groupe que j'ai signalé précédemment dans lequel la glande accessoire disparaît complètement. Il est à remarquer en même temps qu'une autre espèce du genre Meloe rentre dans cette seconde série.

Deuxième groupe : *Absence de glande accessoire ; réservoir séminal rapproché de l'orifice de l'oviducte.* — A ce groupe appartiennent parmi les espèces que j'ai étudiées : *Meloe majalis, M. lœvigatus, Mylabris melanura, Mylabris geminata, Epicauta verticalis.*

Meloe majalis. — Les ovaires sont composés de très nombreuses gaînes ovigères. La vésicule copulatrice énorme, est étranglée en son milieu, comme dans Meloe autumnalis. L. Dufour dans la description succincte qu'il donne de cet appareil du Meloe majalis, s'exprime ainsi : « L'utricule principale de l'humeur sébacée (vésicule copulatrice) a un grand développement puisqu'elle acquiert jusqu'à huit lignes de longueur sur trois d'épaisseur. La deuxième est ovalaire. » Il ne fait donc mention que de deux vésicules. Au début de mes recherches, je m'étais demandé si la description de Dufour était exacte, d'autant plus qu'il n'insiste pas sur ce fait, et que Stein ne fait aucune allusion à des Vésicants dépourvus de glande accessoire. Dès que l'occasion me le permit, je m'empressai de reprendre cet examen.

La figure que je donne (pl. XII, fig. 31) montre qu'il n'existe en effet à la base de la vésicule copulatrice qu'une seule vésicule tubuleuse, un peu renflée à son extrémité libre et assez rapprochée de l'orifice de l'oviducte. C'est un réservoir séminal et il n'existe pas de glande accessoire.

Epicauta verticalis (pl. XII, fig. 32). — Chez cette espèce, les ovaires larges et courts ne renferment qu'un petit nombre de gaînes ovigères (vingt-quatre à trente environ).

La vésicule copulatrice allongée, assez régulière est considérablement développée et occupe une grande partie de la cavité droite de l'abdomen où elle s'étend presque jusqu'à la base du thorax. Au niveau où elle se continue avec le vagin, un tube flexueux et relativement très long forme le réservoir séminal. Il n'y a pas de glande accessoire.

Mylabris. — Chez les Mylabres (*M. melanura*, et *M. geminata*) les ovaires (fig. 33 et 34) sont également peu fournis en gaînes ovigères. J'en compte une vingtaine seulement dans chaque ovaire chez Mylabris geminata et une trentaine chez

Mylabris melanura. Comme chez Epicauta verticalis, il n'existe qu'une seule vésicule annexée à la poche copulatrice, et bien que les circonstances ne m'aient pas permis de m'en assurer, j'ai lieu de croire qu'elle joue le rôle de réservoir séminal.

En résumé, parmi les Vésicants deux groupes se distinguent aisément par l'absence ou par la présence d'une glande accessoire. On remarquera que d'une manière à peu près générale, l'absence de cette glande correspond à un petit nombre de gaînes ovigères dans l'ovaire. Il y aurait lieu de voir si cette absence de glande accessoire ne correspond pas aussi à un état particulier des œufs qui ne seraient pas alors agglutinés comme chez la Cantharide au moment de la ponte. — La ponte des espèces telles que Mylabris et Cerocoma est assez difficile à obtenir en captivité, et les œufs que j'ai pu avoir se sont trouvés pondus dans des conditions trop désavantageuses pour qu'il m'ait été possible de conclure à cet égard. Toutefois, les pontes d'Epicauta verticalis qu'il m'a été donné d'obtenir en grand nombre semblent bien répondre, en effet, à l'absence de glande accessoire, car les œufs en sont manifestement moins complètement agglutinés que lorsqu'il s'agit d'une ponte de Cantharide.

b. Armure génitale femelle.

On sait, depuis les recherches faites sur l'armure génitale femelle des Insectes, par M. de Lacaze-Duthiers (50) que cette armure formée par le neuvième urite se compose chez la plupart des Coléoptères, d'un tergite, d'un sternite, d'épimérites, d'épisternites et de sternorhabdites.

Chez les insectes Vésicants, l'armure génitale femelle a été décrite par M. de Lacaze-Duthiers, d'après Meloe proscarabœus et Cantharis vesicatoria. L'auteur place ces espèces dans le troisième groupe qu'il établit parmi les Coléoptères au moyen des « Types les plus simples *où le sternite de l'armure manque.* »

« Ces deux genres (Meloe et Cantharis) dit M. de Lacaze-Duthiers (loc. cit., p. 189), très voisins au point de vue des caractères de famille, ne le sont pas moins, au point de vue de la composition de leur armure femelle. La description de l'un peut servir à l'autre; les figures se ressemblent beaucoup, dans l'un et l'autre cas; aussi pouvons-nous les décrire ensemble.

« On comprend que l'armure doit se ressentir de l'état de mollesse générale de l'abdomen; en effet, les pièces sont petites, peu cornéifiées. Très reconnaissables toutefois, leur analogie avec celles des Lampyrides est frappante ; elles sont très régulières, et occupent des positions telles, que l'origine qui leur est assignée est bien plus évidente que dans les Blaps.

« Le tergite occupe la ligne médiane ; il est pour sa forme semblable à ceux qui le précèdent. L'épimérite placé sur les côtés et au-dessous de lui est régulier, obtus en arrière, en croissant très peu marqué. L'angle supérieur semble se diriger vers l'un des angles antérieurs du tergite dont il est assez éloigné, tandis que l'angle inférieur est en connection avec le prolongement apophysaire antérieur de l'épisternite.

« Celui-ci, plus allongé que dans le Lampyre, présente en arrière une échancrure, où se loge l'extrémité adhérente du rhabdite sternal, qui se présente comme un tubercule allongé, libre à l'un de ses bouts.

« La ténuité des pièces fait que l'oviducte et le rectum s'ouvrent très près l'un de l'autre ; du reste, ici comme dans les vers luisants, l'ensemble des parties composant l'armure occupe le neuvième rang dans l'abdomen. »

J'ai tenu à rappeler, dans leur intégrité, ces conclusions, parce que les faits les plus importants qu'elles établissent tels que la composition générale de l'armure, le rang qu'elle occupe dans l'abdomen et les rapports intimes qu'elle affecte avec celle des Lampyrides, sont le résultat d'études comparatives qui ont porté sur un nombre considérable de Coléoptères de tous genres, mais sur deux espèces seulement du groupe des Vésicants. Aussi ai-je à présenter quelques observations déduites de mes recherches faites non plus seulement sur deux espèces, mais sur un grand nombre de types pris dans les divers genres de la tribu des Vésicants, tels que : Cantharis, Lytta, Epicauta, Macrobasis, Pomphopœa, OEnas, Lydus, Meloe, Halosimus, Mylabris, Coryna, Cerocoma, Sitaris, Stenoria, Zonitis, Nemognatha, Leptopalpus.

De cet examen comparatif, il résulte que quelques-unes des propositions particulières aux Meloe et Cantharis avancées par M. de Lacaze-Duthiers doivent être modifiées et qu'elles ne s'appliquent pas à tout le groupe des Vésicants. C'est ainsi que le neuvième tergite, pièce supérieure de l'armure, est loin d'être toujours représenté chez ces insectes et qu'il n'est même pas complet chez tous les Meloe et chez la Cantharide. De même les traces du neuvième sternite sont parfois très apparentes, et cette pièce peut même être complètement développée. Il n'y a là, du reste, rien qui doive étonner. En effet, la disparition du neuvième sternite chez les Coléoptères ne se fait qu'insensiblement et se montre plus complète à mesure que l'ensemble des téguments devient moins dur. Or, parmi les Vésicants, il en est qui tout en conservant la mollesse si caractéristique des urites, se distinguent cependant d'espèces voisines, par des téguments plus résistants. De là, dans la composition de l'armure des différences en plus ou en moins qui méritent d'être notées. Somme toute, le sternite de l'armure reste toujours assez rudimentaire. Pour le tergite, il offre au contraire des degrés de développement bien caractérisés, et qui permettent d'établir trois groupes répondant à ces différents degrés.

Premier groupe. — *Neuvième Tergite complet.* — Meloe majalis, Mylabris melanura, Cerocoma Schreberi, C. Schœfferi et Halosimus Syriacus rentrent dans ce groupe.

1° Meloe majalis. — Chez cette espèce, dont on connaît la taille parfois considérable puisque la femelle peut atteindre 5 à 6 centimètres de longueur sur près de 2 de large, l'armure génitale est absolument complète. Suivant la règle générale elle appartient au neuvième urite. En effet, au-dessous du huitième tergite abdominal, on trouve une série de pièces disposées dans l'ordre suivant :

1° Au-dessus de l'anus et sur la (pl. XIII, fig. 1) ligne médiane, une pièce cornée, noire (*t*), hérissée de poils roides, dont le bord libre est un peu concave, et qui représente le neuvième tergite.

2° De chaque côté de l'anus, une pièce également cornée, noire et velue (*em*); ce sont les épimérites, qui ont une forme oblongue; leur extrémité postérieure est obtuse, et leur extrémité antérieure élargie pour l'insertion de muscles.

3° Sur les bords de l'oviducte et un peu à sa face ventrale se voient deux autres pièces (*e s*) évasées à leur extrémité postérieure et rétrécies en arrière; ce sont les épisternites. Leur partie évasée terminale est excavée et porte un rhabdite en forme d'article cylindro-conique; l'ensemble a la configuration d'un palpe de deux articles qui serait fixé contre la paroi de l'oviducte.

Enfin, entre l'anus et l'oviducte, une cloison chitineuse (*c l*), dont le bord libre est seul cornéifié et bleuâtre, mais dont toute la surface est recouverte de petites saillies, figure le neuvième sternite. Ce sternite est très peu développé, mais sa présence n'est pas douteuse, et son interprétation devient plus certaine encore lorsqu'on examine d'autres espèces.

2° **Cerocomes.** — Chez les deux espèces de ce genre (C. Schrœberi et C. Schœfferi) que j'ai étudiées, j'ai trouvé également une armure génitale complète.

Le neuvième tergite est même fort développé; corné, noir, velu, son bord libre est légèrement convexe, et sa configuration générale est celle des autres tergites de l'abdomen (pl. XIII, fig. 2). Les épimérites sont assez larges, lamelleux, irrégulièrement triangulaires, à extrémité postérieure obtuse. Le sternite sous forme d'une cloison chitineuse, à bord libre corné, se distingue bien entre l'anus et la vulve; il est concave en dessous et le vagin occupe cette concavité. Par suite de cette forme concave et de la ténuité des pièces, les épisternites se trouvent déjetés en bas jusqu'à la face ventrale du vagin. Ces épisternites dont l'extrémité antérieure est fort grêle, s'élargissent considérablement à leur extrémité postérieure qui se creuse pour recevoir un rhabdite allongé, cylindrique et un peu arqué. Épisternites et rhabdites sont recouverts de longs poils sur toute leur surface.

3° **Mylabris melanura** (pl. XIII, fig. 3 et 4). — Le tergite de l'armure est complet, à bord libre légèrement concave. Les épimérites sont irrégulièrement triangulaires, et le sternite corné et brun, pourvu d'épaississements qui partent en bandes irrégu

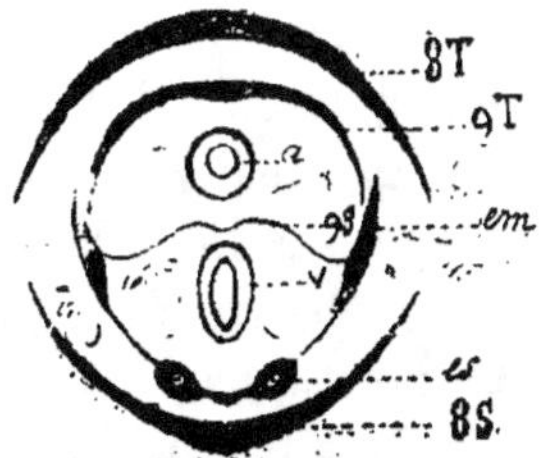

Fig. 11.

Diagramme de l'extrémité postérieure de l'abdomen de Mylabris melanura ♀.
8T, 8ᵐᵉ tergite. 9T, 9ᵐᵉ tergite. 9s, 9ᵐᵉ sternite.
em, épimérite. es, épisternite. 8s, 8ᵐᵉ sternite. a, anus. v, vulve.

lières de son bord libre, sépare les deux orifices rectal et vaginal. Quant aux pièces qui siègent à la face inférieure de l'armure, elles sont réunies par une membrane chitineuse assez épaisse dont le bord postérieur libre est coloré en brun et porte de chaque côté une petite cupule articulaire qui reçoit les pièces que nous assimilons dans les espèces précédentes aux épisternites et à leur rhabdite. Ne serait-il pas plus juste de voir dans cette membrane chitineuse les deux épisternites soudés au-dessous du vagin, et supportant des sterno-rhabdites formés de deux articles dont l'un antérieur plus volumineux et l'autre postérieur, plus court et plus grêle? Nous hasardons cette hypothèse sans y insister davantage en ce moment, mais nous aurons l'occasion de l'appuyer de nouvelles observations.

4° **Halosimus Syriacus.** — Dans cette espèce, le tergite de l'armure est encore complet; toutefois les angles en sont plus élevés, plus solides et plus fortement colorés que la partie médiane. Cette structure offre donc un passage aux espèces suivantes, caractérisées par le développement incomplet du neuvième tergite.

Deuxième groupe. — *Neuvième tergite incomplet.* — On trouve dans ce groupe des degrés de développement divers. Parmi les espèces que j'ai étudiées, on peut établir l'ordre suivant de dégradation : Œnas afer, Pomphopœa Texana; Cantharis vesicatoria; Epicauta verticalis; E. adspersa; Lytta Fabricii; Macrobasis albida; Meloe americanus; Coryna distincta; Lydus Algiricus.

1° **Œnas afer.** — Toutes les pièces cornées de l'armure génitale sont épaisses, très noires et hérissées de longs poils.

Le tergite (neuvième tergite) est formé d'une portion médiane incolore, très mince, revêtue de quelques poils et limitée de chaque côté par un angle épais et corné. Ces angles à bord postérieur convexe et large, semblent au premier abord former deux pièces symétriques isolées, de chaque côté de la face supérieure du rectum. Ce n'est que par un examen plus attentif que l'on constate qu'ils font partie du neuvième tergite. Les épimérites sont relativement petits, à angle postérieur assez aigu.

Les épisternites et sterno-rhabdites sont très développés (pl. XIII, fig. 5).

Quant au sternite, il n'est représenté que d'une manière tout à fait imparfaite par une mince cloison chitineuse, incolore, entre le rectum et le vagin.

2° **Pomphopæa Texana.** — Les angles du tergite de l'armure sont larges et très cornéifiés (pl. XIII, fig. 6 à 8). Leur bord postérieur est à peu près droit.

Les épimérites sont relativement moins développés. Mais les épisternites sont très puissants. Ils figurent des articles cylindriques larges et courts, dont l'extrémité postérieure offre une large surface circulaire excavée, au milieu de laquelle se dresse le rhabdite, conique et couvert de longs poils. Ici également le neuvième sternite est fort peu développé. Mais, par contre, une membrane chitineuse à bord libre épaissi unit les deux épisternites; dans cette membrane, des îlots irréguliers et cornés se montrent dans la région médiane, et l'on peut se demander encore si cette membrane ne représente pas les épisternites soudés, les pièces qu'elle supporte n'étant autre chose que des sterno-rhabdites formés de deux articles.

3° **Cantharis vesicatoria** (pl. XIII, fig. 9 à 12). — Comme le montrent les figures que nous donnons, la disposition générale des pièces est la même que dans les deux précédentes espèces; le tergite n'est point complet, comme le dit M. de Lacaze-Duthiers, il est même un peu moins développé que dans les deux précédentes espèces, en ce sens que les angles cornés sont moins larges.

Les épimérites sont des lames ovales qui se prolongent postérieurement en un long style irrégulier où s'insèrent les muscles. Les épisternites sont reliés par une membrane chitineuse comme ci-dessus; le bord libre de cette membrane d'union est convexe en son milieu et concave sur ses côtés. Le sternite est tout à fait rudimentaire.

4° **Epicauta verticalis.** — Chez cette espèce, deux angles cornés représentent le tergite de l'armure. Les épimérites (pl. XIII, fig. 27) sont peu développés, un peu plus larges toutefois que les pièces du tergite, et de même forme. Les épisternites sont pourvus de rhabdites remarquablement longs et volumineux. Mais ce qui est plus caractéristique, c'est le développement du sternite qui n'est pas corné, il est vrai, mais qui représente comme une cloison dont le bord postérieur libre est découpé en une languette médiane (pl. XIII, fig. 13) bifide, et deux lobes latéraux qui la surplombent légèrement. — Les épi-

sternites sont fixées de chaque côté de ce sternite, plus près de
la surface dorsale du vagin que dans les espèces précédentes.

5° Chez *Epicauta adspersa* (pl. XIII, fig. 14), *Macrobasis albida*
(pl. XIII, fig. 16) et *Meloe americanus* (pl. XIII, fig. 15) le développement des diverses pièces qui composent l'armure génitale
est tout à fait comparable au développement de ces pièces chez
la Cantharide ordinaire. — Macrobasis albida se distingue toutefois par le développement un peu plus grand du sternite qui
se montre comme un lobe convexe, hérissé de petites pointes
entre le rectum et le vagin.

6° **Lydus algiricus** (pl. XIII, fig. 17) mérite une mention spéciale, vu l'état rudimentaire du sternorhabdite qui se montre
comme une petite pointe cornée noire, au milieu de la large
surface d'insertion que lui fournit un épisternite très volumineux.

7° **Coryna distincta** (pl. XIII, fig. 18). — Enfin, avec Coryna
distincta nous passons à une forme nouvelle des épimérites qui
se présentent comme de larges lames très distinctes des épimérites relativement réduits, que nous montraient les précédentes
espèces. Nous retrouverons cette forme élargie chez les individus du troisième groupe. Quant aux sternorhabdites ils se distinguent par leur forme toute particulière. Ils consistent en un
petit article court et cylindrique à l'extrémité postérieure de
l'épisternite.

Troisième groupe. — *Neuvième tergite rudimentaire.* — Dans
ce groupe, en même temps que le tergite de l'armure disparaît
à peu près complètement, les épimérites et les épisternites prennent un développement relativement considérable, et ces derniers principalement forment de chaque côté de l'orifice vulvaire comme deux valves qu'on ne peut s'empêcher de comparer
à une sorte d'oviscapte réduit.

Le développement de cette partie de l'armure est d'autant
plus remarquable que les espèces qui rentrent dans ce groupe
sont de taille généralement assez faible. Elles ne dépassent
guère 8 à 10 millimètres de long.

Ce sont: Zonitis prœusta, Nemognatha bicolor, Sitaris humeralis, Stenoria apicalis et Leptopalpus rosratus. Nous ferons
remarquer ici en passant, que les caractères anatomiques de

l'armure sont en accord comme le montre l'énumération de ces genres avec le mode de groupement généralement adopté.

1° **Zonitis prœusta** (pl. XIII, fig. 19 et ci-contre fig. 12).—Le tergite de l'armure est rudimentaire et représenté par une lame médiane dorsale, incolore et relevée de quelques poils, reconnaissable d'ailleurs à sa forme et à ses rapports.

Les épimérites sont très larges, courts, à bord postérieur convexe. Ils sont irrégulièrement triangulaires (fig. 19), colorés en jaune pâle.

Quant aux épisternites ce sont des pièces très développées, coniques, allongées, courbées en gouttière et formant par leur réunion une sorte de canal qui fait suite à l'orifice vulvaire. Sur leur bord inférieur et vers leur extrémité postérieure, ils présentent (fig. 20) un petit enfoncement au milieu duquel se voit un rhabdite très rudimentaire, formé d'un article court surmonté à son sommet d'un seul poil épais et raide.

Une lame membraneuse projetée bien en arrière de l'orifice vulvaire sépare celle-ci de l'anus et représente le sternite de l'armure.

2° **Nemognatha bicolor.** — Le tergite tout à fait rudimentaire, n'est même pas représenté par une pièce chitineuse incolore et velue comme ci-dessus.

Les épimérites n'offrent rien de particulier, bien que grands

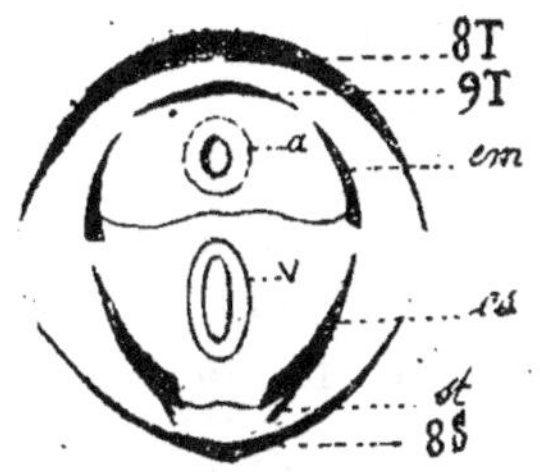

Fig. 12.
Diagramme de l'extrémité postérieure de l'abdomen de Zonitis prœusta ♀.
(Explication des lettres comme dans la figure précédente)

et larges. Mais les épisternites sont très remarquables. Ce sont comme deux volets lamelleux, à bords libres convexes (pl. XIII, fig. 21) qui font saillie de chaque côté de l'orifice vulvaire. Sur leur bord inférieur et tout à fait en arrière, ces épisternites portent un rhabdite consistant en un petit article cylindrique, corné et contrastant par sa couleur d'un noir foncé avec la teinte jaune pâle de l'épisternite.

3° **Sitaris humeralis.** — Pas de tergite à l'armure. Les épimérites (pl. XIII, fig. 23) larges, avec un angle obtus à leur extrémité postérieure et une éminence convexe sur le milieu de leur bord postérieur, sont membraneux et colorés en brun sur leurs bords seulement. Les nombreux poils qui hérissent leur surface sont également colorés en brun.

Les épisternites se rapprochent tout à fait par leur forme (fig. 22) de ceux des Nemognatha. Le sternorhabdite est petit, court et porte seulement un poil au sommet et deux ou trois sur la surface.

4° **Stenoria apicalis.** — Le neuvième tergite n'est pas apparent. Les épimérites sont des pièces triangulaires dont l'angle postérieur s'allonge sensiblement (pl XIII, fig. 24).

Les épisternites sont larges du même type que chez les espèces précédentes. Ils portent sur leur bord inférieur un rhabdite réduit à un petit tubercule arrondi, court, incolore, portant un ou deux poils à l'extrémité.

5° **Leptopalpus rostratus.** — Chez cette espèce, il existe un neuvième tergite rudimentaire (pl. XIII, fig. 25). Les épimérites de forme triangulaire, sont légèrement cornéifiés et teintés de jaune. De longs poils hérissent leur surface. Il en est de même des épisternites, larges volets lamelleux courbés en gouttière, qui forment en arrière de l'orifice vulvaire une sorte de conduit allongé. Sous ces divers rapports l'armure génitale revêt donc les mêmes caractères que chez les espèces précédentes et particulièrement chez Zonitis et Nemognatha. Mais elle s'en distingue par l'absence de sternorhabdite (fig. 26).

Il résulte de cette étude que l'armure génitale femelle présente chez les insectes Vésicants de grandes différences dans le degré de développement des parties composantes.

Le tergite qui peut être entier, est le plus fréquemment incomplet ou tout à fait rudimentaire. Il en est de même du sternite. A mesure que ces pièces disparaissent, on voit au contraire les épimérites et les épisternites prendre un plus grand développement, et affecter la forme de larges valves qui forment

en arrière de l'orifice vulvaire un conduit corné plus ou moins
développé.

D'une manière absolument constante, nous avons vu l'armure génitale formée par le neuvième urite, et quelle que soit l'espèce étudiée, du Meloë majalis, le plus volumineux des Vésicants, au Stenoria apicalis l'un des plus petits d'entre eux, qui ne mesure pas plus de 5 à 6 millimètres, nous avons toujours trouvé huit tergites et sept sternites apparents à l'abdomen, le neuvième urite qui forme l'armure étant rentré au-dessous du huitième. Les insectes Vésicants ne font donc pas exception à la règle générale établie pour les insectes, par M. de Lacaze-Duthiers.

DEUXIÈME PARTIE

PHYSIOLOGIE — PHARMACOLOGIE

CHAPITRE PREMIER

Phénomènes digestifs.

Après avoir fait l'étude anatomique détaillée du tube intestinal, j'ai cherché à me rendre compte du mode de fonctionnement de ses diverses parties. Je n'ai pu toutefois porter mon attention que sur un nombre de points assez restreint tant à cause des difficultés que j'ai éprouvées à me procurer au moment voulu des Insectes en bon état pour être observés, que par suite du grand nombre d'expériences qu'exige une telle étude.

C'est sur la Cantharide ordinaire que j'ai expérimenté principalement. Poursuivant ces études à Paris, toutes mes observations ont porté sur des Insectes tenus en captivité ; je dois donc faire connaître tout d'abord dans quelles conditions je me suis placé.

Par les soins d'un de mes bons amis, M. Nicolas, je recevais d'Avignon de grandes quantités de Cantharides vivantes qui aussitôt arrivées à Paris étaient renfermées dans des cages en toile métallique. Les malades et les faibles étaient triées avec soin et enlevées aussitôt, de manière à ne conserver que celles qui avaient supporté le voyage sans fatigue apparente. La nourriture que je donnais se composait exclusivement de feuilles de lilas. A cet effet, le sol des cages couvert, de terre, était planté de petits lilas. Mais, au bout de peu de temps, les feuilles de ces jeunes arbres étant complètement dévorées, je les remplaçais par des lilas en pot ou à défaut par des branches de cet arbre, que je renouvelais chaque jour avec soin. Je suis arrivé de la sorte à conserver mes Cantharides vivantes et en parfaite santé pendant plus de trois semaines. A ce propos, je dois noter une remarque que j'ai faite à plusieurs reprises : c'est que la vie des mâles a une moindre durée que celle des femelles, car j'ai toujours observé qu'au bout d'un certain temps les cages ne renfermaient plus que des femelles vivantes, tandis que les mâles jonchaient le sol.

I. — ACTIONS MÉCANIQUES.

Les Insectes vésicants, ainsi que je le dirai plus loin, n'ont pas tous le même régime. Un grand nombre d'entre eux (Cantharides, Meloe, Epicauta) se nourrissent de feuilles ou d'herbes ; mais d'autres, tels que Zonitis, Cerocoma, Sitaris, se nourissent du pollen ou des pétales délicats de certaines fleurs, A cette différence de régime répond une structure différente du canal digestif. Chez les herbivores, les organes buccaux sont puissants, et la valvule cardiaque est renforcée de pièces chitineuses épaisses, en même temps que la cuticule de l'œsophage et celle de la première portion du post-intestin sont hérissées de prolongements chitineux bien développés. Chez les espèces qui se nourrissent de pollen, il n'en est plus de même ; les pièces buccales sont molles, les renforcements chitineux de la valvule cardiaque disparaissent à peu près complètement ou même totalement, et le rôle mécanique du tube digestif paraît se réduire aux mouvements de progression des aliments et probablement aussi à leur mélange avec les sucs digestifs, opéré au cours de leur trajet sous l'action des contractions des couches musculaires de la paroi intestinale. Pour les premières espèces, les faits que j'ai observés sur la Cantharide et sur quelques individus du genre Meloe, paraissent pouvoir être généralisés.

Les mandibules de la Cantharide sont robustes et divisent avec rapidité les feuilles de lilas. Elles ne servent pas d'ailleurs seulement à diviser les feuilles, mais aussi à réduire les portions coupées en petits morceaux qui pénètrent dans l'œsophage. Là, ces particules alimentaires paraissent séjourner pendant un certain temps et s'accumuler, car à maintes reprises, en ouvrant l'appareil digestif de Cantharides prises en train de manger, j'ai pu constater que l'œsophage était rempli de matières alimentaires. tandis que l'intestin moyen n'en renfermait qu'une minime quantité. ou même ne contenait que des débris d'apparence muqueuse. incolores ou de couleur jaunâtre. Il y a lieu toutefois de rappeler que la Cantharide ne possède pas de jabot, et que par suite cette accumulation des aliments dans l'œsophage ne saurait aller fort loin. Ce que j'ai dit ailleurs de la structure de la valvule cardiaque explique toutefois suffisamment qu'elle puisse s'opposer à un moment donné au passage des aliments dans l'intestin moyen. Que se passe-t-il dans l'œsophage? Sa tunique interne, à partir d'une certaine distance en arrière de la bouche, est hérissée de poils à direction antéro-postérieure; il y a lieu de penser que ces poils chitineux s'opposent dans une certaine mesure à la rétrogradation des particules alimentaires vers l'orifice buccal. D'autre part, la muqueuse offre des replis longitudinaux qui augmentent peu à peu de profondeur et passent finalement dans les replis de la valvule cardiaque. Les aliments s'engagent dans les sillons formés par ces replis, et lorsque le sphincter que j'ai décrit au niveau de la valvule se relâche, ils glissent dans ces sillons et tombent dans l'intestin moyen. Si l'on examine alors comparativement le contenu de l'œsophage et celui de l'intestin moyen, il est facile de se convaincre qu'il n'existe pas de différence appréciable dans le volume des particules alimentaires, avant et après le passage à travers la valvule cardiaque. Celle-ci ne joue donc aucun rôle triturant, ce qui était à prévoir. particulièrement chez la Cantharide où les pièces chitineuses de soutien de cette valvule sont peu épaisses et sans grande résistance. J'ai pu me convaincre d'ailleurs qu'il en est de même chez les Meloe dont l'armature valvulaire est beaucoup plus puissante. Ces faits concordent avec ceux qui ont été observés par Plateau (52) et d'après lesquels il conclut que le gésier des Insectes (notre appareil valvulaire) « n'est pas un organe triturateur auxiliaire des pièces buccales. C'est, dit-il. un organe destiné à ne permettre que le passage graduel et régulier des matières alimentaires du jabot dans l'intestin moyen... » Dans le cas particulier des Insectes vésicants. le rôle joué par la valvule cardiaque est facile à saisir;

si l'on se reporte aux descriptions que nous avons données page 42 et suivantes, on voit que ces valvules consistent en un groupe de gouttières à parois solides plus ou moins allongées et transformées en cylindres dans une partie de leur longueur. Lorsque le sphincter qui siège au niveau de cette valvule se contracte, les lames foliacées qui s'étalent sur les bords des gouttières à l'extrémité antérieure de la valvule se rapprochent; l'occlusion de la partie centrale de la valvule est alors complète et les aliments ne trouvent pour arriver à l'intestin moyen d'autres passages que ceux que leur offrent les gouttières restées ouvertes grâce à leur rigidité. Les aliments s'engagent donc dans ces canaux, et se trouvent ainsi subdivisés en masses de plus petit volume. La valvule fonctionne à la façon d'une filière et produit ainsi une division du bol alimentaire d'autant plus grande que le nombre des gouttières est plus considérable. Sous ce rapport, le genre Meloe, avec ses quatre paires de gouttières accolées deux à deux, présente l'appareil le mieux approprié à ce travail de division. Il arrive par suite que, non seulement, comme le dit Plateau, l'organe en question permet le passage graduel et régulier des matières alimentaires, mais encore qu'il amène une division du bol alimentaire bien propre à faciliter le mélange intime des aliments avec les sucs produits par l'intestin moyen.

Dans cette portion du tube digestif, le travail mécanique se réduit aux mouvements produits par les contractions des faisceaux musculaires de la paroi.

Pendant ce temps, le sphincter pylorique en contraction empêche les aliments de sortir de l'intestin moyen, et les renflements de la valvule correspondante, pressés les uns contre les autres, aident à l'occlusion hermétique, en même temps qu'ils doivent s'opposer à l'issue du contenu des tubes de Malpighi, puisque les orifices de ces tubes alternant avec ces renflements, se trouvent comprimés entre eux. Lorsque le sphincter se relâche, la valvule s'ouvre et les particules alimentaires plus ou moins modifiées pendant leur séjour dans l'intestin moyen glissent à travers la valvule et arrivent dans la première portion du post-intestin, hérissée comme nous l'avons vu, de poils à direction antéro-postérieure qui s'opposent à leur retour en avant et qui aident probablement aussi à la division du bol alimentaire.

D'autre part, les dix-huit replis longitudinaux que forme la muqueuse de cette région (voir page 95 et figure 6, pl. VII) ne doivent pas être étrangers à cette division.

De là, les aliments passent dans les deux parties suivantes du post-intestin, en se moulant dans les replis de la muqueuse ; enfin, ils s'accumulent dans le réservoir stercoral formé par la quatrième portion et sont expulsés au dehors sous forme de petites crottes cylindriques qui ont des dimensions correspondantes à celles de la cinquième et dernière partie du tube digestif. Mais si avec une aiguille, et sous la loupe, on dissocie dans une goutte d'eau une de ces crottes, on voit qu'elle se décompose facilement en un grand nombre de petites masses ovoïdes ou sphériques d'un vert sombre, qui représentent évidemment les particules moulées dans les replis de la muqueuse du post-intestin. Je ne saurais dire si les parties moyennes du post-intestin fonctionnent comme organes absorbants, mais il est certain que la division extrême des aliments au moyen des replis est propre à faciliter singulièrement cette absorption si elle a lieu. Les excréments se composent uniquement de parois cellulaires inaltérées et de chlorophylle dont les grains sont pour la plupart encore verts ou parfois jaunâtres. A plusieurs reprises, j'ai trouvé également avec ces éléments des proportions considérables de cristaux d'acide urique. Mais c'est principalement chez des individus à jeûn depuis de longues heures que j'ai fait cette observation et je ne saurais donner ce fait pour normal, bien qu'on ait déjà signalé chez les Meloe l'existence de grandes quantités d'acide urique, qui ont passé un moment pour des cristaux de cantharidine. (Voir page 116.)

II. — ACTIONS CHIMIQUES

Je n'ai pas cherché à établir quelles sont les actions chimiques auxquelles sont soumis les aliments dans le tube digestif, cette question m'eut entraîné trop loin. J'ai voulu établir dans quelle région et dans quelles conditions s'opèrent les phénomènes chimiques de la digestion.

A vrai dire, mes études histologiques sur le tube intestinal des Vésicants m'avaient donné sur le premier point de précieux renseignements ; j'ai cherché simplement à les contrôler par quelques expériences.

Je rappelle d'abord qu'il n'existe pas de glandes salivaires chez ces insectes et que tout l'appareil excréteur paraît localisé dans l'intestin moyen, où il consiste d'une part (voir page 89) en cellules muqueuses provenant de modifications de certaines cellules épithéliales et en glandes closes plongées dans l'épaisseur de la muqueuse. Or, si l'on ouvre une Cantharide en pleine digestion et qu'on examine le contenu de l'intestin moyen, voici ce qu'on observe : Cet organe est, en partie seulement, rempli d'un liquide d'apparence muqueuse, de couleur verdâtre ou grise, qu'il doit à quelques grains chlorophylliens peu abondants. On y trouve en outre des parcelles de tissu végétal, dont les parois cellulosiques ne semblent pas altérées et aussi de nombreuses granulations blanchâtres mêlées à ces calottes hémisphériques de mucus, dont j'ai parlé ailleurs (page 88). Le post-intestin, par contre, renferme de nombreux débris de tissu végétal et des grains chlorophylliens en abondance. Il résulte de cet examen que les cellules végétales semblent avoir abandonné dans l'intestin moyen leur partie protoplasmatique, mais que les enveloppes cellulosiques et la chlorophylle sans subir d'altération appréciable ont passé immédiatement dans le post-intestin qui en est rempli. D'ailleurs, les Cantharides, comme le font beaucoup d'insectes, rejettent très fréquemment des excréments, en même temps qu'elles broyent les feuilles dont elles se nourrissent. A les voir, il semble parfois que les particules alimentaires ne font que passer dans le tube intestinal pour être rejetées à mesure qu'elles ont traversé la longueur du tube. En fait, les choses se passent bien ainsi, mais avec un temps d'arrêt dans l'intestin moyen, pendant lequel, tout ou partie des sucs assimilables sont extraits des tissus. Et comme le passage de l'œsophage dans l'intestin moyen se fait graduellement et lentement, ce dernier ne renferme jamais que de petites quantités de tissus inaltérés au milieu du suc laissé par les aliments qui ont déjà subi l'action des liquides digestifs et dont les restes inutiles sont passés dans le post-intestin. C'est en un mot, dans l'intestin moyen que paraît se faire la digestion, et nous allons voir que ce travail s'y opère fort lentement.

Pour me rende compte des conditions dans lesquelles s'opère

la digestion, j'ai établi un certain nombre d'expériences dont je vais donner le détail.

Dans une première expérience, j'ai recherché chez une Cantharide à jeun depuis quarante-huit heures quelle était la réaction des sucs contenus dans les diverses parties du tube digestif. Je me suis servi à cet effet d'un papier de tournesol récemment préparé et très sensible, et voici ce que j'ai observé :

L'œsophage absolument vide d'aliments, avait ses parois humectées d'un liquide absolument *neutre*.

L'intestin moyen ne renfermant aucune matière alimentaire contenait une petite quantité d'un liquide à peu près incolore qui donna une réaction *légèrement acide*.

Enfin, le post-intestin vide d'aliments, renfermait un liquide légèrement jaunâtre, transparent, qui montra une *acidité très prononcée*, en rougissant le papier de tournesol bleu comme l'eût fait une goutte d'un acide fort.

Pour expliquer cette dernière réaction, il y a lieu de ne pas oublier ce que je signalais plus haut, savoir : la présence fréquente de grandes quantités d'acide urique dans le post-intestin chez les animaux tenus à jeun pendant un long temps. Quant à la réaction acide de l'estomac, ce ne fut pas sans étonnement que je la constatai, sachant que Plateau avait été conduit par ses recherches à cette conclusion très catégorique que « tous les sucs du tube digestif des insectes sont alcalins, *jamais acides.* » J'examinai alors la réaction du suc des feuilles de lilas et je constatai que ce suc était franchement acide. Je pouvais dès lors expliquer l'apparente contradiction que présentait mon observation et celles du physiologiste belge, en admettant qu'après quarante-huit heures, les matières alimentaires renfermées dans l'intestin moyen n'étaient pas encore complètement absorbées, et que la digestion n'était pas terminée.

Je répétai alors mes recherches sur une Cantharide à jeun depuis dix heures seulement (expérience du 11 juillet 1886).

L'œsophage renfermait des traces d'un liquide grisâtre, *neutre*.

Dans l'intestin moyen, il y avait une petite masse floconneuse brunâtre formée de débris alimentaires, sans chlorophylle, et une certaine quantité de liquide incolore. Tout ce contenu avait une réaction franchement *acide*.

Le post-intestin était vide d'aliments. sauf le réservoir stercoral qui renfermait une masse verte formée de petites crottes régulièrement ovoïdes constituées presque uniquement de grains chlorophylliens non altérés. Un liquide muqueux se trouvait dans les parties antérieures; il ne donna aucune réaction au papier de tournesol.

Dans une autre expérience faite le même jour. sur un individu maintenu isolé. et sans nourriture pendant onze heures, j'ai obtenu les résultats suivants : On ne trouve de débris alimentaires ni dans l'œsophage ni dans l'intestin moyen; cependant un suc jaunâtre mouille les parois de l'œsophage; il a une réaction *acide*.

Dans l'intestin moyen, il existe un liquide incolore, montrant au microscope de nombreuses granulations et des corps muqueux réfringents; ce liquide est très fortement acide. Enfin le liquide du post-intestin est un peu acide.

Des trois observations que je viens de rapporter, il ressort que, même après un jeûne prolongé, et pouvant aller de dix heures à quarante-huit heures, la digestion n'est pas terminée, puisque l'intestin moyen renferme encore des sucs acides. Mais, cependant, elle a dû s'opérer en grande partie, car si l'on trouve encore, après dix et onze heures, des sucs acides dans l'œsophage, ceux-ci ont disparu après quarante-huit heurs. On peut admettre que, plus tard, l'acidité du liquide contenu dans l'intestin moyen disparaîtrait à son tour.

Pour appuyer ces conclusions, j'ai entrepris une série d'expériences dans lesquelles je me suis proposé, en posant une ligature aux deux extrémités de l'intestin moyen d'une Cantharide, de voir ce qui se passe au bout d'un certain temps, lorsque les sucs digestifs n'ont à agir que sur la portion d'aliments renfermés dans l'intestin moyen au moment où commence l'expérience.

En conséquence, le 15 juilllet 1886, je prends une Cantharide en bon état ; je l'ouvre par un coup de ciseau portant vers la face ventrale, mais sur le côté des anneaux thoraciques et des premiers anneaux de l'abdomen, de manière à ne pas toucher à la chaîne ganglionnaire. Je mets à nu l'intestin moyen. et je pose deux ligatures : l'une antérieure, en avant de la valvule cardiaque ; l'autre, en avant de la valvule pylorique. Au cours de cette opération délicate, une très petite ouverture avait été faite accidentellement au niveau de la valvule pylorique ; j'en avais profité pour prélever avec une aiguille une parcelle du contenu de l'intestin moyen. Cette parcelle examinée au microscope a montré des débris de feuilles non altérés, où il était possible de reconnaître les parois cellulaires, les stomates et de la chlorophylle. Ces matières, comme j'en ai déjà fait la remarque, ne remplissaient pas l'intestin moyen, tandis que l'œsophage était distendu par l'accumulation des aliments qui venaient d'être broyés au moment où l'animal avait été pris.

Le soir du même jour, huit heures après les ligatures posées, l'animal paraissant assez malade, je résolus de ne pas tarder plus longtemps pour examiner ce qui avait pu se passer. J'écartai la plaie faite aux téguments, et je constatai que les ligatures avaient bien tenu. L'œsophage était toujours rempli d'aliments, et ceux-ci ne me parurent avoir subi aucune modification. Ils rougissaient le papier de tournesol bleu, ce qui devait être, puisque cette réaction est propre au suc des feuilles de lilas.

Par contre, le contenu de l'intestin moyen présentait des particularités bien notables. Il renfermait de nombreux grains de chlorophylle inaltérés, quelques-uns de couleur brunâtre ; de rares débris de parois cellulaires et de nombreuses gouttelettes d'huile dans un liquide granuleux, incolore. La réaction de ce contenu était *neutre*. Pour la pemière fois, j'obtins ce résultat. Il semble bien démontrer que le suc digestif est alcalin, puisqu'au bout de huit heures il parvient à neutraliser l'acidité du suc des feuilles de lilas. J'ai répété cette expérience avec succès, mais j'avoue que les profonds désordres amenés par l'opération entraînent fréquemment la mort de l'insecte au cours de l'expérience, ce qui ne m'a pas permis de la renouveler autant que je l'aurais désiré.

En résumé, je crois pouvoir conclure de tout ce qui précède que les sucs digestifs de la Cantharide sont alcalins, comme ceux des Scarabéens, étudiés par Plateau ; mais il y a lieu d'ajouter, comme mes observations me l'ont montré, que la digestion s'opère ici en présence de sucs acides, car il est bien certain que si le contenu de l'intestin moyen est encore acide après quarante-huit heures de jeûne, c'est que la digestion se fait malgré l'acidité du milieu. Il faut procéder d'une manière détournée pour obtenir la neutralisation du suc acide des feuilles de lilas employées comme aliment. Somme toute, l'état d'alcalinité ou d'acidité du milieu, paraît indifférent à la digestion des aliments.

Je m'en tiens à ces quelques résultats; j'avais bien songé à essayer l'emploi d'une autre nourriture (feuilles de frêne ou de troêne) et à étudier, au point de vue chimique, l'action des sucs digestifs; mais un voyage inopiné que je dus faire en pleine saison d'études, alors que mes cages étaient remplies de Cantharides, m'empêcha de continuer ces recherches.

CHAPITRE II

Pharmacologie

I. — SIÈGE DU PRINCIPE ACTIF

Historique (1). — On trouve cette question posée par les plus anciens auteurs. Ils admettaient que les élytres étaient dépourvues de toute action. Pline allait plus loin et prétendait que « les ailes et les pattes étaient l'antidote des mauvaises qualités « de l'insecte, au point que si on le dépouillait de ces parties la « mort de l'individu auquel on donnait le reste de son corps « était certaine. » Cloquet qui rapporte cette phrase de Pline ajoute : « On conçoit difficilement une opinion plus ridicule « que cette dernière. On ne voit guère ce qui a pu lui donner « naissance ; et, cependant, Galien, Dioscoride, Ætius, et le « commentateur Jean-Antoine Saracenus l'ont partagée avec « Pline. » Hippocrate considérait la tête, les élytres, les ailes membraneuses et les pattes comme complètement inertes, et conseillait de les rejeter ; cette manière de voir fut longtemps en faveur, et nous la retrouvons encore admise par Schwilgué dans la 3ᵉ édition de sa *Matière médicale*, publiée en 1818.

La question fut reprise vers cette époque, et on put assister à un revirement complet d'opinion ; les Vésicants furent considérés comme actifs dans toutes leurs parties. C'était la manière de voir de Cloquet (1823) (53). Latreille alla plus loin, et regarda les élytres comme le lieu d'élection de la substance vésicante.

(1) Voir Galippe, *Étude toxicologique sur l'empoisonnement par la Cantharidine*, 1876.

Mais, dès 1826, Farines, pharmacien à Perpignan (54) institua diverses expériences qui, très bien conduites, lui donnèrent des résultats tout différents et conformes aux idées émises par les anciens naturalistes. Ayant pris sur des Cantharides sèches, en bon état de conservation, le contenu de l'abdomen et du thorax, qu'il sépara avec soin des parties dures, il en fit un emplâtre qui, dans l'espace de six heures, produisit une grande quantité de sérosité. « D'autre part, ajoute Farines, les élytres, les ailes membraneuses, les antennes et les jambes, soumises séparément à la même expérience, ne produisirent aucun effet, malgré qu'on n'ait levé l'appareil que trente heures après l'application. »

L'expérimentateur conclut alors que :

1° La matière vésicante de la Cantharide réside uniquement dans les organes mous;

2° Les organes durs sont tout à fait étrangers à la propriété vésicante.

Plus tard, en 1855, Courbon, dans son *Mémoire sur les Coléoptères vésicants des environs de Montévideo* (55) étudia à nouveau la question en expérimentant trois espèces très usitées en Amérique : les *Epicauta adspersa, E cavernosa* et *Lytta vidua*. « J'avais cru d'abord, dit-il, que les parties molles de l'abdomen et du thorax avaient le privilège d'être le siège exclusif du principe actif, m'appuyant sur ce que M. Farines avait écrit qu'il en était ainsi pour la Cantharide officinale ; mais j'ai reconnu, par des expériences multipliées, que les parties molles de toutes les régions jouissent de la même propriété. Ainsi, les parties intérieures de la tête et des cuisses, que j'ai expérimentées isolément, jouissent de propriétés non moins grandes que les parties internes de l'abdomen et du thorax, tandis que la charpente de ces régions, à laquelle il faut joindre les antennes et les portions des pattes qui ne se composent que de parties dures sont complètement inertes. »

L'année suivante, 1856, M. Berthoud (56) dans une thèse soutenue à l'École de pharmacie ajouta quelques éléments précieux à la question, en donnant l'analyse chimique des diverses parties de la Cantharide prises isolément. Il désigna dans ses analyses, l'abdomen et le thorax sous le nom de parties molles, et réserva le nom de parties dures, à l'ensemble des élytres, antennes, ailes et pattes. Il obtint les résultats suivants :

250 gr. parties molles donnèrent 0 gr. 423 de cantharidine, soit 1.70/1000
125 gr. — dures — 0 gr. 053 — soit 1.42/1000

Ces résultats, comme le fait observer Ferrer (57) concordent avec ceux de Courbon mais n'infirment pas comme le pensait Berthoud, les conclusions de Farines. Berthoud, en effet, ne tenait pas compte, dans les analyses des parties dures, des organes mous qui sont renfermés dans les organes cornés tels que pattes, élytres et ailes. Dans des analyses chimiques évidemment beaucoup plus rigoureuses et susceptibles d'une plus grande exactitude que la méthode employée par Farines, il devait retrouver des traces de Cantharidine là où ce dernier n'avait pu en déceler l'existence.

La question fut donc reprise par Ferrer, qui l'avait parfaitement comprise comme on s'en convainct en lisant l'historique qu'il en fait, mais qui cependant ne procéda pas avec toute la logique qu'on pouvait attendre. En effet, il rechercha la Cantharidine séparément dans les pattes, la tête, les élytres, les ailes, le thorax et l'abdomen.

Voici les résultats de ces analyses. Il trouva par kilogramme :

Dans les pattes............ 0 gr. 90 de Cantharidine.
 — la tête et les antennes. 0   88   —
 — les élytres et les ailes.. 0   81   —
 — l'abdomen et le thorax. 2   40   —

Ces dernières parties en renfermaient donc à elles seules plus que toutes les autres parties réunies. Trouvant de la Cantharidine, à des doses différentes, il est vrai, dans ces diverses parties, il en conclut « que chez les Insectes vésicants le principe actif se trouve indistinctement répandu dans toutes les parties du corps. » Comme Galippe (*loc. cit.*), nous ne croyons pas, ainsi que plusieurs auteurs l'ont pensé, que Ferrer ait voulu dire que la Cantharidine était répandue également dans toutes les parties du corps ; mais là n'était pas la question en réalité. Le problème, tel que le posait fort bien le mémoire de Courbon, était celui-ci :

Les parties dures, chitineuses, dépourvues des parties molles renferment-elles de la Cantharidine ?

La route tracée par Ferrer fut suivie par tous les observateurs qui s'occupèrent plus tard de la question, et l'on trouve un certain nombre d'analyses plus récentes où l'on entend sous le nom de *parties molles* l'abdomen et sous le nom de *parties dures* les pattes, la tête, les élytres et le thorax. C'est ainsi, qu'en 1867, M. Fumouze (58) fit connaître les résultats suivants :

450 gr. de parties molles lui donnèrent 3 gr. 50 de cantharidine
550 — dures — 0 65 —

En 1869, Lissonde (59) analysa en détails les diverses parties de la Cantharide et de *Mylabris Sidœ*. Le tableau suivant montre les résultats qu'il obtint :

100 grammes.	Cantharide.	Mylabris Sidæ.
Parties dures....	0 gr. 062	0 gr. 040
Parties molles...	0 783	0 510
Abdomen.......	0 500	0 315
Pattes..........	0 101	0 098
Têtes et thorax.	0 242	0 240
Élytres.	0 015	0 015

En résumé, tous les observateurs s'accordent, aujourd'hui à reconnaître que chez les Vésicants les parties molles sont incomparablement plus riches en principe actif que les parties dures, mais Courbon semble être le seul qui ait fait observer que les parties dures réduites à leur squelette de chitine sont inertes.

J'entrepris alors d'établir ce dernier point d'une manière complète. Je me proposai en même temps de rechercher si quelqu'organe n'était pas le siége d'élection et peut-être aussi de formation de la Cantharidine. Mes expériences touchaient à leur fin et j'étais arrivé à des conclusions précises, lorsque j'eus connaissance d'un mémoire de Leidy (37), publié en 1860, dans *American Journal of the Medical Sciences*. Je crois donc avant d'exposer mes expériences en détail, devoir faire faire connaître les lignes principales de ce dernier mémoire.

« Un jour, écrit Leidy, observant de nombreux individus de *Lytta Villata* (espèce américaine qui jouit de propriétés vésicantes très énergiques), sur l'*Amaranthus albus*, j'en pris un certain nombre et j'eus le loisir d'expérimenter avec les différentes parties de l'animal, pour m'assurer si le principe vésicant était confiné dans une partie spéciale de l'insecte. Je ne sache pas, ajoute-t-il, que d'autres aient fait de semblables expériences, sauf que dans Péreira, je trouve sur la Cantharide les remarques suivantes :

« Les principes actifs et odorants des Cantharides résident « principalement dans les organes sexuels de l'animal. »

Leidy employa la méthode physiologique; il appliqua sur l'avant-bras les organes qu'il voulait expérimenter, tantôt directement, tantôt mélangés à une certaine quantité de cérat.

Ses recherches ont porté sur toutes les parties de l'insecte prises isolément, et tout d'abord sur le liquide que l'animal laisse sourdre de ses articulations fémoro-tibiales quand on le saisit ; il constata, ainsi d'ailleurs que Bretonneau (60) l'avait reconnu déjà, chez les Meloe, que ce liquide est vésicant. Des gouttelettes de sang obtenues en piquant les élytres ou d'autres parties du corps servirent d'autre part à imbiber de petits morceaux de papier buvard qui, placés sur l'avant-bras, produisirent un nombre correspondant de pustules. Successivement aussi, tous les organes de l'animal furent mis en expérience et Leidy arriva aux conclusions suivantes : « Le principe vésicant du Lytta Vittata *paraît résider dans le sang et dans une matière grasse propre à certaines glandes accessoires de l'appareil de la génération et dans les œufs.* » La matière grasse en question se trouverait dans deux des paires de vésicules séminales du mâle et dans la poche copulatrice de la femelle où elle est accompagnée de matière spermatique inerte. Ajoutons aussi que l'estomac et son contenu, les muscles du thorax et le corps adipeux, ainsi que les testicules et les canaux déférents furent trouvés inertes, et qu'enfin une élytre entière appliquée sur l'avant-bras ne produisit de vésication qu'au contact du bord coupé, ce qui montrait bien que la vésication était le résultat de la présence du sang dans cette région.

Dans les recherches que j'ai entreprises sur la localisation du principe actif, j'ai pris la Cantharide ordinaire comme sujet d'études, et j'ai expérimenté sur tous les organes isolément. La méthode suivante était employée : ou bien les organes frais et divisés étaient placés directement sur l'avant-bras et recouverts d'un petit morceau de taffetas gommé pour les maintenir en place, ou bien je préparais un extrait de la façon suivante : Je traitais un ou plusieurs organes à essayer par l'éther acétique (procédé Galippe), à une température de 30° environ. Après huit ou dix heures de macération, le liquide était décanté, le résidu exprimé, et le tout, après filtration, était abandonné à l'évaporation. J'obtenais ainsi un extrait de composition variable avec les organes mis en expérience, et je l'étalais sur un petit morceau de taffetas gommé que j'appliquais sur l'avant-bras.

Test. — Mes premiers essais remontent au 20 juin 1881. A cette époque, je n'avais à ma disposition que des Cantharides sèches; douze élytres furent prises, broyées et traitées par l'éther acétique. La solution évaporée abandonna un résidu gras, de couleur brune, très peu abondant, qui, appliqué sur l'avant-bras, ne donna aucun résultat.

D'autre part, dix têtes de Cantharides sèches furent pulvérisées et traitées de même; un petit emplâtre formé avec l'extrait obtenu donna au bout de douze heures d'application une légère rubéfaction, mais pas de formation d'ampoule.

Ces expériences concordaient bien avec les résultats donnés par les analyses, qui ne décèlent que des traces de Cantharidine dans les parties chitineuses; mais je tenais à expérimenter sur des organes frais. J'en eus bientôt l'occasion, car je reçus d'Avignon, le 23 juin, un lot de Cantharides vivantes.

Le 29, une élytre fut enlevée à une Cantharide bien vigoureuse, et fut directement appliquée par sa face inférieure sur l'avant-bras. Elle était un peu humide du sang qui s'était écoulé par la blessure faite en la détachant. Après sept heures d'application, l'appareil fut levé, et bientôt apparut une forte ampoule mesurant à peu près exactement la longueur de l'élytre.

Afin d'expliquer ce résultat, je fis le lendemain l'expérience suivante :

Une élytre, après avoir été détachée d'un insecte en bon état, fut lacérée, puis exprimée entre plusieurs doubles de papier buvard, afin d'en extraire tout le sang; elle fut ensuite appliquée sur l'avant-bras. Huit heures après, il ne s'était produit qu'une très légère rougeur, et le lendemain une petite ampoule, à peine grosse comme une tête d'épingle, se montra au point occupé par la base de l'élytre. Cette expérience, comparée à la précédente, démontre bien que, si les parties dures donnent de la Cantharidine dans les analyses ou produisent quelque action physiologique, c'est au sang qu'elles renferment que sont dus ces résultats. La petite ampoule, observée dans le second essai, montre qu'en ce point une petite quantité de sang avait échappé à l'absorption par le papier buvard.

Sang. — D'ailleurs le sang de la Cantharide, de même que celui de *Lytta vittata* (expérience de Leidy), est très vésicant. L'expérience suivante le prouve :

Le 29 mai 1883, à deux reprises dans la journée (8 heures du matin et 5 heures du soir), des gouttelettes de sang obtenues par piqûre des élytres furent placées sur un même point de l'avant-bras. On les y laissa sécher, puis on recouvrit de taffetas gommé. Le soir du même jour, à 9 heures, une ampoule était apparue.

Organes internes. 1° *Appareil digestif*. — Le 23 juin 1881, l'appareil digestif entier (œsophage, intestin moyen et post-intestin) d'une Cantharide fut appliqué sur l'avant-bras, après avoir été broyé sur une plaque de verre. Au bout de sept heures, il ne s'était produit aucune vésication. C'est à peine s'il existait un peu de rubéfaction que l'on doit attribuer au sang, et qui disparut bientôt.

Dans ces expériences, il y a lieu de tenir grand compte de la dissection, afin de bien isoler l'organe à étudier. C'est ainsi que quelques jours plus tard (29 juin), je pris six estomacs (intestin moyen) de Cantharide, et je les traitai par l'éther acétique. L'extrait obtenu donna, après onze heures d'application, une forte ampoule. Comme je cherchais à m'expliquer la contradiction qu'offraient ces deux expériences, j'examinai avec soin les insectes dont j'avais retiré les estomacs, et je constatai que sur deux d'entre eux, j'avais entraîné une partie des vésicules de la troisième paire de l'appareil mâle, qui sont extrêmement déliées, et dont les extrémités vont se perdre aux côtés du tube digestif. Ces glandes, comme nous le verrons plus loin, sont chargées de Cantharidine ; de là l'erreur commise.

Je recommençai donc cette expérience, et le 30 juin, j'appliquai l'extrait obtenu de plusieurs estomacs bien isolés. Onze heures après l'application, je constatai une rubéfaction légère qui disparut bientôt, et il n'y eut formation d'aucune trace d'ampoule.

Je crois donc pouvoir conclure de ce qui précède que le tube intestinal de la Cantharide est complètement inerte. J'ai pu m'assurer qu'il en est de même chez *Zonitis mutica*.

2° *Corps adipeux et trachées.* — Aucune action (expériences des 27 et 29 juin 1881).

3° *Tubes de Malpighi.*—Aucune action (expériences des 29 juin et 1er juillet 1881). Cette conclusion s'applique également à *Zonitis mutica*.

4° *Organes mâles.* — Le 24 juin 1881, l'appareil mâle d'une Cantharide est isolé en entier, et placé sans autre préparation sur l'avant-bras. Sept heures après, on constate une forte rubéfaction, suivie bientôt de l'apparition d'une volumineuse ampoule. Il est incontestable, ai-je écrit sur mon cahier de notes, que l'activité des organes génitaux est excessive et tout à fait remarquable.

Testicules, canaux déférents. Vésicules séminales (1re paire). — Après cette première expérience, portant sur tout l'appareil génital pris en bloc, je résolus de l'étudier dans ses détails. Le même jour, les vésicules scorpioïdes (voir page 107) d'un mâle bien vigoureux, remplies d'une substance blanche, nacrée, furent placées sur l'avant-bras. Au bout de douze heures, il ne s'était rien produit.

Le 27 juin, je repris cette expérience, et je plaçai sur mon avant-bras trois petits emplâtres formés, l'un des vésicules scorpioïdes, l'autre des deux testicules, et le troisième des deux canaux déférents; chacun de ces organes étant directement appliqué sur la peau et recouvert d'un petit carré de taffetas gommé. Je n'obtins aucune vésication. Comme j'étais alors au début de mes expériences, je fus quelque peu inquiet de ce résultat négatif, et je conclus que probablement j'avais agi d'une façon défectueuse.

Je repris donc l'expérience le 29, et j'employai le procédé que je considère comme le plus rigoureux. Je traitai par l'éther acétique les testicules et les canaux déférents de deux Cantharides, et j'employai l'extrait obtenu; seize heures après il n'y avait aucune trace de vésication. Même résultat le 30 juin.

Il est donc permis de conclure que la propriété vésicante, si énergique de l'appareil mâle, n'est due ni aux testicules, ni aux canaux déférents. Il en est de même des vésicules scorpioïdes, comme le montrent les deux premières expériences citées plus haut, et comme me l'ont confirmé depuis les essais que j'ai tentés en 1883. En effet, le 29 mai de cette année, deux de ces vésicules appliquées directement sur l'avant-bras ne produisirent, après huit heures, aucune vésication.

Le 31 mai, et le 2 juin, même résultat, ainsi que pour trois testicules sur lesquels j'avais cru devoir faire de nouveaux essais.

Les expériences sur les canaux déférents m'ont parfois donné des résultats un peu contradictoires. A deux ou trois reprises, en effet, j'ai obtenu une petite ampoule localisée dans le point touché par l'extrémité du canal la plus voisine du conduit éjaculateur. Ce résultat prouve simplement qu'au moment où les spermatozoïdes sortent du canal déférent, ils se trouvent mêlés aux produits des diverses vésicules séminales, et particulièrement à celui du réservoir à Cantharidine. Il ne faut donc pas dans ces expériences séparer le canal déférent trop près du conduit éjaculateur, mais seulement à une certaine distance. J'ai d'ailleurs expliqué (page 105) que cette portion terminale du canal déférent joue le rôle de réservoir spermatique, et il n'y a pas à s'étonner que le liquide des vésicules séminales y pénètre, ce qui expliquerait pourquoi on peut obtenir une vésication par l'application de cette région du canal sur l'avant-bras.

Vésicules séminales (2ᵉ et 3° paires). — Les vésicules de la seconde paire sont tellement petites que les résultats négatifs obtenus me paraissent sujets à caution. Quant à celles de la troisième paire, elles m'ont donné des vésications tellement énergiques que je n'hésite pas à les considérer comme les réservoirs, et peut-être comme les organes de formation de la Cantharidine. Voici quelques expériences :

Le 31 mai 1883, trois vésicules séminales (3ᵉ paire) sont directement placées sur l'avant-bras; dix heures après l'effet se manifeste par l'apparition d'une volumineuse ampoule.

Le 2 juin, nouvel essai, avec les vésicules séminales (3ᵉ paire) de deux Cantharides bien actives. Vésication très forte, avec douleur et apparition d'une énorme ampoule.

Au total, dans l'appareil mâle des Cantharides, la Cantharidine est localisée dans une des vésicules séminales, celle qui affecte la forme d'un long tube cylindrique, à paroi très mince, à aspect hyalin, que j'ai décrite page 112; aussi l'ai-je dénommée : *glande à Cantharidine.*

5° *Appareil génital femelle.* — 1° *Poche copulatrice.* — Le 28 juin 1881, la poche copulatrice d'une Cantharide fut placée directement sur l'avant-bras. L'appareil ayant été levé au bout de huit heures d'application, il se produisit une forte ampoule.

Le 21 mai 1882, je reçus d'Algérie un *Meloe majalis* femelle bien vivant. La poche copulatrice très grande, étranglée vers son milieu, renfermait dans sa partie profonde une masse blanche, cireuse, qui présentait au microscope de petites sphérules irrégulières et très réfringentes, à radiations d'une finesse extrême. Je prélevai une petite quantité de cette substance et la plaçai sur l'avant-bras ; au bout de dix heures, une vésication était produite.

Le contenu de la vésicule copulatrice est donc vésicant. Leidy, qui avait reconnu chez Lytta Vittata l'existence de cette substance cireuse dans la poche copulatrice, admettait qu'elle provenait du mâle ; je ne le pense pas. Il me paraît plus probable qu'elle est secrétée par la partie profonde de la vésicule copulatrice qui a une structure comparable à celle des vésicules séminales de la troisième paire chez le mâle (voir page 140).

2° *OEufs.* — Les œufs sont vésicants et manifestent cette propriété avec une grande énergie.

Le 4 juin 1883, j'avais obtenu une ponte d'une de mes Cantharides en captivité. Je pris une partie de cette ponte et l'écrasai avec une gouttelette d'eau. L'emplâtre ainsi obtenu fut appliqué directement sur l'avant-bras. Au bout de quatre heures, la cuisson était devenue assez forte pour m'engager à ne pas continuer plus longtemps l'expérience. Je levai donc l'appareil et quelques minutes après, une énorme ampoule se développait, attestant le pouvoir vésicant considérable des œufs de Cantharide pris après la ponte.

En résumé, le siège du principe actif chez les vésicants est parfaitement localisé, d'une part dans les organes génitaux et, d'autre part dans le sang. Chez le mâle, c'est spécialement la troisième paire de vésicules séminales, à l'exclusion des autres parties de l'appareil qui renferme la substance active ;

chez la femelle, c'est à la fois la ¡vésicule copulatrice et les ovaires.

De ce que les œufs après la ponte manifestent un énergique pouvoir vésicant, on serait en droit de conclure logiquement que les larves elles-mêmes sont vésicantes. Néanmoins des expériences sur ce point particulier m'ont paru devoir être tentées. et le 23 juillet 1883, je profitai de ce que j'avais de nombreuses éclosions pour m'assurer du fait. Je pris dix larves de Cantharides (triongulins), quelques jours après leur sortie de l'œuf et après les avoir écrasées sur une lame de verre, j'appliquai ce petit emplâtre sur l'avant-bras. Au bout de huit heures, une forte rubéfaction se manifesta, mais il ne se produisit pas d'ampoule. Comme le nombre de larves employées était très petit et que ces larves mesurent au plus 1 mill. 5 de long, je ne pouvais considérer cette expérience comme concluante; je tentai donc un nouvel essai le 3 août de la même année. Cette fois, 24 larves furent broyées dans une goutte d'eau et appliquées sur l'avant-bras. Au bout de huit heures, une ampoule était formée, avec forte rubéfaction tout autour.

Les premières larves sont donc vésicantes, comme les œufs. Il semble dès lors, qu'il n'y a pas de raison de croire que le pouvoir vésicant puisse disparaître au cours des phases successives du développement de ces larves, et que les Cantharides, dès leur apparition à l'état parfait, doivent être vésicantes. Cependant, il me parut nécessaire de m'assurer de ce fait, car dans un mémoire de Neutwich (cité par Béguin et paru dans *Zeitsch. für chimie* 1870), cet auteur prétend « que les jeunes Cantha-
« rides ne jouissent pas de la propriété épispastique et que
« les insectes de taille moyenne en sont également dépourvus.
« Ce ne sont que les Cantharides complètement adultes, ajoute-
« t-il, qui font lever des cloches à la surface de la peau. La
« Cantharidine ne se développerait qu'après l'accomplissement
« de l'acte reproducteur. » M. Béguin conclut de là qu'il faut choisir les Cantharides de belle grosseur, pour l'extraction de la Cantharide. Je ferai remarquer, tout d'abord, que Neutwich fait erreur quand il laisse supposer que les Cantharides de taille moyenne sont des insectes qui ne sont pas encore complètement adultes. La vérité est qu'un insecte de taille moyenne conservera toujours cette taille quelle que soit la durée du temps qui le sépare

de l'époque de son apparition sous la forme parfaite. Les insectes de petite taille ou de taille moyenne ne sont nullement des insectes jeunes par rapport à ceux de grande taille, car la chute de l'enveloppe nymphale est la dernière mue qu'ils subissent et lorsqu'ils sortent de cette mue, ils ont acquis leur taille définitive. Ceux qui sont petits et chétifs, sont les individus qui ont rencontré des conditions peu favorables à leur développement, mais ils ne sont pas moins adultes que les insectes de grande taille. Cette simple réflexion suffirait, à la rigueur, à démontrer que l'observation de Neutwich est erronée. Néanmoins, j'ai voulu faire quelques expériences et ces expériences m'ont donné les résultats qu'on devait attendre.

Le 13 juillet 1881, je choisis dans un lot de Cantharides vivantes trois individus de taille très faible et je les traitai par l'éther acétique. L'extrait obtenu montrait dans sa masse, après évaporation lente, une magnifique cristallisation d'aiguilles de Cantharidine. Je prélevai une petite portion de cet extrait et je l'appliquai sur l'avant-bras. Au bout de trois heures seulement. l'appareil fut enlevé; il y avait une forte rubéfaction et bientôt apparut une ampoule volumineuse.

La Cantharidine se développe donc chez les insectes de petite taille aussi bien que chez ceux de grande taille.

Restait à savoir si en réalité le pouvoir vésicant ne se développe qu'après l'accouplement.

L'expérience seule pouvait répondre d'une manière précise à cette question, mais la réalisation de cette expérience présentait de grandes difficultés, car il est à peu près impossible de savoir d'une façon certaine si un insecte donné s'est accouplé ou non. Ce qu'il faut, c'est prendre un insecte au moment où il passe de l'état de nymphe à l'état parfait, et lorsque je commençai ces études, on ne connaissait pas encore les phases du développement de la Cantharide. Il m'était donc impossible de faire cet essai. Mais par la suite, j'arrivai à élever un certain nombre de Cantharides, comme je l'exposerai plus loin, et à les suivre dans toutes les phases de leur développement, et dès que cela me fut possible, je ne manquai pas de faire l'expérience en question.

L'occasion attendue se présenta le 7 juin 1884. Une pseudochrysalide que j'avais recueillie à Aramon (près d'Avignon) avait passé par les phases successives de son évolution : une Cantharide à l'état parfait avait pris naissance dans le tube où j'en faisais l'éducation. C'était un individu mâle. J'en enlevai aussitôt les organes génitaux et je les appliquai sur l'avant-bras. J'obtins une vésication caractérisée par la formation d'une belle ampoule.

Je suis donc arrivé à démontrer d'une manière irréfutable que la production de la Cantharidine n'est pas subordonnée à l'acte reproducteur. Ce qui ne va pas contre l'opinion émise par certains auteurs qui admettent qu'au moment de la période d'accouplement le pouvoir vésicant est plus marqué. Il y a tout lieu de croire qu'il en est ainsi, puisque c'est le moment où l'activité vitale des insectes est arrivée au plus haut degré d'intensité.

II. — DES ESPÈCES VÉSICANTES

Après avoir établi le siège du principe actif chez la Cantharide, j'entrepris de rechercher si le pouvoir vésicant est une propriété physiologique dont jouissent tous les insectes réunis aujourd'hui dans la tribu des Vésicants.

Historique. — Les premières expériences faites dans le but de déterminer les espèces épispastiques sont dues à Bretonneau (60). Il se servit de la méthode physiologique, c'est-à-dire qu'après avoir isolé la Cantharidine au moyen d'un dissolvant, il l'appliquait sur la muqueuse des lèvres d'un jeune animal. Il reconnut, par ce moyen, le pouvoir épispastique des genres *Meloe*, *Mylabris* et *Cerocoma ;* mais il ne put obtenir de vésication avec le *Sitaris humeralis*, et il dit à ce sujet : « Il est remarquable, que cette propriété ne se retrouve plus dans le *Sitaris humeralis*, qui, par son port et ses caractères habituels, est très rapproché du *Lytta vesicatoria*. » Nous verrons plus loin que Bretonneau avait en effet obtenu sur cette espèce des résultats erronés.

Quelques années plus tard, 1829, Farines (*loc. cit.*) reconnut l'activité du genre *Zonitis*. Toutes les espèces de ce genre ne lui parurent toutefois pas vésicantes. Ainsi le *Z. prœusta* lui parut inerte, contrairement à ce qu'il observa pour le *Z. quadri-punctata*.

En 1835, Leclère (40) fit faire un grand pas à la question. En expérimentant par la méthode de Bretonneau, il reconnut le pouvoir vésicant dans neuf genres de la tribu des *Cantharidies* (1) (Latreille).

Les neuf genres en question sont : *Cantharis. Cerocoma. Dices. Decatoma, Lydus, OEnas, Meloe, Mylabris. Tetraonyx.* Par contre, il trouva constamment inertes les genres *Zonitis. Nemognatha, Sitaris.* Il ne put expérimenter sur le genre *Gnathium.*

Parmi les conclusions de ce mémoire, nous signalerons la suivante : « Ce ne fut pas sans étonnement, dit Leclère, que je vis le principe actif manquer entièrement dans quelques espèces, dans le *Mylabris pustulata* (Olivier) surtout, insecte qui, d'après M. Guérin, s'emploie comme vésicant en Chine et de là est exporté à Rio-Janeiro. » Cette conclusion appelait de nouvelles observations.

En 1853, le docteur Collas, chirurgien de marine, dans un rapport publié dans la *Revue coloniale* reconnut le pouvoir vésicant des *Mylabris pustulata* et *punctum* ; ces insectes sont très communs dans l'Inde, et c'est à Pondichéry que Collas fit ses essais. Il trouva que *Mylabris pustulata* considéré, comme inerte par Leclère, était doué de propriétés plus énergiques que la Cantharide ordinaire. Les conditions excellentes dans lesquelles il se trouvait pour ces expériences, expliquent comment il arriva à un résultat opposé à celui qu'avait obtenu Leclère qui n'avait probablement eu à sa disposition que des sujets en mauvais état de conservation.

En 1845, un mémoire de Lavini et Sobrero (36), lu à l'Académie des sciences de Turin, donna sur le pouvoir vésicant des *Meloe* des indications intéressantes. La présence de la Cantharidine fut reconnue chez un grand nombre d'espèces de Meloe employées comme épispastiques en Sardaigne, savoir : *M. violaceus, M. Autumnalis, M. Tuccius. M. punctatus, M. variegatus, M. scabrosus, M. majalis.*

Un peu plus tard, 1855, A. Courbon (55) publiait ses observations sur «*les Coleoptères vésicants des environs de Montevideo*»

---

(1) Cette tribu, la sixième de la famille des Trachélides de Latreille, était formée de tous les insectes qu'on y fait rentrer aujourd'hui, sauf toutefois le genre *Horia* qui formait une tribu à part, celle des *Horiales.*

et reconnaissait les propriétés vésicantes énergiques des trois espèces suivantes : *Lytta adspersa* (Klug), *L. Vidua* (Klug) et *Epicauta cavernosa* (Reiche).

C'est ainsi que se dressait peu à peu le catalogue des espèces actives, quand Ferrer (57) dans une thèse soutenue devant l'école supérieure de pharmacie de Paris reprit la question en entier, et s'attacha plus particulièrement à la recherche de la Cantharidine dans les espèces litigieuses. C'est ainsi qu'il dosa la cantharidine dans *Mylabris pustulata*, et trouva cette espèce plus riche en principe actif que la Cantharide. Il reconnut également le pouvoir vésicant de *Zonitis 4-punctata* que Farines croyait inerte, et décéla la présence de la cantharidine chez un certain nombre d'espèces qui n'avaient pas encore été étudiées, telles que : *Œnas segetum, Tetraonyx tigridipennis, T. quadrilineata, Lydus flavipennis, L. algiricus, Decatoma lunata, Hycleus Bilbergii, H. argus* et chez *Mylabris punctum, M. Cichorii, M. Sidœ, M. Schœnherri, M. Lavaterœ, M. Afzelii, M. variabilis, M. maculata,* etc. Il ne put étudier les *M. flexuosa, bifasciata, maroccana,* que Leclère avait rangés parmi les espèces dépourvues de pouvoir vésicant.

Enfin, en 1874, Béguin (35) publia un travail d'ensemble sur les espèces vésicantes. Il expérimenta sur neuf espèces de Meloe. De ses observations et de celles de ses prédécesseurs, il conclut que « le genre Meloe ne contient que des espèces vésicantes. » Quant aux Mylabres, il en essaya plus de trente espèces et reconnut en particulier le pouvoir vésicant des *M. flexuosa* et *bifasciata* que Leclère considérait comme inertes. « Pour nous, ajouta-t-il, nous pensons que toutes les espèces du genre Mylabris sont vésicantes et que si la production d'ampoule a été lente et peu abondante chez les *M. tri-fasciata, floralis, Dejanii,* cela vient assurément de ce que l'essai a eu lieu avec des quantités très faibles de matières. (Le *Mylabris Dejanii* est le plus petit des Mylabres et celui avec lequel nous avons opéré pesait moins de 0 gr. 025 milligr). »

Les genres *Sitaris, Zonitis* et *Lagorina* considérés comme inertes par Leclère, furent également reconnus comme actifs par Béguin, ainsi que *Tetraonyx sexguttata*.

Le mémoire de Béguin apporta donc d'importants éléments nouveaux, mais il ne fit pas la lumière sur tous les points. C'est ainsi que faute de sujets assez nombreux ou en suffisant état de conservation, il ne put se prononcer sur l'activité de certains genres tels que *Stenoria apicalis, Nemognatha, Horia, Gnathium,* etc.

Je me proposai de combler ces quelques lacunes autant qu'il était en mon pouvoir, car il s'agit en général d'espèces que l'on se procure difficilement et que l'on a quelque regret de sacrifier lorsqu'on les possède. J'ai employé le procédé que j'ai décrit au commencement de cet exposé dans mes recherches sur le siège du principe actif chez la Cantharide.

Par une série d'essais de cette sorte, je commençai par vérifier le pouvoir vésicant des genres *Meloe, Cerocoma, Mylabris, Coryna, Lydus, Œnas, Alosymus, Cabalia, Lagorina, Lytta, Epicauta* et *Sitaris* dont je possédais de nombreuses espèces en excellent état de conservation. Autant que possible j'expérimentai sur des individus frais. Tous furent reconnus parfaitement actifs, bien qu'à des degrés divers.

J'insisterai plus particulièrement sur les quatre genres *Henous, Nemognatha, Stenoria* et *Zonitis,* qui n'avaient pas encore été examinés ou qui laissaient quelques doutes.

Henous confertus, est un insecte d'Amérique assez voisin des *Meloe,* et qui n'avait pas encore été examiné à ce point de vue. Le 4 juin 1881, un échantillon de cette espèce fut traité par l'éther acétique; il me donna un extrait gras de couleur noirâtre. Une petite quantité de cet extrait fut appliquée sur l'avant-bras et produisit au bout de six heures, une ampoule volumineuse.

Le genre *Nemognatha* serait inerte d'après Leclère. et Béguin n'avait pu vérifier cette assertion. Mes expériences démontrent que ce genre ne fait point exception parmi les Vésicants ; un échantillon de *Nemognatha lutea* fut traité comme précédemment et l'extrait après cinq heures et demi d'application produisit un effet vésicant très marqué, avec ampoule.

Pour le genre *Zonitis* que Leclère considérait comme inactif, Béguin avait déjà démontré en expérimentant sur les espèces *Z. mutica, præusta* et *fulvipennis,* qu'il possède au contraire des propriétés vésicantes bien définies. Mes essais donnent raison à ce dernier observateur. J'ai de plus fait une expérience avec *Z. bilineata,* et au bout de huit heures j'ai obtenu une ampoule très forte.

Quant au genre *Tetraonyx*, il m'a donné des résultats moins nets ; avec T. *fulva*, j'ai fait trois essais successifs. Les deux premiers furent nuls ; le troisième donna lieu à une assez forte rubéfaction, mais il ne se produisit pas d'ampoule. Toutefois, comme Béguin a obtenu une forte vésication avec *T. sexguttata*, je ne crois pas pouvoir conclure à l'inactivité du Tetraonyx ; il est évident que ces insectes étant de petite taille, il m'eut fallu en sacrifier un plus grand nombre, ou expérimenter sur des sujets mieux conservés. Restaient enfin les trois genres *Stenoria*, *Horia* et *Tricrania*.

Le genre *Stenoria* (*S. apicalis*, Muls), essayé par Béguin lui a paru inerte ; je fus assez heureux, en 1883 et 1884, pour trouver par milliers des pseudo-chrysalides de Stenoria, dans un gîte sableux que je découvris près d'Avignon, à Aramon. Je pus assister aux transformations de ces pseudo-chrysalides et obtenir l'éclosion des insectes parfaits. J'étais dès lors dans les meilleures conditions pour faire des essais, et je pus m'assurer du pouvoir vésicant très marqué de cette espèce. Après huit à dix heures d'application de l'extrait préparé avec un seul de ces insectes, j'obtenais une forte vésication caractérisée par la formation d'une ampoule.

Les genres *Horia* et *Tricrania* appartiennent à la tribu des *Horiides* qui n'a été que récemment comprise dans le groupe des *Cantharidides*. *Horia maculata* est une espèce de grande taille qui avait été trouvée inerte par Béguin. Je n'ai pu vérifier ce fait, mais j'ai essayé *Tricrania Stansburii*, qui est du même groupe et j'ai également obtenu un résultat négatif.

De tout ce qui précède, il résulte donc que le groupe des *Horiides* mis à part, tous les insectes de la famille des *Cantharidides* sont vésicants. Le nombre très considérable des espèces mises en expérience pour chaque genre, forme un ensemble assez imposant pour lever tous les doutes à cet égard.

III. — CANTHARIDINE. — ANALYSE DE DIVERS INSECTES VÉSICANTS.

Je n'ai pas l'intention de reprendre l'histoire complète de la cantharidine ; on trouvera sur ce sujet des détails très circonstanciés dans l'intéressante étude publiée par mon excellent ami le docteur Galippe (*loc. cit.*) en 1876. Je veux seulement rappeler les principaux procédés qui ont été employés récem=

ment pour l'extraction du principe actif des Vésicants et donner quelques notions sur l'analyse de ces insectes. Olaüs Borrichius, savant danois qui vivait au xviie siècle, paraît s'être occupé le premier de la recherche du principe actif de la Cantharide. Il n'obtint d'ailleurs aucun résultat positif. Après lui, Leuwenhœck, Lemeri, Baglivi, Spielmann, virent leurs tentatives rester également infructueuses : et c'est Thouvenel, de Montpellier, qui arriva le premier à quelques conclusions intéressantes. Il rapporte, en effet, dans son mémoire « *sur les vertus et les principes des substances animales médicamenteuses* », qu'il est parvenu à isoler une matière verte, grasse, qui possède la vertu caustique des Cantharides. Beaupoil, quelque temps après (15 fructidor, an XI, 1803), soutint devant l'École de médecine une dissertation dans laquelle, tout en donnant quelques renseignements complémentaires sur la composition de la Cantharide, il resta muet sur la question du principe actif.

Il faut arriver en 1813 pour avoir la solution du problème. A cette date, Robiquet, dans un mémoire présenté à la Société médicale de Paris, annonça avoir obtenu le principe actif de la Cantharide, sous la forme « d'une substance blanche, en lames cristallines, insolubles dans l'eau, solubles dans l'alcool bouillant, d'où elles se déposaient en affectant toujours une forme cristalline ». Pour s'assurer que les cristaux en question constituaient bien le principe vésicant, il avait eu recours à la méthode physiologique : « J'en fixai, dit-il, peut-être la centième partie d'un grain à l'extrémité d'une petite lanière de papier, et je me l'appliquai sur le bord de la lèvre inférieure ; au bout d'un quart d'heure, je commençai à éprouver une légère douleur en passant le doigt à l'endroit de l'application ; bientôt après, il se forma de petites cloches. Une fois certain de ce que je cherchais, je mis sur la partie malade un peu de cérat pour arrêter ou au moins diminuer les effets du produit examiné; mais il arriva que le cérat, en délayant la petite quantité que j'en avais employée, l'étendit sur une surface plus considérable, et j'eus les deux lèvres entreprises et couvertes dans toute leur étendue de cloches remplies de sérosité. »

L'expérience était concluante.

Par la suite, on substitua à l'alcool, pour l'extraction de la cantharidine, divers dissolvants, tels que l'éther, la benzine (procédé de Boireau et Léger) et le chloroforme. Mais ces liquides avaient l'inconvénient de dissoudre aussi la matière grasse et de donner un extrait dont il était difficile de séparer la cantharidine sans perte appréciable. C'est alors que Mortreux (1864) fit connaître un procédé basé sur l'insolubilité de la cantharidine dans le sulfure de carbone. L'extrait obtenu au moyen du chloroforme était, d'après la méthode de ce chimiste, repris par le sulfure de carbone qui dissolvait les graisses et laissait la cantharidine à l'état insoluble et presque pur. Il suffisait de la faire recristalliser à plusieurs reprises, soit à l'aide de l'alcool bouillant, soit à l'aide du chloroforme pour l'obtenir en beaux cristaux, mais Dragendorff, puis Béguin démontrèrent bientôt que le sulfure de carbone dissolvait en réalité de petites quantités de cantharidine. Il y avait donc lieu de chercher une autre méthode. Le docteur Galippe, en utilisant l'éther acétique comme dissolvant, est arrivé au rendement le plus considérable qui ait été obtenu. L'éther acétique dissout en effet à 18°, 1 gr. 26 de cantharidine pour 100, tandis que le chloroforme dans les mêmes conditions n'en dissout que 1 gr. 20. L'opération se fait sur la poudre de Cantharide dans un appareil à déplacement; il est préférable d'opérer dans l'étuve chauffée à 35° environ. Le liquide obtenu donne par évaporation et cristallisations répétées de beaux cristaux en forme de prismes obliques à base rhombe (Galippe, *loc. cit.*). Ces cristaux de cantharidine sont incolores, et se dissolvent à chaud dans les huiles d'olives et d'amandes douces. Ils se dissolvent à chaud dans l'acide sulfurique concentré, et en sont précipités par l'eau. Ils se dissolvent également dans les acides chlorhydrique et azotique. L'ammoniaque, la potasse et la soude les dissolvent. L'acide acétique précipite la cantharidine de ses dissolutions. L'eau, qui passa longtemps pour ne point dissoudre cette substance, en retient au contraire des proportions assez considérables (Rennard, *Thèse de Dorpat*, 1871), mais les véritables dissolvants de la cantharidine sont l'éther, le chloroforme, et, comme nous l'avons vu plus haut, l'éther acétique.

La Cantharidine fond à 210°. Au delà, elle se volatilise et se condense alors sous forme de paillettes brillantes. Sa formule, suivant Régnault, serait : $C^5 H^6 O^2$. Divers chimistes prétendent y avoir reconnu la présence de l'azote.

Composition chimique des Insectes vésicants. — Cette question se trouve traitée en détail dans les mémoires déjà cités du Dr Galippe et de M. Béguin.

1° **Cantharides** (*C. Vesicatoria*). — Des analyses multiples qui ont été faites sur la Cantharide, il résulte que cet insecte renferme :

    1° De la Cantharidine (Robiquet).
    2° Une matière grasse verte (Thouvenel, Beaupoil, Robiquet).
    3° Une matière grasse jaune.
    4° Une matière brune, soluble dans l'eau et l'alcool (Beaupoil).
    5° Une matière extractive, soluble dans l'eau (Thouvenel).
    6° Une huile essentielle (Orfila).
    7° De l'albumine.
    8° Une substance animale brune.
    9° De la chitine.
    10° Des acides acétique et urique.
    11° Des sels.

Cantharidine. — Les proportions de Cantharidine varient beaucoup, sous des influences multiples.

Matière grasse verte. — Des recherches de M. Fumouze (58) il résulte que cette matière peut se séparer par la saponification en : 1° une matière cireuse plus ou moins blanche; 2° une matière jaune de consistance visqueuse; 3° une matière résineuse verte; 4° une matière grasse d'un vert sale; A ce propos nous rappelons qu'au début de ce mémoire (page 5) nous avons insisté sur l'origine de la couleur verte des Cantharides. La matière grasse verte dont il est ici question ne peut être considérée comme ayant quelque rapport avec la coloration de l'insecte. Il y a même lieu de croire que son existence est en relation, au moins en partie, avec la présence de la chlorophylle dans le tube digestif des insectes soumis à l'analyse. On verra plus loin que Lavini et Sobrero ont trouvé également une matière grasse verte chez les Meloe; cette observation vient à l'appui de ce que nous avançons.

Les chiffres suivants résultant des analyses de Kubly (84) peuvent donner une idée de la teneur en sels :

Des Cantharides contenant 8.18 pour cent d'humidité ont donné 5.79 pour cent de cendres. Épuisées par l'eau bouillante, elles ont laissé un résidu s'élevant à 68.29 pour cent, lequel donna 1.62 pour cent de cendres. La décoction aqueuse traitée par son poids d'alcool, donna un résidu s'élevant à 3,90 pour cent du poids de Cantharides et contenant 1.71 pour cent de cendres.

Le liquide filtré donna 19.63 pour cent de substance solide et 2.71 pour cent de cendres. Les cendres avaient la composition suivante :

	Ca O	Mg O	K O	Na O	Ph O³	S O³	CO²	Si O₅	Cl
Cendres provenant de la substance insoluble dans l'eau	0.436	0.125	0.048	»	0.303	0.0528	0.030	0.600	»
Soluble dans l'eau et dans l'alcool	0.311	0.237	0.675	0.122	1.237	0.004	»	0.027	0.03
Soluble dans l'eau, insoluble dans l'alcool	0.340	0.191	0.136	0.040	0.577	»	»	»	»

Somme toute, dit M. Béguin, la quantité pondérable des substances contenues dans les Cantharides est variable, mais elles contiennent en général pour 100 grammes d'insectes :

1° Humidité, 8 grs.
2° Cantharidine, 0,30 à 0,65.
3° Matière grasse, 8 gr.
4° — brune, 10 gr.
5° Matière extractive, 15 gr.
6° — albuminoïde, 29 gr.
7° Chitine, 25 gr.
8° Sels, 5 gr.

2° **Meloe.** — Lavini et Sobrero (36) ont analysé les divers Meloe employés en Sardaigne dans la médecine vétérinaire (*M. violaceus, M. autumnalis, M. Tuccius, M. punctatus, M. variegatus, M. scabrosus, M. majalis.* Ils y ont trouvé de la cantharidine, une huile verte saponifiant les bases ; une huile jaune peu soluble dans l'alcool et une matière blanche cristallisant par évaporation en mamelons, et qu'ils n'ont point déterminée.

Plus récemment, M. Béguin a soumis à l'analyse diverses espèces de Meloe, tels que *M. proscarabæus, M. rugosus, M. variegatus, M. autumnalis, M. Corallifer* et *M. majalis.* Il assigne à ces insectes la composition approximative suivante :

1° Cantharidine.
2° Matière grasse orangée noire.
3° — brune.
4° — extractive.
5° Albumine et matières albuminoïdes.
6° Chitine.
7° Sels { Phosphates, Chlorures, Sulfates } d'ammoniaque et de potasse.

3° **Mylabres.** — L'analyse suivante, due à M. F. Lépine

(Exposition de Pondichéry, 27 mai 1861; cité par Galippe) donne une vue d'ensemble de la composition chimique de ces espèces.

Pour 300 grammes de *Mylabris pustulata*, l'auteur a trouvé :

Cantharidine	1.68		Chitine	28.00
Sulfate de chaux	3.80		Chlorhydrate d'ammoniaque	0.08
Oxyde de fer et phosphate de magnésie	0.06		Matière brune soluble dans alcool	3.90
Albumine	0.36		Matière brune insoluble dans alcool	3.90
Acide phosphorique et acide acétique	0.94		Huile grasse concrète, acide	0.32
Osmazone	40.66		Stéarine	0.50
Gélatine	3.56			

M. Béguin, plus récemment, a soumis à l'analyse diverses espèces, entre autres : *Mylabris Sidæ, M. pustulata, M. punctum, M. cichorii, M. circumflexa*, etc. Il insiste, en particulier, sur une *huile grasse jaune* « d'une odeur très forte de Mylabre, de couleur variable avec l'espèce analysée; ainsi, elle est très foncée et presque brune, orangée avec le *M. pustulata*, d'un jaune pâle avec le *M. punctum*». Cette matière grasse, solide à la température ordinaire, paraît varier considérablement en proportion suivant les espèces examinées, si toutefois le tableau donné par M. Béguin ne renferme pas d'erreur d'impression ; nous relevons en effet les chiffres suivants :

Matières grasses.			Matières grasses.	
20 V. de *pustulata*	2 gr. 75		200 gr. de *Sidæ*	7 gr. 80
20 V. de *punctum*	2 gr. 15		200 gr. de *Cichorii*	7 gr. 25

La disproportion nous paraît bien grande entre les chiffres donnés pour les deux premières espèces et ceux qui se rapportent aux deux dernières.

Parmi les analyses faites sur les Mylabres, nous citerons encore celles de M. Ferrer qui soumit à l'essai les espèces *Lavateræ, Afzelii, variabilis, maculata, pustulata, punctum, cichorii, Schœnherri* et *Moquinia*. Les quantités de cantharidine qu'il obtint furent très variables.

Ces diverses analyses sont encore fort imparfaites, car elles ne rendent point compte de la nature des substances qui sont désignées sous des dénominations parfois fort vagues; bien plus, certains faits méritent d'appeler à nouveau l'attention des chimistes sur ces insectes. D'une part on est encore partagé sur le point de savoir à quel état la cantharidine se trouve dans ces insectes. Pour Blum (32), elle y serait à la fois à l'état libre et à l'état de combinaison. C'est l'opinion à laquelle je me ralie à la suite de mes propres recherches (voir page 115), mais d'après Béguin (*loc. cit.*), il n'en serait pas ainsi, et la cantharidine n'existerait qu'à l'état libre dans les Cantharides.

D'autre part, quelle est cette matière qu'Orfila sépara de l'eau distillée, et qui, jouissant, dit-il, de propriétés délétères énergiques, se présentait comme une huile essentielle éminemment altérable ? M. Fumouze a essayé sans succès de retrouver ce corps, mais n'ayant point employé des Cantharides fraîches, il n'a pu y réussir. Est-ce la même substance que Dragendorff (*Pharm. Zeitsch. Russl.*, t. VI) trouve dans l'eau au-dessous de 100°, quand on a distillé des Cantharides dans une petite quantité de liquide et qui, très volatile, agirait sur l'organisme comme la cantharidine ? Enfin, à quel principe les Cantharides doivent-elles leur odeur si prononcée et si pénétrante qu'on a comparée à l'odeur de souris ? Ce sont là autant de questions qui restent à résoudre.

IV. — RICHESSE EN CANTHARIDINE DES INSECTES VÉSICANTS.

La cantharidine extraite des diverses espèces de Vésicants paraît ne point présenter de différences appréciables dans sa composition (1). La question que nous allons examiner brièvement, et qui intéresse fort la pharmacie et la thérapeutique est celle de savoir dans quelles proportions se trouve la cantharidine chez les espèces les plus communes et plus propres par cela même à être utilisées. Nous possédons sur ce point de l'histoire des Vésicants quelques notions qui ne manquent pas d'intérêt, bien qu'elles ne portent que sur quatre ou cinq genres de la tribu ; on s'explique d'ailleurs facilement qu'il en soit ainsi. Il est difficile, d'une part, de se procurer pour les analyses les

---

(1) Courbon dit, il est vrai, que la Cantharide pointillée de Montevideo (*Lytta adspersa*, Klug.), se distingue des autres espèces en ce qu'elle n'amène jamais aucune irritation du côté de la vessie et des organes génitaux. Mais ces expériences n'ayant point été faites avec la cantharidine extraite de l'insecte, on peut admettre que cette innocuité spéciale est due a quelque principe propre à l'insecte, et qui semblablement au camphre dont on saupoudre les vésicatoires, empêche l'action irritante de la substance active sur les organes en question.

quantités suffisantes de certaines espèces assez rares qui ne se trouvent que dans les collections. D'autre part, l'attention des expérimentateurs devait se porter principalement sur les espèces auxquelles leur abondance dans les régions où elles vivent donne un réel intérêt commercial. C'est principalement sur les Cantharides, les Mylabres et les Meloe qu'ont été faites les recherches dans le but de doser la cantharidine, et nous devons ces analyses principalement à MM. Ferrer, Fumouze et Béguin.

Quand on parcourt les mémoires où ces expérimentateurs ont consigné les résultats de leurs recherches, on constate des différences parfois très sensibles dans les quantités de cantharidine obtenues pour une même espèce. Ces différences doivent être attribuées en grande partie aux méthodes employées. Ce qui le prouve, c'est que les chiffres indiqués pour une série d'espèces par un auteur, sont comparables, bien que différents, à ceux que donne un autre auteur pour une même série. Ainsi, les analyses de Ferrer, indiquent pour *Mylabris pustulata*, 3 gr. 30 de cantharidine par kilogramme d'insectes, tandis que Béguin obtient 12 grammes pour la même espèce. L'écart est énorme ; mais il reste le même pour d'autres espèces. Ainsi, *Mylabris cichorii*, qui ne donnait que 0 gr. 83 de cantharidine pour 1,000 à Ferrer, donne 4 grammes pour 1,000 à Béguin. Il est dès lors évident que ce dernier employait un procédé de dosage beaucoup plus perfectionné.

Il ne faut toutefois pas oublier que dans une même espèce, voire dans un même individu, la proportion en cantharidine est susceptible de varier. Les influences qui provoquent ces différences dans la richesse des insectes en principe actif, sont assez obscures et difficiles à déterminer. Toutefois, des observations de Farines et de nos propres expériences, il semble résulter que certaines conditions physiologiques dans lesquelles se trouvent les insectes, au moment de la récolte, sont susceptibles d'influer considérablement sur leur pouvoir vésicant. La nourriture plus ou moins abondante, dans le lieu où ils se trouvent ; leur état de conservation plus ou moins parfait, doivent entrer également en ligne de compte. On peut donc expliquer par là les différences de rendement qu'on observe dans des analyses faites avec tout le soin désirable. Ainsi, des

Cantharides de France (récolte 1866) ont donné à M. Fumouze,
par kilogrammes, tantôt 4 gr. 80 de cantharidine, tantôt 2 gr. 75
seulement. Des Cantharides d'Allemagne (récolte 1886) lui ont
donné, d'autre part, 4 gr. 35 de cantharidine, tandis qu'il n'en
avait obtenu que 2 gr. 15 ou même 1 gr. 70 de Cantharides
d'Allemagne (récolte 1865). Mêmes écarts dans les analyses de
Béguin. Le rendement de divers échantillons de la récolte 1872
a été dans quatre essais successifs, de 4 grammes, 3 gr. 10,
6 gr. 35 et 6 gr. 15 de cantharidine par kilogramme. Les analyses ayant été faites avec tous les soins imaginables, on voit
que pour une même espèce la différence de teneur en cantharidine peut être du simple au double.

Quant aux variations qui existent d'une espèce à une autre,
elles sont également assez considérables. L'examen des analyses
qui ont été faites mène à cette conclusion : que les *Mylabres*
sont sans contredit les Vésicants les plus riches en cantharidine ;
et dans ce genre, ce semblent être les *M. pustulata* et *M. punctum* de Pondichéry qui l'emportent sur toutes les autres espèces
étudiées. En 1859, Ferrer n'avait trouvé que 3 gr. 30 de cantharidine par kilogramme de *Mylabris pustulata*. En 1861,
M. Lépine en trouva 5 gr. 60 et en 1874, M. Béguin obtenait un
rendement de 12 gr. 50, proportion considérable puisque la
Cantharide ordinaire ne lui a jamais donné plus de 6 gr. 35 de
principe actif. Les différences entre les essais des trois expérimentateurs que nous venons de citer, relèvent évidemment du
mode employé pour l'extraction de la cantharidine, et permettent de suivre pas à pas le perfectionnement des méthodes
d'analyse.

Les autres espèces de Mylabres (*M. cichorii; M. circumflexa;
M. Schoenherri*, etc.) ne donnent guère plus de 4 grammes de
cantharidine. Cependant M. Blum a obtenu 4 gr. 40 avec *Mylabris* 14-*punctata* et M. Fumouze (85) signale la Cantharide de
Chine (*Mylabris Sidæ*) comme aussi riche en principe actif que
la Cantharide ordinaire.

Les divers chiffres que nous venons de citer classent ces
espèces à peu près au même rang que la Cantharide ordinaire. En effet, en prenant la moyenne de quatre analyses faites
par M. Béguin sur la Cantharide, nous trouvons une proportion de
4 gr. 90 de cantharidine par kilogramme d'insecte ; et la moyenne

de huit analyses faites par M. Fumouze donne un rendement d'environ 3 gr. 66.

Quant aux *Meloe*, ils paraissent devoir compter parmi les Vésicants les plus riches en cantharidine et pouvoir prendre place entre *Mylabris pustulata* et la Cantharide. M. Fumouze, en effet (85), en 1869, a constaté que les *Meloe*, très employés en Espagne dans la médecine vétérinaire, peuvent renfermer jusqu'à 12 grammes pour 1,000 de cantharidine. Il en concluait que ces Vésicants pourraient être employés avec grand avantage pour l'extraction de la cantharidine. Les essais de M. Béguin sur *Meloe Majalis* lui ont donné des résultats tout à fait comparables; il a obtenu en effet, un rendement de 7 gr. 25 de principe actif par kilogramme d'insecte et diverses espèces de Meloe prélevées dans les collections dont il disposait, lui ont donné, ensemble, une proportion de 4 gr. 83 de cantharidine pour 1,000.

Parmi les autres vésicants chez lesquels le dosage de la cantharidine a été fait, je citerai *Lytta vittata*, espèce très employée en Amérique, et dans laquelle M. R. Warner a trouvé 3 gr. 98 de cantharidine pour 1,000. Cette analyse date de 1857; il y a donc lieu de supposer, que par l'emploi des méthodes actuelles, on obtiendrait un rendement plus considérable; l'espèce en question est en effet considérée comme ne le cédant en rien à la Cantharide ordinaire.

V. — ESPÈCES UTILISÉES EN MÉDECINE.

Il y a lieu de distinguer parmi les insectes vésicants employés, ceux qui peuvent être considérés comme ayant une réelle valeur commerciale, qu'ils doivent à leur extrême abondance dans des régions étendues, de ceux qui sont employés seulement dans leur pays d'origine et souvent dans des localités restreintes. A vrai dire, tous les Vésicants pourraient rentrer dans cette dernière catégorie, puisque nous avons montré (page 187 et suivantes) que, les Horiides mis à part, tous les insectes de la tribu jouissent de propriétés épispastiques. Aussi trouve-t-on un très grand nombre d'espèces employées. Je ne puis entrer ici dans le détail de ces espèces, qu'on trouvera d'ailleurs exposé dans le mémoire de Béguin (*loc. cit.*). Il ressort de la lecture de ce mémoire, que l'emploi des espèces est parfaitement subordonné à leur répartition géographique. Ainsi les *Mylabres* sont surtout usités en Asie et en Afrique, où ils sont extrêmement abondants. D'après Béguin, on peut désigner commercialement sous le nom de mylabre, un mélange de *M. pustulata*, *punctum* et *Thumbergii*; tandis qu'un autre mélange, constituant la forme commerciale dite *Mylabres de Chine* (*Mylabris Sidæ*; *M. cichorii*; *M. Schœnherri*) est usité par les Chinois qui le désignent sous le nom d'*Andol-Andol*, et dont ils font une teinture qui porte le même nom. Suivant Porter Smith, *Cantharis erythrocephala* ainsi que divers *Epicauta* rentreraient parmi les insectes vésicants les plus usités en Chine, mais passeraient toutefois après *Mylabris cichorii* ou *pan-mau*, qui remplace en ce pays la Cantharide ordinaire.

Les *Meloe* servent principalement dans la médecine vétérinaire, en Europe pour le moins. Leur répartition géographique très étendue, laisse à penser qu'ils doivent être usités dans un grand nombre de pays, et il en est ainsi en effet.

En Sardaigne, on prépare un onguent épispastique avec certaines espèces communes, telles que *M. violaceus; M. autumnalis; M. Tuccius; M. punctatus; M. variegatus; M. majalis; M. scabrosus*. On les écrase tout vivants, disent Lavini et Sobrero, on les presse dans une toile épaisse et après avoir recueilli le liquide visqueux ainsi obtenu, on le mêle avec quelque matière grasse, et on en prépare un onguent employé en médecine vétérinaire.

En Allemagne, en Espagne, dans certaines régions de la France, en Algérie et même au Mexique, les Meloe sont employés parfois très couramment pour leurs propriétés épispastiques.

Mais en Amérique, ce sont surtout les *Lytta*, *Epicauta* et genres voisins, extrêmement abondants, comme nous l'avons dit dans la faune du nouveau monde, qui sont utilisés.

Dans l'Amérique du Nord, diverses espèces (*Lytta atrata*; *L. Fabricii*; *Epicauta cinerea*, etc.) sont très usitées et reconnues par le dispensaire des États-Unis. Au Mexique, avec *Lytta Fabricii*, on emploie encore divers *Cantharis*, tels que *C. 4-nervata; C. octomaculata; C. fasciolata; C. 4-maculata; C. eucera C. bimaculata*.

Dans l'Amérique du Sud, enfin, de nombreuses espèces sont répandues, qui font leur apparition en quantités énormes, et dont le pouvoir vésicant est très grand. Aux environs de Montévidéo, d'après Courbon (55), trois espèces sont plus particuculièrement abondantes, savoir ; la Cantharide pointillée (*Lytta adspersa*, Klug), la Cantharide à points enfoncés (*Epicauta cavernosa*, Reiche) et la Cantharide veuve (*Lytta vidua*, Klug). De ces trois espèces, la première est la plus active, au dire de Béguin, elle serait même plus active que la Cantharide ordinaire. C'est elle que Courbon recommande spécialement, comme étant sans action sur les organes génito-urinaires.

Au Brésil, on utilise *Cantharis anthracina* et dans la République argentine, *C. viridipennis* qui se fait remarquer d'après Burmeister, par son pouvoir vésicant très énergique.

Au total, cependant, c'est encore la Cantharide ordinaire (*C. vesicatoria*) qui reste la véritable espèce commerciale. Il arrive, il est vrai, sur le marché de Londres des quantités assez grandes de Mylabres, sous le nom de Mylabres de Chine (*M. Sidæ; M. cichorii; M. Schænherri*). M. Fumouze nous a dit n'avoir pas trouvé au point de vue commercial, grand avantage dans l'emploi de ces Mylabres, qui sont cependant très demandés en Allemagne.

Quant à la Cantharide, elle est à peu près universellement employée, et l'Amérique, bien que pourvue, comme nous venons de le voir de nombreuses espèces d'insectes vésicants, importe en grandes quantités la Cantharide officinale.

Nous devons les détails qui vont suivre à l'extrême obligeance de M. Fumouze, dont on connaît la haute compétence en cette matière. L'Espagne fournissait naguère une partie des Cantharides du commerce. Il n'en est plus de même aujourd'hui. Celles qui se vendent sur le marché de Paris reconnaissent trois origines principales.

Les premiers arrivages annuels proviennent de la Sicile. Les insectes sont ordinairement de médiocre taille, et d'ailleurs il n'y en a jamais de bien grandes quantités. On désigne d'autre part sous le nom de Cantharides du Danube, celles qu'on recueille en Hongrie, en Valachie, etc., et qui sont le plus souvent en mauvais état, mal séchées ou mouillées. Les insectes de cette provenance sont somme toute assez rares. En réalité, c'est surtout des provinces de l'Ukraine que proviennent les Cantharides vendues sur les divers marchés. La récolte est faite par les habitants qui vont l'échanger dans les grandes foires, non pas contre espèces sonnantes, mais contre des ustensiles de ménage ou divers objets qui leur sont utiles. C'est à Leipsig que se tient plus particulièrement le grand marché des Cantharides de Russie. Les foires célèbres de cette ville sont l'occasion d'un important commerce de ces insectes, qui se trouvent ainsi réunis entre les mains des commerçants juifs allemands.

On peut s'étonner qu'en France, où les Cantharides sont dans certaines régions très abondautes et très belles, la récolte soit devenue à peu près nulle, au point que les pharmaciens des localités hantées par ces insectes ne trouvent pas à se les procurer. On s'expliquera facilement ces faits, en songeant à la chèreté de la main d'œuvre, et au prix fort peu rénumérateur de ces insectes.

Il y a une vingtaine d'années, le prix des Cantharides était de 8 francs environ. Après la guerre de Crimée, il atteignit 10 et 11 francs. Mais depuis 1870, les besoins des États-Unis aidant, le prix atteignit 26 francs. Les cours se tiennent actuellement entre 14 et 15 francs, soit le double ou à peu près de ce qu'il était il y a trente ans, mais c'est encore un prix relativement peu élevé, si l'on songe qu'il faut en moyenne treize de ces insectes secs pour faire un gramme.

VI. — INSECTES SUPPOSÉS VÉSICANTS.

Bretonneau et Leclère (60 et 40), que nous avons déjà cités pour leurs expériences sur le pouvoir épispastique d'un certain nombre d'espèces de la tribu des Vésicants, ont également fait quelques essais sur des Coléoptères pris en dehors de cette tribu. Plus tard, M. Lallemand, puis Béguin, ont fait de semblables études sur une centaine environ de Coléoptères pris au hasard dans les diverses familles. Ces recherches ont démontré qu'aucun Coléoptère, en dehors de la tribu des Vésicants, n'est épispastique. Quelques-uns, tels que les Carabes, les Chrysomèles, les Coccinelles, appliqués sur la peau, y déterminent de la rougeur, voire une légère éruption ; mais aucun n'est réellement Vésicant et susceptible de produire une action comparable à celle de la Cantharide.

En dehors des Coléoptères, on a attribué à quelques insectes des propriétés de cet ordre. Nous éliminerons de suite les *Chenilles processionnaires,* qui irritent la peau ; mais le mécanisme de cette irritation est trop bien connu pour que nous ayons à insister. — On a cité une Araignée, la *Tegenaria medicinalis,* qui serait employée comme Vésicant dans diverses parties de l'Amérique. Ce que nous savons des Arachnides (V. Leclère, *loc. cit.*) laisse à penser qu'on a attribué la vertu épispastique à cette espèce, à cause du pouvoir irritant du venin qu'elle secrète.

Enfin un Hémiptère, une Cigale (*Cicada sanguinolenta.* Oliv. ; *Huechys vesicatoria.* Porter) est employée en Chine, au dire de Porter Smith, sous le nom de *Cha-Ki,* dans diverses maladies, et surtout contre la rage.

On lui attribue aussi un pouvoir épispastique.

Béguin a fait deux essais sur cette Cigale. Dans une première expérience, il a placé un peu de poudre de l'insecte sur un morceau de sparadrap et s'est appliqué cet emplâtre sur le bras. Il obtint un peu de rougeur de la peau. Dans une seconde tentative, il traita une certaine quantité de poudre par le chloroforme et obtint un extrait gras incolore peu abondant qui, au bout de douze heures d'application, détermina *une forte vésication.* « C'est donc, ajoute Béguin, une espèce réellement vésicante qui ne fait point partie de l'ordre des Coléoptères. » La question pouvait paraître jugée, lorsque tout dernièrement (Comptes rendus Ac. des Sciences, février-mars 1888) MM. Ch. Brongniart et Arnaud d'une part, et M. Fumouze de l'autre, arrivèrent chacun de leur côté à une conclusion toute différente. Suivant ces expérimentateurs, la Cigale de Chine, qui se trouve actuellement en grandes quantités sur le marché de Londres, n'est point vésicante, au sens propre du mot, car elle ne produit pas d'ampoule mais seulement de la rubéfaction. Cette action, disent MM. Ch. Brongniart et Arnaud, est probablement due à une huile qu'on extrait de la Cigale de Chine, ou tout au moins à un principe tenu en dissolution dans cette huile.

J'ai voulu, de mon côté, tenter un essai nouveau. M. Fumouze ayant eu l'obligeance de me donner quelques individus de cette espèce, j'ai fait l'expérience suivante : Ayant pris deux de ces insectes et les ayant pulvérisés, je les traitai par l'éther acétique à une température de 40° pendant deux heures environ. Au bout de ce temps, je filtrai la liqueur et laissai évaporer l'éther. J'obtins une assez forte quantité d'un extrait gras qui, appliqué sur l'avant-bras, ne produisit aucun effet même au bout de dix heures. Il n'y a donc pas de cantharidine dans la Cigale de Chine, puisque le meilleur dissolvant de cette substance, l'éther acétique, n'arrive pas à en déceler l'existence et le principe rubéfiant dont l'effet, suivant les expérimentateurs cités plus haut, serait analogue à celui qne produit l'huile de *Croton-tiglium* n'est pas soluble dans l'éther acétique, puisque mes essais, répétés à plusieurs reprises, m'ont donné un résultat négatif.

VII. — RÉCOLTE DES VÉSICANTS. — CONSERVATION. — FALSIFICATION

Les allures assez lourdes d'un certain nombre de Vésicants; la propriété qu'ils ont de tomber, au coucher du soleil, dans une torpeur qui ne se dissipe que lorsque la chaleur du jour suivant vient les réchauffer; leur séjour dans un même endroit et sur des plantes déterminées; leur réunion en essaims nombreux, sont autant de conditions qui facilitent beaucoup la récolte de ces insectes (1).

Ainsi, par exemple, Courbon nous apprend qu'aux environs de Montevideo, on recueille *Lytta adspersa* de la façon suivante : on se munit d'un sac en toile de grandeur convenable, au fond duquel on dispose quelques feuilles de *Beta vulgaris*, plante préférée de cette espèce. Puis, arrivé au lieu de la récolte, on coupe près de leur racine les tiges de Bette chargées de Cantharides, et on les secoue dans le sac pour les y faire tomber. Bien que nous n'ayons point de renseignements précis sur la récolte des Mylabres, il y a lieu de penser qu'elle se fait à peu près de même, puisque ces espèces vivent sur des Composées, des Ombellifères et des Cucurbitacées, c'est-à-dire sur des plantes herbacées qui sont facilement à portée de la main.

(1) Les Meloe, toutefois, qui se trouvent sur le sol, sont d'une récolte difficile ; aussi ne constituent-ils pas un produit commercial.

Quant à la Cantharide ordinaire, on sait qu'elle vit sur des arbres ou des arbustes (frênes, lilas, etc.). Il suffit, le matin, alors que les insectes, encore engourdis, couvrent les feuilles et les branches, d'étendre des draps sur le sol au-dessous des arbres, qu'on secoue énergiquement, pour obtenir rapidement une abondante récolte. Il ne reste plus qu'à les faire périr et à les dessécher.

Pour que les Cantharides et autres Vésicants que l'on recueille donnent toute satisfaction au point de vue de leur rendement en cantharidine, il y a lieu de tenir compte de certaines conditions que nous avons déjà signalées. Dès 1829, Farines (*loc. cit.*) faisait remarquer que l'époque de l'accouplement paraît être celle où ces insectes jouissent au plus haut degré de leurs propriétés épispastiques. Cette observation est parfaitement juste ; il faut ajouter même que les femelles chargées d'œufs doivent renfermer une grande proportion de cantharidine, puisque ces œufs, comme je l'ai démontré, ont un énergique pouvoir vésicant. Ce n'est donc pas au début de la saison qu'il faut faire la récolte, mais bien à l'époque où les Cantharides ont atteint leur plus grande activité vitale. Il n'est pas possible de déterminer ce moment pour la généralité des cas, puisque, dans chaque région, l'apparition se fait *en plusieurs fois* et à des époques différentes, suivant la situation géographique du lieu (voir page 218(. Dans chaque pays, toutefois, il sera facile de déterminer approximativement ce moment par une observation un peu attentive.

Une fois recueillis, les insectes doivent être tués. Nombre de procédés ont été indiqués. Le plus employé et le plus recommandable, tant par sa simplicité que par son innocuité, consiste à les tremper dans le vinaigre ou à les exposer aux vapeurs d'acide acétique. On peut encore, s'il s'agit de petites quantités, faire périr les Cantharides dans le chloroforme, l'éther ou le sulfure de carbone (Lutrand, *J. de Pharm.*, t. XVIII). Mais il faut éviter les méthodes qui consistent à placer les insectes dans un milieu à température élevée (four, étuve, etc.); car l'élévation de la température peut amener rapidement une perte notable de cantharidine. D'après Lissonde, en effet (59), cette perte est proportionnelle à la température et au temps pendant lequel elle a été maintenue. Ainsi : « 100 grammes d'in-

sectes récents dosant 0.335 de cantharidine, n'ont donné, par
une température constante de 95°, après seize heures de séjour
à l'étuve, que 0.280 de principe actif. 100 grammes du même
échantillon pendant le même temps, avec une chaleur de 115°,
ont donné 0.215, et 100 grammes chauffés pendant dix heures
à 130°, ont fourni 0.185, à peine seulement la moitié de leur
valeur primitive. » Il ne convient pas davantage de tuer les
insectes dans une atmosphère chargée d'ammoniaque, vu la
facilité avec laquelle la cantharidine s'unit aux bases et vu l'alté-
rabilité des composés ainsi formés (Béguin, *loc. cit.*).

Altérations. — Conservation. —Les insectes Vésicants, si l'on
ne prend des précautions spéciales, sont bientôt la proie d'une
quantité de parasites qui les dévorent et les font tomber en
poussière. Les recherches de M. Fumouze (58) ont sur ce point
spécial donné des renseignements précis. Nous n'entrerons point
dans le détail de la question, nous relèverons simplement les
noms des parasistes ; ce sont des Insectes et des Acariens.

Trois espèces d'insectes étaient connues depuis longtemps
pour s'attaquer à la Cantharide, savoir : *Anthrenus varius* (Fabr.) :
Ptinus fur ; (L.) *Dermestes lardarius* (L.) ; M. Fumouze signale
trois autres espèces : *Anobium paniceum* (Fabr.) ; *Attagenus
pellio* (L.), dont on trouve fréquemment des larves au milieu des
Cantharides conservées et *Cryptophagus cellaris* (Scopoli). Ajoutons à ces insectes, des Hyméroptères Ichneumoniens dont les
œufs se développent dans les larves des parasites ci-dessus désignés et qu'on retrouve à l'état parfait au milieu des Cantharides. Comme Acariens, M. Fumouze cite les espèces suivantes :

Parmi les *Sarcoptides* .... \   *Tyroglyphus longior* (Gervais).
                   —   *siculus* (Robin et Fum).
                /   *Glyciphagus cursor* (Gervais).
                   —   *spinipes* (Koch).
Parmi les *Cheyletides* ....   *Cheyletus eruditus.*

Une autre cause d'altération des Cantharides est l'humidité.
Lissonde (*loc. cit.*) a fait à ce sujet des expériences qui l'ont
conduit aux conclusions suivantes : « Les animaux destructeurs,
tout en ne ravageant que les parties molles, ne mangent nullement la cantharidine ; 2° l'humidité est la principale cause de
la perte des propriétés des insectes Vésicants ; 3° sans elle.
les vermoulures obtenues posséderaient une grande énergie

et leur rendement en cantharidine serait presque celui de l'insecte à l'état sain et complet. » Ces conclusions sont conformes à l'opinion de la plupart des auteurs contemporains qui ont étudié la question. C'est ainsi que Fumouze a parfaitement démontré que les vermoulures renferment de la cantharidine en quantité presque aussi considérable que celle qui est contenue dans les parties molles de ces insectes. C'était aussi l'opinion de Derheims de Saint-Omer (86). « La vermoulure des Cantharides, dit cet auteur, se présente comme une poudre grisâtre parsemée de points brillants. Quand cette poudre est sèche, elle se divise facilement ; quand elle contient encore un peu d'humidité, il n'en est pas ainsi, elle se pelotonne alors. Dans le premier état, placée en portion très minime sous l'objectif, elle laisse voir des débris de Cantharide et de tiques.... il nous a été facile de constater que cette vermoulure est active. »

Si les vermoulures sèches sont actives, il n'en est plus de même des vermoulures humides, voire des Cantharides conservées intactes, mais dans un endroit humide. Bientôt, en effet, une fermentation se produit qui détruit la cantharidine en même temps qu'une odeur ammoniacale infecte se dégage.

C'est donc surtout de l'humidité qu'il est nécessaire de se défendre si l'on veut conserver en état convenable les Cantharides et autres Vésicants. Quand il s'agit de petites quantités, rien n'est plus facile, mais quand on opère en grand, il n'en est plus de même. M. Fumouze obtient de bons résultats de la manière suivante : De grandes caisses en bois contenant 100 kilogrammes de Cantharides sont fermées avec soin, puis on colle des bandes de papier sur toutes les jointures. On place ces caisses dans une pièce parfaitement sèche. On peut encore conserver les Cantharides dans des tonneaux bien bouchés.

Pour les préserver des insectes et des Acariens, on a proposé de nombreux procédés. Camphre, benzine, acide phénique, etc., ont été successivement employés. M. Fumouze nous a montré des échantillons de Cantharides admirablement conservés depuis de longues années, dans des flacons renfermant quelques gouttes de sulfure de carbone. Ce procédé est certainement très pratique pour les pharmaciens qui n'ont jamais à la fois de très grandes quantités d'insectes en magasin. L'emploi de la naphthaline pour la conservation de nos collections a donné d'excellents résultats, peut-être pourrait-on également se servir de cette substance pour la conservation en grand ; la naphthaline est d'un très bas prix et a l'avantage d'être un corps solide, cristallisé. facile à placer dans une caisse ou dans des flacons.

Falsifications.—Les falsifications ou adultérations les plus ordinaires et aussi les plus préjudiciables, sont celles qui ont pour objet d'augmenter le poids des insectes vendus. Dans ce but, on les plonge dans l'huile puis on les fait égoutter. Cette fraude est très facile à reconnaître. Ils tachent le papier. On met encore en vente des Cantharides épuisées en partie par l'alcool, ou un mélange de bonnes Cantharides et de Cantharides épuisées. Le dosage met à l'abri de cette falsification. Enfin, on arrive à augmenter leur poids, très simplement, en les mouillant. D'après ce que nous avons dit plus haut, ce procédé est d'autant plus dangereux pour l'acheteur, que l'humidité amène rapidement la décomposition des insectes et la disparition de la cantharidine.

On a signalé comme falsifications (Emmel, Guibourt, etc.) le mélange d'insectes de couleur verte plus ou moins comparable à la couleur de la Cantharide, mais appartenant à des groupes bien distincts des Vésicants et ne possédant aucun pouvoir épispastique. C'est ainsi qu'on y trouverait d'après Guibourt, la *Cétoine dorée ;* d'après Ferrer, le *Callichrome musqué ;* d'après Emmel, *Chrysomela fastuosa ;* etc. Mais il y a tout lieu de croire que ces coléoptères se sont trouvés accidentellement mélangés aux Cantharides, car leurs caractères extérieurs permettent de les distinguer si aisément qu'on ne peut guère supposer qu'une falsification aussi grossière ait pu être tentée avec quelque chance de succès. Cette observation, vraie pour les insectes vendus entiers, ne l'est plus, cependant, lorsqu'il s'agit de la *poudre* de Cantharides qui est la forme pharmaceutique le plus répandue.

l est certain qu'on peut adultérer aisément cette poudre par l'addition de coléoptères inertes (1) et dont les couleurs d'un vert brillant pourront cependant donner le change si l'on se conente d'un examen superficiel. On doit recourir alors au dosage, mais le dosage, en montrant la teneur en cantharidine, ne peut

---

(1) Bien que la récolte difficile de ces coléoptères ne permette guère de supposer qu'il y ait un avantage à les substituer à la Cantharide.

dévoiler si le faible rendement tient à une cause fortuite ou à la mauvaise foi réelle des vendeurs. Or, en se reportant aux recherches que j'ai faites et exposées page 23 sur la structure des élytres des insectes Vésicants, on verra que rien n'est plus facile, étant donnée une poudre de Cantharide, que de reconnaître si elle a été additionnée d'insectes d'un autre ordre que celui des Vésicants. J'ai montré, en effet, par suite de quelle structure spéciale et bien caractéristique les élytres des Vésicants ont la consistance molle qui les distingue. Les piliers de chitine qui écartent les deux lames supérieure et inférieure de l'élytre, sont d'une gracilité tout à fait remarquable chez les Vésicants, de telle sorte que de larges espaces existent entre eux. Chez les autres coléoptères, au contraire, la dureté des élytres résulte d'un épaississement considérable des piliers en question, épaississement tel que les espaces ménagés entre eux se réduisent considérablement. Ces détails de structure se traduisent très nettement sur la surface des élytres; les extrémités des piliers chitineux se montrent comme des petits points brillants, réfringents, dont le volume et la disposition sont tout à fait caractéristiques (pl. III, fig. 12).

Quant à l'addition de résine d'Euphorbe à la poudre de Cantharide, il est facile de la dévoiler comme l'a montré M. Stanislas Martin, en traitant la poudre par l'alcool bouillant, laissant refroidir pour laisser déposer la gomme résine, et pesant l'extrait obtenu par l'évaporation à siccité de la solution alcoolique. Un kilogramme de poudre de bonne qualité doit donner 150 à 160 grammes d'extrait soluble.

EMPLOI THÉRAPEUTIQUE.

VII. — PRÉPARATIONS PHARMACEUTIQUES.

Nous ne dirons que quelques mots de ces questions qui ont été traitées avec détails par Galippe et Béguin. L'ouvrage de Galippe « *Étude toxicologique sur l'empoisonnement par la cantharidine et par les préparations cantharidiennes,* » est à lire en entier. A propos du pouvoir aphrodisiaque de la cantharidine, voici comment s'exprime cet auteur :

« L'étude de l'action aphrodisiaque des préparations cantharidiennes est chose très délicate. Parmi ceux qui se sont occupés de cette question, les uns acceptent sans conteste la réalité de cette action ; les autres, au contraire, la nient d'une façon absolue. Nous pensons que la vérité est entre ces deux opinions extrêmes. On ne peut pas nier d'une façon absolue l'action aphrodisiaque des préparations cantharidiennes, puisque ce fait physiologique ou plutôt pathologique a été constaté chez l'homme et les animaux par des observateurs dignes de foi ; mais ce qui a jeté, à notre avis, la confusion sur ce point, c'est la rareté de la production de ce phénomène si spécial, eu égard au grand nombre de tentatives faites pour l'obtenir... »

Les préparations cantharidiennes se divisent naturellement en préparations pour l'usage externe et préparations pour l'usage interne. Les premières sont peu nombreuses. On fait une teinture alcoolique de Cantharides, un hydrolé (Pharmacopée de Hambourg), et un vin cantharidé (*vin Lithontriptique de Tulp*) qui a été employé contre les blennorrhagies. Enfin un extrait alcoolique et une huile cantharidée complètent la série de ces préparations dont l'usage est d'ailleurs aujourd'hui à peu près complètement abandonné. Nous passons sous silence les préparations secrètes à base de Cantharides et qui étaient autrefois employées comme aphrodisiaques. M. Béguin cite parmi ces préparations les *Diabolini de Naples*, les *Beaumes de Gilead*, de *Salomon*, les *Tablettes de Ginseng*, les *Pastilles aromatiques*, etc. Nombre des préparations pour l'usage interne n'avaient d'ailleurs pas pour seul but l'application des propriétés aphrodisiaques qu'on accordait à la Cantharide. Les Cantharides, les Mylabres (en Grèce, *M. bimaculata*) ont aussi été employés à l'intérieur contre l'hydropisie et contre la rage.

Les préparations cantharidiennes et plus généralement vésicantes, pour l'usage externe, sont encore aujourd'hui très employées. C'est la poudre de Cantharides qui est surtout usitée ; on en fait un emplâtre (emplâtre vésicatoire) d'un usage courant. Les teintures (andol-andol, voir page 196), les vinaigres épispastiques (Pharmacopée de l'Inde), sont également employés avec avantage pour déterminer des phlyctènes sur la peau. Enfin, il existe un très grand nombre de formules pour la préparation d'un collodion vésicant, soit avec la cantharidine, soit avec les cantharidates alcalins. Il me paraît inutile de rééditer ces formules, qu'on trouvera dans les ouvrages cités plus haut.

TROISIÈME PARTIE

ZOOLOGIE ET DÉVELOPPEMENT

CHAPITRE PREMIER

Répartition Géographique

On admet actuellement une cinquantaine de genres dans la tribu des Vésicants, et parmi ces genres, si quelques-uns, comme les *Sitaris, Lydus, OEnas, Hapalus, Gnathium, Cerocoma*, etc., ne comportent qu'un petit nombre d'espèces, c'est par centaines qu'on les compte dans d'autres genres, tels que *Meloe, Cantharis* et *Mylabris*. Ces nombreuses espèces se répartissent de telle sorte que la tribu se trouve représentée d'une manière assez large dans toutes les régions du globe qui ont été explorées par les entomologistes. L'étude générale de cette distribution des insectes Vésicants présente quelques particularités qui nous paraissent dignes d'être signalées.

Notons tout d'abord que certains genres ont une extension géographique telle qu'on en trouve des espèces dans toutes les régions. Tels sont par exemple le genre *Cantharis* et le genre *Meloe* que nous voyons représentés à des degrés divers il est vrai, en Europe, en Asie, en Afrique et en Amérique. On les trouve même dans des îles assez éloignées des continents, à Madagascar, par exemple, et à Madère. Mais ce ne sont pas seulement ces genres très riches en espèces que l'on retrouve ainsi dans les diverses parties du monde, ce sont aussi quelques genres beaucoup moins bien partagés sous le rapport du nombre, tels que *Zonitis* et *Nemognatha*. On trouve, en effet, des

Zonitis en Europe, en Asie, en Afrique, en Amérique et en Australie, des *Nemognatha* en Espagne, en Grèce, en Afrique, en Sibérie, et dans les deux Amérique.

A côté de ces genres il en est d'autres qui, au contraire, se tiennent confinés dans des régions relativement restreintes. C'est ainsi que les *Sitaris* sont absolument européens; les *Tricrania* et *Tetraonyx* exclusivement américains, etc.

Il arrive également que des régions très riches en insectes vésicants sont absolument privées de tout représentant de genres que l'on retrouve à peu près dans toutes les autres parties du monde. Le meilleur exemple est le genre *Mylabris,* qui compte plus de trois cents espèces, et ne figure pas dans la faune du Nouveau-Monde. Il n'en a été signalé aucune espèce dans l'Amérique du Nord, ni dans l'Amérique du Sud (1).

Il en est de même des genres *Coryna, Cerocoma* et *Lydus* qui confinent d'ailleurs plus ou moins aux *Mylabris,* et qui n'existent pas non plus en Amérique. Et cependant les espèces de ces quatre genres ont une répartition géographique remarquablement étendue. On trouve en effet des *Mylabres* dans l'Europe méridionale, dans toutes les parties de l'Afrique, des côtes méditerranéennes au Cap, de la Guinée à l'Abyssinie. Très nombreuses en Égypte, en Arabie, en Syrie, en Perse, ces espèces abondent également dans les Indes-Orientales, à Ceylan, en Chine, dans le Caucase et en Sibérie. On peut s'étonner de voir la faune américaine complètement privée de Mylabres lorsqu'il est évident, par l'énumération que nous venons de faire, que les Mylabres ont pu s'adapter à des climats et à des conditions générales d'existence qui paraissent offrir de grandes dissemblances.

C'est également ce qui ressort de l'examen de leur répartition dans des parties parfois très différentes d'une même contrée. Nous avons à ce sujet quelques renseignements précieux sur la distribution des Mylabres en Abyssinie. Raffray (62) qui a donné

<hr>

(1) Gemminger et Harold, dans leur Catalogue des Coléoptères (61), signalent trois espèces de Mylabris, savoir : M. *Caligata* (Eschsch) du Chili; M. *Chrysuros* (Fisch.), et M. *Dimidiata* (Fisch.) du Brésil. Mais il y a là une erreur évidente, car M. *caligata* indiqué comme synonyme de *femorata*, Erichs. n'est pas un Mylabris mais bien un Lytta, L. *femoralis* (et non *femorata*) décrit par Erichson (in nova Acta. Ac. Cur. Leop. XVI, suppl. I). Il y a lieu à de semblables rectifications pour les deux autres espèces. (Voir Lacordaire, p. 668, et plus loin, *species.*)

de la faune entomologique de ce pays une étude excellente, et comme on en possède malheureusement peu pour d'autres contrées, nous apprend que les Mylabres fréquentent en Abyssinie la région du littoral et celle des hauts plateaux. Or, il existe entre ces deux parties des différences frappantes. « La région du littoral, ou zone saharienne, est comprise toute entière, dit Raffray, dans le bassin de la mer rouge. Elle s'étend sur le littoral au nord de Massouah, entre la mer et la montagne, jusqu'à environ 800 mètres au-dessus du niveau de la mer, avec altitude moyenne de 200 mètres. Ce sont des plaines, tantôt parfaitement plates, tantôt légèrement ondulées, le plus souvent pierreuses, parfois, mais rarement sablonneuses. Le thermomètre, à l'ombre, y descend rarement au-dessous de 25° centigrades ; il varie l'été, au milieu du jour, de 40 à 45° et monte parfois jusqu'à 50° . . . .

La région des hauts plateaux, ou zone éthiopienne, comprend l'Abyssinie presque toute entière. Elle est tributaire du bassin du Nil. Elle atteint 2,000 à 2,500 mètres d'altitude. « Ce sont presque toujours de vastes plaines ondulées, plus ou moins accidentées, ou des amas de montagnes présentant un relief peu élevé. Le sol est fréquemment argileux, couvert de prairies, dans les plaines, partout sillonné de cours d'eau, qui, dans les parties plates se transforment assez souvent en marécages. La végétation arborescente y est rare, sauf dans le fond des vallées... Les pluies y sont estivales (de mai à septembre) et abondantes ; le thermomètre varie à l'ombre de 10 à 25°. »

On voit, par cette description, combien sont différentes ces deux régions de l'Abyssinie, et cependant les Mylabres abondent dans la première, constamment brûlée par le soleil, et où la température atteint 50° sans descendre guère au-dessous de 25°. Ils abondent aussi dans la seconde qui est relativement tempérée, humide, et où la température varie entre 10 et 25° seulement. Toutefois, l'influence du climat sur la présence des Mylabres dans une région ne saurait être niée. Voici, en effet, ce que dit Gebler (63) des Mylabres de la Sibérie occidentale.

« Les Mylabrides affectionnent les contrées découvertes et chaudes des steppes, et elles se montrent plus rarement ou disparaissent entièrement en raison d'une situation plus septentrionale, montagneuse ou plus boisée. Si l'on en découvre quelques espèces dans les montagnes, ce n'est généralement que sur les plateaux découverts où elles peuvent jouir de la chaleur du soleil. Elles paraissent également être fort rares dans le S.-E. de la Sibérie, puisque dans un nombre considérable de Coléoptères qui me furent envoyés de là, je n'ai trouvé que quelques individus de la *Myl. Calida, Speciosa, Confluens et Sibérica.* Dans le S.-E. c'est principalement dans les steppes ardentes et desséchées de l'Irtisch qu'elles se montrent en nombre considérable, et pour ainsi dire en troupeaux, comme les autres animaux de la steppe. Ces insectes sont en général très sensibles au froid et ne paraissent que rarement avant le milieu du mois de mai, et si à cette époque il survient des nuits froides ou des gelées blanches, on les trouve immobiles et engourdis sur les fleurs. Ils deviennent abondants dans les mois de juin et juillet. »

L'absence de toute espèce de Mylabre parmi les Vésicants d'Amérique, n'est d'ailleurs pas la seule particularité à noter pour cette région. En réalité, la faune américaine est tout à fait différente de celle des autres régions. Elle a une physionomie à part et qu'il est facile de caractériser par l'absence des Mylabrides, par la présence de quelques genres propres, tels que *Tricrania* et *Tetraonyx* que nous avons déjà cités, et auxquels nous pouvons joindre les *Pseudomeloe, Henous, Cysteodemus, Megetra,* etc.; il convient d'ajouter comme caractère propre également l'abondance très grande des espèces de Cantharidiens appartenant aux genres *Epicauta, Macrobasis, Pyrota,* etc.

Si la faune américaine est privée de Mylabres, celles de l'Asie et de l'Afrique en renferment une telle quantité qu'elles doivent à ce fait un de leurs caractères principaux. L'Asie et l'Afrique se partagent, en effet, à peu près toutes les espèces du genre Mylabris, et s'il en existe quelques-unes en Europe, c'est dans la région méditerranéenne ; il n'y a pas lieu de s'étonner dès lors que ces espèces se retrouvent pour la plupart, soit en Afrique, soit en Asie-Mineure. L'abondance des Mylabres caractérise donc les faunes africaine et asiatique ; elle crée en même temps entre elles un rapprochement évident ; car, s'il est vrai que les espèces changent, il ne faut pas oublier que les caractères qui les distinguent sont souvent d'importance très secondaire et, qu'en fait, elles conservent toutes dans leurs traits essentiels l'allure générale et la marque distinctive du genre ; et lorsque le faciès restant encore le même que celui des vrais Mylabres, l'un des caractères génériques vient à changer, lorsque, par exemple, le nombre des articles des antennes diminue, la forme ainsi produite ne devient pas toujours absolument propre à l'une des deux faunes. Ainsi, les Decatoma, bien que plus nombreux en Afrique et surtout répandus dans l'Afrique australe (Cap, Cafrerie, Natal), se trouvent aussi en Asie, dans la Syrie, l'Arabie, le Caucase, la Sibérie et même aux Indes. (Voir de Marseul 87.) Le genre Actenodia, qui n'a que huit articles aux antennes, est toutefois particulier à l'Afrique et se trouve à peu près exclusivement au cap de Bonne-Espérance ou dans les régions immédiatement voisines.

Le rapprochement établi par les Mylabres entre les faunes de l'Afrique et de l'Asie s'accentue encore lorsqu'on considère que nombre d'autres Vésicants sont également communs aux deux régions. Ainsi, le genre *Lydus* se trouve en Algérie aussi bien qu'en Perse, en Syrie et dans l'Asie orientale. Le genre *Nemognatha,* qui est d'ailleurs de toutes les faunes, et que nous avons signalé dans les deux Amérique se retrouve aussi en Afrique, en Egypte et en Sibérie. Il en est de même du genre *Zonitis.* Enfin, et surtout, les Cantharidiens proprement dits, sont représentés par un grand nombre d'espèces du genre *Lytta.* En un mot, les faunes de l'Asie et de l'Afrique ont entre elles une grande ressemblance, en même temps qu'elles se distinguent de la manière la plus frappante de la faune américaine.

Quant à l'Europe, elle possède une faune en quelque sorte synthétique, dans laquelle la plupart des genres ou tout au moins les genres principaux se trouvent représentés par une ou plusieurs espèces. C'est ainsi qu'on trouve dans les régions méridionales de l'Europe le genre *Ænas,* qui habite d'autre part le Nord de l'Afrique, l'Asie-Mineure, et la Turquie d'Asie. (Voir Ricardo, J. Gorriz y Munoz. 64.) On y trouve aussi une espèce du genre Epicauta, si richement représenté en Amérique et en Afrique.

Les Mylabres y comptent également un certain nombre d'espèces, ainsi que les Cerocomes, les Zonitis, Nemognatha, etc., et je ne rappelle que pour mémoire les Meloe qui appartiennent à toutes les faunes ainsi que la Cantharide officinale, le type du genre. La faune européenne peut donc être caractérisée par ce fait qu'elle renferme un grand nombre de genres représentés chacun par un petit nombre d'espèces. Elle doit cette particularité d'une part à ce qu'elle est immédiatement voisine de l'Asie ; d'autre part, à la température élevée qui règne dans toute sa région méditerranéenne. Rappelons enfin que la faune de l'Europe se complète par l'existence d'un genre qui lui est absolument propre, le genre *Sitaris*.

Pour terminer cet article général sur la distribution géographique des Insectes vésicants, il y aurait à énumérer les espèces de chaque région. Mais ce ne me paraît pas être le moment de de donner cette énumération. Je renvoie le lecteur au tableau que j'ai dressé à la suite du *Species*, et dans lequel j'ai groupé les espèces par région.

CHAPITRE II

Mœurs des Vésicants.

I. — HABITUDES ET ALIMENTATION.

Les habitudes de la plupart des Insectes vésicants sont aujour-
d'hui assez bien connues, mieux peut-être que celles de beaucoup
d'autres insectes, et les raisons en sont faciles à trouver. D'une
part, beaucoup d'entre eux se montrent en grand nombre à la
fois dans une même localité et attirent par suite l'attention des
observateurs, d'autant plus qu'ils produisent parfois de tels
ravages qu'on peut les considérer comme constituant un fléau
pour l'agriculture. D'autre part, l'étude difficile de leurs métamorphoses a excité la sagacité d'un grand nombre de naturalistes qui ont dû, pour mener à bien leurs recherches, étudier
minutieusement les allures et le mode de vie des Insectes parfaits. — Parmi les zoologistes qui ont donné les détails les plus
précis et les plus circonstanciés sur le mode de vie des Insectes
vésicants, nous citerons M. Fabre, qui a écrit l'histoire de certaines espèces de la Provence, tant dans son catalogue des
Insectes de Vaucluse que dans ses souvenirs entomologiques
(65), l'un des plus beaux et des plus captivants ouvrages de
zoologie qui aient été publiés dans ces dernières années. Nous
devons également citer notre savant confrère et ami M. Ricardo
J. Gorriz y Munoz, professeur à l'École de pharmacie de Madrid,
qui, dans une monographie des Coléoptères Méloïdes de
l'Espagne (64), a donné des détails très complets et tout à
fait nouveaux sur les mœurs de la plupart des Vésicants de cette
région. Aux observations de ces auteurs et de quelques autres
que nous citerons au cours de ce chapitre, nous ajouterons

celles que nous avons pu faire nous-même soit dans diverses excursions en Provence, soit à Paris sur des insectes tenus en captivité.

A. *Durée de la vie à l'état parfait.* — D'une manière très générale, les Insectes vésicants, en Europe, se montrent à l'état parfait à la fin de mai ou dans les premiers jours de juin pour disparaître en juillet ou dans la première moité du mois d'août. Toutefois, quelques exceptions sont à signaler, et c'est plus spécialement dans le genre Meloe qu'on les rencontre. C'est ainsi que certaines espèces de Meloe (*M. Proscarabœus*, etc.) se montrent dès la fin de mars ou dans le courant d'avril, et cela même aux environs de Paris. Beaucoup plus nombreux sont ceux qui apparaissent en mai, d'où les noms de Meloe de mai, Maiwurm (1), etc., sous lesquels ces insectes sont connus.

Dans ce même genre, il existe des espèces que l'on trouve encore en automne, c'est-à-dire à l'époque où toutes les autres espèces ont disparu. Tel est *Meloe autumnalis*, qui apparaît en été et abonde encore dans le courant des mois de septembre et d'octobre (2). Mais, nous le répétons, ce sont là des exceptions, et la règle est que les Vésicants vivent pendant les mois les plus chauds de l'année, de même, comme nous l'avons dit au chapitre précédent, qu'ils sont plus particulièrement nombreux dans les régions chaudes.

De ce que la plupart des espèces se montrent pendant un espace de temps qu'on peut évaluer à deux mois en moyenne, il ne faut pas croire que la vie des individus a une aussi longue durée. Sous ce rapport, il existe de nombreuses variations, et si nous ne sommes pas en mesure de donner des renseignements s'appliquant à toutes les espèces, nous pouvons donner quelques indications relatives à certaines d'entre elles que nous avons pu étudier d'assez près.

(1) Les Meloe, dit Mulsant (*loc. cit.*) sont appelés en allemand : *Maywurm* (Fuessly, *Verzeich. Zurich*, in-4°, p. 20). *Meyvurm* (J. H. Sulzer, *Kennt. d. Insekt. Zurich*, 1761, p. 92, n° 26); *Majenwurm* (Frisch. *Beschreib. Berlin*, in-4°, VI° part., 1727, p. 14); *Mayling* (Gœze. *Entomol. Beitr.*, t. I, p. 692); *Maykœfer* (P. L. S. Mueller, C. Linn. *Voll. natursyst*; Nurnberg, t. V, 1re part., 1774, p. 378); *Maywurmkœfer* (Schæffer, *Abbild. und Beschreib.* Regensburg, 1778, in-4°, p. 5). En hollandais : *Meyworm*; en russe : *Maslianska*.

(2) En Amérique, *Lytta atrata* se trouve em septembre et octobre. — En Chine, *Mylabris Cichorii* se rencontre sur les fleurs de juillet à la fin d'octobre.

Les Cantharides (*C. Vesicatoria*) et les Epicauta (*E. verticalis* Illig.) vivent plusieurs semaines, soit environ quatre semaines, d'après mes propres observations. Ainsi, le 23 mai 1883, j'ai reçu d'Avignon un lot de Cantharides vivantes qui avaient fait leur apparition sur les frênes des bords du Rhône, à Aramon, la veille seulement. Étant donnée l'époque relativement précoce de cette apparition, je puis supposer, sans crainte d'erreur, que ces Cantharides, fussent-elles venues d'un point éloigné, n'avaient pas plus de quelques jours d'existence. Aussitôt reçues, elles furent placées dans de grandes cages en toile métallique et abondamment pourvues de feuilles de lilas. J'arrivai ainsi à les conserver bien vivantes pendant trois semaines. Pendant ce laps de temps, elles s'accouplèrent ; les pontes eurent lieu ; en un mot, leurs fonctions s'accomplirent d'une façon régulière et complète. J'ai observé les mêmes faits avec Epicauta verticalis sur divers envois qui me furent faits au mois de juillet 1884 par un de mes amis, M. François, instituteur à Saint-Victor-la-Coste, qui a bien voulu mettre à m'aider dans mes recherches son zèle et son dévouement à la science.

Mais il ne semble pas que tous les Vécicants jouissent d'une aussi longue vie. Les Mylabres, entre autres, et les Cérocomes semblent vivre tout au plus pendant une semaine ou deux. A maintes reprises, en effet, j'ai reçu des Mylabris 12-punctata et 4-punctata, des Cerocoma Schreberi et C. Schœfferi en excellent état ; mais, malgré toutes mes précautions, je n'ai jamais pu les conserver que pendant quelques jours, une dizaine au plus. Il faut dire, d'ailleurs, que la captivité, qui semble n'avoir aucune action sur Cantharis et Epicauta, paraît influer considérablement sur Mylabris et Cerocoma. Aussi n'ai-je pu qu'assez rarement obtenir des pontes de Mylabres, et jamais je n'en ai eu des Cerocomes.

Le genre *Sitaris* paraît être parmi les Vésicants celui dont la vie est de beaucoup la plus courte. L'accouplement se fait dès la sortie de l'enveloppe nymphale. « Après l'accouplement, dit Fabre, les deux Sitaris se mettent à se lustrer les pattes et les antennes en les passant entre les mandibules ; puis chacun s'éloigne de son côté. Le mâle va se tapir dans un pli du talus de terre, y languit deux ou trois jours et périt. La femelle, elle aussi, après la ponte qui s'opère sans retard, meurt à l'entrée du couloir (d'Antophore), où elle a déposé ses œufs. Les Sitaris ne vivent donc à l'état parfait que le temps nécessaire pour s'accoupler et pondre. » Cette observation, en même temps qu'elle nous donne un renseignement très précis sur la brièveté de la vie des Sitaris, appelle l'attention sur un fait que j'ai signalé dans un précédent chapitre (page 162) chez la Cantharide. C'est que le mâle a une existence moins longue que la femelle. Et cela se comprend, puisque la vie de ces insectes, arrivés à l'état parfait, n'a d'autre but que la reproduction de l'espèce. Ce but atteint, l'animal meurt.

De ce qui précède, il résulte que pour la plupart des insectes Vésicants la durée de la vie, à l'état parfait, ne dépasse pas un mois, et n'est même parfois que de quelques jours. On peut se demander, dès lors, comment il se fait qu'on trouve des représentants de ces espèces pendant un laps de temps ordinairement beaucoup plus considérable. Ainsi la Cantharide s'observe depuis la dernière quinzaine de mai jusqu'à la moité ou la fin de juillet. L'explication de cette apparente contradiction est très simple. Il y a, en réalité, plusieurs éclosions qui se produisent à des intervalles plus ou moins éloignés. Pour la Cantharide, en particulier, à l'éclosion précoce du mois de mai, il en succède toujours une seconde dans le milieu de juin, et parfois même une troisième. C'est là un fait que mon ami Nicolas, d'Avignon, a observé d'une manière constante, et qn'il m'a signalé à plusieurs reprises. Quant aux raisons qui déterminent ces éclosions successives, elles sont variées. D'une part, l'exposition du terrain dans lequel se fait le développement des larves n'est pas sans influence ; si le terrain a une pleine exposition au Midi, la marche du développement doit être beaucoup plus rapide que si l'exposition est au Nord ou à l'Ouest. J'ai précisément eu l'occasion, à Aramon, de rencontrer deux gîtes où se développaient des Cantharides et qui se trouvaient avoir une exposition diamétralement opposée. D'autre part (1), il arrive comme je l'ai observé souvent chez les Vésicants, que les pseudo-chrysalides, au lieu de se développer régulièrement, restent stationnaires pendant une année entière. Par contre, leur éclosion, la seconde année, est

____

(1) Voir ma communication au Congrès scientifique de Grenoble, 1885.

relativement précoce. C'est ainsi que (voir plus loin) une pseudo-chrysalide obtenue d'un triongulin éclos en 1883, passa toute l'année 1884 sans subir aucune modification, mais me donna un insecte parfait dès le 27 avril de l'année 1885. On peut s'expliquer très bien ainsi comment deux générations successives peuvent se montrer; mais, de ce fait même, il résulte aussi que les pontes de ces générations, se faisant à un mois ou un mois et demi de distance les éclosions auxquelles elles donneront lieu seront plus ou moins espacées l'année suivante.

Ces faits ne sont pas particuliers à la Cantharide, je les ai observés également chez Stenoria apicalis, et Nicolas en a signalé de son côté divers exemples chez certains Hymenoptères (voir Congrès de Grenoble, 1885). Peut-être faut-il voir également dans ces particularités du développement une explication d'un phénomène relaté par la plupart des entomologistes, et que j'ai observé moi-même à propos de la Cantharide. Je veux parler d'une intermittence assez singulière que l'on constate dans l'apparition de beaucoup d'espèces. Ainsi M. François m'écrit qu'en 1881, Epicauta Verticalis s'est montré en abondance à Saze, localité fréquentée par ces insectes, tandis qu'en 1882 il lui fut impossible d'en rencontrer. De même, aux environs de Paris, à Brie-Comte-Robert, un de mes amis, M. Sicot, pharmacien, qui connaissait une localité fréquentée par la Cantharide, ne put en trouver une seule pendant les deux années 1883 et 1884, alors que je m'adressais à lui pour avoir de ces insectes vivants, tandis que dans les années précédentes et dans les années suivantes les Cantharides se montrèrent très abondantes.

B. *Allure et port.* —L'absence d'ailes chez les espèces du genre Meloe, et le développement considérable de leur abdomen, donnent à ces insectes des allures assez particulières et qui les distinguent des autres espèces du groupe des Vésicants. Les Meloe, en effet, se traînent à terre, mais toutefois pas aussi lentement qu'on a coutume de dire, car, au milieu de la journée surtout, leur activité est très remarquable, et ce n'est pas sans étonnement que l'on constate l'agilité avec laquelle ils se meuvent.

Quant aux autres Vésicants, qui sont pourvus d'ailes bien développées, ils sont parfaitement capables de voler, mais ils n'ont pas tous cette faculté au même degré. C'est ainsi que les Cantharides se transportent à des distances parfois considérables et se posent sur certains arbres très élevés au dessus du sol (frênes par exemple), tandis que les Cerocomes, les Mylabres, les Zonites, etc., voyagent très peu, restent dans les localités où ils ont pris naissance sans s'en écarter beaucoup et se posent sur des plantes basses, telles que composées, ombellifères, etc. Beaucoup d'espèces, lorsqu'elles sont sur le sol ou sur les plantes, montrent une grande agilité. Ce sont, on peut le dire, des insectes *coureurs*, et cette particularité a toujours très vivement attiré mon attention chez les individus que je tenais en captivité. Dans le milieu de la journée, et dans les journées chaudes surtout, rien n'est plus curieux que de voir les Épicauta et les Cantharides arpenter avec une activité et une rapidité surprenantes le sol des cages où elles sont renfermées. On s'explique alors très bien le rôle de leurs pattes relativement longues et grêles. Les Mylabres (au moins ceux de France) et les Cérocomes, m'ont paru toutefois, comme les Sitaris, avoir une démarche plus lourde et je ne les ai guère vus abandonner les plantes sur lesquelles ils se trouvaient.

c. *Essaims*. — Il est une autre particularité qui semble commune à la plupart des insectes Vésicants. Ces insectes vivent généralement réunis en grand nombre. Tout le monde sait, par exemple, que les Cantharides, lorsqu'elles se montrent dans une localité, peuvent assez bien être comparées aux Criquets, en ce qu'elles arrivent par essaims ou nuées d'individus qui dévorent en peu de temps les plantes dont elles font leur nourriture. Et c'est d'une façon constante que leur apparition se fait ainsi en troupes serrées.

Il en est de même pour les Épicauta. Dans les départements de Vaucluse et du Gard, par exemple, on les rencontre cantonnés dans des endroits déterminés, en bandes de quelques centaines d'individus dans un espace de quelques mètres carrés seulement de superficie, et en dehors de ces localités on n'en rencontre aucun individu. — Riley rapporte (66), d'autre part, qu'en Amérique, *Epicauta adspersa*, *E Pennsylvanica*, *Macrobasis unicolor*, etc., vivent également en bandes nombreuses. Et il en est de même des Meloe, bien que par suite de leur mode de vie spécial, ce fait ait été moins remarqué jusqu'ici. Les entomologistes savent cependant que ces insectes se rencontrent rarement isolés. En général, on les trouve cantonnés en nombre plus ou moins considérable, dans un espace déterminé, de peu d'étendue, où ils reparaissent tous les ans d'une façon à peu près constante. Ainsi, dans les environs de Paris, il existe à Gennevilliers, au milieu de la plaine, un fossé où tous les ans le Meloe proscarabœus se trouve en assez grande quantité sur une étendue très limitée. Nicolas d'Avignon m'écrit également que le Meloe Autumnalis était, il y a quelques années, assez abondant à Arles, où il le trouvait cantonné au bord d'un seul fossé. Je pense qu'il en est de même de toutes les espèces et qu'en observant attentivement, on s'en convaincra.

Les Mylabres et les Cérocomes n'agissent pas autrement. On les trouve en groupes sur les fleurs, dans des points bien déterminés. Fabre m'écrivait, en 1885, qu'à Sérignan, *Mylabris* 12-*punctata* et *Cerocoma Schœfferi* hantent chaque année un petit vallon sablonneux, et la connaissance de ce fait lui a été fort utile pour conduire à bien ses recherches sur le développement de cette espèce de Cérocome. D'ailleurs ce mode de vie en essaims plus ou moins abondants s'explique fort bien quand on se rappelle les conditions du développement de la plupart des insectes Vésicants. Tout d'abord, si nous trouvons nombre d'entre eux cantonnés dans des endroits déterminés, c'est qu'ils ne s'éloignent guère des lieux qui les ont vus naître. En voici un exemple typique : Les haut talus argilo-sablonneux des environs de Carpentras présentent, dit Fabre, leur paroi forée sur des étendues de plusieurs pas de longueur, d'une multitude d'orifices « qui donnent à la masse terreuse l'aspect de quelque énorme éponge. Ces trous arrondis semblent l'œuvre d'une tarière, tant ils sont réguliers. Chacun est l'entrée d'un corridor flexueux qui plonge à 2 ou 3 décimètres... » Ce sont les orifices des galeries d'un Hyménoptère, l'*Antophora pilipes*. « La surface entière d'un de ces talus à pic est tapissée de cadavres secs de *Sitaris humeralis,* appendus aux réseaux soyeux des Araignées.

« Parmi ces cadavres circulent, affairés, amoureux, insouciants de la mort, des Sitaris mâles s'accouplant avec la première femelle qui passe à leur portée, tandis que les femelles fécondées enfoncent leur volumineux abdomen dans l'orifice d'une galerie (d'Antophore) et y disparaissent à reculons, Il est impossible de s'y méprendre : Quelque grave intérêt amène en ces lieux ces insectes, qui, dans un petit nombre de jours, apparaissent, s'accouplent, pondent et meurent aux portes mêmes des habitations de l'Antophore. » (Fabre, *Nouveaux souvenirs entomologiques* 1882, p. 264, chez Delagrave.) En effet, ces Sitaris sont nés dans les cellules d'Antophores, et après l'eclosion, ils ne se sont pas écartés du lieu de leur naissance, de manière à placer leurs œufs dans les conditions les plus propres au développement des larves qui en sortiront, c'est-à-dire à la portée même des Antophores dont elles sont les parasites. Or, de même que c'est aux conditions de leur développement que les Sitaris doivent de se trouver groupés dans des localités bien déterminées, de même c'est à de semblables conditions que les autres Vésicants doivent de vivre en essaims nombreux et d'affectionner certains endroits où on les retrouve à peu près constamment. On sait, par exemple, que les Meloe vivent en parasites dans les cellules de certains Hymenoptères. La localité où ces Meloe se trouvent, est, on peut l'affirmer, voisine de celle que fréquentent les Hyménoptères en question, et comme ces Hyménoptères vivent eux-mêmes en colonies nombreuses, il est facile de s'expliquer comment un grand nombre de larves de Meloe trouvant un gîte convenable dans un même point, il apparaîtra l'année suivante une colonie de Meloe cantonnée dans la même localité où l'année précédente se trouvaient leurs parents. Quelques-uns toutefois pourront se trouver isolés, s'ils sont, à l'état de triongulin, emportés par les Hyménoptères à de grandes distances, mais ce sont là des cas particuliers. Ce que que je viens de dire s'applique évidemment aux Cantharides et en général aux Vésicants.

D. *Moyens de défense.* — Comme beaucoup d'Insectes, les Vésicants ne manifestent leur activité qu'aux heures les plus chaudes de la journée. Ils se démènent alors avec une agilité étonnante, dévorant en peu de temps les feuilles ou les fleurs dont ils se nourrissent. Par contre ils tombent dans une sorte de torpeur et de somnolence lorsque le soleil disparaît ou lorsque les journées sont froides. Certains d'entre eux et en particulier les Cantharides, produisent en volant un bruissement particulier qui frappe même les oreilles non exercées. Les Cantharides répandent en même temps une odeur très désagréable (odeur de souris) très pénétrante et caractéristique (1). Cette odeur permet de reconnaître facilement leur présence. Elle paraît d'ailleurs assez spéciale à cette espèce, mais ce qui est beaucoup plus général, c'est la faculté qu'ont la plupart des Vésicants (Cantharide, Meloe, Mylabris, Cérocomes, etc.) d'exsuder à volonté par leurs articulations et spécialement de l'articulation fémoro-tibiale un suc jaunâtre d'aspect huileux, qui tache les doigts et qui renferme, je l'ai dit plus haut, de la Cantharidine (voir page 112). Jusqu'à ces derniers temps, on n'était pas bien fixé sur la nature de ce liquide. Leydig (11) le considérait comme n'étant autre chose que du sang que l'animal pouvait laisser écouler à volonté. Pendant longtemps cette opinion fut admise comme vraie et l'on faisait remarquer que de même que certains Crustacés lorsqu'on les saisit ont l'habitude de *larguer*, c'est-à-dire de perdre instantanément un nombre plus ou moins considérable des articles de leurs pattes, de même les Vésicants seraient susceptibles de déterminer des déchirures de leurs articulations qui donneraient lieu à l'issue du sang. Cependant, en 1881, Magretti, dans un mémoire que je n'ai pu me procurer, mais dont j'ai trouvé une brève analyse, rejette l'explication de Leydig et considère le liquide en question comme une sécrétion produite par des glandes formées de deux espèces de cellules. Pour ma part, j'ai constaté chez les Meloe et les Cantharides qu'il existe au niveau des articulations de très nombreuses glandes unicellulaires à longs conduits chitineux, tout à fait semblables aux glandes unicellulaires que j'ai signalées dans le labre, mais dont le contenu renferme des gouttelettes huileuses jaunâtres. J'ai tout lieu de croire que ces glandes hypodermiques fonctionnent ici d'une manière spéciale et qu'elles se groupent en plus grand nombre pour produire la sécrétion dont il s'agit.

Cette sécrétion constitue un moyen de défense dont la plupart des Vésicants se servent dès qu'on les prend entre les doigts ou dès qu'ils sont attaqués par quelque ennemi. J'ai eu

(1) Cette odeur est attribuée à une huile grasse qu'on peut extraire de la Cantharide. Quoi qu'il en soit, j'ai observé que les fleurs du Vernis du Japon (*Rhus Vernix*) arrivées à leur complet développement ont absolument la même odeur, à ce point que j'ai parfois été trompé et qu'avant de connaître ce fait, je me suis souvent arrêté sous des arbres de cette espèce, comptant trouver des Cantharides dont cette odeur semblait m'annoncer la présence.

l'occasion il y a deux ou trois ans d'en faire l'expérience sur des Meloe proscarabœus (1) que j'avais dans une cage depuis quelques jours déjà. Ayant reçu sur ces entrefaites deux lézards verts de moyenne taille, je les avais placés dans la même cage que mes Meloe, afin de voir comment ils se comporteraient. Au bout de peu de temps, l'un des lézards, avec certaines précautions d'ailleurs, s'approcha d'un gros Meloe femelle à l'abdomen rebondi et après l'avoir flairé quelques instants s'éloigna sans paraître vouloir entamer la lutte. J'attendis encore quelque peu et bien m'en prit, car le lézard, probablement mal renseigné par son premier examen, revint au Meloe et cette fois l'attaqua brusquement d'un coup de mâchoire par le côté du thorax. Mais à peine sa gueule se refermait-elle sur l'insecte, que celui-ci laissa sourdre une forte goutte de liquide jaune par l'articulation fémoro-tibiale de ses pattes, et aussitôt je vis le lézard lâcher prise et faire un bond en arrière en tournant la tête de côté et d'autre, puis frotter ses mâchoires contre l'herbe pour se débarrasser du liquide brûlant dont elles étaient enduites. Dès lors je pus laisser lézards et Meloe ensemble, jamais plus le reptile ne s'attaqua à l'insecte. J'ajouterai à ce petit tableau que le Meloe avait fait le mort dès qu'il s'était senti attaqué. C'est en effet un autre moyen de défense que possèdent les Vésicants, comme d'ailleurs beaucoup d'autres insectes. La plupart d'entre eux (Mylabres, Cérocomes, Sitaris, Zonitis, Meloe, etc.), lorsqu'on vient à les saisir, baissent leur tête, ramènent leurs pattes au-dessous du thorax et prennent l'attitude d'insectes morts.

E. *Alimentation.*—Pour en finir avec les habitudes des Insectes Vésicants, je vais donner quelques indications générales sur les plantes dont ils se nourrissent et qu'ils fréquentent le plus souvent. Il est à remarquer tout d'abord que la même espèce tout en préférant certaines plantes peut, à défaut de celle-ci s'accommoder de quelques autres plantes dont elle paraît d'ailleurs moins friande, et d'autre part, il y a lieu de rappeler que beaucoup d'espèces causent de tels ravages qu'elles sont considérées comme de

---

(1) C'est à l'exsudation de ce liquide jaune, d'apparence oléagineuse, que les Meloe doivent les noms de *Oleocantharus* (Lesser...), *Cantharis onctuosus* (Schrœder...), *Scarabé onctueux* (Valmont de Bomare...) ou *Scarabé onctueux des maréchaux*. On les nomme en allemand, dit Mulsant (loc. cit.), *Schmaltz Kaefer ;* en anglais, *the Oil-Bettle ;* en danois, *Olin-Biller* et *Oliebillen.*

véritables fléaux pour certaines plantes des régions où elles s'abattent. Nous allons avoir l'occasion de le rappeler dans les quelques notes qui suivent.

Cantharis vesicatoria.—La Cantharide ordinaire paraît affectionner spécialement les plantes de la famille des Jasminées, et plus spécialement les frênes, les lilas et les troènes. Elle en dévore les feuilles avec une activité et une avidité étonnantes, au point qu'en quelques jours tous les arbres appartenant à ces essences se trouvent, dans le périmètre hanté par cette espèce, complètement privés de leurs feuilles et totalement dénudés. J'ai vu sur les bords du Rhône, au voisinage d'Aramon, de véritables ravages produits par les Cantharides sur les nombreux frênes qui croissent en cette localité, et nul doute que les arbres ne souffrent considérablement de se trouver ainsi privés de leurs feuilles au mois de juin, c'est-à-dire au milieu de la période des chaleurs torrides. En Provence, les Cantharides à défaut de frênes ou de lilas, s'attaquent parfois, bien que plus rarement aux oliviers. Il en est ainsi, par exemple, à Sérignan, où les frênes manquent et où d'ailleurs les Cantharides ne sont pas très abondantes. Linné (amœnit. acad. Tub.) dit qu'on les voit encore sur les Syringa, chèvre-feuille, sureau, peuplier bignonia, saules, etc. On prétend également qu'elles s'attaquent parfois aux céréales et autres graminées. Je n'ai jamais vérifié ces faits (1).

Cantharis Segetum (*Cabalia Segetum*), vit en Algérie, au printemps, sur les plantes des genres *Malva*, *Malope*, *Lavatera* (Béguin).

Epicauta; Lytta. — Je n'ai pas la prétention de relever tous les faits qui ont pu être publiés sur le genre de nourriture des nombreuses espèces appartenant à ces genres; je donnerai seulement quelques indications que j'ai recueillies personnellement, ou que j'ai rencontrées dans les auteurs, et qui me paraissent d'un intérêt général.

Epicauta verticalis. En France, dans le Gard (observations

(1) Il est à noter que, dans les environs d'Avignon, les paysans donnent le nom de *Cantharide* à certains Orthoptères qu'on trouve en abondance dans les champs cultivés (céréales ou vignes).

communiquées par M. François), se rencontrent sur les luzernes. « Un jour, m'écrit cet observateur, je trouvai de grandes quantités de cette espèce sur de la luzerne sèche que l'on transportait chez moi. » De même, le catalogue de Fabre porte : « de mai en juillet sur les luzernes ; » c'est également avec cette plante que j'en ai fréquemment nourri dans mes cages, et cette nourriture leur convenait si bien que j'ai pu les conserver vivants pendant plusieurs semaines. Les *Epicauta* se tiennent dans des terrains argilo-calcaires, et dans les parties un peu basses des plaines. M. François (in litt.) rapporte en avoir vu pendant une année (1883) un très grand nombre volant au-dessus des champs de blé mûr, et se posant sur les épis, à l'époque de la moisson (milieu et fin de juin), et sur les gerbes, après la moisson (juillet). En Italie, la même espèce, suivant Passerini (*Rev. Zool.*, 1841), est parfois assez abondante pour nuire aux plants de pommes de terre dont elle fait sa nourriture. En Amérique, ces Vésicants sont également connus pour des insectes déprédateurs, et de fait les ravages qu'ils causent sont parfois considérables. Ainsi :

Cantharis caustica est désigné sous le nom de *Plaga del tomate* (A. Rojas.). Cette espèce, en effet, vit dans les plantations de tomates (*Lycospermum esculentum*), et cause de grands préjudices.

Epicauta cinerea, rapporte Riley (loc. cit.), dévore les feuilles des pommes de terre en Pensylvanie.

Epicauta atrata (Forster), s'attaque aussi aux pommes de terre ; mais, d'après Durand (67), se rencontre encore sur *Solidago, Prunella vulgaris* et *Ambroisia trifida*.

Nous devons, d'autre part, à Courbon (55) des détails sur les plantes que préfèrent trois espèces de l'Amérique du Sud.

1° *Epicauta adspersa*, s'attaque spécialement aux feuilles de Bette (*Beta vulgaris*, var. *cicla*). On les trouve, dit-il, du mois de décembre au mois de mars, et elles sont parfois si abondantes que la plante qui les nourrit disparaît entièrement sous l'immense quantité de ces coléoptères.

Epicauta cavernosa, d'après le même auteur, se rencontre toujours sur une ombellifère très commune à Cerro de Montevideo, l'*Eryngium paniculatum*. Enfin, *Lytta vidua* (*Cantharis Courbonii*. Guerin) vit sur l'*Adesmia pendula* et sur l'*A. punctata*, dont elle dévore les fleurs.

Meloe. — Les Meloe semblent se nourrir de plantes assez variées, et ne paraissent pas être aussi malfaisants que les espèces des genres précédents.

Meloe cicatricosus, d'après Newport (68), se nourrit des pétales de la renoncule ou bouton d'or (*Ranunculus acris*). Il hante également les fleurs des *Taraxacum* et, suivant Gœdart, celles de l'Anémone blanche. D'ailleurs, à défaut de ces fleurs, les Meloe paraissent se contenter des feuilles tendres des graminées qui forment les gazons. J'ai pour ma part nourri beaucoup de Meloe proscarabœus avec quelques poignées d'herbe fauchée dans la campagne. Ils ne s'attaquent d'ailleurs qu'aux parties les plus tendres et les plus succulentes, et il y aurait lieu de s'en étonner quand on se rappelle la puissante armature dont leur valvule cardiaque est pourvue, si l'on ne se souvenait que cette armature ne joue pas le rôle d'appareil broyeur, et ne fonctionne pas comme pièces d'un gésier.

Mylabres. — Les Mylabres ont une prédilection marquée pour les fleurs des composées et des ombellifères. Ils ne s'attaquent pas aux feuilles, mais surtout aux anthères, et parfois aux pétales.

1° *Mylabres d'Europe.* — Les espèces d'Europe, et particulièrement celles de l'Espagne (voir Ricardo, J. Gorriz. loc. cit.) (M. 12-*punctata*. M. 4-*punctata*, etc.), vivent sur les composées et les ombellifères, et aussi sur certaines crucifères, papavéracées, graminées et légumineuses. M. 12-*punctata* (Oliv.), hante de préférence, au mois de juillet, les fleurs des *Ononis Spinosa* et les fleurs et les feuilles de l'*Asphodelus fistulosus*. Ils habitent de préférence des endroits sablonneux et secs, bien ensoleillés. En Provence (Fabre), M. 12-*punctata* se trouve sur les capitules de *Scabieuse maritime* ; M. 4-*punctata* sur le liseron des champs (*Convolvulus arvensis*), et sur le Psoralier (*Psoralea bituminosa*), dont il ne dévore que les pétales.

2° *Mylabres d'Afrique.* — En Algérie, ils vivent principalement sur les fleurs des composées et des ombellifères. M. *Oleæ* vit aux environs d'Alger sur les oliviers et les saules. En Abyssinie, Raffray, dans le mémoire que nous avons cité, n'insiste pas sur les plantes que paraissent préférer les Mylabres ; mais ce qu'il dit de la végétation de ces régions peut donner quelques indications sur ce point. Dans la zone saharienne, la végétation très pauvre est représentée par quelques graminées, et surtout par des buissons de Mimosas qui ont, dit le narrateur, plus d'épines que de feuilles. Ce doivent être ces Mimosas que recherchent les Mylabres de cette contrée, car nous les voyons ailleurs se nourrir des fleurs de certaines légumineuses.

Dans la région des hauts plateaux ou zone éthiopienne, « la végétation arborescente est rare, sauf dans le fond des vallées ; on voit cependant çà et là des oliviers sauvages, d'immenses figuiers, quelques espèces spéciales de Mimosas, et parfois de jolis buissons de jasmins. Le nombre assez considérable des Mylabres dans cette région laisse à penser qu'ils trouvent dans cette flore restreinte une nourriture suffisante.

3° *Mylabres d'Asie*. — Pour les espèces de ces régions, nous avons quelques renseignements plus précis. D'après Al. Walker (70) (cité par Béguin, p. 42), *Mylabris pustulata* (Oliv.), dans tout le Deckam, dévore un grand nombre de fleurs, notamment celles des Chicoracées, de *Tribulus terrestris*, de *Cleone*, et celles d'un grand nombre de Malvacées, parmi lesquelles la rose de Chine (*Hibiscus Sinensis*). On les rencontre aussi sur diverses plantes de la famille des Cucurbitacées; enfin, il paraît que cette espèce détruirait beaucoup de pieds de Maïs, en s'attaquant à la plante encore jeune.

Le Mylabre de la chicorée (M. *Cichorii*) (Bilb.), dit le Dr Cooke, (69), se trouve principalement, de juillet à la fin d'octobre, sur les fleurs des Cucurbitacées, mais plus fréquemment sur une espèce de *Cucumis ;* on le rencontre encore sur différentes espèces de Sida.

Coyna. — *Coryna Bilbergi*, suivant Ricardo J. Gorriz se trouve à peu près uniquement sur *Malva Sylvestris* et *Papaver rhœas*. Il est intéressant de constater ainsi que les Coryna, sortes de Mylabres, qui n'en diffèrent essentiellement que par leurs antennes, vivent sur les plantes des mêmes familles que hantent les Mylabres. Gorriz nous apprend à leur sujet un détail assez singulier. Pendant la partie chaude de la journée, on voit ces insectes très actifs plonger tout entiers dans les fleurs dont ils se nourrissent; mais, après le coucher du soleil, pour éviter d'être emprisonnés dans les fleurs qui vont se refermer, ils

descendent le long des tiges, et vont s'enfoncer dans la terre
au pied de la plante. Le lendemain, quand le soleil vient à
les tirer de l'engourdissement où ils sont tombés pendant la
nuit, ils viennent de nouveau se poser sur les fleurs, où on peut
les prendre aisément.

Cerocomes.—Les Cérocomes se nourrissent des sucs d'un grand
nombre de fleurs appartenant plus particulièrement à la famille
des Composées et à celle des Ombellifères. *C. Schœfferi*, dit Fabre,
vit sur les capitules de l'*Immortelle des îles d'Hyères* (*Helichry-
sum stachis*). Aux environs de Paris, on le rencontre quelquefois
sur les fleurs de Millefeuille. En Algérie, d'après Mulsant,
C. Wahlii, vit sur les Ombellifères et sur l'*Hypericum repens*. En
Espagne, d'après Gorriz, les Cérocomes se trouvent sur les fleurs
des Dipsacées et des Composées, et particulièrement parmi ces
dernières sur celles des Centaurées, Carduacées, Artémisiées et
sur les *Anthemis*. Au coucher du soleil, on les y trouve groupés
en grand nombre jusqu'à ce que la chaleur des rayons du soleil
levant en secouant leur torpeur leur donne une activité nouvelle.
Ils se dispersent alors sur les fleurs dont ils semblent absorber
les sucs sucrés avec une grande activité.

Lydus algirica vit sur les fleurs de *Scabiosa semipapposa*,
(Observation communiquée par mon ami le professeur Battandier), dans les lieux humides et marécageux.

Œnas afer. — Apparaît en Espagne au mois de juin, et disparaît complètement dans la première quinzaine d'août. On le
rencontre généralement sur les fleurs de *Daucus*, et sa couleur noire tranche vivement sur le fond blanc des ombelles de
cette plante. (Gorriz.)

Zonitis.—Ces espèces se nourrissent du pollen et des sucs des
fleurs. *Z. mutica*, suivant Fabre, vit en juin, en Provence, sur les
fleurs de l'*Onopordon Acanthium* et sur celles de l'*Eryngium
campestre*.

Nemognatha.—Vivent aussi du suc des fleurs; mais je ne possède aucun renseignement sur les espèces qu'ils fréquentent
plus habituellement.

Sitaris.—Enfin, les *Sitaris* semblent dans la courte durée de leur vie à l'état parfait ne point se nourrir. Je n'en ai jamais vu, dit Fabre, « un seul (*Sitaris humeralis*) autre part que sur le théâtre de leurs amours et en même temps de leur mort; je n'en ai jamais surpris un seul pâturant sur les plantes voisines, de sorte que, bien qu'ils soient pourvus d'un appareil digestif normal, j'ai de graves raisons de douter s'ils prennent réellement la moindre nourriture. »

En résumé, nous voyons d'après ce qui précède, que c'est spécialement dans le genre Cantharis (en y joignant les Epicautes, Lytta, Macrobasis, etc.), qu'on rencontre des insectes véritablement nuisibles à l'agriculture. Parmi les Mylabres, il en est bien qui détruisent des plantes cultivées, mais, en général, il ne s'attaquent, ainsi que les espèces des autres genres, qu'à des plantes sauvages, dont ils rongent les pétales ou les anthères, lorsqu'ils ne se contentent pas comme les Cérocomes des sucs produits par les fleurs. On remarquera que parmi les plantes recherchées de la plupart de ces espèces, il faut citer en première ligne les Composées, les Ombellifères et les Malvacées. Viennent ensuite les Papavéracées, les Cucurbitacées, etc. On remarquera encore que les espèces d'un *même genre, prises dans des régions très différentes*, semblent affectionner les mêmes plantes. Pour n'en citer qu'une exemple, je rappellerai que beaucoup d'Epicauta américains s'attaquent aux pommes de terre (observations récentes de Riley), et que c'est également le cas de l'Epicauta verticalis en Italie.

CHAPITRE III

Accouplement et ponte.

Pour les Vésicants, comme d'ailleurs pour la plupart des insectes, le temps relativement court que dure la vie à l'état parfait est consacré à la conservation de l'espèce ; aussi voit-on certains d'entre eux, les Sitaris, par exemple, qui n'ont guère plus de quelques jours à vivre, accomplir les fonctions de reproduction dès leur sortie des enveloppes nymphales. L'accouplement d'ailleurs suit toujours d'assez près l'apparition de l'insecte, et une fois cet acte opéré, le mâle qui a rempli son rôle languit quelque temps et meurt, tandis que la femelle survit jusqu'à ce que la ponte soit opérée.

I. — ACCOUPLEMENT.

L'accouplement, chez tous les Vésicants que nous avons pu observer, se fait entre individus posés sur les fleurs ou sur les feuilles des plantes qui leur servent de nourriture. Il ne se fait pas dans les airs, comme cela s'observe, par exemple, chez nombre d'Hymenoptères. C'est, qu'en effet, ceux des Vésicants (Cantharide, Mylabres, etc.) qui paraissent le mieux doués pour le vol ne sont encore qu'assez imparfaitement organisés pour se soutenir longtemps dans l'air ; quant aux Meloe, c'est le plus ordinairement à terre que se fait le rapprochement sexuel. Leurs lourdes allures l'expliquent suffisamment. L'accouplement a été observé chez un certain nombre d'espèces européennes ; nous avons, de notre côté, fait à ce sujet quelques observations qui nous semblent pouvoir prendre place ici.

Cantharide. — Gœdart, puis Audouin, et plus récemment Fabre, ont décrit avec détails l'accouplement de la Cantharide ordinaire. Audouin a, le premier, fait remarquer que les pattes antérieures du mâle ont une organisation particulière qui lui permet à un certain moment de saisir les antennes de la femelle et de les retenir avec force. En effet, le premier article (voir pl. II, fig. 4), est profondément échancré, et, d'autre part, il existe à la hanche une forte épine qui, en se repliant sur le tarse, ferme l'échancrure et la convertit en trou. « Le mâle, dit Audouin, se saisit donc de chaque antenne en engageant leur dernier article dans l'échancrure du tarse et en ramenant sur elle l'épine de la jambe. »

Tous les auteurs sont d'accord sur les points principaux de cet accouplement. Ils ont constaté tous l'ardeur et la passion du mâle, et, par contre, l'impassibilité et la résistance de la femelle, j'ai eu l'occasion de faire une observation bien probante à cet égard. C'était le 2 juin 1883, les Cantharides que je possédais étaient en pleine période d'accouplement et j'avais sous les yeux trois ou quatre couples en action. Voici ce que j'ai noté sur l'un d'eux : Le mâle d'assez petite taille monta rapidement sur le dos d'une femelle volumineuse qui se tenait suspendue au pétiole d'une feuille de lilas. De ses pattes postérieures assez longues pour former anneau autour du corps, il se fixa solidement au niveau de l'attache de l'abdomen au thorax. Puis il commença par flatter doucement de ses pattes antérieures libres et de ses pattes moyennes le ventre de la femelle. Pendant ce temps, celle-ci tenait sa tête complètement abaissée dans la position qu'affectent tous ces insectes dès qu'on cherche à les saisir. Les antennes du mâle étaient agitées de vibrations et son abdomen s'allongeait en arrière, cherchant à atteindre l'orifice sexuel de la femelle qui, au contraire, recourbait cet orifice en bas et s'opposait ainsi à tout rapprochement. C'est alors que le mâle précipitant brusquement en avant ses pattes antérieures tente de s'emparer des antennes de la récalcitrante. Une vraie lutte s'engage, brusque mais courte. Et quelques instants après, j'aperçois le vainqueur tirant à droite et à gauche sur les antennes qu'il a saisies, en même temps que sa tête oscillant avec force semble frapper vigoureusement au passage l'occiput de la femelle, et que l'abdomen s'agite furieusement et se contorsionne de la plus étrange façon. Il flagelle ainsi à coups redoublés les flancs de l'indocile et ce manège dure sans discontinuer pendant près d'une demi-heure. La femelle ne répond pas à tant d'avances ; je vois alors le mâle comme épuisé, lâcher les antennes qu'il tenait et manœuvrait comme des rênes, et rester calme pendant une minute environ. Brusquement l'assaut recommence, et pendant vingt-cinq minutes ces alternatives de repos et d'agitation se renouvellent sans cesse. La femelle paraît toujours complètement insensible. De temps en temps elle relève la tête, mais pour l'abaisser de nouveau au moment de l'une des attaques du mâle. Enfin, ce dernier, las sans doute de tant d'efforts inutiles, se retire et grimpe sur une branche voisine. Je pensais que tout était fini et j'allais porter mon attention sur d'autres couples, quand tout à coup, et avec une rapidité qui m'étonna, je le vis revenir sur ses pas, s'attacher de nouveau à l'objet de ses convoitises et se saisissant des antennes recommencer les mêmes manœuvres. Au bout d'un quart d'heure il se découragea et partit pour ne plus revenir. Je continuai d'observer la femelle. Pendant cinq minutes encore elle resta complètement immobile, comme se méfiant d'un retour du gêneur. Puis voyant qu'il n'y avait plus rien à craindre, elle se remit peu à peu en mouvement et commença à ronger la feuille la plus voisine.

Dans l'observation que je viens de relever, il faut peut-être attribuer une bonne part de cette complète indifférence de la femelle à ce qu'elle avait pu être fécondée déjà, comme le laisserait supposer le volume assez considérable de son abdomen. Cette réserve faite, il y a lieu toutefois de faire observer qu'une indifférence à peu près absolue est la règle.

D'après le récit qu'Audouin nous a donné, il semblerait que le mâle arrive, en harcelant la femelle, à la décider à lui abandonner ses antennes : « celle-ci, qui jusque-là, dit-il, n'avait donné aucun signe de vie, éleva lentement ses antennes qu'elle tenait inclinées et à l'instant même le mâle s'en saisit à l'aide de ses deux pattes antérieures. »

D'après la description de Fabre, le mâle s'empare de haute lutte des antennes de la femelle; c'est bien également ce que nous avons vu. Ce n'est là d'ailleurs qu'un détail. Mais, ce qui est certain, c'est que l'accouplement ne peut avoir lieu qu'avec le consentement de la femelle. Il faut qu'elle relève l'extrémité de son abdomen pour permettre au pénis d'y pénétrer ; et c'est parce qu'elle n'a pas voulu céder sur ce point que nous avons vu dans le cas que nous citions plus haut, le mâle forcé définitivement de battre en retraite après plusieurs assauts réitérés.

L'accouplement paraît durer fort longtemps.

Audouin parle de quatre heures et Fabre d'une vingtaine d'heures. Il est en réalité assez difficile d'en fixer la durée pour cette raison, que les crochets qui garnissent le pénis (voir pl. XII, fig. 1 à 5) s'opposant à sa sortie de la vulve, les deux insectes restent pendant un temps considérable sans pouvoir se séparer. J'en ai vu ainsi accouplés pendant cinq et six heures de suite et j'étais obligé d'abandonner l'observation sans les voir se disjoindre. Mais, ce qui montre bien que l'accouplement physiologique est terminé bien longtemps avant que la séparation survienne, c'est qu'on voit les insectes ainsi réunis se livrer à des occupations d'un tout autre ordre. Ainsi, le 9 juin 1883, je trouvai dans une de mes cages deux Cantharides accouplées de la sorte. Le mâle accroché à une feuille mangeait paisiblement, tandis que la femelle suspendue à son abdomen restait pendante, la tête en bas, les antennes allongées et immobiles, les pattes repliées. Pendant plus de deux heures j'ai pu les observer dans cette position sans qu'aucun changement soit intervenu. D'autre fois, c'est la femelle qui a la position avantageuse et qui broute les feuilles, tandis que le mâle est pantelant dans le vide. Tous deux peuvent parfois se rencontrer occupés à manger paisiblement.

Audouin qui a signalé ces faits également, a constaté dans l'observation qu'il relate, qu'au bout de quatre heures, la femelle commença à s'agiter beaucoup; elle brusquait le mâle qui ne faisait aucune résistance; « enfin, elle vint à bout à l'aide de ses mouvements et avec ses pattes, de s'en débarrasser. J'examinai, ajoute-t-il, les organes copulateurs du mâle, je ne distinguai plus de pénis... J'ouvris la femelle avec soin. je trouvai le pénis dans la vulve et en continuant la dissection,

je vis qu'il était engagé dans la vésicule copulatrice. » Je pense
qu'Audouin a été témoin, dans cette circonstance, d'un cas particulier ; car, j'ai ouvert un nombre considérable de femelles
fécondées, tant pour élucider ce point que dans le cours de
mes recherches sur la structure histologique de ces organes et
jamais je n'ai eu l'occasion de trouver un pénis engagé dans la
vulve ou dans la vésicule copulatrice. Celle-ci cependant, renfermait de nombreux spermatozoïdes et il n'y avait aucun
doute à avoir sur la réalité d'un accouplement antérieur.
D'autre part, sur une cinquantaine d'individus mâles que j'ai
ouverts pour en étudier les divers organes, je n'ai jamais trouvé
le pénis absent. Je crois donc pouvoir en conclure que l'observation de Audouin ne saurait être généralisée. J'ajouterai
encore à ce propos, que Ratzburg (Fort-Insecten) fait remarquer, qu'un mâle peut s'accoupler avec plusieurs femelles sans
que son pénis soit arraché. Cette observation est parfaitement
juste.

Cérocomes. — L'accouplement des Cérocomes a été observé
par Fabre. « Hissé sur la femelle, qu'il enlace et maintient
de ses deux paires de pattes postérieures, le mâle balance
tout d'une pièce, de haut en bas, la tête et le corselet. Ce mouvement oscillatoire n'a pas l'ardente précipitation de celui de
la Cantharide, il est plus calme et comme rythmé. L'abdomen,
d'ailleurs, reste immobile... Tandis que la moitié antérieure du
corps oscille, les pattes d'avant exécutent sur chaque flanc de
l'enlacée des passes magnétiques, sorte de moulinet si rapide
qu'à peine peut-on le suivre du regard. La femelle paraît insensible à ce moulinet flagellatoire. Tout innocemment elle se
frise les antennes...... Le Cérocome s'est refusé à se livrer sous
mes yeux, à l'acte final des noces. » On voit que là encore, la
femelle paraît fort insouciante ; il en faut peut-être voir la cause,
comme le dit Fabre, dans la captivité qui paraît peser à ces
insectes.

Sitaris. — L'accouplement des Sitaris nous est connu, grâce
encore aux observations de Fabre. Il suit de très près les premiers instants de la liberté de l'insecte et l'auteur a même vu
un mâle prêter son aide à une femelle qui sortait de ses

dépouilles larvaires et s'accoupler, alors qu'elle y était encore aux trois quarts engagée. Mais ici, l'opération est de courte durée, d'une minute à peu près. Pendant cet acte, le mâle se tient immobile sur le dos de la femelle.

Meloe. — Les renseignements donnés par Brandt et Erichson, dans leur monographie du genre Meloe (38) sur le mode d'accouplement de ces espèces, nous montrent que les choses se passent à peu près comme chez la Cantharide. Le mâle monte sur le dos de la femelle, enlaçant son corps de ses pattes antérieures, lui mordant le thorax avec ses mandibules « antennas antennis suis contrectans, quo evenit, ut qui antennas gerunt medio angulatas, feminam freno quasi tenentes videantur. » Ce n'est pas, on le voit, au moyen de ses pattes, mais avec ses antennes que le mâle saisit les antennes de la femelle ; toutefois, ce point mis à part, il est intéressant de noter ce caractère commun entre les Meloe et les Cantharides, que tous deux semblent dompter la femelle en la prenant par les antennes. Autre caractère de ressemblance, la femelle du Meloe montre la même insouciance sur laquelle j'ai insisté à propos de la Cantharide. Newport (68), après avoir décrit comme ci-dessus l'accouplement du Meloe, ajoute en effet « and she (la femelle) continues to feed as is almost unconscious of her partner presence. » L'accouplement dure deux à trois heures.

Une observation de Lichtenstein (71) sur *Meloe cicatricosus* semble démontrer que l'accouplement peut se répéter entre deux mêmes individus. C'est ainsi qu'ayant trouvé deux Meloe accouplés, il les plaça sous une cloche et leur donna du mouron comme nourriture. Deux jours après, il les vit s'unir de nouveau. Il y a lieu de remarquer toutefois, que l'état de captivité n'est pas étranger à ce fait. Car, il paraît bien prouvé qu'un seul accouplement suffit à l'imprégnation de tous les œufs qui seront pondus. Cette ponte cependant, chez les Meloe, ne s'opère pas ordinairement en une seule fois, ainsi que nous le dirons plus loin.

Zonitis. — « Les Zonitis, gent grossière, dit Fabre, pâturant les panicules du féroce panicaut, dédaignent les tendres préambules. Quelques vibrations rapides des antennes de la part des mâles, et c'est tout. La déclaration ne pourrait être plus sommaire. Le couple placé bout à bout, persiste pendant près d'une heure. »

Mylabris. — Les Mylabres, dit le même observateur, « doivent être fort expéditifs en préliminaires, à tel point que mes volières tenues bien peuplées pendant deux saisons, m'ont fourni de nombreuses pontes, sans m'offrir une seule fois l'occasion de surprendre les mâles faisant un brin de cour. » D'après J. Gorriz (*loc. cit.* p. 75), l'accouplement durerait deux heures.

II. — PONTE

A l'état normal, la ponte chez presque tous les Vésicants se fait dans la terre. La femelle, à cet effet, creuse un trou et y dépose ses œufs. Elle comble ensuite et nivelle au point qu'on retrouverait difficilement la place où le travail a été opéré. Peu après la ponte, l'insecte meurt. Je vais donner quelques développements sur le mode de ponte de la Cantharide que j'ai pu observer à diverses reprises dans tous ses détails.

Cantharide. — Le 27 juin 1883, comme je m'installais en observation auprès des cages où étaient renfermées de nombreuses Cantharides, je vis une femelle qui commençait à creuser un trou. Il était deux heures dix. L'insecte avait choisi un endroit du sol dénudé d'herbe, au voisinage d'une petite motte de terre durcie, du volume d'une noisette. Quand j'arrivai, l'animal avait déjà fait une tranchée assez large, mais peu profonde, et il était occupé à pousser ses fouilles au-dessous de la motte de terre qu'il ne paraissait pas chercher à attaquer.

De ses mandibules, il brise la terre en menus grains, que par des mouvements successifs de ses trois paires de pattes, il projette en arrière. Les mouvements des pattes postérieures, qui ne font que rejeter au loin la terre apportée par les autres pattes, ne peuvent, dans ce travail, être mieux comparés qu'à ceux des pattes de derrière d'un chien qui recouvre de terre ce qu'il croit devoir cacher aux yeux.

Bientôt l'insecte eut creusé ainsi un canal cylindrique à direc-

tion. oblique par rapport à la surface du sol, dans lequel sa tête
et son corselet disparaissaient complètement. L'abdomen seul
était en dehors. Au bout d'un quart d'heure, le conduit était assez
profond pour que l'animal disparût en entier. Pendant trois ou
quatre minutes, je restai sans l'apercevoir, puis l'extrémité
de l'abdomen se montra à l'orifice, et, peu à peu, lentement,
l'animal sortit à reculons. Ses pattes remuaient vivement et reje-
taient en arrière une terre finement pulvérisée, comme passée
au tamis, qui vint s'amasser dans la large excavation qui précé-
dait le canal proprement dit. Bientôt l'abdomen fut complètement dehors. Mais là s'arrêta le mouvement en arrière, et l'insecte rentra précipitamment dans son trou. C'était évidemment
pour le creuser plus profondement, car trois ou quatre minutes
après, il reparut encore, et trois fois de suite, je vis se répéter
ce manège. Pour la quatrième fois, l'animal redevint invisible.
Dix minutes s'écoulèrent, pendant lesquelles il ne reparut pas,
mais je vis la motte de terre qui formait plafond à l'entrée de la
galerie, comme remuée et même soulevée légèrement à plusieurs
reprises. Il semblait que l'insecte se remuait et s'agitait violem-
ment, mais je n'en pouvais saisir la raison. Tout rentra bientôt
dans l'ordre. Au bout de dix minutes, comme je ne voyais plus
rien, je me décidai à enlever la motte de terre, pensant que l'insecte se trouverait non loin de là. J'aperçus alors un orifice circulaire, et, à une petite profondeur, en éclairant avec une lentille, je distinguai la tête et les antennes de la Cantharide.
Celle-ci s'était donc retournée sous la motte de terre et s'était
enfoncée à reculons dans le canal qu'elle avait creusé avec ses
mandibules et ses pattes antérieures. C'est aux mouvements qui
accompagnaient cette volte-face qu'étaient dus les soulèvements
de la motte de terre que j'avais observés un quart d'heure auparavant. Après cette constation faite, je laissai l'insecte tranquille.
Il était absolument immobile.

A quatre heures dix minutes, c'est-à-dire deux heures après
le commencement des fouilles, je vis la tête et le corselet faire
saillie à l'entrée du conduit. Puis l'animal resta immobile pendant
quelques minutes. Je pense qu'il opérait alors une seconde
ponte, car j'ai presque toujours trouvé les œufs des Cantharides
disposés en deux paquets, l'un près de l'autre. Quoi qu'il en
soit, l'insecte rentra bientôt en mouvement et s'occupa avec une

remarquable activité à combler le trou et à niveler le sol d'une manière pour ainsi dire parfaite. La ponte et les opérations de fouille et de nivellement avaient duré en tout deux heures et demie.

J'avais eu précédemment l'occasion d'observer dans tous ses détails le travail auquel se livre la Cantharide pour recouvrir ses œufs après la ponte. Je pense qu'il peut y avoir quelque intérêt à faire connaître ces détails sur lesquels je n'avais plus insisté, lorsque je pris l'observation que je viens de relever.

C'était le 9 juin 1883. J'aperçus dans une de mes cages une Cantharide enfoncée jusqu'au cou dans la terre d'un pot où croissait un petit lilas. Elle était si complètement immobile que je la crus morte.

Cependant, après quelques instants d'un examen attentif, je constatai que de temps à autre, la tête et les antennes s'agitaient quelque peu. Je pensai alors me trouver en présence d'une femelle en train de pondre et je résolus d'attendre patiemment. Au bout d'un quart d'heure environ, je vis la tête et les antennes s'agiter plus vivement, puis l'animal commença à dégager son thorax et ses pattes antérieures. Au moyen de ces pattes, il se mit à ratisser la terre qu'il remuait de ses mandibules. Il ramenait ainsi cette terre sous son thorax, et je vis qu'aux mouvements des pattes antérieures succédaient des mouvements des pattes intermédiaires qui la repoussaient sous l'abdomen toujours engagé dans le trou. Bientôt l'insecte s'arrêta et s'arc-boutant sur ses pattes antérieures, il se mit avec ses pattes postérieures à tasser la terre au fond du conduit où étaient déposés ses œufs.

Au bout de dix minutes environ de ce travail, il y avait assez de terre au fond du puits pour que l'insecte se trouvât en partie dehors. Il continua son œuvre, se servant de ses tarses comme de râteaux, en même temps que ses mandibules faisaient office de binette. Entre temps, j'eus l'occasion à deux reprises, de voir l'insecte gêné par de petites radicelles de lilas qui se trouvaient à proximité, se débarrasser de ces radicelles en les coupant avec ses mandibules. Enfin, après quinze minutes d'efforts nouveaux, l'animal avait à peu près comblé le trou et en était complètement sorti. Il ramena encore quelque peu de terre vers l'orifice, mais ne nivela toutefois pas avec autant de soin que j'en vis prendre plus tard par l'insecte dont j'ai parlé dans la précédente observation.

Afin de me convaincre que j'avais bien assisté à une ponte, j'enlevai soigneusement la motte de terre qui devait renfermer les œufs, et je trouvai, en effet, à une profondeur un peu supérieure à la longueur de l'insecte, deux paquets d'œufs recouverts d'une terre très finement divisée. Chacun de ces paquets renfermait environ quatre-vingts œufs. J'ai pu constater par la suite que ce nombre est très variable et peut s'élever à plusieurs centaines.

Des observations qui précèdent il résulte que la Cantharide creuse un puits dans le sol en travaillant la tête en avant; puis elle se retourne quand elle juge que la profondeur du puits est suffisante et elle dépose au fond ses œufs, en deux masses répondant probablement chacune au contenu de l'un des ovaires. Cela fait, elle comble le puits en tassant la terre au-dessus des œufs. Je n'ai jamais vu mes Cantharides se livrer à plusieurs pontes. Elles meurent en général un jour ou deux après l'opération.

Meloe. — Pour les Meloe, les choses semblent se passer à peu près de même, mais toutefois avec quelques variantes. Nous trouvons à cet égard dans les auteurs quelques détails qui nous paraissent intéressants à relever.

Mulsant rapporte que le Meloe (il n'indique pas l'espèce), après avoir creusé un trou assez profond pour s'y cacher tout entier, s'y retourne à plusieurs reprises « soit pour consolider cette niche, soit pour l'agrandir et rendre plus commode le séjour qu'il doit y faire (1). » Le chiffre des œufs déposés est très variable. Mais la femelle des Meloe pond à plusieurs reprises, et paraît-il, jusqu'à quatre fois. A chaque ponte, le nombre des œufs diminue. C'est ainsi que Gœdart en compta jusqu'à près de 3,000 dans une première ponte, et 900 dans une seconde. Ici d'ailleurs, comme chez la Cantharide, le nombre des œufs pondus par la femelle varie dans des limites étendues, soit avec la taille de l'individu, soit

---

(1) D'après Newport, les femelles qui ont vécu dans l'isolement n'apportent pas les mêmes soins à la ponte, et abandonnent les œufs dans le trou sans le combler.

avec toute autre circonstance. Il paraît, en tous cas, fort élevé, car Newport compta dans les ovaires d'un Meloe 4,218 œufs ; et Lichtenstein évalue à 1,200 ou 1,500 le nombre des œufs pondus par un *Meloe cicatricosus* qu'il observa. Gorriz de Cariñema cite, d'autre part, une ponte semblable, opérée par *Meloe Majalis*. J'ai observé de même fréquemment des pontes de Meloe proscarabœus qui ne le cédaient pas en nombre aux précédentes.

J'ai dit que les Meloe montrent quelques variantes dans les soins qu'ils donnent à leur ponte. Lichtenstein rapporte, en effet, qu'un Meloe cicatricosus, dont il observa la ponte, après avoir déposé ses œufs, « boucha le trou avec un tampon de terre et de feuilles mâchées d'environ deux centimètres d'épaisseur et nivela le sol. » L'emploi des feuilles mâchées est peut-être particulier à cette espèce. Gorriz de Cariñema (72) raconte de son côté, au sujet de *Meloe Majalis*, un fait assez singulier : — Lorsque la femelle eût creusé son trou, elle se mit à pondre ; au bout d'un certain temps, elle s'interrompit, puis reprit sa ponte, et l'observateur vit alors un mâle s'approcher et assister la femelle, « en saisissant avec ses mandibules, les œufs au fur et à mesure de la ponte et en les déposant régulièrement dans le trou préparé. »

D'après Rossi, cité par le même auteur, la femelle du Meloe Tuccius, après avoir choisi un endroit couvert d'herbes, creuse la terre dans toutes les directions sur une étendue circulaire dont le diamètre égale à peu près la longueur de son corps et sur une profondeur qui n'excède pas deux centimètres. Une fois cette cavité préparée, elle y dépose environ un millier d'œufs ; la ponte, dans ce cas, est extrêmement longue, et dure près de trente-six heures.

Mylabris. — Relativement à la ponte des Mylabres, nous possédons quelques observations qui démontrent que ces insectes se comportent, sous ce rapport, comme les autres espèces de Vésicants. Les *Mylabris 4-punctata* et *12-punctata*, rapporte Fabre, pondent à la fin de juillet et au commencement d'août. La mère creuse un puits de deux centimètres de profondeur environ et d'un diamètre égal à celui de son corps. La ponte dure une demi-heure à peine, temps très court, en rapport d'ailleurs avec le petit nombre des œufs, qui n'est guère supérieur à 40. Cela fait, la mère balaie les déblais avec ses pattes antérieures, « les rassemble avec le râteau des mandibules et les repousse dans le puits, où elle descend alors pour piétiner la couche pulvérulente et la tasser avec les pattes postérieures... Cette couche bien foulée, elle se remet à râtisser de nouveaux matériaux pour achever de combler la fosse, assise par assise soigneusement piétinée. » On voit par ces détails, combien cette manière de procéder a d'analogie avec celle que nous avons décrite en détails au sujet de la Cantharide.

J. Gorriz a observé de son côté la ponte d'une autre espèce, *Mylabris geminata,* qui ne fait guère plus de 25 œufs dans une cavité qu'elle recouvre hâtivement de quelque peu de terre.

Sitaris. — Nous n'avons pas d'observations relatives à la ponte des Cérocomes et des Zonitis. Les individus de ces deux genres que j'ai eus en ma possession, ont rarement pondu, et en tous cas, je n'ai pu observer les pontes ; quant au Sitaris, nous savons, grâce aux belles études de Fabre, qu'il se distingue sous ce rapport de toutes les espèces que nous avons citées jusqu'ici. La femelle ne creuse pas de trou pour y enfouir ses œufs, elle les pond à l'entrée des galeries des Antophores. Voici comment Fabre procéda pour arriver à cette constatation : Il prit une femelle qui venait d'être fécondée sous ses yeux et la plaça dans un large flacon renfermant des mottes de terre pleines de cellules d'Antophore. Ces cellules étaient occupées en partie par des larves et en partie par des nymphes, encore toutes blanches; à la face inférieure du bouchon de liège qui fermait le flacon, Fabre pratiqua un conduit cylindrique en cul-de-sac, du diamètre des couloirs de l'Antophore. — Le flacon ainsi disposé fut placé horizontalement. « La femelle, dit Fabre, traînant avec peine son volumineux abdomen, parcourt tous les coins et recoins de son logis improvisé, et les explore avec ses pattes qu'elle promène partout. Après une demi-heure de tâtonnements et de recherches soigneuses, elle finit par choisir la galerie horizontale creusée dans le bouchon. Elle enfonce l'abdomen dans cette cavité et la tête pendante au dehors, elle commence sa ponte. » L'opération dura trente-six heures, pendant lesquelles l'animal se tint dans une complète immobilité. Fabre estime que pendant

ce long espace de temps, il n'y eut aucune interruption dans la
ponte ; or, comme moins d'une minute s'écoule entre l'arrivée
d'un œuf et celle du suivant, c'est environ 2,160 œufs que la
bestiole aurait pondus. Ce chiffre est de beaucoup supérieur à
celui que constata Mulsant dans une ponte qu'il observa en 1849.
Le 20 août, vers les 10 heures et demie du matin, une femelle
se mit à pondre, et continua jusqu'au 21, à 11 heures du soir.
Pendant cette opération, ses antennes et ses pattes étaient fré-
missantes et continuellement en mouvement, surtout pendant
les premières heures. Mulsant estime à plus de 600 le nombre
des œufs pondus pendant ces trente-six heures. Il y a donc
lieu de répéter, au sujet des Sitaris, ce que nous avons dit pour
les autres genres de la grande inégalité qu'on observe dans le
nombre des œufs pondus, suivant les individus.

Quoi qu'il en soit, lorsque Fabre eut été renseigné par l'expérience qu'il avait faite, il rechercha dans les galeries des Antophores, et y trouva invariablement, les œufs en tas dans l'intérieur des galeries, à un pouce ou deux de leur orifice, toujours
ouvert à l'extérieur.

Ici, donc, les œufs sont simplement déposés, sans qu'aucun
travail protecteur ait été exécuté par la mère. « Elle ne prend
aucun soin, dit Fabre, pour les abriter contre la rigueur de la
mauvaise saison ; elle n'essaie pas même en bouchant, tant bien
que mal, le vestibule où elle les apondus à une faible profondeur,
de les préserver des mille ennemis qui les menacent ; car tant
que les froids de l'hiver ne sont pas venus, dans ces galeries
ouvertes, circulent des araignées, des acares, des larves d'an-
thrènes et autres ravageurs pour qui ces œufs, ou les jeunes
larves qui vont en provenir, doivent être friande curée. » Grâce
à l'incurie de la mère, ajoute Fabre, le nombre des jeunes doit
se trouver singulièrement réduit, « de là, peut-être, la nécessité
où elle est de suppléer par sa fécondité à la nullité de son in-
dustrie. » Cette obsevation est très juste, mais il y a lieu, toutefois, de remarquer à l'actif de la mère, peut-être un peu
trop sévèrement traitée par l'éminent naturaliste, que s'il est
vrai qu'elle n'enfouit pas ses œufs dans le sol, elle les dépose à
portée des hyménoptères au corselet desquels les jeunes triongulins devront s'attacher. C'est là une précaution maternelle
dont il y a lieu de tenir compte et qui, d'ailleurs, est très vrai-

semblablement prise par la plupart des Vésicants, voire de ceux qui enfouissent leurs œufs dans le sol. Bien que ce point n'ait pas été élucidé d'une façon très nette, il y a lieu de croire, en effet, que ces œufs sont pondus dans le voisinage plus ou moins immédiat des lieux hantés par les insectes, hyménoptères ou autres chez lesquels les jeunes larves issues de ces œufs devront vivre en parasites.

CHAPITRE IV

Développement.

PARASITISME DES LARVES. — HYPERMÉTAMORPHOSE

Le développement des insectes Vésicants, caractérisé par deux faits fondamentaux : le parasitisme des larves et l'hypermétamorphose, est sans contredit l'un des plus intéressants chapitres de l'histoire zoologique de ces animaux. Sept années de recherches assidues m'ont permis de jeter un peu de lumière sur quelques-uns des points restés obscurs jusqu'ici.

En combinant ces données nouvelles avec les documents nombreux que possédait antérieurement la science, il est possible de former un ensemble qui, tout en ne constituant pas encore une histoire absolument complète de l'évolution naturelle de ces insectes, donne de leurs mœurs une idée générale assez exacte. Le mode de développement des Meloe a été le premier connu. De ce jour, l'obscurité, qui enveloppait la question, s'est peu à peu en partie dissipée. Je commencerai donc par l'exposition de l'évolution naturelle des Meloe qui est comme la base de toute cette étude.

a. DÉVELOPPEMENT DES MELOE

Œufs. — C'est Gœdart (73) en 1700, qui le premier observa les œufs des Meloe et leur éclosion. Depuis cette époque, ils ont été vus et décrits par de nombreux entomologistes. Ce sont des œufs cylindriques arrondis à leurs deux extrémités ; leur longueur un peu variable avec les espèces, est le plus souvent de 1 millimètre à 1,1/2 millimètre. Leur diamètre ne dépasse pas 1/2 millimètre. Leur couleur est d'un jaune pâle. Ces œufs sont pondus par paquets de plusieurs milliers, agglutinés légèrement entre eux par une substance muqueuse qui semble produite par la vésicule copulatrice (voir page 145) et la glande accessoire. Leur enveloppe transparente est très mince et délicate.

D'après Newport, les œufs de toutes les espèces sont semblables en forme et en couleur et ne se distinguent que par leur taille.

Première larve. — TRIONGULIN. — L'espace de temps qui s'écoule entre le moment de la ponte et l'éclosion de l'œuf semble varier quelque peu avec les espèces, mais les influences climatériques paraissent jouer un grand rôle et pouvoir retarder ou accélérer dans une certaine mesure le moment de l'apparition de la larve.

Gœdart observa, en effet, que des œufs pondus le 12 mai. éclorent le 23 juin, soit au bout de six semaines. De Geer (74) obtint des éclosions au bout de quatre semaines environ (18 mai au 19 juin). Newport. enfin, dans une série d'observations, constata de très grandes différences, évidemment en rapport avec la température. En effet, des œufs déposés au commencement et à la fin d'avril, n'éclorent qu'à la fin de mai ou au commencement de juin, soit au bout de six ou sept semaines, tandis que des œufs pondus à la fin de mai (24 mai) donnèrent des larves au milieu de juin (14 juin), c'est-à-dire au bout de trois semaines. Newport admet, en somme, que l'éclosion des œufs des Meloe demande en moyenne quatre à cinq semaines.

Les larves qui sortent des œufs des Meloe ont une histoire fort compliquée que nous allons retracer rapidement. Gœdart (1700), qui les observa le premier, les décrivit comme « de petits vermisseaux qui n'étaient pas plus gros qu'un poil de crin de cheval... Je ne prenais pas peu de peine, ajoute-t-il, à pouvoir m'informer quelle nourriture je pourrais fournir à ces vers qui leur pût être utile et agréable. afin de les pouvoir entretenir par ce moyen, mais c'était en vain tout ce que je faisais ; car je leur présentais du miel et des vers déjà morts, qu'on appelle ici des vers de pluie... Je leur offris aussi des œufs de fourmis, du sucre, du pain et plusieurs herbes les plus savoureuses, mais, avec tout cet appareil, je n'ai pas pu faire en sorte de les nourrir et les élever jusqu'à ce qu'ils soient parvenus à une juste grandeur. »

Frisch (75), en 1720, dans sa description des Insectes d'Allemagne, figura d'une façon grossière, un *parasite de l'abeille* que Linné désigna sous le nom de *Pediculus apis* (*Hist. Nat. des insectes*, t. IV, pl. 31, fig. 17). Réaumur figure également une larve de Vésicant prise sur une « mouche de forme d'abeille » mais sans se douter de sa véritable nature. C'est de Geer (74) en 1775, qui le premier montra que le *Pediculus* n'était autre que la larve du Meloe. Il avait trouvé « de très petits insectes hexapodes sur des mouches vertes de l'espèce dénommée par M. de Linné : *Musca* (intricaria) (1) *antennis setariis tomentosa lutescens, abdominis apice albido, genuibus albis.*

Ollivier, en 1795 (76) donna également une description assez détaillée de la larve du Meloe. Il était au courant des faits reconnus par de Geer, et les signala. Geoffroy prit la larve du *Timarcha tenebricosa* pour celle du Meloe. Latreille (77), au chapitre des Meloe. ne manqua pas de donner la description de la larve. Mais il avait peine à entrer dans les vues de de Geer. « Comment concevoir, écrit-il, que des larves aussi petites puissent se transformer en des insectes qui ont un pouce de long et qui ont un volume considérable ? Si elles sont carnassières et parasites dans leur premier âge, elles doivent l'être jusqu'à leur passage à l'état de nymphes ; et quel est l'insecte assez fort pour pouvoir être chargé d'une larve qui doit être très grande vers cette époque ? ...... Lorsque de Geer a enfermé les femelles dans un poudrier afin de les nourrir, a-t-il bien examiné si les feuilles, la terre qu'il y mettait avec eux ne portaient pas d'œufs d'autres insectes. Telles sont les difficultés que je propose, ajoutait-il, animé non d'un esprit frondeur ou vétilleux, mais du pur amour de la vérité qui commande le doute pour les observations que le creuset d'une sévère critique n'a pas éprouvées. »

Sont-ce les arguments de Latreille qui ont touché L. Dufour ? En tous cas, cet observateur (78), en 1828, retomba dans l'erreur de Frisch, consacrée par Linné et considéra le *Pediculus*

____

(1) Eristalis intricarius.

apis comme un parasite propre aux hyménoptères, sans voir ses relations avec les Vésicants. Il publia, en effet, au sujet « d'une espèce de pou infiniment petit, agile, » rencontré dans les premiers jours de juillet 1827, sur quelques individus de l'*Andræna carbonaria* (Fabr.), une note dans laquelle il convient que ce parasite appartient au *Pediculus apis* de Linné, mais « qu'il y a lieu de l'élever au rang de genre nouveau. » Dufour en fit le genre Triongulinus « qui exprime, dit-il, un de ses traits les plus distinctifs, fourni par le nombre de ses ongles. » Il établit sa place naturelle entre le *Pediculus* et le *Ricinus* et décrivit avec détails sous le nom de *Triongulinus Andrenetarum*, l'espèce qu'il avait trouvée sur l'Andrène.

Audinet de Serville (79), dès l'apparition de la note de L. Dufour, publia un mémoire critique dans lequel, après avoir rappelé que les auteurs cités plus haut (Gœdart, de Geer, Latreille, etc.) avaient bien décrit dans ses principaux détails la larve du Meloe, il reproche à Dufour « de n'avoir point consulté les auteurs anciens et modernes avant de se décider à publier un genre nouveau. » Dufour, d'ailleurs, n'était pas le seul à méconnaître les travaux de ses devanciers, car Audinet de Serville rappelle que Kirby (80) a donné une description d'un parasite de la *Melitta fuscata*, qui ne peut laisser de doutes sur son identité avec le Triongulin, sauf que sa couleur noire peut indiquer qu'on est en présence d'une espèce distincte; Walkenaer (81), de son côté, décrivit aussi comme une variété de Triongulin, un parasite qu'il trouva sur une Halicte, et il ajoutait que c'était à tort, que certains naturalistes avaient décrit le Pediculus Melittæ comme la larve du Meloe.

Audinet de Serville rapporte enfin qu'un de ses amis, M. Carcel, trouva aux environs de Paris un Odynère qui, à lui seul, portait au moins soixante de ces parasites, et sur une touffe de marrube il observa plusieurs centaines d'individus absolument semblables à ceux qui étaient sur l'Odynère. Comparant ces individus avec des larves qu'il avait obtenues des œufs d'un Meloe proscarabœus, il conclut, en terminant, que « cette masse de faits, jointe à l'autorité de de Geer, et à celle de Latreille, nous impose la nécessité de rejeter le genre *Triongulin* (Dufour). ainsi que le *Pediculus Melittæ* (Walk. et Kirby). de la section des insectes aptères, pour les reporter, comme larves, à celle des insectes ailés; le premier n'étant que la larve du Meloe proscarabœus, ainsi que le Pediculus Melittœ, de Walkenaer; le Pediculus Melittœ, de Kirby, doit être regardé comme la larve d'une autre espèce; mais il nous est impossible de savoir laquelle. »

La critique si juste d'Audinet de Serville porta ses fruits, et la question sembla jugée une fois pour toutes. Bientôt même (1831) on alla plus loin. « Je suis d'avis, dit Géné (82), que tout Trachélyde de la tribu des Cantharides présentera des larves de la forme de celle du Meloe, et qu'en conséquence, les petits animaux dont il est question peuvent également bien se rapporter dans l'état actuel de l'entomologie à tous les genres de cette tribu. » Cette affirmation, toutefois, ne faisait pas avancer la question d'un pas. En 1842, Th.-V. Siebold (83) décrivit à nouveau les larves de Meloe; comme Audinet de Serville, il reconnut deux espèces de larves de Meloe : l'une de couleur orangée du *Meloe proscarabœus*; l'autre de couleur noire, vraisemblablement du *Meloe Scabrosus.* » Siebold cita en même temps un grand nombre d'hyménoptères sur lesquels ces larves peuvent se rencontrer (1). Mais il lui fut impossible de déterminer quel est le sort futur de ces larves. Comme l'avaient déjà signalé de Geer, Dufour, etc., Siebold fit remarquer que les larves se tiennent sur les hyménoptères de préférence au voisinage de la nuque et du métathorax, et qu'elles s'attachent aux poils de ces régions avec une telle tenacité qu'on a peine à les faire lâcher prise. Il est supposable, ajoute-t-il, que ces larves abandonnent plus tard les Apides et les Andrènes sur lesquelles elles ont vécu en parasites, car les larves qu'il trouve en juin et juillet sur le corselet des hyménoptères ont la même taille qu'au sortir de l'œuf, et la même taille aussi que celles que l'on trouve au milieu d'avril sur les mêmes hyménoptères. Toutefois, conclut-il, il n'est possible de faire que des conjec-

---

(1) Siebold a trouvé des larves de Meloe de couleur orange, fréquemment sur *Bombus terrestris*, *Antophora leporina*, *Megilla pilipes*, *Andrena thoracica*, *Nomada ovata*, tandis que les espèces de couleur noire ont été vues sur *Andrena ovina* et *Hylœus 6-cinctus*. Drewsen et Schiödte (Isis, 1841. Heft. V), ajoute Siebold, ont aussi trouvé des larves de Meloe sur divers Hyménoptères. Ils citent notamment *Allantus colon*, *Selandria serva*, *Hylotoma pagana*, *Odynerus parietinum*, *Andrena Clarkella*, *Episyron rufipes*, *Chelostoma florisomne*, *Prosopis annulata*, *Panurgus lobatus*, *Nomada Goodeniana*, *lineola*, *flava*; *Stelis phœoptera*, *Anthidium manicatum*, *Megachile centuncularis*.

tures sur le mode de développement ultérieur de ces larves.

Les choses en restèrent là jusqu'en 1851, époque à laquelle parurent deux intéressants mémoires de Newport (68) qui donnèrent du problème tant étudié une solution à peu près complète. Dès 1829, Newport avait commencé à recueillir des observations sur la larve des Meloe. Les excellentes figures qu'il publia firent connaître cette larve dans ses principaux détails. et confirmèrent les descriptions déjà données par les auteurs. Elle se compose de quatorze anneaux distincts, y compris la tête et le segment anal. (Pl. XIV, fig. 1 à 6 et ci-contre fig. 13 a.)

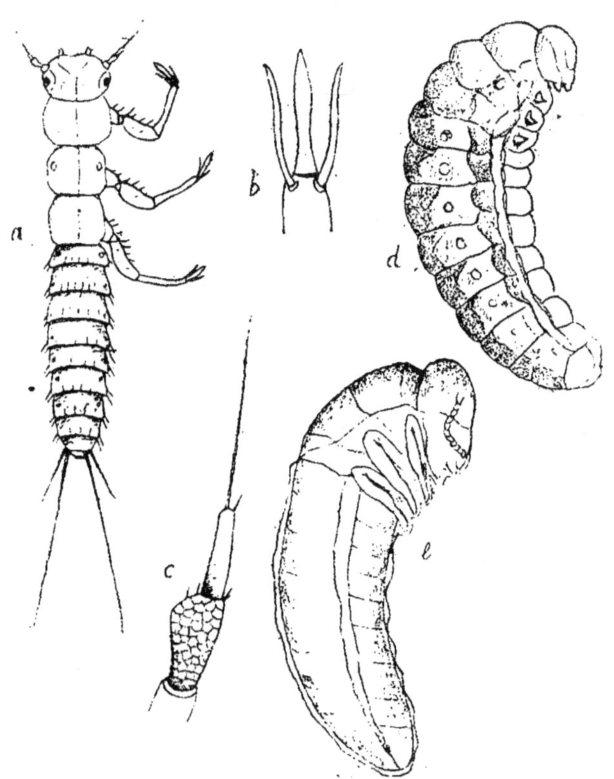

Fig. 13 (d'après Newport). — *a* Triongulin de *Meloe cicatricosus*, *b* ongles, *c* antenne, *d* pseudo-larve, *e* nymphe encore en partie dans sa mue.

La tête, courte, large et déprimée, porte des antennes de cinq articles dont les trois derniers sont très grêles. Les yeux sont noirs et grands.

Le thorax est formé de trois segments larges et puissants qui portent chacun une paire de pattes allongées munies à leur extrémité de trois ongles dont le médian est lancéolé.

L'abdomen, formé de dix anneaux, porte sur le segment préanal, et de chaque côté. deux longues soies.

Ces larves, dont l'agilité est fort remarquable, mesurent environ 2 millimètres de long, et sont de couleur jaune. Suivant Newport, cette couleur se retrouve chez les larves des diverses espèces. C'est ainsi que les larves qu'il a obtenues par éclosion des œufs des *Meloe violaceus, proscarabœus. cicatricosus*, sont jaunes et tellement semblables de forme et de couleur qu'il n'y a guère que des différences de taille qui puissent les faire distinguer. Leur couleur jaune se modifie peu avec le temps; elle devient seulement un peu plus foncée. Pour Newport, les larves de couleur noire rapportées par les entomologistes à des espèces de Meloe distinctes doivent appartenir à quelque genre de vésicant autre que le Meloe (1).

PARASITISME ET HYPERMÉTAMORPHOSE. — Newport répéta sur ces jeunes larves les expériences de de Geer et autres entomologistes, et constata une fois de plus la rapidité avec laquelle elles s'attachent aux poils du corselet et de l'abdomen des hyménoptères qui passent à leur portée, et la ténacité avec laquelle elles s'y cramponnent.

Rapprochant ces deux faits, d'une part que les œufs de Meloe sont pondus dans des endroits exposés au soleil, d'autre part que les larves sont trouvées sur des hyménoptères tels que Andrenes, Eucères, Osmies, Antophores, Bombus qui nidifient dans le sol, ou sur des Diptères, Volucelles, etc., parasites de ces hyménoptères, Newport tira cette conclusion que les larves des Meloe

(1) La larve de la Cantharide décrite par Zier, dit Newport, est très semblable à celle des Meloe. De jaune à sa sortie de l'œuf, elle devient noire. Par suite, ajoute-t-il, « la larve décrite par Kirby et trouvée par moi sur l'Osmie, est très voisine de celle de cette espèce. Nos observations laissent à penser que ce n'est pas à la Cantharide que doivent être rapportées ces larves.» Cette conclusion ne saurait en effet être admise aujourd'hui, car on connaît des larves de Meloe qui ne gardent pas la couleur jaune primitive. Ainsi, Gorriz de Cariñema, qui a étudié la larve de Meloe Majalis, dit que, au début, cette larve rappelle celle des Meloe cicatricosus et proscarabœus, mais que dès la première mue elle se distingue par la variété de ses couleurs qui la rapproche plus de celle de Cantharis vesicatoria que d'aucune espèce de Meloe connue. (Voir plus loin la description des larves des diverses espèces de Meloe.)

doivent se faire transporter par les insectes en question dans les
nids qu'ils ont préparés pour leurs propres larves. — Pour arriver à leur véhicule, dit Newport, les jeunes Meloe, *attirés par la
lumière*, montent sur les tiges des plantes et se cachent dans la
corolle des fleurs, pour y attendre le passage des insectes qui
viennent récolter le pollen. Cette idée lui fut suggérée par ce
fait : « Qu'un jour il observa un nombre considérable de petites
larves hexapodes très semblables à celles du Meloe et qui se
trouvaient tapies entre les pétales des fleurs d'un taraxacum,
mais qui entrèrent aussitôt en mouvement dès que la fleur fut
touchée... » Guidé par ces inductions, Newport fit des recherches
attentives dans les cellules de l'*Antophora retusa* qui se trouvaient en abondance à Richeborough et il trouva, en effet, dans
ces cellules, la larve adulte et la nymphe du Meloe *cicatricosus*.
Successivement il découvrit d'autres formes et put établir qu'à
la larve développée, succède « une larve apode, grasse, inerte,
d'une couleur orange claire, complètement dépourvue d'appendices caudaux, d'antennes et de pieds. Ces appendices étant

Fig. 14 (d'après Newport) *Meloe Cicatricosus* dans les cellules
d'*Antophora retusa*.

remplacés par des tubercules courts. » Cette forme, que Newport figure sous le nom de pseudo-larve, fut trouvée en nombre
considérable dans les mois d'août et septembre, complètement
enfermée dans les cellules closes de l'Antophore. Elle est de
forme semi-lunaire et à demi enveloppée de la mue antérieure
qui reste adhérente à la surface inférieure et postérieure de
son corps. Dans la suite, la métamorphose en nymphe s'opéra,
mais après que l'animal eût abandonné une très fine pellicule.

De ces observations il résultait donc que les Meloe passent
successivement par les états de première larve, larve parfaite,
pseudo-larve, et nymphe précédée d'une mue. Mais quelle

est la nourriture qui convient à la première larve pour lui permettre de passer par ces diverses phases de son évolution ? C'est là une question que Newport ne put arriver à résoudre. Il établit bien que les jeunes larves ne peuvent être considérées comme des parasites vivant sur le corps des hyménoptères, mais les expériences qu'il fit ne lui permirent pas d'établir si elles se nourrissent des larves plus ou moins développées des hyménoptères ou du miel renfermé dans les cellules où elles se font transporter.

Il était réservé (1857-1858), à un zoologiste français, Fabre d'Avignon (89), d'élucider complètement la question et de donner du mode de développement des Meloe une histoire absolument complète.

C'est près de Carpentras, dans les cellules des *Antophora pilipes* et *parietina*, que Fabre put suivre les diverses phases de cette curieuse histoire évolutive. Nous allons donner une brève analyse des deux mémoires publiés par Fabre. — Newport soupçonnait que les larves de Meloe, une fois sorties de l'œuf, grimpent sur les fleurs pour y attendre le passage des hyménoptères. Fabre a pu observer qu'il en est bien ainsi. Il raconte, en effet, qu'il s'était étendu, un jour, sur un maigre tapis de gazon, pour suivre à l'aise le travail de nombreux essaims d'*Antophora parietina*, qui exploitaient un talus voisin calciné par le soleil, lorsque bientôt ses vêtements se trouvèrent envahis par des légions de petits poux jaunes, qu'il reconnut pour de jeunes Meloe. — « Le gazon où je m'étais couvert de ces poux en m'y reposant un instant, (voir souvenirs entomologiques, t. II), ajoute Fabre, présentait quelques plantes en fleur dont les plus abondantes étaient des composées : *Hedypnoïs polymorpha*, *Senecio gallicus* et *Anthemis arvensis*. Or, c'est sur une composée, un pissenlit (*Dandelion*), que Newport croit se souvenir d'avoir observé de jeunes Meloë ; aussi mon attention se dirigea-t-elle tout d'abord sur les plantes que je viens de mentionner. A ma grande satisfaction, presque toutes les fleurs de ces trois plantes, surtout celles de la camomille (*Anthemis*), se trouvèrent occupées par un nombre plus ou moins grand de jeunes Meloe Sur tel calathide de camomille, j'ai pu compter une quarantaine de ces animalcules, tapis immobiles au milieu des fleurons. D'autre part, il me fut impossible d'en découvrir sur les fleurs du coquelicot et d'une roquette sauvage (*Diplotaxis muralis*), poussant pêle-mêle au milieu des plantes qui précèdent. Il me paraît donc que c'est uniquement sur les fleurs composées que les larves de Meloe attendent l'arrivée des hyménoptères. » Fabre observa, en outre, que sur le sol et sur le gazon courraient effarées un grand nombre de larves, qui n'avaient pas encore trouvé à s'établir convenablement. Il assistait donc à la sortie récente des jeunes hors des terriers où la mère avait pondu. « Ainsi, les Meloe, loin de déposer les œufs au hasard, comme pourrait le faire croire leur vie errante, et de laisser aux jeunes le soin de se rapprocher de leur futur domicile, savent reconnaître les lieux hantés par les Antophores et font leur ponte à proximité de ces lieux. » Si ce ne sont pas les Antophores auxquels ont songé les Meloe femelles, elles ont du moins choisi un terrain ensoleillé et des conditions favorables tant au développement de leurs propres œufs qu'à celui des œufs des Hyménoptères, puisque les deux espèces se trouvent réunies dans le même voisinage.

Après avoir constaté ces faits, Fabre s'occupa de recueillir les divers insectes hyménoptères et diptères qui venaient se poser sur les fleurs, et il put constater que presque tous portaient en nombre plus ou moins considérable de petits parasites. A peu près tous les Antophores examinés en portaient; il en fut trouvé également sur des Melectes et des Cœlyoxis, hymenoptères parasites de l'Antophore. Dans les deux cas, il était évident que la larve était en bonne voie pour arriver jusqu'à la cellule de l'Antophore; mais y avait-il choix conscient de la part de la larve? Telle est la question que voulut résoudre Fabre. Pour y arriver, il s'empara de divers diptères (*Eristalis tenax, Calliphora vomitoria*) qui s'abattaient sur les fleurs de seneçon et de camomille et constata qu'eux aussi étaient couverts de parasites. Il en trouva également sur un Hyménoptère carnassier qui n'a aucun rapport avec les Antophores, l'*Ammophila hirsuta*. Il les vit s'attacher à des papillons, à des araignées, à la Cétoine dorée en un mot à tout objet velu passant à leur portée. « Les jeunes larves s'étaient fourvoyées, et l'instinct, chose rare, se trouvait ici en défaut. » Les observations de de Geer, de Dufour, de Siebold et autres, concordent d'ailleurs pleinement avec ces expériences. Newport rapporte également qu'il vit de jeunes triongulins s'attacher au corps d'un Coleoptère (*Malachius*) et rester immobile.

Quoi qu'il en soit, Fabre a donc bien établi que les larves de Méloe gagnent les fleurs des composées pour y attendre le passage des Hyménoptères, dans les nids desquels ils se feront ainsi transporter. Restait à savoir quelle est la nourriture de ces larves, second point que Newport n'avait pu élucider. En fouillant dans les nids de l'*Antophora pilipes*, Fabre trouva deux cellules qui attirèrent spécialement son attention. « Dans l'une, sur le miel noir et liquide, flotte une pellicule ridée, et sur cette pellicule se tient immobile un pou jaune. La pellicule c'est l'enveloppe vide de l'œuf de l'Antophore, le pou c'est une larve de Meloe. L'histoire de cette larve se complète maintenant d'elle-même. Le jeune Meloe abandonne le duvet de l'abeille au moment de la ponte, et puisque le contact du miel lui serait fatal, il doit pour s'en préserver adopter la tactique suivie par le Sitaris, c'est-à-dire se laisser couler à la surface du miel avec l'œuf en voie d'être pondu. Là, son premier travail est de dévorer l'œuf qui lui sert de radeau, comme l'atteste l'enveloppe vide sur laquelle il est encore, et c'est après ce repas, le seul qu'il prenne tant qu'il conserve sa forme actuelle, c'est après ce repas qu'il doit commencer sa longue série de transformations et se nourrir du miel amassé par l'Antophore. Tel est le motif de l'échec complet, tant de mes tentatives que de celles de New-port pour élever les jeunes larves de Meloe. Au lieu de leur offrir du miel ou des larves ou des nymphes, il fallait les déposer sur les œufs récemment pondus par l'Antophore. »

Deuxième larve — Dans la seconde cellule d'Antophore, Fabre trouva nageant sur le miel une petite larve blanche de 4 millimètres de longueur environ. C'était la deuxième larve Elle grossit à mesure qu'elle dévore la provision de miel. Cette deuxième larve, « aveugle, molle, charnue, d'un « blanc jaunâtre, couverte d'un duvet fin, est recourbée en « hameçon comme celle des Lamellicornes avec lesquelles elle « a une certaine ressemblance dans sa configuration géné- « rale. Les segments, y compris la tête, sont au nombre « de 13... Tête cornée légèrement brune... pattes courtes, « mais assez fortes, pouvant servir à l'animal pour ramper « ou fouir, terminées par un ongle robuste et noir. La lon-

« gueur de la larve dans tout son développement est de 25 mil-
« limètres. »

Avec Newport, Fabre estime que cette larve, si la provision
de miel lui paraît insuffisante, peut passer d'une cellule à une
autre ; le volume acquis définitivement par l'animal dépasse
les proportions que fait supposer la médiocre quantité de miel
renfermée dans une seule cellule, et conduit Fabre à croire que
ce soupçon est bien fondé.

Pseudo-Chrysalide — Fabre ne dit pas si la deuxième larve
subit plusieurs mues avant d'arriver à son entier développement.
Le volume considérable qu'elle acquiert laisse cependant à
penser qu'il en est ainsi. En tous cas, à cette seconde larve,
lorsque son développement est complet succède une nouvelle
forme, à laquelle Fabre a donné le nom de *pseudo-chrysalide*.
Cette pseudo-chrysalide, déjà bien décrite par Newport sous
le nom moins heureux de pseudo-larve (voir plus haut) reste
comme l'a démontré cet observateur, *à demi enveloppée dans la
mue de la deuxième larve.*

« C'est un corps inerte, dit Fabre, de consistance cornée, de
couleur ambrée, et divisé en 13 segments y compris la tête. Sa
longueur mesure 20 millimètres. Elle est un peu courbée en
arc, fort convexe à la face dorsale, presque plane à la face ventrale, et bordée d'un bourrelet saillant qui marque la séparation
des deux faces. La tête n'est qu'une espèce de masque où sont
sculptés vaguement quelques reliefs immobiles, correspondant
aux pièces futures de la tête. Sur les segments thoraciques, se
montrent trois paires de tubercules, correspondant aux pattes
de la larve précédente et du futur animal. » Combien de temps
le Meloe persistera-t-il en cet état ? c'est là une question qui
reste indécise. Comme Newport, Fabre a constaté en effet dans
ses éducations que quelques-uns, dès la fin du mois d'août ou
le commencement de septembre, arrivent à l'état de nymphe ;
d'autre part, ils en ont observé qui restent stationnaires
pendant l'année entière pour n'arriver à l'état d'insecte parfait
qu'au printemps prochain. Il est probable que ce dernier cas
est le plus fréquent et que les Meloe passent pour la plupart
l'hiver sous la forme inerte de pseudo-chrysalide, pour n'a-
chever leur transformation qu'au retour de la belle saison.

3me *Larve et nymphe.*—Pour terminer l'histoire de cette évolution compliquée, il ne nous reste plus qu'a indiquer ce que devient la pseudo-chrysalide. — Newport et Fabre sont d'accord sur ces points. « Les téguments cornés de la pseudo-chrysalide sont fendus, dit Fabre, suivant une scissure qui embrasse toute la face ventrale, toute la tête et remonte sur le dos du thorax. » On voit alors la nymphe s'échapper par cette fente, mais rester à demi engagée dans ﬦ dépouille pseudo-chrysalidaire de la même manière que la pseudo-chrysalide était restée à demi enveloppée dans la mue de la 2ᵉ larve. En examinant cette nymphe de plus près, Fabre constata un fait que Newport avait signalé sans y attacher toute l'importance qu'il a, c'est que la nymphe avant de se dégager ainsi, abandonne au fond de la mue pseudo-chrysalidaire une fine dépouille, la 3ᵉ et dernière de celles qu'a rejetées jusqu'ici l'animal... « En la faisant ramollir dans l'eau, il est facile d'y reconnaître une organisation presque identique avec celle de la larve qui a précédé la pseudo-chrysalide. » Ainsi les Meloe, avant de passer à l'état de nymphe, revêtent pour quelque temps la forme de la 2ᵉ larve. Cet état de 3ᵉ larve est comme nous le verrons, une des phases de l'évolution qui ne fait défaut chez aucun des Vésicants dont le développement est connu. En faisant ressortir ce fait, Fabre a complété d'une manière définitive l'histoire évolutive des Meloe; et le nom d'*hypermétamorphose*, qu'il créa pour désigner la multiplicité des formes revêtues par les larves des Vésicants dans le cours de leur développement, est resté à juste titre dans la science.

En résumé, les Meloe au sortir de l'œuf, passent successivement par les six états de : 1ʳᵉ larve, ou triongulin, 2ᵐᵉ larve (larve secondaire), pseudo-chrysalide, 3ᵐᵉ larve et nymphe. Celle-ci n'offre rien de particulier à noter. Elle donne naissance en peu de jours à l'insecte parfait.

C'est sur *Meloe cicatricosus* en particulier qu'ont porté les recherches de Newport et de Fabre. Il est à noter que cette espèce semble pouvoir vivre en parasite chez divers hyménoptères, car Newport les rencontra dans les cellules de l'*Antophora retusa* et Fabre dans celles des A. *pilipes* et A. *parietina*. Ainsi fait observer Fabre, plusieurs hyménoptères peuvent satisfaire aux conditions nécessaires au développement d'une même espèce. Il suffit que l'œuf et le miel ne diffèrent pas trop de ceux de l'Antophore. Ce n'était pas l'opinion de Newport qui pensait que le Meloe cicatricosus se développait chez la seule *antophora retusa*.

Pour les diverses espèces de Meloe autres que le cicatricosus, nous avons peu de renseignements relativement aux hyménoptères chez lesquels leurs larves vivent en parasites.

Une variété du *Meloe proscarabœus* (*M. abdominalis*, Kirby) a été trouvée, rapporte Newport, par Smith dans les cellules d'un *Saropoda* ou d'un *Colletes*.

D'autre part, Gorriz de Cariñema pense que les larves de *Meloe majalis* vivent dans les cellules de l'*Antophora personata*, très abondantes dans les localités hantées par ce Meloe.

Ce qui ressort de ces faits, c'est que tous les Meloe sont, à l'état larvaire, parasites des cellules des hyménoptères et qu'ils se nourrissent des œufs et du miel renfermés dans ces cellules.

b. **DÉVELOPPEMENT DES SITARIS**

1° **Sitaris humeralis.** — La larve primaire de *Sitaris humeralis* a été découverte, d'après Mulsant (17) pour la première fois en 1810 par Foudras. Il la trouva à Écully, près de Lyon, dans les nids des *Antophora hirsuta* et *A. acervorum*, mais il ne publia pas ses observations.

En 1835, Audouin fit connaître à la Société entomologique de France (88) qu'il venait de découvrir « la manière de vivre des Sitaris humeralis, qui habitent, dit-il, dans les nids des Antophores et dont la larve ressemble sous plusieurs rapports à celle des Lytta et des Meloe. » Audouin s'en tint à cette note succincte, mais il communiqua ses observations à Westwood qui figura la larve (90) primaire obtenue d'œufs pondus par des Sitaris recueillis par Audouin dans des cellules d'Antophores très abondantes près de Sèvres. — A ce propos, disons que Audouin s'était complètement mépris sur la nature des enveloppes dans lesquelles il avait trouvé les Sitaris arrivés à l'état parfait. Il les croyait inclus dans la peau de la larve de l'Antophore, comme si le triongulin s'était introduit dans cette larve et l'avait dévorée. « In examining (dit Westwod d'après les communications

que lui avait fait Audouin) the interior of the nest of a large Antophora, very common near Sèvres, he detected one of the bee-
larvœ in its cell, with the interior of the body entirely consu-
med, athin pellicle only remaining ; and from within this blad-
der-like exuvia he extracted a female Sitaris, Which had evi-
dently therein undergone its transformation : he did not, ajoute
Westtwood, however, observe whether the pellicle of the larva,
or of the pupa of the Sitaris, was contained within the pellicle
of the bee-larva. » Audouin prit donc les mues emboîtées de
la larve du Sitaris pour la peau de la larve de l'Antophore.

Mulsant rapporte qu'il eut l'occasion d'observer en 1838 des
éclosions d'œufs de Sitaris humeralis. Ces œufs, déposés du 13
au 21 août, éclorent le 12 septembre. Les larves changèrent de
peau deux ou trois jours après et restèrent jusque dans les premiers jours de mai immobiles, cachées sous leurs dépouilles flé-
tries. A cette époque, elles entrèrent en mouvement et se répandirent dans la boîte qui les renfermait. Mulsant, le 25 mai les porta
sur des murs criblés d'Antophores, mais il ne put suivre leurs
transformations. Le 8 juillet, dit-il, en fouillant |les retraites
creusées par les Apiaires, je trouvai quelques-unes d'elles ayant
environ cinq lignes de long sur un peu plus d'une ligne et
demie de largeur. Une dizaine de jours plus tard quelques
unes étaient déjà nymphes. Les larves des Apiaires avaient disparu dans les nids qui les recélaient.

Ces observations tendaient à démontrer que la larve du Sitaris
humeralis est parasite des cellules des Antophores, elles laissaient aussi soupçonner que les larves des Hyménoptères « dis-
parues dans les nids » avaient servi à leur nourriture.

C'est encore à Fabre que nous devons de connaître d'une manière complète les mœurs et les diverses phases des métamorphoses du Sitaris humeralis. Fabre avait commencé ses recherches avant celles qui l'ont conduit, comme nous l'avons vu
plus haut, à déterminer les habitudes larvaires des Meloe, et
les faits très précis qu'il avait pu observer chez les Sitaris lui
avaient été d'un grand secours pour ses études sur les Meloe.
Nous allons résumer en quelques lignes les recherches de Fabre.

OEufs. — Comme nous l'avons déjà dit, cet observateur
commença par établir que les œufs, au lieu d'être déposés dans
le sol comme ceux des Meloe, sont pondus par la mère à

l'entrée même des galeries des Antophores. Leur nombre semble inférieur à celui des œufs du Meloe ; Mulsant compta 600 œufs seulement dans la ponte dont il fut témoin, mais Fabre d'autre part estime à 2,000 ceux qu'il obtint d'une seule ponte. Il en faut conclure que les différences individuelles sont très grandes, mais je ne crois pas que le chiffre de 2,000 puisse être dépassé, car dans les quelques pontes que j'ai eu l'occasion d'observer, ce nombre n'a jamais été atteint.

Ces œufs, de forme ovoïde, sont remarquablement petits, et mesurent seulement 0^{mm},70 environ de longueur. Leur couleur est presque blanche ou à peine ambrée.

1re *Larve.* — La ponte a lieu en août et l'éclosion en septembre ou dans les premiers jours d'octobre, c'est-à-dire environ au bout d'un mois (1). La larve primaire qui sort de ces œufs est tout à fait caractéristique. Par sa forme générale, elle se distingue facilement de celle des Méloe. Longue de 1^{mm} à peine (Pl. XIV. fig. 15) elle offre sa plus grande largeur au niveau du métathorax et s'atténue graduellement de part et d'autre vers la tête et vers l'extrémité de l'abdomen. La couleur est uniforme, d'un noir verdâtre luisant. Les mandibules sont pectinées. Les membres sont pourvus d'un grand ongle allongé, aigu et très mobile, flanqué de deux ongles très réduits. Enfin, le huitième segment abdominal porte à la face ventrale une paire de tubercules adhésifs sur lesquels j'aurai à revenir et qui paraissent leur servir dans la locomotion.

Ces larves une fois écloses ne se mettent pas, comme on pourrait le croire, à la recherche des cellules qui sont à leur portée. Fabre a établi ce fait non seulement par des expériences, mais encore par des observations faites dans les galeries mêmes de l'Antophore qui réside en quantités considérables dans des talus voisins de Carpentras. Les jeunes larves restent blotties, entassées pêle-mêle sous les dépouilles des œufs qu'elles viennent d'abandonner, passant ainsi tout l'hiver, immobiles, recourbées sur elles-mêmes, la tête infléchie vers les pattes, les segments abdominaux imbriqués les uns au-dessous des autres. Vers la fin d'avril, les larves que Fabre avait obtenues sortirent

____

(1) Des œufs de Sitaris humeralis, qui m'avaient été donnés par M. Fabre dans les premiers jours d'octobre 1883, éclorent le 23 du même mois.

de leur torpeur et entrèrent en mouvement (1). Que vont-elles
faire maintenant. Ignorant complètement quelle était la nourriture qui pouvait leur convenir, Fabre leur présenta successivement des larves, puis des nymphes, enfin du miel d'Antophore.
Rien ne put les tenter. Les recherches étaient à recommencer. L'année suivante, vers Pâques (1857), Fabre, retournant aux
galeries d'Antophores, constata qu'à l'entrée des galeries se
tenaient immobilisés par la rigueur de la saison peu avancée
de nombreux Antophores mâles. En les examinant avec soin, il
constata que tous portaient quelques larves de Sitaris sur le
thorax. Quelques jours après, le soleil étant venu, les Antophores se dispersèrent dans la campagne et il fut facile de constater qu'en même temps toutes les larves de Sitaris, auparavant
entassées à l'entrée des galeries, avaient disparu. Ainsi les
larves de Sitaris ne font point comme celles de Meloe qui se
répandent sur les fleurs pour attendre le passage des hyménoptères. Elles restent à l'entrée des galeries des Antophores et
s'accrochent aux poils de ces insectes quand ils sortent ou
quand ils rentrent ramenés par la nuit ou le mauvais temps. « Les
jeunes Sitaris, implantés au milieu des poils, perpendiculairement au corps de l'Antophore, la tête en dedans, l'arrière en
dehors, ne remuent plus du point qu'ils ont choisi et qui se
trouve dans le voisinage des épaules de l'abeille...; ils gardent
une immobilité complète et se tiennent fixés au même poil à
l'aide des mandibules, des pattes, du croissant fermé du huitième
segment, enfin à l'aide de la glu du bouton anal. » Nous avons
dit que les Antophores observés étaient de sexe mâle. C'est
qu'en effet les mâles de l'*Antophora pilipes* apparaissent un
mois presque avant les femelles. Or, pour arriver aux cellules
remplies de miel, c'est sur les femelles que les larves de Sitaris
doivent finalement s'établir. Ce passage s'opère au moment
de l'accouplement, et les femelles qui, au sortir des galeries,
étaient indemnes de ces parasites, en portent à peu près toutes
un certain nombre lorsqu'après avoir reçu l'approche du mâle
elles s'occupent de la construction et de l'approvisionnement de
leurs cellules. C'est en examinant minutieusement un grand
nombre de ces cellules approvisionnées et pourvues de l'œu

(1) Elles m'ont paru être alors d'un noir plus foncé qu'au sortir de l'œuf.

déposé par l'Antophore, que Fabre découvrit la série des transformations de la jeune larve de Sitaris.

« Dans un grand nombre de ces cellules, dit-il, on voit, établie sur l'œuf de l'Antophore, comme sur une espèce de radeau, une jeune larve de Sitaris..... Pour arriver jusqu'à cet œuf placé au centre du lac de miel, pour atteindre de toute nécessité ce radeau, en même temps première ration, la jeune larve a évidemment quelque moyen d'éviter le contact mortel du miel..... Il ne peut y avoir que l'explication suivante : c'est de supposer qu'au moment où l'œuf de l'Antophore s'échappe à demi de l'oviducte, parmi les Sitaris accourus du thorax à l'extrémité de l'abdomen, un plus favorisé par sa position, se campe à l'instant sur l'œuf, pont trop étroit pour deux, et arrive avec lui à la surface du miel. »

C'est à cet œuf que le jeune Sitaris s'attaque tout d'abord ; de ses mandibules il déchire l'enveloppe et s'abreuve du contenu. Ainsi s'expliquent les insuccès des expériences où l'œuf de l'Antophore n'avait pas été offert à la larve. Dans le miel, elle s'englue et meurt promptement noyée. Sur l'œuf, elle est à l'abri et elle trouve en cet abri même une nourriture qui lui permet de subir une première et importante transformation.

Larve secondaire. — Au bout de huit jours, en effet, l'œuf d'Antophore est complètement dévoré. La larve de Sitaris, mue alors ; son test s'ouvre sur le dos et, « par une fente qui embrasse la tête et les trois segments thoraciques, un corps blanc, seconde forme de cette singulière organisation, s'échappe pour tomber à la surface du miel, tandis que la dépouille abandonnée reste cramponnée au radeau qui a sauvegardé la larve et l'a nourrie jusqu'ici. »

Cette seconde larve du Sitaris humeralis mesure environ deux millimètres de longueur (fig. 15 ci-contre, *a*). Elle est d'un blanc laiteux, de forme ovalaire. Les segments sont au nombre de treize, y compris la tête. Elle est dépourvue d'yeux ; ses stigmates, au nombre de neuf, sont rangés sur les côtés du dos, presque plat, tandis que l'abdomen, gonflé, permet à l'animal de flotter dans le miel sans s'y enfoncer. — En trente-cinq ou quarante jours, la larve secondaire absorbe tout le miel ; elle a acquis alors un volume considérable et mesure de douze à treize millimètres de longueur sur six millimètres dans sa plus grande largeur. — Elle reste dans cet état plusieurs jours stationnaire, rejetant de temps à autre quelques crottes rougeâtres, jusqu'à ce que le tube digestif soit totalement vide.

Alors l'animal se contracte, se ramasse sur lui-même et l'on ne tarde pas à voir se détacher de son corps une pellicule transparente, un peu chiffonnée, très fine et formant un sac-issue dans lequel vont se faire désormais les transformations suivantes :

Pseudo-Chrysalide. — Puis, sous cette enveloppe, dont la dé-

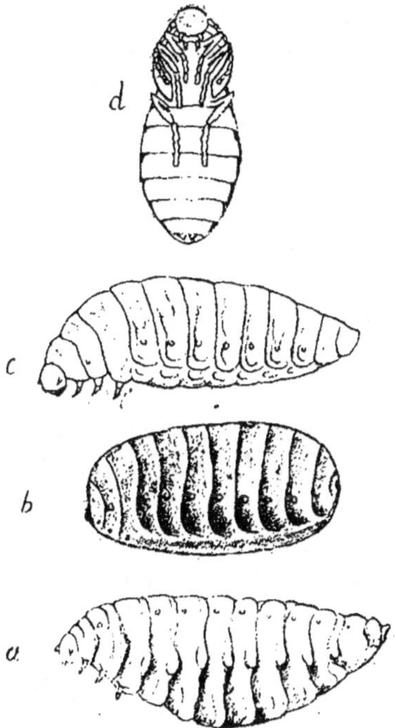

Fig. 15 (d'après Fabre) *Sitaris humeralis.* a 2ᵐᵉ larve ; b pseudo-chrysalide ; c 3ᵐᵉ larve ; d nymphe ; (à un fort grossissement).

licatesse peut à peine supporter le toucher le plus circonspect, on voit se dessiner une masse blanche, molle, qui, en quelques heures, acquiert une consistance solide, cornée et une teinte d'un fauve ardent. C'est la *pseudo-chrysalide.*

Ainsi, tandis que la pseudo-chrysalide du Meloe sort à demi de la mue de la deuxième larve, celle du *Sitaris humeralis* y reste complètement enfermée.

Cette pseudo-chrysalide (fig. 15 ci-contre, *b*) mesure environ douze millimètres de long sur six millimètres de large. « C'est, dit Fabre, un corps inerte, segmenté, à contour ovalaire..... Sa face supérieure forme un double plan incliné dont l'arète est très émoussée ; sa face inférieure est d'abord plane, mais devient par suite de l'évaporation, de jour en jour plus concave, en laissant un bourrelet saillant sur tout son contour ovalaire.

Enfin, ses deux extrémités, ou pôles, sont un peu aplaties. Au pôle céphalique de ce corps, se trouve une sorte de masque modelé vaguement sur la tête de la larve ; et, au pôle opposé, un petit disque circulaire, profondément ridé dans sa partie centrale. » Les membres sont représentés par de très courts tubercules ; il existe neuf paires de stigmates dont une sur le mésothorax et les autres sur les huit premiers segments abdominaux.

Troisième larve et nymphe. — L'état pseudo-chrysalidaire ne dure parfois qu'un mois, et les autres étapes de la métamorphose se succèdent de telle sorte que l'insecte arrive à l'état parfait dans le courant du mois d'août. Mais, le plus souvent, la pseudo-chrysalide reste intacte pendant tout l'été et l'hiver, pour n'entrer en transformation qu'en juin ou juillet de l'année suivante. Si bien que l'insecte parfait n'apparaît que deux ans après la ponte de l'œuf qui lui a donné naissance.

Suivons ces métamorphoses. Pendant le long espace de temps qui s'écoule ainsi, la pseudo-chrysalide s'est comme flétrie, et ses flancs d'abord bombés se sont creusés et sont devenus concaves comme la face ventrale (pl. XIV, fig. 33). Mais en juin, elle reprend sa forme arrondie, et en même temps la mue s'opère. L'enveloppe coriace, de couleur fauve, jujube, se sépare tout d'une pièce formant une seconde outre assez opaque incluse dans la première mue transparente et renfermant un nouvel être, une larve qui par ses caractères rappelle de très près la seconde larve qui a précédé l'état pseudo-chrysalidaire. Ouvrons en effet l'outre opaque et nous y trouvons une larve (Fig. 15 ci-contre, *c*) qui ne diffère de la seconde larve que par un abdomen moins gros, par la 9me paire de stigmates mieux développée et enfin par les mandibules terminées en pointe très aiguë. Pendant 2 jours à peine, cette larve montre une certaine activité somnolente, puis elle retombe dans une complète inertie qui dure pendant quatre ou cinq semaines. Alors (juillet) elle mue ; sa peau se fend sur le dos, en avant, et à l'aide de quelques faibles contractions, cette mue est rejetée en arrière sous forme de petite pelote. La nymphe (Fig. 15 ci-contre, *d*) qui est alors apparue est semblable à celle de tous les coléoptères ; elle est d'un blanc jaunâtre, avec ses divers organes appendiculaires limpides comme du cristal et étalés sous l'abdomen. Au bout d'un mois environ, elle mue, et dans l'intervalle de 24 heures revêt les couleurs de l'adulte. L'insecte parfait reste ainsi encore enfermé dans ses enveloppes pendant une quinzaine de jours, puis vers le milieu du mois d'août, il déchire de ses mandibules le double sac dans lequel il est enfermé, brise la cellule de l'Antophore et gagne l'orifice des galeries dont il ne s'éloignera guère par la suite.

Telles sont les diverses phases de l'hypermétamorphose du Sitaris humeralis si magistralement décrite par Fabre dans tous ses détails qu'il ne reste rien à ajouter à l'histoire qu'il en a faite. En résumé, les œufs pondus au mois d'août éclosent en septembre ou au commencement d'octobre. Les jeunes larves restent immobiles sous les débris des enveloppes de leurs œufs jusqu'au mois d'avril, et en mai s'introduisent dans les cellules des Antophores. Huit jours après, elles revêtent une forme nouvelle et deviennent aptes à flotter sur le miel qu'elles absorbent avidement. Ces larves secondaires, en trente ou quarante jours, c'est-à-dire vers le milieu de juillet, atteignent leur développement ultime et se transforment en pseudo-chrysalides. Celles-ci, tantôt au bout d'un mois, tantôt au bout d'une année presque entière (en juin ou juillet), donnent naissance à la troisième larve qui se transforme bientôt en nymphe. Encore quelques jours et l'insecte parfait sort de ses enveloppes fournies par ses mues successives et dans lesquelles il a subi ses transformations.

On remarquera également combien différentes sont les formes des divers états larvaires comparés chez les Meloe et chez le Sitaris humeralis. La pseudo-chrysalide en particulier appartient chez cette espèce à un type tout différent de celui de la pseudo-chrysalide du Meloe. Ce n'est plus un corps arqué, naviculaire ; c'est une sorte d'outre en forme de barillet où les tubercules qui représentent les pièces buccales et les membres sont à peine apparents.

Les recherches de Fabre ont porté sur les cellules de l'*Anto-phora pilipes*, mais il était à prévoir d'après ce que nous avons vu pour les Meloe, que d'autres hyménoptères peuvent offrir des conditions favorables au développement des jeunes Sitaris. Déjà nous avons vu que Foudras les découvrit dans les cellules des *Antophora hirsuta* et *acervorum*; plus récemment Lichtenstein rapporte (1875) avoir obtenu un Sitaris humeralis d'un nid d'*Anthidium strigatum* trouvé dans une tige sèche de ronce.

Grâce à la bienveillance de M. Fabre, j'ai pu visiter à Carpentras les talus et les localités qu'il a rendus classiques par les belles études dont je viens de donner un trop rapide résumé. J'ai, d'autre part, recueilli quelques individus à Aramon dans des cellules d'Antophores, et M. François m'en a expédié de Saint-Victor La Coste (Gard) un certain nombre qu'il avait également recueillis dans des cellules d'Antophores. J'ai eu l'occasion dès lors d'examiner de près les diverses phases du développement de cet insecte et j'ai noté les quelques faits suivants.

On sait qu'après s'être comme flétrie et considérablement déformée, la pseudo-chrysalide, au moment où va se développer la troisième larve, se gonfle de nouveau et se distend de manière à devenir presque complètement ovoïde. A travers sa paroi assez transparente, on aperçoit la troisième larve qui s'est différenciée, mais qui, malgré son volume assez grand, ne la remplit pas d'une manière absolue.

Ce n'est donc pas seulement à l'apparition de cette troisième larve qu'il faut attribuer le gonflement de l'enveloppe pseudo-chrysalidaire, mais probablement aussi à l'émission d'une certaine quantité de gaz qui accompagne le changement d'état de la larve. Il semble qu'il s'opère un phénomène analogue à celui qu'on observe chez beaucoup d'insectes qui, parvenus à l'état parfait, émettent des gaz et arrivent seulement alors à leur volume normal.

J'ajouterai encore que les Sitaris femelles, remarquables au sortir de leurs enveloppes par le développement considérable de leur abdomen, perdent peu de ce volume, tandis que les mâles, après avoir rejeté de nombreuses crottes blanches formées en grande partie d'acide urique, ou rendu par la bouche et par l'anus 3 ou 4 gouttes d'un liquide citrin, sont rapidement dégonflés. Cette différence entre les deux sexes s'explique par ce fait

que l'abdomen des femelles est déjà rempli d'une énorme
quantité d'œufs dont la plupart ont presque atteint leur développement définitif ainsi que j'ai pu m'en convaincre à diverses
reprises. Ce fait n'a d'ailleurs pas lieu d'étonner, les individus
arrivés à l'état parfait restant toujours un certain nombre de
jours enfermés dans leurs enveloppes larvaires avant de se
décider à les déchirer pour se répandre au dehors. Il est de plus
en relation avec la brièveté si remarquable de la vie des Sitaris
adultes et avec la précocité des accouplements que Fabre a vu
s'opérer pour ainsi dire avant que la femelle ait eu le temps de
sortir complètement de ses langes (voir page 235).

2° **Sitaris colletis.** — M. Valery-Mayet a découvert en 1875
une nouvelle espèce de Sitaris, qu'il a nommée *Sitaris colletis*
pour rappeler qu'elle se développe dans les cellules d'un hyménoptère connu sous le nom de *Colletes succinctus*. M. Valéry-
Mayet (91) a pu suivre les diverses phases de l'évolution de ce
Sitaris, et comme elles se distinguent par quelques particularités,
nous donnerons une brève analyse de l'intéressant mémoire où
ces faits ont été exposés.

Les œufs de cette espèce sont d'un blanc jaunâtre, longs de
trois quarts de millimètre à 1 millimètre. Ils sont entassés les
uns sur les autres en deux ou trois couches disposées en éventail, mais parfois aussi en désordre ou à peine côte à côte,
reliés entre eux par une matière glutineuse. Tout d'abord les
époques du développement de Sitaris colletis sont très différentes de celles de Sitaris humeralis. Ce dernier pond en
août et septembre, et arrive à l'état parfait deux ans plus tard
en août également. Ses larves primaires, avons-nous dit, écloses
en fin septembre ou au commencement d'octobre, passent tout
l'hiver immobiles et s'introduisent en mai seulement dans les
cellules des Antophores. Pour *Sitaris colletis*, il n'en est plus
de même. Il faut savoir tout d'abord que les *Colletes succinctus*
ne commencent leurs cellules que vers le 15 ou le 18 septembre. Or, c'est du 1er au 15 septembre que la femelle de
Sitaris colletis pond ses œufs dans les galeries de l'hyménoptère. L'éclosion a lieu 14 ou 15 jours après, et les jeunes
larves au lieu de passer tout l'hiver immobiles, peloton-

nées sous les dépouilles de leurs œufs, ne restent dans cette immobilité que 5 ou 6 jours. Du 20 septembre au 5 octobre, elles se mettent en campagne et s'accrochent aux poils des Colletes qui sont alors en plein travail. Ces jeunes larves, dit Valéry-Mayet, envahissent les hyménoptères mâles et femelles indistinctement à la faveur de la nuit qui les ramène aux galeries. Le Colletes ne met qu'un jour à construire sa cellule, en forme de dé, tapissée d'une mince membrane blanche transparente. Dans cette cellule, l'œuf du Colletes ne repose pas sur le miel, comme l'œuf de l'Antophore. « Il est collé horizontalement par un de ses bouts à la paroi, à 2 millimètres au-dessus du miel. » Si plusieurs triongulins se trouvent dans la même cellule, une lutte s'engage jusqu'à ce qu'il n'en reste qu'un seul vivant, mais alors le plus souvent l'œuf a servi successivement de pâture à plusieurs triongulins qui ont succombé en mangeant, car alors ils ne se défendent plus et le gonflement de leur abdomen les rend plus attaquables. Ce qui reste n'est pas suffisant pour les survivants, de sorte qu'on peut trouver parfois 5 ou 6 triongulins morts dans une cellule où l'œuf de l'abeille a été dévoré. « Si cependant, ajoute l'observateur, le dernier survivant arrive à sa mue, c'est quelquefois avec de grandes difficultés; il y a un retard de près de six mois dans son développement et il n'arrive à son état de pseudo-nymphe qu'en octobre ou novembre. Elle met alors deux ans à se développer. »

A l'état normal, la première larve mue le septième jour. La larve secondaire (fig. 16 ci-contre *a*), blanche, longue à peine de 2 millimètres, atteint en avril ou mai le terme de sa croissance et mesure alors de 7 à 9 millimètres. Les larves ♂ ne mangeraient que jusqu'au 15 ou au 30 avril, tandis que les larves ♀ se nourriraient jusqu'au 1ᵉʳ ou au 15 mai. — Au bout de 8 à 10 jours d'immobilité, la pseudo-chrysalide apparaît. Comme celle du Sitaris humeralis, elle reste incluse dans la mue de la deuxième larve. Cette pseudo-chrysalide dure environ deux mois et demi (fin juillet pour les mâles, milieu d'août pour les femelles). A ce moment, on peut apercevoir la troisième larve renfermée dans la coque pseudo-chrysalidaire. Huit jours après, la nymphe apparaît, et elle se transforme en une dizaine de jours en insecte parfait. Cinq ou six jours après, le

Sitaris déchire ses enveloppes et gagne le dehors. On est alors à la fin d'août.

Ce qui est ici très particulier, c'est le temps très court que passe la première larve dans l'état d'inactivité et le long temps que met la seconde larve à manger la provision de miel, puisque commençant en octobre, elle ne termine qu'en avril ou mai. C'est donc de 6 à 7 mois qu'elle met à se développer, tandis que celle du *Sitaris humeralis* dévore le contenu de la cellule de l'Antophore en moins de 2 mois.

Mais comme la première larve du Sitaris humeralis était res-

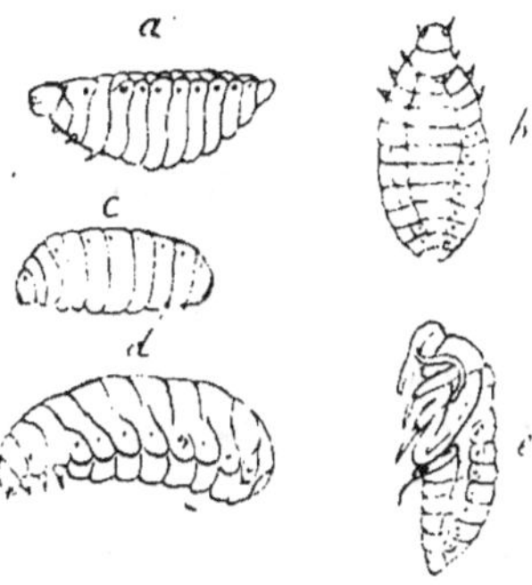

Fig. 16 (d'après Valéry-Mayet), États larvaires de *Sitaris Colletis;* a deuxième larve ; b, la même vue de dos ; c, pseudo-chrysalide ; d, troisième larve ; e, nymphe.

tée également 6 ou 7 mois immobile au milieu des débris d'œufs, il s'en suit que les deux espèces arrivent en même temps ou à peu près (de mai au commencement de juillet) à l'état de pseudo-chrysalide. A partir de là, les mêmes conditions de développement s'observent de part et d'autre, seulement ce qui est la règle chez une espèce paraît être l'exception chez l'autre. Ainsi, rarement la pseudo-chrysalide du Sitaris humeralis se développe dans la même année pour donner l'insecte parfait au mois d'août ou septembre, tandis que c'est le cas normal chez *Sitaris colletis.* De même, par exception, la pseudo-chrysalide de cette dernière espèce passe tout l'hiver inerte et ne se développe que l'année suivante, tandis que ce paraît être le cas normal chez *Sitaris humeralis.*

Telles sont en réalité les particularités qui distinguent les deux espèces dont il est ici question, mais on voit ainsi qu'il n'est pas exact de dire, comme le fait Lichtenstein (92), que ces deux espèces ont des dates différentes d'apparition, le Sitaris humeralis se montrant au printemps et le Sitaris colletis en automne. En réalité tous deux apparaissent en été. « Enfin, vers le milieu du mois d'août, dit Fabre, le Sitaris déchire le double sac qui l'enveloppe... » et de son côté Valéry-Mayet écrit : « Du 25 août au 12 ou 15 septembre, tous les accouplements (du Sitaris colletis) sont terminés ainsi que les pontes, et on ne rencontre plus que des individus morts au pied des talus. »

c. DÉVELOPPEMENT DU STENORIA APICALIS

Lichtenstein (92) rapporte qu'il prit au mois de juin 1878, sur la plage de Palavas, des *Colletes fodiens* portant de nombreuses larves de Sitaris fixées aux poils du corselet et qu'il obtint le *Sitaris (Stenoria) apicalis.* C'est la seule observation que nous possédions sur le développement du Stenoria, et Lichtenstein n'a donné aucun détail complémentaire. Elle semble indiquer que cette espèce se comporte comme Sitaris humeralis et colletis, qu'elle pond ses œufs à l'entrée des galeries où les Colletes édifient leurs cellules, et que les larves après éclosion se font transporter dans ces cellules par les hyménoptères eux-mêmes. Mes recherches personnelles me permettent de faire connaître les diverses phases de l'évolution de cette espèce (voir Comptes rendus. Ac. des Sc., juill. 1884).

C'est au moins de septembre 1883 que je découvris pour la première fois la pseudo-chrysalide du Stenoria apicalis. J'étais à Aramon (Gard) occupé à des études sur le développement de la Cantharide, lorsqu'au bout de huit jours de fouilles infructueuses, je trouvai dans un talus sablonneux un échantillon unique d'une sorte de pupe ovoïde (pl. XV, fig. 13), d'un jaune paille doré, longue de 7 millimètres, large de 3 millimètres et demi, à parois résistantes et de consistance cornée. Fort intrigué par cette capture, mais forcé, par des engagements pris, de gagner Sérignan où M. Fabre m'attendait, je me promis de revenir à Aramon avant de rentrer à Paris. M. Fabre, qui voulait bien s'intéresser à mes études et se plaisait à mettre à ma disposition sa grande expérience et ses profondes connaissances des mœurs des insectes, me dit en voyant cette sorte

de pupe, que je devais être en possession d'une pseudo-chrysalide d'un Vésicant, mais qu'il n'avait jamais rencontré cette
forme, et qu'elle lui paraissait se rapprocher des pseudo-chrysalides de Zonitis plus que de toute autre espèce. Je revins donc
à Aramon au bout de quelques jours afin de reprendre de nouvelles fouilles dans le talus où j'avais fait ma trouvaille. J'étais
accompagné (1) de mon excellent et savant ami Nicolas d'Avignon. Nous entamons la paroi sableuse à coups de pioches et
bientôt nous nous trouvons possesseurs de plus de 60 pseudo-
chrysalides semblables à celle que j'avais trouvée dans ma première excursion. Quelques-unes de ces pseudo-chrysalides nous
apparurent à nu comme cette dernière, mais pour la plupart
elles étaient enfermées dans de petites cellules à paroi membraneuse très mince, d'un hyménoptère qui restait à déterminer.
Lorsqu'on les retirait de ces cellules, on les trouvait incluses
dans un sac clos de toutes parts, appliqué contre leur surface
extérieure et dont la paroi d'une délicatesse extrême avait des
reflets irisés; à un examen attentif on reconnaissait que ce n'était
là autre chose qu'une mue semblable à la mue de la seconde
larve dans laquelle est incluse la pseudo-chrysalide de Sitaris humeralis. Nous donnions le dernier coup de pioche après plusieurs
heures bien employées, quand une nouvelle découverte vint nous
apporter la solution probable du problème que soulevait l'examen de ces pseudo-chrysalides. De l'une des cellules de l'hyménoptère, déchirée par l'instrument avec lequel nous opérions nos
fouilles, s'échappa un individu mort, mais à l'état adulte d'un
petit Vésicant, le *Stenoria Apicalis* (Muls.). En comparant la taille
de cet insecte avec celle de la pseudo-chrysalide, il paraissait
bien évident que nous étions en présence de deux états différents du même animal.

De retour à Paris au commencement d'octobre, j'installai
mes pseudo-chrysalides avec toutes les précautions possibles
dans des tubes et je les surveillai de près afin d'en suivre les modifications.

Pendant tout l'hiver, elles restèrent sans subir aucun chan-

(1) Je tiens à faire figurer ici les noms de deux de mes collaborateurs dans toutes
mes fouilles relatives aux Vésicants, MM. Moulé et Gibert, employés des ponts et
chaussées. Tous deux m'avaient été prêtés par mon ami Nicolas, conducteur des ponts
et chaussées; et je ne saurais trop les remercier du désintéressement et de l'intelli-
gence avec lesquels ils m'ont constamment secondé.

gement. Je pus les étudier à loisir et j'en donnerai plus loin une description complète. Par la position des stigmates, par la réduction extrême du masque céphalique et des membres, elles se rapprochent beaucoup des pseudo-chrysalides des Sitaris et sont comme celles-ci enveloppées dans la mue de la seconde larve. Mais, tandis que ces dernières se déforment pendant l'hiver et se ratatinent d'une façon très marquée, les pseudo-chrysalides nouvelles restent bien gonflées et ne subissent aucun affaissement de leurs parois. Ce fait tient à la rigidité et à la consistance presque cornée de ces parois ; de plus elles sont très opaques et ne laissent rien soupçonner de leur contenu.

Le 24 janvier 1884, je reçus de M. Nicolas une centaine de ces pseudo-chrysalides qu'il avait recueillies à Aramon dans une excursion au talus sablonneux. Une telle richesse démontrait que l'insecte Vésicant était bien là dans un gîte normal et d'autre part les milliers de cellules d'hyménoptères qui perforaient ce talus et lui donnaient l'aspect d'une immense éponge expliquaient suffisamment les heureux résultats des fouilles. Cet envoi m'intéressait vivement d'autre part, car il me permettait de constater que les pseudo-chrysalides qui avaient passé l'hiver en plein air présentaient au moment où je les recevais les mêmes caractères que celles que j'avais conservées en captivité depuis la fin de septembre.

Jusque vers le 15 avril, aucun changement ne se manifesta. Mais, à cette époque, je m'aperçus que beaucoup des pseudo-chrysalides devenaient plus transparentes, comme si quelque matière opaque, qui en tapissait intérieurement les parois, se fût détachée spontanément. En même temps, à l'une des extrémités de cette coque semi-transparente, on apercevait, à travers les parois, une petite masse confuse. J'ouvris deux des pseudo-chrysalides et je constatai qu'elles renfermaient chacune une larve vivante (pl. XV, fig. 15 et 16), blanche, opaque, contractée et comme ramassée au fond de la pseudo-chrysalide. Cette larve (3ᵐᵉ larve des Vésicants) a la forme générale de celle de Sitaris humeralis, considérée au même stade. Elle est opaque et blanche. Son abdomen, assez gonflé, est très fortement segmenté. Sa tête est relativement volumineuse ; ses membres sont courts et coniques.

Jusqu'au 8 juin, c'est-à-dire pendant un mois et demi, cette larve resta immobile. Elle sembla toutefois, vers cette époque, se gonfler davantage, et elle ne parut plus contractée comme au début.

Elle remplissait alors à peu près complètement la cavité de la pseudo-chrysalide, à ce point que, pensant avoir affaire à des changements importants, je me décidai à cette date à ouvrir quelques pseudo-chrysalides pour en examiner le contenu. Je constatai que c'était encore la troisième larve, mais très proche de sa mue. Elle est à ce moment ovoïde, gonflée, d'un blanc crayeux.

Quelques jours après, la nymphe apparut et, le 19 juin, l'insecte arriva à l'état parfait. C'était le *Stenoria apicalis*. — Les insectes adultes, après être restés deux ou trois jours enfermés dans leurs enveloppes, déchirèrent l'extrémité antérieure de la pseudo-chrysalide et se répandirent dans les tubes. J'obtins ainsi, dans les journées du 19 et du 20 juin, plus de trente éclosions ; cette date est donc bien l'époque normale de l'apparition des Stenoria à l'état parfait. Quelques individus, cependant, sont apparus plus prématurément, vers le 10 et le 15 juin. Enfin, et j'insiste sur ce point, j'ai constaté qu'un assez grand nombre de pseudo-chrysalides, au lieu de se transformer comme leurs congénères, passent l'été tout entier et l'hiver suivant sans modifications, pour ne reprendre le cours de leur développement qu'au printemps. Les insectes qui en proviennent sont alors un peu plus précoces que ceux qui ont évolué dans les limites de temps normales.

Le problème était donc résolu ; Stenoria apicalis, semblablement aux Sitaris, vit, dans le jeune âge, en parasite dans les cellules d'un hyménoptère.

Il me fut facile de déterminer cet hyménoptère, car j'en avais recueilli des centaines de cellules qui me donnèrent ample provision d'éclosions. C'est le *Colletes signata*. Je me suis assuré de cette détermination en consultant, avec l'aide de mon savant ami et collègue M. Künkel d'Herculaïs, les collections du Museum de Paris. Le *Colletes signata* (Kirby), construit des cellules cylindriques disposées bout à bout au nombre de trois ou quatre, et tapissées d'une pellicule incolore très délicate. Le miel, pâteux, est de couleur mastic, parfois brunâtre.

Pour terminer l'histoire évolutive de Stenoria apicalis, il me restait à trouver les stades antérieurs à la forme pseudo-chrysalidaire. J'eus l'occasion, le 12 août de l'année 1885, de passer à Aramon. J'en profitai pour faire de nouvelles fouilles, qui me procurèrent un grand nombre de cellules de Colletes. Lorsque je fus en possession de ces cellules, je les ouvris avec précaution, et je ne tardai pas à trouver ce que je cherchais. J'aperçus, en effet, dans un certain nombre de ces cellules, de grosses larves à abdomen volumineux, ovoïdes, qui mangeaient avidement le miel, dont il ne restait plus qu'une faible portion. — En examinant de près ces larves, il était facile de les reconnaître pour les larves secondaires du Stenoria; j'en donne plus loin la description détaillée. Je me borne à dire, pour le moment, que les plus avancées d'entre elles remplissaient presque complètement la cellule de l'hyménoptère.

Au fond de cette cellule, un petit espace était rempli d'excréments en forme de globules, courts, cylindriques, de couleur brune, formés de grains de pollen et de cristaux, que je crois pouvoir rapporter à de l'acide urique. En délayant cet amas d'excréments, j'y ai découvert des mues, souvent deux, parfois une seule, qui ne laissent aucun doute sur les changements de peau qu'éprouve la larve à mesure qu'elle grossit. Je n'ai pu trouver malheureusement la mue de la première larve. Et comme je n'ai pu me trouver à Aramon à une époque propice pour la récolte des Colletes vivants, il m'est impossible d'en donner la description: mais nous savons, par l'observation de Lichtenstein, que les larves du Stenoria apicalis se font transporter par les hyménoptères, et, si nous en jugeons par ce que nous savons sur les mœurs des larves des Sitaris, c'est évidemment au moment de la ponte qu'elles passent du corps de l'hyménoptère sur l'œuf dont elles font leur première pâture.

On peut donc reconstituer de la manière suivante l'histoire du développement de Stenoria apicalis.

Ce Vésicant arrive à l'état parfait dans la première quinzaine du mois de juin. L'accouplement a lieu immédiatement (voir page 235).

Quelques jours après, a lieu la ponte et semblablement à ce qui se passe chez Sitaris colletis, les triongulins, au lieu de passer l'hiver sous les débris des œufs comme le font ceux de Sitaris humeralis, s'accrochent immédiatement aux poils des Colletes et se font ainsi transporter dans les cellules que construisent ces industrieux hyménoptères. Lichtenstein les a trouvés se faisant ainsi voiturer au mois de juin; il ne donne pas la date exacte, mais il est évident qu'il a eu à faire à des individus plus précoces que les nôtres, car ce n'est guère qu'en juillet que d'après nos éducations le triongulin peut être éclos (1). Quoi qu'il en soit : Dès le milieu d'août, la seconde larve est déjà bien développée. En septembre, la pseudo-chrysalide est apparue ; et c'est sous cette forme que l'insecte passe l'hiver.

Dès le mois d'avril, la vie se manifeste de nouveau par l'apparition de la troisième larve ; celle-ci persiste ainsi pendant un mois et demi environ et se transforme en nymphe qui peu de jours après, dans la première quinzaine de juin, est remplacée par l'insecte parfait.

Ainsi toutes les métamorphoses se sont opérées dans une année, et les espaces de temps qui s'écoulent entre chaque stade de l'évolution correspondent à peu près à ceux que l'on observe dans le développement de Sitaris colletis, sauf que la forme pseudo-chrysalidaire est hivernale, tandis que dans cette dernière espèce elle paraît normalement passagère ; voici, d'ailleurs, un tableau comparatif des périodes de développement des deux espèces de Sitaris étudiées précédemment et de Stenoria apicalis :

---

(1) D'ailleurs, nous n'avons obtenu d'éclosions de nos Colletes qu'en fin juin ou au commencement de juillet. Il y a lieu de considérer, d'autre part, qu'on ne saurait attacher d'importance à des différences de quelques jours, car les conditions de température de l'année influent beaucoup sur l'apparition des insectes, hyménoptères ou Vésicants, qui peut être retardée ou accélérée.

		Janvier	Février	Mars	Avril	Mai	Juin	Juillet	Août	Septembre	Octobre	Novembre	Décembre
Sitaris humeralis	1re année	.....	.....	.....	.....	.....	.....	.....	.....	1re larve	.....	.....	.....
	2e année	.....	.....	.....	.....	2e larve	.....	Pseudo-Chrys.	.....	.....	.....	.....	.....
	3e année	.....	.....	.....	.....	.....	3e larve	Nymphe	In-P : ponte	.....	.....	.....	.....
Sitaris colletis	1re année	.....	.....	.....	.....	.....	.....	.....	.....	.....	1re larve	2e larve	.....
	2e année	.....	.....	.....	.....	Pseudo-Chrys.	.....	3e larve	Nymphe	In-P : ponte	.....	.....	.....
Stenoria apicalis	1re année	.....	.....	.....	.....	.....	.....	1re larve	2e larve	Pseudo-Chrys.	.....	.....	.....
	2e année	.....	.....	.....	3e larve	.....	Nymphe. In-P : ponte	.....	.....	.....	.....	.....	.....

On voit d'après ce tableau que l'évolution du Stenoria comme celui du Sitaris colletis s'opère normalement en une année. Cependant de même que chez cette dernière espèce, la pseudo-chrysalide de Stenoria venant à prolonger une année entière son état de torpeur, ce n'est parfois que l'année suivante qu'a lieu la suite du développement. On constate également dans ce tableau que seul, Sitaris humeralis offre l'exemple d'une larve primaire passant tout l'hiver sous cette forme précaire, mais tandis que Sitaris colletis est, dans cette dure saison, à l'état de seconde larve dévorant péniblement sa pâtée, Stenoria apicalis est sous la forme protectrice de pseudo-chrysalide. — On remarquera enfin que l'hypermétamorphose se présente chez Stenoria avec tous les caractères qui lui sont propres chez les autres Vésicants, et que semblablement aux Sitaris, mais contrairement aux Meloe, les mues de la seconde larve et de la pseudo-chrysalide s'emboîtent réciproquement de telle sorte que la troisième larve, la nymphe et l'insecte parfait y sont complètement inclus.

d. DÉVELOPPEMENT DE LA CANTHARIDE

(*C. Vesicatoria*)

Les Cantharides sont des insectes qui apparaissent en quantités considérables dans les lieux qu'elles fréquentent. D'autre part, elles sont depuis des siècles employées en médecine et font l'objet d'un commerce important. On ne doit donc pas s'étonner de voir les plus anciens auteurs les mentionner dans leurs écrits et s'occuper de leurs mœurs et de leur développement. Cependant, la vie évolutive de ces animaux était si bien cachée, que toutes les recherches jusqu'à ces dernières années restèrent complètement vaines.

Je me dispenserai de noter les opinions diverses et parfois bien bizarres émises par les naturalistes qui, depuis Aristote, se sont occupés du développement de la Cantharide. Bien peu de données positives peuvent être relevées dans ces écrits où les plantes vénéneuses, les excréments gluants des crapauds (Kircher, in *mundus subterraneus*), les araignées, etc., se disputent la paternité de l'insecte malfaisant. Cependant déjà François Rauchin, (1) chancelier de l'Université de médecine de Montpellier, semble avoir connu la première larve de cet insecte, la forme triongulin. Il s'exprime, d'ailleurs, dans un langage peu clair, comme le montre la phrase suivante de ses *OEuvres pharmaceutiques* : « La génération de ces insectiles est équivoque, par corruption et unioque, aussi, lorsqu'ils se multiplient par le moyen de petits vermisseaux. » Et cette opinion semble dès lors accréditée, car Valmont de Bomare affirme « que les Cantharides naissent d'œufs d'où sortent des vermisseaux qui ont une figure approchant de celle de la vraie chenille ; ces larves, ajoute-il, habitent dans les terres et pénètrent souvent dans les fourmilières où elles se nourrissent de fourmis et de nymphes de fourmis. » D'où cette idée est-elle née ? Valmont de Bomare ne le dit pas ; il est bien probable qu'il a confondu la Cantharide avec d'autres coléoptères, et particulièrement avec la Cétoine dorée, dont les larves se rencontrent, en effet, dans les fourmilières. Lochner, dès 1687, dans la *Collection académique*, avait fait connaître cette particularité du développement de la Cétoine. Il s'était fait apporter ce que l'on appelait alors des PIERRES NOIRES, sortes de coques ovoïdes faites de terre végétale qu'on trouve au milieu des fourmilières. Il ouvrit une de ces coques et y découvrit une *nymphe jaunâtre presque sans mouvement et parfaitement semblable à celle d'une chenille*. A son grand étonnement, cette nymphe se transforma en Cétoine.

Mais nous voici bien éloignés de la Cantharide ; en effet, tandis que dès 1700 Gœdart faisait connaître le Triongulin du Meloe, il faut arriver à l'année 1788 pour trouver quelque fait précis relativement au développement de la Cantharide. C'est Loschge (1788) qui semble (93) avoir le premier fait une étude attentive des triongulins. Il constata que 15 jours après la ponte, les œufs donnent issue à des larves d'un blanc jaunâtre, molles, allongées, parsemées de petits poils, dont deux plus long sur le dernier segment de l'abdomen. Ces larves ont le corps formé de 13 anneaux dont les trois tho-

---

(1) Ces curieux renseignements bibliographiques m'ont été communiqués par mon savant et excellent ami le docteur Galippe, qui ne les a pas publiés dans son intéressant mémoire sur la Cantharidine cité plus haut.

raciques portent chacun une paire de pattes. Comme le fait remarquer Latreille (77) qut reproduit cette description, les larves de la Cantharide ont donc de grands rapports avec celles des Meloe.

A partir de cette époque, la description de la larve primaire de la Cantharide figure dans la plupart des ouvrages d'entomologie. Ollivier (1795), en donne toutefois encore une description assez confuse : « Les larves des Cantharides, dit cet entomologiste, ont leur corps mat, d'un blanc jaunâtre, composé de 13 anneaux. La tête est arrondie, un peu aplatie, munie de deux antennes courtes, filiformes. La bouche est pourvue de deux mâchoires assez solides et de quatre antennules. Ces larves ont six pattes courtes, écailleuses ; elles vivent dans la terre et se nourrissent de racines. » Cette description ne donne guère l'idée de la forme du triongulin de la Cantharide. Celui-ci n'est d'un blanc jaunâtre que pendant les premières heures qui suivent son issue de l'œuf et l'on peut se demander avec Fabre, si Ollivier n'a pas décrit la deuxième larve et non le triongulin. Cependant Ollivier n'expliquant pas comment il se serait procuré cette deuxième larve, on peut se demander également s'il n'a pas décrit la larve de quelque autre coléoptère, les caractères qu'il donne pouvant s'appliquer à un grand nombre d'espèces.

Zier, Ratzburg, dissertent plus ou moins longuement sur les caractères du triongulin. Zier (1829) essaie de suivre le développement du Triongulin dans l'œuf. Il montre les changements de couleur que subit la jeune larve dans les premières heures de son issue de l'œuf, et note « que ces petits animaux se meuvent avec une grande vitesse et *disparaissent promptement de l'endroit de leur naissance* » mœurs bien différentes de celles que montrent les triongulins du Sitaris et des Meloe.

Zier nous apprend également que dès que les triongulins de la Cantharide ressentent quelque mouvement dans leur voisinage, « ils se roulent sur eux-mêmes de manière à présenter l'aspect de petits points noirs. » — Ratzburg (1837) décrivit et figura le triongulin de la Cantharide et fit quelques expériences dans le but de suivre son développement, mais sans arriver à aucun résultat. Suivant cet auteur, les larves en question ne doivent pas être parasites des cellules d'hyménoptères, car on ne pourrait alors s'expliquer leur brusque apparition en essains parfois considérables. — Somme toute, pendant cette longue période de temps, aucun pas n'est fait vers la suite du développement, et l'idée généralement répandue est que les jeunes larves s'enfonçant dans la terre, s'y transforment en se nourrissant des racines des plantes. Cependant, dit Latreille « la forme que l'on donne à leurs mandibules n'est pas très propre à ce mode de nutrition ». Lorsque Newport et Fabre eurent fait connaître dans tous leurs détails les mœurs des Meloe et du Sitaris, on fut conduit à penser en constatant les rapports de forme qui existent entre les triongulins, que les Cantharides pourraient bien se développer de la même manière et Fabre termine son exposé de l'hypermétamorphose des Méloïdes par cette phrase : « Tout se réunit pour me porter à généraliser les conséquences de mon mémoire sur les Méloïdes et *à attribuer aux Cantharides l'hypermétamorphose et les mœurs que j'ai fait connaître.* »

Il faut arriver à l'année 1875 pour acquérir enfin quelques connaissances positives. C'est à Lichtenstein (de Montpellier) (93), que revient l'honneur d'avoir réussi le premier à élever les jeunes triongulins de la Cantharide. Dans le courant de l'année 1875, il ne put obtenir un résultat complet; il vit le triongulin s'abreuver du miel contenu dans l'estomac de l'*Apis mellifica* et se transformer en une seconde larve blanche, qui après avoir ainsi plusieurs fois et considérablement grossi s'enfonça dans la terre des tubes où se faisait l'élevage. Mais il ne put suivre plus loin le développement.

« D'après les données de cet élevage, dit-il, les larves de Cantharide doivent se nourrir des œufs et du miel des diverses espèces d'Halictes dont les nids sont si nombreux près des ruisseaux et dans les ravins où croissent les frênes, et dont il est facile de trouver à la fin du printemps les grosses femelles creusant leur nid ou déposant leurs œufs. »

En 1878, Lichtenstein reprit ses essais et il réussit cette fois à obtenir le développement complet jusqu'à la forme parfaite.

C'est avec du miel de *Ceratina chalcites*, sur lequel se trouvait soit l'œuf soit la larve de l'hyménoptère, que les jeunes triongulins furent nourris. Ils commencèrent par manger l'œuf ou la larve, et, après ce premier repas, ils changèrent de peau et entamèrent le miel. Après deux nouvelles mues, la larve, devenue volumineuse, armée de mandibules larges et dentées, s'enfonça dans le sol, où elle prit bientôt la forme de pseudo-chrysalide. Un essai d'élevage au moyen du miel de l'*Osmia adunca* ne fut pas couronné de succès. La larve se noya dans le miel trop liquide.

Les diverses mues susdites s'opéraient de cinq jours en cinq jours ; mais la forme pseudo-chrysalidaire resta pendant tout l'hiver sans aucune modification ; seulement « elle exsudait, sur ses segments abdominaux, de petites gouttelettes d'un liquide clair et transparent se transformant en corps cristallins, qui lui donnaient l'air d'être revêtue de diamants. »

Enfin, le 15 avril 1879, la pseudo-chrysalide se déchira et la troisième larve apparut ; le 30 avril, une nouvelle mue donna issue à la nymphe. Le 17 mai, elle avait déjà une teinte très foncée et, le 19, la Cantharide avait revêtu ses couleurs brillantes caractéristiques.

« L'évolution complète de la Cantharide, dit Lichtenstein en terminant, a donc duré environ un an.

« Je sais fort bien, ajoute-t-il (Compt. rendus de l'Acad. des Sc., 1879, mai), qu'il reste à présent à découvrir où vit l'insecte en liberté, car, certainement, le miel de *Ceratina*, que j'ai recueilli dans les tiges sèches du sureau, n'est pas la nourriture habituelle de la Cantharide. Je soupçonne fort que ce sont les Abeilles nidifiant en terre, comme les *Halictus* et les *Andrena*, qui sont les victimes ordinaires de cet insecte, mais je n'ai pas d'observation précise établissant ce fait. »

Lichtenstein avait donc prouvé d'une manière indiscutable que les Cantharides subissent, comme les Meloe et les Sitaris, les diverses phases de l'hypermétamorphose. Il avait montré, en même temps, que les larves peuvent être nourries du miel de certains hyménoptères. Mais il n'avait pu démontrer encore comment vivent ces larves à l'état naturel. Sur ces entrefaites, un entomologiste américain, Riley (66), fit connaître les mœurs de certains Vésicants du Nouveau-Monde (*Epicauta, Macrobasis Henous*).

Il démontra que ces espèces sont, dans le cours de leur évolution, parasites des nids de certains Orthoptères, et qu'elles se nourrissent exclusivement des œufs de ces insectes.

La question se compliquait donc encore, car on pouvait soupçonner, étant données les affinités des genres Epicauta et Cantharis, que la Cantharide est, à l'état larvaire, parasite des nids des Orthoptères.

Tel était l'état de la question lorsque, dans le cours de mes études sur les Vésicants, je fus conduit à rechercher le mode de développement de la Cantharide. A vrai dire, lorsque je commençai ces recherches, je ne connaissais pas encore les résultats obtenus par M. Lichtenstein. Je perdis un certain temps à m'orienter et je fis une première excursion en Provence, mais qui fut absolument sans résultat. Ayant alors eu connaissance des travaux de Lichtenstein, j'allai voir cet entomologiste à Montpellier ; mais, contre mon attente, il ne put me montrer les diverses formes revêtues par la larve de la Cantharide. Je revins donc à Paris sans avoir acquis aucun renseignement et d'autant plus éloigné du but à atteindre que Lichtenstein, n'ayant publié ni description détaillée, ni figures des différents états larvaires, il m'était impossible de me livrer avec quelque chance de succès à des recherches dans la campagne.

Je me décidai donc à reprendre pour mon compte personnel l'éducation artificielle de la Cantharide, comptant ne me livrer à des fouilles dans les lieux hantés par cet insecte, qu'à partir du moment où je connaîtrais bien les formes qu'il me serait possible de rencontrer, en même temps que leurs dates d'apparition et leur durée.

Œufs. — C'est en 1883 que je commençai mes essais.

J'avais à ma disposition de nombreuses Cantharides que voulut bien m'envoyer, à diverses reprises, mon ami M. Nicolas, d'Avignon.

Ces Cantharides provenaient, pour la plus grande part, des environs d'Aramon, village situé sur la rive droite du Rhône, à quelques kilomètres d'Avignon.

Les œufs, pondus par paquets de 80 à 250, suivant les individus, sont d'un jaune citron pâle et de forme à peu près cylindrique. Leurs deux extrémités sont arrondies, et l'une d'elles est un peu plus épaisse que l'autre. Ils mesurent en moyenne 1 millim. 1/2 de long sur 1/2 millimètre à peine de largeur. Comme je l'ai dit plus haut (p. 237), ces œufs sont pondus dans le sol, à une profondeur égale à la longueur du corps de la mère.

Dès les premiers jours du mois de juin, je me trouvai possesseur d'un nombre assez considérable de pontes, représentant ensemble quatre ou cinq mille œufs. Parmi ces pontes, les unes avaient été déposées dans la terre, d'autres avaient été abandonnées par la mère à la surface même du sol. J'attribuais à l'influence de la captivité sur les insectes cet abandon anormal et, d'ailleurs, assez rarement observé. Toutefois, pour ne pas m'exposer à des déboires, je fis trois parts des pontes obtenues. Les unes furent laissées à la place même où elles avaient été soigneusement enfouies dans la terre par la femelle. De petits piquets de bois, portant la date de la ponte, indiquaient l'emplacement. — D'autres furent placées dans des tubes de verre de 6 à 7 centimètres de haut et de 1 à 2 centimètres d'ouverture, dont le fond était rempli de terre meuble. — Enfin, quelquesunes furent simplement mises dans des tubes de verre.

Tous ces tubes étaient fermés au moyen de bouchons de liège, et leur atmosphère était entretenue légèrement humide, au moyen de brindilles d'herbe fraîche, que je renouvelais de temps en temps. Dans le milieu de la journée, j'exposais mes tubes au soleil, après les avoir recouverts d'une étoffe noire.

Ces soins furent payés par un succès complet. Le 2 juillet 1883, en effet, je constatai l'éclosion d'œufs pondus le 9 juin. A la couleur foncée des larves, il était facile de reconnaître qu'elles étaient apparues de la veille, peu après que j'avais examiné mes tubes. C'était donc 21 jours qui s'étaient écoulés depuis la ponte, et les observateurs ont noté qu'une quinzaine de jours suffisent en général. C'est dire que j'avais commencé à perdre espoir, quand on saura que depuis le 26 juin la température exceptionnellement favorable s'était maintenue entre 27° et 30° à l'ombre. Ces œufs cependant avaient été placés dans les conditions les plus naturelles, car ils étaient renfermés dans un tube, avec la petite motte de terre dans laquelle ils avaient été pondus. Il faut croire cependant que le mois de juin n'est pas propice au développement rapide des larves, car je pus constater avec des pontes de juillet une précocité plus grande des éclosions. Ainsi des œufs pondus les 3 et 4 juillet et renfermés dans cinq tubes, arrivèrent tous à maturité le 21 juillet, soit 17 ou 18 jours seulement après la ponte. Quoi qu'il en soit, je me trouvai dès lors à la tête de 500 ou 600 larves.

Première larve (pl. XV, fig. 21). — D'une coloration jaune pâle à peu près uniforme dès leur sortie de l'œuf, ces larves, au bout de quelques heures, commencent à changer de couleur. Elles deviennent foncées et bientôt elles sont tout à fait noires et luisantes, sauf au niveau des anneaux thoraciques où la coloration jaune persiste. Cette coloration jaune devient ensuite à peu près blanche. Elles sont très actives et s'enfoncent dans la terre qu'elles parcourent en tous sens. Il est facile de les observer dans les tubes, mais c'est avec la plus grande peine que j'ai pu retrouver quelques-unes de celles qui avaient éclos dans le sol même des cages où les œufs avaient été conservés en place. Dans le sol de ces cages, j'avais planté quelques composées que j'entretenais avec soin dans l'espoir que les larves viendraient se réunir sur les capitules, comme le font celles des Meloe. Mais mon attente fut trompée, et jamais je n'en pus observer aucune sur ces fleurs. La profondeur de la terre est manifestement leur séjour, et lorsque je restais quelque temps sans les déranger, je les retrouvais toujours au fond des tubes, agglomérées en nombre considérable dans de petites cavités qu'elles s'étaient creusées. Elles paraissent d'ailleurs fuir la lumière, car si l'on renverse sur une feuille de papier le contenu d'un tube, on voit toutes ces petites larves courir de tous côtés effarées, gagner les parcelles de terre et s'y mettre à l'abri; si on les touche avec la pointe d'une aiguille, ou seulement si l'on imprime quelques mouvements brusques au papier, elles s'arrêtent immédiatement et se roulent en boule à la façon des armadilles. Il s'agissait maintenant de nourrir cette nombreuse famille. J'avais depuis quelques jours parcouru les environs de Paris, espérant trouver des cellules d'hyménoptères souterrains. Mais mes recherches avaient été vaines, les cellules que je rencontrais renfermant pour la plupart des larves déjà très développées et qui avaient à peu près complètement dévoré leurs provisions. Je me décidai alors à offrir à mes triongulins tout ce qui me tomberait sous la main.

Je commençai par les œufs de fourmis. Dans un premier essai, six œufs de fourmis noires furent placés dans un tube de verre avec une larve de Cantharide. Il me sembla tout d'abord qu'elle s'efforçait de déchirer l'enveloppe de ces œufs, et voyant qu'elle n'y pouvait réussir, j'en piquai deux avec la pointe d'une aiguille. Lorsque je cessai de l'observer (3 juillet 1883), je notai que depuis une demi-heure elle était restée la tête fixée contre l'un des trous pratiqués dans l'enveloppe de l'œuf, et je n'étais pas éloigné de croire qu'elle en absorbait le contenu. Mais le 7 juillet, je la trouvai morte.

Le 8 du même mois, je tentai une nouvelle expérience avec des œufs de fourmis rousses. Mais au lieu de placer les œufs à nu dans le tube de verre, j'imaginai le dispositif suivant : Je fis avec du pollen de lis et du miel de Narbonne liquide une pâtée demi-solide façonnée en boule, sur laquelle je plaçai un œuf de fourmi. La pâtée ainsi préparée fut mise dans un tube à fond de liège avec une larve de Cantharide. J'espérais qu'elle se laisserait tromper par les apparences et que, prenant l'œuf de fourmi pour un œuf d'Apiaire, elle l'attaquerait et, semblablement aux Meloe, se nourrirait ensuite du miel.

Elle parut d'abord assez inquiète, parcourut l'œuf dans tous les sens, le tâtant à diverses reprises, puis elle l'abandonna et s'avança sur le miel. Après quelques instants, elle y plongea la tête et resta immobile assez longtemps pour lasser ma patience. Je plaçai avec précaution le tube à l'abri de la lumière, espérant que le lendemain elle aurait pris une décision apparente. Mais, à mon arrivée le 9 juillet, je la trouvai à demi cachée dans une petite cavité du liège qui formait le fond du tube. Le miel s'étant assez fortement desséché, je l'imprégnai d'une goutte d'eau et j'y plaçai à nouveau ma larve. Pendant toute l'après-midi, elle resta sur le miel, se déplaçant de temps en temps, mais ne l'abandonnant pas. Il était facile de voir toutefois que si elle se décidait à en manger, ce ne serait que comme pis-aller, car elle ne manifestait certainement pas une grande voracité. Je constatai entre temps que si le triongulin de la Cantharide se nourrit de miel, ce ne peut être que de miel demi-solide, car dès qu'il arrive sur une surface fluidifiée par l'eau que j'ai ajoutée, il s'empêtre à tel point que je suis obligé de lui prêter main-forte pour l'empêcher de se noyer. Finalement, le

10 juillet, voyant que rien de nouveau ne survient, je mets fin à l'essai et je retire la larve du tube. Peut-être ai-je agi trop rapidement, car on verra plus loin que j'ai réussi à faire accepter à une larve de Cantharide une pâtée artificielle de composition à peu près semblable.

Quoi qu'il en soit, il ressortait nettement de ces expériences que les triongulins ne manifestent aucun goût appréciable pour les œufs de fourmis. Ceci posé, comme je n'avais toujours point réussi à recueillir des cellules d'Apiaires souterrains en bon état, j'instituai quelques essais pour m'assurer si les larves de Cantharides à l'instar de celles des Epicauta et Macrobasis américains ne seraient pas parasites d'œufs d'Orthoptères. J'avais réuni une centaine de Locustes (*Locusta viridissima*) et d'Acridiens que je tenais renfermés dans des cages pour en obtenir des pontes. Parmi ces Orthoptères, deux individus de grande taille (*Acridium peregrinum*) m'avaient été envoyés d'Avignon, et étaient placés à part. Désireux de mettre leurs œufs à l'essai comme pâture, et ne voyant aucune ponte apparente, je me décidai le 21 juillet 1883 à fouiller la terre qui formait le sol de cette cage; je trouvai alors dans une motte de terre durcie, à un centimètre environ de la surface, une masse muqueuse semblable à du blanc d'œuf battu et cuit.

Je creusai avec soin tout autour de l'endroit où se trouvait cette substance et je mis au jour un magnifique nid d'Acridien, cylindrique, mesurant près de 5 centimètres de long et de la grosseur du petit doigt. 150 ou 200 œufs y étaient enfermés en rangées spirales; le tout était recouvert de l'épais bouchon muqueux dont j'avais tout d'abord reconnu l'existence. J'étais donc en possession de la ponte de l'Acridien, et comme je savais, par les publications de Riley, que c'était à de semblables nids que s'attaquaient les larves des Épicauta d'Amérique, je ne pouvais hésiter à mettre ces œufs en expérience, car je me trouvais dans les meilleures conditions pour obtenir un succès, s'il y avait lieu.

Je plaçai donc le nid d'Acridien dans un tube de verre renfermant de la terre et j'y ajoutai une vingtaine de triongulins. Le 24 juillet, c'est-à-dire après trois jours, ils ne s'étaient pas encore attaqués aux œufs. En vain j'examinais avec soin pour m'assurer qu'ils n'avaient pas pénétré dans la masse muqueuse. Je les trouvai tous groupés, immobiles, en masse, dans une cavité qu'ils avaient creusée dans la terre. Ce peu d'empressement pour le nid qui leur était offert me semblait de mauvais augure. Le 25 juillet, même observation. Pour en finir, je dirai de suite qu'après un mois mes larves étaient mortes et qu'aucune d'elles ne s'était attaquée aux œufs.

Cette expérience est bien probante; elle démontre que la Cantharide n'a point les mœurs des Épicauta. Et ce n'est pas seulement aux œufs des Acridiens que le triongulin refuse de toucher, mais aussi à ceux des Sauterelles, des Œdipodes, etc. J'ai, en effet, à maintes reprises, fait des essais avec les œufs de ces espèces sans jamais arriver à aucun résultat. Pendant que je faisais ces essais, je ne perdais pas de vue les tentatives que je m'étais proposé de faire avec le miel des Apiaires à vie souterraine. Mes excursions restaient sans résultat sous ce rapport et j'étais arrivé au 23 juillet, c'est-à-dire que mes larves étaient écloses depuis près de vingt jours déjà. Elles me paraissaient plus inquiètes, et je commençais à craindre très vivement de les voir mourir sans pouvoir arriver à les élever. J'écrivis alors à **M.** Fabre; je lui demandais de vouloir bien me tirer d'embarras en m'envoyant quelques cellules d'Apiaires; je savais qu'à Sérignan (Vaucluse), les hyménoptères abondent, et M. Fabre a si bien étudié et décrit les mœurs d'un grand nombre de ces espèces, que je ne doutais pas qu'il pût satisfaire à mon désir. Le surlendemain, en effet, je reçus de mon savant ami une lettre dont je lui demande la permission de citer quelques phrases, qui montrent si bien l'état d'esprit où je me trouvais, et aussi la bienveillance qu'il mettait à encourager mes recherches : « Je vous réponds, m'écrit-il, aussitôt votre lettre reçue, tant je prends part à vos perplexités. Vous voilà à la tête d'une très nombreuse famille et vous ne savez comment la nourrir. J'ai passé par là il y a quelque vingt ans, et je voudrais de tout mon cœur que vous soyez exempt de mes vieux déboires. Les mois de juillet et d'août sont pauvres dans ma région en hyménoptères collecteurs de miel, à cause de la rareté des fleurs au plus fort de la sécheresse. Les époques les plus favorables sont le printemps et l'automne. En ce moment-ci, il m'est donc impossible de vous adresser des nids récemment approvisionnés en miel et appartenant à des hyménoptères souterrains. Les Antophores, les Halictes, les Andrènes et autres ont nidifié en mai-juin ; les Macrocères, les Mégachiles nidifieront en fin août et septembre. Pour le moment je ne peux donc compter que sur l'*Osmia tridentata* qui nidifie en juillet dans la ronce... »

Un paquet de tiges sèches de ronces renfermant des cellules d'Osmies accompagnait cette lettre. J'avoue que je n'avais pas grande confiance et je commençais à douter que le miel fût la nourriture des larves de Cantharides, puisque celles-ci apparaissent alors que depuis longtemps les hyménoptères souterrains ont nidifié. Toutefois je mis immédiatement en expérience les provisions que je venais de recevoir et j'installai une série de tubes renfermant chacun deux ou trois cellules d'Osmie encore fixées à la tige de ronce que j'avais fendue préalablement en long afin de pouvoir suivre ce qui se passerait. Le miel des Osmies présentait deux variétés. Dans certaines cellules, il était blanchâtre et de consistance assez ferme. Il était façonné en une boulette un peu allongée sur laquelle se trouvait une larve encore très jeune d'hyménoptère. Dans d'autres cellules, le miel était d'un jaune brun et de consistance un peu plus molle. Une jeune larve d'Osmie en occupait la surface supérieure. Dans certaines cellules enfin, il n'y avait que la pâtée de miel, sans œufs ni larves. Je disposai donc ces cellules dans un certain nombre de tubes de verre et je plaçai sur chaque pâtée une larve de Cantharide.

Ceci se passait le 25 juillet 1883. Le lendemain, j'eus de nouvelles provisions. J'étais allé dans les carrières de Nanterre et j'en avais rapporté des boulettes d'un jaune d'or formées d'un miel assez solide et renfermées dans des cellules de terre sablonneuse, très friables. Un individu adulte pris dans la cellule où il terminait ses travaux de nidification, me permit de reconnaître que j'avais à faire au nid d'un hyménoptère du groupe des *Andrenites* et du genre *Halictus*. J'avais trouvé également quelques cylindres composés de cellules disposées bout à bout et formées de feuilles découpées. Malheureusement, une seule de ces cellules de *Mégachile* se trouva renfermer une bonne provision de miel avec une larve très peu développée. Dans les autres cellules, le miel était déjà en partie dévoré. C'était un miel fluide, d'un jaune brun foncé.

Je disposai donc des tubes renfermant chacun une ou deux larves de Cantharides, et une boule de miel d'Halicte. Dans un autre tube, deux larves furent placées avec la cellule de Mégachile. Ces essais étaient organisés le 26 juillet. Le lendemain, rien de particulier ne fut noté. Mais le 28, je constatai que l'une des larves placée avec la cellule de Mégachile absorbait avidement le miel.

Elle n'avait point touché à la jeune larve de l'hyménoptère mais, placée au bord de la feuille, elle buvait à longs traits le miel demi-fluide, et déjà les pièces cornées des segments de l'abdomen s'écartaient et se montraient séparées par des espaces incolores. Je n'osai prolonger mon examen de peur de troubler le jeune triongulin, et je passai la revue de mes autres tubes. Aussi bien dans ceux qui étaient pourvus de miel d'Halicte que dans ceux qui renfermaient le miel des Osmies, rien de nouveau n'était survenu. C'est seulement le 31 juillet que mes larves commencèrent à se nourrir du miel d'Osmia tridentata, et de celui des Halictes ; quelques-unes même ne se décidèrent que le 2 août. Ce fait me paraît bien démontrer, d'une part, que les triongulins sont susceptibles de vivre en parasites dans les cellules d'espèces variées d'Apiaires, d'autre part que le miel de Mégachile est mieux approprié à leurs goûts, celui des Osmia et des Halictes pouvant n'être considéré que comme un pis-aller. Je m'occuperai seulement pour le moment du développement du triongulin qui se nourrit de miel de Mégachile.

Deuxième larve (pl. XVI, fig. 1). — Le 31 juillet, c'est-à-dire 5 jours seulement après le début de l'expérience, je trouvai à la place du triongulin noir une larve blanche étalée sur le nid. Sa tête petite, aplatie, a une légère teinte jaunâtre ; ses pattes courtes, blanches, se meuvent avec agilité. C'est la deuxième larve, mais elle n'a pas l'embonpoint et le volumineux abdomen de celle des Meloe et des Sitaris. Elle mesure environ 2 mill. 1/2 de long et semble a peu près égale en largeur dans toutes ses parties.

Dès le lendemain (1ᵉʳ août), je constate qu'elle s'est considérablement modifiée. Outre qu'elle s'est encore allongée, son abdomen s'est très fortement renflé. La coloration jaune de sa tête s'est accentuée. En examinant avec attention la surface du nid, j'y découvre la mue de la première larve.

Le 4 août, la deuxième larve a pris de telles proportions

qu'elle mesure six millimètres de long sur près de deux millimètres de large. Elle semble inquiète et me paraît prête à
muer.

Le 5 août, je la trouve un peu amaigrie. Elle a rejeté en
grande quantité des excréments sous forme de chapelets de
corps ovoïdes jaunâtres, presque uniquement composés de
grains de pollen non altérés. Il est évident que ma larve a mué,
mais sa mue est perdue au milieu des excréments et je n'ose la
rechercher de peur de déranger la bestiole.

Le 6, elle a repris son embonpoint et son activité, nul doute
qu'elle vient de traverser une phase critique. Elle a encore rejeté de grandes quantités d'excréments depuis la veille. Ignorant
ce qui va se passer, et pensant qu'elle doit peut-être s'enfoncer
dans la terre, je remplis de terre le fond de son tube sur une
hauteur de trois centimètres environ. D'autre part, le miel de
Mégachile étant à peu près totalement absorbé et me souvenant
que la cellule de l'hyménoptère n'était qu'en partie remplie, je
place à l'entrée de cette cellule une demi-boule de miel d'Osmia
tridentata.

Le lendemain, 7 août, je constate que la précaution n'avait
pas été inutile, car je trouve ma larve dévorant avidement sa
nouvelle pâtée. Elle a, dans cet intervalle d'un jour, considérablement grossi et mesure dix millimètres de long. Elle a cessé
de rejeter des excréments, et elle a pris une teinte grisâtre en
même temps qu'une certaine opacité et une consistance plus
ferme. La tête et le premier anneau thoracique sont devenus
d'un brun pâle, coriaces. L'extrémité des mandibules est dure
et d'un brun foncé presque noir. En même temps aussi neuf
stigmates sont devenus bien apparents.

Le 8, elle mesure douze millimètres de long. Elle a absorbé
toute la pâtée ; je lui donne encore une demi-boule de miel
d'Osmie, qu'elle se met immédiatement à attaquer. Je remarque
en même temps qu'elle a de nouveau rejeté des excréments, et
qu'elle a mué pour la seconde fois. Je retire cette mue.

Le 9 août, tout le miel ajouté la veille a disparu, absorbé par
la larve qui mesure 15 ou 16 millimètres de long.

Les pièces buccales et les antennes ont pris une teinte
d'un brun acajou foncé.

Le 10, en ouvrant le tube, je ne vois plus rien ; la larve s'est

en effet enfoncée dans la terre où je l'aperçois bientôt dans une
petite loge qu'elle s'est faite. J'aurais dû laisser les choses en
état, mais j'étais encore au début de mes éducations ; j'eus
peur que la terre du tube ne vînt à se déssécher et pour éviter
cet accident, après avoir remplacé le bouchon du tube par un
morceau d'éponge, je plaçai le tout dans un grand flacon
rempli de terre.

Le lendemain, 11 août, voulant voir si ma larve avait mué
et si la forme pseudo-chrysalidaire était apparue, je fus tout
étonné de ne plus rien trouver. J'examinai alors avec soin la terre
du flacon et je vis ma larve qui s'était installée tout à fait au fond.
Elle avait évidemment passé par un pore de l'éponge qui
fermait le petit tube. J'eus d'ailleurs bientôt l'occasion de voir
avec quelle facilité ces grosses larves se meuvent dans la terre,
car ayant pris cette larve et l'ayant placée sur la terre dont j'a-
vais rempli un tube long de 10 centimètres, je la vis aussitôt
s'enfoncer avec une surprenante agilité dans le sol. Comme
j'avais eu le soin d'incliner le tube obliquement, et qu'elle
s'enfonçait verticalement, elle rencontra bientôt la paroi de
verre. Elle s'arrêta alors, et se façonna une logette à parois
lisses dans laquelle elle se pelotonna. Je dus alors la tenir à
l'abri de la lumière, car je remarquai que chaque fois que
je l'exposais au jour pour l'observer de près, elle se remuait et
s'agitait vivement. Je crus n'avoir rien de mieux à faire pour
remplir autant que possible les conditions naturelles d'existence
de la larve que d'enfouir le tube qui la contenait dans la terre ;
ce que je fis après avoir fermé le tube au moyen d'une toile métallique qui, dans ma pensée, devait la mettre à l'abri des insectes carnassiers. Je ne sais pour quelle raison, mais lorsque,
quelques jours après, je voulus me rendre compte de ce qui
était advenu, je trouvai ma larve morte.

Malgré cet insuccès partiel, j'ai tenu à donner cette observation tout au long, car elle prouve que le miel de Mégachile
est parfaitement susceptible de satisfaire au développement de la
larve de la Cantharide. On remarquera toutefois que j'ai dû ajouter
la valeur d'une pâtée d'Osmie à la provision un peu incomplète
de la Mégachile, et que la larve s'est parfaitement trouvée de
cet accroissement de nourriture. Il y a donc lieu de se demander si les larves de Cantharides, lorsqu'elles se sont attaquées

à une cellule d'hyménoptère, ne sont pas susceptibles, pour compléter leur accroissement, de rechercher une nouvelle cellule quand le contenu de la première est épuisé. La facilité très remarquable avec laquelle elles creusent la terre et s'y meuvent, en même temps que la rapidité avec laquelle elles engloutissent le miel, puisqu'en trois jours elles ont mangé la valeur d'une boule entière de miel d'Osmie, laissent à penser qu'il en peut être parfaitement ainsi à l'état naturel. Lorsque des larves de Cantharides se trouvent dans un endroit où abondent les Mégachiles, par exemple, il doit leur être facile, après avoir dévoré une première provision, d'arriver à temps dans une autre cellule pour y trouver encore une bonne quantité de miel.

J'ai fait, d'ailleurs, à ce sujet, une observation très probante.

Une des larves de Cantharides, qui avait été placée dans un tube avec une cellule d'*Osmia tridentata* renfermant une provision entière, avait mué le 5 août 1883 et donné une seconde larve qui mua une première fois le 9 août.

Le 18 août, cette larve, devenue très volumineuse et mesurant 18 millimètres de long, avait complètement dévoré sa provision ; je la vis, lorsque je commençai à l'observer, qui s'efforçait, avec ses mandibules, de briser la paroi dure, de couleur verdâtre, dont était formé le fond, assez épais, de la cellule de l'Osmie.

Nul doute que si elle se fût trouvée dans une de ces cellules de Mégachile, qui sont disposées bout à bout en files de trois ou quatre chambres, elle ne fût arrivée à pénétrer dans la chambre voisine.

En examinant cette même larve, je pus également m'expliquer comment d'aussi longues et volumineuses bestioles peuvent se tenir dans les cellules, relativement courtes, des Osmies et des Mégachiles. Cette larve, en effet, bien que placée dans un tube mesurant 3 centimètres d'ouverture, où la cellule d'Osmie était largement ouverte, se tenait constamment repliée sur elle-même.

Mais revenons à nos éducations au moyen du miel d'Osmie, puisque la larve nourrie du miel de Mégachile, ne nous a pas donné la forme pseudo-chrysalidaire attendue.

Entre vingt éducations que je menais de front, à ce moment,

j'en choisis une qui m'a paru présenter les conditions de développement les plus normales.

Il s'agit d'une larve qui avait été placée dans un tube avec une boule de miel d'*Osmia tridentata* le 25 juillet 1883. Elle ne commença à manger que le 2 août. Le 6, elle mua, et la deuxième larve apparut. Dès le 8 août, cette seconde larve mesurait déjà 4 millimètres de longueur. Sa tête, jaunâtre, était assez petite relativement au volume du corps.

Le 9, première mue de la seconde larve.

Du 10 au 12, elle subit d'assez profondes modifications ; sa tête, et surtout le premier anneau thoracique, grossissent beaucoup. La tête prend la position inclinée en bas, si caractéristique chez l'individu adulte, et les mandibules acquièrent une coloration brune à la pointe. C'est, dans le développement de cette larve, une phase que j'ai observée au cours de toutes mes éducations, et qui marque un nouvel état très caractéristique de la seconde larve. Elle mesure alors 7 millimètres de long.

Le 13, deuxième mue de la seconde larve. Comme toujours, elle rejette de grandes quantités d'excréments en même temps qu'a lieu la mue. — Longueur : 8 millimètres. Du 13 au 15, accroissement considérable de la larve, qui atteint 16 à 17 millimètres de long.

Le 16 août, je la trouve enfoncée dans la terre du tube ; elle a épuisé sa provision de miel.

J'agis avec elle comme avec la précédente larve dont j'ai parlé plus haut et j'obtiens le même résultat, c'est-à-dire qu'elle meurt sans se transformer.

En présence de cet insuccès nouveau, je me décide à agir autrement.

Parmi les larves nourries de miel d'Osmie, j'en possédais une qui, le 19 août 1883, avait atteint 18 millimètres de long. Elle rejetait une grande quantité d'excréments, ce qui m'indiquait qu'elle ne tarderait pas à muer ; aussi m'attendais-je à la voir s'enfoncer bientôt dans la terre.

En effet, le 20 au matin, je la trouvai au fond de son tube dans une loge creusée dans le sol. — Jusqu'au 27, elle resta sans se modifier lorsque, à cette date, je m'aperçus qu'elle était devenue immobile, ne montrant plus, comme les jours passés, sa sensibilité à la lumière ; en même temps, elle s'était très fortement contractée.

Le 28 août, enfin, elle mua et, le 29 au matin, je trouvai la *pseudo-chrysalide*.

Pseudo-chrysalide (pl. XVI, fig. 34 et 35). — Cette forme est un état contracté et immobile de l'insecte en développement, car elle ne mesure que 14 ou 15 millimètres, alors que la deuxième larve mesurait 18 à 19 millimètres de long. — A sa partie postérieure, on trouve la mue de la deuxième larve (3me mue de la seconde larve) toute plissée et formant une petite pelote, fripée, à peine adhérente à cette extrémité.

La pseudo-chrysalide de la Cantharide est de couleur jaune très pâle, d'apparence cireuse et comme légèrement nuancée de rose. Elle est un peu courbée en arc, et le masque céphalique, assez réduit, est incliné vers la face ventrale. Les pattes sont figurées par de courts moignons. Les neuf paires de stigmates se reconnaissent facilement à la couleur brun foncé de leur péritrème.

Le 7 septembre, un nouvel examen me montra que, depuis le 20 août, aucune modification importante n'était survenue. La surface de la pseudo-chrysalide semblait recouverte d'un enduit onctueux qui perlait par places en petites gouttelettes brillantes.

Troisième larve. — La pseudo-chrysalide resta dans cet état pendant toute l'année 1884, et ce n'est qu'au mois de mars de l'année 1885 qu'elle entra en transformation.

Le 1er avril 1885, en effet, je la trouvai fendue sur la ligne médiane du dos et, à côté d'elle, se trouvait une larve (3me larve) d'un blanc jaunâtre, à mandibules brunâtres, et très semblable à la seconde larve. Comme j'avais été quelques jours sans l'examiner, il m'est impossible de fixer exactement la date de l'apparition de cette troisième larve ; mais c'est certainement entre le 25 mars et le 1er avril qu'elle a dû se montrer.

Nymphe (pl. XVI, fig. 41). — Quoi qu'il en soit, le 12 avril, elle se transforma en nymphe et le 17 cette nymphe commença à présenter des changements de couleurs, indices d'une prochaine transformation. Les segments dorsaux prirent une teinte d'un jaune brunâtre ; le 19, les yeux prirent une coloration noire intense ; puis des reflets irisés se montrèrent sur la tête, le corsclet et les élytres, et le 25 avril ces diverses parties devinrent d'un beau vert. Enfin, le 27, l'insecte parfait s'agitait dans le tube. C'était un individu mâle. Il avait donc mis presque deux années complètes à se développer, soit du 25 juillet 1883 au 27 avril 1885.

Cette observation démontre que les Cantharides comme les Meloe et les Sitaris sont susceptibles d'éprouver dans leur développement un arrêt qui dure pendant une année entière. Il m'a d'ailleurs été impossible de trouver une cause quelconque qui pût expliquer cet arrêt de développement, car j'ai vu nombre de larves placées dans des conditions identiques d'existence, arriver au terme de leur évolution au printemps de l'année qui suivit l'éclosion du triongulin. Je vais faire l'histoire de l'une de ces larves, d'une part, afin de montrer la durée normale de chacune des phases du développement et d'autre part pour insister sur certaines particularités que je n'ai pas signalées dans mes notes en observant l'individu dont je viens de retracer l'histoire.

Le 4 août 1883, une larve de Cantharide placée dans un tube avec du miel d'*Osmia tridentata* commence à manger.

Le 7 août, mue et apparition de la deuxième larve. Je n'ai point vu comment s'est faite cette mue, mais sur d'autres individus j'ai pu l'observer et voici comme elle s'opère :

Les téguments distendus par l'accroissement du volume de la larve se fendent sur le dos au niveau de la ligne médiane de la tête et des segments thoraciques. La deuxième larve sort alors sa tête et son thorax par cet orifice, puis elle prend appui sur ses pattes devenues libres et sort son abdomen du fourreau où il est enfermé. J'ai vu cependant une larve qui avait d'abord dégagé son abdomen et qui était en train lorsque je l'observai de faire mille efforts pour dégager sa tête et son thorax encore inclus dans la mue incomplètement fendue en avant. J'eus l'imprudence de ne point lui prêter assistance, pensant que ce pouvait être le mode normal d'issue de la larve hors de sa mue, et le lendemain je trouvai la malheureuse, morte, n'ayant pu parvenir à se dégager.

Le 19 août, la seconde larve apparue le 7, avait atteint 18 millimètres de longueur ; ses yeux, représentés jusque-là par une tache de pigment noir, avaient complètement disparu. Les grandes quantités d'excréments qu'elle rejetait marquaient l'époque prochaine de sa mue définitive.

En effet, le 20 août, elle s'enfonça dans le sol. Je plaçai le tube dans la terre, après l'avoir fermé au moyen d'une toile métallique.

Le 6 mai 1884, en retirant le tube de la terre, j'y trouvai dans une petite loge qu'elle s'était façonnée, la pseudo-chrysalide en parfait état. Elle était d'un jaune un peu foncé, assez voisin de la teinte jujube. Elle mesurait 14 millimètres de long, et portait à son extrémité postérieure, fixée à la face *dorsale*, la mue d'où elle était sortie (souvent cette mue reste adhérente à la face ventrale).

Le 10 mai, je trouvai le tégument de la pseudo-chrysalide fendu sur le dos et vide ; a côté gît une grosse larve d'un blanc jaunâtre très fortement marquée d'anneaux. Cette larve (3ᵉ larve) paraît beaucoup plus volumineuse que l'enveloppe pseudo-chrysalidaire d'où elle est issue.

Le 16 mai apparaît la nymphe, complètement dégagée de sa mue. Elle est d'un blanc rosé, et mesure environ 18 millimètres de long.

Le 20, les yeux deviennent très foncés. Il est à remarquer que c'est toujours par les yeux que commence à apparaître la coloration.

Le 26, la tête prend une teinte irisée qui rappelle l'aspect de la surface des eaux grasses. Les extrémités des mandibules et les pattes sont colorées en brun ; les articulations de la jambe et de la cuisse sont noires ; tout le reste du corps est d'un blanc jaunâtre.

Le 27, la tête est d'un vert noirâtre à reflets métalliques. Les pièces buccales sont noires ; le proto-thorax, les jambes et les cuisses sont verts ; l'abdomen et les deux derniers segments thoraciques sont encore incolores ainsi que les élytres.

Le 28, la coloration verte a envahi tout le thorax et les élytres, et vers la fin de la journée l'abdomen lui-même est d'un rouge violacé avec reflets métalliques. L'insecte est arrivé à l'état parfait. C'est un individu femelle.

Cette Cantharide a donc mis dix mois et demi à se développer, puisque les œufs ont été pondus vers le milieu de juin, et que c'est seulement à la fin de mai que l'insecte est arrivé à l'état parfait. Il faut tenir compte toutefois des hésitations du début et des difficultés que j'ai rencontrées à trouver une nourriture convenable. De là un certain retard qu'on peut évaluer à quinze jours, pendant lesquels la larve eût commencé déjà à se développer. Je n'évalue pas ce retard à plus d'une quinzaine de jours, bien que mes triongulins soient restés presque un mois entier sans pâture, parce qu'il me semble avoir remarqué que les triongulins dès leur sortie de l'œuf ne sont pas aptes à se mettre à la recherche de leur nourriture. Il leur faut tout d'abord quelques jours pour acquérir leur consistance et leur couleur définitives, et pendant ces quelques jours, ils ne manifestent pas l'agilité et l'activité inquiète qu'ils déploient plus tard, à l'époque qui correspond probablement à celle où dans l'état normal ils se mettent à la recherche des cellules des hyménoptères.

Pour le moment, je n'insisterai pas davantage sur ces considérations générales. Je rappellerai seulement qu'au mois d'août 1883, j'étais arrivé au but poursuivi. Je possédais enfin la seconde larve et la pseudo-chrysalide ; j'avais pu étudier à loisir ces diverses formes et me pénétrer de leurs caractères de manière à pouvoir les reconnaître si je venais à les rencontrer au cours de recherches dans la campagne.

Dès le mois de septembre, je mis à exécution la seconde partie du plan que je m'étais proposé de suivre. J'ai dit plus haut que les Cantharides qui m'étaient envoyées vivantes et dont j'avais obtenu les pontes, provenaient des environs d'Aramon, près Avignon. Le 26 septembre, je partis donc pour Aramon. Je n'oublierai jamais les huit jours que je consacrai à ces fouilles. Deux aides dévoués et intelligents m'accompagnaient, c'étaient Moulé et Gibert, que mon ami, M. Nicolas, avait rompus à ce genre de recherches, au cours de ses études paléontologiques et anthropologiques. Pendant huit longues journées sur lesquelles nous prenions une heure à peine pour nous reposer un peu et déjeuner sur le lieu même de notre travail, nous fîmes œuvre de terrassier, creusant le sol à 1m. 50 et plus de profondeur, tantôt au pied même des frênes dépouillés de leurs feuilles par les Cantharides qui couvraient maintenant le sol de leurs cadavres desséchés, tantôt dans les collines sablonneuses hantées par des milliers d'hyménoptères souterrains des espèces les plus variées. Chaque jour, nous regagnions le village, harassés, les mains vides, mais nourrissant toujours l'espoir de réussir le lendemain.

Au bout d'une semaine de cette besogne, j'avais réussi à trouver un objet qui m'était inconnu (la pseudo-chrysalide de Stenoria apicalis dont j'ai parlé plus haut, page 270) et qui décida du sort de toute la campagne. En effet, c'est grâce à cette trouvaille que je résolus de faire de nouvelles recherches à Aramon avant de rentrer à Paris. Comme j'avais pris rendez-vous avec M. Fabre à Sérignan pour faire des recherches dans cette région, dont il connaît la faune dans tous ses détails, j'interrompis mes fouilles à Aramon et je partis pour Sérignan, où je passai une quinzaine de jours.

Nos recherches au point de vue de la Cantharide ne furent point couronnées de succès, mais je gagnai à ce séjour près du savant zoologiste, d'apprendre une quantité de choses que j'ignorais sur les mœurs des hyménoptères souterrains et de perfectionner mes procédés de fouilles.

Vers le milieu d'octobre, je me trouvais de nouveau à Aramon. J'étais accompagné de M. Nicolas, qui avait bien voulu se joindre à moi et que je tiens à associer au succès qui devait couronner nos efforts, car par la suite il voulut bien, à diverses époques de l'année, faire sur ma demande de nouvelles recherches qui ont été des plus fructueuses. Nous nous rendîmes aussitôt à l'endroit où j'avais trouvé les pseudo-chrysalides de Stenoria apicalis. C'était un sentier profond, creusé dans une petite butte sablonneuse. De chaque côté de ce sentier, s'élevaient les parois ouvertes de la butte, criblées de milliers de trous, orifices des galeries d'hyménoptères souterrains. Avec la pioche et la pelle, nous attaquions la muraille, puis nous passions le sable au tamis. Nous n'avions pas travaillé pendant une heure, qu'au milieu de centaines de cellules de *Colletes signata*, en partie remplies de pseudo-chrysalides de Stenoria, nous découvrîmes une grosse pseudo-chrysalide, de forme naviculaire, de couleur jaune-paille, ayant tous les caractères de la pseudo-chrysalide de la Cantharide, telle que je l'avais obtenue dans mes éducations. Inutile de dire de quels soins j'entourai ma trouvaille. Nous continuâmes nos fouilles en nous maintenant toujours dans les mêmes limites de profondeur, mais ce fut en vain. Le temps me pressait, je revins à Paris et j'attendis le printemps pour savoir ce que deviendrait la précieuse pseudo-chrysalide. — Elle me donna le *Cerocoma Schreberi* (1).

C'était un intéressant résultat, puisque le mode de développement des Cérocomes était inconnu, mais encore une fois, la Cantharide échappait à mes recherches.

Dans les premiers mois de l'année 1884, M. Nicolas m'envoya une dizaine de grosses pseudo-chrysalides qu'il avait recueillies dans diverses excursions au gîte d'Aramon. Quelques-unes se flétrirent, deux d'entre elles arrivèrent au stade de troisième larve, mais, je ne sais pour quelle cause, elles vinrent à mourir et je ne pus être renseigné sur leur véritable nature.

Au mois de décembre de la même année, j'eus l'occasion de

(1) Comptes rendus, Acad. des Sc., 21 juillet 1884.

retourner à Aramon ; je trouvai au milieu des cellules du Colletes signata et aussi au voisinage de cellules de taille beaucoup plus grande appartenant à une grande espèce de Colletes (*C. cunicularis?*) de grosses pseudo-chrysalides très semblables à celles de la Cantharide, mais, comme je l'avais appris à mes dépens, tout aussi semblables à celles des Cérocomes. Le 12 mai 1883, l'une d'elles se fendit sur le dos, et une grosse larve en sortit, qui montra pendant quelques jours une certaine activité, puis tomba bientôt dans un état de complète inertie.

Le 26 mai, c'est-à-dire au bout de 14 jours, une nymphe apparut. A l'examen détaillé que j'en fis, je crus bien reconnaître qu'elle avait tous les caractères de la nymphe de la Cantharide, mais mes espérances avaient été déjà tant de fois déçues que je n'osais trop espérer un résultat favorable. Je me figurais voir apparaître je ne sais quelle autre espèce de Vésicant ; mon anxiété était extrême et je suivais pas à pas les progrès du développement. Tout d'abord je vis les yeux devenir noirs, puis la tête et le corselet prendre les reflets irisés que je connaissais déjà pour les avoir observés au cours de mes éducations. Enfin, le 7 juin, j'étais au comble de mes vœux, et une Cantharide mâle s'agitait, complètement développée, dans le tube où elle était renfermée (1).

De nouvelles fouilles exécutées en 1885 me donnèrent non seulement des pseudo-chrysalides, mais aussi des insectes parfaits encore enfermés dans le sable. J'eus même le plaisir de faire trouver un de ces spécimens à mon ami Vayssière, maître de conférences à la faculté des Sciences de Marseille, qui avait bien voulu m'accompagner au fameux gîte d'Aramon.

La Cantharide, comme le laissaient supposer les éducations, se développe donc à l'état naturel dans les cellules de certains hyménoptères souterrains et d'après mes observations plus particulièrement dans celles des *Colletes*. A l'aide de ces observations et des éducations qui les avaient précédées, il est possible de reconstituer d'une manière satisfaisante le mode du développement naturel de cet insecte.

Les œufs pondus dans le sol en mai ou juin éclosent au bout de 15 à 20 jours. Les triongulins, loin de sortir de terre pour

<hr>

(1) Comptes rendus, Acad. des Sc., 8 juin 1885.

se répandre sur les fleurs et y attendre le passage des hyménoptères, manifestent dès leur apparition une vive répulsion pour la lumière. Ils s'enfoncent dans la terre, et semblent rester inactifs pendant quelques jours durant lesquels leurs téguments prennent plus de résistance et une couleur plus foncée. Alors poussés par le besoin de nourriture, ils se mettent à la recherche des cellules des hyménoptères à contenu demi-solide. Les fragiles parois membraneuses des cellules des *Colletes* ne doivent guère résister aux puissantes mandibules dont ils sont armés, non plus que les cylindres de feuilles roulées que construisent les Mégachiles. S'il se trouve dans le voisinage de semblables cellules presque toujours réunies en grand nombre dans un même point, ils ont vite fait de s'installer comme il leur convient. Mais s'ils sont éloignés des galeries des hyménoptères, l'extraordinaire activité dont ils font preuve et la résistance vitale dont ils sont capables leur donnent encore des chances multiples de réussite. C'est ainsi que j'ai constaté que des triongulins sortis de l'œuf le 21 juillet 1883, étaient encore vivants le 1er septembre. Ils auraient donc pu pendant près d'un mois et demi se livrer à leurs recherches. Il est vrai que plus la saison s'avance, plus les chances diminuent pour eux, car les cellules des hyménoptères ne renferment bientôt plus que des larves déjà avancées dans leur développement et qui ont plus ou moins complètement absorbé leurs provisions. Il est donc évident que beaucoup de triongulins, dans cette recherche de leur pâture, doivent succomber ; mais le nombre des individus répondant à chaque ponte vient en compensation.

Quoi qu'il en soit, supposons que le triongulin soit arrivé à pénétrer dans la cellule de son hôte ; que fait-il ? va-t-il s'attaquer à l'œuf d'abord, comme le fait le triongulin des Meloe et des Sitaris ? ou bien se nourrit-il sans plus tarder du miel qui s'offre à lui. Il semblerait au premier abord qu'il ait avantage à suivre l'exemple de ses frères en parasitisme, car s'il laisse l'œuf intact, bientôt la larve en sortira, qui voudra partager les provisions et pourra de la sorte devenir dangereuse. Cependant, dans le cours des nombreuses éducations que j'ai pu faire, il ne m'a jamais été donné de pouvoir offrir à mes jeunes triongulins des cellules d'Apiaires pourvues d'un œuf. Ou bien l'œuf avait disparu, ou bien la larve, bien que très jeune, en était déjà sortie.

Néanmoins, j'ai vu mes triongulins se mettre sans retard à se nourrir du miel, lorsque celui-ci était à leur convenance. Dès ce moment, les diverses phases de leur évolution se succédaient régulièrement sans que rien pût faire soupçonner qu'un élément aussi important que celui qui est représenté par les matières nutritives contenues dans un œuf, leur ait fait défaut. Je crois donc pouvoir admettre, jusqu'à plus ample informé, que le triongulin de la Cantharide ne se comporte pas tout à fait comme celui des Meloe et des Sitaris et qu'il ne se nourrit pas de l'œuf de l'hyménoptère, mais seulement du miel. D'ailleurs. s'il eût dû se nourrir de l'œuf, ne se serait-il pas fait transporter dans la cellule à la manière des triongulins des Meloe et des Sitaris, c'est-à-dire en se servant de l'hyménoptère adulte comme du plus sûr véhicule ? S'il n'agit pas ainsi, c'est évidemment qu'il peut se passer de véhicule. Or, lorsqu'il aborde une cellule et qu'il se met en devoir d'y pénétrer, il y a bien des chances pour qu'il n'arrive point à perforer la paroi au voisinage même de l'endroit occupé par l'œuf, et comme maintes observations m'ont montré que les triongulins s'engluent facilement sur un miel un peu fluide, mais qu'ils savent fort bien se tenir au bord du lac et y boire à longs traits jusqu'à ce qu'un changement de forme et un accroissement de volume leur permettent de se jeter à la nage, il me paraît évident qu'ils doivent dans ce cas abandonner l'œuf à son sort. Et le danger, il faut bien le dire, n'est pas aussi grand qu'on pourrait le croire. Les larves des Apiaires, en effet, usent de leurs provisions avec beaucoup plus de ménagements que ne le font les triongulins, si bien que ces derniers ont largement le temps de prendre du développement avant que les premiers ne soient devenus gênants.

La voracité des triongulins de la Cantharide est telle qu'il convient de s'arrêter un instant sur ses conséquences. Comme je l'ai dit dans les pages précédentes, le triongulin, qui mesurait à peine deux millimètres de longueur, devient au bout d'une quinzaine de jours ou trois semaines une larve de 18 à 20 millimètres de long sur 5 à 6 millimètres de large. On conçoit qu'un tel accroissement ne peut s'obtenir que grâce à une nourriture abondante, et on a pu voir que j'ai dû doubler et tripler même parfois la dose de miel contenue dans les cellules d'Osmie ou de Mégachile que je donnais à mes larves. Il semble logique

d'en conclure (1) que les larves ne peuvent toujours se contenter du contenu d'une seule cellule d'hyménoptère, et qu'après
avoir épuisé une provision, elles doivent aller à la recherche
d'une autre. J'ai déjà dit les raisons très sérieuses qui me conduisent à penser qu'il en est ainsi en effet. Or, ce fait peut être
un excellent indice pour aider à déterminer quelles sont parmi
tant d'espèces d'hyménoptères celles qui peuvent être préférées
par nos jeunes Cantharides. Mes éducations m'ont déjà bien
mis sur la voie en me montrant que les cellules des *Mégachiles*
paraissent plus recherchées par elles que les cellules des *Halictes*. Et mes fouilles, d'autre part, m'ont fait voir que les cellules des *Colletes* sont, dans la nature, de celles qu'elles semblent
préférer. Or, il est à remarquer que les cellules des Halictes,
faites de terre durcie, sont plus ou moins espacées ou seulement
accolées tandis que celles des Mégachiles et des Colletes sont généralement groupées en cylindres formées de 4 à 6 cellules disposées
bout à bout. Les larves dont l'activité est très grande et l'armature
buccale beaucoup plus puissante que ne le nécessite l'action de
manger du miel, sont dans les meilleures conditions pour
percer les cloisons de séparation d'une cellule à l'autre (ainsi
que j'ai eu l'occasion de l'observer). Mais la mollesse assez
grande de leur corps ne s'accommoderait peut-être pas tout à fait
aussi bien d'un voyage dans le sol à la recherche d'une autre
cellule, serait-elle assez voisine.

Cependant, à la rigueur, ce voyage ne me paraît pas impossible, quand on considère ce qu'est devenue la larve de la Cantharide au moment où ce voyage doit s'effectuer. J'ai dit que
cette deuxième larve mue ordinairement trois fois. Une première fois, quatre ou cinq jours après sa sortie des téguments
du triongulin. Une seconde fois, cinq ou six jours après, et enfin
une troisième fois, quand elle passe à l'état de pseudo-chrysalide.
Or, j'ai noté que, aussitôt après sa première mue, elle est faible
et maladive, mais que, bientôt, elle prend un nouvel embonpoint et, qu'à ce moment critique, succède une phase caractéristique où elle prend une teinte grisâtre et une remarquable
consistance. Or, si l'on veut bien se reporter au relevé que j'ai
donné de mes notes de laboratoire, c'est précisément à ce

(1) **Comptes rendus**, Acad. des Sc., 8 juin 1885.

moment qu'il me fallait renouveler les provisions épuisées. Ce serait donc quelque peu après la première mue que l'animal se trouverait à la fois dans la nécessité de recourir à une nouvelle ration et dans le meilleur état pour se la procurer.

Ces diverses considérations me paraissent devoir être exposées pour expliquer que j'aie pu trouver la Cantharide et ses divers états au milieu de cellules d'hyménoptères de petite taille tels que le *Colletes signata*. Elles ont peut-être moins d'importance quand il s'agit de cellules du *Colletes cunicularis* (?) et de celles des *Mégachiles*. Mais, dans ces circonstances même, je ne serais pas éloigné de croire, vu le grand développement que prend la seconde larve, qu'elle ait encore besoin de recourir à un supplément de ration.

D'ailleurs, il est évident que tous les individus, au cours de leur évolution, ne rencontrent pas une quantité égale de nourriture. Il suffit, pour s'en convaincre, de considérer les différences de taille inattendues, que l'on observe dans un même lot d'insectes, entre les divers spécimens. C'est ainsi qu'à côté de Cantharides mesurant 20 et 25 millimètres de longueur, j'en ai fréquemment trouvé qui mesuraient à peine 9 millimètres. Il est évident que ces dernières avaient été aux prises avec de singulières difficultés de ravitaillement qui ne leur avaient point permis d'acquérir la taille normale.

Enfin, la seconde larve est arrivée à son état ultime. Un fait tout nouveau, dans l'histoire du développement des Vésicants, se présente alors. Tandis, en effet, que cette seconde larve, lorsqu'il s'agissait des Meloe et des Sitaris, restait incluse dans la cellule dont elle avait dévoré le contenu, la deuxième larve de la Cantharide, manifestant une fois de plus son humeur aventurière et son amour du déplacement, abandonne la cellule qu'elle a vidée, s'enfonce profondément dans le sol, s'y creuse une loge et, après une mue nouvelle (la 3me), se transforme en *pseudo-chrysalide*. Or, elle s'enfonce ainsi à une profondeur considérable (jusqu'à plus de un mètre), et c'est évidemment là la raison des échecs qui avaient finalement découragé les zoologistes en quête du développement naturel de la Cantharide.

On soupçonnait qu'elle se développait dans les cellules des hyménoptères souterrains; on pratiquait des fouilles dans les galeries; on détruisait de nombreuses cellules, et la Cantharide restait toujours invisible. C'est qu'il fallait pousser les recherches au delà des galeries. Et, pour ma part, j'ai dû, avec l'aide de M. Nicolas, fouiller à une profondeur de un mètre au moins dans la paroi de sable, pour arriver à découvrir les fameuses pseudo-chrysalides. Dans ces profondeurs, les cellules des hyménoptères (Colletes) sont beaucoup plus rares ; par contre, elles sont en meilleur état ; les cellules de la superficie sont, en effet, pour la plupart, abandonnées depuis longues années de leurs propriétaires et, à chaque saison, les galeries deviennent plus profondes, plus rares, il est vrai, mais mieux à l'abri des intempéries. Quoi qu'il en soit, c'est dans cette zone très profonde que se trouvent les plus nombreuses pseudo-chrysalides. Ce n'est que par l'effet du plus grand hasard que j'ai pu en rencontrer quelques-unes au milieu même de la grande agglomération des cellules de Colletes.

La métamorphose de la deuxième larve en pseudo-chrysalide a lieu en août et septembre. Pendant tout l'hiver, cette forme persiste ; elle dure même parfois, comme je l'ai dit, pendant l'année suivante toute entière. Puis, au printemps, la troisième larve apparaît, se dégageant complètement de la mue pseudo-chrysalidaire, et non plus à moitié, comme celle des Meloe (1).

Quelques jours d'une activité, d'ailleurs réduite, sont suivis d'une inertie complète qui précède le passage à l'état de Nymphe. Enfin, l'insecte arrive à l'état parfait dans le courant de mai, parfois un peu plus tôt, principalement lorsque la pseudo-chrysalide est restée sans modifications pendant une année entière après le premier hivernage.

J'ai trouvé les pseudo-chrysalides de la Cantharide au voisinage des cellules des *Colletes*. J'ai pu en élever bon nombre avec le miel d'une *Mégachile*, avec celui de l'*Osmia tridentata*, et enfin, bien que plus difficilement, avec le miel de certains *Halictes*. J'ai même pu obtenir la seconde larve avec une pâtée artificielle faite de miel d'*Apis mellifica* additionné, pour lui donner plus de consistance, de pollen de rose trémière. — Ces différents faits semblent indiquer que, les préférences mises à part, la jeune Cantharide peut trouver, dans le miel d'un assez grand nombre d'Apiaires souterrains, une nourriture convenable

---

(1) Lichtenstein avait déjà insisté sur cette différence très remarquable.

propre à lui faire traverser, dans des conditions plus ou moins avantageuses, les diverses phases de l'hypermétamorphose.

Pour compléter cette histoire du développement de la Cantharide, il me reste à ajouter quelques mots au sujet de l'espace de temps qui s'écoule en moyenne entre chacun des stades du développement. Le passage de la forme triongulin à l'état de deuxième larve s'effectue en cinq à dix jours, suivant les conditions dans lesquelles se fait l'expérience, c'est-à-dire suivant que la température et le miel lui conviennent plus ou moins complètement.

La deuxième larve met de dix à quinze jours à s'accroître et à atteindre son état ultime. Elle cesse alors de manger, s'enfonce dans la terre et au bout de neuf jours passe à la forme pseudo-chrysalide. Ainsi le triongulin met environ un mois, souvent moins (23 jours) parfois davantage (34 jours) à gagner le stade de pseudo-chrysalide. Dans ce court espace de temps, cette larve s'accroît à ce point, qu'ayant à peine 2 millimètres au début, elle atteint 18 et 20 millimètres à la fin de cette période. La forme pseudo-chrysalidaire, par contre, a une durée très grande, c'est la phase hivernale, et elle dure du commencement de septembre au mois de mai, soit environ huit mois et demi. Alors apparaît la troisième larve. Au bout de douze à quinze jours, elle se transforme en nymphe qui, au bout d'une période nouvelle de quinze jours, donne enfin naissance à l'insecte parfait.

Il y a somme toute dans la durée du développement trois périodes (1): savoir une période *estivale* qui dure environ 40 ou 50 jours, en y comprenant le temps nécessaire à l'éclosion des œufs ; une période *hivernale* ou *latente*, qui dure huit à neuf mois et enfin une période *printanière* qui comprend environ un mois. Nous avons dit déjà que la période *hivernale* ou *latente* peut se prolonger pendant l'année toute entière qui suit le premier hiver. Dans ce cas, l'apparition de la troisième larve au début de la troisième année de l'évolution semble plus précoce que dans les circonstances normales.

Rappelons enfin, en terminant, les modifications de taille que subit l'insecte au cours de son développement. Long d'environ

(1) Voir *Assoc. Franç. pour l'Avancement des Sciences;* Congrès de Grenoble, 1885.

2 millimètres lorsqu'il est à l'état de triongulin, il s'accroît jusqu'à acquérir 20 millimètres, taille normale de la deuxième larve arrivée à sa période ultime. Puis une contraction s'opère et la pseudo-chrysalide ne mesure plus que 14 ou 15 milli-mètres. La troisième larve, au contraire, au début de son appa-rition, semble avoir repris, à peu de choses près, la longueur de la deuxième larve, mais une nouvelle contraction a lieu au pas-sage à l'état de nymphe et celle-ci, comme l'insecte parfait, au moins chez les individus que nous avons observés, mesure de 16 à 20 millimètres au plus.

e. **DÉVELOPPEMENT DES ZONITIS**

Les *Zonitis* appartiennent encore aux Vésicants dont les larves se nourrissent du miel de certains Apiaires.

C'est à Rossi (94) que paraît due la première observation re-lative à leur développement ; voici, en effet, comment il s'ex-prime au sujet de *Mylabris fulva* (aujourd'hui *Zonitis mutica*, voir Mulsant, *loc. cit.*) : « non leviter admiranti mihi prodiit e pupa obtecta putamine proprio oviformi ferrugineo, stigmatibus utrinque longitudinaliter impresso, quam inveni abrupto nido *Ap. variantis* in ejus medio sitam prope cellulas ubi nescio quo-modo introducta larva, veluti in apto sibi domicilio una cum Apibus l. c. descriptis, metamorphosin subierat. » La pupe, à laquelle Rossi fait illusion, n'est autre que la pseudo-chrysalide qu'il trouva dans une cellule de *Mégachile varians* et dont, à sa grande surprise, il vit sortir *Zonitis mutica*. Depuis 1792, époque à laquelle écrivait Rossi, jusqu'à l'année 1866, aucun renseignement plus précis ne fut donné sur les mœurs de ces insectes. Mais, à cette date, Et. Giraud publia dans les Ann. de la Société entomologique de France (95) une description dé-taillée de la pseudo-chrysalide de *Zonitis mutica* trouvée dans les cellules de l'*Osmia tridentata.* « L'examen fait au mois de juin, de plusieurs tiges d'où commençaient à sortir des Osmies, me fit connaître, dit Giraud, quatre cellules qui, au lieu de la coque ordinaire de ces hyménoptères, en renfermaient une bien différente, déjà lacérée vers le bout supérieur par l'insecte qu'elles contenaient, et qui ne tarda pas en sortir. C'étaient des

Zonitis auxquels je venais de faciliter leur délivrance. » Giraud reconnut que cette pseudo-chrysalide était étroitement enfermée dans la mue de la deuxième larve, et qu'elle était tapissée à l'intérieur par la mue de la troisième larve.

Dès 1857, Fabre (89) avait décrit une pseudo-chrysalide de Zonitis qu'il avait trouvée dans une cellule de *Chalicodoma mura-ria*. Mais il n'avait pu obtenir l'insecte parfait, et ce n'était que par élimination qu'il avait pu soupçonner cette pseudo-chrysalide d'appartenir à un Zonitis. « Je n'ai pas vu, dit-il, dans ces contrées, le *Sitaris apicalis (Stenoria)* auquel la pseudo-chrysalide en question pourrait être rapportée ; mais nous avons des *Zonitis præusta*, et je ne vois aucun autre insecte de cette famille dont la taille convienne à celle de la pseudo-chrysalide.»

Depuis, Fabre (35) a eu l'occasion de multiplier ses observations, et il a reconnu que bien qu'il ait rencontré plusieurs fois la pseudo-chrysalide du Zonitis dans les cellules des Chalichodomes, ce n'est pas en réalité de cet hyménoptère que la larve du Vésicant est parasite, mais plutôt des *Osmia tricornis* et *Osmia Latreillei*, qui utilisent, pour édifier leurs cellules, les vieilles galeries de l'abeille maçonne. C'est en effet chez les Osmies et plus particulièrement chez *Osmia tridentata* que Fabre a observé les pseudo-chrysalides de *Zonitis mutica*. Il les a trouvées encore, et j'ai eu l'occasion, au cours d'une excursion où il voulut bien me convier, de les trouver avec lui en assez grande quantité dans les loges que l'*Anthidium bellicosum* édifie dans la spire des coquilles vides de l'*Helix adspersa*. Pl. XVII, fig. 1, j'ai figuré une de ces coquilles ouvertes, d'après un spécimen recueilli à Sérignan. La pseudo-chrysalide y occupe le dernier tour de spire ; elle est ouverte et l'insecte qui s'en est échappé se voit tout près de l'orifice de la coquille qu'il n'a pu franchir, j'ignore pour quelle raison.

Quant au *Zonitis præusta* qui habite également les régions méridionales de la France, Fabre l'a obtenu des mêmes loges d'Anthidium bellicosum, des cellules en bourre cotonnière d'*Anthidium scapulare* qui nidifie dans la ronce comme l'Osmie tridentée, et enfin des cellules en feuilles découpées de *Mégachile ericans*. J'ajouterai encore que les Zonitis pourraient bien être parasites de *Colletes signata* car deux ou trois pseudo-chrysalides parmi des centaines d'autres appartenant à *Stenoria apicalis*,

m'ont paru se rapporter à un Zonitis, bien que je ne puisse l'affirmer, les éclosions que j'attendais pour me convaincre n'ayant pas
eu lieu. Il est en effet assez difficile de se prononcer entre la
pseudo-chrysalide de Stenoria apicalis et celle des Zonitis.
Toutes deux, à peu près cylindriques et atténuées aux extrémités,
sont assez opaques, et à parois incomparablement plus résistantes
que celle des Sitaris. Aussi ni l'une ni l'autre ne subissent-elles
au cours de l'hivernage les déformations si caractéristiques de
ces dernières. Elles ont toutes deux, au premier aspect, assez
l'apparence et la consistance des pupes des Diptères; toutefois,
la pseudo-chrysalide de Stenoria peut se distinguer de celle des
Zonitis par sa forme générale et par sa couleur. Elle est presque
ovoïde, son extrémité antérieure étant assez fortement atténuée
tandis que celle des Zonitis est presque régulièrement cylindrique. La pseudo-chrysalide de Stenoria est d'un jaune pâle,
rarement foncé et toujours très lisse et brillante à sa surface,
tandis que celle des Zonitis est de couleur ferrugineuse, rougeâtre, à surface un peu chagrinée et mate ou comme huileuse.

Dans les cellules de l'Anthidium bellicosum, où j'ai trouvé les
pseudo-chrysalides de *Zonitis mutica*, ces pseudo-chrysalides
occupaient toujours la partie la plus profonde de la spire de la
coquille d'Helix où l'hyménoptère avait construit ses cellules
(pl. XVII, fig. 1). Elle y était enveloppée très strictement par une
fine membrane à reflets irisés représentant la dépouille de la seconde larve. Si l'on suit les phases du développement, on constate
que l'insecte sort à l'état parfait en déchirant l'extrémité antérieure
de la pseudo-chrysalide, comme fait Stenoria Apicalis, mais cette
apparition de l'insecte parfait n'est point précédée comme chez
cette dernière espèce de phénomènes visibles à l'extérieur. J'ai
dit que la paroi de la pseudo-chrysalide de Stenoria, au printemps, devient plus transparente et qu'on peut suivre au travers
le développement de la troisième larve. Rien de semblable n'a
lieu chez les Zonitis. La paroi de la pseudo-chrysalide reste opaque,
pendant tout le cours du développement. Giraud (loc. cit.) avait
en partie donné l'explication de ce fait, en montrant qu'à l'intérieur, la pseudo-chrysalide est tapissée par une membrane
mince, mais il considérait cette membrane comme « la dernière
chemise de la nymphe. » Fabre a fait voir que cette membrane
est, en réalité, la mue de la troisième larve qui reste appliquée

contre la paroi de la pseudo-chrysalide ; la troisième larve des Zonitis n'est donc jamais libre. « Ainsi, ajoute Fabre, il y a chez les Zonitis une particularité que ne présentent pas les autres Méloïdes, savoir : une série d'intimes emboîtements. La pseudo-chrysalide est renfermée dans la peau de la seconde larve, peau qui forme une outre sans ouverture, très étroitement appliquée contre son contenu. Plus étroitement encore, la dépouille de la troisième larve est appliquée à l'intérieur de l'étui pseudo-chrysalidaire. Seule, la nymphe n'est pas adhérente à son enveloppe. »

Somme toute, les Zonitis comme tous les Vésicants dont il a été question jusqu'ici passent par les diverses phases de l'hypermétamorphose. Ils vivent dans le cours de leur développement en parasites de diverses *Osmies* et de certains *Anthidium*.

On ne connaît pas encore la première larve, et je n'en pourrai donner la description car, bien qu'ayant recherché avec soin dans des cellules d'Anthidium que je possédais et qui étaient occupées par des pseudo-chrysalides, de Zonitis mutica, je n'ai pu, comme je l'attendais, retrouver la dépouille de ce triongulin.

Voici, quoi qu'il en soit, comment on peut reconstituer les mœurs des Zonitis :

Le triongulin, après l'éclosion, s'attache au corselet d'une Osmie ou d'un Anthidium et se fait transporter par cet hyménoptère dans la cellule qu'il est en train d'approvisionner. Peut-être, comme le triongulin du Sitaris, attend-il pour passer sur l'œuf de son hôte le moment le plus favorable, c'est-à-dire celui de la ponte. Plusieurs circonstances démontrent bien, en tous cas, que la larve des Zonitis se fait transporter ainsi et ne va point comme celle des Cantharides à la recherche des cellules enfouies dans le sol : d'une part, chez l'Anthidium bellicosum, par exemple, on trouve la pseudo-chrysalide dans les cellules les plus profondes, par conséquent dans celles qui on été closes les premières. D'autre part, la substance au moyen de laquelle l'hyménoptère ferme ses cellules est formée de résine et de gravier, et est d'une consistance tellement dure qu'il est impossible d'admettre qu'un faible triongulin, fût-il le plus puissamment armé de ceux que nous connaissons, puisse percer ces cloisons et pénétrer par force dans les cellules. Ce n'est plus le cas des cloisons minces et papyracées des cellules minces des Colletes. C'est en juillet ou au plus tard au commencement d'août que le triongulin des Zonitis se fait ainsi transporter, car, ainsi que nous l'avons dit, les pseudo-chrysalides se trouvent déjà, dès le 3 septembre, complètement développées. La pseudo-chrysalide est la forme hivernale, et c'est au printemps que s'opèrent les dernières phases de l'hypermétamorphose. de telle sorte que l'insecte arrive à l'état parfait en juin et juillet.

f. DÉVELOPPEMENT DE L'HORNIA MINUTIPENNIS (*Riley*)

Riley a décrit sous le nom de *Hornia minutipennis* un singulier meloïde d'Amérique qu'il rencontra vivant en parasite dans les cellules de l'*Antophora abrupta*. Cet Hornia (fig. 17 ci-contre)

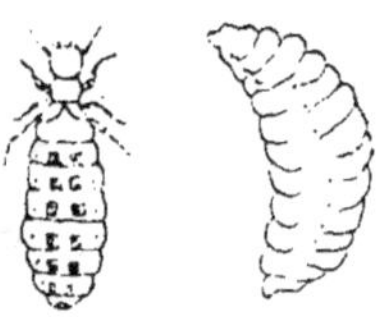

Fig. 17 (d'après Riley) *Hornia minutipennis* et sa pseudo-chrysalide.

est remarquable par la réduction des ailes qui sont encore plus rudimentaires que celles des Meloe et comparables aux élytres de la femelle du Lampyris noctiluca. Ces insectes semblent vivre dans les galeries de l'Antophore sans s'en éloigner guère, même à l'état adulte. En mai, la femelle pond des œufs, d'un jaune de miel pâle, longs de $1^{mm},1$ et en quantités assez considérables, car Riley en a compté 680. Cette ponte s'effectue pendant deux semaines. Le triongulin est encore inconnu, mais Riley a observé l'état ultime de la seconde larve ainsi que les états suivants. La pseudo-chrysalide est enveloppée comme celle des Sitaris de la dépouille de cette seconde larve, et comme cette dernière elle renferme successivement la troisième larve et la nymphe. Mais, ce qui est caractéristique, c'est que tous ces stades sont parcourus dans le cours de l'été, de telle sorte qu'à l'automne l'insecte parfait est développé complètement. Toutefois, il ne perce ses enveloppes qu'au printemps et reste enfermé dans la pseudo-chrysalide pendant tout l'hiver.

De ces faits, il semble résulter que l'Hornia est proche des Sitaris plus que de toute autre espèce de Vésicant.

g. DÉVELOPPEMENT DES TETRAONYX

Nous connaissons peu de choses sur le développement de ce genre américain ; nous relevons toutefois la note suivante de Guérin Méneville (96) au sujet de *Tetraonyx flavipennis*. « M. Goudot a trouvé cette espèce en janvier, dans les Cordillières et dans la région tempérée. On rencontre ces insectes à terre, près des grosses pierres, et il en a trouvé souvent des individus accouplés ; leur démarche est lourde, et ils ne volent jamais ; on les rencontre parfois en familles, et les lieux qu'ils habitent sont fréquentés par des *Bombus*, ce qui nous fait penser que leurs larves vivent dans les nids de ces hyménoptères. »

h. DÉVELOPPEMENT DE L'HORIA MACULATA

Voici ce que dit à ce sujet, en 1822, le révérend Landsdown Guilding (97). HORIA : *Larva :* hexapus, pallido ochracea, nuda, nitida, ore nigricante.

Pupa. Nitida, oblonga, flavescens, lineâ dorsali ochraceâ ; oculis, mandibulis, membrisque saturatioribus. Nidis *Xylocopæ teredinis* nutritur. Forsam dum larva cibum apibus preparatum avide consumit, hospes fame perit. Mox matura proprium nidum, excavat ? introïtum claudit ac metamorphosin subit. » Guilding a figuré (pl. VIII, fig. *i, h*) la deuxième larve mangeant la provision de la larve de la Xylocope ; cette larve ressemble à celle des autres Vésicants. Elle est fortement annelée et pourvue de trois paires de petites pattes courtes. Mais il ne paraît pas avoir vu la pseudo-chrysalide. Suivant sa description et ses figures, la chrysalide se trouverait dans une cavité creusée au-dessous de la cellule de l'hyménoptère où ont eu lieu les premières phases de la métamorphose. Il y a lieu de croire que, semblablement à ce qui se passe chez la Cantharide, c'est la seconde larve qui, arrivée à l'état ultime, a creusé ce trou pour s'y transformer en pseudo-chrysalide, mais on s'explique difficilement que Guilding, qui a vu et figuré la nymphe, ne parle pas de la mue pseudo-chrysalidaire. Il reste donc encore des observations complémentaires à faire, bien que le fait du parasitisme reste acquis.

i. DÉVELOPPEMENT DE L'APALUS BIMACULATUS

En 1851, Géné (82) obtint, d'œufs pondus par l'*Apalus bimaculatus*, des triongulins auxquels il reconnut si exactement les caractères des triongulins des Meloe et de la Cantharide, qu'il crut pouvoir se dispenser de les décrire.

Il ne put suivre le développement de ces larves ; mais il conclut de son observation « que tout trachélyde de la tribu des Cantharides présentera des larves de la forme de celle du Meloe. » Il est regrettable que Géné n'ait pas cru devoir décrire le triongulin de l'Apalus ; car, ainsi que nous le verrons par la suite, les triongulins des Méloïdes, bien qu'ayant des apparences générales très semblables, peuvent cependant se distinguer par certains caractères dont on peut même se servir pour conclure à leur mode probable de parasitisme.

Quoi qu'il en soit, une observation du Dr Strauch, consignée dans une lettre adressée à M. Reiche (98), semble indiquer que l'Apalus est à l'état larvaire parasite de quelqu'hyménoptère. Le Dr Strauch écrit, en effet, qu'en 1854, dans une excursion au village de Kickita, à 75 kilomètres (N.-E.) environ de Dorpat, il trouva, à Pâques, une grande quantité d'Apalus. Il remarqua que chaque femelle se trouvait au bord d'un trou qui avait 6 millimètres environ de diamètre. Il pensa d'abord que ces trous étaient faits par les insectes eux-mêmes pour y déposer leurs œufs ; mais il put bientôt se convaincre que chaque trou n'était que l'entrée d'un nid d'hyménoptères qu'il vit entrer et sortir. Il put prendre un exemplaire de ces hyménoptères, mais, malheureusement, il le perdit. Cette observation laisse à penser, en effet, que les larves d'Apalus sont parasites d'hyménoptères souterrains ; mais les suppositions s'arrêtent là. De quoi cet hyménoptère nourrit-il sa larve ? de miel, ou de toute autre pâture ? Nous allons voir, par la suite, que ce point serait fort intéressant à fixer, et qu'il n'y a aucune conjecture à faire qui ait quelque valeur, tant qu'on ne connaîtra pas l'espèce d'hyménoptère en question.

j. DÉVELOPPEMENT DES EPICAUTA MACROBASIS ET HENOUS

1° Espèces américaines. — Ainsi que nous l'avons dit plus haut, la faune américaine est très riche en insectes Vésicants; mais ils appartiennent en partie à des genres qui ont été considérés comme très voisins du genre *Cantharis (Lytta).*

Parmi ces genres, nous allons nous occuper des *Epicauta, Macrobasis* et *Henous,* dont les mœurs larvaires ont été étudiées avec détails par Riley.

Étant données les connaissances que l'on possédait sur les habitudes des Meloe et des Sitaris, au moment où Riley commença ses recherches, on pouvait s'attendre à constater que les larves des Epicauta et genres voisins passent par les diverses phases de l'hypermétamorphose et vivent en parasites dans les cellules de certains Apiaires. La première supposition fut, en effet, confirmée ; mais il n'en fut pas de même de la seconde. Ce n'est pas, en effet, dans les cellules des Apiaires que les larves en question se développent, mais, chose inattendue, dans les nids de certains Orthoptères. En un mot, les larves des Epicauta, Macrobasis et Henous ne sont pas mellivores, mais bien et uniquement carnivores.

Riley a établi ce fait d'une manière certaine pour les espèces suivantes : *Epicauta cinerea* (Forster); *E. Pennsylvanica ; E. vittata ; E. marginata ; Macrobasis unicolor* et *Henous confertus.* Nous allons rapidement retracer l'histoire de l'*E. vittata,* que Riley (loc. cit.) a pris pour type dans le mémoire que nous analysons.

Œufs. — Les œufs sont pondus de juillet en octobre. Ils sont déposés au nombre de 500 à 600, par masses irrégulières de 120 à 130, dans des trous que la femelle creuse dans le sol et recouvre ensuite de terre, à l'instar des Cantharides.

Triongulin. — Dans l'espace d'environ dix jours, le triongulin éclot (1). D'abord faible et complètement blanc, il prend

(1) Le triongulin de ces espèces paraît avoir été vu pour la première fois par Harris (99) qui fit éclore les œufs du *Macrobasis unicolor.*

bientôt une couleur plus foncée (brun clair) et devient très
actif. Il manifeste. comme le triongulin de la Cantharide. une
constante propension à s'enfoncer dans la terre ; il ne grimpe
point sur les fleurs et ne s'attache point au corselet des insectes
velus. Comme ce dernier, il se roule en boule quand on
l'effraye.

Ses caractères extérieurs (fig. 18, *a*) le distinguent très nettement des triongulins des Meloe, Sitaris et Cantharis. Il est

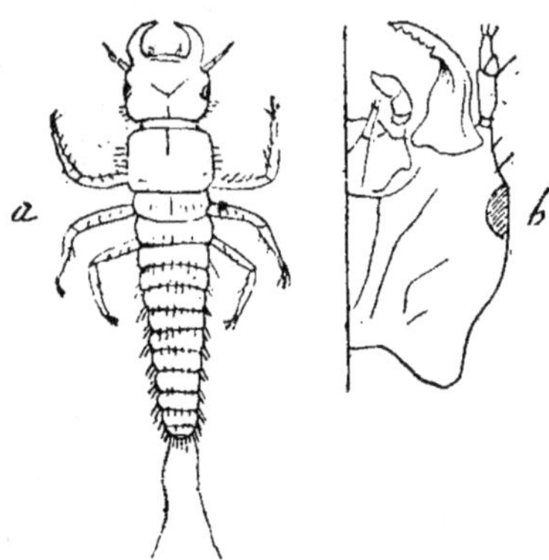

Fig. 18. (d'après Riley). — *a*. Triongulin de *Epicauta vittata*; *b*. moitié droite de la
tête de ce triongulin, très grossie et montrant les divers appendices.

plus grand et plus velu ; le premier segment thoracique l'emporte de beaucoup sur les deux autres ; la tête est forte et l'armature buccale puissante. Les cuisses sont grêles.

C'est aux nids de *Caloptenus spretus* (1) (Locuste des montagnes rocheuses), et à ceux de *Caloptenus differentialis* que le
triongulin des Épicauta et Macrobasis s'attaque de préférence. Quand il a rencontré un de ces nids que ferme un tampon de matière spumeuse, il perce ce tampon, et s'en nourrit
même, au dire de Riley, puis arrivant aux œufs, il les déchire et
en absorbe le contenu. — Deux œufs paraissent nécessaires à
son développement.

Deuxième larve. — Lorsque ce développement est complet, c'est-à-dire vers le neuvième jour, la deuxième larve
apparaît semblable à celle de tous les Vésicants (fig. 19 ci-

(1) Riley a également trouvé des triongulins de l'E. pennsylvanica dans les nids de
l'*Œdipoda phanœcoptera.*

contre, *a*). Riley, eu égard à son allure générale, la compare
aux larves des Carabes et appelle ce premier état de la deuxième
larve *état carabidoïde*. Au bout d'une semaine environ, survient
une mue, à la suite de laquelle la larve, par le développement
considérable de son abdomen, rappelle la forme des larves des
Lamellicornes, d'où le nom d'*état Scarabœidoïde* que lui donne
Riley. Chez la Cantharide, nous avons fait remarquer que des
changements analogues très marqués accompagnent ces mues
de la deuxième larve. Enfin, au bout de sept jours, nouvelle
mue (2e mue de la 2e larve), c'est-à-dire état *ultime* de la
deuxième larve (fig. 19, *b*). Elle plonge dans un abondant jus

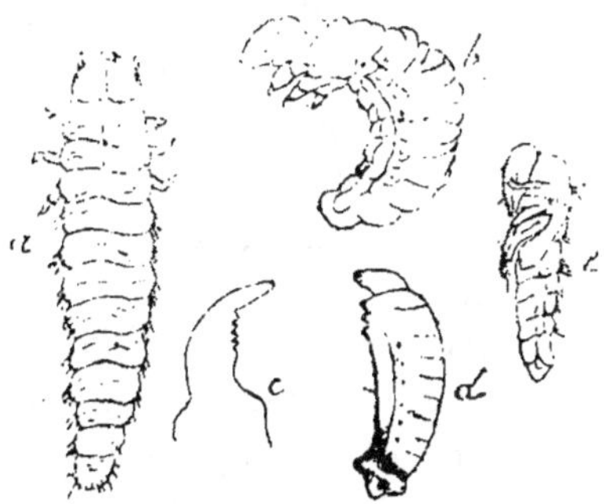

Fig. 19 (d'après Riley), *a* État carabidoïde de la 2e larve de *Epicauta
vittata; b* état ultime de cette seconde larve; *c* mandibule de cette
larve; *d* pseudo-chrysalide de la même espèce; *e* nymphe de *Epicauta
cinerea*.

d'œufs de Locustes qu'elle dévore avidement. Elle prend alors
un très grand volume, acquiert une teinte plus jaunâtre, et, au
bout d'une semaine, abandonne le nid qu'elle a dévasté et
s'enfonce sous terre à une certaine distance ; elle s'y creuse
une cavité lisse, se contracte graduellement et vers la fin du
troisième ou quatrième jour, une nouvelle mue donne issue
à la pseudo-chrysalide.

Pseudo-chrysalide.— Celle-ci (*coarctata larva*) (fig. 19, *d*) est
d'un jaune foncé ; les pièces de la bouche et les pattes sont
rudimentaires ; la forme générale rappelle absolument celle
que nous avons décrite à propos de la Cantharide, et comme
chez cette dernière, la mue de la deuxième larve reste adhérente à son extrémité postérieure.

Troisième larve; nymphe. — La pseudo-chrysalide passe

l'hiver sans modifications, puis au printemps elle se fend sur le dos, et il en sort la troisième larve, tout à fait semblable à la seconde, sauf qu'elle est de taille moins grande et de couleur plus blanche. Cette troisième larve s'enfouit dans le sol, puis se transforme en nymphe (fig. 19, *e*) qui au bout de cinq à six jours, donne l'insecte parfait (1).

En somme, lorsqu'on compare les diverses phases du développement des Épicauta et de la Cantharide, on est frappé des ressemblances parfaites qu'elles présentent. Même rapidité dans les premières transformations (de la forme triongulin à la forme pseudo-chrysalidaire) qui s'opèrent chez les Épicauta en vingt-cinq à trente jours; mêmes mues de la deuxième larve, accompagnées de modifications de plus en plus profondes ; même forme ; même durée prolongée de la pseudo-chrysalide qui passe tout l'hiver sans changements appréciables. Les stades de l'hypermétamorphose sont absolument comparables; mais la nourriture est bien différente et établit entre les Épicauta et la Cantharide une importante dissemblance. L'examen attentif des triongulins, malgré les apparences plus robustes de ceux des Épicauta, ne pouvait mettre sur la voie de ce parasitisme singulier, car ceux de la Cantharide, qui se nourrissent de miel, montrent aussi bien que ces derniers des aptitudes particulières à s'enfoncer dans le sol et à fuir la lumière. Il a fallu toute la sagacité du naturaliste américain, auquel la science doit les observations précédentes, pour arriver à la solution cherchée.

2° **Épicauta verticalis (2).** — Cette espèce (Illig.) représente à elle seule en Europe le genre Épicauta dont les formes sont

(1) L'*Epicauta vittata* apparaissant sous la latitude de Saint-Louis, du mois de juin au mois d'octobre, Riley pense qu'il peut y avoir deux générations annuelles, l'une hâtive, l'autre tardive. Il y a lieu à ce propos de se demander si les cas de torpeur de la pseudo-chrysalide que nous avons vue se prolonger pendant une année entière chez la Cantharide, ne se présentent pas de même pour ces espèces; dans ce cas, les individus précoces proviendraient de ces pseudo-chrysalides attardées. Il y a lieu de remarquer que, au dire de Riley, toutes les espèces d'Epicauta ne subissent pas leurs métamorphoses aux mêmes époques de l'année. Ainsi les triongulins de l'E. pennsylvanica seraient susceptibles, à la façon de ceux des Sitaris, de passer l'hiver engourdis, dans la masse muqueuse qui ferme les nids d'Œdipoda. Ce fait s'observerait chez les espèces qui pondent jusqu'à la fin d'octobre, voire jusqu'au commencement des gelées.

(2) Comptes rendus de l'Acad. des Sc., 13 octobre 1884 et 19 octobre 1885.

si nombreuses en Amérique. Il me paraissait particulièrement intéressant de savoir si l'espèce européenne a les mêmes habitudes larvaires que celles qui ont été si bien étudiées par Riley. L'Épicauta verticalis est assez rare en France, en ce sens qu'il n'apparaît jamais en bandes bien nombreuses, et que dans les contrées où il se montre, ce n'est que sur un point très limité, et d'une façon très irrégulière. Ces conditions m'ôtaient tout espoir de réussir à découvrir les larves dans le lieu même de leur développement et les fouilles que j'entrepris étant restées complètement infructueuses, je me décidai à tenter l'éducation artificielle de l'insecte.

Grâce à l'obligeance de M. François, instituteur à Saint-Victor-Lacoste (Gard), je reçus le 31 juillet 1884 un lot d'*Épicauta* vivants, que j'installai, comme j'avais coutume de faire pour mes Cantharides, dans de grandes cages dont le sol était formé d'une épaisse couche de terre et je leur donnai comme nourriture de la luzerne, dont ils dévorent les feuilles avec avidité.

Œufs. — Le 8 août, en remuant la terre, je découvris un paquet d'œufs qui devait avoir été déposé depuis deux ou trois jours, par une femelle qui depuis ce temps m'avait paru avoir considérablement diminué de volume. Ces œufs n'étaient pas en nombre très considérable. J'en comptai une cinquantaine. Ils sont d'un jaune très pâle, presque blancs, à peu près régulièrement ovoïdes. Ils mesurent $2^{mm},08$ à 3 millimètres de longueur sur $1^{mm},02$ de large.

Première larve. — Le 12 septembre 1884, c'est-à-dire un peu plus d'un mois après la ponte, l'éclosion eut lieu (1), et je vis apparaître des larves complètement blanches, relativement très grandes et remarquables par les poils roux qui hérissent la surface dorsale des segments. Au bout de douze heures environ, ces larves devinrent grisâtres, puis leurs segments se colorèrent en noir, tandis que la tête prit une teinte brun-marron. La face ventrale reste blanche. Ces larves sont pourvues de trois paires de pattes rousses assez longues et par leurs caractères généraux ressemblent bien aux larves des Épicauta d'Amérique décrites par Riley.

---

(1) Les œufs d'*Epicauta vittata* éclosent au bout de dix jours, suivant Riley.

Je me trouvais malheureusement à cette époque dans de très mauvaises conditions pour faire mes essais d'éducation. J'étais en Picardie, et il me fut impossible de me procurer des nids de criquets que j'aurais désiré offrir en pâture à mes larves. J'en arrivai alors à l'expédient suivant : Je m'emparai de quelques Dectiques (*Decticus verrucivorus*) et ouvrant le ventre d'une femelle, je choisis quelques œufs parmi les plus avancés dans leur développement. Je plaçai ces œufs dans un tube avec une larve d'Épicauta. C'était le 15 septembre. Quelques heures à peine s'étaient écoulées que je vis la larve plongée dans le vitellus qui s'écoulait de l'un des plus jeunes œufs dont elle avait réussi à déchirer l'enveloppe. Je me proposais de suivre les phases de cette expérience dans tous ses détails, quand, j'ignore pour quelle cause, je trouvai le lendemain la larve morte. D'autres essais analogues me donnèrent le même résultat en partie négatif. Je dis en partie, car, un fait était acquis, c'est que les larves d'Épicauta avaient agi comme ne l'ont jamais fait celles des Cantharides. Elles s'étaient attaquées aux œufs des Orthoptères. Par contre, elles ne voulurent jamais toucher au miel que je leur offris. Mais je n'insiste pas sur ces expériences et j'arrive de suite aux essais que je renouvelai en 1885 et qui me conduisirent au résultat cherché.

Le 25 juillet 1885, je reçus du Gard des Épicauta vivants. Une ponte avait eu lieu dans la boite où les insectes étaient enfermés pendant le voyage. Une nouvelle ponte eut lieu le 3 août. Le 21 août, les œufs pondus le 24 ou 25 juillet éclorent; ceux qui avaient été pondus le 3 août ne me donnèrent des larves que le 6 septembre. J'aurais voulu offrir à mes élèves les grands nids de l'Acridium peregrinum qui me paraissaient devoir leur convenir plus particulièrement. Mais à défaut de cette espèce, j'avais eu soin de tenir en cage un certain nombre d'Œdipodes (*Œdipoda cærulescens* et *Œ. Germanica*), et je me trouvai bientôt en possession d'un certain nombre de nids de cette espèce. C'étaient des sacs de forme cylindrique, longs d'environ 2 centimètres. Le 28 août, je disposai donc une première expérience, en plaçant un triongulin et une ponte d'Œdipode dans un tube de verre.

Le 30, le triongulin restait encore à peu près inactif, et bienque je l'eusse placé à plusieurs reprises sur le bouchon muqueux qui fermait le nid de l'Orthoptère, je ne le vis pas disposé à y pénétrer. Je fis alors une petite entaille vers le milieu du nid.

Le lendemain (31 août), je constatai que le triongulin s'était introduit par l'entaille que j'avais faite, et qu'il avait même commencé déjà à manger, car de l'entaille s'échappait une matière floconneuse blanche piquetée de jaune qui me sembla avoir toutes les apparences d'excréments rejetés par le jeune parasite. De peur d'apporter quelque trouble au repas que je soupçonnais, je me contentai d'observer sans toucher au nid. Mais le 4 septembre, voyant que les déjections n'augmentaient plus de volume au dehors et constatant que des moisissures se développaient à leur surface, je me décidai à examiner de plus près ce qui se passait, et brisant le nid au niveau de l'entaille que j'avais faite, j'enlevai la partie supérieure. J'aperçus alors au niveau de la déchirure la mue du triongulin, ouverte sur la ligne dorsale médiane des segments thoraciques et de la tête, de la même manière que chez la Cantharide. J'enlevai cette mue, je retirai la matière floconneuse blanche dans laquelle elle se trouvait et j'aperçus alors la deuxième larve, complètement blanche, enroulée et enfoncée au milieu des œufs qu'elle dévorait avidement.

Le lendemain elle s'enfonça davantage, déchirant les œufs et mangeant leur contenu, si bien que je ne l'apercevais plus qu'assez difficilement. Jusqu'au 12 septembre, je résistai à la tentation qui me poussait à enlever les œufs dévorés, afin de suivre le parasite dans son développement. Mais, à cette date, je voulus savoir à quoi m'en tenir. En déblayant avec précaution, je trouvai une mue, que je mis de côté (première mue de la deuxième larve), et j'aperçus bientôt la larve qui avait considérablement augmenté de volume et mesurait à peu près 10 millimètres de long. Elle était courbée en arc, au milieu d'un grand nombre d'œufs ouverts.

Pendant quelques jours encore, je la vis grossir ; mais, le 18 septembre, elle avait pris une teinte jaunâtre et était devenue immobile. Comme elle n'avait pas mué à nouveau, et que son immobilité était complète, je la crus morte ; je l'enlevai et la plaçai dans l'alcool, afin de pouvoir l'étudier plus tard à loisir.

J'ai pu constater, depuis, que j'avais agi avec une trop grande précipitation, car, dans l'alcool, je vis la peau se soulever bientôt sur toute la surface du corps, et j'aperçus, à travers cette mue, le corps de la pseudo-chrysalide.

Ce point, d'ailleurs, importe peu. L'expérience que je viens de rapporter démontre, en effet, de la manière la plus nette, que l'*Epicauta verticalis* ne se comporte pas autrement que les espèces américaines du même genre ; comme ces dernières, elle est parasite des nids de certains Orthoptères. Tel était le point important qu'il fallait établir.

Et ce n'est point sur cette seule expérience qu'est fondée cette conclusion, mais sur une série d'expériences semblables qui m'ont donné le même résultat.

Il est vrai que je n'ai point réussi à arriver jusqu'aux derniers stades de la métamorphose ; mais cet échec s'explique aisément. D'une part, les conditions dans lesquelles j'opérais n'étaient peut-être pas absolument favorables. J'étais en voyage, à cette époque, et les soins que je donnais à mes larves n'étaient assurément pas aussi parfaits qu'ils l'eussent été dans mon laboratoire. D'autre part, il se peut que les nids d'OEdipodes ne soient pas la pâture préférée des larves de l'Epicauta verticalis. Je le croirais volontiers, étant donné le volume peu considérable de ces nids ; et, à supposer que j'aie réussi à obtenir l'insecte parfait, il eût été évidemment de petite taille (1).

(1) Parmi les raisons qui m'ont empêché d'obtenir les dernières transformations d'*Epicauta verticalis*, je soupçonne que la suivante pourrait être prise en considération. Il est à noter tout d'abord que les triongulins éclosent tardivement ; d'autre part, après avoir montré une grande activité pendant deux ou trois jours, ils tombent tout à coup dans une sorte de torpeur, et, se réunissant sous les dépouilles de leurs œufs, ils y restent pelotonnés et immobiles à la façon des larves de Sitaris humeralis. Cette torpeur est si profonde qu'une fois, les ayant cru morts et désirant les conserver pour l'étude, j'en pris deux ou trois que je plaçai dans de l'alcool. Je ne fus pas peu étonné alors de les voir se réveiller au contact du liquide et se débattre de manière à montrer qu'ils étaient parfaitement vivants. Ces triongulins semblent donc avoir quelque tendance à hiverner (comme ceux de l'Epicauta pennsylvanica), et s'ils se sont refusés à pénétrer dans les nids de l'OEdipode par le bouchon muqueux, c'est-à-dire par la voie qui semble la plus naturelle, cela tient peut-être à ce qu'ils ne se sentaient point dans la nécessité de profiter de suite de la pâture qui leur était offerte. D'autre part, les espaces de temps assez longs qu'ils ont mis à passer par les diverses phases de leurs premières transformations (comparativement à Epicauta vittata) indiquent peut-être que la saison n'était point favorable à leur développement. Il y a là, on le voit, en dehors de la question du mode d'alimentation qui reste établie, un point intéressant à élucider. De nouvelles recherches que je me propose de faire pour compléter l'histoire de cette espèce, nous donneront peut-être la solution cherchée.

Entre temps, je fis divers essais avec des nids de l'*Empusa pauperata;* je m'aperçus bientôt que la solidité des membranes qui les cloisonnent s'opposait à la pénétration des triongulins. Je coupai alors ces nids par tranches et je plaçai un triongulin sur chacune de ces tranches. Dès le lendemain, il se mettait à l'œuvre et, lorsqu'il eut absorbé le contenu d'un certain nombre d'œufs, il mua, et la deuxième larve apparut. Je suis arrivé au même résultat en offrant à des larves des œufs extraits de l'abdomen d'un *Dectique verrucivore,* et aussi d'un *Œdipoda cœrulescens.*

Tous ces faits ne laissent aucun doute sur l'espèce de nourriture qui convient aux jeunes Epicauta.

Ils sont avides des œufs d'Orthoptères et, selon toute probabilité, s'attaquent, dans nos régions, aux nids de l'*Acridium peregrinum.*

Il me restait à démontrer que les triongulins de l'*Epicauta verticalis* ne se nourrissent pas de miel. Les expériences que j'instituai dans ce sens furent absolument convaincantes. Du miel d'*Anthidium scapulare* d'une part, et du miel de *Colletes signata* d'autre part, offerts à diverses larves, furent énergiquement refusés.

En un mot, mes expériences démontrent que l'unique espèce européenne du genre Epicauta a des mœurs larvaires en tout semblables à celles des espèces américaines. Ce point me paraissait d'autant plus intéressant à fixer que tous les Vésicants européens jusqu'ici étudiés, s'étant montrés dans le jeune âge parasites des Apiaires, on pouvait se demander si les mœurs manifestées par les espèces américaines, qui représentent si richement le genre Epicauta, n'étaient point le résultat de quelque influence provenant du climat, du sol ou de toute autre cause à rechercher. En réalité, le mode d'alimentation de la larve constitue un véritable caractère générique. Les Epicauta se nourrissent d'œufs d'Orthoptères comme la Cantharide et les Meloe se nourrissent de miel, et le régime des premiers ne saurait convenir aux seconds, comme je l'ai montré par de multiples expériences, pas plus que le régime des seconds ne peut être suivi par les premiers. D'ailleurs, l'étude des mœurs larvaires des Vésicants nous réserve d'autres surprises, ainsi que le prouve le paragraphe suivant :

h **DÉVELOPPEMENT DES CEROCOMES**

1° Cerocoma Schreberi. — Il n'existait, il y a quelques années aucun renseignement sur le développement des insectes du genre *Cérocome*. C'est en 1884 (1) qu'un heureux hasard me permit de donner les premières indications relatives à ce Vésicant. En octobre 1883, au cours de mes recherches sur le développement de la Cantharide, je trouvai à Aramon dans la butte de sable dont j'ai parlé déjà à plusieurs reprises, une pseudo-chrysalide de couleur jaune-paille, de forme arquée, et tout à fait semblable à celle de la Cantharide.

Elle mesurait 9^{mm},5 de long sur cinq à six millimètres dans sa plus grande largeur.

La dépouille de la seconde larve était fixée à son extrémité postérieure, contre sa face ventrale. Je crus avoir affaire à la pseudo-chrysalide de la Cantharide, et j'attendis la fin de l'hiver pour être définitivement fixé.

Le 3 mai 1884, la peau de la pseudo-chrysalide se fendit sur le dos, et il en sortit une grosse larve blanche (3e larve) munie de pattes courtes. Elle mesurait environ 15 millimètres de long. Vingt jours après (23 mai), cette larve mua, et la nymphe sortit de la dépouille larvaire. D'un blanc jaunâtre, cette nymphe offrait des caractères tellement tranchés qu'il était possible de déterminer immédiatement qu'on était en présence d'une nymphe de *Cérocome*. La forme des antennes en particulier ne laissait aucun doute à cet égard. En effet, un mois plus tard, l'animal était arrivé à l'état parfait, et n'était autre que le *Cerocoma Schreberi*.

Cette observation démontrait donc que les Cérocomes subissent comme les autres Vésicants les diverses phases de l'hypermétamorphose et elle établissait en même temps que les formes qu'ils revêtent au cours de leur développement se rapprochent beaucoup des formes larvaires de la Cantharide, et non de celles des Sitaris, Stenoria et Zonitis.

Depuis cette époque, j'ai retrouvé dans la même localité nombre de pseudo-chrysalides et divers échantillons de l'insecte

(1) Comptes rendus de l'Acad. des sciences, 21 juillet 1884.

parfait encore enfouis dans le sable où ils se creusent, à la façon des Cantharides et des Epicauta, une logette, loin du point où ils ont pris leur nourriture. Cette circonstance m'amena à la conclusion suivante : Puisque je trouvais les pseudo-chrysalides dans une butte de sable où les Stenoria abondent dans les cellules du Colletes signata, ainsi que les Cantharides au voisinage des diverses cellules de Colletes, le Cérocome devait, lui aussi, se nourrir du miel amassé par ces hyménoptères. J'avais tenté de suivre la méthode qui m'avait si bien réussi pour la Cantharide, et j'avais pris mes précautions pour faire l'éducation artificielle du Cérocome. Mais, bien qu'à plusieurs reprises j'aie reçu de divers côtés des Cérocomes en très bon état, il m'a été impossible d'en obtenir les œufs (1). - - M'en rapportant alors à ce qui me paraissait logique, j'avançai donc que, « à l'état larvaire, les Cérocomes sont parasites d'un hyménoptère ; » et j'ajoutais : « je ne saurais toutefois affirmer que la larve du Cérocome se nourrit du miel des Colletes signata, car de nombreuses cellules d'Osmies se trouvaient mêlées à celles du Colletes dans les mêmes galeries. »

Depuis cette époque, les observations de Fabre (65) sur le *Cerocoma Schœfferi* ont montré combien ces réserves étaient justifiées, et qu'elles auraient dû être plus étendues, car ce n'est pas de miel que se nourrissent les jeunes Cérocomes, ainsi qu'on va le voir.

2° **Cerocoma Schœfferi.** — C'est encore au savant observateur des Sitaris et des Meloe que nous devons l'histoire à peu près complète des mœurs de *Cerocoma Schœfferi* (2).

Voici en effet ce que m'écrivait M. Fabre le 23 juillet 1883 : « En m'occupant d'un hyménoptère déprédateur, j'ai fait tout fortuitement une jolie trouvaille. Cet hyménoptère est un *Tachytes* ; il nourrit ses larves avec un amas de mantes religieuses, jeunes encore, de un à deux centimètres de longueur.

(1) M. Fabre, bien qu'habitant en Provence une localité où les Cérocomes apparaissent chaque année d'une façon régulière, a également échoué dans ses essais pour obtenir des pontes de cet insecte. « J'ai élevé, m'écrit-il, ce Meloïde qui m'a tenu en haleine la majeure partie de juin et la première quinzaine de juillet. Tous mes soins ont échoué. Mes insectes se sont laissé mourir de nostalgie sans se décider à pondre. La ponte doit donc se faire dans des conditions spéciales qui m'échappent. Je n'ai pu réaliser ces conditions, et l'animal s'est abstenu. »

(2) H. Fabre. *Souvenirs entomologiques*, 3e série, 1886, chez Delagrave.

Or, en explorant les cellules de ce mangeur de mantes, j'ai trouvé une pseudo-chrysalide d'une forme nouvelle pour moi. En outre, diverses cellules étaient occupées par un parasite, c'est-à-dire par une larve qui, par sa forme, m'a aussitôt rappelé la seconde larve des Meloe, celle qui se nourrit de la pâtée de miel; seulement elle est beaucoup plus petite. Elle se nourrit des mantes amassées par le *Tachytes*. Une foule de raisons me portent à croire que cette larve et la pseudo-chrysalide appartiennent au même insecte. Pour m'en assurer, j'ai élevé quelques-unes de ces larves. En ce moment-ci, elles sont contractées, immobiles, sur le point de subir une transformation. Que sortira-t-il de là ? je soupçonne qu'il en sortira la pseudo-chrysalide en question. Et alors, ma trouvaille ne pourrait se rapporter qu'au *Cérocome* qui abondait, en effet, cette année-ci et l'année précédente au voisinage du point hanté par le Tachyte. »

Au mois d'octobre 1883, je me rendis à Sérignan et M. Fabre voulut bien, avec son affabilité habituelle, me conduire au lieu de sa trouvaille et essayer avec moi de retrouver quelques échantillons de la pseudo-chrysalide.

Nos fouilles furent aussi heureuses qu'il était possible d'espérer ; je revins à Paris avec trois pseudo-chrysalides en bon état que M. Fabre, en vrai savant beaucoup plus préoccupé de la recherche de la vérité que des mesquines questions de priorité, m'engageait à élever avec soin pour tenter, comme il le faisait de son côté, d'obtenir l'insecte parfait.

Pendant tout l'hiver, les pseudo-chrysalides restèrent sans se modifier. Mais le 3 mai 1884, je trouvai l'une d'elles fendue sur le dos, et à côté de la mue qui avait conservé sa forme, gisait une grosse larve jaunâtre, dont les pièces buccales à extrémités colorées en brun foncé étaient recouvertes par un grand labre complètement blanc.

Malheureusement, le développement s'arrêta à cette phase, et il me fut impossible de deviner l'énigme.

De son côté, M. Fabre se livrait à de très intéressantes expériences. Ayant trouvé un certain nombre de secondes larves dans les nids des Tachytes, il entreprit de les élever sous ses yeux et à cet effet disposa une boîte subdivisée en compartiments par des cloisons de papier. «Chaque loge, représentant à peu près la capacité d'une cellule de Tachyte, recevait sa couche de sable, son monceau de mantes et sa larve. » Celles-ci se mirent à dévorer la pâture qui leur était offerte, et à plusieurs reprises M. Fabre observa que la provision étant insuffisante pour l'un des jeunes parasites, celui-ci ne se gênait pas pour détruire la cloison qui le séparait de la cellule voisine. s'y introduire et dévorer les jeunes mantes qu'elle renfermait. Ce détail est fort intéressant, surtout si on le rapproche de ce qui se passe chez la Cantharide. Cette dernière, ainsi que je l'ai dit, ne se contente pas toujours non plus de la provision qui est mise à sa disposition, et exige un supplément parfois considérable.

Ces larves, au bout de quelques jours et après avoir mué, donnèrent une pseudo-chrysalide identique à celle qui avait été trouvée au milieu du sable dans l'aire occupée par les nids des Tachytes. Les deux formes larvaires appartenaient donc au même Meloïde. et la larve secondaire semblablement à celle de la *Cantharide* et des *Epicauta*, était assez agile pour s'éloigner du lieu où les provisions avaient été dévorées et s'enfoncer à une certaine distance dans le sable pour y subir sa transformation en pseudo-chrysalide. Ainsi s'explique comment j'avais à Aramon trouvé la pseudo-chrysalide du *Cerocoma Schreberi* en dehors des nids d'hyménoptères.

En 1884, au commencement de juin, la troisième larve fit son apparition, mais M. Fabre ne fut pas de son côté plus heureux que je ne l'étais à Paris, et cette troisième larve mourut sans dévoiler le secret de son devenir.

En 1885, enfin, M. Fabre réussit à faire un pas de plus. La peau de la troisième larve, deux semaines environ après l'apparition de celle-ci, se fendit sur le dos et donna issue à la nymphe. Cette nymphe, malheureusement, s'arrêta dans son développement, mais ses caractères ne laissèrent aucun doute sur l'insecte parfait qui devait lui succéder, et qui n'était autre que le *Cerocoma Schœfferi*, espèce qui se montre régulièrement chaque année dans la localité où les larves ont été trouvées. M. Fabre, au cours d'un voyage que je fis à Sérignan en septembre 1886, voulut bien me demander mon avis sur la nymphe en question et me pria de l'emporter à Paris pour la comparer avec celle du Cerocoma Schreberi. De cette comparaison, et d'ailleurs de l'étude détaillée de la nymphe de Sérignan, il ressort, sans aucun doute possible, qu'elle appartient bien au Cerocoma Schœfferi, j'en donnerai plus loin la description complète.

Ainsi, le jeune *Cerocoma Schœfferi* vit en parasite dans les nids d'un Tachyte qui nourrit ses larves de jeunes mantes. Peut-on admettre que l'espèce voisine, C. Schreberi est mellivore. Je ne le crois pas. « Me laissant guider par l'analogie, dit Fabre, je ferais volontiers du Cérocome de Schreber un parasite du *Tachyte tarsier* qui enfouit ses amas de jeunes Criquets dans les hauts talus sablonneux. » L'opinion. du savant maître me paraît tout à fait justifiée. Je n'ai pu, il est vrai, trouver encore des larves dans les cellules du Tachyte tarsier, mais dans les dernières fouilles que j'ai faites en septembre 1886 à Aramon, j'ai rencontré quelques cellules d'un hyménoptère que je n'ai pu me procurer à l'état parfait, mais qui étaient pleines de jeunes Criquets et ne pouvaient par suite appartenir qu'au Tachyte auquel Fabre fait allusion.

Ainsi les Cérocomes constituent, parmi les Vésicants, un troisième groupe dont les jeunes dédaignant le miel aussi bien que les œufs des Orthoptères, se nourrissent dans le cours de leur développement de jeunes Orthoptères (mantes ou criquets) amassés par des hyménoptères fouisseurs. « Nul, que je sache, dit Fabre, ne soupçonnait encore le vrai parasitisme d'un Meloïde carnivore. Il n'est pas moins fort remarquable de retrouver, des deux côtés de l'Atlantique, ce goût du criquet chez les Vésicants : l'un dévore ses œufs, l'autre, un représentant de son ordre. la mante religieuse et ses congénères... qui m'expliquera cette prédilection pour l'Orthoptère, dans une tribu dont le chef de file, le Meloe, n'accepte que la pâtée de miel. »

1. DÉVELOPPEMENT DES MYLABRES

On ne sait rien encore sur les habitudes larvaires des Mylabres. Bien que de nombreux naturalistes se soient à des époques différentes occupés de cette question, on pourrait encore écrire cette jolie phrase par laquelle Fr. Gebler (63) termine son chapitre des mœurs des Mylabres : « au surplus la postérité ne se plaindra pas que nous ne lui ayons laissé rien à observer. »

Tout ce qu'on sait sur ces insectes a trait à l'œuf et au triongulin.

OEufs. — Les œufs ont la forme générale que nous leur connaissons chez les insectes Vésicants. Ils sont à peu près cylindriques, un peu plus renflés à une extrémité qu'à l'autre. Leur taille et leur couleur varient avec les espèces : blancs chez *Mylabris 12-punctata*, où ils ont 1^{mm} 1/2 de long et 1/2^{mm} de large, ils sont chez *4-punctata* d'un jaune-paille et atteignent 2^{mm} de long sur 1^{mm} environ de large.

Le temps de l'éclosion de ces œufs est, comme toujours, influencé par la température, mais paraît être en moyenne d'une trentaine de jours (1). Suivant R.-J. Gorriz (*loc. cit.*) à une température de 20 à 25 degrés, les œufs de M. *geminata* éclosent au bout de trente-deux jours; ceux de M. *4-punctata* au bout de trente-six jours et enfin, ceux de M. *12-punctata* au bout de dix-neuf jours.

Première larve. — Le triongulin des Mylabres paraît avoir été décrit pour la première fois en 1880, par A. Becker (100); malheureusement ces triongulins étant issus d'un mélange d'œufs de diverses espèces de Mylabres (*M. Melanura, crocata, 10-punctata, variabilis*) contenus dans une même boîte, il fut impossible de déterminer à laquelle d'entre ces dernières ils appartenaient.

En 1882, J. Gorriz (*loc. cit.*) dans son très intéressant essai sur les coléoptères meloïdes de l'Espagne, figura et décrivit les triongulins d'un certain nombre d'espèces (M. *4-punctata;* M. *12-punctata;* M. *geminata ;* M. *maculoso-punctata ;* M. *varians*). Fabre, enfin, en 1886, dans ses nouveaux souvenirs entomologiques, a décrit et figuré le triongulin de M. *12-punctata.* De ces descriptions il ressort que la jeune larve (pl. XVIII, fig. 1 et 2), par le volume de la tête et surtout par le développement du premier anneau thoracique et la puissance de l'armature buccale, a de grands rapports avec le triongulin des Epicauta. Nous reviendrons d'ailleurs plus loin sur ces caractères anatomiques. Pour le moment, nous nous contenterons de signaler ce rapprochement qui justifie les hypothèses proposées au sujet des mœurs larvaires des Mylabres.

---

(1) Les œufs de *M.* 12-*punctata*, observés par |Fabre, furent pondus à la fin de juillet et éclorent le 5 septembre.

J. Gorriz, qui a pu obtenir un très grand nombre de triongulins, a essayé de les élever, en leur offrant l'œuf et le miel de certains hyménoptères tels que *Ceratina* et *Anthidium strigatum*. Mais ses élèves ont constamment refusé cette nourriture et sont morts du huitième au dixième jour. Toutefois, l'un d'eux, d'une espèce autre que 12-punctata (J. Gorriz ne dit pas laquelle) sembla prendre quelque embonpoint après avoir mangé un peu d'un œuf d'hyménoptère. « Como consecuencia, ajoute Gorriz, deduzco que los Mylabris no son parasitos de los Himenopteros. y lo seran de los Ortopteros? »

Fabre, après avoir constaté que les larves du M. 12-*punctata* ne s'attachent pas au corps des Apiaires, en conclut qu'elles doivent creuser le sol, et se mettre ainsi à la recherche des cellules des hyménoptères où elles doivent vivre en parasites.

Pour ma part, n'ayant pu obtenir des triongulins de Mylabres vivants, je n'ai pu faire d'expériences, mais comparant ces larves à celles des *Epicauta* et constatant les grandes ressemblances qu'elles offrent entre elles, je fus conduit à penser que comme ces dernières elles sont parasites des nids d'Orthoptères, conclusion posée, nous venons de le voir, par Gorriz également.

J'étais d'autant plus porté à considérer cette hypothèse comme fondée, qu'en Algérie, la patrie des Mylabres, les Acridiens de leur côté font de terribles ravages et déposent dans le sol des quantités énormes de nids. J'écrivis donc à mon ami le professeur Battandier, de l'École de médecine d'Alger, en le priant de me procurer de ces nids d'Acridiens. Il voulut bien me mettre en rapport avec M. Court, pharmacien à Sétif, qui eut l'obligeance de m'envoyer pendant deux années de suite plusieurs milliers de nids d'Acridiens. J'examinai ces nids avec le plus grand soin, et il me fut impossible d'y découvrir aucune trace de larve de Vésicant. Faut-il admettre que ces nids n'appartiennent pas à l'espèce recherchée par les Mylabres? ou penser que ceux-ci ne sont point parasites des nids des Acridiens? J'avoue que cette dernière opinion me paraît plus vraisemblable. Je suis très porté à croire, en effet, par le peu de succès de mes recherches dans les nids des Orthoptères, que les jeunes Mylabres, à l'exemple des Cérocomes, vivent en parasites dans les cellules de quelque hyménoptère déprédateur nourrissant ses larves de jeunes Orthoptères ou de quelque autre pâture animale.

Lorsqu'on connaîtra le triongulin du Cérocome, sa comparaison avec celui des Mylabres pourra peut-être ajouter un nouvel argument à l'appui de la ressemblance de leurs mœurs larvaires.

On nous reprochera peut-être d'avoir insisté bien longuement sur l'étude des habitudes larvaires des insectes Vésicants. Ce qui nous a poussé à entrer dans ces détails, c'est à la fois l'intérêt du sujet et l'état même de la question. Il y a évidemment, comme on peut s'en convaincre en lisant les pages précédentes, beaucoup à faire encore pour compléter nos connaissances sur les mœurs des Vésicants. Cependant il nous a paru qu'il était possible dès maintenant d'écrire l'histoire de leur développement. En réunissant, comme nous l'avons fait, tous les matériaux relatifs au sujet qui nous occupait, nous espérons avoir augmenté les chances d'une plus rapide découverte ultérieure de la vérité. L'entomologiste qui désirera reprendre la question, trouvera dans les lignes que nous avons écrites les éléments propres à le mettre complètement au courant des faits acquis.

Les mœurs de quelques genres, tels que les *Nemognatha*, sont encore totalement inconnues. Mais, somme toute, ces genres sont fort peu nombreux, et ce que nous avons dit des autres permet de croire que dans ses traits généraux leur mode de développement ne s'écarte pas de l'une des formes décrites jusqu'ici.

CHAPITRE V

Anatomie et description des formes larvaires

Dans les traités d'entomologie, on ne trouve guère que la description des triongulins accompagnée de figures le plus souvent très imparfaites, et il faut recourir aux mémoires originaux pour trouver les détails de l'organisation de l'insecte à ses divers états. Souvent encore les figures sont insuffisantes. Les nombreux matériaux que j'ai pu réunir me permettent de combler ces lacunes. J'insisterai toutefois moins longuement sur les formes qui ont été déjà décrites à plusieurs reprises que sur celles qui ne l'ont pas encore été jusqu'ici.

a. GENRE MELOE

A. **Meloe cicatricosus.** (Pl. XIV. Fig. 1 à 16.)

A. Première larve (triongulin) (1). — Larve hexapode, longue de 2 millimètres et quelques dixièmes, large de 4 millimètres dans son plus grand diamètre; de couleur jaune pâle au sortir de l'œuf, devenant un peu plus foncée et prenant la couleur de la cire vierge au bout de quelque temps.

Test divisé en 14 segments y compris la *Tête* irrégulièrement arrondie, à diamètre frontal un peu supérieur au diamètre sagittal; plus petite que le premier segment thoracique (pl. XIV, fig. 1).

(1) Voir Godart (73); Frisch (75); Lœchge (93); Geoffroy (101); Kirby (80); Latreille (77); Saint-Fargeau et Serville (102); Walkenaer (81); Dufour (78); Brandt et Ratzburg (24); Doubleday (103); Westwood (90); Newport (68); Réaumur (104); de Geer (74); Siebold (83); Fabre (89).

Thorax formé de trois segments, à peu près égaux ; le premier toutefois un peu moins large que le second, et le troisième plus large que les deux autres mais à diamètre sagittal un peu inférieur. Le segment mésothoracique seul porte une paire de stigmates marginaux placés en avant du membre correspondant.

Abdomen. Dix segments, dont le premier plus petit que le mésothorax. Les anneaux vont en s'élargissant progressivement jusqu'au troisième ; puis, à partir du quatrième, ils diminuent insensiblement de largeur jusqu'au dernier. Le diamètre sagittal est à peu près le même pour tous, sauf pour le neuvième où il est un peu plus grand. Le dixième est très petit. Chacun des anneaux abdominaux porte vers son bord postérieur une rangée de poils allongés, aigus. Quelques poils plus courts se voient aussi en avant de ceux-ci. Sur le neuvième anneau s'insèrent 4 soies dont les deux externes plus courtes, et les internes très allongées. Les huit premiers segments portent en dessus, à l'union des tergites et des pleurites, une paire de stigmates à bord circulaire et en forme d'entonnoir dont la paroi est ornée d'un dessin polygonal assez régulier formé par des épaississements de chitine. Les stigmates du premier anneau remarquables par leur diamètre trois ou quatre fois plus grand que celui des stigmates des autres anneaux, ont un péritrème à épaississements polygonaux formant un rebord un peu saillant. Il existe donc en tout neuf paires de stigmates, savoir : une sur le mésothorax et une sur chacun des huit premiers segments de l'abdomen. On décrit en outre sur le dernier segment deux mamelons rétractiles, servant à la progression (1).

Les *pattes* sont au nombre de trois paires (pl. XIV, fig. 2). Elles comprennent une hanche courte et large, un trochanter, une cuisse très fortement renflée et armée au bord inférieur de quelques poils dont un très allongé, une jambe grêle cylindrique terminée (2) par trois ongles dont les deux latéraux aigus un peu courbés et le médian élargi en fer de lance.

(1) Sur le spécimen que nous avons sous les yeux, ces mamelons ne sont pas en suffisant état pour que nous puissions les décrire.

(2) Dufour décrit un tarse « formé d'un seul article fort court, en quelque sorte rudimentaire. » Je n'ai point vu ce tarse qui me paraît bien réellement faire défaut. D'ailleurs, Newport décrit le membre comme nous venons de le faire ; mais il considère les ongles comme formant le tarse.

Aux deux premières pattes, les divers articles sont très sensiblement égaux, mais à la patte postérieure, la cuisse est relativement moins élargie et plus longue.

Pièces buccales : *mandibules* fortes. terminées en pointe aiguë, courbée à angle droit sur la base, de manière à prendre une direction frontale.

Mâchoires à un seul lobe couvert de poils à l'extrémité, et portant un palpe de trois articles, dont les deux premiers courts et larges, et le dernier cylindrique, allongé et coupé obliquement au sommet qui est couvert de poils tactiles.

Lèvre inférieure à bord libre convexe, pourvue de deux palpes de deux articles ; un basilaire très court, annulaire, un terminal cylindrique, allongé, coupé obliquement au sommet qui est couvert de poils tactiles.

Les *yeux*, situés sur les côtés de la tête, sont des yeux simples, formés d'une tache de pigment irrégulière, noire, allongée d'avant en arrière, au milieu de laquelle se voit un petit cristallin sphérique.

Les *antennes* sont formées de trois articles inégaux et sont terminées par une longue soie (1).

De ces trois articles, le basilaire est court et large ; l'intermédiaire est allongé, un peu cyathiforme, enfin, le troisième plus grêle est presque cylindrique, un peu renflé en son milieu.

De la description qui précède, il ressort que le triongulin des Meloe avec ses soies abdominales, ses ongles et ses longues pattes, est parfaitement organisé pour s'attacher aux poils des hyménoptères. D'autre part, ses mandibules aiguës et courbées à angle droit sont bien propres à percer la paroi de l'œuf de l'apiaire sur lequel il est parvenu à se poser.

Deuxième larve. (2) — La seconde larve du Meloe ne ressemble en aucune façon au triongulin. C'est une larve d'un

---

(1) On décrit ordinairement les antennes du triongulin comme formées de cinq articles, dont les deux terminaux « sétiformes, souvent peu distinctement séparés » Mulsant). Nous avons vainement cherché les cinq articles en question ; d'ailleurs, Newport, bien que décrivant cinq articles, n'en figure que trois et une longue soie terminale. Nous ne voyons pas de raison pour considérer cette longue soie comme un article, pas plus que les ongles des pattes ne nous semblent constituer des articles du tarse. — Il est à noter d'ailleurs que Riley ne décrit que trois articles au triongulin du *Meloe barbarus* (voir plus loin).

(2) Newport, *loc. cit.* — Fabre (89).

blanc jaunâtre, molle, charnue, qui, au début, mesure 2 à 3 millimètres de long, mais qui atteint progressivement jusqu'à 25 millimètres. Son test relativement épais, surtout si on le compare à celui de la deuxième larve d'autres Vésicants tels que Sitaris et Stenoria, est divisé en treize segments très distincts.

La *tête* arrondie, infléchie en bas, vers la face ventrale, est lisse, de consistance cornée, et d'un jaune plus clair que le reste du corps. Le labre saillant est allongé transversalement et de couleur blanche.

Le *prothorax* se distingue des segments suivants par les caractères du tergite très grand, et formant une sorte de bouclier transversal, lisse comme la tête, et de même couleur et consistance qu'elle. Le sternite du prothorax est également corné et élargi, et formé de deux pièces triangulaires dont les bases répondent à la ligne médiane ventrale, mais sont séparées l'une de l'autre par une petite fossette (pl. XIV, fig. 8).

Les deux *segments thoraciques* suivants sont moins larges, membraneux, et tout à fait semblables à ceux de l'abdomen. Le mésothorax porte une paire de stigmates.

Quant aux segments de l'*abdomen*, ils sont au nombre de neuf, et vont progressivement en diminuant de volume jusqu'au dernier. A la période ultime du développement, les sternites de ces anneaux se sont développés au point que le ventre devient comme ballonné. Les huit premiers segments portent chacun une paire de stigmates à péritrème ovalaire. La dernière paire est très petite et souvent peu apparente.

Les *pattes*, contrairement à celles du triongulin, sont très courtes, renflées et terminées par un seul ongle. Elles comprennent trois articles, larges et irréguliers, dont le dernier porte à son extrémité un ongle aigu et puissant.

Les *pièces buccales* comparées à celles des triongulins présentent également de profondes modifications. Les mandibules noires, dures, triangulaires, très légèrement arquées, sont aiguës à leur extrémité libre et offrent à quelque distance au-dessous de cette extrémité un élargissement qui paraît propre à fonctionner comme cuiller.

Les mâchoires sont à un seul lobe, hérissé de poils. Le palpe maxillaire est composé de trois articles courts, inégaux, dont le dernier est arrondi à son extrémité libre (pl. XIV, fig. 12).

La *lèvre inférieure* offre un bord libre convexe ; palpes labiaux de deux articles dont le basilaire large, cyathiforme ; le terminal court, arrondi à l'extrémité qui est garnie de poils tactiles.

Les *Antennes,* très courtes, noires, sont formées de trois articles : le basilaire, large, évasé ; le médian, cylindrique, à surface un peu renflée ; le terminal très court, à peu près cylindrique avec quelques petits poils au sommet. Il n'y a point de soie allongée comme chez le triongulin (pl. XIV, fig. 14).

Les *yeux* font défaut et la jeune larve est aveugle. Au moins n'ai-je pu trouver trace d'organe visuel.

Suivant Fabre (*loc. cit.*), le système nerveux de cette larve comprendrait onze ganglions outre le collier œsophagien.

L'appareil digestif, dit Fabre, ne diffère pas sensiblement de celui du Meloe adulte. Il m'a été malheureusement impossible d'étudier cet organe avec détails.

3° Pseudo-chrysalide. — A l'état pseudo-chrysalidaire le Meloe se présente sous la forme d'un « corps inerte, de consistance cornée, de couleur ambrée et divisé en treize segments y compris la tête. Cette pseudo-chrysalide, dont la longueur mesure 20 millimètres, est un peu courbée en arc, fort convexe à la face dorsale, presque plane à la face ventrale, et bordée d'un bourrelet saillant qui marque la séparation des deux faces » (Fabre). Ce bourrelet étranglé au niveau de chaque segment accentue encore la division du corps en anneaux bien distincts.

La tête, recourbée en bas, est arrondie, plus petite proportionnellement que celle de la seconde larve.

Les anneaux thoraciques et abdominaux n'offrent pas dans leur forme des caractères propres à les distinguer. Il existe neuf paires de stigmates ; une sur le mésothorax, les huit autres sur les premiers segments de l'abdomen.

Les pattes sont réduites à de courts mamelons, obtus, d'un jaune foncé, ne mesurant pas un millimètre de longueur.

Les pièces buccales et les antennes sont également représentées par de simples mamelons, formant une sorte de masque céphalique dont on distingue les pièces seulement à leurs rapports de position.

4° Troisième larve. — La troisième larve présente à peu de choses près les caractères de la seconde ; « les mandibules et les pattes, toutefois, ne sont plus aussi robustes, dit Fabre. » Je n'ai pu étudier cette larve en détail, car je ne possède qu'une seule pseudo-chrysalide de Meloe, que j'ai trouvée à Carpentras en parcourant les talus découverts par M. Fabre. Or, au fond de cette pseudo-chrysalide, qui renfermait (voir fig. 15. pl. XIV) l'insecte parfait ou mieux la nymphe, en partie métamorphosée, j'ai bien trouvé la mue de la troisième larve ramassée en un petit paquet membraneux chiffonné ; mais bien qu'ayant étudié cette mue avec soin, je n'ai pu retrouver les pièces buccales (1).

5° NYMPHE. — Elle n'offre rien de particulier à noter et ressemble, abstraction faite de la couleur et de la consistance des téguments, à l'insecte parfait. Elle est glabre.

B. Meloe Majalis

On ne connaît de cet insecte que le triongulin (fig. 20) décrit et figuré par J. Gorriz (*loc. cit.*). C'est une larve hexapode,

Fig. 20. (D'après Ricardo J. Gorriz), triongulin de *Meloe majalis.*

longue de 2 millimètres (2). Elle se distingue des triongulins des autres espèces de Meloe par la variété de ses couleurs. La tête, qui est de même largeur que le prothorax, est d'un jaune légèrement rosé ; le prothorax est jaune citrin ; le méso et le métathorax sont plus foncés. A l'abdomen, les trois premiers anneaux sont d'un jaune citrin et les suivants plus foncés.

Les mandibules, arquées, sont terminées en pointe et cornées ; elles sont jaunes à la base, rosées au milieu, et d'un rouge foncé à l'extrémité. Les antennes de trois articles sont terminées par une soie.

(1) J'explique cet insuccès par ce fait que, au moment de la mue, la tête et le thorax se fendent pour laisser issue à la nymphe. Celle-ci, en se dégageant, a pu accidentellement déchirer et arracher la partie de la mue correspondant à la tête.

(2) On remarquera les petites dimensions de cette larve qui, somme toute, ne dépasse guère la taille des triongulins des *Meloe cicatricosus, proscarbœus*, etc., bien que le *M. majalis* à l'état adulte atteigne une taille considérable.

c. **Meloe Barbarus**

PREMIÈRE LARVE. — Riley (*loc. cit.*) décrit et figure (fig. 21 ci-contre) un triongulin qu'on trouve à San Diego. Cal. sur les hyménoptères et qu'il croit pouvoir rapporter au *Meloe Barbarus*. Il mesure 2 millimètres de long ; un labre robuste recouvre complètement les mâchoires lisses. Les antennes, de trois articles, sont semblables à celles de M. *cicatricosus*. Les mâchoires sont petites, avec palpes de trois articles, dont le troisième, plus long que les autres, est garni de pointes courtes, faibles. Les palpes labiaux ont deux articles. Aux *pattes*, les hanches sont armées de quelques épines assez robustes ; les cuisses sont

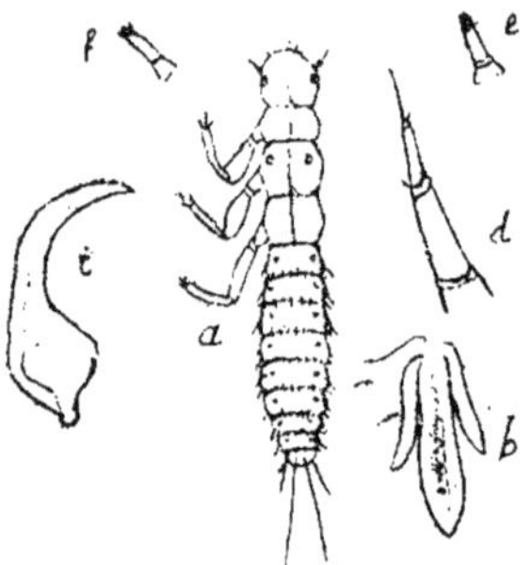

Fig. 21. *a*, Triongulin de *Meloe barbarus : b*, ongle : *c*, mandibule ; *d*, antenne ; *e*, palpe maxillaire ; *f*, palpe labial (d'après Riley).

fortes ; les tibias inermes et les ongles des tarses subspatulés, celui du milieu un tiers plus long et deux fois plus large que les latéraux qui sont plus foncés et légèrement courbés (fig. 21 *b*.) La première paire de stigmates est dorsale et mésothoracique. Les bords postérieurs des tergites de l'abdomen sont armés de huit poils épineux dont les médians sont environ moitié plus longs que les autres.

On voit, par cette description, que le triongulin en question ne diffère guère de celui du Meloe cicatricosus. Riley ajoute d'ailleurs que, d'après les dessins qui lui ont été communiqués par Lichtenstein et relatifs aux triongulins des M. *violaceus*, M. *proscarabœus* et M. *cicatricosus*, ceux-ci ne différeraient que par la grandeur relative des articles des antennes. Ajoutons que Riley est d'accord avec nous, pour ne considérer que

trois articles aux antennes des triongulins des Meloe et non
cinq comme on le fait à tort en général.

D. Meloe angusticollis (Say).

Première larve. — Packard, d'après Riley, aurait décrit le
triongulin d'un Meloe qui semble être le *Meloe Angusticollis*.
D'après Riley, cette description serait défectueuse en quelques
points. Nous n'avons pu nous procurer le mémoire de Packard
dont il est fait ici mention.

GENRE SITARIS

A. Sitaris humeralis

1° Triongulin. — La première larve du Sitaris humeralis
(pl. XIV, fig. 16 à 46), diffère très sensiblement de celle des
Meloe, tant par sa couleur et sa forme générale que dans ses
détails d'organisation. Comme celui des Meloe, son test est
formé de 14 articles (1) y compris la tête.

La longueur totale du jeune Sitaris est égale à peine à 1 mill.;
c'est certainement la plus petite des larves de Vésicants connues.
Elle est d'abord grisâtre, puis rapidement prend une teinte plus
foncée, d'un noir verdâtre luisant.

La *tête* est conique, élargie postérieurement.

Le *thorax* est formé de 3 pièces à peu près égales en diamètre
antéro-postérieur, mais s'élargissant graduellement de la première à la dernière. Le mésothorax porte latéralement une
paire de stigmates en forme de court gobelet cylindrique
(pl. XIV, fig. 17).

L'abdomen glabre est composé de 10 segments qui vont en
diminuant progressivement de largeur, d'avant en arrière; la
plus grande largeur du corps du triongulin des Sitaris est donc
au niveau du métathorax et non au niveau du troisième anneau
abdominal, comme on le voit chez le triongulin des Meloe.
De là une très grande différence dans la forme générale des
deux larves.

Le premier anneau abdominal porte une paire de stigmates

(1) M. Fabre ne compte que treize articles, parce qu'il ne distingue que neuf segments abdominaux. Mais en réalité ces derniers sont au nombre de dix; le dernier a
un tergite bien développé, mais un sternite très petit, caché sous le neuvième anneau
et qui a pu échapper à l'observation.

dont l'orifice est à peu près de même diamètre que celui des stigmates du mésothorax. Quant aux autres anneaux, ils sont dépourvus d'orifices stigmatiques. C'est tout au plus si sur les deuxième et troisième on distingue un rudiment de ces orifices. En somme, il n'y a, bien que dise Riley (*loc. cit.*, note 58), que deux paires de stigmates (1).

Dans l'espace qui sépare le sternite du huitième anneau de celui du neuvième, on voit saillir deux paires d'organes disposés au même niveau de part et d'autre de la ligne médiane du corps.

L'interne consiste en deux épines saillantes, chitineuses, puissantes et épaisses, légèrement recourbées en dehors. Ces épines sont portées sur une même base chitineuse, et sont susceptibles de rentrer en partie sous le huitième sternite, quand les anneaux de l'abdomen se contractent.

L'externe est formée de deux organes singuliers dont j'ai été longtemps avant de comprendre la structure et le rôle et qui n'ont point été décrits par les auteurs qui paraissent en avoir ignoré l'existence. Chacun de ces organes (pl. XIV, fig. 18 et 19) est un cône chitineux creux, incurvé légèrement en dehors, et continu avec le test membraneux qui relie le huitième segment au neuvième. A la base de ce cône creux aboutit la grosse trachée marginale du système trachéen général; cette trachée, à ce niveau, se renfle en une cupule courte, cylindrique qui rappelle la forme des stigmates et dont les bords s'étirent en filaments chitineux qui vont se réunir au sommet du cône creux où tout cet appareil est enfermé.

Ces organes, malgré leur complexité apparente, ne sont point autre chose qu'un stigmate modifié, ou mieux la terminaison postérieure de l'appareil trachéen. Ils constituent un appareil érectile, capable d'augmenter de volume par l'arrivée de l'air, et par suite de se redresser au-dessous de l'abdomen, en entraînant avec eux les épines chitineuses qui se trouvent sur leur bord interne.

Le mécanisme de la marche du triongulin déjà décrit par Fabre (*loc. cit.*) s'explique plus facilement quand on connaît ce

(1) M. Fabre dit en effet : « J'ignore la position des stigmates ; ils se sont dérobés à mon investigation, bien que faite à l'aide d'un microscope. » Il est évident que Fabre veut parler des stigmates abdominaux.

détail d'organisation ; on comprend en effet comment l'insecte peut faire saillir en-dessous les épines chitineuses sur lesquelles il s'arc-boute pour progresser. Mais il y a plus, l'appareil complexe formé par les deux paires d'organes que je viens de décrire paraît aussi pouvoir servir d'appareil de préhension, et être particulièrement propre à fixer le triongulin aux poils de l'hyménoptère par lequel il va se faire transporter. En effet, les épines chitineuses sont tellement rapprochées des appendices érectiles, qu'il suffit à ces derniers de se gonfler un peu pour qu'un poil pris entre l'épine et l'appendice y soit maintenu avec force. Il paraît même probable que dans ce cas les filaments chitineux qui prolongent la cupule trachéenne jouent un rôle important. Ils doivent former les bords rigides d'un sillon fermé par l'épine dure appliquée sur l'organe érectile. Il est à remarquer, en effet, que l'épine et l'organe érectile ont précisément la même courbure, de telle sorte que la face interne convexe de cet organe répond exactement à la face externe concave de l'épine. Ce dispositif rend bien compte de la difficulté très grande, souvent insurmontable, qu'on éprouve lorsqu'on veut détacher un triongulin des poils de l'hyménoptère auxquels il s'est accroché.

Le très court sternite du dixième segment abdominal porte de chaque côté de son bord convexe un poil très effilé en pointe et déjeté en dehors, mais beaucoup plus court que les longs poils du triongulin des Meloe.

Les *pattes*, au nombre de trois paires, comprennent : hanche, fémur, trochanter, tibia, tarse et ongles. La hanche est courte et large; la cuisse assez allongée (pl. XIV, fig. 20), va en s'épaississant vers son extrémité distale et porte en son milieu une longue soie qui atteint presque l'extrémité du membre. Le tarse est allongé, un peu concave en dessous; les ongles, qu'on décrit ordinairement comme uniques, sont au nombre de trois comme chez les autres triongulins, mais l'ongle médian seul est très développé, aigu, tranchant et courbé en arc; les ongles latéraux sont réduits à deux petites pointes chitineuses, courtes et grêles, insérées à la base de l'ongle médian.

Les *pièces buccales* offrent des caractères bien particuliers à cette espèce. Le labre assez volumineux a son bord libre, droit ou un peu concave, hérissé de petits poils.

Les mandibules puissantes ont leur bord triturant excavé en une gouttière peu profonde dont l'un des bords est découpé en trois dents épaisses, carrées. Ces mandibules aiguës à l'extrémité, sont un peu courbes, mais ne se croisent pas comme chez le Meloe.

La mâchoire est à un seul lobe arrondi, velu et porte sur la région maxillaire un poil aigu très fin mais très long (fig. 23, pl. XIV). Le palpe maxillaire a trois articles, dont les deux premiers à peu près égaux, cylindriques, et le dernier beaucoup plus long, est coupé carrément à son extrémité qui porte un petit poil court en son centre. La lèvre inférieure a un bord libre convexe, ses palpes ont deux articles courts dont le dernier porte un petit poil à son sommet.

Les ocelles (1) sont noirs, placés en arrière des antennes. Les antennes, comme celles des Meloe, sont de trois articles, mais plus grêles dont le dernier est terminé par une soie déliée beaucoup plus courte que celle qui occupe l'extrémité de l'antenne du triongulin des Meloe.

DEUXIÈME LARVE. — La deuxième larve du *Sitaris humeralis* se présente sous une forme toute différente de celle du triongulin « Elle est, écrit Fabre, molle, blanche, et, à l'état ultime, mesure de 12 à 13 millimètres en longueur sur 6 millimètres dans sa plus grande largeur. Vue par le dos, comme lorsqu'elle flotte sur le miel, elle est de forme elliptique, atténuée graduellement vers l'extrémité céphalique et plus brusquement vers l'extrémité anale. Sa face ventrale est fort convexe ; sa face dorsale au contraire est à peu près plane. Quand la larve flotte sur le miel liquide, elle est comme lestée par le développement excessif de la face ventrale plongeant dans le miel, ce qui lui rend possible un équilibre qui est pour elle de la plus haute importance. En effet, les orifices stigmatiques, rangés sans moyen de protection sur chaque bord du dos presque plat sont à fleur du liquide visqueux, et au moindre faux mouvement seraient obstrués par cette glu tenace si un lest convenable n'empêchait la larve de chavirer. » Nous avons tenu à reproduire cette description qui donne une excellente idée de la forme générale de la jeune larve.

____

(1) Fabre décrit quatre ocelles, mais je n'en ai jamais vu que deux.

On sait d'après les observations de Fabre, que cette deuxième larve, arrivée à son complet développement, se transforme en pseudo-chrysalide qui reste enfermée dans la mue larvaire. Cette mue est très différente de celle qui répond au même état des Meloe. Tandis que cette dernière, épaisse, est d'un blanc grisâtre opaque, et conserve la forme de la larve, celle du Sitaris est une membrane d'une finesse extrème, à reflets irisés, qui affecte la forme d'une outre ovoïde s'appliquant et se moulant à la surface de la pseudo-chrysalide qu'elle enveloppe.

En étudiant attentivement une de ces mues que j'avais enlevée avec précaution d'une cellule d'Antophore où elle était incluse avec la pseudo-chrysalide, je m'aperçus qu'à son extrémité postérieure était attachée une petite masse chiffonnée, en partie enfouie dans les excréments jaunâtres qui souillaient cette extrémité. Je fis ramollir dans l'eau cette petite masse et bientôt je vis que c'était une mue, correspondant, si l'on s'en rapporte à ce qui se passe chez les Cantharides (voir plus loin) à la période moyenne du développement de la deuxième larve. La larve du Sitaris humeralis mue donc au cours de son accroissement; cela paraissait probable mais n'avait pas été observé. Quoi qu'il en soit, à l'aide de cette mue et de celle qui enveloppe la pseudo-chrysalide, il m'est possible de donner les principaux caractères anatomiques de la deuxième larve à deux périodes de son évolution.

Première mue. — Le test comprend 14 segments y compris la tête (1).

La tête est proportionnellement très petite, molle et n'a aucune ressemblance avec la grosse tête à test dur des larves de Meloe.

Les segments thoraciques vont en grossissant du premier au troisième et ont à peu près le même diamètre antéro-postérieur; sur le mésothorax se voit une paire de stigmates.

Les anneaux de l'abdomen à sternites très développés dans la région médiane du corps, sont au nombre de dix. Les huit premiers portent chacun une paire de stigmates, à peu près

(1) Fabre ne compte que treize segments, mais il ne tient pas compte du dernier qui est très petit et qu'il figure, du reste.

tous de même taille, sauf le dernier qui est beaucoup plus petit que les autres.

Ces stigmates ont une structure très remarquable. Leur orifice circulaire est bordé d'un péritrème dont les épaississements chitineux dessinent une double rangée de cellules dont nous donnons l'arrangement (pl. XIV, fig. 28). L'ensemble du stigmate figure une sorte de cupule hémisphérique au fond de laquelle s'ouvre la trachée. Les parois de cette cupule sont ornées d'un fin réseau formé par des épaississements de chitine relevés de courtes saillies qui s'allongent un peu plus au niveau de l'abouchement de la trachée.

Les *pattes*, au nombre de trois paires, courtes, membraneuses, évidemment impropres à la locomotion, sont composées de trois articles : un basilaire large et volumineux, un intermédiaire moins large et un peu moins long; enfin un article terminal réduit à un mamelon conique terminé par un ongle aigu peu robuste, de consistance cornée, hyalin, aigu et légèrement courbé.

Les *pièces buccales* comparées à celles du triongulin offrent des différences très profondes.

Les mandibules, assez larges, membraneuses à leur partie postérieure, cornées à leur extrémité et sur leurs bords, sont vers leur pointe, excavées en forme de cuiller triangulaire et présentent sur une petite partie de leur bord interne de fines dentelures.

Le condyle de la mandibule est placé à l'angle interne de son bord postérieur.

Les mâchoires membraneuses sont à un seul lobe membraneux, et sont pourvues d'un palpe très semblable à une patte et formé de trois articles courts et larges, dont le dernier, conique, porte à son sommet un groupe de petits poils courts au centre desquels se dresse une pointe aiguë plus forte.

La lèvre inférieure très petite et membraneuse, est à son bord libre, un peu convexe; les palpes labiaux sont coniques et formés de deux articles.

Les *antennes* comme les palpes maxillaires ont une grande ressemblance avec les pattes. Ce sont des organes coniques, courts et larges, formés de trois articles dont le dernier très petit, obtus, porte au sommet une pointe aiguë, triangulaire entourée d'une couronne de petits poils. A côté de l'article terminal, on voit, inséré sur l'article intermédiaire, un appendice conique, absolument hyalin sur les pièces ramollies dans l'eau, et un peu plus court que le dernier article. Cet appendice n'existait pas sur les antennes de la première larve, mais je l'ai retrouvé très bien développé chez beaucoup de Vésicants. Je ne saurais me prononcer sur sa nature, mais peut-être y faut-il voir un organe spécial du tact ou de l'ouïe.

Les *yeux* manquent.

Deuxième mue (pl. XIV, fig. 29 à 33). — L'étude de la seconde mue montre que des changements peu profonds se sont opérés dans l'état de la seconde larve. Ces changements n'ont guère porté que sur les mandibules qui sont devenues plus robustes, et sont, à leur extrémité libre, terminées en une sorte d'ongle obtus, corné, en même temps que leur bord interne épaissi se dilate en une lame dure, propre à fonctionner comme cuiller. Le condyle occupe le milieu du bord postérieur de la mandibule et est reçu dans une cavité armée à son bord externe d'une robuste épine qui semble devoir s'opposer à la sortie du condyle. La mandibule, en somme, semble organisée pour recueillir un miel plus dur.

Les autres pièces buccales : labre, lèvre inférieure et mâchoires, sont organisées sur le même plan que précédemment; il en est de même des pattes, mais il semble que les pattes ne se sont pas accrues proportionnellement aux autres parties du corps, si bien qu'elles constituent de véritables moignons presque totalement membraneux. Ces larves, on le voit, ne sont nullement constituées pour la progression, et de fait, nous savons qu'elles restent dans la cellule de l'hyménoptère où elles se sont développées et qu'elles n'en doivent jamais sortir.

Les stigmates ont aussi la même structure que dans la première mue, mais ils sont plus développés; leur péritrème est formé également de deux rangées d'épaississements, offrant l'apparence de cellules, mais ces épaississements sont beaucoup plus développés. Enfin les prolongements qui hérissent le contour chitineux des mailles du réseau dessiné à la surface de la cupule stigmatique s'allongent davantage et leur surface

émet de petites saillies qui leur donnent l'apparence de sta-
lactites (pl. XIV, fig. 28). Cette apparence, qui était déjà indiquée dans les stigmates de la première mue, est ici très manifeste, surtout au voisinage de l'abouchement de la trachée.

Quant aux antennes, elles offrent aussi à côté du dernier article
le singulier appendice hyalin dont j'ai parlé, mais ici cet appendice est plus allongé et m'a paru bi-articulé. La soie qui prolonge
le sommet de l'article terminal de l'antenne est proportionnellement plus longue que dans le premier stade.

M. Fabre a pu étudier l'organisation interne de la seconde
larve du Sitaris. « Chose étrange, écrit-il : l'appareil digestif où
doit s'engouffrer la masse de miel amassée par l'Antophore est
en tout pareil à celui du Sitaris adulte qui ne prend peut-être
jamais de nourriture. C'est, de part et d'autre, le même œsophage très court, le même ventricule chylifique, vide dans l'insecte parfait, distendu dans la larve par une abondante pulpe
orangée. C'est, dans l'un et l'autre les mêmes vaisseaux biliaires
au nombre de quatre et accolés au rectum par une de leurs
extrémités. Ainsi que l'insecte parfait, la larve est dépourvue
de glandes salivaires et de tout autre appareil analogue. Son
tissu adipeux est formé de lobules blancs, assez gros, et son
appareil d'innervation comprend onze ganglions, en ne tenant
compte du collier œsophagien, tandis que dans l'insecte parfait
on n'en trouve plus que sept, trois pour le thorax, dont les deux
derniers contigus, et quatre pour l'abdomen. »

3° PSEUDO-CHRYSALIDE (pl. XIV, fig. 33 à 36.) — Elle offre une
forme qui la distingue facilement de la pseudo-chrysalide des
Meloe. Lorsqu'elle est nouvellement apparue, elle se montre
comme « un corps inerte, segmenté, à contour ovalaire, d'une
consistance cornée en tout pareille à celle des pupes et des
chrysalides, et d'une couleur d'un jaune ardent qu'on ne peut
mieux comparer qu'à celle des jujubes. Sa face supérieure forme
un double plan incliné dont l'arête est très émoussée; sa face
inférieure est d'abord plane, mais devient, par suite de l'évaporation, de jour en jour plus concave, en laissant un bourrelet
saillant sur tout son contour ovalaire; enfin, ses extrémités ou
pôles sont un peu aplaties. » (Fabre, *loc. cit.*). Elle mesure en
moyenne 12 millimètres de long sur 6 de large. La surface du
test est lisse, non chagrinée, mais revêtue d'un duvet formé de

poils très courts, espacés et peu nombreux. Sur les côtés se voient neuf stigmates un peu saillants, à péritrème brun, savoir : un stigmate sur le mésothorax et huit autres correspondant aux huit premiers anneaux de l'abdomen. Le dernier beaucoup plus petit que les autres.

Les *pattes* sont réduites à des éminences un peu plus foncées que le test, mais moins brunes que les stigmates, et si petites que si ce n'était leur couleur qui tranche légèrement sur le fond, il faudrait la loupe pour les apercevoir. Les pièces buccales et les antennes sont groupées au pôle antérieur du corps en une petite masse brune, saillante, de tubercules très rapprochés qui n'occupe pas plus de 1 millimètre de surface et représente la tête. Au pôle opposé un épaississement arrondi, figure la région anale, mais est dépourvu d'orifice.

Lorsqu'approche le moment où la troisième larve va se développer, la forme de la pseudo-chrysalide change. Elle se gonfle, ses faces latérales et inférieures deviennent convexes; elle est alors à peu près régulièrement ovoïde. Au bout d'un certain temps, elle perd son opacité et à travers ses parois on distingue la troisième larve qui s'en est détachée.

Troisième larve. — Quant à la troisième larve, elle est comme l'a bien dit Fabre, et comme le montre la figure 15, page 263 et la figure 44, de la planche XIV, très semblable à la seconde larve, dont elle diffère toutefois par le moindre développement de l'abdomen, et aussi par sa taille plus petite; c'est une forme contractée.

Nous donnons la figure des mâchoires et des mandibules (pl. XIV, fig. 45 et 46). Les premières ont même structure que chez la seconde larve, sauf qu'elles sont plus petites et que le palpe y est très court; les mandibules de leur côté se rapprochent davantage de celles de la première mue de la seconde larve que de celles de l'état ultime et se distinguent surtout par leur extrémité terminée en pointe cornée, brune. Les neuf stigmates sont bien apparents.

Nymphe. — Une nouvelle mue donne issue à la nymphe qui est d'un blanc jaunâtre pâle, complètement glabre et molle avec un abdomen remarquablement volumineux par rapport à celui de l'insecte parfait.

b. **Sitaris Colletis**

Le *Sitaris colletis* est une espèce qui a été découverte par M. Valéry-Mayet. rôdant au voisinage des cellules d'un hyménoptère, le *Colletes succinctus*. C'est dans les cellules de ce Colletes que la larve du Sitaris en question subit les diverses phases de ses métamorphoses (voir p. 267).

Le Triongulin, d'un brun verdâtre tirant sur le jaune, a la même forme que le triongulin de Sitaris humeralis. D'après les

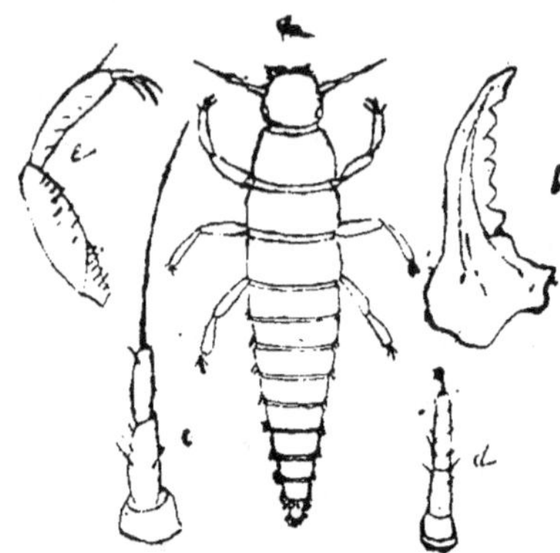

Fig. 22 (d'après Valéry-Mayet) *a*, Triongulin de *Sitaris colletis*
b, mandibule ; *c*, antenne ; *d*. palpe maxillaire ; *e*, patte.

descriptions et les figures de Valéry-Mayet (ci-contre, fig. 22), les deux ongles latéraux des pattes seraient mieux développés que chez l'espèce précédente et presque aussi longs bien que moins larges que l'ongle médian.

Comme *appareil fixateur*, Sitaris colletis, d'après la description qui en a été donnée par le professeur de Montpellier, serait autrement organisé qu Sitaris humeralis. Cet appareil tout d'abord est dorsal et non ventral comme chez Sitaris humeralis et il comprend deux paires d'organes, savoir : une paire de crochets et une paire d'autres appendices ; mais d'après les figures (fig. 23 ci-contre), les crochets sont ici en dehors des appendices, tandis qu'ils sont en dedans chez Sitaris humeralis. Voici d'autre part la description que donne Valéry-Mayet des appendices en question qu'il nomme *filières* : « J'ai examiné les filières à un fort grossissement ; elles émettent une soie d'un blanc jaunâtre. J'ai aperçu les deux vaisseaux qui amènent cette soie ; la tunique de ces vaisseaux est formée d'une spirale analogue à celle d'un ressort à boudin ; les glandes m'ont échappé. » N'ayant point eu l'occasion d'étudier le triongulin, je ne saurais critiquer en toute sûreté la description faite par M. Valéry-Mayet, mais il m'est impossible de ne pas faire remarquer que les tubes avec spirale en ressort à boudin ne doivent être autre chose que des trachées, et j'ai tout lieu de croire aussi que les glandes ont échappé à l'observation pour cette bonne raison qu'il n'y en a pas ; je crois que l'organe décrit comme filière est somme toute très semblable à celui dont j'ai donné la description chez *Sitaris humeralis*. En tous cas, il y a là une étude nouvelle à faire.

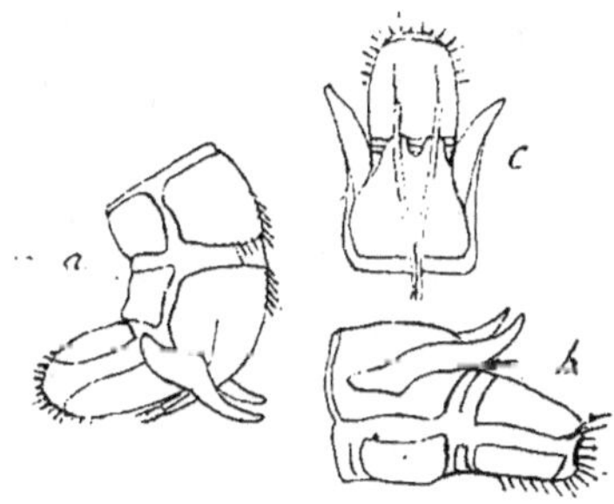

Fig. 23 (d'après Valéry-Mayet). *a.* appareil fixateur de *Sitaris colletis*, vu de profil et en fonction ; *b*, de profil et au repos ; *c*, le même vu de dos.

Les mandibules du triongulin du *Sitaris colletis* se distinguent par le nombre plus considérable des dents qui en arment le bord interne. La forme des palpes maxillaires est également caractéristique (fig. 22).

DEUXIÈME LARVE. — A l'état adulte elle a de 6 à 9 millimètres de long, sur 3 1/2 à 5 millimètres de large. Elle est donc plus petite que celle de Sitaris humeralis. Pour le reste, forme et détails anatomiques, il n'y a rien de particulier à signaler (voir fig. 16, *a. b.*, page 269).

PSEUDO-CHRYSALIDE. — Longue de 7 à 11 millimètres, large de 3 1/2 à 5 millimètres ; il y a lieu de se demander si ces dimensions sont bien exactes, car l'état pseudo-chrysalidaire est toujours un état contracté de la deuxième larve, la pseudo-chrysalide doit donc être plus petite et non plus grande que la deuxième larve arrivée à l'état ultime. Cette pseudo-chrysalide a d'ailleurs tous les caractères de celle de Sitaris humeralis.

Les figures que nous reproduisons (fig. 16, p. 269) montrent, sans qu'il soit besoin d'insister, que la troisième larve et la nymphe se présentent avec le même aspect que chez l'espèce précédente.

GENRE STENORIA

Stenoria apicalis (PL. XV, FIG. 1 A 21).

Le Triongulin n'a pu être trouvé.

DEUXIÈME LARVE. — La seconde larve est d'un blanc un peu jaunâtre. La tête petite, est cornée et de couleur jaune foncé. Le corps est volumineux, un peu différent de forme aux divers stades du développement. Au moment de la première mue, lorsque la larve n'a encore que 5 millimètres de long (pl. XV, fig. 1) le thorax est conique et la tête en occupe le sommet, l'abdomen est très gonflé et ovoïde. Plus tard, dans la période ultime du développement (pl. XV, fig. 2), la forme s'est un peu modifiée, le corps est long de 8 à 10 millimètres, et sa plus grande largeur correspond aux premiers anneaux de l'abdomen. Il se rétrécit de part et d'autre de ce point, mais reste plus large en avant qu'en arrière. Etant donnée la consistance demi-fluide du miel de Colletes signata, la larve de Stenoria est donc capable par la large surface qu'elle présente d'échapper au danger de s'engluer.

D'ailleurs les stigmates sont placés sur le dos et à une certaine distance du bord, comme chez Sitaris.

L'examen du test de ces insectes montre que si par sa forme générale, la deuxième larve de Stenoria apicalis diffère quelque peu de celle de Sitaris humeralis, elle s'en rapproche beaucoup par ses caractères de structure. La *tête* est arrondie, et le corps ovoïde est formé de 13 segments, dont le dernier est à peine apparent. Le *Mésothorax* et chacun des sept premiers anneaux de l'*abdomen* portent une paire de *stigmates* saillants qui ont comme chez Sitaris la forme d'une cupule sphérique au fond de laquelle s'abouche la trachée. Le péritrème annulaire (pl. XV, fig. 4) est formé de dedans en dehors :

1° D'un bord marginal épais, chitineux.

2° D'une rangée de sortes de cellules allongées radialement, formées par des épaississements de chitine.

3° De réseaux chitineux qui ornent la surface extérieure de la partie saillante du stigmate. Au centre des mailles de ce réseau, on aperçoit l'insertion de saillies piliformes qui proéminent à l'intérieur de la cavité stigmatique.

En effet, toute la face interne de l'outre stigmatique est tapissée de saillies chitineuses qui deviennent plus drues et plus serrées au voisinage de l'orifice de la trachée. Elles s'infléchissent vers cet orifice et prennent à ce niveau une structure particulière. Ce sont d'épais prolongements (plus épais proportionnellement que chez Sitaris) coniques, dont la surface est hérissée de petits tubercules courts (pl. XV, fig. 5) qui leur donnent tout à fait l'apparence de certains de ces spicules calcaires que l'on rencontre chez les Alcyonaires.

Les trois paires de *pattes* sont sensiblement semblables, complètement membraneuses et très courtes par rapport au volume du corps, elles siègent latéralement lorsque le corps est gonflé par la nourriture absorbée, de sorte qu'elles paraissent ne pouvoir servir à la progression mais seulement aider l'animal à se maintenir à la surface du miel. Chacune de ces pattes est composée de trois articles en forme de cône tronqué qui vont en diminuant de largeur et en s'allongeant un peu de la base à l'extrémité libre de l'organe. Le dernier article est armé d'un petit ongle aigu, et légèrement recourbé.

Les *pièces buccales* se présentent comme suit :

Labre membraneux à bord libre droit, hérissé de poils peu serrés.

Mandibules, fortes, de consistance dure, de couleur brune, recourbées à l'extrémité qui est assez aiguë ; leur bord interne est dilaté vers son tiers supérieur en une lame élargie finement denticulée.

Mâchoires membraneuses à un seul lobe conique, hérissé de poils ainsi que le bord interne du maxillaire. — Palpe de trois articles dont le dernier cylindrique, atténué à son extrémité libre, porte à cette extrémité une pointe chitineuse courte, entourée de quelques poils peu allongés.

Lèvre inférieure à bord libre un peu concave, glabre.

Palpes labiaux de deux articles dont le dernier, conique, est terminé par une pointe chitineuse, courte.

Antennes de trois articles. Le premier, cylindrique, un peu élargi à la base; le deuxième, cylindrique, porte latéralement sur une large surface arrondie, un poil aigu, entouré de poils

plus courts, et, à côté de ce poil, une pièce hyaline, conique
et courte, qui semble formée de deux articles, rappelle celle
de l'antenne de la seconde larve de Sitaris humeralis.

Nous venons de décrire les pièces buccales de la deuxième
larve parvenue à l'état ultime de son développement.

A un stade antérieur (pl. XV, fig. 3 à 6), c'est-à-dire au moment
de la première mue, la structure de ces organes est la même,
mais ils sont très réduits et complètement membraneux. Les
mandibules, en particulier, diffèrent assez pour être décrites
à nouveau.

Ce sont de larges lames membraneuses, triangulaires, dont
la pointe, courte et aiguë, est seule épaissie, de consistance
cornée et de couleur jaunâtre.

Au bord interne, on voit un commencement de dédoublement
de l'organe, qui est le début de la formation de la lame dentée,
qu'on observe au stade suivant.

Pseudo-chrysalide. — La pseudo-chrysalide de Stenoria apicalis mesure entre 7 et 9 millimètres de long sur 4 à 4 1/2 millimètres de large. Elle est de forme ovoïde à peu près régulière,
un peu déprimée toutefois à la face ventrale et très légèrement
incurvée en bas à ses extrémités.

Sa couleur, d'un jaune paille doré chez beaucoup d'individus,
est parfois plus foncée et se rapproche de la teinte jujube de la
pseudo-chrysalide de Sitaris humeralis. Mais la consistance et
l'épaisseur de ses téguments sont toujours beaucoup plus
grandes que chez cette dernière espèce ; *aussi ne se déforme-
t-elle pas*, à l'état normal, pendant l'hiver.

L'extrémité antérieure du corps, plus atténuée que la postérieure, porte le masque céphalique, sous la forme d'un petit renflement rouge brunâtre, qui mesure 1/2 millimètre environ et qui
est formé par la réunion des antennes et des pièces buccales réduites à de courts tubercules. A l'extrémité postérieure, il existe
une pièce anale brune, circulaire ; enfin les téguments, durs, à
surface très finement chagrinée et revêtue d'un duvet jaunâtre,
sont marqués de lignes circulaires qui forment treize segments
à peine distincts.

Les *stigmates*, d'un rouge brun foncé, sont saillants et cupu-
liformes. On en compte huit paires, savoir : une sur le mésothorax, tout à fait au bord antérieur de ce segment, et une paire

sur chacun des sept premiers segments abdominaux. Ils siègent tous assez haut sur la surface supérieure de l'ovoïde formé par le corps.

Les *pattes* sont représentées par trois paires de très petits tubercules d'un jaune brun qui siègent sur les côtés de la face ventrale des segments thoraciques.

Somme toute, ces pseudo-chrysalides ressemblent assez bien à celles de Sitaris humeralis, mais leur rigidité plus grande et l'épaisseur de leurs téguments, en même temps que leur forme ovoïde, plus régulière et leur taille beaucoup plus petite, les distinguent facilement.

Troisième larve (pl. XV, fig. 15 à 10). — La troisième larve, au début, se montre sous la forme d'un corps contracté, ovoïde, comprimé, assez fortement élargi transversalement.

Sa couleur est jaune, un peu rougeâtre; ses segments sont très fortement marqués. Ses dimensions ne dépassent pas 6 millimètres de longueur sur 4^{mm} de large. Plus tard, elle semble s'étirer et elle prend alors la forme qu'elle avait à l'état de seconde larve au premier stade, mais elle n'acquiert jamais l'aspect gonflé que cette dernière prend au second stade de son développement.

L'examen des membres, des antennes et des pièces buccales de la troisième larve nous a montré un état rudimentaire qui rappelle l'organisation de ces parties chez la deuxième larve au début de son développement. Les mandibules, toutefois, méritent une mention particulière, car elles ont une structure différente de celle que nous leur connaissions déjà. Elles sont complètement membraneuses, sauf qu'à leur bord interne elles présentent une petite lame brune de consistance cornée qui est finement denticulée sur son bord. C'est évidemment un vestige de la lame également denticulée qu'on trouvait chez la seconde larve ; mais cette lame n'est point accompagnée de la portion terminale pointue et dure si développée dans la forme précédente.

Les mâchoires, les palpes maxillaires et les palpes labiaux, les antennes et les pattes, offrent la même structure que chez la seconde larve, mais avec un degré de faiblesse plus grand. Toutes ces pièces sont complètement membraneuses et les poils ou les saillies chitineuses qui arment leurs extrémités sont très délicats et généralement peu développés.

Nymphe. — D'un blanc jaunâtre pâle, complètement glabre, la nymphe, à abdomen volumineux, reproduit les traits généraux de l'insecte adulte et ne mérite pas une description spéciale.

CANTHARIS VESICATORIA

Première larve. — Le triongulin de la Cantharide est bien différent de celui des Sitaris et se distingue également de celui des Meloe. Long de 1 1/2 à 2 millimètres, il est, au sortir de l'œuf, d'une couleur uniforme jaune pâle ; mais, au bout de vingt-quatre à quarante-huit heures, la tête et le premier segment thoracique prennent une teinte brunâtre ; et tandis que les deux derniers segments thoraciques et le premier abdominal restent jaunes, tous les autres segments abdominaux se colorent en noir foncé. La face ventrale de tous les anneaux reste pâle, ainsi que les pattes.

Le corps du triongulin de la Cantharide est formé de treize segments, y compris la tête. Il est allongé, presque cylindrique, un peu renflé au niveau du tiers moyen de l'abdomen (fig. 21, pl. XV). Le thorax est presque glabre, les sternites seuls portant quelques poils ; mais les anneaux de l'abdomen sont couverts de longs poils, et le dernier anneau porte à son extrémité postérieure deux soies divergentes plus robustes et plus allongées.

La *tête*, presque sphérique, est toutefois un peu plus large que longue. Elle montre, sur la ligne médiane, à la face supérieure, une suture qui se bifurque au niveau des yeux en deux branches aboutissant en avant de la base des antennes et délimitant nettement l'épistome. Cette suture médiane se prolonge en arrière sur les trois segments thoraciques et c'est suivant la ligne ainsi tracée que se fait la déchirure du test au moment de la mue qui donne issue à la seconde larve (voir fig. 22, pl. XV).

Des trois segments *thoraciques,* le premier se distingue par sa plus grande longueur et la forme à peu près régulièrement carrée du tergite. Les deux suivants sont plus larges que longs, à peu près égaux entre eux, mais le mésothoracique seul porte une paire de stigmates.

Les segments de l'abdomen vont en croissant progressivement de diamètre transversal du premier au cinquième inclusivement. A partir du sixième, ils diminuent de largeur, jusqu'au dernier qui se termine par un bord convexe. Chacun des huit premiers segments abdominaux porte une paire de stigmates; et tous ces stigmates aussi bien que la paire thoracique ont à peu près même diamètre. Ils sont circulaires, et leur péritrème semble se développer en une plaque à épaississements radiaires (fig. 23, pl. XV), perforée à la façon d'un crible. C'est donc une organisation toute différente de celle que nous avons observée chez Sitaris et Meloe.

Les *pattes* longues, grêles, comprennent chacune une hanche large, conique, un trochanter, une cuisse allongée, une jambe grêle, atténuée à son extrémité distale et un très court article représentant le tarse et portant trois ongles allongés, aigus, courbés, dont le médian plus fort et plus long que les deux latéraux qui sont eux-mêmes d'inégale longueur. Les divers articles des pattes portent des poils raides, aigus, qui sur la jambe sont régulièrement disposés en rangée au bord inférieur.

Les *pièces buccales* sont très développées. Le labre, assez saillant, à bord droit, velu, recouvre complètement les mandibules lorsque celles-ci sont à l'état de repos.

Les *mandibules*, brunes, fortes, dures, prolongées en pointe aiguë, sont pourvues vers le milieu de leur bord interne d'un léger épaississement découpé en dents de scie.

Les *mâchoires* à maxillaire large et épais, membraneux, ont un lobe interne conique portant une soie allongée à son sommet et quelques poils plus grêles. Un palpe de trois articles siège au côté externe du lobe. Les deux premiers articles de ce palpe sont annulaires; le dernier est allongé, dilaté à son sommet qui est couvert de poils tactiles.

La *lèvre inférieure*, à bord libre convexe, porte une paire de palpes à deux articles, dont le dernier reproduit en petit la forme du dernier segment des palpes maxillaires.

Les *antennes* sont relativement courtes. Elles comprennent trois articles. Le premier est court, un peu évasé; le second annulaire est coupé obliquement à son extrémité libre et porte sur cette extrémité un article allongé et grêle terminé par une longue soie entourée de deux à quatre poils à sa base. Au côté externe de ce dernier article, le deuxième segment de l'antenne porte un petit appendice conique, absolument hyalin et qui paraît réfringent lorsqu'on l'examine à l'état frais ; l'alcool et la glycérine y font apparaître au bout d'un certain temps un coagulum avec quelques granulations. Il m'est impossible de me prononcer sur la nature de ce singulier appendice, plus développé encore ici que chez les Sitaris où nous en avons déjà signalé l'existence.

Les *yeux* sont formés d'une tache pigmentaire au milieu de laquelle se voit une lentille sphérique. Sur notre fig. 21, pl. **XV**, nous avons reproduit d'après de bonnes préparations la disposition des trachées ; on voit que de chaque stigmate part un petit tronc un peu sinueux qui va s'aboucher dans une grosse trachée longitudinale. De cette trachée au niveau de chaque segment abdominal partent des ramifications qui s'unissent à des ramifications émanées d'une semblable trachée longitudinale placée au côté opposé. Dans la région thoracique, il n'en est plus de même, les deux trachées longitudinales sont unies par des branches transversales volumineuses non ramifiées. Une semblable branche transversale se voit dans la tête, quelque peu en arrière de la terminaison des troncs longitudinaux qui s'épuisent en fines ramifications au niveau du labre. Postérieurement ces troncs se ramifient de même, sans donner lieu à un appareil du genre de celui que nous avons décrit chez Sitaris humeralis. D'ailleurs, le triongulin de la Cantharide ne possède aucun appareil fixateur, ce qui permettrait déjà, à défaut de l'observation directe, de prévoir qu'il ne s'attache pas aux poils des hyménoptères à la façon du triongulin des Sitaris et des Meloe.

Deuxième larve. — La deuxième larve est d'un blanc crayeux, et reproduit assez bien la forme générale du triongulin. L'abdomen toutefois (pl. XVI, fig. 1) est plus volumineux, par rapport au thorax et la tête proportionnellement beaucoup plus petite. J'ai profité de ce que j'avais à ma disposition un nombre assez considérable de ces jeunes larves pour les étudier à diverses époques de leur développement.

Au troisième jour (pl. XVI, fig. 1 à 12). — Dès la fin du second jour ou au commencement du troisième jour qui suit son apparition, la seconde larve mesure 3 1/2 à 4 millimètres de long.

La *tête* très petite, un peu jaunâtre, a la même forme que celle du triongulin.

Les segments du *thorax* sont à peu près égaux entre eux ; ceux de *l'abdomen* vont en augmentant de largeur jusqu'au cinquième, puis diminuent jusqu'au dernier. On compte en tout 13 segments, tête comprise.

Les stigmates, au nombre de 9 paires, une mésothoracique et huit abdominales, sont un peu excavés et présentent sur leur paroi interne un réticulum à mailles hexagonales à peu près régulières.

Les *pattes*, grêles, sont membraneuses et formées de trois articles : une hanche épaisse, une cuisse et une jambe terminée par un court tarse conique armé d'un petit ongle triangulaire chitineux, très faible.

Les *pièces buccales*, bien différentes de celles du triongulin, sont encore très imparfaitement développées.

Le *labre* est petit, à bord convexe.

Les *mandibules* triangulaires, à peu près complètement membraneuses, ont leur sommet courbé, pointu, plus fortement chitinisé, et à quelque distance au-dessous de la pointe, il existe au bord interne une encoche marquée de fines denticulations. En comparant les figures, on se rendra mieux compte de la grande différence qui existe entre ces mandibules et celles du triongulin.

Les *mâchoires* sont comme les mandibules manifestement en état de développement. Leur forme générale, très grossière, est mal définie ; les articles qui composent le palpe sont à peine différenciés. Quoi qu'il en soit, on peut reconnaître à l'extrémité interne de l'organe un lobe conique à sommet arrondi couvert de petits poils. Le palpe maxillaire membraneux, à segments incomplètement marqués, est une sorte de colonne membraneuse cylindrique remplie d'une substance granuleuse qu'on voit se prolonger jusqu'à une certaine distance de l'extrémité terminale. Au delà, le contenu est hyalin, mais à un fort grossissement on voit qu'il est traversé par des

filaments émanés de la substance granuleuse (pl. XVI, fig. 6 .
Ces filaments minces et sinueux au départ s'épaississent un
peu sur leur trajet, puis prennent la forme de bâtonnets rigides
et fortement réfringents qui aboutissent chacun à la base de l'un
des poils qui font saillie à l'extrémité terminale du palpe. Ces
filaments, terminés par des bâtonnets, sont évidemment des
éléments nerveux et constituent avec les poils un délicat organe
de tact ou de toute autre nature que nous ignorons.

La *lèvre inférieure*, très petite, a un bord libre convexe, et
porte deux palpes de deux articles dont le dernier est couvert à
son extrémité de poils courts et épais.

Les *antennes* diffèrent sensiblement dans leur forme générale de celles du triongulin, bien que leur composition soit assez
semblable. Deux articles y sont bien apparents : le basilaire
large et court, le moyen conique, allongé et paraissant d'autant
plus long (fig. 8 et 9, pl. XVI) qu'on ne distingue pas nettement
la limite de l'article terminal. Sur ses bords et à une certaine
distance de l'extrémité, se voit une empreinte circulaire un peu
excavée, bordée de quelques poils raides. Cette empreinte paraît être le vestige de l'appendice hyalin, conique (organe au-
ditif?) qu'on observe sur l'antenne du triongulin. Jusqu'au
niveau de cette empreinte et même un peu au delà, l'article
est rempli d'une matière granuleuse qui fait place ensuite à
un contenu hyalin traversé par des filaments fusiformes, réfringents, allant aboutir aux quatre poils aigus qui entourent la
grande soie terminale de l'antenne. C'est encore là un organe
sensitif, assez semblable à celui du palpe maxillaire, mais
cependant on remarquera que la forme des filaments diffère
sensiblement.

Les *yeux* ne sont plus représentés chez la deuxième larve à
cette époque que par une paire de petites taches pigmentaires
qui vont diminuer peu à peu de volume, à mesure que la larve
va se développer davantage.

On sait (voir plus haut page 289) que la larve secondaire de
la Cantharide subit avant d'arriver à l'état ultime deux mues
successives qui correspondent chacune à une étape assez marquée du développement. Aussi m'a-t-il paru intéressant de
noter les caractères de chacune de ces mues et d'en figurer les
principaux détails pour faciliter la comparaison.

Première mue de la seconde larve. — L'examen de cette première mue, qui correspond au cinquième ou au sixième jour du développement, montre que depuis le troisième jour, peu de modifications se sont opérées. La larve cependant a considérablement grossi, puisqu'à ce moment elle mesure déjà 6 à 8 mill. de longueur. Les pattes sont restées (fig. 12, pl. XVI) membraneuses et grêles. Les stigmates, un peu plus profondément excavés en coupe, sont marqués sur leur surface interne d'un réticulum plus serré que précédemment, et de place en place on aperçoit sur les épaississements qui forment ce réticulum de petits tubercules sphériques, brillants, qui, à un fort grossissement, donnent aux épaississements en question l'apparence de chapelets de granulations.

Parmi les pièces buccales, les modifications portent principalement sur les *mandibules*. Celles-ci, allongées à l'extrémité en pointe aiguë, chitineuse, sont très élargies dans toute leur partie postérieure restée membraneuse. En arrière de la pointe terminale, le bord interne offre une surface excavée en gouttière dont l'une des marges est lisse et l'autre divisée en dents de scie.

Les trois articles des *palpes maxillaires* sont maintenant bien différenciés; les deux premiers annulaires, plus larges que hauts, le dernier conique, terminé par une touffe de poils courts.

La *lèvre inférieure*, à bord convexe, avec palpes de deux articles, est encore très petite.

Deuxième mue de la seconde larve. — Cette deuxième mue correspond en général au 10e ou au 12e jour du développement. A cette époque, la larve qui a dévoré une grande partie de sa provision a atteint un volume considérable et mesure environ 12 à 14 millimètres de long. L'étude de cette mue va donc nous montrer les modifications nouvelles qui se sont opérées et qui portent principalement sur les stigmates, les pattes et les pièces buccales. On remarquera, en effet, que les antennes conservent toujours (pl. XVI, fig. 16 et 24) la même forme qu'au début de l'apparition de la seconde larve, sauf que les articles qui la composent se sont plus nettement délimités.

Les *stigmates*, toujours au nombre de neuf paires, affectent la forme (pl. XVI, fig. 18 et 19) de profondes corbeilles dont la surface interne est marquée d'un réticulum à mailles assez irrégulières formé par des épaississements chitineux. Mais ici, à la place des petits tubercules brillants qu'on voyait précédemment sur ces épaississements, se dressent des groupes de petits poils qui sont plus allongés dans les parties profondes de la cupule stigmatique et qui, au bord de l'orifice de la trachée, deviennent très allongés, aigus et se hérissent de petits tubercules sur leur surface. A cet état, les stigmates de la larve de Cantharide rappellent bien ceux de la larve, au même stade, des Sitaris et Stenoria. Nous avons donc pu suivre leur développement et il suffit de comparer nos figures pour en comprendre la marche.

Les *pattes* sont plus courtes proportionnellement que dans la période précédente. Elles ont d'ailleurs la même structure.

Mais les *pièces buccales* vont nous offrir de nouveaux changements.

Le *labre* a un bord libre presque convexe.

Les *mandibules* très volumineuses présentent au-dessous de leur extrémité aiguë (pl. XVI, fig. 28) des denticulations en scie, à leur bord interne, comme au stade précédent, mais de plus, au niveau où le maxillaire s'élargit et devient membraneux, il existe une saillie terminée par une sorte de plateau oblique garni de petites dents aiguës et courtes. Enfin au bord postérieur, on voit à côté du condyle un crochet chitineux qui paraît avoir pour fonction de retenir le condyle dans la cavité articulaire.

Les *mâchoires* se sont développées. Le lobe interne est mieux différencié, ainsi que les trois articles du palpe.

A la *lèvre inférieure*, les palpes ont pris un certain développement. Ils sont coniques, formés de deux articles dont le dernier conique, porte un groupe de petits poils raides.

TROISIÈME MUE DE LA SECONDE LARVE (pl. XVI, fig. 26 à 32). — Lorsque la seconde larve est arrivée à l'état ultime de son développement (fig. 33) elle atteint de 18 à 20 millimètres de long. Son corps est nettement segmenté, et elle se distingue surtout des états antérieurs par le plus grand développement de sa tête qui a pris une couleur brunâtre et par la forme du premier segment thoracique qui constitue une sorte de bourrelet. Sur la face dorsale de ce segment se voit une plaque chitineuse, de couleur jaunâtre qui n'existe pas sur les anneaux suivants. La larve à cet état se tient couchée sur le flanc et repliée en arc. Après quelques jours de repos, elle mue et donne issue à la pseudo-chrysalide. Cette mue reste fixée à la partie postérieure de la pseudo-chrysalide sous la forme d'une petite masse chiffonnée, jaunâtre. En la faisant ramollir, on peut facilement étudier les caractères de la mue qui nous renseignent alors sur la structure du test et des appendices de la larve dans la dernière période de son développement.

Les *pattes* (fig. 27) sont restées membraneuses, mais elles ont pris du volume et l'ongle qui termine le tarse est devenu épais et dur en même temps qu'il a acquis une teinte brune.

Parmi les *pièces buccales*, les mâchoires et la lèvre inférieure se sont peu modifiées ; elles ont à peu près (fig. 20 et 30) la même forme que dans l'état précédent. Mais il n'en est plus de même des mandibules qui ont acquis une grande puissance et sont devenues aptes à fouir le sol dans lequel la larve va s'enfoncer. Les mandibules, en effet, primitivement membraneuses dans la plus grande partie de leur étendue, sont maintenant complètement solidifiées, et formées d'une épaisse chitine résistante et d'une couleur brune très foncée. L'extrémité libre est recourbée et aiguë, et au bord interne proémine une forte saillie angulaire de consistance également dure.

Les *antennes* (fig. 31) sont courtes et épaisses, formées de trois articles dont le dernier, très court, est déjeté de côté et terminé par une pointe raide ; à côté de cet article terminal, se voit une empreinte circulaire qui marque la place occupée par l'appendice hyalin, dont il a été déjà question.

Quant aux *stigmates* (fig. 32), ils sont larges et profondément excavés en forme de coupe hémisphérique. Leur ouverture est circulaire ; leur paroi interne est marquée d'un réticulum irrégulier. Au niveau de l'orifice de la trachée, de longs poils forment, de chaque côté de cet orifice, une sorte de peigne à dents serrées qui empêche le passage des corps solides du plus petit volume.

Pseudo-chrysalide (pl. XVI, fig. 34 à 40.) — La pseudo-chrysalide de la Cantharide affecte une forme tout à fait nouvelle, comparée à la forme des pseudo-chrysalides des Meloe, Sitaris et Stenoria. C'est un corps inerte, de consistance cornée, de couleur ambrée ou jaune paille avec une légère teinte rosée. Le test paraît lisse, mais à la loupe, avec un éclairage convenable, on distingue à sa surface un léger duvet formé de poils raides espacés.

Cette pseudo-chrysalide est de forme naviculaire ; son dos est convexe, légèrement carêné, et sa face ventrale concave : à la limite de la face ventrale et du dos, la marge est très légèrement renflée. Les deux extrémités, atténuées, s'infléchissent sensiblement en bas, et la tête se trouve ainsi portée vers la face ventrale.

La longueur de cette pseudo-chrysalide varie entre 12 et 16 millimètres, et sa plus grande largeur est d'environ 5 à 6 millimètres. A sa surface, de fines lignes transversales marquent la limite des segments.

Les *stigmates*, au nombre de neuf paires, une mésothoracique et huit abdominales, font saillie à la surface du test sous forme de petits godets d'un rouge brun, à un millimètre environ du bord de la face dorsale.

Trois paires de *pattes* siègent au niveau des segments du thorax, à la face ventrale ; elles ne sont, d'ailleurs, représentées que par de très courts mamelons coniques qui n'ont guère plus de 1/2 millimètre de longueur, et dont la couleur est un peu plus foncée que celle du test.

La *tête* (pl. XVI, fig. 36), petite, large de 1/2 à 2 millimètres, est recourbée en bas. Elle offre, sur sa surface, un groupe de petits mamelons dont la position indique suffisamment la signification à défaut d'une forme spéciale. C'est d'abord, sur la ligne médiane, un *labre*, représenté par un tubercule peu développé, mais très fortement coloré en brun presque noir. Au-dessous de cette pièce, et latéralement, se voient les mandibules sous forme de petits cônes saillants, aigus, fortement colorés en brun à la pointe, et plus volumineux qu'aucun autre des appendices céphaliques. Une seconde paire de mamelons moins volumineux, placée au-dessous des mandibules, figure les mâchoires ; et, en dedans de celles-ci, les palpes *labiaux* se distinguent sous forme de deux très petits tubercules brunâtres.

Enfin les *antennes* sont représentées, en dehors du labre, par une paire de mamelons peu saillants, un peu plus colorés que le test.

Dans le cours de l'hiver, on voit exsuder à la surface du test un enduit d'apparence onctueuse qui perle par places en petites gouttelettes brillantes ; c'est, d'ailleurs, la seule modification et la seule apparence de vie qu'on puisse saisir dans ce corps inerte jusqu'au moment où il se fend sur le dos pour laisser issue à la troisième larve.

Troisième larve (pl. XVI, fig. 37 à 40). — La troisième larve affecte la même forme générale que la seconde. Elle est de couleur blanc-jaunâtre, d'apparence cireuse, avec les segments du corps très nettement limités, principalement dans la région moyenne, où ils sont plus larges.

L'examen des pièces buccales montre que, bien qu'ayant les caractères extérieurs de la seconde larve, elle n'a pas absolument la même organisation. Les mâchoires et la lèvre inférieure (fig. 38 et 39) sont bien constituées sur le même type, mais le labre, et surtout les mandibules, sont d'une forme bien différente.

Le labre (fig. 40), profondément excavé sur la ligne médiane, a ses deux angles développés en lobes convexes. Les mandibules (fig. 37) sont d'une forme qui ne s'est pas encore rencontrée au cours du développement de la larve. Elles sont formées, en effet, de deux parties séparées par un étranglement. La partie basilaire, bien que de consistance dure, l'est moins que la partie terminale. Elle est en même temps plus mince et plus large. La portion terminale a la forme d'un fer de lance recourbé et pointu à son extrémité, et creusé sur son bord interne en une gouttière dont l'une des lèvres, beaucoup plus développée que l'autre, offre une surface rugueuse et un bord confusément dentelé. Toute cette partie de la mandibule est très brune et de consistance dure.

Les *Stigmates* enfin se rapprochent assez de ceux de l'insecte adulte. Ils ne sont plus circulaires, mais allongés (fig. 32), et l'orifice de la trachée n'est plus défendu par des poils chitineux comme dans les formes précédentes.

Nymphe. — La nymphe de la Cantharide (pl. XVI, fig. 41)

est d'un blanc rosé ou jaune pâle. Sa tête, qui a déjà l'inclinaison caractéristique, est un peu plus large que le corselet. Les antennes et les pattes sont transparentes comme du cristal ; sur le dos dont la division en segments est très marquée, se dressent des poils raides, semblables à de petites épines. Le segment mésothoracique paraît en être dépourvu, mais tous les autres segments en portent six à huit disposés en rangées régulières. Ces poils, examinés sur la mue que laisse la pseudo-chrysalide après l'apparition de l'insecte parfait, montrent une forme tellement distincte de celle des poils aigus très simples qu'on observait sur les diverses mues des états précédents, que lorsque je les examinai pour la première fois, je craignis d'être le jouet d'une erreur d'observation. Je me demandai si je n'avais pas sous les yeux la mue de quelque insecte différent de la Cantharide et que je n'aurais pas aperçu à côté de la nymphe. L'observation répétée sur d'autres mues semblables me prouva que je n'avais point fait erreur. Les plus grands de ces poils que j'ai figurés (pl. XVI, fig. 42) mesurent près de 1 millimètre ($0^{mm}80$ environ) de long. Mais ils n'ont point tous la même taille et quelques-uns ne mesurent pas plus de $0^{mm}40$. Ce sont de longs tubes membraneux, incolores, coniques, dont la surface est marquée de petits épaississements sous forme de courtes lignes brillantes, et dont le sommet est tronqué. Sur une courte étendue au-dessous de ce sommet, le poil est coloré en brun foncé, et acquiert une grande dureté. A son extrémité se dresse une soie aiguë assez longue et épaisse, entourée d'un bouquet de soies plus courtes, de grandeur et d'épaisseur irrégulières.

La longueur de la nymphe est, suivant les individus, de 18 à 20 millimètres. J'ai déjà indiqué comment s'opère la transformation, et je rappelle ici que c'est par les yeux que commence la série des diverses colorations qui donnent à l'insecte sa livrée définitive.

GENRE ZONITIS

1° Zonitis mutica.

Première larve. — Malgré tous les soins que j'ai apportés à rechercher la mue de la première larve dans les cellules d'hyménoptères où j'avais eu la chance de trouver (voir page 307) la pseudo-chrysalide de Zonitis mutica, il m'a été impossible

de retrouver cette mue, qui m'eut permis de figurer les pièces
buccales et les caractères généraux de la première larve.

Deuxième larve. — On ne l'a point vue vivante, mais on connaît la mue qu'elle abandonne lorsqu'arrivée à l'état ultime
de son développement elle se transforme en pseudo-chrysalide.
Semblablement à ce qui a lieu chez Sitaris et Stenoria, cette
mue enveloppe complètement la pseudo-chrysalide, en s'appliquant à sa surface. C'est une sorte d'outre formée d'une pellicule extraordinairement fine, comme celle de Stenoria apicalis
et à reflets irisés.

On y compte neuf stigmates, un mésothoracique et huit abdominaux reliés par un cordon trachéen blanc ; j'ai figuré (pl. XVII,
fig. 3) un de ces stigmates qui, on le voit, a la même forme
que chez les Vésicants déjà étudiés, dans la phase correspondante de leur évolution. C'est une sorte de cupule hémisphérique, dont le bord formant bourrelet surplombe un peu la
cavité et est constitué par des épaississements de chitine figurant deux rangées de cellules un peu allongées et disposées
radialement. La face interne du stigmate est hérissée de tubercules courts, assez rapprochés et disposés d'une façon régulière. Au pourtour de l'orifice de la trachée, au fond de la
cupule stigmatique, la chitine développe des sortes de poils qui
convergent vers le centre de cet orifice.

Les pattes ont la constitution ordinaire, et sont terminées
par un petit ongle court, robuste et a extrémité obtuse.

Quant aux pièces buccales et aux antennes, il m'a été impossible de les retrouver ; les pièces que j'avais à ma disposition
ayant été déchirées dans leur région céphalique au moment de
l'issue de l'insecte parfait.

Pseudo-chrysalide. — La pseudo-chrysalide est d'un brun
foncé rougeâtre ; par sa consistance cornée élastique elle est comparable à la pseudo-chrysalide de Stenoria apicalis, et, comme
cette dernière, elle ne se déforme pas pendant la saison d'hiver,
contrairement à ce qui s'observe pour Sitaris humeralis. Sa
forme est celle d'un cylindre très légèrement courbé en arc et
à extrémités un peu atténuées et arrondies. Par suite de cette
courbure, elle est un peu convexe à la face dorsale et concave à
la face ventrale. En comparant cette description de la pseudo-
chrysalide de Zonitis à celle de la pseudo-chrysalide de Stenoria

apicalis (voir page 348) on peut voir qu'il existe la plus grande ressemblance entre les deux formes. Toutefois, la forme Zonitis se distingue par sa longueur un peu supérieure, et par sa forme presque cylindrique, tandis que la pseudo-chrysalide de Stenoria semble plutôt ovoïde. La pseudo-chrysalide de Zonitis mesure, en effet, de 10 à 14 millimètres de long sur 4 1/2 à 5 millimètres de large, tandis que les plus grandes pseudo-chrysalides de Stenoria ne dépassent pas 12 millimètres. Il n'est pas moins vrai, que lorsqu'on compare des individus des deux formes, de même taille, il devient parfois assez difficile de les distinguer. Les pseudo-chrysalides de Stenoria sont en règle générale d'un jaune paille, mais il en est quelques-unes qui deviennent très foncées, presque rougeâtres ; la confusion est alors possible, et c'est à ce point que j'ai souvent mis de côté des pseudo-chrysalides trouvées au milieu d'un grand nombre de formes appartenant indiscutablement au genre Stenoria, dans l'espoir d'en voir naître des Zonitis.

La surface de la pseudo-chrysalide de Zonitis, examinée à la loupe, apparaît finement chagrinée, comme du reste aussi le test de la pseudo-chrysalide de Stenoria. Neuf paires de stigmates se voient sur les flancs, dont une paire mésothoracique et huit paires abdominales. Ces stigmates sont de petites cupules, saillantes à la surface du test et de couleur brune presque noire. Trois paires de très courts mamelons à la face ventrale du thorax représentent les pattes. Enfin le masque céphalique est réduit à une petite éminence brunâtre, où l'on distingue difficilement. même à la loupe, les pièces buccales et les antennes. A l'extrémité postérieure, un petit bouton anal, de couleur brune, fait également saillie.

Troisième larve. — Les débris que nous en avons trouvés, adhérents à la face interne de la pseudo-chrysalide, ne nous ont pas permis une étude suffisante pour donner une description.

2° Zonitis prœusta.

Nous avons vu chez M. Fabre la pseudo-chrysalide de cette espèce. Elle ne diffère pas extérieurement de celle de *Zonitis mutica*. Nous n'en possédons pas d'exemplaire qui nous permette de donner une description de la mue de la deuxième larve qui l'enveloppe.

GENRE HORNIA (1)

PREMIÈRE LARVE. — Inconnue.

DEUXIÈME LARVE ET PSEUDO-CHRYSALIDE (page 310, fig. 17). — « La seconde larve au stade ultime de son développement aussi bien que la pseudo-chrysalide, écrit Riley, montrent les caractères ordinaires à la famille : les pattes et les pièces de la bouche étant atrophiées dans la seconde larve et simplement tuberculeuses dans la pseudo-chrysalide (larve *coarctata*). La crête latérale qu'on observe chez les Meloe n'est pas apparente et eu égard à ce fait que les transformations finales s'opèrent dans l'intérieur des deux dépouilles non fendues, l'insecte se rapproche du Sitaris. Cette opinion est confirmée par ce fait que la seconde larve, la pseudo-chrysalide et la troisième larve sont glabres et inermes, comme celles du Sitaris. »

GENRE HORIA

(Voir page 311).

GENRE EPICAUTA

1° Épicauta verticalis (2).

PREMIÈRE LARVE. — Le triongulin (pl. XVII, fig. 4 à 14) de cette espèce se distingue tout d'abord de ceux des Vésicants étudiés jusqu'ici, par sa taille relativement considérable, sa longueur variant entre 3 mill. 5 et 4 millimètres, sa largeur étant de 0 mill. 80 à 1 millimètre environ. Au sortir de l'œuf, c'est une sorte de larve complètement blanche, formée de 13 segments bien distincts y compris la tête, avec de longs poils roux qui hérissent toute sa surface. Au bout de 12 heures environ, la tête prend une teinte marron, en même temps que tous les segments se colorent en gris, puis en noir. Telle est la livrée définitive du triongulin. Son abdomen reste blanc, et ses

(1) Voir Riley (66).
(2) Voir H. Beauregard. Comptes rendus, Acad. des Sciences, octobre 1884 et octobre 1885.

pattes, proportionnellement grêles, sont rousses. Toute la surface
du corps, tête comprise, porte des poils roux, longs et flexibles.
La longueur et la flexibilité de ces poils sont tout à fait caractéristiques. Ce ne sont plus des épines aiguës et plus ou moins
rigides comme chez les autres triongulins : ces organes rappellent tout à fait par leur aspect, les poils si caractéristiques
qui revêtent le corps des Mylabres et au sujet desquels nous
avons insisté déjà.

La *tête*, inclinée en bas, est un peu plus longue que large, et
marquée à sa surface supérieure d'une suture médiane bifur-
quée (pl. XVII, fig. 5) dont les branches aboutissent au niveau
des ocelles.

Le *thorax* est un peu plus large que la tête. Le premier segment, presque glabre et de couleur noire plus foncée que les
autres segments, l'emporte de beaucoup par sa taille (fig. 4)
sur les autres segments thoraciques ; il est même un peu plus
long que ces deux derniers réunis. Ceux-ci, annulaires, de
même largueur que le premier, mais beaucoup moins développés dans le sens antéro-postérieur, sont très semblables
entre eux. Le mésothoracique se distingue toutefois par la présence d'une paire de stigmates situés à son bord antérieur. Ce
stigmate (fig. 7), plus grand que ceux de l'abdomen, est creusé
en entonnoir, et sa paroi interne est ornée d'épaississements
chitineux dessinant un réseau à mailles carrées.

L'abdomen est formé de neuf segments visibles (un dixième
très court et incolore semble caché sous le neuvième). Chacun
de ces segments comprend un tergite dur, coloré en noir, et de
chaque côté une pièce pleurale, moins colorée (pl. XVII, fig. 4).
C'est sur cette pièce que sont portés les stigmates aux huit premiers anneaux. Sur le huitième, le stigmate est très petit et difficile à voir.

Le huitième et le neuvième anneau portent en outre un
sternite brun et corné, tandis que sur les autres segments les
sternites sont incolores et membraneux. Le bord postérieur de
tous les segments abdominaux et thoraciques est armé d'une
douzaine de longs poils, coniques, aigus, flexibles. Sauf sur les
deux derniers anneaux de l'abdomen, ces poils sont accompa-
gnés chacun à leur base (pl. XVII, fig. 6) d'une petite épine
courte et robuste. Enfin, le neuvième anneau porte une paire

de poils *tubuleux*, bruns, beaucoup plus larges et un peu plus longs que les poils voisins.

Les *pattes*, longues de 1 millimètre et quelques dixièmes, sont terminées par trois ongles dont le médian allongé, aigu et légèrement recourbé, l'emporte de beaucoup par sa taille sur les deux latéraux qui s'insèrent à sa base. La hanche, large, ovoïde, est armée de quelques aiguillons aigus et robustes. A l'union du trochanter et de la cuisse, deux aiguillons très forts font (fig. 8) également saillie. Enfin, la cuisse est armée d'une double rangée d'organes de même nature; quant à la jambe, elle porte à son bord inférieur une rangée d'épines et à son bord supérieur une rangée de poils plus grêles. Ce revêtement de puissantes saillies chitineuses, donne aux pattes de ce triongulin un caractère tout particulier.

Les *pièces buccales* ne sont pas moins caractéristiques. Le *labre* membraneux, velu, a un bord libre presque droit.

Les *mandibules* fortes, recourbées vers la pointe, sont armées à leur bord interne d'une rangée de six à sept dents tuberculeuses et épaisses et non plus aiguës comme chez les espèces précédentes.

Les *mâchoires*, membraneuses, sont formées d'un maxillaire court à lobe interne peu saillant et sont pourvues d'un palpe de trois articles dont le dernier, cylindrique, offre une large surface coupée très obliquement et recouverte de petites saillies tubuleuses, hyalines.

La *lèvre inférieure* a son bord libre divisé en deux lobes par une encoche médiane. Les palpes labiaux ont deux articles dont le terminal, cylindrique, est le plus long.

Les *antennes* comprennent trois articles. Le dernier, plus grêle que les autres, est terminé par une soie aiguë entourée de quelques poils courts. A côté de lui, se voit un organe hyalin, conique, semblable à celui que nous avons observé déjà chez beaucoup de triongulins.

Deuxième larve (pl. XVII, fig. 15 à 22). — La seconde larve, au début, se présente sous la forme d'un corps annelé, complètement blanc, recouvert de petits poils, courts et pourvu de trois paires de pattes presque aussi longues que celles du triongulin, mais moins robustes, armées moins puissamment (pl. XVII, fig. 15) et pourvues d'un seul ongle terminal, épais et un peu incurvé.

La *tête* incolore est un peu moins large que le premier anneau thoracique qui lui-même est plus développé que les anneaux suivants, mais toutefois dans des proportions beaucoup moindres que chez le triongulin Les anneaux de l'abdomen portent des *stigmates* de très petites dimensions, en forme d'entonnoir à ouverture circulaire, et dont la paroi interne est relevée de petites saillies granuleuses (fig. 16).

Les *pièces buccales* (pl. XVII, fig. 18 à 21), comparées à celles du triongulin, offrent peu de modifications, Les mandibules en particulier se présentent encore avec leur pointe terminale recourbée et leur bord interne armé de six tubercules épais. Elles sont cornées, brunes et puissantes. Les mâchoires, par contre, se sont en partie atrophiées. Le lobe interne, court, conique, porte à son sommet un poil cylindrique aigu. Le palpe maxillaire est toujours formé de trois articles dont le premier est le plus long ; mais l'ensemble du palpe est proportionnellement moins développé que chez le triongulin. Le labre est droit, hérissé de longs poils aigus. La lèvre inférieure petite, porte deux palpes de deux articles, également peu développés.

La forme des *antennes* est assez différente de celle qu'on observait chez la première larve. Elles sont composées encore de trois articles, mais le second est proportionnellement plus allongé, tandis que le troisième est plus court et plus large. Un poil raide, entouré de quelques poils plus courts, siège à son sommet. A côté du troisième article, s'insère sur l'extrémité du second un appendice conique hyalin (fig. 22).

Quant aux *ocelles*, ils consistent en une tache de pigment noir placée en arrière de l'insertion des antennes.

Lorsque la deuxième larve est arrivée à l'état ultime, elle a subi quelques modifications qui méritent d'être notées. Sa couleur n'est plus uniformément blanche. Sa tête est de teinte roussâtre et le tergite du premier segment thoracique plus développé que les suivants, s'en distingue encore par sa couleur jaune bien accusée. Le reste du corps est d'un blanc jaunâtre sale. Les pattes, en même temps, sont devenues beaucoup plus courtes et sont presque réduites à de petits moignons articulés. Cette réduction extrême des pattes m'a même induit en erreur,

et m'a fait considérer cet état comme l'état pseudo-chrysalidaire (1).

La deuxième larve à l'état ultime est courbée sur elle-même,
en arc ; ses segments, très nettement distincts, forment sur les
côtés une ligne saillante moins prononcée toutefois que chez
Sitaris.

Pseudo-chrysalide, etc. — Je n'ai pu encore obtenir ces
états de l'insecte.

2° Epicauta vittata.

Les figures de Riley, que nous reproduisons fig. 18 et 19,
page 314, nous dispensent d'entrer dans de longs détails au
sujet de cette espèce. Ces dessins montrent que les caractères
généraux du triongulin et de la seconde larve sont ici absolument semblables à ceux de notre espèce européenne.

Les pattes, les pièces buccales et les antennes sont très semblables, et les différences que montre la comparaison des
figures ne tiennent peut-être qu'à l'imperfection des dessins
donnés par Riley.

Pseudo-chrysalide. — La pseudo-chrysalide (*Coarctata
larva*) est rigide et de couleur jaune foncé.

D'après les figures, elle paraît ressembler beaucoup à la
pseudo-chrysalide de la Cantharide. Les pièces buccales et les
pattes sont rudimentaires et réduites à de courts tubercules.
La dernière mue de la deuxième larve reste adhérente à son
extrémité postérieure, comme chez la Cantharide.

Troisième larve. — La troisième larve, dit Riley, ne diffère
sous aucun rapport de la seconde, sauf, toutefois, une certaine
réduction de taille et une plus grande blancheur.

Nymphe. — Quant à la nymphe, d'après la figure que donne
Riley de celle de l'*Epicauta cinerea*, on peut voir qu'elle a les
plus grands rapports avec la nymphe de la Cantharide. Comme
cette dernière, en particulier, elle présente, sur les tergites,
des bouquets de longs poils, et il eut été intéressant de savoir
si ces poils ont la singulière configuration de ceux que nous
avons décrits chez la Cantharide.

(1) Comptes rendus, Acad. des Sciences, 1885.

GENRE CEROCOME

1° Cerecoma Schreberi.

Première larve. — Inconnue.

Deuxième larve (pl. XVII, fig. 23 à 30). — La deuxième larve de cet insecte ne m'est connue que par la mue abandonnée par elle au moment de sa transformation en pseudo-chrysalide, mue que j'ai retrouvée adhérente à l'extrémité postérieure de la pseudo-chrysalide, comme chez la Cantharide. D'après cette mue, il est d'ailleurs facile de se rendre compte des caractères de cette seconde larve qui doit avoir les plus grands rapports comme forme générale, avec celle de la Cantharide.

Sa tête est légèrement teintée de brun, ainsi que les pièces buccales, les antennes et les ongles des pattes. Le reste du corps est blanc ; de petits poils, dont les uns très fins et aigus, et les autres obtus et épais, hérissent la surface du test.

Les *stigmates*, au nombre de neuf paires, sont en forme d'entonnoir large et court, à orifice circulaire. Leur paroi interne est marquée d'un dessin à mailles polygonales qui, à mesure qu'on se rapproche du fond du stigmate, présentent des granulations de plus en plus saillantes (pl. XVII, fig. 24 et 25) transformées, au voisinage même de l'orifice de la trachée, en poils allongés recouvrant cet orifice.

Les *pattes*, assez développées, avec une cuisse longue et une jambe courte, renflée, sont terminées par un ongle chitineux recourbé, remarquablement puissant.

Les *pièces buccales* comprennent : une paire de *mandibules* colorées en brun foncé, terminées en pointe mousse un peu courbe, et pourvues, au bord interne, d'une petite lame peu développée, non dentée (fig. 27).

Une paire de *mâchoires*, à lobe interne velu, saillant, avec palpe maxillaire de trois articles dont le dernier, petit, conoïde, est terminé par un groupe de courts poils entourant une saillie tubuleuse, conique.

Une *lèvre inférieure*, à bord convexe, hérissée de petits poils sur toute sa surface avec palpes labiaux de trois articles dont le dernier, irrégulièrement cylindrique, offre une extrémité assez large couverte de délicats poils tactiles.

Le *labre* est droit, velu.

Les *antennes* sont de trois articles : le basilaire, court et large
le deuxième, allongé, un peu renflé vers son extrémité terminale, où se voit un large orifice correspondant au cône hyalin
déjà signalé chez la plupart des larves de Vésicants. Sur le
même plan, et à côté, se dresse le troisième article cylindro-
conique, terminé par une pointe courte et épaisse entourée d'une
couronne de petits poils.

Pseudo-chrysalide. — La pseudo-chrysalide mesure 12 millimètres de long sur 4 à 5 millimètres de large environ.

Elle est colorée en jaune pâle cireux. Par sa forme générale,
et ses caractères extérieurs (pl. XVII, fig. 31 à 33); elle est tellement semblable à la pseudo-chrysalide de la Cantharide que,
malgré un examen attentif, il m'a été impossible de parvenir à
les distinguer l'une de l'autre. La taille seule pourrait les faire
reconnaître, les pseudo-chrysalides de Cantharide étant ordinairement beaucoup plus grandes ; mais il ne faut pas oublier que
beaucoup de spécimens de cette dernière espèce, pour des raisons que j'ai indiquées précédemment, n'arrivent qu'à un développement très modeste, si bien que le caractère emprunté à la
taille devient tout à fait insuffisant.

La pseudo-chrysalide de *Cerocoma Schreberi* a une forme
naviculaire, la tête et les premiers anneaux thoraciques étant
infléchis vers la face ventrale qui est un peu concave ou plane,
tandis que la face dorsale est convexe. Ces deux faces sont séparées par un bourrelet marginal peu saillant. L'extrémité postérieure du corps s'infléchit également un peu en bas. Neuf stigmates à péritrème brunâtre, saillant, se voient à la surface du
test, au niveau du mésothorax et des huit premiers segments
abdominaux.

Les *pattes* sont représentées par trois paires de très courts
tubercules, et les pièces buccales sont généralement réduites à
de petits mamelons ; le labre, médian, est brun ; les mamelons
mandibulaires, relativement assez volumineux, sont colorés en
noir à leur extrémité; quant à ceux qui forment les mâchoires,
ils sont plus grêles et un peu plus allongés.

Le test de cette pseudo-chrysalide est rigide, corné, et conserve sa forme, lorsqu'après s'être déchiré sur la face dorsale de

la tête et des segments thoraciques, il a donné issue à la troisième larve.

Troisième larve. — La troisième larve est blanche, plus grosse que la pseudo-chrysalide et mesure environ 15 millimètres de long (pl. XVII, fig. 35 à 37). Elle a la même forme que celle de la Cantharide et se tient un peu repliée sur elle-même.

L'examen des pièces buccales montre que des modifications importantes sont survenues. Elles affectent particulièrement les *mandibules*. Celles-ci (fig. 36) sont pointues et un peu courbes à leur extrémité, et leur bord interne est creusé en gouttière dont la lèvre supérieure, beaucoup plus élevée, est déchiquetée en dents puissantes de forme irrégulière, mais très semblables à droite et à gauche. La lèvre inférieure, peu proéminente, est concave et présente quelques encoches. Ces mandibules, d'un brun foncé, sont épaisses et de consistance dure. Le *labre* est convexe, hérissé de poils raides.

Les mâchoires (fig. 37), la *lèvre inférieure* et les *antennes*, sont constituées comme à l'ordinaire, mais les articles qui les forment sont plus courts et plus larges que chez la seconde larve. Quant aux *pattes*, elles sont membraneuses et inermes. Au moins n'ai-je retrouvé sur aucune d'elles un ongle à l'extrémité de l'article terminal.

Nymphe (Pl. XVII, fig. 39). — La nymphe reste engagée par les trois derniers anneaux de l'abdomen dans la mue de la troisième larve. Elle mesure 11 millimètres de long et est d'une couleur blanc-jaunâtre. La tête est fortement inclinée en bas; les antennes et les pattes sont blanches, transparentes. Les segments sont bien délimités. Le premier segment thoracique a une forme caractéristique allongée et rétrécie en avant qui distingue aisément cette pseudo-chrysalide de celle de la Cantharide (1). D'ailleurs les antennes, courtes, à articles extrêmement volumineux encore mal différenciés et irréguliers, montrent déjà à quel insecte se rapporte cette nymphe. A la base, deux ou trois petits articles globuleux, puis plusieurs volumineux

---

(1) Cette remarque, qui se trouve dans mes notes, est relevée ici, car jusqu'à ce moment, à part le détail des pièces buccales que seul le microscope pouvait révéler, les caractères extérieurs des différents états du Cérocome avaient tant d'analogie avec ceux des mêmes états de la larve de la Cantharide, que j'étais complètement indécis sur la nature de l'insecte qui devait définitivement arriver à l'état parfait.

segments offrant des saillies latérales, le dernier se terminant en pointe ; c'est l'antenne de Cerocoma Schreberi mâle.

Enfin les pattes de la première paire sont très renflées, presque globuleuses, et les deux autres paires allongées et grêles. Sur le dos chaque segment porte une rangée de poils raides (pl. XVII, fig. 38); ces poils ont quelques rapports avec ceux de la Cantharide. Ce sont de larges tubes qui se rétrécissent vers leur extrémité libre. Sur cette extrémité s'insère une longue soie aiguë, accompagnée de très petites saillies à sa base. Ces poils ressemblent donc beaucoup à ceux de la nymphe de la Cantharide, mais la soie terminale est chez le Cérocome plus longue que chez cette dernière.

2° Cerocoma Schœfferi.

Première larve. — Inconnue.

Deuxième larve (1). — « La seconde larve, dit Fabre, est nue, aveugle, molle, blanche, fortement recourbée (fig. 24, ci-contre). Par son aspect général elle fait songer à quelque larve de Curculionide. Avec plus de précision encore, je pourrais la comparer à la larve secondaire du *Meloe cicatricosus*.

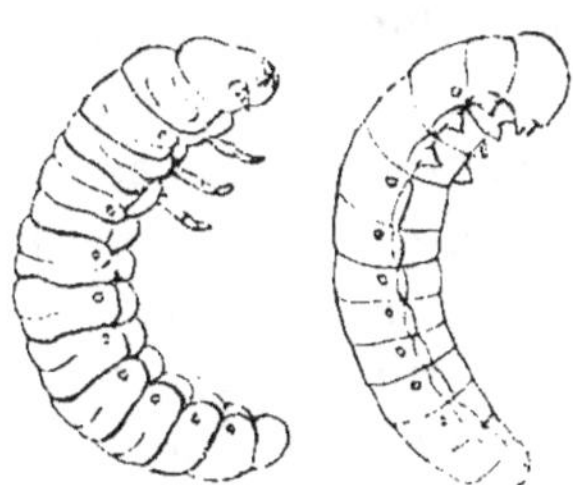

Fig. 24 (d'après Fabre) *Cerocoma Schœfferi*, à gauche, 2e larve à l'état ultime ; à droite pseudo-chrysalide

Réduisons considérablement cette figure, et nous aurons, à très peu près, le portrait du parasite du Tachyte.

Tête robuste, faiblement teintée de roux. Mandibules fortes, recourbées en croc pointu, noires au bout et d'un roux ardent à la base. Antennes très courtes, insérées tout près de l'origine des mandibules. J'y relève trois articles : le premier gros et globuleux ; les deux autres cylindriques, le dernier brusquement tronqué.

(1) Fabre (loc. cit.).

de tous, sur le second segment du thorax presque sur la ligne de séparation avec le premier segment. Il y en a ensuite huit, un sur chaque segment de l'abdomen, moins le dernier... Le masque céphalique comprend huit tubercules conoïdes, d'un roux foncé, rappelant les tubercules des pattes. Six sont disposés sur deux rangées latérales, les autres sont entre les deux rangées. Pour chaque rangée de trois mamelons, celui du milieu est le plus fort; il correspond, sans doute, aux mandibules. La longueur de cet organisme est fort variable et oscille entre 8 et 15 millimètres; sa largeur est de 3 à 4 millimètres. »

Il suffit de comparer cette description avec celle que j'ai donnée de la pseudo-chrysalide de Cerocoma Schreberi, pour voir que les deux espèces sont absolument comparables entre elles, comme elles le sont à la pseudo-chrysalide de la Cantharide

Troisième larve. — La troisième larve, très semblable à la seconde dans sa forme générale, est de couleur jaune pâle au début et devient teintée de brun au bout de quelques jours. Les pièces buccales en partie recouvertes par un grand labre presque blanc montrent leurs extrémités colorées en brun foncé. L'examen de la mue que je dois à l'obligeance de M. Fabre m'a permis de constater que la forme des pièces buccales est tout à fait comparable à celle des pièces buccales de la troisième larve de Cerocoma Schreberi. Je n'ai reproduit que les mandibules (pl. XVII, fig. 47) parce qu'elles présentent une légère différence dans la forme du lobe saillant au bord interne. Ce lobe est moins profondément déchiqueté, et les denticulations y sont plus fines que dans l'espèce précédente. Les pattes sont dépourvues d'ongles. Les stigmates ont la forme de corbeilles à ouverture ovalaire.

Nymphe. — La nymphe a les mêmes caractères que celle de Cerocoma Schreberi, mais elle est beaucoup plus petite et ne mesure guère plus de 6 à 7 millimètres de long. La tête inclinée se prolonge en un long labre transparent. Le premier segment du thorax se distingue des suivants par sa taille et sa forme. Sur tous les segments, se dressent, à la face dorsale, de longs poils, disposés en rangées régulières. Les antennes, irrégulières, sont caractéristiques de l'espèce et permettent de reconnaître qu'on est bien en présence de la nymphe de Cerocoma Schœfferi, d'autant plus que l'individu qui nous a été communiqué par M. Fabre était un mâle.

GENRE MYLABRIS

1° Mylabris varians.

PREMIÈRE LARVE. — R.-J. Gorriz (72) a décrit et figuré à une petite échelle le triongulin de *Mylabris varians*. Nous devons à son amicale obligeance d'avoir eu à notre disposition un certain nombre d'individus de cette espèce, qui nous ont permis de l'étudier dans tous ses détails et d'en donner des dessins amplifiés.

Le triongulin de *Mylabris varians* (pl. XVIII, fig. 1 et 3) mesure de 3 millimètres à 3 mill. 5 de longueur. La tête et les deux premiers anneaux thoraciques sont d'un brun clair; le mésothorax et les segments abdominaux sont d'un noir brillant qui tranche en bandes foncées sur la couleur blanche des espaces membraneux compris entre les tergites. L'abdomen est incolore; les pattes et les appendices buccaux d'un brun clair. Le corps est composé de treize segments y compris la tête. Celle-ci, à peu près aussi longue que large et légèrement dilatée en arrière des antennes (pl. XVIII, fig. 4), se rétrécit quelque peu en arrière. Elle est hérissée de poils raides et aigus.

Le *thorax* est formé de trois segments très différents de taille. Le premier segment, un peu plus large que le bord postérieur de la tête, est presque carré et très grand. Le second a même largeur, mais est à peu près moitié plus court. Le troisième, enfin, est plus réduit encore en longueur et à peine plus grand que le premier segment abdominal. Les segments abdominaux sont sensiblement tous de même longueur. Jusqu'au quatrième ils vont en augmentant très légèrement de diamètre transversal, puis ils diminuent jusqu'au dernier. Des poils longs et flexibles hérissent leur surface. Ces poils (fig. 3) sont sur chaque segment disposés en deux rangées.

Outre le tergite, chacun des segments abdominaux et thoraciques comprend une paire de pièces pleurales, grisâtres, irrégulières; aux anneaux thoraciques elles supportent les pattes ; et un sternite qui porte un fort poil recourbé en arrière. Ajoutons que deux longues soies tubuleuses, pointues, font saillie sur le dernier anneau de l'abdomen. Ces soies atteignent le tiers de la longueur totale de l'animal.

Les *stigmates* sont au nombre de neuf paires ; une sur le mésothorax et huit abdominales. Tous ces stigmates sont compris dans l'aire membraneuse qui sépare la pièce tergale de la pièce pleurale. Ils consistent chacun en une ouverture circulaire garnie de petites saillies convergeant vers l'orifice de la trachée.

Les *pattes*, proportionnellement longues et fortes, présentent : une hanche courte, renflée, terminée par un trochanter bien développé ; une cuisse allongée, presque cylindrique, atténuée vers son extrémité distale ; une jambe longue, grêle, effilée qui porte un tarse très court terminé par trois ongles dont le médian plus fort et plus large a la forme d'une lame aiguë, courbe, tandis que les latéraux, très inégaux en longueur, affectent la forme de pointes acérées.

Pièces buccales. — *Labre* membraneux, à surface couverte de petites pointes chitineuses extrêmement fines et relevée de quelques poils raides allongés, principalement vers le bord libre qui est droit ou un peu convexe.

Mandibules robustes, d'un brun foncé, à pointe aiguë, légèrement courbée ; à bord interne très finement denté en scie (Pl. XVIII, fig. 8).

Mâchoires à lobe interne saillant, conique, terminé par une longue et forte soie flexible. Le bord interne du maxillaire est garni d'une rangée de poils raides, et trois poils plus longs se voient au bord externe au-dessous de l'insertion du palpe. Le palpe maxillaire est formé de trois articles ; un basilaire, court, cylindrique ; un moyen, large, cupuliforme ; un terminal ovoïde, portant à son extrémité quelques poils raides. Au côté externe du bord supérieur du second article, un long poil se déjette au-dehors.

Lèvre inférieure, membraneuse, à bord libre un peu concave, portant deux poils courts ; sur la surface inférieure deux longs poils font saillie. Palpes labiaux de deux articles, dont le premier court, cupuliforme, et le dernier allongé, cylindrique, terminé par de courts poils tubuleux.

Antennes de trois articles : un basilaire, court, évasé ; un intermédiaire deux fois plus long, presque cylindrique, portant à son extrémité distale une pièce conique, hyaline, transparente. et à côté de cette pièce un petit article terminal, renflé graduellement en avant et prolongé par une soie raide entourée à sa base de poils courts tubuleux.

2° Mylabris 4-punctata.

Triongulin. — D'après J. Gorriz, ce triongulin mesure 3 millimètres de long. Sa coloration paraît le distinguer quelque peu. Au sortir de l'œuf, la tête, les deux premiers segments thoraciques et les deux derniers de l'abdomen sont blancs. Mais au bout de quelques heures, la tête ainsi que le proto-et le mésothorax deviennent roses ou testacés et tous les autres segments prennent une teinte noire. Par la largeur des segments thoraciques, cette espèce est tout à fait comparable, à *maculoso-punctata ;* comme chez cette dernière le mésothorax est moitié plus court que le protothorax. Rien de particulier à noter dans la structure des appendices (1).

3° Mylabris 4-punctata.

Var. *maculoso-punctata* (Graëlls) (2).

Triongulin. — Longueur 2^{mm},5 à 3^{mm},5 ; il présente les mêmes caractères de couleur que le *M. varians*. Toutefois la coloration jaune de la tête et des deux premiers segments thoraciques est moins foncée. Par sa forme générale et surtout par les caractères de ses appendices, antennes. pièces buccales, pattes, il a les plus grands rapports avec le triongulin de M. Varians. Aussi n'avons-nous pas cru devoir reproduire le dessin de ces divers organes, aucune différence appréciable ne s'étant montrée malgré l'étude la plus attentive. Le seul caractère important qui nous paraisse capable de distinguer ce triongulin du précédent, réside dans la forme des deux premiers segments thoraciques qui nous ont paru proportionnellement plus larges et plus courts que ceux de *M. Varians* (Pl. XVIII, fig. 2). De même que chez ce dernier, le deuxième segment thoracique égale à peu près en longueur la

(1) J. Gorriz (loc. cit.), décrit chez tous les triongulins des Mylabris un ongle bifide et des palpes maxillaires de quatre articles. — Nous nous sommes assuré que le tarse est toujours terminé par trois ongles et que les palpes maxillaires n'ont pas plus de trois articles, tels que nous les avons figurés.

(2) Nous devons ce spécimen à l'obligeance de notre ami le professeur J. Gorriz.

moitié du premier segment. On peut voir aussi que les poils
qui siègent sur le bord libre du labre sont plus longs que
chez cette dernière espèce.

4° Mylabris geminata

Triongulin — J. Gorriz, *loc. cit.*). Longueur, 3 millimètres.
Tête, prothorax méso-thorax de couleur jaune; tous les autres
segments de couleur brune. Peut-être pourrait-on distinguer
cette espèce à la largeur du mésothorax qui est moindre que
celle du prothorax. « Meso mas estrecho que el prothorax » dit
Gorriz; tandis que dans les espèces précédentes, la largeur
est la même. Pour le reste, rien de particulier à noter.

5° Mylabris 12-punctata.

Triongulin — (J. Gorriz; Fabre, *loc. cit.*). Longueur
2 millimètres. Cette espèce, comme les précédentes, présente
les mêmes différences de coloration de la tête et du premier
segment thoracique comparés aux autres segments. Les caractères généraux sont toujours les mêmes; et s'il existe un
caractère propre à l'espèce, ce ne peut être que dans les dimensions réciproques des deux premiers segments thoraciques. Le
mésothorax n'égale en effet que le 1/3 du prothorax en longueur. Fabre décrit les soies anales comme égalant presque la
longueur de l'abdomen. Elles dépasseraient dans ce cas la longueur des soies de toutes les espèces précédentes.

En résumé, les triongulins des diverses espèces de Mylabres
sont très semblables entre eux, et à part les différences de taille
et les rapports de grandeur des deux premiers segments thoraciques, ils n'offrent entre eux aucune différence appréciable. On
se rappellera que la même difficulté s'était rencontrée lorsqu'il
s'était agi de distinguer les triongulins des diverses espèces de
Meloe. Un autre point qu'on ne saurait passer sous silence, a
trait au volume considérable des triongulins des Mylabres.
Les espèces *geminata*, 12-*punctata*, 4-*punctata*, sont des insectes de taille relativement petite, et cependant leurs triongulins
dépassent de beaucoup ceux des Meloe et des Cantharides. Ils ressemblent par contre étrangement aux triongulins des *Epicauta*.
Il y a là évidemment une indication qui paraît s'accorder avec ce
que nous avons avancé relativement aux mœurs de ces larves.

REMARQUES SUR L'ÉTUDE COMPARÉE DES LARVES DES VÉSICANTS

Un coup d'œil d'ensemble sur les états larvaires des divers genres d'insectes Vésicants conduit à certaines conclusions générales qu'il peut être intéressant de noter ici.

1° Chez tous les Vésicants dont le développement a pu être suivi, les divers états larvaires qui se succèdent dans le même ordre et en même nombre, revêtent des caractères généraux très semblables, bien que par certains détails il puisse exister des différences sensibles d'un genre à l'autre.

2° Dans un même genre, chacune des formes larvaires présente ordinairement d'une espèce à l'autre des différences si minimes qu'il est parfois difficile de les saisir. Ainsi les triongulins des diverses espèces de *Meloe* ne se distinguent guère que par la longueur relative des articles des antennes (le triongulin de *Meloe majalis* doit toutefois être mis à part, vu les couleurs particulières que revêtent ses segments). Les triongulins des espèces du genre *Mylabris*, d'autre part, ne sont reconnaissables qu'à leur taille qui oscille entre 2^{mm} et $3^{mm},5$ (et encore cette taille peut-elle varier avec les individus, et aux dimensions relatives des segments du thorax.

3° La première larve est toujours un *triongulin*, c'est-à-dire une larve à pattes pourvues de trois ongles. Chez les Meloe seulement, l'ongle médian est très large et les ongles latéraux très puissants. Mais chez les autres genres, l'ongle médian bien plus grêle est toujours très développé et les ongles latéraux souvent faibles et semblables à des poils sont cependant reconnaissables.

4° La manière dont se comporte la deuxième larve arrivée à son état ultime, présente trois modes distincts :

a. Chez *Sitaris, Stenoria, Zonitis*. la seconde larve reste dans la cellule où elle s'est développée et sa mue enveloppe complètement la pseudo-chrysalide qui se différencie à l'intérieur du sac formé par cette mue.

b. Chez *Meloe*, la deuxième larve reste dans la cellule où elle s'est développée, mais sa mue se fend sur le dos et *laisse sortir à demi* la pseudo-chrysalide.

c. Chez *Cantharis*, *Epicauta*, *Cerocoma*, la deuxième larve sort du lieu où elle s'est développée, s'enfonce plus ou moins profondément dans le sol, et sa mue donnant complètement issue à la pseudo-chrysalide, reste fixée en une petite masse chiffonnée à l'extrémité postérieure de cette dernière.

5° La forme de la pseudo-chrysalide présente des variétés très notables pour la plupart des genres. Mais, somme toute, parmi celles qui sont connues, on peut établir trois classes : l'une comprenant les *Sitaris*, *Stenoria* et *Zonitis*; la seconde réunissant les *Cantharis* et *Cerocoma*, et la troisième se rapportant aux *Meloe* et *Epicauta*.

Dans le premier groupe, la consistance des téguments est relativement molle chez *Sitaris*, cornée au contraire chez *Stenoria* et *Zonitis*. La forme est d'ailleurs un peu différente selon le genre. Presque cylindrique chez *Zonitis*, elle est ovoïde chez *Stenoria* et ovoïde aussi, mais plus ou moins plate à la face ventrale chez *Sitaris*.

Dans le second groupe, il m'a été impossible de trouver une différence appréciable entre les pseudo-chrysalides des deux genres Cantharis et Cerocoma. si caractéristiques par leur consistance cornée, leur couleur ambrée et leur forme naviculaire.

Enfin, dans le troisième groupe, la forme de la pseudo-chrysalide se rapproche davantage de celle de la deuxième larve. Toutefois, d'après les dessins de Riley et d'après nos propres observations, la pseudo-chrysalide des Epicauta établirait peut-être un passage entre la forme naviculaire à segments très effacés de la pseudo-chrysalide des Cantharis et la forme à segments bien marqués de la pseudo-chrysalide de Meloe. Malheureusement la description de Riley est peu précise et ses dessins assez défectueux.

6° La troisième larve paraît d'une façon très générale un retour à la forme qui a précédé l'état pseudo-chrysalidaire. Chez *Sitaris*, *Stenoria* et *Zonitis*, elle reste complètement incluse dans la pseudo-chrysalide. Dans le dernier genre même, elle paraît ne pas détacher ses téguments de ceux de la pseudo-chrysalide.

Chez *Meloe*, la pseudo-chrysalide se fend sur le dos, mais la larve n'en sort pas; chez *Cantharis*, *Cerocoma*, *Epicauta*, la troisième larve sort de la pseudo-chrysalide et s'en dégage complètement.

7° Les nymphes présentent un caractère un peu différent suivant qu'elles se développent à l'intérieur de la pseudo-chrysalide qui les protège, ou au contraire qu'elles sont hors de cette enveloppe. — Dans le premier cas, elles sont totalement glabres, molles, à abdomen volumineux. Dans le second, elles sont armées sur les tergites de longs poils d'une nature toute spéciale et leur abdomen allongé n'est point globuleux.

8° Enfin le régime des larves qui nous sont connues permet d'établir trois groupes distincts :

A. — Larves principalement mellivores. — *Meloe, Sitaris, Stenoria, Zonitis, Cantharis, Horia, Cerocoma.*

B. — Larves carnivores.
{
  a. Se nourrissant d'œufs d'orthoptères. — *Epicauta Mauritanica, Henous.*
  b. Se nourrissant de jeunes orthoptères — *Cerocoma* et probablement *Mylabris.*
}

Il est à remarquer toutefois que la plupart des larves mellivores ont commencé par manger l'œuf de l'hyménoptère. Il en est ainsi au moins des *Meloe* et *Sitaris.* Pour les Cantharides, cette première pâture ne paraît pas essentiellement nécessaire

QUATRIÈME PARTIE

CLASSIFICATION

CHAPITRE PREMIER

Historique

En abordant la classification des insectes de la tribu des Vésicants, je ne me dissimule pas que je touche à une question qui n'est pas encore complètement à point pour être résolue d'une manière satisfaisante. Les récents travaux de Leconte, de Haag Rutenberg, de Horn, de Mäklin, de Baudi, de Selve, pour ne citer que les principaux d'entre les entomologistes qui ont traité le sujet d'une manière un peu générale, ont jeté il est vrai une certaine lumière sur bien des points ; mais chaque jour, de nouveaux genres sont créés, de nouvelles espèces sont décrites, parmi les types rapportés d'expéditions dans les régions les plus diverses ; Chevrolat, Dugès, Fairmaire, de Marseul, Reiche, Waterhouse, Dohrn, Heyden, etc., ont successivement augmenté dans de grandes proportions nos connaissances sur les insectes Vésicants, si bien que ce groupe compte aujourd'hui plus d'un millier d'espèces bien définies. Le nombre des genres incontestés est par contre peu considérable. On en compte 18 ou 19, et parmi les nombreuses espèces que renferment certains de ces genres il a été à peu près impossible, jusqu'ici, de faire des coupes suffisamment justifiées pour qu'elles puissent être conservées après une étude attentive. Les Vésicants peuvent, en effet, passer comme un excellent exemple de la vanité des tentatives de classifications dites naturelles. Ils montrent à merveille les modifications infinies de détails que peut subir un même type sans s'altérer profondément; aussi ne s'étonnera-t-on pas de constater que tous les entomologistes qui ont abordé la classification de ces insectes ont été amenés à modifier les groupements proposés par leurs devanciers, et ont même dû parfois apporter, à plusieurs reprises, d'importantes variantes à leurs propres essais.

Historique. — Je n'ai pas l'intention de reprendre en détails l'histoire de toutes les tentatives faites en vue de la classification de ces insectes, d'autant plus qu'on en trouvera un exposé méthodique, excellent et complet dans le mémoire de Mulsant sur les Vésicants de France. Je me contenterai de noter les étapes principales de cet enfantement laborieux.

Linné (1758) comprenait les Vésicants dans son genre *Meloe.*

Geoffroy en 1761 (101), réserva le nom de *Meloe* aux espèces dépourvues d'ailes, donna le nom de *Cantharis* à certains Vési-cants dont le type était la Cantharide vésicatoire, et créa le genre *Cérocome.*

Fabricius (1775), « trop fidèle, suivant l'expression de Latreille, (77), à suivre son grand maître Linnœus, a continué de pro-pager l'abus » et substitua au nom de *Cantharis*, employé par Geoffroy, celui de *Lytta.* En outre, il créa les genres *Mylabris, Apalus* et *Zonitis.*

La nomenclature de Fabricius ne fut pas admise, en ce qui concerne le genre Cantharis; et à la même époque (1775), de Geer (74) donnait ce même nom de Cantharis aux Vésicants qui lui étaient connus.

En 1800, Duméril (105) institua la famille des *Vésicants,* qu'il appela ensuite *épispastiques,* et auxquels Latreille (1804) donna le nom de *Cantharidies* (77). « Latreille, dit Mulsant, avait le premier saisi les liens intimes qui unissent ces insectes et signalé l'un des caractères servant à les faire reconnaître entre les coléoptères voisins, celui d'avoir les crochets des tarses bifides ou fendus longitudinalement. » Dans ce même ouvrage, Latreille créa les genres *OEnas* et *Sitaris.*

Quelques années plus tard, en 1807, Illiger démembra le genre *Zonitis* et avec quelques-unes des espèces il créa le genre *Nemognatha.*

En 1817, Latreille (106) retoucha de nouveau sa classification des Cantharidies, adopta le genre *Nemognatha* et créa le genre *Hyclée* (*Dices*, du catalogue de Dejean).

En 1825 (107), nouvelle addition ; Latreille introduit dans sa classification le genre *Lydus*, proposé par Mégerlé et déjà indiqué dans le catalogue de Dejean (1821) avec les genres *Decatoma* et *Gnathium*.

En 1829, il ne fit plus mention de ce genre Lydus.

Les *Cantharidies* ou *Vésicants* de Latreille formaient la cinquième tribu de sa famille des TRACHÉLYDES, de la section qui était elle-même la quatrième du groupe des coléoptères HÉTÉROMÈRES. — A côté de cette tribu se trouvait celle des HORIALES.

Il adopta définitivement les genres suivants :

<table>
<tr><td>HORIALES</td><td colspan="2">CANTHARIDES ou VÉSICANTS</td></tr>
<tr><td>HORIA.</td><td>1</td><td>CEROCOMA.</td></tr>
<tr><td>CISSITES.</td><td>2</td><td>HYCLEUS. Syn : Dices (Dejean).</td></tr>
<tr><td></td><td>3</td><td>MYLABRIS.</td></tr>
<tr><td></td><td>4</td><td>ŒNAS.</td></tr>
<tr><td></td><td>5</td><td>MELOE.</td></tr>
<tr><td></td><td>6</td><td>TETRAONYX.</td></tr>
<tr><td></td><td>7</td><td>CANTHARIS.</td></tr>
<tr><td></td><td>8</td><td>ZONITIS.</td></tr>
<tr><td></td><td>9</td><td>NEMOGNATHA.</td></tr>
<tr><td></td><td>10</td><td>GNATHIUM.</td></tr>
<tr><td></td><td>11</td><td>SITARIS.</td></tr>
</table>

En 1840, de Castelnau (108) fit rentrer les *Horiales* de Latreille dans sa famille des CANTHARIDES, qu'il divisa en trois groupes, comprenant ensemble quarante-sept genres ; ces trois groupes étaient :

<table>
<tr><td>1° MYLABRITES.
Antennes en massue ou grossissant d'une manière notable vers leur extrémité.
Mâchoires ordinaires.</td><td>1. Cerocoma. 2. Hycleus. 3. Decatoma. 4. Actenodia. 5. Mylabris. 6 Lydus.</td></tr>
<tr><td>2° CANTHARIDITES.
Antennes sétiformes ou plus grêles vers leur extrémité.
Mâchoires ordinaires.</td><td>7. Œnas. 8. Cantharis. 9. Lytta. 10. Zonitis. 11. Tetraonyx. 12. Meloe. 13. Sitaris. 14. Onyctenus. 15. Horia.</td></tr>
<tr><td>3° NEMOGNATHITES.
Antennes non renflées vers l'extrémité.
Mâchoires se prolongeant en deux longs fils.</td><td>16. Nemognatha. 17. Gnathium.</td></tr>
</table>

En 1845, M. Blanchard (109) sépara de nouveau les genres *Horia* et *Cissites* de sa famille des **Cantharidides**, et en fit la famille des **Horiides**.

Les **Cantharidides** étaient divisées en quatre groupes, de la façon suivante :

1° MÉLOÏTES. Antennes moniliformes, corps dépourvu d'ailes.	1. *Meloe.*
2° MYLABRITES. Antennes renflées vers l'extrémité. Corps pourvu d'ailes.	2. *Cerocoma.* 3. *Mylabris.* 4. *Lydus.*
3° CANTHARIDITES. Antennes un peu grenues, sans renflement sensible vers l'extrémité.	5. *Œnas.* 6. *Cantharis.* 7. *Lytta* 8. *Zonitis.* 9. *Tetraonyx.* 10. *Apalus* 11. *Sitaris.*
4° NÉMOGNATHITES. Mâchoires prolongées en deux longs appendices filiformes.	12. *Nemognatha.* 13. *Gnathium.*

À la même date (1845), Redtenbacher sépara du genre *Cantharis* diverses espèces, pour former le genre *Epicauta.*

Mulsant (1857) adopta ce nouveau genre, créa les genres *Alosimus* et *Stenoria*, et adopta le groupement suivant, pour sa tribu des Vésicants :

MÉLOÏDIENS,			*Meloe*	1
MYLABRIENS	CÉROCOMAIRES		*Cerocoma*	2
	MYLABRIAIRES		*Hyclæus*	3
			Mylabris	4
CANTHARIDIENS	CANTHARIDIAIRES	ALOSIMATES	*Alosimus*	5
		CANTHARIDIATES	*Cantharis*	6
			Epicauta	7
	ZONITAIRES	ZONITATES	*Zonitis*	8
			Nemognatha	9
			Apalus	10
		SITARATES	*Stenoria*	11
			Sitaris	12

Ses trois familles étaient établies de la façon suivante :

ÉLYTRES se croisant un peu à la suture après l'écusson, déhiscentes ensuite ; repliées en dessous latéralement sur environ la première moitié de leur longueur, généralement plus courtes que l'abdomen. Ailes nulles. Corps oblong ou allongé ; mou ; ordinairement de couleur obscure .... **MÉLOÏDIENS**

ÉLYTRES — ne se recouvrant pas à la suture ; aussi longuement prolongées ou à peu près que l'abdomen ; n'embrassant pas les côtés de celui-ci. Ailes existantes

- Antennes terminées en massue, à dernier article le plus long et notablement plus gros que les autres. Tête plus longue depuis le vertex jusqu'à la base des antennes que depuis ce point jusqu'à sa partie antérieure. Élytres non en courbe rentrante à leur côté externe .... **MYLABRIENS.**
- Antennes subuliformes, soit grossissant progressivement à peine, soit graduellement plus minces vers l'extrémité ; à articles 3 à 11 plus longs que larges. **CANTHARIDIENS.**

Quant aux branches de ces familles, elles étaient formées au moyen de caractères empruntés à la tête, aux antennes, aux ongles ou aux élytres.

MYLABRIENS (Antennes)

- insérées en avant de la suture frontale et de la partie antérieure des yeux. Labre plus long que large. Élytres presque planes .... **CÉROCOMAIRES.**
- insérées en arrière de la suture frontale et moins en avant que la partie antérieure des yeux. Labre plus large que long ; Élytres convexes........... .... **MYLABRAIRES.**

CANTHARIDIENS. — Tête.

- moins longue depuis l'extrémité des mandibules jusqu'à la partie postérieure de la base des antennes, que depuis ce point jusqu'au vertex. Labre transverse, échancré ordinairement au milieu de son bord antérieur. Élytres contiguës ou à peu près à la suture ; non en courbe rentrante à leur côté externe ; aussi longues que l'abdomen .. — **CANTHARIDIAIRES** (Ongles)
  - Pectinés ou dentés à l'une des branches de chacun de leurs crochets. Yeux entiers ; éperon interne de leurs tibias postérieurs très épais coupé obliquement.... *Alosimates*
  - ni pectinés, ni dentés. Yeux échancrés...... *Cantharidiates.*
- Aussi longue depuis l'extrémité des mandibules jusqu'à la partie postérieure de la base des antennes, que depuis ce point jusqu'au vertex. Antennes sétacées au moins chez le ♂. Élytres souvent déhiscentes en partie à la suture, plus ou moins sensiblement en courbe rentrante à leur côté externe.......... — **ZONITAIRES** (Élytres)
  - Aussi longuement prolongées que l'abdomen ; non dépassées postérieurement par les ailes : en ligne droite à la suture *Zonitates*
  - Un peu moins longues que l'abdomen ; dépassées fortement par les ailes, incomplètement déhiscentes et en ligne courbe et sinuée à la suture au moins à partir de la moitié de leur longueur et souvent presque depuis l'écusson... *Sitarates.*

La classification de Mulsant ne tenait compte que des Vésicants de France. Dès 1852, J. Leconte (13) avait publié un synopsis des Méloïdes des États-Unis dans lequel il avait introduit un
certain nombre de genres nouveaux, tels que *Cysteodemus*,
Henous et *Cephaloon*. Les Horia étaient compris parmi ses
Méloïdes.

En 1859, Lacordaire (110) proposa, pour sa famille des
Méloïdes, la division suivante :

I. Métasternum très court ; hanches intermédiaires recouvrant
les postérieures.. MÉLOÏDES VRAIS

II. Métasternum allongé ; hanches intermédiaires distantes
des postérieures.. CANTHARIDES

La tribu des Méloïdes renfermait les genres : *Meloe*, *Cysteodemus* et *Henous* ; quant à la tribu des Cantharides, elle était
divisée en cinq groupes secondaires :

I. Lobe des mâchoires de forme normale.
a) Epistome tronqué presque au niveau de l'insertion des { *Horia.*
antennes.............................. HORIIDES { *Cissites.*

aa) Epistome dépassant l'insertion des
antennes.

b) Elytres recouvrant en entier l'abdomen,
non déhiscentes.

Antennes arquées, en massue, parfois dif- { *Cerocoma.*
formes chez les ♂ .... MYLABRIDES. { *Mylabris.*

Antennes droites, de forme variable, ja- CANTHARIDES { *Eletica. Tetraonyx*
mais en massue........................ vraies. { *Phodaga. Tegrode-*
{ *ra. Cantharis.*
{ *Spastica. Œnas.*
{ *Lydus. Sybaris.*
{ *Cephaloon. Palæs-*
{ *tra. Tmesidera.*
{ *Zonitis. Apalus.*
{ *Palæstrida.*

bb) Elytres abrégées, rétrécies en arrière, { *Sitaris.*
déhiscentes .... SITARIDES. { *Onyctenus.*
{ *Sitarida.*
{ *Ctenopus.*

II. Lobe externe des mâchoires allongé en NEMOGNA- { *Nemognatha.*
forme de filet........................ THIDES. { *Gnathium.*

Lacordaire admet, en somme, les divers genres américains
créés par Leconte.

En 1862, Leconte (111) publia une classification nouvelle dans
laquelle il groupa dix-neuf genres, comprenant quelques nou-

veaux démembrements du groupe des *Lytta*, tels que *Pyrota*, *Pleuropompha*, *Macrobasis*, *Apterospasta*, etc. Voici, d'ailleurs, cette classification, dans laquelle on verra qu'il n'est point fait mention d'un certain nombre de genres, tels que *Mylabris*, *Cerocoma*, *Lydus*, *Sitaris*, etc., qui ne sont point représentés dans la faune des États-Unis. La famille porte le nom de MELOÏDÆ et comprend deux tribus :

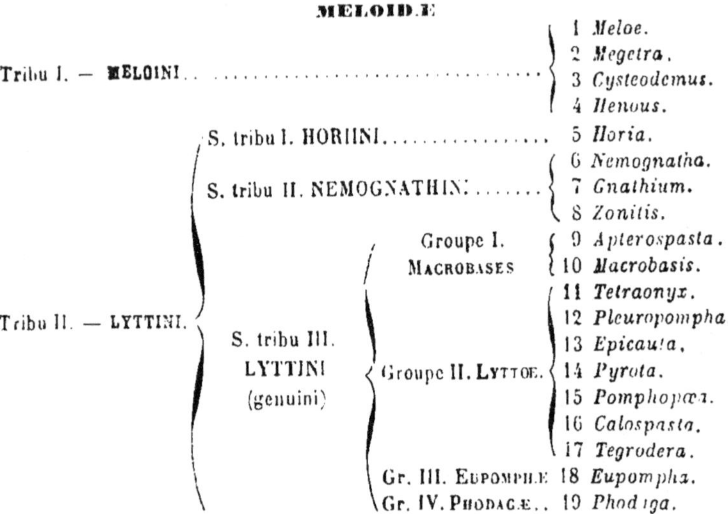

Enfin, à la même époque (1862-63), Fairmaire, continuant le *genera* des coléoptères d'Europe, commencé par Jacquelin Duval (22), donna un tableau synoptique de sa famille des **Méloïdes**, qu'il subdivisa en deux groupes, de la manière suivante :

MÉLOÏDES

I. Métasternum très court ; toutes les hanches contiguës, parallèles ; écusson invisible ; élytres notablement plus courtes que l'abdomen, imbriquées à la base, déhiscentes .... MELOÏTES.

II. Métasternum long ; hanches postérieures moins grandes que les antérieures, très éloignées des intermédiaires ; écusson distinct ; élytres jamais imbriquées à la base, à suture généralement droite, souvent déhiscentes ... . CANTHARITES.

De ces deux groupes, le premier ne comprend que le genre *Meloe*, 1. Le deuxième est subdivisé en groupes secondaires, comme suit :

Lobe externe des mâchoires de forme normale ; *Élytres* recouvrant en entier l'abdomen, n'a dein[illegible]tes ni atté[illegible]es à l'extrémité, qui est fortement arrondie, peu sinuées ou très rarement au bord externe. *Antennes* plus épaisses à l'extrémité, arquées, souvent en massue, parfois difformes chez les mâles . . . . MYLABRITES.

Antennes droites, [illegible] sur les élytres à suture droite, peu dilatées et atténuées à l'extrémité . . . . CANTHARITES propres

Lobe externe des mâchoires de forme normale. *Élytres* presque toujours notablement atténuées et déhiscentes vers l'extrémité, toujours sinuées au bord externe ; à suture sinuée ou arquée. *Antennes* droites, difformes ou comprimées ; abdomen et ailes découvertes à l'extrémité des élytres ; crochets du tarse toujours pectinés ou dentés . . . . . . SITARITES

Lobe externe des mâchoires, de forme anormale, atténué en pinceau ou filet grêle qui dépasse les mandibules . . . . ZONITITES.

C'est donc dix-sept genres européens qu'a adopté Fairmaire, parmi lesquels *Leptopalpus, Lagorina, Cabalia* et divers autres ne figuraient pas parmi les genres de France admis par Mulsant en 1857.

A dater de cette époque il n'a été donné, à ma connaissance, aucune nouvelle classification générale des insectes Vésicants. Je mentionnerai toutefois dans le Catalogue de Gemminger et Harold (1870) le relevé de quarante-deux genres, constituant leur famille des Cantharides (61).

Par contre, il a été publié un nombre relativement considérable de mémoires ou de monographies sur les principaux genres. Je citerai ces mémoires en temps et lieu.

De l'aperçu qui précède il résulte que la famille des insectes Vésicants a une place bien définie parmi les coléoptères. La structure des pattes les classe parmi les Hétéromères. On trouvera plus haut (page 10 et suivantes) exposés avec détails les caractères généraux qui les distinguent aisément des groupes voisins. Nous nous contenterons donc de rappeler sommairement les plus importants.

Test mou (page 22); tête ordinairement inclinée en bas (page 10); ailes rarement absentes (page 27); élytres de forme variable (page 21); abdomen formé de neuf segments (page 131); tarses des pattes antérieures et intermédiaires de cinq articles; tarses des pattes postérieures de quatre articles; plantula ordinairement fort développée (page 35); ongles bifides, parfois dentés (page 34); antennes ordinairement de onze articles, quelquefois de huit, neuf ou dix (page 13); mandibules le plus souvent cachées sous le labre (page 46); palpes maxillaires de quatre articles; palpes labiaux de trois articles (pages 43 et suivantes).

A ces caractères extérieurs, il convient d'ajouter, ainsi que je l'ai démontré, que tous les insectes de cette tribu, à part ceux du petit groupe des Horiides, sont doués d'un énergique pouvoir Vésicant.

Lorsque je fus amené à me décider sur le nom que j'adopterais pour désigner le groupe d'insectes qui m'occupe, j'avais à choisir entre le terme « **Vésicants** » emprunté par Duméril aux propriétés épispastiques de la Cantharide, et adopté par Mulsant comme étant dans l'ordre chronologique le premier créé, et les termes « **Meloïdes**, » « **Cantharidies**, » « **Cantharidides**, » etc., formés aux dépens de l'un des genres de la famille. Ces derniers m'ont paru défectueux, comme ne pouvant s'appliquer en réalité à la tribu toute entière. Il est certain que le terme de « *Méloïdes*, » n'évoque en aucune manière l'idée de la constitution d'un Mylabre, d'un Sitaris ou d'une Cantharide, pas plus que le terme de « *Cantharidies* » n'est susceptible de s'appliquer aux Meloe et aux Mylabres. J'ai démontré, d'autre part, que toutes les espèces de la tribu, à part celles du très petit groupe des *Horiides*, jouissent de propriétés vésicantes énergiques. C'est donc là un caractère d'une généralité telle qu'aucun autre ne la présente à ce point. Il m'a dès lors semblé logique d'adopter le terme « Vésicants » pour désigner une tribu d'insectes qui tous sont Vésicants. Le choix auquel je me suis arrêté a en outre l'avantage de satisfaire aux lois de la nomenclature.

CHAPITRE II

Genera

En jetant les yeux sur les tableaux (1) que nous avons relevés
dans le chapitre précédent, on constate que certains groupes
formés au moyen des genres les plus voisins par leurs caractères extérieurs (les seuls qui aient été pris en considération),
sont admis d'une manière assez générale, avec quelques
variantes toutefois. Ainsi, certains entomologistes forment deux
divisions principales : Meloïtes et Cantharites, et placent dans
la seconde les Cantharides et les Mylabres aussi bien que les
Sitaris, les Zonitis, les Horia, etc., tandis que d'autres (Mulsant, Blanchard) adoptent un nombre plus considérable de
divisions initiales et réunissent ainsi dans un même groupe
moins de types divers. Pour ma part, je pense que ces derniers
entomologistes sont dans le vrai, au point de vue purement
systématique ; mais, ceci posé, dans quel ordre doit-on ranger
ces groupes? En fait, il semble qu'on se soit trouvé fort empêché pour imaginer entre eux un enchaînement naturel, car
les dispositions les plus variées ont été adoptées dans leur
arrangement. C'est une habitude prise de placer les **Méloïdes**
en tête, de les faire suivre des **Mylabrides**, puis des **Cantharides** et de placer à la fin les **Nemognathides**. Mais, il
faut bien le dire, cet arrangement est tout à fait artificiel si,
bien que certains genres passent suivant le bon plaisir de l'entomologiste d'une subdivision dans une autre parfois même

(1) Voir « Additions » à la fin de l'ouvrage, pour la classification des Vésicants.
par Leconte et Horn, donnée en 1883 dans la « classification des Coléoptères de
l'Amérique du Nord, » publiée par « Smithsonian Institution. »

éloignée. Par exemple les *Zonitis* sont placés parmi les **Cantharides** vraies par Lacordaire, tandis que Fairmaire les met
à côté des *Nemognatha* de telle sorte qu'ils sont alors séparés
des **Cantharides** par les **Sitarites**.

Je pense qu'on aurait quelque chance d'arriver à un groupement plus naturel, en utilisant les données fournies par l'é-
tude des mœurs larvaires et des formes évolutives. Les connaissances que nous pouvons avoir sur les conditions biologiques
de deux espèces données, me paraissent les plus sûrs documents à consulter pour prendre une idée du degré de leur parenté. J'ai déjà dit, il est vrai, qu'il est bien difficile, dans
l'état actuel de la science, d'arriver, d'après ces données incomplètes encore, à un résultat complètement satisfaisant, mais il
me semble possible cependant de dresser dès maintenant un essai
propre à fournir les indications d'un arrangement que l'on com-
plèterait en utilisant les caractères empruntés à l'organisation
extérieure. Voici, par suite, le classement que je propose et qui
me paraît mettre chaque groupe à sa place la plus naturelle dans
la famille des Vésicants (1).

VÉSICANTS

LARVE SECONDAIRE				
Sédentaire.	Les dernières phases de l'évolution se passent dans un sac complètement clos formé par les mues de la 2ᵉ larve et de la pseudo-chrysalide. 3ᵉ larve.	Adhérente à la paroi interne de la mue pseudo-chrysalidaire...		**ZONITITES**
		Libre dans la mue pseudo-chrysalidaire........		**SITARITES**
Ordinairement sédentaire, parfois errante (2).	La mue pseudo-chrysalidaire s'ouvre à demi au cours des dernières phases du développement..................			**MELOÏTES**
Errante. Les phases suivantes du développement s'opèrent hors de la mue pseudo-chrysalidaire. La larve secondaire est :	Mellivore.......................			**CANTHARITES**
	Carnivore et se nourrit	d'œufs d'Orthoptères..........		**LYTTITES**
		de jeunes Orthoptères..........		**MYLABRITES** (3)

(1) Pour savoir si les Zonitis doivent être placés en tête de la famille des Vésicants
ou à la fin il faudrait mieux connaître le mode de développement des familles voisines.

(2) Voir plus loin, « additions. »

(3) Nous devons rappeler que les Mylabres ne sont placés ici que par hypothèse.
Voir d'ailleurs ce que nous disons à leur sujet, page 326.

Par les termes « Sédentaire » et « Errante » je fais allusion à une particularité que j'ai relevée dans l'exposé des mœurs larvaires de ces insectes.

La larve *sédentaire* est celle qui, arrivée à l'état ultime, reste pour y subir ses dernières transformations dans la cellule de l'hyménoptère dont elle a dévoré le miel. La larve *errante* est celle qui, arrivée au même stade, sort de la cellule ou du nid d'Orthoptère qu'elle a ravagé, s'enfonce dans le sol à une distance parfois très grande de son point de départ, et se creuse une loge où elle se transforme en pseudo-chrysalide.

Cette différence dans les mœurs larvaires m'a paru pouvoir servir d'autant mieux comme point de départ de la classification, qu'elle est en rapport immédiat, comme on peut l'imaginer, avec des différences très sensibles tant dans la forme des secondes larves que dans celle des pseudo-chrysalides. On verra par la suite, que l'arrangement que je propose répond parfaitement aussi à celui qui ressort de l'étude des caractères extérieurs des insectes ; les **Meloïdes** en particulier occupent dès lors une place intermédiaire qui leur convient sous tous les rapports.

A. — ZONITITES

Maxillaire, sous-galea et intermaxillaire des mâchoires complètement soudés en une seule pièce portant le palpigère et le galea (lobe externe), ce dernier dépassant plus ou moins les mandibules. Lobe interne du corps différencié de l'intermaxillaire. Article 2 des palpes maxillaires plus grand que 3. Lèvre inférieure profondément bifide. 2e article des antennes à peine 1/3 plus petit que le 3e.

Crochets des tarses pourvus d'une rangée ordinairement double de dents généralement courtes et élargies à la base de l'organe, plus saillantes et aiguës au delà, disparaissant à une certaine distance de l'extrémité terminale des crochets.

Ce groupe comprend sept genres qu'on peut délimiter comme suit :

LOBE EXTERNE DES MACHOIRES

Filiforme, allongé à la façon de la bouche des Hyménoptères. — Filiformes .... **NEMOGNATHA**

Antennes, A articles plus serrés et plus gros dans la moitié terminale de l'organe .... **GNATHIUM**

Souvent d'apparence fili-forme, mais en réalité court, aplati, élargi à l'extrémité qui est pro-longée par des faisceaux de poils. Palpes maxillaires.

de grandeur normale : antennes plus longues que le corps .... **ZONITOÏDES**

plus courtes que le corps, article 2 non globuleux ... **ZONITIS**

à article 2 en bouton très petit. Elytres : non si-nuées. **STENODERA**

sinuées laté-rale-ment. **HAPALUS**

démesurément allongés .... **LEPTOPALPUS**

1. — NEMOGNATHA (1).

ILLIGER. Magaz. VI. 1807, p. 333.

Caractères. — *Labre* à bord libre convexe (fig. 1 c. page 44.) — *Mandi-bules* variables avec les espèces. — *Mâchoires* avec intermaxillaire et maxil-laire soudés en une seule pièce (Pl. V. fig. 25 à 27). Lobe externe déve-loppé en un appendice filiforme presque aussi long que le corps, parfois moins allongé, mais dépassant toujours le palpe (2).

Palpes maxillaires formés de 4 articles: **1**, court; **2** le plus long de tous, s'élargissant à son extrémité distale; **3**, 1/3 plus court que le précédent; **4** presque aussi long que 2, à extrémité arrondie.

Lèvre inférieure divisée en 2 lobes par une profonde échancrure (fig. 7 F. p. 61). *Palpes labiaux* formés de 3 articles : 1 court; 2 le plus long, élargi à son extrémité distale; 3, ovoïde, allongé, un peu plus court que 2.

Antennes filiformes, de 11 articles : 2 le plus court; 3 à 6, ordinairement plus longs que les suivants; tous obconiques, sauf le dernier qui est ovoïde, pointu à son extrémité.

Eperons des jambes variables avec les espèces.

(1) GEMMINGER et HAROLD (Catalog. t. VII, p. 2163) proposent de substituer au nom « Nemognatha » celui de « Nematognatha » qui répond mieux à l'étymologie (νῆμα, fil; γνάθος, mâchoire). Ce dernier nom est un peu long et le premier est adopté d'une manière si générale qu'il me paraît inutile de le changer.

(2. C'est le lobe externe lui-même qui s'allonge de la sorte, et ce n'est pas comme on pourrait le croire un faisceau de poils ; on y peut suivre, sur de bonnes prépara-tions, une trachée qui se prolonge fort en avant. Tantôt le filament buccal est couvert sur toute sa surface de poils qui affectent des formes variées; tantôt ces poils garnis-sent seulement son bord interne Pl. v. fig. 25.

Crochets supérieurs des tarses avec une double rangée de denticulations ; crochets inférieurs grêles, parfois relevés de poils courts à leur surface.

Corselet ordinairement carré, à surface bombée, quelquefois rétréci en avant et alors campanulé. *Ecusson* triangulaire bien apparent. *Elytres* convexes, à peine plus larges en avant que le corselet ; légèrement déhiscentes en arrière.

2. — **GNATHIUM** Kirby.

Kirby Transact. Linn. Soc. XII. 1818.

Ce genre très voisin de Nemognatha, est caractérisé comme suit :

Antennes non filiformes, *mais s'épaississant notablement vers leur extrémité.* Articles 1 à 3 relativement longs et grêles ; les suivants courts, serrés, grossissant graduellement. Les pièces buccales présentent également quelques particularités. Les *mandibules*, longues et aiguës sont pourvues à leur base, au bord interne, d'une molaire dont la surface est relevée de petites pointes (1). Les *mâchoires*, construites (pl. V. fig. 32) sur le même plan que celles des Nemognatha se distinguent par leur corps (maxillaire, intermaxillaire et sous-galea soudés) très grêle. *Lèvre inférieure* bifide. — *Labre* convexe. Les *crochets* inférieurs des tarses pourvus d'une double rangée de denticulations, mais celles de la rangée interne sont réduites à des éminences courtes et obtuses, tandis que celles de la rangée externe sont plus longues et semblables aux dents d'un peigne. *Corselet* campanulé (2).

3. — **ZONITOIDES** (Fairm.).

Fairm. Ann. entom. Belg. 1883, part. 2, p. 32.

Voici la diagnose du genre telle que la donne Fairmaire : « Zonitidi simillimum, sed oculis magnis, supra parum distantibus, subtus vix separatis, antennis corpore longioribus, gracilibus, palpisque tenuioribus sat distinctum. »

4. — **ZONITIS** Fabr.

Synon. : Meloe. Linn. Gall. — Apalus et Zonitis. Fabr. — Apalus Oliv. — Mylabris Fab, Schœnh. — Megatrachelus, Motsch.

Caractères. — *Labre* à bord libre convexe. *Mandibules* robustes, terminées en pointe aiguë, portant sur une encoche peu profonde du bord interne, un intermaxillaire membraneux peu développé. (fig. 3. page 51). *Mâchoires* avec maxillaire, intermaxillaire et sous-galea soudés en une seule pièce. Lobes

(1) Ce caractère ne se retrouve parmi les Vésicants que chez les Mylabrites. Je serais d'autant mieux disposé à ranger Gnathium dans ce dernier groupe qu'il lui appartient encore par l'épaississement des antennes à leur extrémité. L'allongement du lobe externe me décide toutefois à laisser provisoirement Gnathium à côté de Nemognatha.

(2) Bien que cette forme ait été parfois indiquée comme caractéristique (Lacordaire page 692) elle ne saurait être mise au rang des caractéres typiques du genre, car certaines espèces de Nemognatha (N. Collaris. etc.) ont un corselet également campanulé et très voisin comme forme de celui de Gnathium. D'ailleurs Kirby qui a créé le genre Gnathium, indique bien « thorax campanulatus » mais ne parle pas de ce caractère dans l'énumération qu'il fait des particularités propres à distinguer Gnathium de Nemognatha.

interne et externe velus; ce dernier aplati, élargi au sommet porte de longs poils groupés en faisceaux. Chez quelques espèces, l'un de ces faisceaux s'allonge parfois beaucoup et simule, dans une certaine mesure, le galea filiforme des Nemognatha et Gnathium. Palpes maxillaires de 4 articles grêles, le 1er court, le 2e allongé, plus long que le 3e; 4e ovoïde plus gros à son extrémité libre (pl. v, fig. 36).

Lèvre inférieure très profondément bifide (pl. v, fig. 47). Palpes labiaux de 3 articles grêles, les deux derniers allongés, renflés à leur extrémité distale. *Antennes* filiformes, devenant manifestement plus grêles à l'extrémité; de 11 articles : le 1er plus gros que les suivants, le 2e un peu plus court que les autres, le dernier grêle, allongé, terminé en pointe. *Corselet* presque carré, parfois un peu rétréci en avant. *Elytres* légèrement atténuées et déhiscentes en arrière. *Crochets* des tarses profondément dentelés sur les deux bords.

5. — STENODERA (Eschs.).

στενός (étroit), δέρη (cou)

Eschscholtz, Mém. de l'Acad. imp. des Sc. de St-Pétersbourg.
T. VI. 1818 p. 469.

Syn. : Meloe, Pall. — Mylabris, Fabr.; — Zonitis, Dej.; — Megatrachelus. de Motsch.
Mulsant.

Le genre Stenodera a été créé par Eschscholtz avec le Mylabris sex-maculata de Fabricius, sous le nom de de Stenodera sex-maculata ; cette espèce était la même que désignait Pallas sous le nom de Meloe Caucasicus. C'est pourquoi Dejean, qui la rapporta aux Zonitis, la plaça dans son catalogue sous le nom de Zonitis Caucasicus. Fairmaire (Gen. Col. d'Eur. 1862-63) rétablit le genre Stenodera, car dit-il, «il diffère essentiellement des Zonitis, par la forme des mâchoires, par l'ampleur des élytres qui sont arrondies et non atténuées, et par le corselet très rétréci en avant. Le lobe externe des mâchoires est analogue à celui des Hapalus et prépare la transition au lobe terminé en pin-

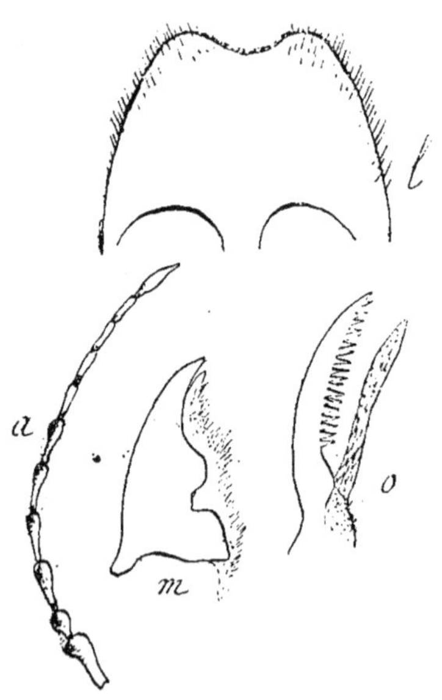

Fig. 25. — *Stenodera caucasica. a,* antenne; *o,* ongle; *m,* mandibule; *l,* labre.

ceau des Zonitis, par son extrémité membraneuse densément et longuement ciliée. »

Motschoulsky en 1845 (Bull. soc. Imp. des Nat. de Moscou, t. I, p. 83, n° 243) créa avec cette même espèce, Zonitis Caucasicus et 2 autres espèces : Z. politus (Giebler) et Z. pallidipennis (Motsch.) le genre Megatrachelus « se distinguant, dit-il, des Zonitis par leur corselet plus ou moins globuleux »

Mulsant et Rey (Bull. de l'Acad. nat. des Sciences, Belles-lettres et Arts de Lyon 1858) ont adopté le genre Megatrachelus, pour les espèces Z. Caucasicus, politus et puncticollis. Les caractères distinctifs sont, suivant ces entomologistes : « Prothorax plus long que large. élytres munies d'un rebord marginal très distinct». Nous ferons remarquer tout d'abord que le nom de Stenodera créé en 1818 par Esch. doit avoir la prééminence sur celui de Megatrachelus qui ne date que de 1845. Mais de plus ce nom ne nous paraît applicable qu'à l'espèce *caucasicus* qui se distingue des vrais Zonitis par le 2ᵉ article des antennes globuleux, caractère que nous ne retrouvons ni chez Z. politus, ni chez Z. puncticollis. Les distinctions invoquées par Mulsant et Rey : prothorax plus long que large, elytres munies d'un rebord marginal distinct, n'ont d'ailleurs pas de valeur lorsqu'on considère non plus seulement les Zonitis d'Europe mais aussi les espèce exotiques. C'est ainsi que Z. flavida et Z. atripennis par ex. ont comme Z. politus et puncticollis un corselet manifestement plus long que large et de même forme que dans ces deux espèces, en même temps qu'ils possèdent un rebord marginal très distinct aux élytres. D'autre part ces deux dernières espèces sont bien des Zonitis comme l'attestent la structure de leur mâchoire terminée en pinceau allongé, et les caractères de leurs antennes. Je pense donc qu'il n'y a pas lieu d'adopter le genre Megatrachelus, puisqu'il ne saurait renfermer les espèces citées, à part l'espèce Caucasicus, qui doit être dénommée Stenodera, pour la raison que j'ai indiquée plus haut.

Bien qu'on paraisse actuellement, conformément à la manière de voir de Dejean, (catal. Gemminger et Harold), réunir Steno-dera aux Zonitis, je suis d'avis, avec Fairmaire, que ces deux genres ne sauraient être confondus. Aux caractères des pièces buccales donnés par Fairmaire, j'ajouterai que le labre n'est pas à bord droit ou régulièrement convexe comme chez les Zonitis, mais qu'il est légèrement échancré en son milieu. En outre, les antennes proportionnellement plus longues que chez Zonitis, sont caractérisées par la brièveté du 2ᵉ article qui est presque globuleux et plus court que chez aucune des espèces de Zonitis que j'ai pu examiner. Sous ce rapport, Stenodera se rapproche des Sitaris. Enfin les crochets des tarses (Fig. 25 ci-contre) sont pectinés, mais les dents très longues, proportionnellement plus longues que chez Zonitis, sont disposées en une seule rangée et non en deux rangées comme chez ces derniers (1).

La lèvre inférieure profondément bifide rapproche Stenodera des Zonitis. — Je n'ai pu examiner les mâchoires qui manquaient au seul individu que je possède. Mais d'après la figure que donne Fairmaire (Gen. Col. pl. 96 fig. 12 a) cette mâchoire ressemble beaucoup à celle des Zonitis.

Somme toute. Stenodera caucasica confine aux Zonitis par la forme des pièces buccales, aux Sitaris par le 2ᵉ article des antennes très petit et globuleux; il paraît établir un intermédiaire entre ces deux groupes.

G. **HAPALUS.** (Fabr.)

απαλός. mou.

Fabr. Syst. ent. 127, et syst. éleut., 24.

Syn : *Apalus* Fabr. *Meloe immaculatus*, Linn. syst. nat.

Ce genre créé par Fabricius, fut réuni par Olivier (Encycl. méth. art. Apalus) au genre Zonitis. Mais plus tard les entomologistes reconnurent la nécessité de conserver le genre Apalus et en donnèrent de multiples raisons. Ainsi, Latreille (Encycl. méthod. 1825, art. Zonitis) fait remarquer que « le genre Apale est séparé de Zonitis par ses 4 palpes égaux en longueur, et par son corselet arrondi. » Lacordaire, d'autre part, (Genera des Col. V. p. 687) place le genre Apale près des Zonitis, mais il fait remarquer que « ses élytres planes, atténuées en arrière, un peu sinuées en dehors et plus ou moins déhiscentes à leur

___

(1) Ces caractères s'appliquent à Stenodera Caucasica. — Je n'ai point eu à ma disposition pour l'étudier de près le Zonitis polita, qui d'ailleurs, pour Fairmaire semble devoir former une coupe distincte. C'est également l'opinion de Ab. de Perrin (Contribut.. p. 252) qui propose, comme l'ont déjà fait Mulsant et Rey, l'application du nom générique *Megatrachelus*, devenu sans emploi, à l'espèce *politus*.

extrémité. sont un acheminement vers la structure que ces organes affectent chez les Sitaris ; ces insectes, ajoute-t-il. font manifestement le passage entre ce dernier genre et les Zonitis. » Enfin. Fairmaire (Genera des col. d'Eur. t. III. 4ᵉ part. p. 433) reconnait Apalus comme genre distinct, et fait observer que « la structure du lobe interne des mâchoires forme une transition naturelle pour arriver à la modification du même organe chez les Zonitis et les Nemognatha. »

Les trois entomologistes que je viens de citer me paraissent avoir parfaitement établi, chacun pour sa part, la place que doit occuper le genre Hapalus. En voici d'ailleurs les caractères généraux.

Labre transversal, émarginé, couvert de longs poils raides. *Mandibules* longues, à extrémité recourbée, aiguë, munie au bord interne d'une légère encoche vers la base ; intermaxillaire (prostheca) peu développé. A la mâchoire, le sous-galea, le maxillaire et l'intermaxillaire sont confondus en une pièce unique (pl. V. fig. 30 et 31). Le lobe interne rudimentaire continue sans démarcation le bord interne de la région intermaxillaire. *Le lobe externe (galea) est un article ovoïde, allongé.* couvert de longs poils grêles. Cette forme que je n'ai observée chez aucune autre espèce de Vésicant, résulte d'un épaississement et d'un allongement du galea qui conduit manifestement au galea filiforme des Nemognatha. Les poils qui le recouvrent rappellent assez ceux des Mylabres par leur longueur, leurs ondulations et leur arrangement irrégulier. Le palpe maxillaire est grand ; 1ᵉʳ article court ; 2ᵉ long et grêle ; 3ᵉ un peu plus court que le précédent et que le 4ᵉ qui est terminé par une extrémité obtuse.

Lèvre inférieure (pl. V. fig. 51) profondément bifide, à lobes acuminés. J'ai insisté ailleurs (page 60) sur les caractères particuliers de cet organe. *Palpes labiaux presque aussi longs que les maxillaires.* 1ᵉʳ article court ; 2ᵉ très long ; 3ᵉ ovoïde, un peu plus court que le 2ᵉ et terminé par une extrémité obtuse. La forme des articles est la même que chez les Zonitis (comparez fig. 51 et 47 pl. V.).

Corselet presque cordiforme, à pointe postérieure. *Antennes longues, à 2ᵉ article globuleux, extrêmement petit. Elytres, sinuées au bord externe, atténuées en arrière, à surface assez fortement chagrinée. Crochets* supérieurs des tarses pectinés, et portant 2 rangées inégales de dents, comme chez les Zonitis.

Somme toute, Hapalus tient aux Zonitites par la forme du galea, la soudure de l'intermaxillaire avec le reste de la mâchoire. ainsi que par la forme et la longueur des articles des palpes. Il s'unit aux Sitarites, comme nous le verrons, par la forme des élytres et par les antennes à 2ᵉ article globuleux et très petit.

L'égalité de longueur des palpes labiaux et maxillaires est le caractère particulier au genre qui peut en somme être considéré comme un intermédiaire entre les 2 groupes Zonitites et Sitarites.

7. — **LEPTOPALPUS** Guérin.

Guérin Méneville : Icon. du Règne Animal, Ins. 136. — Muls et Rey. Opusc. Ent. VIII 127. — Syn. : Zonitis Fabr n° 10, Syst. Entom. — Nemognatha Lacordaire. — Onyctenus De Castelnau (1).

Le genre *Leptopalpus* fut créé par Guérin, pour une espèce confondue jusqu'alors avec les Nemognatha, sous le nom de Nemognatha rostrata, et qui s'en distingue, entre autres caractères, par l'allongement considérable des palpes maxillaires, et la brièveté du lobe externe des mâchoires. Malgré la netteté de ces caractères, Lacordaire qui n'avait probablement pas étudié de très près cette espèce, la fit rentrer de nouveau dans le genre Nemognatha. Mais Fairmaire (Genera. Coleopt. 1862-63) rétablit le genre Leptopalpus. Ce genre, dit-il « se distingue des Nemognathes par la convexité des élytres qui ne sont pas déhiscentes, ainsi que par la forme du lobe externe des mâchoires et des palpes maxillaires. Ces caractères, ajoute-t-il, paraissent motiver suffisamment la séparation de ces deux genres, que M. Lacordaire réunit. »

Il est certain que par beaucoup de caractères et principalement par ceux des mâchoires, Leptopalpus rostratus ne ressemble en rien ni aux Nemognatha, ni aux Zonitis.

Le *labre* (fig. 3, page 11) un peu transversal, à bord libre, presque droit, diffère beaucoup, sous ce rapport, du labre à bord convexe des Zonitis. Les *mandibules* assez épaisses, à extrémité obtuse, n'ont pas d'encoche marquée sur leur bord interne ; la prostheca est formée (pl. V. fig. 5) d'une lame chitineuse falciforme supportant une membrane velue. Les *mâchoires* tout à fait distinctes de celles des Zonitis en ce que le maxillaire est très nettement différencié, s'en rapprochent par

1) De Castelnau Hist. nat. II.) donne pour synonyme au genre Onyctenus de Serville le nom de Leptopalpus (Guérin) Il est cependant évident, quand on compare la description du Leptopalpus à celle de l'Onyctenus (voir plus loin), que ces deux genres ne sauraient être confondus. (Voir d'ailleurs Guér. loc. cit. p. 136.)

la forme du galéa (lobe externe) qui est aplati, court, élargi au
sommet et couvert de longs poils ; elles se rapprochent d'autre
part de celles des Nemognatha par la fusion complète, en une
seule pièce, de l'intermaxillaire et du lobe interne ; elles s'écartent enfin de celles de tous les insectes vésicants que j'ai pu
observer, par le développement très grand du sous-galea qui se
montre comme une large pièce triangulaire interposée au maxillaire et à l'intermaxillaire, et surtout par la longueur considérable
du palpe maxillaire qui forme un filament allongé, le plus souvent appliqué contre la face ventrale du thorax où il s'étend
jusqu'à la base et même au-delà des pattes postérieures. Les
dimensions de ces palpes ont pu en imposer aux entomologistes
qui ont classé Leptopalpus rostratus parmi les Nemognathes ;
mais un examen un peu attentif ne permet pas de les confondre
avec le filament que forme le galea allongé de la mâchoire des
Nemognathes, et après ce que nous avons dit des caractères des
autres parties de cet organe, on se demande comment Gemminger
et Harold n'ont pas admis le genre Leptopalpus. Ces singuliers
palpes ont leur premier article très court, les deuxième et troisième très allongés et à peu près égaux ; le quatrième un peu
plus court que les précédents. Les trois derniers articles ont
leur bord interne, droit, couvert de poils disposés en brosse
(voir Pl. V, fig. 34 et 35).

La lèvre inférieure par sa languette profondément bifide, à
lobes triangulaires arrondis à l'extrémité, et ses palpes allongés
et grêles (pl. V, fig. 46), rappelle celle des Zonitis.

De même que chez ces derniers, les *ongles* supérieurs sont
pectinés. — Les *antennes* sont filiformes, à deuxième article
presque aussi long que le troisième qui l'est lui-même plus que
les suivants. L'abdomen est assez court ; les *élytres* non déhiscentes, convexes.

Somme toute, avec quelques caractères propres aux Zonitites
(mandibules peu échancrées — lèvre inférieure — antennes —
ongles pectinés), Leptopalpus rostratus offre d'autres caractères
tellement aberrants qu'il est impossible de lui trouver une place
certaine dans le groupe. C'est pourquoi, tout en le laissant à
côté des Zonitites, je le place au dernier rang. Toutefois la
place de Leptopalpus parmi les Zonitites ou les Sitarites est
certaine. Il suffit de comparer la forme de son armure génitale

(Pl. XIII, fig. 25) à celle des *Zonitis*, *Nemognatha* et *Sitaris* pour s'en assurer. Il n'y a morphologiquement aucune différence essentielle.

B. — SITARITES.

Caractères d'union aux Zonitites. — Maxillaire et sous-galea intimement unis en une seule pièce, — Lobe interne non différencié de l'intermaxillaire, — Lèvre inférieure bifide. — Crochets des tarses plus ou moins pectinés. — Armure génitale : elle offre parmi les Vésicants des caractères très remarquables. Voir pages 142 et 158 et comparer les fig. 19 à 25, pl, XIII).

Caractères propres. — Lobe externe de la mâchoire élargi, couvert à son extrémité libre de poils non groupés en pinceau.

Elytres à bord externe plus ou moins sinué, à bord interne concave, ordinairement très atténuées à l'extrémité postérieure.

Article 2 des antennes globuleux, beaucoup plus court que 3.

Neuf genres me paraissent pouvoir être rapportés à ce groupe. savoir : *Ctenopus*, *Onyctenus*. *Stenoria*, *Sitaris*. *Sitarida*. *Goëtymes*. On peut y joindre *Hornia*, *Leonia* et *Sitarobrachys* comme types aberrants. — Je les groupe de la manière suivante :

Palpes maxillaires très longs.	Plus de 2 fois aussi longs que les labiaux ; Elytres.	Rétrécies en arrière.....	**CTENOPUS**
		Terminées en spatule en arriere................	**ONYCTENUS**
Palpes maxillaires et labiaux proportionnellement peu développés.	Elytres.	Graduellement atténuées en arrière ; arquées mais non sinuées au bord interne............. ...	**STENORIA** (1)
		Brusquement atténuées immédiatement en arrière de l'épaule, sinuées au bord interne...............	**SITARIS**
	Incertæ sedis.....		**SITARIDA** **GOËTYMES** **SITAROBRACHYS** **HORNIA** **LEONIA**

Les genres Ctenopus et Onyctenus sont placés en tête du groupe à cause de la grande longueur de leurs palpes maxil-

(1) J'adopte le genre Stenoria de Mulsant, non seulement parce qu'il présente quelques caractères extérieurs susceptibles de le distinguer, mais encore et surtout en considération de sa pseudo-chrysalide qui par sa forme et sa consistance est toute différente de celle de Sitaris. (Voir page 348).

laires qui paraissent les rapprocher de Leptopalpus. La forme
de leurs élytres, d'autre part, et le deuxième article des antennes, globuleux et très petit, les rattachent aux vrais Sitaris.

8. — CTENOPUS (Fisch. de Waldh.)

κτείς, peigne; πούς, pied.

Fischer de Waldh. Ent. de la Russie, II. 174. — Lacord. Gén. des Col. V, 689.
Jacq. du Val et Fairm. T. III. 4ᵉ part. p. 435.

Ce genre que je n'ai pu me procurer ni voir dans les collections, paraît d'après Fischer se rapprocher des *Rhipiphorus*
(Fischer de Wald. le classait dans les Mordellides). — Beaucoup
de ses caractères le rapprochent aussi des Sitaris.

Parmi les pièces buccales, le *labre* semble différer de ce que nous connaissons chez les Vésicants : il est bilolé et ses lobes sont divergents et arrondis. — *Mandibules* robustes, arquées et aigües au bout, unidentées au
côté interne. — *Palpes maxillaires très longs, subfiliformes*, à dernier
article tronqué. — *Menton* court, étroit et presque carré. — *Palpes
labiaux* très courts. — *Prothorax* triangulaire, fortement rétréci en avant. —
Élytres un peu plus larges que le prothorax, planes, largement échancrées à
leur base, rétrécies en arrière et divergentes à partir de leur milieu. *Antennes*
filiformes à 2ᵉ article sphérique très petit. *Pattes* assez longues; cuisses
postérieures munies à leur extrémité externe d'un appendice assez large, un
peu arqué et presque aussi long que la moitié de la jambe ; *crochets* des
tarses divariqués, fendus, la division inférieure très grêle, la supérieure
pectinée.

Par la forme de ses élytres et les caractères de ses antennes,
Ctenopus se rapproche particulièrement de Sitaris.

9. — ONYCTENUS (Serville).

ὄνυξ, ongle; κτείς, peigne.

Lep. et Serville. Encycl. méth. T. X, 1875, p. 440.
Syn. *Onychoctenus*. Gemminger et Harold. (loc. cit.)

Ce genre a été créé par Serville pour un individu (en assez
mauvais état) rapporté des Indes par Sonnerat.

Voici ce qu'en dit Serville : « Cet insecte est voisin des Sitaris et du même groupe qu'elles, mais il en diffère : 1° par ses
élytres plus courtes que dans ce genre, lesquelles *après s'être
très fortement rétrécies avant leur milieu, s'élargissent subitement en spatule à leur extrémité.*

2° Par les crochets des tarses dont la plus forte division est distinctement dentelée en peigne. 3° Par les *palpes maxillaires plus de deux fois aussi longs que les labiaux.*

Par les crochets des tarses dentés en peigne, ce genre se rapproche des Zonitites ; il semble également voisin de Leptopalpus par la longueur de ses palpes maxillaires. C'est même probablement cette considération qui a engagé de Castelnau (loc. cit.) à confondre ces deux derniers genres et à donner le nom de Leptopalpus (Guérin) comme synonyme d'Onyctenus. La grande différence dans la forme des élytres ne nous paraît pas autoriser cette réunion des deux genres.

10. — STENORIA. (Mulsant.)

Mulsant, hist. des Col. de Fr. Vésicants. 1857 p. 186.

Syn : *Sitaris*. Latr. hist. nat. t. 10 p. 403.

Ce genre séparé des Sitaris par Mulsant n'a généralement pas été adopté. J'ai dit plus haut (page 403) que les caractères de la pseudo-chrysalide, me paraissent justifier son adoption.

Aux caractères donnés par Mulsant avec beaucoup de détails (loc. cit.), j'ajouterai (Fig. 26 ci-dessous) : *mandibules* à bord interne sinueux, prostheca rudimentaire; *mâchoires* à maxil-

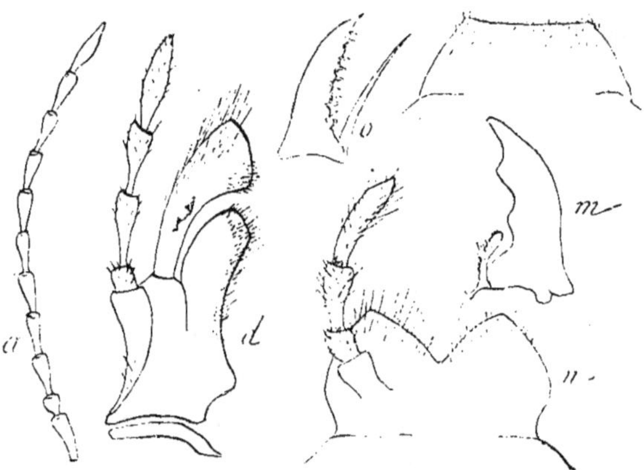

Fig. 26. — *Stenoria apicalis. a*, antenne; *o*, ongle; *d*, mâchoire ; *m*, mandibule, *n*, lèvre inférieure ; *l*, labre.

laire, sous-galea et intermaxillaire unis en une seule pièce (Fig. 26 ci-contre). Ce caractère rapproche Stenoria des Zonitis et l'éloigne des vrais Sitaris; intermaxillaire et lobe externe confondus sans démarcation; palpes maxillaires et labiaux proportionnellement plus longs que chez Sitaris. *Antennes* très longues, atteignant et dépassant même l'extrémité postérieure du corps, presque moniliformes et plus courtes chez les ♂ ; à articles cylindriques allongés chez les ♀. Dans les deux sexes, l'article 2 est très petit et globuleux. Crochets des tarses portant une double rangée de dents ; l'une des rangées formée de longues dents, l'autre de tubercules courts.

11. — SITARIS (1) LATR.

LATREILLE, *hist. nat. des Cr. et des Ins.* X. 162.

Syn : *Necydalis.* FABR. — *Criolis* (2). MULS. col de Fr. suppl., 1858.

Caractères : Labre transversal, pentagonal, à côtés postérieurs convexes, *Mandibules* allongées, à extrémité recourbée en dedans et prolongée en pointe. Bord interne très faiblement échancré. Prostecha rudimentaire (pl. V. fig. 6). *Mâchoires* à maxillaire confondu avec le sous-galea. Mais l'intermaxillaire est différencié ; ce caractère distingue Sitaris de Stenoria et des Zonitites, chez lesquels l'intermaxillaire est confondu avec les pièces voisines. Lobes interne et externe couverts de longs poils groupés en faisceaux. Palpigère de forme remarquable, très renflé à son extrémité antérieure, et brusquement appointi en arrière (Pl. V. fig. 42). Palpes maxillaires proportionnellement peu développés, à articles courts.

Lèvre inférieure profondément divisée en 2 lobes écartés (pl. V. fig. 48). Chaque lobe porte un fort palpigère (voir page 60) avec un palpe un peu moins long que les palpes maxillaires, à articles courts.

Aux tarses, les crochets inférieurs sont styliformes, les supérieurs sont tantôt inermes, tantôt pourvus de petites dents ordinairement réduites à deux ou trois seulement à la base. On observe d'ailleurs chez le même individu des différences sous ce rapport aux divers crochets, et j'ai vérifié que chez le ♂ aussi bien que chez la ♀ on observe des variations qui ne paraissent suivre aucune règle définie.

Antennes proportionnellement moins longues que chez Stenoria. 2e article très petit, globuleux.

Corselet quadrangulaire, plus étroit que les élytres. Élytres fortement sinuées sur leurs deux bords, larges à l'épaule puis brusquement rétrécies jusqu'à l'extrémité ; déhiscentes presque dès la base.

Caractères sexuels : Antennes du ♂ plus longues que celles de

---

(1) Le nom de Sitaris, dit Latreille, se donnait autrefois à une sorte d'oiseau que l'on ne connait plus. Fairmaire indique comme étymologie le mot σιτάριον grain de blé.

(2) Le genre *Criolis* formé avec l'espèce *Sitaris Guerinii*, Muls. n'a pas été adopté. Il avait pour caractères: les élytres à bord externe moins fortement sinué que chez Sitaris, et l'éperon externe des jambes postérieures au moins 2 fois aussi large que l'interne.

la ♀ qui sont en même temps grêles, presque moniliformes et à
articles terminaux un peu renflés.

12. — SITARIDA. (WHITE.)

Sitaris. — εἶδος, aspect.
WHITE Stoke's Discov. I, 1846, p. 508.

Ce genre m'est inconnu.

13. — GOËTYMES. (PASCOE.)

PASCOE. Journ. of Ent. II. 1863.

Ce genre m'est inconnu. J'ai eu l'occasion de le voir à
Londres, au British museum. M. Waterhouse m'a dit qu'il avait
des raisons de croire que Sitarida et Goëtymes ne sont que le
♂ et la ♀ d'une même espèce.

14. — SITAROBRACHYS (REITTER.)

EDME REITTER in Wiener Entomol. Zeitg. 2, 1883, p. 309. Pl. IV, fig. 6.

Ce genre serait intermédiaire aux Zonitis et Sitaris, d'après
l'auteur. Il se distingue par l'absence d'ailes, la brièveté des
élytres et une fine denticulation des ongles. Je ne connais pas
ce genre dont il n'est décrit qu'une espèce (S. brevipennis),
mais d'après le dessin qui en est donné et la description, il y
aurait peut-être lieu de le placer à côté de Hornia que Riley
considère également comme voisin des Sitaris. Voici d'ailleurs
la description de Reitter :

Antennæ breves, prothoracis basin attingentes, filiformes; palpi labiales
maxillaresques breves. Mandibulæ ante apicem dentatæ, prothorax trans-
versus, basin versus angustatus. Elytra valde abbreviata, apice oblique rotun-
datim truncata. Alæ nullæ. Abdomen segmentis dorsalibus sex liberis. Pedes
simplices, tarsi sat breves, unguiculi obsolete denticulati, lobis basalibus
elongatis, apice acutissimis instructæ (loc. Balcans).

GENRES ABERRANTS

15. — HORNIA (RILEY.)

RILEY. Trans. of the Ac. Sc. of Saint-Louis. Vol. III.

Riley a décrit sous ce nom un insecte remarquable dans les
deux sexes par l'absence d'ailes et l'état tout à fait rudimentaire
de ses élytres. Il s'éloigne de tous les Vésicants par les crochets
des tarses simples. Son abdomen est volumineux à la façon de

celui des Meloe. Le mâle est caractérisé par deux séries de laques carrées semi-cornées (Voir notre fig. 17, page 310), sur le dos de l'abdomen, qui manquent à la femelle. Les caractères de ses diverses formes larvaires rapprochent Hornia des Sitaris plus que des Meloe (voir page 310). En tous cas, Riley considère ce genre comme une forme dégradée.

16. — **LEONIA** (Dugès).

Dugès. Insect. Life I, n° 7, 1889. (Voir Additions.)

c. — **MELOÏTES**.

Caractères d'union aux Sitarites : Lobe externe de la *mâchoire* élargi, à bord libre couvert de poils non groupés en pinceau.

Article 2 des antennes globuleux, très court.

Caractères propres : Les *mandibules* très robustes ont leur bord interne tranchant, parfois pourvu de dents et toujours marqué d'une profonde encoche où s'insère un intermaxillaire vésiculeux. Leur bord externe est très épais, et leur face inférieure excavée. Les *mâchoires* sont caractérisées par l'individualisation complète du maxillaire, qui est très grand et de forme triangulaire. Sur le côté interne de ce triangle repose une pièce formée par l'union du sous-galea et de l'intermaxillaire. Cette pièce supporte le galea (lobe externe). Le dernier article des palpes maxillaires est ovoïde, parfois en forme de massue. *Labre*, proéminent, un peu excavé à son bord libre; *lèvre inférieure* entière, à bord libre droit ou un peu concave. Le dernier article des palpes labiaux est aplati, triangulaire ou sécuriforme. *Antennes* de forme variable, le plus souvent moniliformes au moins dans leur partie moyenne. *Ailes* nulles. — *Elytres* de longueur variable, souvent beaucoup plus courtes que l'abdomen qui est très volumineux; imbriquées ou non à leur base; *elles recouvrent les pleures du méso- et du méta-thorax*(1). *Crochets* des tarses non pectinés, parfois indivis et alors pourvus d'une dent à leur base. *Insertion des pattes* intermédiaires rapprochée de celle des pattes postérieures au lieu d'en être écartée comme chez tous les autres Vésicants (voir p. 30).

Caractères sexuels : Femelles remarquables par leur abdomen volumineux, leurs antennes plus grêles et un peu plus courtes. Chez les ♂, dans certaines espèces, les antennes deviennent irrégulières et, par suite de la conformation de certains des articles moyens, paraissent coudées en leur milieu.

Au groupe des Méloïtes, paraissent pouvoir se rapporter cinq genres, savoir : Meloe, Pseudo-Meloe, Porcospasta, Megetra, et Cysteodemus. Deux autres genres qui ne nous sont connus

(1) Ce dernier caractère a été pris pour base de la séparation des Méloïdes des autres Vésicants par Leconte et Horn (voir Additions). Il avait été déjà indiqué par Mulsant.

que par les descriptions des auteurs semblent assez obscurs.
Ce sont : Gynapteryx et Nomaspis.

Le tableau suivant permet de distinguer aisément les premiers :

<pre>
Crochets
  des   Fendus. Elytres   imbriquées à la base................. MELOE
 Tarses   non imbriquées.................... PSEUDOMELOE
                            contiguës à partir d'une certaine distance
                              de la base...................... POREOSPASTA
         Non fendus et   moins longues que le corps, divergentes
          armés d'une   en arrière...................... MEGETRA
          dent à la base. Elytres recouvrant tout le corps et non diver-
                                    gentes; vésiculeuses............. CYSTEODEMUS
</pre>

Genres aberrants : NOMASPIS, GYNAPTERYX.

OBSERVATION. — De ce qui précède on peut conclure
que, quant aux pièces buccales, les Meloïtes se distinguent nettement des deux groupes précédents (Zonitites et Sitarites) par
l'individualisation complète de la pièce maxillaire des mâchoires,
en même temps que les autres pièces sont unies en une seule
lame portant le galea. Il existe des degrés dans la soudure de
l'intermaxillaire et du sous-galea ; parfois un sillon indique
encore la soudure, mais le plus souvent ce n'est qu'une encoche
à l'extrémité inférieure qui marque la limite des deux pièces. En
tous cas, la lame ainsi formée fait une remarquable saillie au
bord interne du maxillaire, dont elle n'atteint pas la longueur
(voir pl. VII, fig. 11). — Les Meloïtes se distinguent encore
complètement des genres précédents par leurs mandibules qui
portent au bord interne une très profonde encoche carrée sur
laquelle s'insère un grand intermaxillaire ordinairement
vésiculeux. J'ai donné (page 13, fig. II) des détails circonstanciés sur la structure de cet organe chez certaines espèces.
J'ajouterai que la lèvre inférieure est simple, jamais bifide, et
que la forme du 3° article des palpes labiaux est toute différente
de celle qui a été signalée plus haut. Si l'on veut comparer,
d'autre part, les caractères des pièces buccales des Meloïtes avec
ceux des mêmes organes chez les Cantharites et les Mylabrites ;
si, enfin, on se reporte à ce que nous avons dit des mœurs
larvaires des Meloe et des autres Vésicants, on se convaincra
que la place intermédiaire que nous donnons aux Meloïtes est
parfaitement légitime.

17. — **MELOE** (Lin.)

Linné : Syst. nat. 10e édit. p. 419.

Le genre Meloe est de beaucoup le plus riche en espèces et il est sans contredit le type du groupe, les autres genres s'en écartant plus ou moins pour se rapprocher par certains traits des groupes les plus voisins.

Labre excavé au milieu de son bord libre, à angles antérieurs arrondis. *Mandibules* robustes, cornées, cachées sous le labre. *Mâchoires* également abritées sous le labre ; palpes maxillaires à dernier article ovoïde allongé, à extrémité arrondie parfois un peu dilatée. *Lèvre inférieure* entière, légèrement concave au bord libre.

Antennes à articles de forme variable, généralement globuleux à partir du 4e jusqu'à l'avant dernier; le 2e très court, globuleux. — *Tête* et *corselet* variables. *Abdomen* volumineux.

Insertion des pattes intermédiaires rapprochée de celle des pattes postérieures. Eperons des pattes postérieures très dissemblables, l'interne relativement grêle et aigu ; l'externe volumineux, épais, tronqué obliquement à son extrémité, souvent excavé en cornet.

Articles des *tarses* courts, diminuant de longueur du premier au pénultième; le dernier plus long portant deux ongles bifides et une plantula inerme ou terminée par un seul poil ou par un petit nombre. *Ailes* nulles. *Elytres* molles, imbriquées à la suture ; beaucoup plus courtes que l'abdomen ou pouvant dans la même espèce varier de longueur jusqu'à recouvrir complètement l'abdomen.

Caractères sexuels. Ils reposent sur le volume de l'abdomen et la forme des antennes (voir plus haut).

18. — **PSEUDO-MELOE** (Fairm. et Germ,)

Fairmaire et Germain. Ann. Soc. Ent. de Fr. 1863. T. III, 4e série p. 258.

Dernier article des palpes maxillaires triangulaire, obtusément sécuriforme et semblable à celui des palpes labiaux.

Tête de forme presque triangulaire, aplatie antérieurement. *Ailes* nulles. *Elytres non imbriquées à la base*, plus courtes que l'abdomen, laissant le mésothorax parfaitement visible en avant de la suture. Leur surface est marquée de gaufrures profondes. *Abdomen* vésiculeux. *Eperons* des jambes postérieures ordinairement grêles, aigus. *Ongles* fendus.

Ces caractères sont ceux que donnent Fairmaire et Germain pour distinguer le nouveau genre Pseudo-meloe.

Après examen approfondi d'un certain nombre d'espèces, j'ai quelques doutes sur la validité de ce genre. Les caractères énoncés ci-dessus, ne me paraissent pas en effet offrir une constance absolue. La forme triangulaire de la tête avec aplatissement de la face, par ex. s'observe très nettement chez *Ps. antrhacinus*, mais est beaucoup moins marquée chez *Ps. sanguinolentus*, où la tête affecte une forme qu'on rencontre chez beaucoup de vrais Meloe. L'absence d'imbrication des élytres n'est également pas toujours très manifeste et je possède un échantillon de l'espèce *anthracinus*, dont les élytres sont normalement imbriquées comme chez les vrais Meloe. De même la forme du 3° article des palpes maxillaires se retrouve chez certains Meloe. En réalité je pense que les espèces avec lesquelles a été formé le genre Pseudo-meloe sont des espèces de passage du genre Meloe aux genres Cysteodemus et Megetra. Voisines de Cysteodemus par la forme de la tête triangulaire, aplatie, bien accusée chez certains types; par l'absence d'imbrication des élytres également mieux accusée chez certaines espèces que chez d'autres, et par les gauffrures des élytres, elles se rapprochent des Meloe vrais par la brièveté des élytres (et sous ce rapport elles sont également proches des Megetra) et par les ongles fendus. Les Pseudo-Meloe ne me paraissent pas différer des Meloe vrais d'une manière aussi sensible que Meloe majalis qui cependant ne forme pas un genre à part.

19. — **POREOSPASTA** (Horn.)

πῶρος cal; σράω tirer.

Horn. Trans. Amer. Ent. Soc. 1867, p. 139.

Ce genre, créé par Horn, ne comprend qu'une seule espèce, P. *polita*. Les ongles sont fendus, et la portion inférieure, plus courte que la supérieure, est connée avec elle. Les élytres, moyennement développées, sont contiguës à partir de la base.

20. — **CYSTEODEMUS** (Lec.)

κύστις vesicule; δέμας corps.

Lec. ann. Lyc. St-Louis 1851 p. 158.

Dans le genre Cysteodemus la soudure du galea, du sous-galea et de l'intermaxillaire (fig. 27, p. 412) est encore plus complète que chez les vrais Meloe. Ils forment une pièce unique bilobée au bord interne du maxillaire, et il n'existe aucune trace de leur séparation.

Comme chez les Meloe les *mandibules* (Fig. 27, *m*) robustes portent un intermaxillaire volumineux et vésiculeux, au niveau d'une profonde encoche carrée, mais l'extrémité terminale des mandibules est bifide. *Lèvre inférieure* à bord libre un peu excavé, tarses également excavé. *Elytres* profondément gaufrées, plus larges et plus longues que l'abdomen qu'elles recouvrent comme d'une cuirasse épaisse, bombée. Elles ne sont point divergentes à l'extrémité, ni imbriquées à la base. *Crochets* des tarses simples et non bifides comme chez la majorité des Vésicants, mais pourvus à la base d'une forte dent triangulaire saillante (Pl. IV, fig. 18), qui n'est peut-être bien que la branche inférieure très réduite en longueur. — *Eperons* des jambes postérieures égaux en longueur et en épaisseur.

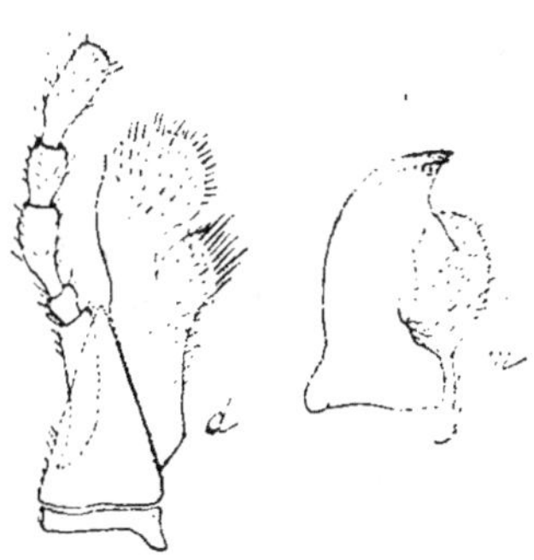

Fig. 27. — *Cysteodemus armatus :* *m* mandibule; *d* mâchoire.

21. — MEGETRA (Lec.)

Leconte. Arc. nat. I. 127.

Ce genre, dit Leconte, doit être considéré comme une section du genre Cysteodemus, et a été formé avec *Meloe cancellatus* Er., et *Cysteodemus vittatus* Lec. En fait, le genre Megetra présente tous les caractères des Cysteodemus et en particulier, les mandibules bifides, et les crochets des tarses non fendus et armés d'une dent à la base. Mais les élytres, à gauffrures moins profondes et plus larges, ne recouvrent pas complètement l'abdomen et divergent en arrière. Les éperons des jambes postérieures sont semblables.

GENRES ABERRANTS

22. — NOMASPIS (Lec.)

νόμος mode; ἀσπίς écusson

Lec. New. spec. Col. 1866 p. 156.

Comprend seulement 2 espèces. Il n'a pas été conservé par Leconte et Horn dans leur classification des coléoptères publiée en 1883.

23. — GYNAPTERYX Fairm. et Germ.

Γυνή femelle; ἀπτέρυγος sans ailes.

Fairm. et Germ. *Rev. des Col. du Chili.* Ann. Soc. Ent. de Fr. 1863, p. 260.

Fairmaire et Germain ont créé ce genre pour une espèce qui établit, disent-ils « la transition entre les Meloïdes et les Cantharites. Sans la forme et la position caractéristique des hanches, ajoutent-ils, on placerait le ♂ avec les uns et la ♀ avec les autres. »

♂ Ailé ; *antennes* plus fortes que celles de la ♀ ; à deuxième article très court le dernier plus long que celui qui le précède, obliquement acuminé ; *Tête* ovalaire, triangulaire, faiblement convexe. *Elytres* parallèles, plus longues que l'abdomen. *Crochets des tarses* fendus.

♀ Non ailée ; *antennes* plus grêles et plus longues que chez le ♂ ; *Elytres* à peine aussi longues que l'abdomen, à suture droite jusqu'au milieu, puis déhiscentes. *Abdomen* plus large que chez le mâle et assez plat.

Il faut reconnaître, comme le fait remarquer Fairmaire, que ce genre ne présente pas l'ensemble des caractères des vrais Meloïdes, puisque le mâle est ailé. Toutefois l'absence d'ailes chez la ♀ et surtout la position des hanches postérieures rapprochées des intermédiaires permettent de rattacher le genre Gynapteryx aux Meloe.

D. — CANTHARITES.

Le groupe des Cantharites tel que nous le comprenons renferme des Vésicants dont les larves sont mellivores et ont par suite une organisation bien différente de celle que montrent les larves carnivores d'espèces plus ou moins voisines. — Ce groupe est constitué par les Horiales (1) de Fabricius augmentées du genre Tricrania de Leconte et par les Tetraonyx (2), Spastica et Cantharis.

Comme pour les genres précédents, je crois pouvoir emprunter à la structure des mâchoires les caractères propres à établir des subdivisions dans ce groupe. Les Horia, Cissites (Horiales de Fabricius) et Tricrania, se distinguent, en effet, d'une manière très précise (voir fig. 29, page 417), par la soudure intime

(1) On ne peut conclure très nettement de l'observation faite par Guilding (voir p. 311) si la mue de la deuxième larve enveloppe ou non la pseudo-chrysalide et les stades suivants du développement de Horia. Il m'a paru que la deuxième hypothèse était vraisemblable. Dans le cas contraire, les Horia devraient être placés à côté des Nemognatha et Zonitis.

(2) Nous avons lieu de supposer que les larves des Tetraonyx sont parasites de certains hymenoptères, et probablement d'espèces qui à l'exemple des Xylocopes creusent leurs galeries dans le bois, car Haag Rutenberg (112) rapporte qu'au Musée de Dresde il existe plusieurs chrysalides trouvées dans le bois de Campêche (Rothholze) et qui renferment des individus adultes de l'espèce Tetraonyx proteus.

de toutes les parties de la mâchoire (maxillaire, intermaxillaire,
sous-galea et lobe interne) en une seule pièce qui porte le
galea. A ce point de vue, ces genres s'éloignent complètement
des Cantharis et de tous les autres Vésicants, sauf de Hapalus
et des Nemognatha, dont ils se distinguent d'ailleurs facilement
par leur lobe interne large et aplati.

Tetraonyx, Spastica et Cantharis de leur côté ont à la
mâchoire le maxillaire libre ainsi que le galea, mais le sous-
galea, l'intermaxillaire et le lobe interne sont soudés en une
seule pièce. Tetraonyx et Spastica se distingent à leur tour de
Cantharis par les articles 2, 3 et 4 de leurs tarses fortement
bilobés. Les caractères que nous venons d'indiquer paraissent
suffire à distinguer les divers genres du groupe; mais les particularités de structure des mâchoires auxquelles, ainsi que nous
l'avons dit, nous attachons une grande importance ne pouvant
pour la plupart être observées sans risquer de détériorer les pièces,
on pourra y joindre les caractères que l'on peut tirer de l'examen
des ongles qui sont très fortement dentés chez les Horia, Cissites et Tricrania et qui sont ordinairement inermes dans les
autres genres.

MAXILLAIRE					
soudé à l'intermaxillaire et au sous-galea. Ongles pectinés.	HORIIDES	Dernier article des palpes maxillaires.	Plus court que l'avant-dernier, ou les deux égaux.	Tête et corselet plus larges que les élytres.	**HORIA.**
				Tête plus étroite que le corselet.	**CISSITES.**
			Plus long que l'avant-dernier	....	**TRICRANIA.**
libre. Ongles généralement inermes.	CANTHARIDES.	Articles moyens des tarses	bilobés, corselet	Carré; cou court....	**TETRAONYX.**
				Arrondi; cou long..	**SPASTICA.**
			non bilobés...........		**CANTHARIS.**

I. — SOUS-ORDRE HORIIDES

124. — HORIA (Fabr).

FABR. Mant. Insect. I. p. 164.

Syn.: *Lymexylon*, Fab. olim. — *Cucujus*, Fab., Sweder. Act. Holmiens 178*,
p. 199. — *Cissites*, Latreille, hist. nat. des Crust. et des Ins. T. IX.

Le genre Horia créé par Fabricius fut divisé par Latreille (77)
en deux genres, Horia et Cissites. « L'Horie testacée, écrit La-

treille, diffère des autres espèces par les proportions de la tête et du corselet qui sont plus étroits que les élytres ; ce caractère m'a engagé à former parmi les Hories un nouveau genre, celui de Cissites. Cette nouvelle coupe serait composée de l'*Horia maculata* d'Olivier (Ent. t. III n° 53 *bis*, pl. I, f. 1 à 6) et de son *Horia cephalotes* (*ibid.* pl. I, fig. 3.) *L'Horie testacée* (pl. I, fig. 2 à 6) *serait le type du genre Horia...*» et plus loin, il ajoute : « On voit ainsi que les *Hories à tête de la largeur du corselet ou plus large*, mes Cissites,... » Il ressort de ces phrases que Latreille donnait le nom d'Horia aux espèces à tête plus large ou égale en largeur au corselet, et celui de Cissites aux espèces à tête et corselet moins larges que les élytres. Latreille n'avait fait que proposer la création du genre Cissites, sans y insister beaucoup. Lacordaire (110) reprit pour son compte cette division en deux genres, mais par une singulière erreur, il intervertit les caractères et assigna le nom de Horia aux espèces « à tête grande aussi large au moins que le prothorax » et celui de Cissites aux espèces « à tête médiocre plus étroite que le prothorax. »

De Castelnau et la plupart des entomologistes adoptèrent la diagnose de Lacordaire ; nous ne croyons donc pas qu'il y ait lieu de revenir sur ce point qui est acquis maintenant, mais il nous a paru nécessaire de rappeler ces faits pour mettre en garde contre les confusions qu'ils pourraient faire naître. En tous cas, le nom de Cissites (Latr.) doit être dorénavant indiqué à la synonymie du genre Horia.

Caractères. — *Labre très court*, parfois presque nul (Horia cephalotes). Mandibules noires et puissantes, aiguës, saillantes, *armées au bord interne d'une dent* placée à quelque distance en arrière de l'extrémité. — *Mâchoires à galea seul différencié*, toutes les autres pièces (maxillaire, sous-galea, intermaxillaire et lobe interne) étant soudées en une seule pièce. — Palpes maxillaires grands, à dernier article plus court que l'avant dernier. — *Lèvre inférieure* à languette carrée, petite ; palpes labiaux relativement longs, à troisième article plus long que le dernier. *Tête très grande, au moins aussi large que le corselet*, chez le ♂ ; un peu moins développée chez la ♀

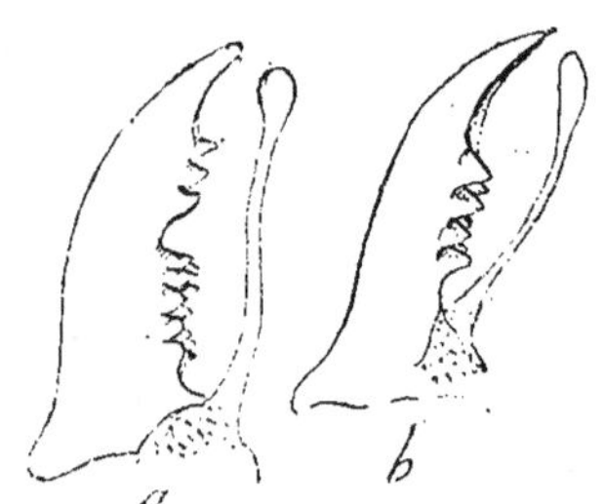

Fig 28. — *a* ongle de *Horia cephalotes* ; *b* ongle de *Cissites testacea.*

où toutefois la tête et le corselet restent plus larges que les élytres. *Antennes fixées au bord même de l'épistome*, filiformes, composées de onze articles comprimés, le deuxième et le troisième arrondis, beaucoup plus courts que tous les autres. *Corselet* transversal. *Élytres* allongées, molles. *Pattes fortes*, comprimées. *Crochets* des tarses bifides mais à divisions très inégales ; l'inférieure, grêle, lamelleuse est renflée à son extrémité en bouton oval, aplati ; la supérieure robuste, épaisse, est armée sur son bord interne de dents disposées de la manière suivante : à quelque distance en arrière de la pointe, se voient trois ou quatre dents longues, triangulaires et aigües, sur un seul rang, puis le crochet se relève en une saillie épaisse qui porte deux rangées de quatre ou cinq dents plus larges et plus courtes que les premières. (Fig. 28 ci-dessus.)

Caractères sexuels. — Chez les ♂ la tête est ordinairement plus volumineuse et les cuisses postérieures sont fortement renflées. En même temps les antennes sont un peu plus longues et à articles plus élargis.

25. — CISSITES (Latr.)

Latr. Hist. nat. des Crust. et des Ins. T. IX.

Syn : ♂ *Cucujus*. Fabr. olim — *Horia* Fab. l. c. ; Latr. loc. cit.

D'une manière générale, tout ce que nous avons dit de la composition de la bouche et des autres caractères de Horia s'applique à Cissites. Les seules différences sont les suivantes :

Tête beaucoup moins large que le corselet et celui-ci moins large que les élytres. — Les *crochets* des tarses sont armés de dents, mais celles-ci siègent toutes sur un épaississement du bord interne des crochets et ne sont pas précédées d'une rangée simple de dents comme chez Horia. (Fig. 28 ci-dessus.)

26. — TRICRANIA (Lec.)

τρίς trois ; κρανίον crâne.

Lec. Proc. Ac. Philad. 1860. p. 320.

Le genre Tricrania a été créé par Leconte pour trois espèces américaines qui appartiennent évidemment au groupe des Horiides, comme le démontrent la plupart de leurs caractères mais qui se distinguent des Horia et Cissites par le dernier article des palpes maxillaires plus long que le troisième. Ajoutons que les articles des antennes sont beaucoup plus serrés.

Caractères : Labre court, un peu émarginé ; *mandibules*, longues, fortes. saillantes, armées d'une dent vers le milieu de leur bord interne ; *mâchoires* à maxillaire, sous-galea, intermaxillaire et lobe interne soudés en une seule

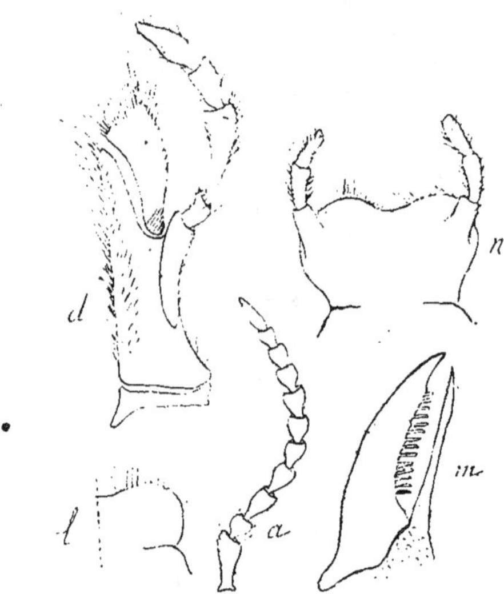

Fig. 29. — *Tricrania Stansburii : a* antenne ; *d* mâchoire ;
m ongle ; *n* lèvre inférieure ; *l* labre.

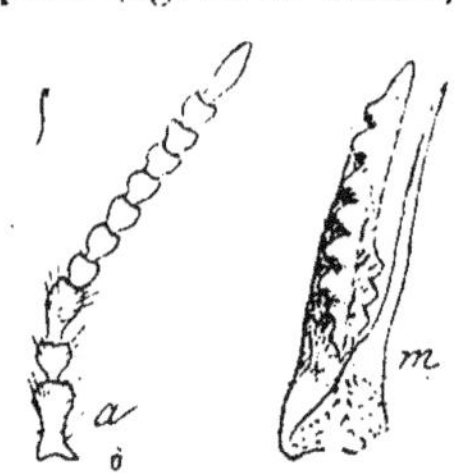

Fig. 30.—*Tricrania sanguinipennis; a*, antenne; *m*, ongle.

pièce (fig. 29 ci-contre) ; *palpes maxillaires à dernier article plus long que l'avant dernier; Lèvre inférieure* petite ; *Tête et corselet* à peu près de même largeur ou à peine moins larges que les élytres. Antennes à articles très serrés, globuleux ou à peine comprimés. *Ailes* parfois absentes (T. sanguinipennis); *pattes* robustes, cuisses postérieures un peu renflées. *Crochets* des tarses pectinés, à dents tantôt longues (Tr. Stansburii), tantôt courtes et formant une sorte de frange qui devient double en arrière (T. Sanguinipennis) (fig. 30).

II. — SOUS-ORDRE. — CANTHARIDES

27. — TETRAONYX (Latr.)

τετράς 4 ; ὄνυξ ongle.

Latreille in Humb. et Bompl. Observ. de Zool. II, p. 160.
Syn : *Apalus*, Fab. — *Lytta*,. Klug; J.-B. Fischer. —*Jodema*, Pasc. —
Picnoseus, Sol.

Labre transversal, à bord antérieur plus ou moins excavé. *Mandibules* inermes, peu saillantes. *Mâchoires* à maxillaire et galea différenciés ; inter-maxillaire et sous-galea soudés avec le lobe interne en une seule pièce. Palpe maxillaire de quatre articles, le dernier à peine plus long que le troi-sième. *Languette* à bord antérieur excavé. Palpes labiaux assez courts. *Tête triangulaire,* canaliculée sur le front, rattachée au corselet par un cou court. *Antennes* de onze articles ; le 1er assez long, le 2e globuleux, extrêmement court ; les suivants de forme variable, ordinairement courts et assez serrés, grossissant un peu vers l'extrémité ; le dernier article un peu plus long, atténué en pointe mousse. *Corselet* de forme variable, transversal ou presque arrondi. *Elytres* variant de forme ; dans les grandes espèces, elles sont courtes et larges, un peu resserrées de chaque côté en arrière des saillies humérales et se dilatent ensuite graduellement. En arrière, elles s'infléchissent manifestement en bas, et donnent ainsi à l'insecte une forme bien caractéristique. Dans les petites espèces elles paraissent un peu plus allongées, bien que conservant la même forme générale et l'insecte revêt assez bien, comme le dit Lacordaire, le faciès des Nemognatha.

Les *pattes* robustes chez certaines grandes espèces, sont proportionnellement grêles chez les espèces de petite taille. L'éperon externe des jambes postérieures est parfois plus robuste que l'interne. Les auteurs signalent comme un caractère spécial aux Tetraonyx la forme du pénultième article des tarses qui est large, court, triangulaire et *bilobé* comme aussi le plus souvent les deux qui le précèdent. Mais outre que chez certaines espèces, les articles en question s'allongent beaucoup, il y a lieu de rappeler que cette forme courte et bilobée se retrouve chez d'autres Vésicants tels que Spastica et Eletica, voire chez certaines espèces de Cantharis. Les *crochets* des tarses sont fendus, inermes ; les crochets inférieurs à peu près aussi longs que les supérieurs, sont à peu près de même largeur que ceux-ci mais moins épais.

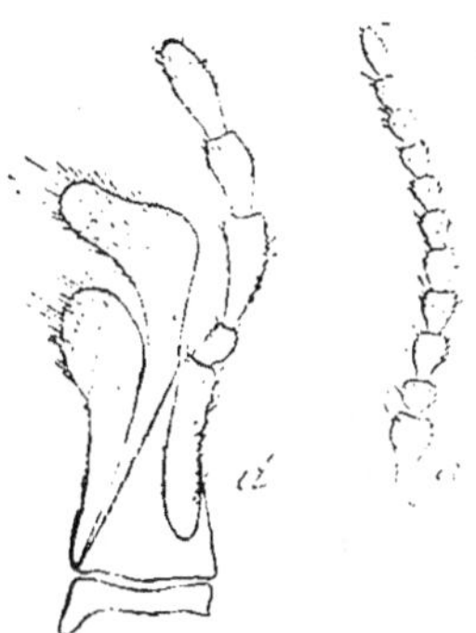

Fig. 31. — *Tetraonyx fulva:* a, antenne; d, mâchoire.

Haag Rutenberg (112) qui a publié assez récemment une étude détaillée du genre Tetraonyx se demande, après avoir comparé un très grand nombre d'espèces, si il y a vraiment lieu de distinguer le genre Tetraonyx du genre Lytta (Haag R.). Il montre en effet qu'entre les formes types de ces deux genres, on trouve à peu près tous les intermédiaires. Il conclut d'ailleurs à la conservation du genre Tetraonyx. On remarquera en effet que si par exemple la forme transversale, quadrangulaire, du corselet des Tetraonyx peut se modifier jusqu'à affecter la forme qu'on rencontre le plus souvent chez les Lytta, cette modification coïncidera rarement avec une altération dans le même sens des autres caractères empruntés soit aux élytres, soit aux tarses. Les formes intermédiaires signalées par Haag tendent à démontrer la parenté des deux genres, mais la

considération des formes typiques ne permet pas de se priver
du moyen qu'elles offrent d'établir une coupe dans ce groupe
déjà si considérable des espèces désignées par Haag sous le nom
générique de Lytta.

Caractères sexuels. — Haag signale chez les ♀ une plus
grande largeur des tarses antérieurs. Latreille avait vainement
cherché un caractère sexuel dans la comparaison des tarses, et
j'avoue pour ma part, que bien qu'ayant eu entre les mains la
plupart des espèces de ce genre, je n'ai pas trouvé ce caractère
bien saillant.

Picnoseus (Sol.). Solier, in Gay. Hist. d. Chili, t. V, p. 282.
— Solier avait créé ce genre aux dépens des Tetraonyx pour
une espèce (*T. flavipennis*) à antennes plus courtes, avec articles coniques, et corselet subcordiforme. Maintenant que les
espèces du genre Tetraonyx sont mieux connues, la section des
Picnoseus n'a plus sa raison d'être.

Jodema (Pasc.). Pascoe, Journ. of Ent. I. 1860. — Ce genre a
été créé par Pascoe pour une espèce (*J. Clarki*) du Brésil que
je n'ai pas eu l'occasion d'examiner. Haag Rut. ne croit pas à
la nécessité de cette coupe et fait rentrer le genre Jodema dans
ses Tetraonyx (*T. violaceipennis*, Luc.).

28. — SPASTICA (Dej.)

Dejean. Cat. 3ᵉ éd. 1837, p. 248. — Lacord. Géner. Col. V., p. 679.
Syn : *Gnathium*, Chevr. in. Guer. Icon. Reg. an. p. 1366; — *Lytta*. Erichson.
Schomb. Reisen, p. 566; Klug. nov. Act. Leop. XII.

Le genre Spastica, dit Haag Rut. (113), est parent des Tetraonyx
par les articles moyens des tarses élargis et bilobés, mais il s'en
distingue par le corselet arrondi latéralemeut et le cou grêle
et long. Les autres caractères répondent à peu près exactement
à ceux du genre Tetraonyx (1).

(1) Voici d'ailleurs la diagnose de Lacordaire : Menton transversal, rétréci et tronqué en avant, arrondi sur les côtés à sa base. — Languette évasée et échancrée antérieurement. — Palpes grêles ; le dernier article des labiaux court, subcylindrique ;
celui des maxillaires un peu triangulaire. — Mandibules dépassant assez fortement
le labre, simples au bout. — Labre très court, sinué en avant. — Tête courte, en
triangle curviligne ; col très grêle. — Yeux transversaux, entiers. — Antennes
assez longues, grêles, filiformes, à articles obconiques : 2 très court, 4-11 crois-

29. — CANTHARIS (Geoff.)

Geoffroy. *hist. des Ins. des Env. de Paris.* I. p. 339.

Syn. : *Meloe*, Linn.; — *Lytta*, Fab. Syst. entom. p. 260; — *Pomphopœa*, Lec., — *Tegrodera*, Lec.; — *Cabalia*, Muls.; — *Lagorina*, Muls.; — *Causima*, Dej.

Le genre Cantharis fut créé par Geoffroy pour la Cantharide officinale et quelques autres espèces dont un certain nombre formèrent plus tard le genre Œdemere d'Olivier. De Geer et Schæffer adoptèrent le genre Cantharis, mais Fabricius « trop fidèle, suivant l'expression de Latreille, à suivre son grand maître Linnœus » substitua à ce nom celui de Lytta. Latreille rétablit le genre Cantharis. Puis Brullé (expédit. scient. de Morée 1836) proposa de reprendre le nom de Lytta pour l'appliquer à une coupe du genre Cantharis. Les caractères indiqués par Brullé, paraissaient suffire amplement à différencier les deux genres alors qu'il ne s'agissait que d'un petit nombre d'espèces. Say avait déjà (1823), lui aussi, divisé les espèces américaines qu'il connaissait en deux groupes, Cantharis et Lytta. Dejean d'autre part dans son catalogue (1837) supprima le genre Cantharis pour reprendre le nom de Lytta et ajouter les genre Pyrota et Causima en même temps qu'il adoptait le genre Epicauta (Redtenbacher). Puis Leconte créa le genre Tegrodera. Mais bientôt (1852) ce dernier entomologiste reconnaissait que ces diverses divisions étaient inutiles et il réunissait les Pyrota, Epicauta, Tegrodera, Cantharis sous un seul nom, celui de Lytta. Cependant l'étude de nouvelles espèces amenait à créer de nouveaux genres ; Mulsant en France décrivait les genres Cabalia, et Lagorina. Leconte, en Amérique, instituait de nouvelles coupes, et en 1866 il publiait dans sa *classification des coléoptères*, un arrangement des Lyttini où figuraient les groupes suivants : MACROBASES: *Apterospasta* et *Macrobasis*; LYTTÆ : *Tetraonyx*, *Pleuropompha*, *Epicauta*,

sant peu à peu. — Prothorax transversal, arrondi sur les côtés, fortement rétréci et très brièvement tubuleux en avant. — Écusson médiocre. — Elytres allongées, parallèles. — Pattes médiocres; éperons des jambes postérieures, courts, robustes, égaux; tarses beaucoup plus courts que les jambes, leurs articles, sauf le premier et le dernier, triangulaires, très grêles à leur base; crochets fendus; leur division inférieure très grêle, la supérieure non pectinée. — Corps finement pubescent.

Pyrota, Pomphopœa, Lytta, Calospasta, Tegrodera; **EUPOMPHŒ :** *Eupompha;* **PHODAGŒ :** *Phodaga.* Comme on le voit dans cette classification le nom de Cantharis disparaissait encore une fois.

Horn en 1873 admit les genres Macrobasis, Epicauta, Pomphopœa et Pyrota et rendit aux Lytta le nom de Cantharis.

Mais le dernier mot n'était pas encore dit après tant de changements. Haag Rutenberg (1880) après avoir examiné un nombre considérable d'espèces non seulement d'Amérique mais de toutes les parties du monde arriva à cette conclusion qu'il est impossible de déterminer nettement chacun des groupes proposés et qu'on ne saurait trouver dans les caractères indiqués (rapports de longueur des antennes, plus ou moins grand développement du labre, etc.) des indications suffisantes pour caractériser ces groupes. Il s'accorde avec Lacordaire pour dire que si dans le but de délimiter quelques groupes, on cherche à rattacher les espèces à certains types bien caractérisés, il en restera toujours une masse qui paraissent devoir résister à toute tentative de cette nature. Finalement Haag Rutenberg groupe toutes les espèces sous le nom de Lytta. Plus récemment, Leconte et Horn (voir plus loin Additions), dans leur classification publiée en 1883, n'ont pas admis cette manière de voir et ont conservé les genres *Pleuropompha, Epicauta, Pyrota, Pomphopœa, Cantharis, Calospasta, Tegrodera, Macrobasis.* E. Dugès (voir Additions), pour les Vésicants du Mexique suit la classification de Lecomte et Horn.

J'ai dit plus haut comment j'ai été amené à admettre dans les insectes en question deux groupes, l'un renfermant le genre Cantharis, que je rapproche des Horiides et Tetraonyx, l'autre contenant les divers genres Macrobasis, Epicauta etc. sur lesquels j'aurai à m'expliquer plus tard.

Pour le moment il me suffit de rappeler que mon genre Cantharis est fondé sur la Cantharide officinale (C. *Vesicatoria*) que je sépare des Macrobasis et Epicauta à cause des mœurs si différentes de leurs larves et des caractères anatomiques également très distincts que présentent ces larves aussi bien que les insectes parfaits. Tandis que le triongulin de la Cantharide qui se nourrit de miel a quelques rapports morphologiques avec celui des Meloe, la 1re larve des Epicauta et Macrobasis qui se nourrit d'œufs d'Orthoptères paraît se rapprocher davantage du triongulin des Mylabres.

Je ne conteste pas que l'examen des caractères extérieurs des Cantharides et des Epicauta par exemple ne laisse voir parfois qu'assez difficilement les limites entre les deux genres, mais j'ai d'autre part (ch. III, pages 41 et suiv.) suffisamment montré que l'organisation interne est bien différente et qu'il y a lieu par suite de séparer complètement la Cantharide des Macrobasis, Epicauta etc. Toute la question revient donc à étudier suffisamment les caractères extérieurs de la Cantharide ordinaire prise pour type du genre Cantharide, de façon à préciser ces caractères et à pouvoir les retrouver dans les espèces les plus voisines. Il faut s'attendre d'ailleurs à trouver entre ces genres (Cantharis, Epicauta etc.) si voisins, des espèces à caractères extérieurs peu tranchés. Pour résoudre la question à propos de ces espèces douteuses il faudra attendre que les formes et les mœurs de leurs larves soient connues.

J'avais espéré que l'étude des mâchoires me permettrait de trouver, comme je l'avais fait ailleurs, un bon caractère propre à distinguer mes Cantharis de mes Lyttites ; il n'en est rien. Les mâchoires des Cantharis (Canth. Vesicatoria) ont la même composition et la même structure générale que celles de la plupart des Lyttites. Le maxillaire triangulaire est différencié, ainsi que le galea, tandis que toutes les autres parties, (sous-galea, intermaxillaire et lobe interne) sont soudées en une seule pièce. Sous ce rapport, Cantharis et la plupart des Lyttites ressemblent aux Meloe. (voir page 51).

Quoiqu'il en soit, les caractères du genre Cantharis sont les suivants :

Labre bien développé, ordinairement échancré au bord antérieur, à angles antérieurs arrondis couverts de longs poils. *Mandibules*, fortes, épaisses, ordinairement obtuses à l'extrémité, rarement prolongées en pointe ; à bord interne inerme ou seulement pourvu d'une dent qui fait saillie à quelque distance en arrière de l'extrémité. Prosthéca membraneuse rarement vésiculeuse. Maxillaire triangulaire toujours libre ; galea très coudé, en *bec de corbin*, tantôt libre, tantôt uni intimement à la pièce que forment en se soudant le sous-galea, l'intermaxillaire et le lobe interne (pl. XIX, fig. 5). Palpes maxillaires de 4 articles, dont le 2e n'excède ordinairement pas en longueur le dernier, et n'est guère plus du 1/3 plus long que l'avant-dernier. *Lèvre inférieure* à languette ordinairement un peu concave au bord antérieur. Palpes labiaux à dernier article rarement triangulaire, plus souvent cylindrique, en forme de barillet à extrémité terminale convexe. Le *vertex* montre, lorsque la tête est dans sa position normale, c'est-à-dire inclinée en bas, un bord postérieur peu épais, renflé de part et d'autre d'un sillon longitudinal médian plus ou moins profond. Quand ce sillon n'existe pas, le bord en question est toujours plus aplati sur la ligne médiane et un peu renflé à ses angles.

Le *corselet* est hexagonal, l'un des côtés étant antérieur, un autre postérieur. A l'union des deux côtés latéraux, il existe le plus souvent un angle saillant parfois très prononcé, ou s'atténuant beaucoup en s'arrondissant de manière que le corselet devient presque sphérique, mais sa forme reste alors encore reconnaissable.

Les *élytres plus larges que le corselet*, sont longues, recouvrent généralement l'abdomen et le dépassent même parfois en arrière. *Elles sont presque toujours glabres, planes* à la suture et marquées en avant de saillies humérales généralement très nettes. Toujours leurs *bords suturaux sont parallèles*. Leur bord antérieur est ordinairement creusé d'une fossette arquée, entre la suture et la saillie humérale.

Les *antennes* longues, à articles gros et relativement courts, sont filiformes, très peu atténuées, le plus souvent même légèrement renflées à l'extrémité. Le 2ᵉ article toujours très petit est globuleux. Le 3ᵉ un peu plus grand que le 4ᵉ n'atteint jamais le double de sa longueur. Le dernier article ovoïde, appointi à son extrémité, est plus long que ceux qui le précèdent.

Les *pattes* longues, à jambes armées de deux éperons ordinairement semblables aux jambes antérieures et intermédiaires, tantôt semblables, tantôt de forme différente et très variables alors aux jambes postérieures. Les *ongles* fendus, ont leur division inférieure de même longueur que la supérieure, mais un peu moins large et beaucoup moins robuste ; parfois hérissée de poils.

Caractères sexuels. Ceux-ci s'observent principalement dans les antennes, généralement plus robustes et plus longues chez les ♂ ; parfois même à articles moyens irréguliers.

Les caractères que nous assignons au genre Cantharis n'ont de valeur qu'autant qu'ils sont réunis en majorité dans l'espèce examinée. Il est certain que chacun de ces caractères peut s'atténuer et se perdre même complètement, mais les autres suffisent alors à la détermination. Ceux qui nous paraissent offrir le plus de constance sont : la forme du bord postérieur de la tête, celle du corselet et des élytres, la structure des palpes maxillaires et celle des antennes.

Nous comprenons dans notre genre Cantharis les Pomphopœa, et Tegrodera de Leconte, ainsi que les Cabalia et Lagorina de Mulsant et le Causima de Dejean.

Tregrodera a la division inférieure des ongles très courte et robuste (fig. 32).

Fig. 32. — Ongle de Tegrodera erosa.

Pomphopœa, offre un labre très profondément émarginé.

Cabalia (1), sous-genre à cuisses postérieures grosses et prothorax moins long que large.

Lagorina (2), a le prothorax plus long que large, les cuisses postérieures arquées et plus grosses que celles des autres pattes.

Causima, enfin, a un thorax en carré transversal, et sa forme courte et robuste lui donne le facies de certains Tetraonyx.

Tous ces caractères ne nous paraissent pas suffisants pour légitimer la création de genres spéciaux.

E. — LYTTITES.

Nos Lyttites comprennent un assez grand nombre de genres dont les principaux (Henous, Macrobasis, Epicauta) méritent à coup sûr d'être rapprochés dans un même groupe, car leurs larves sont semblables aussi bien sous le rapport morphologique que sous le rapport du régime. Elles se nourrissent d'œufs d'Orthoptères. Les genres que nous avons rapprochés de ceux-ci, bien que leurs larves soient encore inconnues, (Pyrota, Eletica) devront peut-être en être éloignés plus tard. Pour le moment, ils nous ont paru par l'ensemble de leurs caractères extérieurs pouvoir être placés dans notre groupe des Lyttites. Nous ferons remarquer toutefois que la structure de leurs mâchoires, dont toutes les pièces sont parfaitement isolables, les distingue très nettement des premiers genres qui ont ces organes construits sur le même plan que ceux des Cantharites, c'est-à-dire que le maxillaire est seul libre, toutes les autres parties étant soudées en une pièce unique. Pyrota et Eletica s'écartent encore de Macrobasis et Epicauta par l'absence aux pattes antérieures de ces « *sericeous hairy spot* » des auteurs américains, que E. Dugès désigne très heureusement (114) sous

(1) Muls. et Rey. Mém. de l'Ac. des Sc. de Lyon 1858 p. 154.
(2) Id., p. 149.

le nom d'*échancrures soyeuses*. Nous décrirons ces organes, dont
nous ignorons le rôle, à propos de la diagnose des Macrobasis.
Il résulte de tout ce qui précède que nos Lyttites comprennent
deux divisions très distinctes, mais comme les caractères empruntés aux mâchoires ne s'observent pas facilement sur les
pièces de collection, nous ne nous en servons pas pour établir
notre tableau systématique ; nous tenons toutefois à noter que
c'est sur cette considération que nous nous appuyons pour rejeter les Pyrota et Iletica à la fin de nos Lyttites, dans le but de
rapprocher les autres genres du groupe des Cantharites auquel
ils se rattachent par la structure des mâchoires.

Voici d'ailleurs comment on peut reconnaître les divers genres
constituant le groupe des Lyttites :

Pas d'ailes.
- Elytres plus courtes que l'abdomen.................. **HENOUS**
- Elytres plus longues que l'abdomen.................. **APTEROSPASTA**

Insectes ailés.
- Corps non velu. 1er et 2e articles des antennes
  - Allongés.............................. **MACROBASIS**
  - Courts. 3e article des palpes maxillaires
    - à peine 1/3 plus court que le 2e. **EPICAUTA**
    - 2 fois plus court que le 2e.
      - Division inférieure des ongles
        - égale en longueur à la supérieure. **PYROTA**
        - plus courte et très grêle.. **ILETICA**
- Corps velu.
  - antennes à dernier article épaissi.......... **CALOSPASTA**
  - antennes à dernier article allongé........ **ISELMA**

Incertæ sedis....................................
- **PHODAGA**
- **EUPOMPHA**

30. — **HENOUS** (Haldeman.)

Hald. Stansbury's Expedit. to Great Salt Lake 377, pl. IX.
Syn : *Meloe*, Say. Journ. Ac. Nat. Sc., Philadelphie III, p. 281.

Ce genre qui ne renferme qu'une espèce (*H. confertus*), présente un certain nombre de caractères qui semblent le rapprocher des Meloe, tandis que par d'autres caractères il confine
aux Lyttites. Leconte a signalé d'ailleurs ces analogies et s'est demandé s'il y avait lieu de séparer Henous de Lytta ; toutefois dans
sa nouvelle classification des Coléoptères (1883) il place Henous
dans ses Meloini après Meloe. Depuis que les recherches de
Riley (voir page 313) ont établi que *Henous confertus* est dans
sa période larvaire parasite des nids d'Orthoptères, il n'y a
plus, nous semble-t-il, aucun doute à avoir sur la nécessité de
retirer Henous du groupe des Meloe, pour le reporter dans celui

des Lyttites. On pourra seulement considérer ce genre comme une forme de passage, ainsi que le montre l'étude de ses caractères.

Fig. 33. — *Henous confertus:*
a, antenne; *m*, mandibule.

Caractères d'union aux Meloe. — Absence d'ailes; élytres plus courtes que l'abdomen; mandibules très puissantes avec large échancrure carrée, prolongées en pointe recourbée en dedans : pattes intermédiaires rapprochées des postérieures, mais moins toutefois que chez les vrais Meloes.

Caractères d'union aux Lyttites. — Tête à vertex bombé, et bord postérieur épais; elytres connées, convexes, étroites en avant. Antennes sétacées, à 3e article beaucoup plus long que le 4e; 2e article court et subglobuleux; 5e et 6e assez courts; les suivants s'allongent graduellement en même temps qu'ils deviennent très minces.

Ajoutons à ces caractères que le labre est émarginé; les mâchoires comme chez les Meloe et les Lyttites ont le maxillaire libre et le galea soudé avec les autres parties de la mâchoire en une seule pièce bilobée. Toutefois la soudure entre le sous-galea et l'intermaxillaire n'est pas si parfaite qu'on ne puisse distinguer une ligne de démarcation. Les lobes sont hérissés en dedans de très volumineux poils, raides et durs, ressemblant à des faisceaux de petites {baguettes rigides. Les palpes maxillaires, assez grands, ont le dernier article cylindrique, tronqué obliquement au sommet. Lèvre inférieure à languette échancrée; palpes labiaux à articles assez courts; le dernier un peu plus large, tronqué à l'extrémité. Corselet un peu plus long que large, bombé en dessus, s'atténuant légèrement en avant. Aux pattes postérieures, l'éperon externe est plus robuste, coupé obliquement à la pointe. Les ongles non dentés ont leur division inférieure un peu plus courte et plus grêle que la supérieure.

51. — **APTEROSPASTA**. Lec.

ἀπτερύγος sans ailes; σπάω tirer.

Lec. Classif. of the Coleopt. of N. A., p. 272.
Syn : *Lytta*. Say. Journ. of the Acad. of Philad. III., p. 303; *Macrobasis*, Horn.
Revision of the Species, in Proced. Amér. Philos. Soc. 1873.

Le genre Apterospasta formé par Leconte avec une espèce (*Lytta segmentata* Say) dépourvue d'ailes comme Henous, répond par tous ses autres caractères au genre Macrobasis. Aussi, Horn rejette-t-il la désignation de Leconte pour faire rentrer cette espèce au nombre de celles du genre Macrobasis. En fait, Apterospasta semble établir le passage du genre Henous aux Macrobasis et l'absence d'ailes nous paraît ici un caractère suffisant pour créer une coupe nouvelle dans un genre déjà si riche en espèces, puisque toutes ces espèces sont ailées.

CARACTÈRES. — *Labre* émarginé. *Mandibules* robustes, obtuses à l'extrémité, portant en arrière au bord interne une échancrure carrée sur le bord de laquelle s'attache une prostheca vésiculeuse. *Mâchoires* avec maxillaire triangulaire libre; galea soudé aux autres parties de la mâchoire en une pièce unique bilobée; lobes couverts de longs poils rigides. Palpes maxillaires développés, articles 2 et 3 presque égaux en longueur; 4 triangulaire, élargi, obliquement tronqué au sommet. *Lèvre inférieure* à languette émarginée; dernier article des palpes labiaux triangulaire, très élargi à la base. *Tête* sphérique, à bord postérieur épais, arrondi. *Antennes* longues, filiformes, très atténuées à l'extrémité; article 1 long, 2 plus court que 3. *Corselet* court et large, subglobuleux. *Elytres* allongées, un peu déhiscentes en arrière, convergentes en avant où elles sont de même largeur que le corselet. — *Pas d'ailes.* — *Pattes* longues, fortes, terminées par quatre ongles; les inférieurs plus minces mais plus larges que les supérieurs. Les pattes antérieures présentent un caractère qui montre bien que Apterospasta confine aux Macrobasis, car ce caractère se retrouve chez tous les Macrobasis. La face interne des cuisses antérieures, à son extrémité distale, présente une fossette

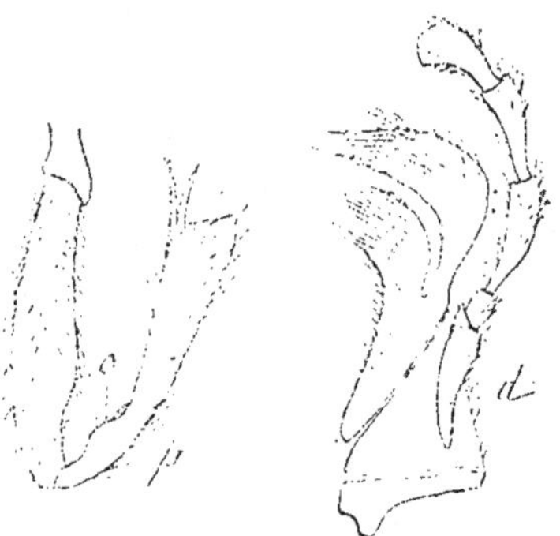

Fig. 34. — *Apterospasta segmentata :* *p*, patte antérieure; *o*, éminence couverte de poils tactiles; *d*, mâchoire.

allongée comme chez la plupart des Vésicants, mais le bord de cette fossette en arrière, se relève brusquement et est couvert de poils tactiles, incolores, ou jaunâtres, rappelant ceux des brosses des tarses. D'autre part, à son extrémité proximale (Fig. 34, *o*), la jambe présente une crête massive correspondant à la fossette de la cuisse et une petite cavité répondant au bord saillant de celle-ci; crête et cavité sont recouvertes de poils tactiles semblables à ceux de la cuisse (*échancrures soyeuses* de E. Dugès). Les *éperons* des jambes antérieures sont dissemblables; l'un est courbé, l'autre droit; aux jambes postérieures ils diffèrent également, l'un étant plus robuste et plus long. — Trois poils à la plantula comme chez les Macrobasis.

Caractères sexuels. — Les grandes dimensions du premier article des antennes sont particulièrement propres aux ♂.

32. — MACROBASIS. Lec.

Lec. Class. of the Col. of N. A. 1866. p. 272.
Syn. : *Lytta*. Fabr.

Le genre Macrobasis a été créé par Leconte pour des insectes de taille généralement assez grande, remarquables par le développement parfois énorme que prennent chez les ♂ le 1er et le 2e articles des antennes. Horn (loc. cit.) qui admet ce genre fait remarquer toutefois que l'atténuation de ce caractère chez certaines espèces rend difficile leur distinction d'avec les autres Lyttites (Epicauta en particulier). Cette observation très juste pour ce qui concerne les antennes considérées isolément, ne l'est plus quand on compare en même temps les caractères présentés par les palpes maxillaires et par la forme du vertex.

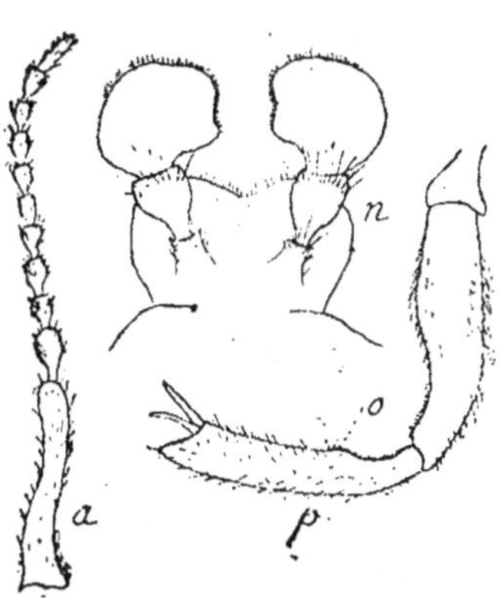

Fig. 35. — *Macrobasis albida* : *a*, antenne; *n*, lèvre inférieure; *p*, patte antérieure, avec *o*, éminence couverte de poils tactiles.

Caractères : *Labre* émarginé; *mandibules* larges et épaisses, pourvues d'une dent obtuse, quelque peu en arrière de la pointe. *Mâchoires* à maxillaire triangulaire libre; galea uni aux autres parties en une pièce unique bilobée. Palpes maxillaires assez forts; articles 2 et 3 presque égaux; 4 triangulaire élargi, coupé obliquement à l'extrémité. *Lèvre inférieure* à languette très légèrement émarginée; palpes labiaux à dernier article élargi, triangulaire. *Tête* arrondie derrière les yeux, *à bord postérieur épais, convexe*. *Antennes* sétacées. 1er article, démesurément allongé chez les ♂; plus court bien qu'encore très développé chez les ♀. Article 2 un peu plus court que 3 chez les ♀, beaucoup plus long chez les ♂. Articles terminaux allongés et graduellement plus grêles, ordinairement recouverts d'une pubescence jaunâtre. *Corselet* atténué en avant, à surface convexe parfois marquée d'un sillon médian, *sans angles saillants sur les côtés*. *Élytres* convexes, atténuées en avant où elles sont à peine plus larges ou de même largeur que le corselet. *Pattes* longues; *éperons* des jambes postérieures ordinairement inégaux, le plus robuste tronqué au sommet. Cuisses antérieures et jambes offrant la même disposition que chez Apterospasta. La saillie de la cuisse et la fossette de la jambe couverte de poils d'un blanc éclatant où d'un jaune d'or forment une tâche brillante. Articles des tarses pourvus de brosses. *Ongles* fendus, à division inférieure un peu plus large que la supérieure. Plantula portant 2 à 3 poils.

Caractères sexuels. Grand développement des articles 1 et 2 des antennes chez les ♂; remarquable forme du dernier article des palpes maxillaires dans le même sexe. Ces articles en effet se développent parfois considérablement en une pièce comme vésiculeuse (fig. 35, *n*).

33. — EPICAUTA. REDTENB.

REDTENBACHER. Faun. Austr. ed. 1. p. 631.

Syn. : *Cantharis; Lytta; Pleuropompha*, Lec.

CARACTÈRES. — *Labre* plus ou moins profondément émarginé. Mandibules robustes, parfois bifides à la pointe, le plus souvent sinuées au bord interne, les sinuosités s'accentuant souvent jusqu'à former deux ou trois dents obtuses. Prostheca vésiculeuse. *Mâchoires* à maxillaire triangulaire; galea soudé aux autres parties en une pièce unique profondément bilobée, le lobe externe coudé, recouvrant le lobe interne. Palpes maxillaires plus ou moins allongés; *article 3 égal à 2 ou un peu plus petit que lui.* Dernier article ovoïde allongé ou triangulaire. *Lèvre inférieure* à languette légèrement émarginée, souvent à bord droit ou un peu relevé au milieu. Palpes labiaux à dernier article de forme variable, cylindrique ou presque sécuriforme. *Tête* convexe en arrière des yeux; bord postérieur arrondi, épais. *Antennes* atténuées à l'extrémité; article 1 parfois assez long, 2 toujours court et le plus souvent très petit, en forme de bouton sphérique. *Corselet* atténué en avant, dépourvu de saillies latérales, convexe supérieurement, marqué ou non d'un sillon médian. *Élytres* convexes, convergentes en avant, à peine plus larges que le corselet. *Pattes* longues avec ou sans échancrures soyeuses. *Éperons* des jambes postérieurs ordinairement dissemblables, l'externe le plus souvent robuste, tronqué obliquement au sommet. *Ongles* fendus, rarement les supérieurs dentés sur le bord interne. Plantula portant deux à trois poils.

Caractères sexuels; très divers suivant les espèces.

Nous comprenons sous le nom d'Épicauta la plus grande partie des Lytta et Épicauta de Dejean. Nous y faisons rentrer également *Pleuropompha* de Leconte, qui ne se distingue des autres Epicauta américains que par la longueur du 2ᵉ article des antennes et par les côtes qui font saillie sur les élytres. Ces caractères ne sauraient évidemment être pris en considération

quand on songe aux nombreuses espèces asiatiques d'Epicauta
qui les présentent. Il est certain qu'on rencontre parmi les
espèces qui composent notre genre Epicauta des caractères
parfois assez aberrants, mais malgré les nombreux spécimens que
j'ai pu examiner, il m'a été impossible de trouver des caractères bien définis permettant de former des groupes distincts.

34. — PYROTA (Dej.)

Dejean. Cat. 3e édit. 1837. p. 246.

Syn. : *Lytta*, Fabr.; *Cantharis*, Geoff.

Lacordaire (loc. cit. p. 677, note 3) n'admet pas le genre
Pyrota, et le fait rentrer dans son genre Cantharis. « Il serait
difficile, écrit-il, de dire sur quoi Dejean a fondé son genre
Pyrota ; je présume que c'est sur la forme plus ou moins cam-
panulée ou conique du prothorax combinée avec des antennes
filiformes. » Que ce soient là en effet les raisons qui ont décidé
Dejean à créer le genre, la chose est possible, mais ce qui est
certain, c'est que Dejean a été parfaitement inspiré. On s'en rend
compte aisément lorsqu'on étudie avec soin les espèces en question, car on trouve, entre autres, deux caractères bien constants
qui les séparent complètement des autres Lyttites. Le premier,
et à nos yeux le plus important de ces caractères, réside dans la
structure des mâchoires (voir Fig. 4, A, p. 52) dont *toutes les
pièces composantes sont parfaitement différenciées et isolables*
au lieu d'être en grande partie soudées comme dans les genres
précédents. Le second caractère siège dans les palpes maxillaires
dont le pénultième article très court se trouve compris entre
deux articles relative ment assez longs. Voici d'ailleurs les caractères des Pyrota.

Labre émarginé. *Mandibules* puissantes, épaisses, à bord interne lisse ou
denticulé, portant au niveau d'une échancrure carrée un intermaxillaire vésiculeux. *Mâchoires* à maxillaire triangulaire portant couché obliquement sur
son côté interne, mais non soudé avec lui, un sous-galea cylindrique, sur
lequel repose l'intermaxillaire terminé par le lobe interne ; lobe externe coudé,
en dedans, articulé avec le sous-galea. La différenciation complète des
diverses pièces des mâchoires est tout à fait caractéristique. *Palpes* maxillaires de 4 articles ; 1 et 3 très courts et allongés ; 4 ovoïde ou cylindrique.
Lèvre inférieure à languette émarginée. Palpes labiaux de trois articles : 1,
très court ; 2, long ; 3, plus court, séculiforme, très obliquement tronqué au

sommet. *Tête* à bord postérieur assez épais. *Antennes* proportionnellement courtes, filiformes, un peu épaisses; article 1, long; 2, globuleux, très court; 3, un peu plus long que 4; les autres diminuent de largeur jusqu'au dernier qui est ovoïde un peu plus long que le pénultième. *Corselet* conique atténué en avant. *Élytres* un peu plus larges que le corselet, lisses comme lui. Membres assez longs et robustes; pas d'échancrures soyeuses. *Éperons* des jambes postérieures inégaux, l'externe très volumineux tronqué obliquement. *Ongles* fendus à division inférieure plus mince, mais de mêmes dimensions que la supérieure. Deux poils à la plantula.

Caractères sexuels. Chez les ♂, le dernier article des palpes maxillaires s'élargit transversalement d'une façon démesurée; atténué en dedans, il est très obtus et arrondi en dehors et sa face inférieure concave est tapissée d'un dense revêtement de poils tactiles.

35. — ILETICA (Dej.; Gemm. et Harold emend.)

GEMM. et HAROLD, Cat. Col. 1870. t. VII.

Syn. : *Eletica*, Dej. Cat. 3ᵉ éd.; Lacord. Gen. Col. V 1859, p. 672; *Lytta*, Fabr. Syst. Eleut. II. p. 78; *Cantharis*, Erichs. Agass. nomencl. zool.; col. p. 61.

Nous rapprochons le genre Iletica du genre Pyrota car ses mâchoires présentent également une différenciation de toutes les pièces composantes ; cette différenciation est ici portée plus loin encore car le lobe externe lui-même est libre tandis que chez tous les Vésicants, sans exception, il est soudé à l'inter-maxillaire. Comme chez Pyrota l'avant-dernier article des palpes maxillaires est très court (voir fig. 36).

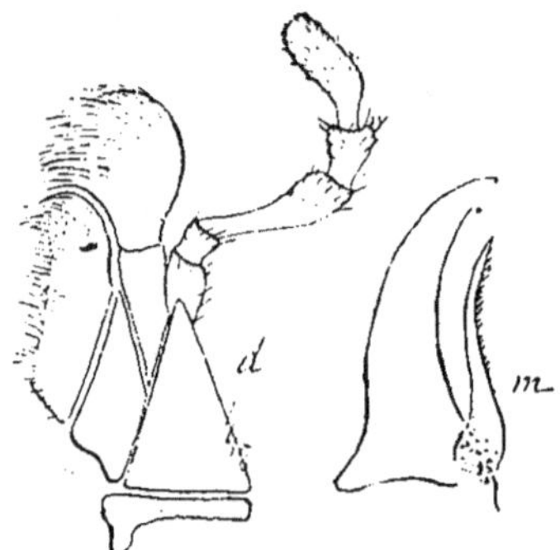

Fig. 36. — *Iletica rufa: d*, mâchoire; *m*, ongle.

Labre émarginé; *Mandibules* fortes, obtuses; *mâchoires* à maxillaire triangulaire, portant le sous-galea non plus couché sur son bord interne comme chez Pyrota, mais dressé, cylindrique et terminé carrément à son extrémité antérieure qui porte le galea arrondi. Intermaxillaire reposant à moitié sur le maxillaire et à moitié sur le sous-galea. Lobe interne allongé articulé et non soudé à l'intermaxillaire. Palpes maxillaires à pénultième article très court. *Tête* à côtés brusquement recourbés en bas; bord postérieur rétréci latéralement, d'apparence gibbeuse. *Antennes* à articles serrés, épais, comprimés: 1 long et arqué; 2 très court; 3 beaucoup plus allongé que les suivants et denté en scie comme eux. Article 10 fortement étranglé et donnant lieu à un faux article terminal. *Corselet* large, court, atténué en avant. *Élytres* plus larges que le corselet, fortement rugueuses et avec côtes saillantes. *Pattes* robustes; cuisses assez volumineuses. *Ongles* fendus, à division inférieure très grêle, plus courte que la supérieure et velue sur son bord interne.

Caractères sexuels : Le ♂ est de taille plus petite que la femelle; ses tarses antérieurs sont plus élargis, sa couleur (au moins chez certaines espèces) est différente.

36. — CALOSPASTA (Lec).

Ce genre se distingue de tous les Lyttites précédemment étudiés par la pubescence du corps. C'est la raison pour laquelle nous le rapprochons de Iselma, et aussi la raison qui légitime la place de ces deux genres aux derniers rangs des Lyttites, par suite près des Mylabrites dont le corps est également velu. Calospasta, d'après Leconte et Horn, est caractérisé par le labre non émarginé.

37. — ISELMA (Haag. R.).

Haag Rutenberg. in' Deutsch. Ent. Zeitsch. vol. XXIII. 1879. p. 402.
Syn. : *Meloe*, Thunberg. Dissert. nov. sp. Ins. VI. p. 107; Gemminger et Harold. Catal. VII. p. 2151; *Zonitis*, in coll.; *Cantharis*, Bilberg, Mon. des Mylabres. p. 73.

Haag Rutenberg a créé ce genre pour un certain nombre d'espèces originaires du sud de l'Afrique, qui se trouvaient décrites soit comme Meloe (Meloe ursus et hirsutus, Thumberg) soit comme Cantharis (Bilberg. loc. cit.) ou qui figuraient dans les collections sous le nom de Zonitis (Z. morio. Dej. Cat. Ed. III. p. 249). (1).

Toutes ces espèces qui ont une certaine ressemblance extérieure avec les Zonitis s'en distinguent par les ongles non dentés. Elles se différencient d'autre part des Cantharis par la forme des pièces de la bouche en même temps que par leur corps revêtu d'une forte pubescence qu'on ne retrouve que chez les Mylabres; la forme des antennes écarte d'ailleurs tout rapprochement immédiat avec ces derniers.

Voici les principaux caractères du genre Iselma d'après Haag Rutenberg.

(1) Au Zonitis morio, Haag joint les espèces de Dejean décrites sous les noms de hœmoptera, rufipennis, rubripennis, puncticollis, flavipennis, cribricollis et rotundicollis.

Tête étroite, faiblement boursoufflée en arrière; *menton* grand, plus long que large, arrondi en avant; palpes épais, de grandeur normale, articles assez longs, le dernier court; mandibules grandes, longues, parallèles infléchies en dedans à la pointe. *Antennes* allongées, dépassant la base du thorax; article 1, grand; 2, en forme de bouton; 3, aussi long ou un peu plus long que 4; 4 et 5 à peu près de même longueur; 6-10 augmentant peu à peu en longueur; 11 très allongé, épais, une fois et demi plus long que 10. *Thorax* rétréci en avant en un cou assez apparent. *Élytres* plus larges que le thorax, à épaules saillantes, devenant un peu moins larges en arrière, non baillantes. *Jambes* courtes et fortes; éperons des postérieures grands, robustes, les internes plus forts; articles des tarses faiblement émarginés, triangulaires, allongés. *Ongles* fendus, non dentelés.

INCERTÆ SEDIS.

38. — **PHODAGA** (Lec.)

Leconte. Proced. Acad. Philad. IX. 1858. p. 76 et Class. Col. (Smithson, miscellan. Coll.) 1861 p. 274.

Ce genre qui ne renferme qu'une seule espèce (*P. alticeps*) de grande taille, originaire d'Arizona est caractérisé de la manière suivante :

Yeux ovales, longitudinaux; *antennes* pas plus longues que la tête, insérées entre les yeux, filiformes avec le 2° article très court; dernier article des palpes maxillaires oval; palpes labiaux à dernier article cylindrique pas plus court que le pénultième qui est triangulaire; *mandibules* profondément émarginées à la pointe; *tête* conique à vertex très proéminent; pas d'échancrures soyeuses sur les jambes antérieures; *éperons* des tibias postérieurs longs et aigus; ongles non dentés, la portion inférieure un tiers plus courte que la supérieure.

Caractères sexuels. Le mâle a les jambes intermédiaires arquées, fortement élargies et profondément excavées tout le long de leur face externe.

39. — **EUPOMPHA** (Lec.)

Ce genre ne comprend qu'une seule espèce (*E. fissiceps*) à antennes filiformes, dont le principal caractère repose sur la forme des mandibules qui sont obtuses avec une dent subapicale; les élytres sont réticulées.

F. — **MYLABRITES**

Notre groupe des Mylabrites comprend comme genres types les Mylabris et Cerocoma qui paraissent tous deux, comme je l'ai expliqué plus haut, avoir dans leurs mœurs larvaires de grandes ressemblances. Nous ne sommes malheureusement pas complètement renseignés sur ces mœurs et nous sommes dans une ignorance complète au sujet de celles de trois autres genres (Lydus. Œnas, Alosimus) que leur étude anatomique nous conduit à placer dans le même groupe. Ce n'est donc que sous bénéfice d'inventaire que nous adoptons l'arrangement ci-dessous que les caractères suivants nous paraissent toutefois légitimer.

Chez les Mylabres (Mylabris, Coryna, etc.), les mandibules à la base de leur bord interne offrent une surface convexe saillante (*molaire* de Kirby), hérissée de nombreuses dents chitineuses, aiguës. Ce caractère, que nous n'avons rencontré jusqu'ici chez aucun Vésicant (sauf Gnathium), se retrouve également bien marqué chez Œnas et Alosimus. Le genre Lydus ne présente pas cette particularité, mais par tous ses autres caractères il est tellement voisin des deux précédents qu'on n'a jamais songé à l'en séparer. En particulier, il a, comme ces derniers, les ongles pectinés. Tous ces genres présentent d'ailleurs, dans la structure de leurs mâchoires, une ressemblance parfaite. Le lobe interne court et arrondi a sa surface supérieure très fortement convexe, et le lobe externe n'est plus coudé comme chez les Lyttites, mais élargi en forme de raquette courbée au-dessus du lobe interne (voir Pl. V fig. 30). Les Mylabres, dont les mâchoires ont la même structure, se différencient par leurs ongles inermes. On pourra donc dresser le tableau suivant :

<pre>
          ⎧Pectinés   ⎧lisse......................... LYDUS
          ⎪ Molaire⎨armée d'épines⎧
          ⎪   ⎩   Antennes⎨longues................ ALOSIMUS
Ongles. ⎨   ⎩très courtes, à articles serrés. ŒNAS
          ⎪non pectinés⎧armée d'épines................ MYLABRIS
          ⎪ Molaire⎨
          ⎩   ⎩lisse......................... CEROCOMA

                                          ⎧ CEPHALOON
                                          ⎪ SYBARIS
          Incertæ sedis...................⎨ RAMPHOLYSSA
                                          ⎪ DIAPHOROCERA
                                          ⎩ CORDYLOSPASTA
</pre>

40. — LYDUS (Mégerlé)

(*Lydien*)

(Mégerlé). Latr. Règne anim., éd. 2, V, p. 93, 1829.

Syn. : *Meloe*, Linné. Syst. nat. II, p. 651 ; *Mylabris*, Fabr.; Cyrill. Entom. Neapol.
Spécim. Pl. 3, f. 7.

Le genre Lydus, disent Brandt et Ratzburg (loc. cit.), est une forme de passage entre les genres Lytta et Mylabris. La forme des antennes les place entre ces deux genres; la forme du corps les rapproche plus des Mylabris que des Lytta. Nous nous associons complètement à cette manière de voir, et nous ajouterons que l'absence de molaire armée de pointes les rapproche des Lyttites, tandis que la structure des mâchoires les unit aux Mylabres.

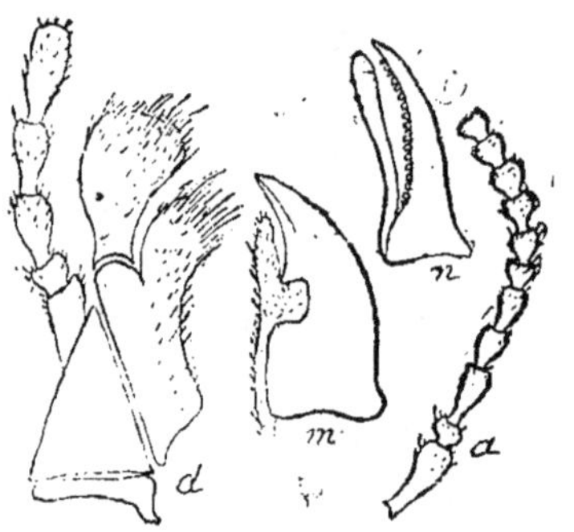

Fig. 37. — *Lydus algiricus* : *a*, antenne; *d*, mâchoire; *m*, mandibule; *u*. ongle.

Labre émarginé ; *Mandibules* assez robustes, pointues à l'extrémité, pourvues au bord interne d'une encoche carrée qui occupe à peu près le milieu de la longueur de ce bord (fig. 37 *m*). La position de cette encoche est très caractéristique, car chez tous les autres Vésicants elle siège plus en arrière, à l'union du 1/3 postérieur avec les 2/3 antérieurs du bord interne. *Mâchoires* à maxillaire triangulaire; *galea* dressé, élargi en raquette, couvert de longs poils; toutes les autres parties de l'organe soudées en une seule pièce prolongée en avant et en dedans en un lobe interne arrondi, couvert à son bord interne de gros poils raides. Aux palpes maxillaires: article 1 très court; 2 un peu plus long que 3; 4 cylindrique, convexe à son extrémité libre. *Lèvre inférieure* à bord sinué. Dernier article des palpes labiaux cylindrique, convexe au sommet. *Tête* triangulaire, vertex un peu saillant. *Antennes* très caractéristiques, article 1 allongé, 2 très court, globuleux, 3 presque aussi long que 1, 4 encore allongé mais près de moitié plus court que 3; 5 et 6 diminuant de longueur; 7, 8, 9, 10 courts, globuleux, assez serrés; 11 un peu plus long, atténué au sommet. Les articles de 6 à 10 forment une partie moniliforme qui tranche très nettement sur la région postérieure à longs articles, et qui donne à l'antenne des Lydus un aspect tout à fait particulier. *Corselet* à surface orbiculaire, plus long que large. *Elytres* plus larges que le corselet, un peu déhiscentes en arrière. *Pattes* allongées, cuisses postérieures plus volumineuses, un peu arquées. *Eperons* des jambes postérieures inégaux, l'interne

très puissant, coupé obliquement au sommet. *Ongles* fendus, les inférieurs
minces, obtus à l'extrémité, les supérieurs aigus et armés au bord interne d'une
double rangée de fortes denticulations.

41. — ALOSIMUS (Muls).

(ἀλόσιμος qui se laisse facilement prendre).

Mulsant Hist. nat. des Col. de Fr. (Vésicants), Ac. de Lyon, VIII, p. 150.

Syn. : *Meloe* Linné, Syst. nat. 12ᵉ éd., t. I, p. 680; *Lytta, Lydus.* Dejean, Catal.
Fairmaire, Catal., Col. 1862; *Œnas,* Tausch. Mém. Soc. Imp. nat. de Mosc.
1812, t. III, p. 152; *Cantharis,* Lucas, expl. sc. de l'Algérie, p. 393; *Halosimus*
Gemminger et Harold. Cat.

Mulsant créa ce genre pour un certain nombre d'espèces
décrites jusqu'alors comme Lytta ou Cantharis et chez lesquelles
il remarqua que les ongles étaient dentés (1). C'est là évidemment un caractère d'une certaine valeur, mais qui serait insuffisant à lui seul, car un certain nombre de Lyttites (E. fumosa
Germ. ; E. testacea, Fabr.; E. coccinea, Fabr.) ont également
les ongles pectinés. En réalité, c'est par un ensemble de caractères que les Alosimus ont pu être distraits des Cantharis pour
être rapprochés des Lydus. Ces deux genres Alosimus et Lydus
sont en effet si voisins que Fairmaire (Genera Col. 1862-63) se
refuse à les distinguer. « Il est impossible, dit-il, de séparer
des Lydus les Alosimus de MM. Mulsant et Rey; la seule différence appréciable réside dans le corselet et ne saurait constituer
un caractère générique. La forme des antennes varie à chaque
espèce : les mâchoires des Lydus trimaculatus et Alosimus
syriacus sont identiques et ne diffèrent de celles de Lydus algiricus que par la forme du lobe externe qui est plus fortement
arrondi. » Il y a, en effet, de nombreux points de contact entre
les deux genres en question, mais cependant la légitimité du
genre Alosimus paraît incontestable, quand on étudie avec soin
les caractères de ce dernier genre. Tout d'abord, les antennes ne
sont point aussi dissemblables dans les diverses espèces, que veut
bien le dire Fairmaire; en tous cas elles n'affectent jamais, chez
Alosimus la forme si caractéristique que nous avons décrite chez
Lydus. Leurs articles qui ont parfois une tendance à devenir

____

(1) « Mulsant, dit Lacordaire, s'est aperçu le premier que la *Lytta Syriaca* des
auteurs avait la division supérieure des crochets des tarses pectinée en dessous, et il
a fondé sur elle le genre actuel qui me paraît suffisamment caractérisé. »

globuleux restent toujours plus écartés et la forme générale n'est dès lors plus la même. Quant aux mâchoires, la forme des lobes est bien à peu près semblable en effet à ce qu'elle est chez les Lydus, mais il n'en est plus de même des rapports de longueur des articles des palpes maxillaires. Chez les Alosimus en effet, l'article 3 de ces palpes est beaucoup plus court proportionnellement à l'article 2 que chez les Lydus. A ce point de vue, Alosimus se rapproche davantage des Mylabris. Mais c'est surtout par l'examen des mandibules qu'on apprécie mieux la nécessité de séparer les Alosimus des Lydus. Chez les Alosimus en effet, es mandibules, puissantes, présentent une molaire hérissée de pointes aiguës qui contraste vivement avec la molaire lisse des Lydus et qui rapproche les Alosimus à la fois des Œnas et des Mylabris. Bien plus, tandis que chez Lydus l'encoche du bord interne de la mandibule était carrée à la façon de celle des Epicauta et siégeait (particularité propre à ce genre) vers

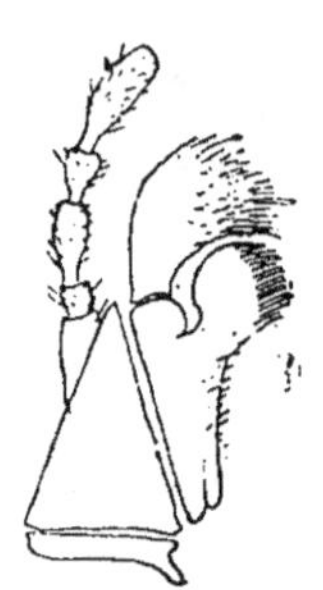

Fig. 38.—*Alosimus viridissimus* : mâchoire.

le milieu de ce bord interne, chez Alosimus l'encoche n'est pas carrée, mais arrondie et taillée obliquement à la façon de celle qn'on observe chez Œnas, mode qui établit un passage à la forme si caractéristique du bord interne des mandibules des Mylabris. Une dent fait saillie à l'extrémité supérieure de l'encoche. Enfin, la prostheca membraneuse, bien développée, est soutenue par une tige chitineuse anhyste, particularité qu'on retrouvera chex Œnas et Mylabris. — Pour ces diverses raisons, je pense donc que le genre Alosimus doit être conservé et qu'il établit le passage entre les Lydus et les Œnas en même temps qu'il contribue à rattacher ces deux genres au groupe des Mylabris.

Caractères. — *Labre* émarginé; *Mandibules* longues, bifides à la pointe. *Dent saillante* au bord interne, immédiatement au-dessus d'une encoche circulaire, obliquement creusée dans la mâchoire. *Molaire hérissée de pointes épaisses et courtes. Stylet chitineux* supportant la prostheca. *Mâchoires* à maxillaire triangulaire; galea dressé, élargi au sommet et un peu infléchi en dedans; les autres parties soudées en une pièce unique terminée par un lobe interne court et arrondi. (Fig. 38.) Article 3 des palpes maxillaires à peu près moitié plus court que 2. — *Lèvre inférieure* à bord concave; dernier article des palpes labiaux élargi. — *Tête* triangulaire. — *Antennes* dépassant beaucoup le corselet et prolongées jusqu'au quart ou au tiers des élytres, grossissant très légèrement vers l'extrémité ou de même diamètre d'une extrémité à l'autre : article 1 assez long et robuste; 2 très court, en bouton ; 3 un peu plus long que le suivant ; 4 à 10 courts mais plus longs que larges, tous à peu près semblables, non serrés; article 11 ovoïde ou un peu atténué à la pointe. *Corselet* orbiculaire plus large que long. *Élytres* un peu plus larges que le corselet, planes à la suture, légèrement déhiscentes en arrière. — *Pattes* fortes. — *Ongles* fendus, *la division supérieure pectinée.*

42. — ŒNAS (Latr.)

(οἰνάς, pampre)

Latreille. Hist. Nat. des Crust. et des Ins. t. X, an. XII, p. 392.

Syn : *Meloe.* Linn. Syst. Nat. t. I, p. 680; *Lytta.* Fabr. Syst. ent. p. 260; *Cantharis,* Oliv. Encycl. Méth. t. V. p. 280.

Les affinités de ce genre avec les Mylabres sont incontestables, et elles ont été parfaitement vues par Latreille. « Ce genre d'insectes, dit cet auteur, est très voisin de ceux des Mylabres et des Cantharides et on doit le considérer comme un chaînon qui unit le premier au deuxième. Les antennes des Œnas sont moniliformes, ce qui les distingue des Cantharides, de même grosseur partout ou grossissant très insensiblement, divergentes au deuxième article, ou faisant un angle, une espèce de coude, caractère qu'on ne voit pas dans les Mylabres... Les Œnas ont le port des Mylabres ou plutôt ce port tient le milieu entre ceux de ces derniers et des Cantharides. Les antennes ne dépassent guère le corselet, autre affinité avec les Mylabres. » A ces caractères nous joindrons ceux qui ressortent de l'examen détaillé des mandibules et des mâchoires. Comme chez les Mylabres, et de même que chez les Lydus et Alosimus, les mandibules sont pourvues d'une molaire hérissée de pointes; comme dans ces divers genres également la prostheca est soutenue par une tige chitineuse. Enfin, les mâchoires ont même structure générale. Mais les ongles sont pectinés ce qui rapproche les Œnas des Lydus et Alosimus, et les sépare des Mylabres.

Fig. 39. — *Œnas afear* : a, ongle; d, mâchoire.

Caractères. — *Labre* très légèrement émarginé. — *Mandibules* robustes.

aiguës. Echancrure du bord interne triangulaire, oblique, faible, sur laquelle s'insère *un stylet chitineux hyalin* supportant une prostheca membraneuse. *Molaire large, à surface relevée de pointes aiguës. — Mâchoires* à maxillaire large, triangulaire. Galea dressé, couvert de longs poils; les autres parties de l'organe soudées en une seule pièce (1) prolongée en un lobe interne court, hérissé de longs poils. Palpe maxillaire court dépassant à peine le galea; article 3 un peu plus court que 2; dernier article ovoïde, allongé. *Lèvre inférieure* assez profondément échancrée, angles antérieurs arrondis, larges. Palpes labiaux à dernier article cylindrique, un peu atténué au sommet. *Tête* un peu plus large que le corselet, celui-ci orbiculaire, à peu près aussi long que large. *Antennes courtes* ne dépassant pas le corselet; article 1 grand et robuste, 2 très court, globuleux, les suivants graduellement plus courts, très serrés jusqu'au dernier, en une sorte de colonne qui va grossissant un peu vers l'extrémité libre de l'antenne; dernier article ovoïde. A cette forme très caractéristique et à laquelle conduit, comme nous l'avons dit plus haut, l'antenne des Lydus, vient s'ajouter un caractère assez constant fourni par la disposition des articles 2 à 11 qui font un angle très marqué avec le premier. *Elytres* un peu plus larges que le corselet, planes à la suture. *Pattes* terminées par des *ongles* fendus, à division supérieure présentant de courtes dentelures obtuses.

43. — **MYLABRIS** (Fabr.)

μυλαβρίς nom des cantharides (Dioscoride)

Fabricius. Syst. entom. p. 261, 1775

Syn. : *Meloe*, Linn. Thunb. Pallas.; *Cantharis*, de Geer., Mem. pour servir à l'histoire des insectes. 1775; *Coryna*, Bilberg, Monogr. 1814. p. 73, note; *Hycleus*, Latreille, Règne An. t. III. 1re éd. 1817; *Dices*, Dejean. Cat. 1837; *Decatoma*, Dejean. Catal. Col. 2e édit.; *Actenodia*, de Castelnau, Hist. des Ins. T. II. page 268, 1840; *Synamma*, Dejean. 3e édit. 1837; *Arithmema*, Chevrolat. Iconogr. du Règne animal. 1840, p. 132; *Lydoceras*, de Marseul, Monographie. Mém. de la Société royale des Sc. de Liège. 2e Série. T. III. 1873 p. 376; *Ceroctis*, de Marseul. ibid. p. 546; *Mimesthes*, de Marseul, p. 546; *Megabris*, des Gozis. Bull. Soc. ent. de Fr. 1881. C. XIII; *Bruchus*, Harold; *Zonabris*, Harold, Coleopterolog, Hefte, XVI, page 134, note.

Le nom de Mylabris (2) fut employé d'abord par Geoffroy pour un genre voisin des Charançons auquel Linné attribua plus tard le nom de Bruchus. Le nom de Mylabris étant devenu par là sans application, Fabricius (1775) s'en servit pour désigner un nouveau genre extrait des Meloe de Linné. Le genre fut dès

(1) On observe parfois, comme aussi chez beaucoup de Mylabres, à l'extrémité postérieure de cette pièce une encoche qui est la seule trace de la soudure de l'inter-maxillaire et du sous-galea.

(2) Nom employé par Pline et Dioscoride pour désigner l'insecte de la chicorée (Mylabris Cichorii (Fab.)) qui était la Cantharide des anciens. Voir Linn. Amœn. Acad. T. VI. P. 138

lors accepté par tout le monde, et le nom de Mylabris est encore
admis aujourd'hui malgré les tentatives qui ont été très récemment faites pour lui en substituer un nouveau. Harold a proposé
en effet de désigner les Mylabris sous le nom de Bruchus puis
de Zonabris, et plus récemment, des Gozis (loc.cit.) pour obéir
aux lois de la nomenclature a proposé de revenir sur une déno-
mination acceptée depuis plus d'un siècle et de la remplacer par
le nom de Megabris. « Le nom de Bruchus Lin. (1767. Syst.
nat. éd. XII) doit disparaître, dit-il, primé à la fois par celui de
Mylabris (Geoffroy 1762) et par celui de Laria (Scop, 1763).
Par suite le genre Mylabris (Fabr. 1775, nec Geoff.) se trouvant
dépossédé pourra prendre le nom de Megabris. » Avec Fairmaire (1) nous pensons qu'il y aurait un réel danger à remonter
aussi haut dans l'origine de la nomenclature quand le besoin
d'un changement ne se fait pas sentir. Le nom de Mylabris
nous paraît trop généralement adopté pour que toute tentative
de le remplacer par un nom nouveau puisse avoir d'autre
résultat que de jeter le trouble dans les recherches sur un
genre qui présente déjà de grandes difficultés d'étude.

Le genre Mylabris en effet renferme un très grand nombre
d'espèces et ses caractères sont tellement fixes qu'il est à peu
près impossible d'y établir des coupes génériques d'une
réelle valeur. Les nombreux essais qui ont été faits à cet égard
sont encore une cause de complication de la synonymie de ce
genre. Nous dirons quelques mots des coupes qu'on a tenté
d'établir, en ajoutant de suite qu'elles ne peuvent résister à un

---

(1) Fairmaire (Bull. Soc. Ent. de Fr. 1881 p. CLIX) fait ces réflexions auxquelles
nous nous associons, à propos d'une autre note de des Gozis (Bull. Soc. ent. 1881,
p. CXIII) dans laquelle cet entomologiste propose de donner le nom de *Adromisus* au
genre Pachymerus de Latreille sous prétexte que ce dernier nom a été employé antérieurement par Lepelletier de St-Fargeau (Encycl. méthod. X, 1825) pour un genre
d'Hémiptère. — Le genre Pachymerus de Latreille était détaché des Bruchus (L).
anciens Mylabris de Geoffroy, comme le signale des Gozis. Fairmaire confondant
Mylabris, Geoff. avec Mylabris, Fab. (qui sont maintenant des Megabris pour des
Gozis) suppose que des Gozis veut appeler désormais les Mylabris du nom d'Adromisus. C'est une erreur, le nom d'Adromisus s'applique à Pachymerus ; c'est celui
de Megabris qui devrait d'après des Gozis remplacer le nom de Mylabris. Nous ne
relevons cette observation que pour montrer le danger qu'il y à toucher à une
nomenclature établie depuis longtemps et pour faire voir toutes les erreurs auxquelles on s'expose. Nous ajoutons d'ailleurs que nous n'éprouverions pas les mêmes
scrupules à relever dans la création de genres nouveaux des irrégularités semblables à celles qui ont pu être commises il y a plus d'un siècle.

examen attentif, car elles reposent sur des caractères d'une
valeur contestable et toujours inconstants. M. de Marseul qui a
donné une très belle monographie de ces insectes, reconnais-
sant l'utilité de coupes génériques dans ce groupe si nombreux
en espèces, tenta, mais en vain, d'en établir quelques-unes.
« Aucune de ces coupes factices, dit-il, ne porte le cachet d'un
genre naturel, » et il a dû se contenter d'admettre avec les sous-
genres, Actenodia, Coryna et Decatoma, déjà créés, trois autres
sous-genres : Lydoceras, Ceroctis et Mimesthes. — Avant
d'indiquer les raisons pour lesquelles nous rejetons ces coupes
nous allons exposer les caractères des Mylabres.

Caractères : Labre, légèrement émarginé, à angles arrondis couverts de
longs poils. *Mandibules tout à fait caractéristiques:* Elles sont moins robustes
que chez les Meloe et *dissemblables.* La droite, en effet, a son bord interne
sinué et porte un peu en arrière de la pointe une dent très développée, tandis
que la mandibule gauche est inerme.

Ce caractère nous a paru à peu près général et se rencontre
dans les deux sexes; Billberg l'avait bien observé, car il s'exprime comme suit, au sujet des mandibules : « Mandibulæ
corneæ, trigono compressæ, validæ, *dextra versus apicem uniden-
tata....*» Tous les auteurs ont reproduit la partie de phrase signa-
lant une dent, mais aucun d'eux, à ma connaissance, n'a relevé
qu'il s'agissait seulement de la mandibule droite et que la
gauche est inerme. Lorsque, ignorant l'observation de Billberg,
je trouvai ce caractère, je crus qu'il n'avait pas encore attiré
l'attention des entomologistes. Il me paraît en tous cas mériter
d'autant plus d'être signalé, que je l'ai également observé chez
Coryna et Decatoma. C'est donc un caractère très général de ce
genre et qui lui est tout à fait particulier, car aucun autre des
nombreux Vésicants que j'ai étudiés ne me l'a présenté. Les
mandibules des Mylabres offrent d'autres particularités de
structure également importantes. D'une part, on n'y trouve
plus, comme chez Meloe, Cantharis, etc., cette échancrure carrée
si caractéristique, mais une longue encoche obliquement taillée
d'arrière en avant s'étendant de la molaire à quelque distance
au delà du milieu du bord interne. Cette échancrure, je l'ai
dit plus haut, a quelque rapport avec celle qu'on observe chez

Œnas et Alosimus. Elle porte une prostheca que soutient une tige grêle, chitineuse. Enfin, chez Mylabris, comme chez Œnas et Alosimus, la molaire est hérissée de pointes.

Les *mâchoires*, à maxillaire triangulaire bien distinct, ont un galea dressé, élargi et arrondi à son extrémité, couvert de très longs poils fins et ondulés (1).

Les autres parties de la mâchoire sont soudées en une pièce unique terminée par un lobe interne hérissé de longs poils raides. — Palpes maxillaires, à article 2 environ 2 fois plus long que 3 et égal à 4 qui est cylindrique, un peu atténué au sommet. — *Lèvre inférieure* assez fortement échancrée, parfois même bifide; palpes labiaux à articles 2 et 3 presque égaux en longueur, 3 cylindrique un peu renflé latéralement. — *Tête* globuleuse, à labre proéminent. — *Antennes* relativement courtes; article 1 long; 2 très court, globuleux; les suivants longs et s'épaississant progressivement; le dernier ovoïde atténué à l'extrémité.

L'épaississement des antennes à leur extrémité, où les articles sont plus ou moins serrés, suivant les espèces, de manière à former parfois une sorte de massue, a été considéré comme l'un des principaux caractères du genre Mylabris.

Corselet à peu près de la même largeur que la tête; très manifestement rétréci en cou en avant; — *Élytres* recouvrant tout le corps, à surface convexe. Deux couleurs, le noir et le rouge ou le jaune se répartissent en dessins des plus variés. — *Pattes* assez longues; éperons des jambes postérieures ordinairement à peu près de même longueur. Les 4 premiers articles des tarses antérieurs pourvus de brosses formées souvent de poils d'une nature particulière que nous avons décrits page 33 et figurés pl. III, figure 16. Le 5e article est pourvu d'une brosse de poils durs, aigus, colorés. Ongles fendus, à divisions non pectinées. La plantula porte un grand nombre de longs poils.

Parmi les caractères que nous venons d'énumérer, on voit qu'un certain nombre d'entre eux (molaire hérissée des mandibules, tige chitineuse soutenant la prostheca, structure de la mâchoire, forme du galea) les rapprochent des Œnas et des Alosimus. La disposition serrée des articles terminaux des antennes rappelle jusqu'à un certain point ce qu'on observe chez Œnas et chez Lydus. Mais les ongles inermes les séparent de ces derniers genres pour les rapprocher des Cantharites et des Lyttites.

On s'est basé sur les caractères assez variables des antennes pour établir les sous-genres que nous avons cités plus haut.

(1) La forme de ces poils, tant sur le galea que sur les palpes, les antennes, etc., est absolument caractéristique des Mylabres. Pour qui a étudié un grand nombre de Vésicants, ce caractère des poils ne trompe jamais.

Quand on va plus loin dans l'étude de ces soi-disant sous-genres (Coryna. Decatoma. etc.), on s'aperçoit que ce sont en réalité des Mylabris. On y retrouve en particulier la même constitution si caractéristique des mandibules avec la mandibule droite unidentée et la mandibule gauche inerme. La molaire hérissée de tubercules pointus, la forme si remarquable des longs poils ondulés qui recouvrent les palpes et le galea. la bifidité de la lèvre inférieure, s'y retrouvent d'une manière constante. Il ne nous semble donc pas possible d'admettre ces coupes ; les caractères qui ont servi à les former peuvent d'ailleurs être utilisés pour établir le tableau synoptique des espèces. Voici, en effet, quels sont ces caractères :

Coryna. Billb. monogr. Myl., p. 73. 1813. (κορύνη, massue.). Syn. : *Hyclœus*, Latr. Règne An. V. 1829, 63; Casteln. Ins. II, 1840. p. 267; — *Dices*. Dej. Cat.

Ce sous-genre était formé d'espèces à antennes de 9 articles seulement, courtes ; le 1er article assez gros, le 2e en bouton, les suivants plus grêles, courts, serrés, grossissant un peu jusqu'au dernier qui est relativement énorme, irrégulièrement renflé et formant une sorte de massue. Ce dernier résulte évidemment de la soudure de plusieurs articles et peut en comprendre plus de 3, car nous avons trouvé des individus du genre Coryna chez lesquels l'article terminal était énorme et où on ne retrouvait plus à l'antenne que 7 articles.

Decatoma. Dej. Cat., éd. 2, p. 221. (δέκα, dix ; τόμος, morceau coupé.) Syn. : *Hyclœus*, Latr. ; — *Mylabris*, Fabr. Oliv. Pall., etc.

Cette coupe ne se distingue que par ses antennes formées seulement de 10 articles. Le dernier article est ovoïde, renflé et beaucoup plus volumineux que les autres. « Quoique d'ordinaire très compacte, dit de Marseul, il semble rarement formé de 2 articles dont on aperçoit alors la soudure. » Pour ma part, j'ai examiné nombre d'espèces de Decatoma (D. lunata, histrio, minuta, affinis, undata, etc.) et dans chacune de ces espèces j'ai trouvé des individus où une étude attentive révélait très clairement la soudure incomplète de 2 articles pour former le volumineux article terminal. Il était alors facile de compter 11 articles, comme chez les vrais Mylabres.

En somme, le nombre 10 est loin d'être constant, et cela

suffit à montrer que Decatoma doit lui aussi rentrer parmi les Mylabres.

Actenodia. Cast. Ins. II, 1840, 268. Syn. : *Actenoda*. Ericus. Faun. Angol., 1843; — *Arithmema*. Chevrol. Icon. Règne An., III, p. 384; — *Synamma*. Dej. Cat.

Antennes de 8 articles, terminées par une massue ovoïde d'un seul article; les mêmes observations que pour les genres précédents sont applicables à cette coupe artificielle.

Ceroctis. de Marseul, Monogr. loc. cit. p. 346. (κέρας, corne; χτείς, peigne.

Ce sous-genre, dit de Marseul, présente pour caractère. d'avoir les antennes de onze articles graduellement élargis et avec l'angle interne en dents de scie de plus en plus longues vers l'extrémité. Chez certaines espèces, et particulièrement chez les ♂, les dents sont allongées au point que les antennes sont pectinées. Ce caractère comme l'a bien vu de Marseul ne peut suffire à constituer un genre. Les Ceroctis sont des Mylabres comme l'attestent tous leurs autres caractères anatomiques et leur facies.

Mimesthes. de Mars. loc. cit., p. 567. (μῖμος mime, ἦθος habit.)

Cette coupe qui doit son nom à la singulière distribution de ses couleurs est formée d'une seule espèce (M. maculicollis Dej.). Elle se distingue « par la structure du prothorax, en carré transverse, ayant une tendance à la disposition cordiforme, dépourvu en devant de cette portion rétrécie plus ou moins étranglée, et par la structure des élytres, qui au lieu d'être arrondies en toit, rabattues sur les côtés et à l'extrémité, sont déprimées, atténuées par derrière et tronquées au bout avec l'angle sutural bien saillant quoique obtus. Ajoutez à celà des antennes de onze articles, dont les trois derniers tellement renflés et serrés qu'ils semblent n'en faire qu'un comme dans les Coryna. »

Lydoceras. de Marseul, loc. cit., p. 370. (Lydus, κέρας corne.)

Cette coupe ne comprendrait qu'une espèce de grande taille (L. fasciata Fab.), qui a des antennes de Lydus. Nous avons dit ailleurs que les antennes des Lydus se montraient manifestement comme un passage à celles des Mylabres. Cette re-

marque suffit à montrer combien le caractère invoqué ici est
de peu de valeur.

43. — CEROCOMA (Geoff.)

κέρας corne, κόμη chevelure.

Geoffroy. Hist. des Ins. des env. de Paris, t. I, p. 358. Pl. VI, fig. 9. 1762.

Syn. : *Meloe.* Linn.; — *Meloïdes* Piller et Mitterpacher, Revis. Kraatz. Berl.
Entomol. Zeit. 1863, p. 109.

Les caractères sexuels sont si nettement tranchés dans ce
genre, que chacun des sexes mérite une description spéciale au
moins pour ce qui regarde les palpes maxillaires et les antennes.

Mâles. — Les antennes ont une configuration tout à fait
extraordinaire ; les articles, au nombre de neuf sont très irréguliers, plus ou moins contournés sur eux-mêmes, et le dernier
de forme variable avec les espèces, est très développé transversalement, ovoïde ou réniforme et parfois relevé de bosselures.
— La mâchoire est également d'une structure toute spéciale.
Nous en avons donné uue description détaillée page 95 et des
figures, pl. V, fig. 21 à 24. Avec son galea très allongé et son lobe
interne en forme de brosse linéaire, elle pourrait à la rigueur
être comparée à celle des Nemognatha. Elle s'allonge en tous
cas assez loin au devant du labre ; mais le palpe maxillaire
défie toute comparaison. Les pattes antérieures ont les jambes
très fortement étalées ainsi que les premiers articles du tarse ; un
éperon obtus mais puissant au sommet de la jambe, forme avec
le premier article du tarse un anneau complet lorsque celui-ci
est replié au dehors.

Femelles. — Les antennes ont tout à fait la configuration
de celles des Mylabres, et plus particulièrement des espèces à
derniers articles serrés et renflés. On leur décrit généralement
onze articles, mais je n'en puis trouver que neuf ; il est vrai
que le volumineux article terminal présente des sillons circulaires qui sont l'indice évident de soudures. L'article 1 est
grand et robuste, 2 est extrêmement petit ; les autres vont
en grossissant d'abord très peu ; ils sont très serrés ; puis brusquement ils se renflent considérablement tout en restant très
rapprochés. Les mâchoires ont la même structure générale
que chez les mâles, mais les palpes sont moins singuliers.

L'article terminal est large et triangulaire, coupé un peu obliquement au sommet. Jambes antérieures simples.

A ces caractères sexuels des Cérocomes nous ajouterons les caractères suivants communs aux deux sexes.

Labre allongé, terminé par deux bouquets de longs poils (voir page 45 fig. 2, E). *Mandibules* allongées, à bord interne très concave, pourvues non plus d'une membrane velue, mais d'une tige chitineuse, colorée au sommet qui porte de longs poils. La tige chitineuse grêle que nous signalions chez Œnas, Alosimus et Mylabris, conduit à cette forme nouvelle et atteste encore le rapprochement entre ces divers genres. Pas de molaire. — *Lèvre inférieure* carrée, divisée longitudinalement en deux lobes. Palpes labiaux longs et grêles. — *Tête* orbiculaire. — *Corselet* un peu plus long que large, rétréci en avant. *Elytres* longues, planes ; toutes ces parties sont plus ou moins tomenteuses.

44. — CORDYLOSPASTA (Horn)

Ce genre ne comprend qu'une espèce *(C. Fulleri)*, il se distingue des Mylabres par la division inférieure des ongles plus courte que la supérieure et connée avec elle. Les antennes n'ont que 8 articles, le terminal formant une massue allongée qui égale en longueur les 4 précédents ; cette espèce est le seul représentant américain du groupe des Mylabres ; elle a été découverte par Horn dans le Nevada.

45. — SYBARIS (Steph)

Steph. Ill. of. Brit. Entom. V, p. 70,

Syn. : *Prionotus* Kollar et Redt. in Hügels. Kaschmir IV. p. 356.

Ces insectes que je ne connais pas ont les ongles fendus, à division supérieure pectinée. Il est probable qu'ils sont à rapprocher des Alosimus et Œnas et c'est en effet à côté de ces genres que les place Lacordaire. Les antennes à article 2 très court sont subsétacées, à articles obconiques.

46. — RAMPHOLYSSA (Kraatz.)

ράμφος, rostre ; λύσσα, rage.

Kraatz. Berl. ent. Zeitsch. 1883, p. 110.

Ce genre très voisin de Cerocoma par les antennes difformes chez le ♂, en diffère toutefois par le nombre des articles qui n'est que de 8. Voici d'ailleurs la description du genre :

Antennæ 8. — Articulatæ, articulo primo valde elongato, ultimo in utro-

que sexu longo, haud tumidulo, art. 2-5 maris deformibus. — Palpi maxil-
lares maris valde tumescentes, feminæ simplices, filiformes. — Caput in
rostrum productum, feminæ parum, maris valde convexum, oculis maris
repositis, genis circulatim leviter impressis. — Thorax elongatus, anterius
leviter angustatus, latitudine media triplo fere longior. — Pedes femoribus
posterioribus subcompressis, tibiis anticis maris ante medium valde subtri-
angulariter dilatatis, longitudinaliter leviter impressis.

17. — DIAPHOROCERA (Heyden)

διάφορος, différent; κέρας, corne.

Heyden. Berl. ent. Zeitsch. 1863, p. 126.

Ce genre se rapproche de Cerocoma par ses antennes difformes et des Mylabres par le nombre des articles qui est
de 11 dans les deux sexes. Heyden en donne la description
suivante :

Antennæ 11. — Articulatæ, articulo primo valde elongato, ultimo in
utroque sexu longo, angusto, intermediis irregularibus. — Mandibulæ in
rostrum productæ. — Tibiæ anticæ maris supra valde excavatæ et utrinque
sursum flexæ, feminæ simplices. — Femora in utroque sexu paululum com-
pressa.

CEPHALOON (Newm.)

Newman. Entom. Mag. t. V, p. 376.
Syn. : *Ichnodes* Dej. Cat. Ed. 3, p. 249.

Ce genre avait été placé par Newman, Dejean et Haldeman
parmi les Œdémerides. Leconte (Proced. of the Acad. of Philadelphie VI, p. 350), vu l'existence de quatre ongles aux tarses les
classa parmi les Méloïdes, et Lacordaire adopta cette opinion,
Plus tard Motschulsky le réunit aux Mélandryides. Mais depuis,
Leconte (Classif. of. Col. 1861-62) est revenu sur sa manière de
voir. Il fait de Cephaloon le type d'une famille, celle des Cepha-
loïdes, qu'il place avant celle des Mordellides, par conséquent
assez loin des Méloïdes. Leconte fait remarquer que Cephaloon
diffère des Méloïdes par le thorax aussi large à la base que les
élytres, et par la forme de la tête. Leconte et Horn, dans la
classification des Coléoptères de l'Amérique du N., 1883, p. 106,
maintiennent cette opinion et placent la famille des Cephaloïdæ
avant celle des Mordellidæ. N'ayant point vu cet insecte. Nous
ne pouvons que nous en rapporter à l'autorité de Leconte, et
considérer le genre Cephaloon comme n'appartenant pas aux
Méloïdes. Nous en parlons ici, pour mémoire.

ADDITIONS

1. — Développement des Meloe autumnalis et Meloe cyaneus.

Au cours de l'impression de la dernière partie ce livre, j'ai eu l'occasion d'observer les phases du développement de deux espèces de Meloe (M. autumnalis et M. cyaneus) dont le mode d'évolution n'était pas encore connu. — Ces deux espèces passent, comme on pouvait s'y attendre, par les diverses étapes de l'hypermétamorphose [1] : triongulin, deuxième larve, pseudo-chrysalide, troisième larve, nymphe et insecte parfait ; mais elles m'ont présenté certaines particularités inattendues dans leurs mœurs larvaires, et je crois bon d'en dire quelques mots.

Le 25 août 1888, je me trouvais aux environs de la ville d'Eu, dans le fonds dit de Saint-Pierre-en-Val, quand mon attention fut attirée par le grand nombre de galeries d'hyménoptères dont étaient creusées les parois verticales d'une carrière d'argile sableuse. J'entrepris des fouilles en cet endroit dont l'exposition S.-S.-E. expliquait la richesse en hyménoptères, et après un assez rude travail, j'arrivai à trouver un certain nombre de pseudo-chrysalides et de nymphes que je reconnus de suite pour appartenir à un Vésicant. Ces recherches continuées pendant plusieurs jours me mirent en possession d'un nombre relativement considérable de ces formes (environ 30 à 40), et les transformations finales survenues depuis m'ont appris qu'il s'agissait des Meloe autumnalis et cyaneus.

Toutes les pseudo-chrysalides, aussi bien d'ailleurs que les nymphes, furent trouvées séparément, à 0^{m}60 environ de profondeur, un peu plus avant que les cellules d'un hyménoptère que je n'ai pu recueillir adulte, mais qui paraît à la forme de ses cellules devoir être une espèce d'antophore. Un nombre considérable de cellules de Collètes ou d'Osmia se trouvaient d'autre part à quelques centimètres seulement de la surface de la paroi, et ont peut-être servi également d'hôtes aux triongulins des Meloe en question. Je ne puis me prononcer sur l'espèce d'hyménoptère choisie de préférence par le parasite, mais cela importe relativement peu du moment où nous savons que les Meloe sont mellivores, à l'état larvaire. Ce qui attira de suite mon attention, ce fut précisément de constater qu'il m'était impossible de déterminer dans quelles cellules d'hyménoptères vivaient ces larves de Meloe, et cela par la raison que les pseudo-chrysalides et les nymphes trouvées étaient toutes, sans exception, hors des cellules qu'elles avaient évidemment dévalisées avant de les quitter.

[1] Il est à noter, toutefois, qu'un Meloe (M. Erytrochnemus) observé par Brauer ne présenterait pas le stade pseudo-chrysalide. Ce fait est à vérifier.

J'avais quelque peine à croire qu'il en était bien ainsi, car les Meloe cicatricosus, coriarius, etc., dont les mœurs ont été étudiées par Newport et par Fabre, ont toujours été trouvés dans les cellules mêmes des hyménoptères dont ils avaient dévoré le miel. Moi-même, à Carpentras, j'ai recueilli nombre de ces Meloe arrivés à l'état parfait et encore inclus dans les cellules de l'Antophora pilipes. Le doute n'était cependant pas possible, les larves de Meloe autumnalis et de M. cyaneus étaient toutes, sans exception, renfermées dans de petites logettes creusées dans l'argile, loin des cellules d'hyménoptères. Ces logettes étaient cylindriques, arquées et non point régulièrement ovoïdes comme celles des Antophores. Leur paroi interne n'était point lisse, ni tapissée d'aucune sorte d'enduit hydrofuge comme cela est si fréquent chez les hyménoptères. Elles présentaient, par contre, des striations transversales reproduisant sans aucun doute le moulage des anneaux du corps de la deuxième larve. Jamais semblable empreinte ne s'observe dans les cellules des hyménoptères qui ont été façonnées par la mère et dont les parois ont été aplanies avec soin. A ces caractères venaient s'en joindre d'autres qui démontraient surabondamment que les logettes occupées par les pseudo-chrysalides n'étaient point les cellules d'un hyménoptère, et qui indiquaient en même temps de la façon la plus claire à quelle époque et par qui elles avaient été creusées et occupées en premier lieu. On n'y trouvait en effet aucun reste de miel, aucune trace d'excréments, aucune mue, sauf la mue de la deuxième larve fixée à l'extrémité postérieure de la pseudo-chrysalide. Or, on le sait, d'une part, la deuxième larve qui dévore avidement le miel rejette pendant tout le temps de ce repas des excréments en quantité considérable ; ces excréments s'accumulent à l'une des extrémités de la cellule et y forment une masse plus ou moins compacte qui se moule sur le fond. Au milieu de ces excréments, quand on les dissocie, on trouve les diverses mues par lesquelles passe la larve au cours de son accroissement. D'autre part, la deuxième larve arrivée à l'état ultime de son développement cesse de manger et aussi de rejeter des excréments. J'ai bien souvent guetté ce moment, lorsque j'élevais artificiellement des Cantharides, car je l'attendais impatiemment pour enlever mes larves du milieu à odeur parfois infecte où elles se trouvaient et les placer dans un tube rempli de terre où elles s'enfonçaient sans tarder pour creuser la cellule où s'opéraient leurs dernières transformations (voir page 303). Ceci posé, si l'on se rappelle qu'à partir de la transformation pseudo-chrysalidaire jusqu'à l'état parfait, les jeunes Vésicants ne prennent aucune nourriture, on s'explique parfaitement ce qui s'est passé pour les Meloe dont j'étudie la transformation.

Semblablement à la Cantharide et aux Epicauta et Cérocomes, la deuxième larve des Meloe autumnalis et cyaneus, arrivée à l'état ultime, abandonne la cellule de l'hyménoptère et va creuser en plein sol une logette dans laquelle elle s'enferme pour subir ses dernières transformations. Ne prenant dorénavant aucune nourriture, aucun excrément ne peut se rencontrer dans cette loge. D'autre part, on sait que l'état pseudo-chrysalidaire est par rapport à l'état de deuxième larve un état contracté (coarctata larva) ; on s'explique dès lors aisément comment la pseudo-chrysalide est assez à l'aise dans une loge contre les parois de laquelle les anneaux du corps de la deuxième larve sont venus se mouler. — Il reste donc bien prouvé que c'est la deuxième larve qui est venue creuser dans le sol la logette où nous trouvons la pseudo-chrysalide.

J'ai insisté sur ce point et cherché à l'élucider d'une manière aussi complète que possible parce que, comme je le disais précédemment, ce sont là des mœurs toutes différentes de celles que nous connaissions jusqu'ici aux Meloe. Le Meloe cicatricosus, qui reste enfermé dans la cellule de l'hyménoptère jus-

qu'à la transformation en insecte parfait, rappelle par là les mœurs des Zonitites et des Sitarites qui n'abandonnent également les cellules d'hyménoptères
où ils ont vécu que lorsqu'ils ont achevé totalement leur évolution. Les Meloe autumnalis et cyaneus, au contraire, en abandonnant les cellules de l'hyménoptère au moment d'atteindre la phase de pseudo-chrysalide, se rapprochent
par là des Cantharis et Epicauta dont les larves subissent leurs dernières transformations loin du lieu où elles ont vécu en parasites.

Ces faits me paraissent avoir une certaine importance quand on les réunit à
d'autres caractères pour en déduire la place que les Meloe doivent occuper
dans la tribu des Vésicants. De ce qui précède, on peut conclure que les Meloe
sont intermédiaires aux Zonitites et aux Sitarites d'une part, et aux Cantharides
de l'autre. Or, si l'on veut bien se reporter à ce que nous avons dit (page 360)
de la manière dont la troisième larve se comporte par rapport à la pseudo-
chrysalide, on verra chez les Meloe la troisième larve, lorsqu'elle est différenciée, rester à demi enveloppée dans la mue déchirée de la pseudo-chrysalide,
tandis que la troisième larve reste complètement incluse dans la mue pseudo-
chrysalidaire non ouverte chez les Zonitites et les Sitarites, et qu'elle sort
complètement de la mue pseudo-chrysalidaire chez les Cantharides. Par là
encore les Meloe se trouvent donc occuper une place intermédiaire aux deux
groupes, et nous avons indiqué ailleurs un certain nombre de caractères qui
viennent aussi à l'appui de cette manière de voir.

Sans m'attarder davantage à ces considérations, je vais donner une rapide
description des divers états larvaires des Meloe cyaneus et autumnalis que j'ai
en ma possession. Je dois dire tout d'abord qu'il m'est impossible de trouver
aucune différence dans les états larvaires des deux espèces et que la description s'applique exactement à l'une et à l'autre. — Les pièces que je possède me
permettent de compléter la description anatomique de la troisième larve que
l'absence de matériaux m'avait empêché de donner lorsque j'ai parlé des Meloe

Deuxième larve. — L'examen de la mue de la seconde larve m'a offert les
mêmes caractères que ceux qu'on observe chez les autres Meloe au même

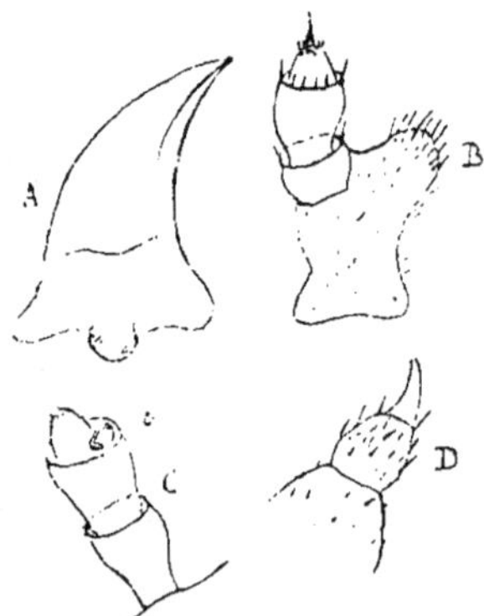

Fig. 40. — Pièces buccales de la 2ᵉ larve de *Meloe cyaneus*. — A, mandibule
B, mâchoire et palpe maxillaire;
C, antenne avec o trace du cône sensoriel ; D, patte et ongle.

stade. Cette mue, assez mince et délicate, est couverte sur toute sa surface de
petites saillies chitineuses, courtes, coniques.

Les pattes au nombre de trois paires sont courtes, renflées, et leur article terminal supporte un fort ongle chitineux plein, d'un brun rougeâtre, un peu courbe, à pointe mousse.

Les stigmates sont hémisphériques, relevés sur toute leur paroi interne de saillies chitineuses serrées, tournées vers l'orifice de la trachée.

Les pièces buccales (fig. 40) présentent les caractères suivants : *labre* velu, émarginé au centre ; *mandibules*, d'un brun noir, très résistantes, à peine longues de 1 millimètre, à bord interne concave, et recourbées à l'extrémité qui est en pointe mousse. Un condyle sphérique siège à la base de la mandibule et est reçu dans une cupule chitineuse hémisphérique. Les *mâchoires*, membraneuses, très minces, présentent un seul lobe hérissé de poils chitineux assez longs ; elles portent un palpe de trois articles, court et large ; l'article inférieur est presque annulaire, le moyen est très renflé, en barillet ; le terminal, beaucoup plus petit, est conique et présente à son sommet un gros poil entouré de poils plus petits. La *lèvre inférieure* est membraneuse, et porte deux palpes de trois articles, qui rappellent en plus petit la conformation des palpes maxillaires.

Les *antennes* enfin ont trois articles, l'inférieur cyathiforme, le moyen à peu près cylindrique, court et gros, le terminal conique et dejeté un peu latéralement. A côté de lui se voit un cercle qui est la trace de l'article sensoriel dont il a été déjà question à propos du Méloe et autres Vésicants.

Fig. 41.—Pseudo-chrysalide de *Meloe cyaneus,* grossie de 1/3 environ *m*, mue de la 2ᵉ larve.

PSEUDO-CHRYSALIDE (fig. 41). — Elle est blanche, légèrement teintée de rose. Sa dépouille lorsque la troisième larve l'a abandonnée présente au contraire une teinte ambrée jaune très caractéristique. Ses dimensions sont très variables, et sa longueur dans les spécimens que j'ai trouvés varie entre 10 et 16 millimètres. Elle a la forme naviculaire et tous les caractères qui ont été décrits page 256.

TROISIÈME LARVE. — La troisième larve présente la forme générale de la deuxième larve, mais sa tête est plus petite. Elle est complètement blanche, et rappelle avec son abdomen un peu renflé en arrière, la forme de la larve du hanneton. Ses pattes cependant sont très grêles, blanches comme le reste du corps.

L'examen des pièces buccales m'a montré les caractères suivants :

Les *mandibules* (fig. 42) peu robustes, colorées en rouge acajou pâle, sont à peu près droites, triangulaires, à extrémité libre obtuse. Sur l'un des bords, des crêtes d'épaississement chevauchent l'une sur l'autre et forment une sorte de râpe qui donne à ce bord vu de profil un aspect denté en forme de scie. Ces pièces sont donc absolument distinctes de celles que possédait la deuxième larve, qui étaient robustes, aiguës et recourbées, propres à prendre le miel ou à fouir le sol. Celles de la troisième larve sont admirablement appropriées à leur usage si elles doivent aider à la déchirure de la mue pseudo-chrysalidaire d'où la troisième larve sortira en partie.

Les autres pièces de la bouche sont dans un état de dégradation tout à fait conforme à celui que nous avons signalé déjà chez la troisième larve des Vésicants.

Les *mâchoires* complètement membraneuses portent un palpe conique très volumineux, dans lequel on ne peut distinguer très nettement les articles, ceux-ci n'étant accusés que par un très léger rebord irrégulièrement marqué.

Le sommet de ces palpes coniques est occupé par une courte saillie de nature évidemment sensorielle qu'entourent quelques saillies plus courtes et moins volumineuses. La *lèvre inférieure* est également membraneuse et les palpes la-

Fig. 42. — Pièces buccales de la 3ᵉ larve de *Meloe cyaneus*. — A, antenne
B, mandibule vue par son bord interne ;
C, vue par sa face supérieure ; D, mâchoire ; E, moitié de la lèvre inférieure avec palpe labial.

biaux coniques, surbaissés, sont pourvus à leur extrémité libre d'organes sensoriels de même nature que ceux des palpes maxillaires.

Quant aux *antennes*, elles présentent trois articles bien différenciés, cylindriques et diminuant de diamètre du premier au dernier qui se termine par un fort poil chitineux aigu, teinté de jaune, entouré de quelques poils plus courts Ce dernier article est excentrique par rapport au précédent. Il laisse place ainsi au cône sensoriel dont nous avons déjà reconnu l'existence dans l'antenne de la deuxième larve.

Les *pattes* m'ont paru dépourvues d'ongles, car même au microscope je n'ai pu en déceler la présence. Leurs articles mal différenciés sont par contre couverts d'assez longs poils aigus.

Au total, la troisième larve offre un état très marqué de dégradation des pièces buccales et des pattes qui se conçoit aisément, puisque cet état larvaire est absolument transitoire et qu'aucune nourriture n'est prise par la troisième larve. Les mandibules toutefois sont développées et façonnées de manière à permettre à l'animal, s'il y a lieu, de s'aider dans l'issue de la mue de la pseudo-chrysalide.

La NYMPHE complètement blanche, à pattes et antennes transparentes comme

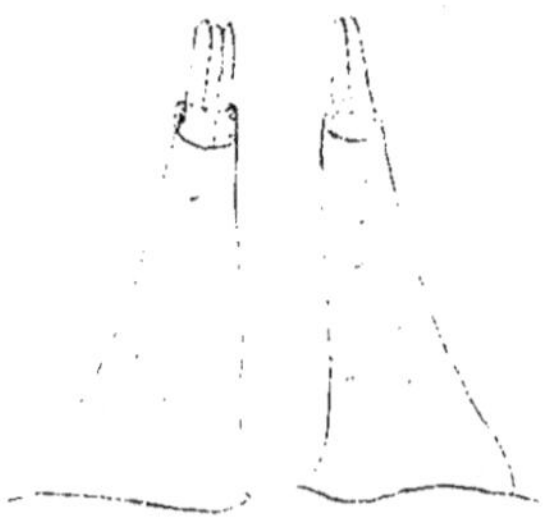

Fig. 43.
Poils recouvrant les tergites de la nymphe des *Meloe cyaneus* et *autumnalis*.

du cristal, reproduit les traits généraux de l'insecte parfait. Comme les nymphes des Vésicants qui évoluent hors de la pseudo-chrysalide, elle porte sur les tergites abdominaux de longs poils (fig. 41) visibles à l'œil nu. Nous figurons quelques-uns de ces poils qui se présentent comme de hautes éminences pyramidales incolores, terminées par un faisceau de deux ou plus généralement trois bâtonnets chitineux, épais et brunâtres, insérés dans une sorte de cupule que présente l'éminence à son sommet. — Par l'existence de ces poils, la nymphe des Meloe cymneus et autumnalis s'écarte de celles des Sitaris et Zonitis qui sont nues.

2. — Genre **LEONIA** et tribu des **HORNIIDES**.

E. Dugès (Ins. Life vol. I, n° 7, 1889, p. 211) a créé pour un Méloïde du Mexique, le genre LEONIA (1) (*L. Mexicana*) très voisin de HORNIA Riley, mais distinct par un certain nombre de caractères. Ainsi, les élytres bien que très courtes, sont plus longues que chez Hornia, et atteignent le milieu du premier segment abdominal. Les antennes n'ont que dix pièces, le dernier très grand et résultant probablement de la soudure de deux articles, comme le laisse à penser également la tendance qu'ont à se souder en un seul les articles 5, 6, 7 et 8. Les segments de l'abdomen sont entièrement subcornés; les ongles enfin sont munis chacun d'une longue épine représentant leur division inférieure.

Dugès reconnaît que le genre Leonia, par la forme des élytres et des ongles, appartient au groupe des Sitarides. Dans le bulletin de la Société Zoologique de France (1886, p. 579) le même entomologiste, à propos du genre Hornia, avait déjà discuté la place à donner à ce genre si voisin de Leonia. Dans les deux

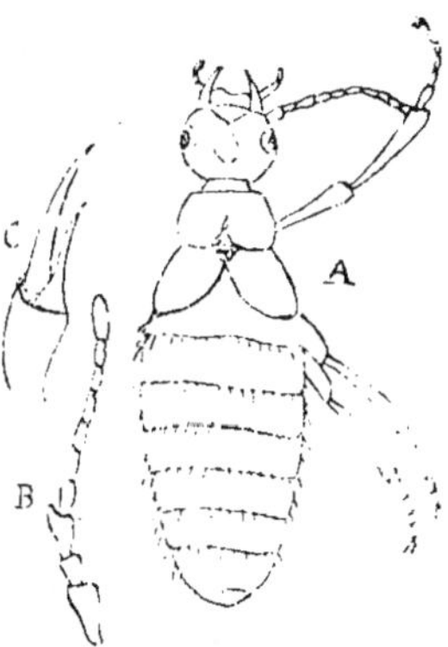

Fig. 44.
Hornia Rileyi, adulte, d'après E. Dugès. — B, antenne; C, Ongles.

genres, les élytres squammiformes ne recouvrent pas les pleures et seraient ainsi du groupe des Cantharides de Leconte et Horn (voir p. 455); mais le

(1) Primitivement *Hornia meicana*, E. Dug.

métasternum est court et les hanches postérieures recouvertes par les intermé
diaires comme dans les Méloïdes de Lacordaire. Dugès concluait alors en laissant, sous toutes réserves, le genre Hornia parmi les Sitarides à l'exemple de
Leconte et Horn. Dans sa nouvelle note sur le genre Leonia, il revient sur cette
manière de voir et propose de former une tribu nouvelle, celle des **Horniides**
intermédiaire aux Méloïdes et aux Cantharites et comprenant les deux genres
HORNIA. RILEY et LEONIA, E. Dug.

Pour ma part, je pense que ces deux genres appartiennent au groupe des Sitarides, pour les raisons que j'ai indiquées à propos du développement de Hornia, et qu'ils établissent le passage de ce groupe à celui des Méloïtes. Ils n'ont,
suivant moi, aucun rapport avec les Cantharites et c'est à mon sens une preuve
de plus qu'il y a erreur à considérer dans la famille des Vésicants deux divisions seulement, celle des Méloïdes et celle des Cantharides; la division des
Sitarides et celle des Zonitites ne peuvent faire un même groupe avec les Cantharides.

3. — Classification des Vésicants, par Leconte et Horn (1)

Pleures des méso et méta-thorax couverts par les élytres ; la portion infléchie des élytres très large......................	**Meloïni**
Pleures des méso et méta-thorax visibles ; la portion infléchie des élytres étroite................................	**Cantharini.**

MELOÏNI

Ongles dentés à la base.	
Elytres plus larges que l'abdomen, enflées, connées..........	*Cysteodemus.*
Elytres courtes. divergentes depuis l'écusson ; abdomen très gros..	*Megetra.*
Ongles fendus, divisions inférieure et supérieure égales.	
Elytres courtes, imbriquées................................	*Meloe.*
Elytres modérément longues, subconnées..................	*Henous.*
Ongles avec la division inférieure plus courte que la supérieure et connée avec elle.	
Elytres modérément longues, contiguës à partir d'une certaine distance de la base	*Poreospasta.*

CANTHARINI

Sous-tribus.

Front non prolongé au delà de la base des antennes; labre petit, à peine visible	HORIINI.
Front prolongé; suture frontale distincte; labre toujours dis-tinct ; mandibules longues, aiguës; lobes maxillaires souvent prolongés..	NEMOGNATHINI.
Mandibules non allongées, obtuses.	
Elytres rudimentaires	SITARINI.
Elytres entières.	
Antennes arquées et épaissies extérieurement..............	MYLABRINI.
Antennes droites, non épaissies........................	CANTHARINI.

(1) *Coleopt. of N. Amer.* in Smiths. miscell. coll. 1883. p. 415.

HORIINI

Tête large, trapézoïdale ; dern. art. des palpes maxillaires plus
court que le troisième.. *Horia.*
Tête modérément large, triangulaire ; dernier art. des palpes
maxillaires plus long que le troisième............... ...... *Tricrania.*

NEMOGNATHINI

Mâchoires à lobe externe prolongé, sétacé.
Antennes non épaissies extérieurement.................... *Nemognatha.*
— épaissies à la pointe........................... *Gnathium.*
Mâchoires à lobe externe non prolongé.................... *Zonitis.*

SITARINI

Voir genres Hornia et Leonia.

MYLABRINI

Représentés en Amérique par le seul genre *Cordylospasta.* Horn.

CANTHARINI (genuini)

Groupes :
Vertex non élevé
2ᵉ article des antennes, long........................... **Macrobases.**
3ᵉ — beaucoup plus long que le deuxième. **Cantharides.**
Vertex élevé ; 2ᵉ art. des antennes petit.
Mandibules obtuses.. **Enpomphæ.**
— émarginées........................... .... **Phodagæ.**

MACROBASES

Comprend le seul genre *macrobasis.*

CANTHARIDES

Pénultième article des tarses bilobé .... *Tetraonyx.*
Pénultième article des tarses cylindrique.
Division inférieure des ongles égale à la supérieure et sé-
parée.
Jambes antérieures pourvues de taches soyeuses, antennes
filiformes.
2ᵉ article des antennes égal à la moitié du troisième,
élytres à côtes... *Pleuropompha*
2ᵉ article des antennes très court ; élytres unies.
Mandibules prolongées dépassant le labre................. *Gnathospasta*
Mandibules courtes....................................... *Epicauta.*
Jambes antérieures, sans taches soyeuses.
Antennes filiformes, articles extérieurs cylindriques......... *Pyrota.*
— épaissies extérieurement, articles terminal ovale ou
arrondi.
Labre profondément émarginé......................... *Pomphopœa.*
légèrement émarginé .... *Cantharis.*

Division inférieure des ongles plus courte que la supérieure ;
labre non émarginé ; corps pubescent .... *Calospasta.*
 — émarginé. Corps glabre .... *Tegrodera.*

EUPOMPHÆ

Une seule espèce.

PHODAGÆ

Une seule espèce.

4. — Sur quelques triongulins et autres formes larvaires d'origine inconnue.

J'ai trouvé l'indication de quelques formes de triongulins dont je n'ai pas parlé et que je tiens à mentionner ici.

1º Lichtenstein, en 1884 (Bull. Soc. ent. de Fr. 1884, p. XXVIII), signale un triongulin noir trouvé sur le *Colletes niveo-fasciatus*, Dours (des îles Baléares). Ce triongulin, qui mesure 1 mm.08, se tient fixé sur l'abdomen et non sur le thorax de l'hyménoptère. Sa tête est enfoncée au-dessous de l'un des segments qu'elle soulève. A défaut d'une description plus complète, il n'est pas possible de soupçonner l'espèce de Vésicant à laquelle appartient ce triongulin.

2º Il en est de même et pour la même raison de triongulins également noirs, mais plus grands et pouvant atteindre 3 millimètres de long, trouvés par J. Pérez, de Bordeaux, fixés aussi sur l'abdomen de divers apiaires. (Bull. soc. ent. de Fr. 1883 p. XLIII.) Pérez a rencontré ces triongulins sur un grand nombre d'hyménoptères. Il cite : *Andrœna Lichtensteini.* Pér. de Sicile ; *Macrocera tricincta*, Erichs., de Hongrie ; *Antophora pennata.* Lep. d'Algérie et *eburnea* Radosk. d'Orenbourg.

3º Gerstœcker figure et décrit (in Baron Von Decken's Reisen in Ostafrica, 1873, 3º B. 2º Abth. p. 212), un triongulin trouvé sur *Anthia cavernosa* coléoptère carabique. Le corps de ce triongulin, d'un rouge brun, mesure à peine 1 millimètre de large sur 2 ᵐᵐ 05 de long. Il est bien difficile de décider si ce triongulin appartient à un Mylabre comme le suppose l'auteur ou à un Epicauta, comme le laissent à penser certains caractères de structure. A ce propos je dirai quelques mots d'un intéressant mémoire paru récemment in Verhandl. de Zool. Bot. vereins in Wien (t. XXVII, 1887). L'auteur, M. Fried. Brauer, a tenté d'établir une classification des triongulins des Vésicants, mais il me paraît s'être beaucoup trop fié aux descriptions parfois incomplètes des auteurs. C'est ainsi, par exemple, qu'il classe dans un premier type le triongulin des Sitaris qui en effet, par maints caractères, forme un type à part. Mais il énumère parmi ces caractères la présence d'un ongle, *sans soies latérales*, aux pattes. Or c'est une erreur ; qu'on se reporte à notre planche XIV et à nos descriptions, on y verra que l'ongle est accompagné à sa base de deux soies courtes il est vrai, mais parfaitement visibles. Ce qui caractérise bien plus sensiblement le triongulin des Sitaris, c'est la forme générale de l'abdomen, et l'existence des singuliers organes adhésifs qu'on trouve à sa face inférieure. Brauer place le triongulin de Sitaris dans le même groupe que ceux de Cantharis, Epicauta et Mylabris, tandis qu'il forme un deuxième groupe avec le triongulin du Meloe. Pour moi, il y a autant de raisons de former un groupe à part avec le triongulin de Sitaris ue d'en former un avec celui de Meloe ; Brauer eût dû en réalité établir trois groupes : 1° Sitaris, 2° Meloe, 3° Cantharis, Epicauta, Mylabris(?) ;

4° Enfin je dirai deux mots d'une larve pupiforme et d'une mue de nymphe extraite de l'une de ces pupes que décrit le savant professeur Laboulbène (Ann. Soc. ent. de Fr., 1874, p. 45, pl. 2, fig. 1 à 5). Ces pièces trouvées à Cannes en 1870 (voir Bull. de la Soc, ent., 1870, p. xxiii et xxiv) ont fait penser à M. Laboulbène qu'il pouvait s'agir d'un Méloïde ou d'un Rhipiphorien.

De la description et des figures, il ressort que ce n'est pas à un Méloïde qu'appartiennent la pupe et la nymphe en question. — Ici, en effet, l'insecte serait sorti par un trou fait à la partie céphalique de la coque pupiforme, ce qui n'est pas le mode d'issue des Méloïdes.

D'autre part, les pattes de la pupe pourvues de quatre articles et de deux ongles, sont sous ce double point de vue tout à fait différentes de celles des pseudo-chrysalides des Méloïdes dont les pattes sont réduites à des moignons très courts dépourvus d'ongles. Il en est de même de la nymphe qui n'a point la forme générale de celle des Vésicants et dont les antennes n'ont que cinq articles au lieu de onze ou huit au minimum.

Je partage donc complètement l'avis du professeur Laboulbène qui termine son étude en exprimant la pensée que c'est à un genre voisin du *Symbius* qu'appartiennent probablement les formes larvaires qu'il décrit.

5. — Sur les mues des Vésicants.

Dans le mémoire ci-dessus désigné, Brauer cherche à établir que les stades de mue (hautung stadium) des Coléoptères sont au nombre de quatre, qui correspondent aux quatre stades de développement de l'insecte : œuf, larve, nymphe, imago. Chez les Meloïdes il existerait le même nombre de stades de mue, mais dans l'intervalle de ces mues il s'opèrerait des changements de forme plus considérables que chez la plupart des Coléoptères, ces changements de forme n'ayant d'ailleurs aucune importance, puisqu'ils ont lieu dans le cours de la période d'accroissement et non dans le cours de la période de développement qui débute seulement à partir de la forme troisième larve. Les considérations sur lesquelles s'étend Brauer sont d'ordre un peu théorique et par cela même elles prêtent facilement à la critique. J'y reviendrai ailleurs avec plus de détails. Pour le moment, je tiens à noter que Brauer est dans l'erreur quand il considère seulement quatre stades de mue chez les Méloïdes, savoir : 1° une mue entre le premier stade larvaire et le deuxième ; 2° une mue entre le deuxième stade larvaire et le troisième ; 3° une mue entre le troisième stade larvaire et la nymphe ; 4° une mue entre la nymphe et l'imago. Il considère l'enveloppe de la pseudo-chrysalide (*tonne*) comme résultant d'un durcissement de la peau de la deuxième larve. Il semble ignorer que la pseudo-chrysalide est *issue* de la mue de la deuxième larve, mue qui tantôt (Sitaris, Zonitis) enveloppe complètement la pseudo-chrysalide, tantôt (Cantharis, Epicauta, Cercocoma, certains Meloe) livre passage à la pseudo-chrysalide et se retrouve sous la forme d'une petite masse frippée à la partie postérieure de celle-ci. Bien plus, chez Cantharis et certainement aussi chez d'autres Vésicants, au cours du développement de la deuxième larve, il y a une et même deux mues d'accroissement répondant non pas à des changements de forme très apparents, mais à des changements de volume de larve considérables. Le nombre des mues des Méloïdes n'est donc pas de quatre, mais de sept ainsi espacées :

1re larve, 1re *mue*; 2e larve, 2e *mue*, 3e *mue*, 4e *mue;* pseudo-chrysalide, 5e *mue;* 3e larve, 6e *mue;* nymphe 7e *mue;* imago.

Une partie de ces mues, celles qui sont comprises dans le stade 2e larve, ne sont peut-être que des mues d'accroissement. Les autres pourraient être considérées comme mues de développement. En tous cas, le stade pseudo-chrysalide ne peut être regardé, ainsi que le veut Brauer, comme appartenant au stade 2e larve. C'est un état stationnaire, une forme hibernale ou tout au moins latente, qui est caractéristique des Méloïdes (1) et de quelques autres insectes. Est-il le résultat des mœurs spéciales de ces insectes, ou fait-il normalement partie du développement des insectes coléoptères dont les Méloïdes nous donneraient un tableau dilaté, tandis que les coleoptères ordinaires nous en offrent le tableau contracté? C'est ce qu'il reste à établir.

(1) Brauer cite Meloe Erytrochnemus, qui ne passerait pas par le stade pseudo-chrysalide. Par contre, Fabre (Ann. des sc. nat. 1886) cite des cas d'hymenoptères qui lui ont présenté la forme pseudo-chrysalide et j'en ai trouvé moi-même une espèce qui vit en parasite dans les cellules de Colletes signata et qui me paraît être la même que celle observée par Valery-Mayet à coté des Sitaris Colletis.

BIBLIOGRAPHIE

1. ODIER. *Mémoire sur la composition des parties cornées des insectes*, in Mémoires de la Soc. d'H^re natur. de Paris, 1823, t. I.
2. LASSAIGNE. *Analyse du test du hanneton*, in Considérations générales sur l'Anat. comparée des anim. articulés, par Straus Durckheim, p. 33.
3. STRAUS DURCKHEIM. Considér. générales sur l'Anat. comp. des animaux articulés, 1828.
4. ROBIQUET. Annales de Chimie, t. LXXVI, p. 302.
5. CHAUTARD. Comptes rendus Acad. des Sc., 13 janvier 1873.
6. POCKLINGTON. Pharmaceutical journal and Transact., 1873.
7. LACORDAIRE. Suites à Buffon, pl. VI.
8. AUDOUIN. *Rech. anat. sur le thorax des articulés*, in Ann. des Sc. nat., 1824, 1re série, t. I.
9. BERNARD DESCHAMPS. *Rech. micr. sur l'org. des élytres des Col.* in Ann. Sc. nat., 1845.
10. E. CORNALIA. *Sopra i caratteri microscopici offerti dalle cantaridi*, in. Mem. della Soc. ital. di Scienze naturali. Milano, 1865, t. I, n° 10.
11. Fr. LEYDIG. Traité d'histologie comparée et Untersuch. zur Anat. und histologie der Thiere. Bonn, 1883.
12. CHABRY. Comptes rendus de la Soc. de Biologie, 1886.
13. LECONTE. *Synopsis of the meloïdes of the United States* in procedings of the Acad. of nat. Sciences of Philadelphia, t. VI, 1852-53.
14. V. AUDOUIN. *Prodrome d'une histoire naturelle des Cantharides*, Ann. des Sc. nat., t. IX, 1826.
15. TUFFEN WEST. *The foot of the Fly.* in Trans. of the Linn. Soc. of London, 1861.
16. KIRBY ET SPENCE. Introduction à l'Entomologie, vol. III, p. 386.
17. MULSANT. Monographie des Vésicants de France, Paris 1857.
18. LATREILLE. Dictionnaire classique d'histoire naturelle, 1822, t. II. Art. *Bouche*.
19. BRULLÉ. *Transformation des appendices dans les articulés.* Ann. des Sc. nat., t. II, 3e série, 1844, p. 367.
20. MILNE-EDWARDS. Anatomie et physiologie comparée.
21. BILLBERG. Monographie du genre Mylabris, 1813.
22. FAIRMAIRE. Genera des coléoptères d'Europe, 1862-63.
23. RAMHDOR. Verdauungs Werkz. d. Insecten, S-95.
24. BRANDT ET RATZBURG. Médicinische Zool. Berlin, 1830 et 1833.
25. L. DUFOUR. Ann. des Sc. nat., t. III, 1824. — t. V, 1825. — t. VIII, 1826.

26. GRABER. Die inseckten, 1879.

27. FABRE. *Instinct et métam. des Sphégiens*. Ann. des Sc. nat. 1856.

28. SIRODOT. Ann. des Sc. nat., 4ᵉ série, 1858, t. X.

29. HUET. *Recherches sur les Crust. isopodes*, in. journ. de l'Anat. et de la physiol., 1883.

30. CAZAGNAIRE. Comptes R. Ac. des Sciences (1886. 29 mars).

31. LÉON DUFOUR. Ann. des Sc. nat. zool., t. VI, 1825.

32. BLUM. Viertelj. Ph., 1866.

33. MASING ET DRAGENDORFF. New. Repert. de Ph., 1867.

34. BLUM. Journ. de Ph. et de Chim., 1878.

35. BÉGUIN. Hist. des Ins. qui peuv. être empl. comme vésicants, Paris 1874.

36. LAVINI ET SOBRERO. Journ. de Phᵢₒ., VIII, p. 467.

37. LEIDY. Améric. Journ. of the médic. sc., 1860, 1ʳᵉ série, janv.

38. BRANDT ET ERICHSON. Acad. des cur. de la nature, 1832, t. XVI.

39. BLANCHARD. Ann. des Sc. nat., t. V, 1846.

40. LECLÈRE. Thèse de l'Ecole de méd., 1835, et Ann. sc. nat., XIII, 1828.

41. LAVALETTE SAINT-GEORGES. *Ueber die Genese der Samenkörper*, Arch. für mikrosk. anat. Bd., III, 1867, et Bd. X (supplément), 1874. — Voir aussi Handb der Lehre von den Geweben, herausg. V. S. Stricker, 1870.

42. LANDOIS. Muller's Arch., 1866.

43. BÜTSCHLI. Zeitsch. für wissenschaftl. Zool. Bd. 21, 1871.

44. SIEBOLD. Ueber. die spermatozoïden der Locustiden 1845, et Mull. Arch., 1836.

45. BALBIANI. Ann. des Sc. nat., 5ᵉ série, t. XI, 1869. *Mém. sur la génération des Aphides*.

46. HERRMANN. *Spermat. chez les Sélaciens*, in. Journ. de l'Anat. et de la Physiol., 1882.

47. M. DUVAL. *Spermatoz. chez les Moll. Gastéropodes*. Rev. des Sc. naturelles, 1879; *chez la Grenouille*, ibid., 1880.

48 GILSON. La Cellule, 1885.

49. WIELOWIEYSKI. *Observations sur la genèse des Arthropodes*, in Archives slaves de Biologie, 15 juillet 1886.

50. DE LACAZE-DUTHIERS. Armure génitale femelle des insectes. Ann. des Sc. nat., 3ᵉ série, t. XII, XIV. XVII, XVIII, XIX.

51. STEIN. Vergl. Anat. und phys. der Ins., Berlin, 1847.

52. PLATEAU. Ann. Soc. ent. de Belg., vol. XIX, 1876.

53. CLOQUET. *Faune des médecins* (Cantharides), t. III, 1823.

54. FARINES. Journ. de Pharmacie, t. XII, 1826.

55. COURBON. Cᵉˢ. R. Ac. des Sc., 1855.

56. BERTHOUD. *Étude sur la canth. offic.* Thèse de l'école de Pharmacie, 1859.

57. FERRER. *Essai sur les insectes Vésicants*. Thèse de l'école de Pharmacie, 1859.

58. FUMOUZE. *De la Cantharide officinale*. Thèse de l'école de Pharmacie, 1867.

59. LISSONDE. *De la Cantharide*. Thèse de l'école de Pharmacie, 1869.

60. BRETONNEAU. J. de Pharmacie, t. XIII, 1828.

61. GEMMINGER ET HAROLD. Cat. Col., 1870.

62. RAFFRAY. *Note sur la dispersion géographique des Mylabris en Abyssinie*, in. Ann. Soc. Ent. de France, 6ᵉ série, t. V, 1885.

63. GEBLER *Des mylabrides de la Sibérie occidentale*, in. Nouv. mémoires de la Soc. imp. des nat. de Moscou, t. I, 1829 (t. VII de la Collection).

64. Ricardo J. Gorriz y Muñoz. Essayo para la monogr. de los Col. Meloïdos, Saragosse, 1882.

65. Fabre. Souvenirs entomologiques, 1879 et 1882.

66. Riley. Trans. of the Ac. of Saint-Louis, vol. III.

67. Durand. Journ. Philadelph. Col. Pharm., II.

68. Newport. Trans. of the Linn. Soc. of London, t. XX, 1re part.

69. Cooke (Dr). Pharmaceutical journ., 1870-71.

70. Walker. Madras Quarterly Médical Journal, III.

71. Lichtenstein. Bull. Soc. Ent. de Fr., 1875, p. civ, cv, cxxviii et cxl. (*Sur la ponte et la larve du Meloe cicatricosus.*)

72. Ricardo J. Gorriz, y Muñoz. Ann. Soc. Ent. de Fr. 1878. Bulletin, p. cxxxviii.

73. Goedart. Métamorphoses naturelles ou histoire des Insectes, 1700, t. II.

74. De Geer. Mém. pour servir à l'histoire des Insectes, t. V, 1775.

75. Frisch. Beschreib. allerd. Insekt. Deutschl., 1720, 6e part.

76. Ollivier. Entomologie ou hist. nat. des Insectes, 1795. Coléopt. E. III,

77. Latreille. Hist. des Crust. et des Insectes, 1802-1805, p. 379.

78. L. Dufour. *Description d'un genre nouveau d'insectes de l'ordre des Parasites.* Ann. Sc. nat., t. XIII, 1828.

79. Audinet de Serville. *Critique de la description de Dufour,* in. Bull. des Sc. nat. et de géologie, t. XV, 1828.

80. Kirby. Monogr. Ap. angl., t. II. (*Sur le Pediculus melittæ.*)

81. Walkenaer. Mém. pour servir à l'hist. des abeilles solitaires, Paris, 1817.

82. Géné. Ann. des Sc. nat., 1831, p. 138.

83. C. Th. V. Siebold. *Ueber die Larven der Meloïden,* in Entomolog. Zeitung. herausgegeben von dem Entomolog. zur Stettin, 1840-42.

84. Kubly. Zeitsch. Chim., 1866, et Journ. de Pharm., 1867.

85. Fumouze. Bull. soc. Entom. de Fr., 1869-70, p. xxx.

86. Derheims, de Saint-Omer. Journ. de Pharm. et de Chimie, 1826, p. 548.

87. Marseul (de). *Monogr. des Mylabris,* in. Mém. de la Soc. Roy. des Sc. de Belgique, 2° sér., t. III, 1873.

88. Audouin. Ann. Soc. Entom. de France, 1835, p. lxxvii.

89. Fabre. *Mémoire sur l'hypermétamorphose et les mœurs des méloïdes,* in Ann. des Sc. nat., 4e série, t. VII, 1857, et t. VIII, 1858.

90. Westwood. On introduction to the Classification of Insects, Londres, 1839.

91. Valéry-Mayet. *Description du Sitaris Colletis.* Ann. Soc. Ent. de France, octobre 1873.

92. Lichtenstein. *Sur le triongulin du Colletes fodiens,* Bull. Soc. Ent. de France, 1879, p. xxv.

93. Loschge. Beïtrage zur Geschichte der Spanischen Fliege in naturforscher, t. 23, 1788, p. 37-48, pl. I, fig. 4, 5, 6, 7 et 8.

93,a. Lichtenstein. *Sur la larve de la Cantharide.* Bull. Soc. Entom. de Fr. p. clxiii et cci, 1875.

— *Sur le développement de la Cantharide.* Ann. Soc. Ent. de France, 1879, p. 44, et Bull., p. xxv, lxv, lxxii et lxxvi.

— Comptes rendus Ac. des Sc., t. LXXXVIII, n° 21, 1879.

94. Rossi. Mant. Ins. Isis, 1792, p. 94.

95. Et. Giraud. Ann. Soc. ent. de Fr., 1866, p. 494, et Bull., 1866, p. xxxv.

96. Guérin-Méneville. Icon. du Règne animal.

97. Landsdown Guilding. Trans. of the Linn. Soc. of London, 1823-25, t. XIV.

98. Strauch (lettre à Reiche). Ann. Soc. ent. de Fr., 1863, p. 481.

99. Harris (cité par Riley).

100. Bécker. Bull. Soc. nat. de Moscou. 1880, LV, n° 1, p. 156 et t LX, 1884.

101. Geoffroy. Hist. des Ins. des environs de Paris, 1762.

102. Saint-Fargeau et Serville. Encycl. méth., t. X.

103. Doubleday. Entomol. Magaz., t. II, 1835.

104. Réaumur. Hist. des insectes, Paris, 1734-1742.

105. Duméril. Hist. des crust. et des insectes, 1802-1805.

106. Latreille. Règne animal de Cuvier. t. III, 1817.

107. Latreille. Familles naturelles du règne animal. 1825.

108. De Castelnau. Hist. nat. des insectes, t. II, 1840.

109. E. Blanchard. Hist, des insectes, 1845.

110. Lacordaire. Genera. des coléopt., 1854-1869.

111. Leconte. *Classif. of. col.* in smith. miscell., coll. 1862.

112. Haag-Rutenberg. *Beiträge zur Kenntniss der Canthariden.* in Entomolog. Zeitung. Stettin. 1879, p. 249.

113. Haag-Rutenberg. *Beiträge zur Kenntniss....* in Entom. Zeitung. Stettin, 1879, p. 513. II. *Spastica.*

114. E. Dugès. *Tableau synopt. des genres de Vésic. du Mexique,* in Bull. Soc. zool. de Fr., 1886, p. 580.

115. Katter. *Monogr. des méloïdes,* in Ent., nachricht. Putbus, 1883.

CATALOGUE DES ESPÈCES

ZONITITES

NEMOGNATHA Illig. (42 espèces.)

(Voir page 395.)

---

abdominalis. Lucas. Casteln. Voy. 1857, p. 148. — Gemm. et Harold. Cat.
Coleopt, 1870, t. VII., p. 2163.................... .... Brésil.
angolensis. Harold. Col. Heft. xvi, 1879, p. 142........... Angola.
apicalis. Lec. Synop. p. 345. in Proced. Ac. Sc. of Philad. t. VI, 1852. — Id.,
Short Stud. in. Trans. Amer. entom. Soc. 1880, viii, p. 212. Californie.
atra (1). Buquet, in litt....... .... Brésil.
bicolor. Lec. Synop. p. 345. — Gemming. et Harold. Catal. Col. vii, 1870. —
Lec. *Short Stud.* in Trans. Amer. entom. Soc. 1880, viii, p. 213. Missouri.
Var. : *Stellaris* [2] (nob.).
　　　Discolor, Lec. Proc. Acad. Philad., ix, 1858, p. 77.
bicolor Lucas. (Voir **N. Lucasi** Har.)
bicolor Walk. (Voir **N. Walkeri** nob.)

(1) Nous trouvons avec cette indication, dans la collection du musée de Bruxelles, un individu
d'assez forte taille, mesurant 12^{mm} de long sur 4^{mm} de large, qui présente les caractères
suivants : mâchoires courtes ; tête, corselet, abdomen et pattes d'un beau noir luisant. Sur le
corselet une fossette profonde de chaque côté de la ligne médiane, vers le tiers antérieur.
Elytres d'un bleu violet à reflets métalliques. Cette espèce, par la distribution des couleurs
ressemble tout à fait à N. Lucasi, mais chez celle-ci les mâchoires sont très allongées, tandis
qu'elles sont courtes dans l'espèce de Buquet, à laquelle nous conservons le nom de *atra*.

(2) Nous possédons dans notre collection un insecte qui provient de Californie et qui répond parfaitement à la description du N. bicolor de Leconte, mais la couleur de la tête et du corselet
est d'un jaune rouge beaucoup plus clair, et le corselet présente vers son bord postérieur, un
dessin très curieux et très bien marqué en brun clair, figurant une sorte d'étoile composée d'un
point brun central et de rayons émergeant d'une auréole claire ; 2 de ces rayons sont dirigés
en avant, 2 autres sont placés transversalement à droite, 2 autres à gauche. Pour que l'étoile
soit complète il manque 2 rayons en arrière, mais la limite du bord du corselet ne leur a pas
permis de se développer. Ce dessin se retrouve, quoique vaguement, quand on étudie avec
soin la couleur brune qui enfume la teinte jaune du corselet de certains spécimens de bicolor.
C'est pour cette variété que nous adoptons le nom de *Stellaris*.

calceolata (1). Guér. Incon. règne Anim. p. 136. — Lec. Synop. p. 349 et
liste col. N. Amér. 1886, p. 69, note 2. — Gemminger et Harold, Cat. col.
vii. 1870.... .... Amérique bor.

chrysomelina. Fabr. Syst. ent. p. 126. — Id. Syst. Eleuth. t. II, p. 24. —
Muls. Vésic. p. 180. — Jacq. Duv. Gén. Col. iii, pl. 96. fig. 479. — Gemm.
et Harold, Cat. col. vii, 1870..... .... Europe mérid.
Syn. : *chrysomelina* Oliv. Encycl, méth. viii, p. 175. — Lec. Expl. Alg. Ent.,
p. 396, pl. 34. fig. 8.
flavipes. Ménétr. Mém. Ac. Pet. vi, 1849, p. 248. pl. 4. fig. 15. Turcomanie·
Var. : *nigripes* (2). Suffrian Stett. Zeit. 1853, p. 236. — Muls. Vés., p. 178,
fig. 24-25. — Kiesenw. Berl. Zeit. 1861. p. 251. — Gemm. et Harold,
Cat. col. vii, 1870....................... .... Europe mérid.
5-*Maculata* (3). Suffrian, Stett. Zeit. 1853, p. 235. — Gemm. et Harold,
Cat. col. vii, 1870. ....5.......... Egypte.

cœrulans. Fairm. Ann. Soc. ent. de Fr. 1887, p. 309........ Afrique trop.

cœruleipennis. Perty, Del. anim. 1830, p. 67, pl. 13, fig. 15. — Casteln.,
Hist. nat. II, p. 280. — Gemming. et Har., Cat. col. vii, 1870. Cayenne.
Syn. : *cyanipennis*, Dej., Cat. 3° édit. p. 249.
fulviventris (4), Deyr. in litt.

collaris (5). Cast. Hist. nat. II 1870. p. 280. — Dej., Cat. 3° édit., p. 249. —
Gemming. et Harold, Cat. col. vii, 1870................... Cap.

---

(1) Nous trouvons dans la collection du musée de Bruxelles 2 individus qui portent l'indica·
tion N. Calceolata Dej. in litt. Ils ressemblent beaucoup aux vittigera de Lec. D'autre part
Leconte indique le *N. Calceolata* de Guérin comme voisin de son *lurida* mais ajoute-t-il la
description de Guérin est insuffisamment détaillée. Somme toute, N. Calceolata est une espèce
douteuse.

(2) Nous nous décidons à réunir les 2 espèces *Chrysomelina* (Fabr.) et *Nigripes* (Suffr.), après
avoir comparé un grand nombre d'individus de diverses collections, qui nous ont montré des
intermédiaires tels que le doute ne nous paraît pas permis. On sait que Nigripes se distingue
de Chrysomelina seulement par l'écusson noir ainsi que le labre, les cuisses et les tibias, tandis que
ces mêmes parties sont jaunes chez Chrysomelina. Or nous avons trouvé dans la collection du
musée de Bruxelles des Nigripes à pattes complètement noires, et d'autres où les extrémités des
cuisses et des jambes étaient jaunes. Parmi ces derniers individus l'un avait un écusson jaune
à peine lavé de brun. D'ailleurs Nigripes n'est même pas le terme extrême de la variation en
noir dont est susceptible N. Chrysomelina, car nous avons observé dans la collection du musée
de Bruxelles un individu portant l'indication : N. Unipunctata Deyr. Algérie, dont les pattes
et les élytres étaient entièrement d'un noir brun.

(3) N. 5-maculata de Suffrian nous paraît n'être qu'une variété de chrysomelina. Elle présente,
en effet, un point noir sur le milieu du thorax et 4 points noirs sur les élytres, dont les deux
postérieurs, qui avoisinent l'extrémité des élytres, sont plus volumineux que les deux antérieurs ;
les pattes sont jaunes comme l'abdomen. — Cette variété serait, par défaut, ce qu'est Nigripes
à Chrysomelina par excès.

(4) J'ai trouvé dans la collection du musée de Bruxelles, sous le nom de fulviventris, un individu originaire de Cayenne qui a tous les caractères de Cœruleipennis, sauf que les mâchoires
sont peut-être un peu plus longues, mais ceci peut n'être qu'un caractère individuel, les Cœruleipennis appartenant au groupe des Nemognathes à longues mâchoires. N. Fulviventris de
Deyr. a la tête, le corselet et toute la face inférieure du corps jaunes ; les élytres sont de couleur violette avec reflets métalliques. Les mâchoires jaunes, grêles, se prolongent presque
jusqu'à l'extrémité postérieure du corps.

(5) Je possède un certain nombre d'individus recueillis par M. Raffray en Abyssinie, et qui
répondent d'une manière très générale à la description de Castelnau. Toutefois l'abdomen dans
les espèces en question est parfois jaune et non noir. Chez quelques individus les 3 derniers
segments seuls sont jaunes ce qui semblerait bien indiquer que ce ne sont là que des variations
J'ai tenu toutefois à mentionner ces variations, à cause de la provenance des individus, d'Abyssinie. Je possède également un individu dont le corselet est d'un beau noir brillant ainsi que
l'abdomen et les pattes. Il constitue une variété bien caractéristique pour laquelle je propose
le nom de *Nigricollis*.

— 467 —

cribraria. Lᴇᴄ. Synops., p. 338 et *Short Stud.* in Trans. Amer. entom. Soc.
1880. ᴠɪɪɪ, p. 214. — Gᴇᴍᴍ. et Hᴀʀ., Cat. col. ᴠɪɪ, 1870..... Californie.
cribricollis. Lᴇᴄ. Synops., p. 348 et l. c. 1880, ᴠɪɪɪ, p. 215. — Gᴇᴍᴍ. et Hᴀʀ.,
Cat. col. ᴠɪɪ, 1870.................................... Texas.
Var. : porosa, Lᴇᴄ., l. c.
   fuscipennis, Lᴇᴄ., l. c.
cubœcola. Jᴀᴄǫ. Dᴜᴠ. Hist. Cuba 1857, p. 161. pl. 8, fig. 18. Cuba.
decipiens Voir **N. Lurida**.
dichroa. Lᴇᴄ. Synops., p. 346 et Trans. Amer, ent. Soc. 1880, ᴠɪɪɪ, p. 213.—
Gᴇᴍᴍ. et Hᴀʀ., Cat. col. ᴠɪɪ 1870..................... Orégon.
discolor. Lᴇᴄ. Voir **N. Bicolor**.
dubia Lᴇᴄ. Synops. p. 346 et Trans. Am. ent. Soc. 1880 p. 213. — Gᴇᴍᴍ. et
Hᴀʀ., Cat. col. ᴠɪɪ, 1870.................................. Californie.
flavicornis. Sᴛɪᴇʀʟɪɴ, Mittheil. Schweiz. ent. Ges. ɪᴠ, p. 477. Russie mérid.
                                                                 (prov. casp.)
flavipennis. Uʜʟᴇʀ. Voir **N. Punctulata**.
fulviventris. Dᴇʏʀ., in litt. Voir **N. cœruleipennis**.
fuscicauda. Fᴀɪʀᴍ., Ann. Soc. ent. de Fr. 1887, p. 309....... Afrique trop.
gemina. Sᴜғғʀ. Stett. Zeitg. 1853, p. 23.— Gᴇᴍᴍ. et Hᴀʀ., l. c. Kordofan.
immaculata. Sᴀʏ. Journ. Ac. Philad. ɪ, 1847, p. 22. — Lᴇᴄ., Synops. p. 348
et Trans. Amer. ent. Soc. 1880, ᴠɪɪɪ, p. 214. — Gᴇᴍᴍ. et Hᴀʀ., Cat. col. ᴠɪɪ,
1870..................................... Californie
impressicollis (1). Bᴜǫᴜᴇᴛ. in litt...................... Brésil.
Lucasi. Gᴇᴍᴍ. Col. Heft. ᴠɪ 1870. — Gᴇᴍᴍ. et Hᴀʀ., Cat. col. ᴠɪɪ,
1870... Brésil.
Syn. *bicolor*, Lᴜᴄ., Casteln. voy. 1859, p. 148.
lurida. Lᴇᴄ. Synops., p. 345 et Trans. Am. ent. Soc. 1880, ᴠɪɪɪ, p. 212. —
Gᴇᴍᴍ. et Hᴀʀ., Cat. col. ᴠɪɪ, 1870..................... Missouri.
Var. : decipiens, Lᴇᴄ. Synops., p. 347.
lutea. Lᴇᴄ. Synops., p. 346 et Trans. Am. ent. Soc. 1880, ᴠɪɪɪ, p. 213. —
Gᴇᴍᴍ. et Hᴀʀ., Cat. col. ᴠɪɪ, 1870..................... Missouri.
Var. : pallens, Lᴇᴄ. Synops. p. 346.
nemorensis. Hᴇɴᴛᴢ., Trans. Am. Philad. Soc. ɪɪɪ, 1830, p. 258. — Lᴇᴄ.,
Synops., p. 348 et Trans. Am. ent. Soc. 1880, ᴠɪɪɪ, p. 214. — Gᴇᴍᴍ. et Hᴀʀ.,
Cat. col. ᴠɪɪ. 1870....................................... Alabama.
Syn.: *bimaculata*, Mᴇʟsʜ. Proc. Ac. Philad. ɪɪɪ, p. 54.
   ruficollis (2) Dᴇᴊ. Cat. 3ᵉ édit., p. 248 .... Amérique bor.
nigripennis. Lᴇᴄ. Synops., p. 347 et Trans. Amer. ent. Soc. 1880, ᴠɪɪɪ,
p. 214. — Gᴇᴍᴍ. et Hᴀʀ., Cat. col. ᴠɪɪ, 1870.............. New-Mexico.
nigripes Sᴜғғʀ. Voir **N. Chrysomelina**.
nigritarsis, Sᴛɪᴇʀʟ., Mittheil. Schweiz. ent. Ges. ᴠɪ, p. 477. Prov. Casp.
nigrotarsata. Fᴀɪʀᴍ et Gᴇʀᴍ., Col. Chili ɪɪ, 1861, p. 6, et Rev. des Col. du
Chili, in Ann. Soc. ent. de Fr. 1863, p. 265. — Gᴇᴍᴍ. et Hᴀʀ., Cat. col. ᴠɪɪ,
1870.............................. .... Chili.
pallens. Lᴇᴄ. Voir **N. Lutea**.

---

(1) La collection du musée de Bruxelles possède avec l'indication ci-dessus, un individu complètement noir sauf le corselet qui est jaune testacé avec une tache noire longitudinale médiane
siégeant sur la moitié postérieure et flanquée de chaque côté d'une tache arrondie très rapprochée du bord postérieur. Les élytres ont des reflets métalliques bleuâtres; les mâchoires sont
courtes. Abdomen, pattes et face inférieure du thorax noirs.

(2) Un individu du musée de Bruxelles, classé parmi les *nemorensis* portait l'indication
Ruficollis. Dej.; il nous a bien semblé, en effet, qu ce spécimen se rapportait à Nemorensis.

palliata. Lec. Synops., p. 346 et Trans. Am. ent. Soc. 1880, viii, p. 212 (1).
— Gemm. et Har., Cat. col. vii, 1870... .... Mississipi.
pallidicollis (2). Buquet, in litt........................... Brésil.
Peringueyi. Fairm., Ann. Soc. Ent. de Fr., 1883, p. lxx ... Cap Br-Esp.
peruviana (3). Buquet, in litt........................... Pérou.
piezata. Fabr., Ent. Syst. suppl., p. 104. — Lec., Synops., p. 347 et Trans.
   Amer. ent. Soc. 1880, viii, p. 213. — Weber, Observ. Ent. 1801. — Gemm. et
   Har., Cat. col. vii, 1870........................ .... Géorgie.
Syn. : *vittata*. Fabr., Syst. El. ii, p. 24. — Coqueb., Illust. iii, p. 128, pl. 29, fig. 5.
    texana Lec., Synops., p. 347.
Porosa Lec., Voir **N. Cribricollis**.
punctipennis. Lec. Trans. Am. ent. Soc. 1880, viii, p. 214.. Arizona.
punctulata. Lec. Synops., p. 347. — Gemm. et Har., Cat. col. vii,
   1870 .... Géorgie.
Var. : *flavipennis*. Uhler, Proc. Ac. Phil., vii, 1855, p. 418.
5-*Maculata*. Suffr. Voir **N. Chrysomelina**.
scutellaris. Lec. Synops., p. 347 et Trans. Amer. ent. Soc. 1880, viii,
   p. 214. — Gemm. et Har., Cat. col. vii, 1870.............. Californie.
sibirica. Gebl., Bull. Moscou, 1833, vi p. 290; 1847, vi., p. 507. — Gemm. et
   Har., Cat. col. vii, 1870........................ Sibérie.
sparsa. Lec., Trans. Am. Ent. Soc. Phil, ii, 1868, p. 52 et 1880, p. 215. —
   Gemm. et Har., Cat. col. vii, 1870..................... Californie.
Texana Voir **N. Piezata**.
versicolor. Chevr., Col. Mex. Cent. i, 1834, fasc. 4, — Gemm. et Har., Cat.
   col. vii, 1870................................. Mexique.
Syn. : *bicolor*. Dej., Cat. 3e édit., p. 249.
violacea (4) Deyr., in litt........................... Brésil.
vittigera. Lec., synops. p. 348 et Trans. Am. ent. Soc. 1880, viii, p. 215. —
   Gemm. et Har., Cat. col vii, 1870..................... Géorgie.
Walkeri nob. (5)............................. Iles Vancouver.
Syn. : *bicolor*, Walk., natur. Vancouv., 1866, ii, p. 331. — Gemm. et Har.,
   Cat. col vii, 1870.
zonitoïdes (6). Dugès, in litt........................... Mexique.

---

(1) D'après Leconte, N. palliata serait peut-être seulement une variété de piezata.

(2) Nous avons examiné un individu de la collection du musée de Bruxelles portant les indications ci-dessus. Pour la couleur, il semble une variété à tête noire de cœruleipennis, mais les mâchoires sont tout à fait courtes et il ne nous paraît pas douteux que cet individu représente une espèce distincte ; en voici les principaux caractères : Tête noire, corselet jaune, élytres d'un bleu violet à reflets métalliques ; abdomen jaune d'ocre ; sternum noir, mâchoires très courtes. Les 2 éperons des jambes postérieures grêles, l'interne plus aigu que l'externe.

(3) Un spécimen du musée de Bruxelles porte le nom *peruviana*. Il est jaune, les élytres de teinte un peu plus sombre que la tête et le corselet avec reflets mordorés, bordées de noir, principalement à la marge. Long. 9mm, larg. 3mm 5. Dans cette espèce la tête est proportionnellement volumineuse et le corselet plus large que long présente des angles arrondis et a son grand diamètre vers son tiers antérieur.

(4) Nous trouvons dans la collection du musée de Bruxelles un individu portant les indications ci-dessus et qui nous paraît constituer une espèce bien distincte ; long. 9mm, larg. 3mm 7 ; même répartition de couleurs que dans N. atra (Buquet) ; mais le corselet est proportionnellement moins large, les fossettes peu visibles et surtout les mâchoires sont grêles, très longues et dépassent l'extrémité postérieure du corps, tandis qu'elles sont courtes chez N. atra.

(5) Nous donnons le nom de Walkeri à l'espèce bicolor décrite par Walker; le nom de bicolor faisant double emploi avec celui qui a été donné par Leconte à son espèce du Missouri.

(6) Sous ce nom, nous trouvons dans la collection du musée de Bruxelles 2 individus à tête noire, corselet jaune testacé, élytres jaune-paille lavées de noir, abdomen jaune, poitrine noire, pattes jaunes. Cette espèce est de la taille de Gnathium minimum.

RÉPARTITION GÉOGRAPHIQUE DES NEMOGNATHA

AMÉRIQUE.......... abdominalis, 1 ; apicalis, 2 ; atra, 3 ; bicolor, 4 ; cœrulei-pennis, 5 ; calceolata, 6 ; cribraria, 7 ; cribricollis, 8 ; cubœcola, 9 ; dichroa, 10 ; dubia, 11 ; immaculata, 12; impressicollis, 13 ; Lucasi, 14 ; lurida, 15 ; lutea, 16 ; nemorensis 17 ; nigripennis, 18 ; nigrotarsata, 19 ; palliata, 20 ; pallidicollis, 21 ; peruviana, 22 ; punctipennis, 23 ; piezata, 24 ; punctulata, 25 ; scutellaris, 26 ; sparsa, 27 ; versicolor, 28 ; violacea, 29 ; vittigera, 30 ; zonitoïdes, 31.

AFRIQUE.. .... angolensis, 1 ; cœrulans, 2 ; collaris, 3 ; fuscicauda, 4 ; gemina, 5 ; Peringueyi, 6.

EUROPE ET ASIE..... chrysomelina, 1 ; flavicornis, 2 ; nigritarsis, 3 ; sibirica, 4.

ILES VANCOUVER..... Walkeri, 1.

Soit au total 42 espèces.

Gnathium KIRBY. (8 espèces.)

(Voir page 396.)

atrum. E. DUGÈS, Bull. Soc. Zool. de Fr., 1886, p. 582...... Mexique.

flavicolle. LEC. Journ. Ac. Phil. VI, 1858, p. 23. — GEMM. et HAR. Cat. col. VII, 1870.. . Texas.

flavum. E. DUGÈS, l. c., p. 582 .... Mexique.

Francilloni. KIRBY. Trans. Linn. Soc. XII, p. 426, pl. 22, fig. 6. — LEC. Synop. p. 349. — GEMM. et HAR. Cat. col. VII, 1870........ Géorgie.

longicolle. LEC. Proc. Ac. Phil. IX, 1858, p. 77. — GEMM. et HAR. Cat. col. VII, 1870.. Texas.

subcinctum. LUCAS. Cast. Voy. 1859, p. 147. — GEMM. et HAR. Cat. col. VII, 1870........................u .... Brésil.
Syn. : SPASTICA *subcincta.* DEJ., Cat. 3° édit., p. 248.

Walkenaeri. CAST. Hist. nat. II, 1840, p. 281. — GEMM. et HAR. Cat. col. VII, 1870. ....a............ Mexico.

minimum. SAY. Journ. Ac. nat. Sc. Pil. III, 1823, p. 306. — GEMM. et HAR. Cat. col. VII, 1870............. .... Arkansas.

Zonitis. FABR. (90 espèces.)

(Voir p. 396.)

abdominalis (1). CASTELN. Hist. nat., t. II, 1840, p. 276...... Cap. de B°-E. (2)

(1) La description de Casteln. se rapporte évidemment à celle d'un insecte qui a été décrit depuis par Chevrolat et par Mulsant sous le nom de *puncticollis,* et que ce dernier croit être semblable au *Z. Festiva* du catalogue de Dejean (1837). Gemminger et Harold semblent adopter cette manière de voir par rapport à *puncticollis* Muls. qu'ils indiquent comme synonyme de *abdominalis,* mais ils maintiennent néanmoins *Z. puncticollis,* ce qui est évidemment une erreur. Après avoir comparé *Z. puncticollis* avec la description succincte de Castelnau, nous pensons pouvoir établir comme plus haut la synonymie de *Z. abdominalis.*

(2) On remarquera que *puncticollis* et *festiva* sont indiqués comme originaires de l'Asie.

Syn. : Z. *puncticollis*. (Chevr. in coll.) et Chevr. in Guerin,
   Iconog. du règne animal, p. 135, pl. 35, fig. 11. — Muls.
   et Wach. 1ʳᵉ série de Col. nouv. in Muls. opusc.. t. I,
   p. 173 et id. in Mém. Ac. Sc. de Lyon, nouv. série,
   t. II, 1852, p. 13.. Caramanie.
   Megratachelus *puncticollis*. Muls. et Rey, mém. Ac.
   de Lyon, 1858, p. 191.
   Z. *festiva?* Dejean Cat. 1837, p. 248................... Mésopotamie.
abyssinica. Fairm. Le naturaliste, 1882, p. 68. et Ann. Soc.
   ent. de Fr., 1883, p. 105................................. Abyssinie.
Æneiventris. Redtend. Voir **Zonitis tricolor.**
analis. Ab. de Perr.. contribut. in Mém. de la Soc. d'hist. nat. de Toulouse.
   1880, p. 28... Algérie.
angulata. Fabr. Mant. I, p. 168 et Syst. eleuth. t. II, p. 23. — Hübn. Naturf.
   24, p. 45. pl, II, fig. 12. — Boisd. Voy. Astrol., II. p. 293... Ile Amsterdam
Syn. : Z. *angulifera*, Blanch. Voy. Pôle sud, Ins. IV, p. 191. pl. 12, fig. 17, 18
   — Fairm., rev. zool. 1849, p. 453......................... Ile Vavao.
annulata. M'Leay, Trans. entom. N. S. Wales, 1872. — Fairm. Ent. Zeitung.
   Stettin, 1880, p. 268.................................... Australie.
                                                            (Gayndah.)
apicalis. M'Leay. Trans. ent. N. S. Wales, 1872. — Fairm. Entom. Zeit.
   Settin, 1880, p. 268.................................... Australie.
                                                            (Gayndah).
atra. E. Dugès. Descr. d. alg. Mel. indig., in la Naturaleza, T. V. Mexique.
Atra. Schoenheer. Voir **Z. bifasciata**
atripennis. Say. Journ. Ac. Nat. Sc. Philad. t. III, 1823, p. 306. — Lec.
   Synop. p. 349.. Arkansas.
Bellieri Reiche. Ann. Soc. Ent. de Fr. 1860, p. 731. — Gemm. et Harold. Cat.
   col. VII, 1870... Sicile.
bifasciata. Schönh. Syn. Inst. t. II, p. 340 (décrit par Swartz). Hongrie.
St-Fargeau et Serville. Encycl. méth., t. X, p. 821. — Meg. Dej. Cat. 3ᵉ
   éd., p. 248. — Muls. et Rey. Mém. Ac. de Lyon, 1858, p. 200.
Syn. : *fasciata*, Tausch., Enumér. in mém. de la Soc. imp. des Nat. de
   Moscou, t. III, 1812, p. 159, pl. 11, fig. 12........... . Russie mérid.
Var. : *atra.* Swartz, loc. cit. — Meg. Dej. cat. loc. cit. — St-Fargeau et Serville, loc. cit. — Muls. et Rey. loc. cit. p. 202.
   nigra. Tauscher, loc. cit., p. 163, pl. 11, fig. 13........ Sarepta.
biimpressa. Chev. Ann. Soc. ent. de Fr. 1882, p. XIV...... Valladolid.
bilineata. Say. Journ. Ac. Nat. Sc. Philad., t. I, 1817, p. 22. — Lec. Proc.
   Ac. Phil. VI, p. 349................................... Amérique bor.
Syn. : *lineata.* Melsh. Proc. Acad. nat. Sc. t, III, p. 53.
Var. : *mandibularis.* Melsh.   Ibid.
bipartita. Fairmaire, Le naturaliste 1879, p. 46 ; Ent. Zeitg. Stettin, 1880,
   p. 268.. Sidney.
bipunctata. Ragusa, Nat. Sicil, nov. 1881, p. 42, pl. III, fig. 5. Sicile.
bizonata. M'Leay, Trans. ent. N. S. Wales, 1872, p. 311. — Fairm. Ent.
   Zeitg. Stettin, 1880. p. 267........................... Australie.
Chevrolati. Ragusa, Nat. Sicil. 1881-82, p. 251

tandis que l'abdominalis de Cast. serait du Cap ; il y a lieu de signaler que Castelnau ne
connaissait pas la vraie patrie de l'insecte qu'il décrivait, et qu'il n'a fait qu'une supposition en
indiquant le Cap.

— 471 —

Syn. *Bipunctata.* (Dej.) Chevr. Ann. Soc., ent. de Fr 1882, p. V. Danris.
   Zonitides oculifer. Abeille de Perr. Bull. Soc. Hist. nat. de Toulouse,
      déc. 1880, et rectific. Bull. Soc. ent. de Fr. 1882. page CXXV.
collaris. Fehr. C. R. Ac. des Sc. de Stock. 1870, p. 355...... Cafrerie.
concolor. Ab. de Perr. Contrib., l. c., p. 257.............. Algérie.
cothurnata. de Mars. Col. du Japon, in Ann. Soc. Ent. de Fr. 1873,
   p. 228............ .. .. Nangasaki.
cyanipennis. Pascoe. Journ. of. entom. i, 1860, p. 57, pl. 3, fig. 5 — Fairm.
   Entom. Zeitg. Stettin, 1880. p. 271.................... Australie.
cyanipennis. Dejean. Voir **Z. Latreillei.**
cylindracea. Fairm. Ent. Zeitg. Stettin, 1880, p. 270........ Richm. River.
                                                              (Australie).
Davidis. Fairm. Ann. Soc. ent. de Fr. 1886, p. 351.. . ... Chine.
dichroa. Germ. Linn. Ent. iii, 1848, p. 204. — Fairm. Ent. Zeitg. Stettin,
   1880, p. 263............. ... .·............ Adelaïde.
dispar. Schœnh. Voir **Z. tenuicollis.**
Downesi Pascoe. Journ. of. Ent. i, 1860, p, 128............ Bombay.
Dollei. Fairm. Ann. Soc. ent. de Fr. viii, 1888, p. 386........ Indo-Chine.
cborina. Fehr. C. R. Ac. des Sc. de Stock 1870, p. 354...... Natal.
flaviceps. Waterh., Cistula ent. 1875, p. 55. — Fairm. Ent. Zeitg. Stettin,
   1880, p. 266.................................... Swan-River.
                                                              (Australie).
flavicollis. E. Dugès. Descr. de Alg. Mel. ind. in la Naturaleza, t. V,
   fig. 12.. Mexique.
flavicrus. Fairm. Le Naturaliste 1879, p. 46; Entom. Zeitg. Sttettin 1880,
   p. 274... Australie.
flavida. Lec. Synops. in Proc. Ac. Philad. vi, p. 349........ New-Mexico.
Flohri. E. Dugès. Bull. Soc. Zool. de Fr. 1886, p. 582....... Mexique.
Fulvipennis. Fab. Voir **Z. Quadri-Punctata.**
funeraria. Fairm. Ann. Soc. ent. de Fr. 1883, p. 105....... Bulgarie.
fuscicornis. M'Leay. Trans. ent. N. S. Wales 1872, p. 311.... Australie.
fuscimembris. Fairm. Ann. Soc. ent. de Fr. 1886, p. 351.... Yunnam.
geniculata. Fairm. *Nouv. Col. d'Afr. in* notes from. the Leyden Mus. 1888.
   Vol. X, p. 271 .... Congo.
gibbicollis. Ab. de Perr. Contrib. in Bull. Soc. d'hist. nat. de Toulouse,
   1880, p. 254....... .... Taurus.
Guerini. Montrouz. (*Telephorus*) Ann. Soc. ent. de Fr. 1860, p. 307.
                                                              Nouv. Caléd.
Haroldi. Heyden. Berl. Zeit. 1870. Beiheft .... Madrid.
immaculata. Oliv. (*Apalus immaculatus*). Ent. méth. iv, p. 166, n° 4. —
   (Conf. X, p. 820). — (*Z. Immaculata*). Peyron. notes Synon. Ann. Soc. ent.
   de Fr. 1857, p. 723................. .... France mérid.
Syn. : *Z. mutica.* Scriba. Journ. 1790, p. 23-10. — Fabr. Ent. syst, t. I, p. 49
   (1792.) — Syst. eleuth., p. 23. — Panz. Ent. Germ, i, p. 369. —
   Schœnh. Syn. ins. ii, p. 340. — Redtenb. Faun. austr., p. 617. —
   Muls. Vésicants, p. 167, f. 23. — Jacq-Duv. Gen. Col. iii.
   Myl. *fulva.* Rossi. Mant. i, p. 94, pl. 2, fig. F, 1792. — Ed. Helwig. i,
   p. 440..... .... Italie.
   Z. fulva. Latr. Hist. nat., t. X, p. 406.
   Mahia. Hübner. Naturf. 24, p. 44, pl. 2, f. ii.
      (Mahia évidemment par erreur pour Mutica.)

imperialis. Wollast. Ann. nat. hist., 3e série, t. VIII, 1861, p. 106
Col. Atl. Append., p. 65 .... Madère.
Syn. : *4-Punctata*. Wollast. Ins. Mad. 1854, p. 530.

indigacea. Fairm. Entom. Zeitg. Stettin 1886, p. 276 .... Australie.
(Champ.-Bay)

janthinipennis. Fairm. Ent. Zeitg. Stettin 1880, p. 277 .... Australie.
(Champ.-Bay)

Latreillei. Casteln. Hist. nat. ii, p. 276 .... Timor.
Syn. : *Cyanipennis*. Dej. Cat. 3e éd., p. 248.

limbipennis. Fairm. Ent. Zeitg. Stettin 1880, p. 265 .... Australie.
(Swan-River).

lunata. Tausch. Enum., loc. cit., p. 159, pl. 2, fig. 5 ... . Transcaucase.

lutea. M'Leay. Trans. Ent. Soc. N. S. Wales, 1872, p. 310. — Fairm. Ent.
Zeitg. Stettin 1880, p. 262 .... Australie.

maculicollis. Fairm. Ann. d. Mus. Civ. di Genova, vii, 1875, p.
532 .... Tunisie.

melanocephala. Tausch. Enum. loc. cit., p. 164. pl. ii, fig. 14. Wolga.
Mutica (Fabr.) voir **Z. Immaculata**.

nana. Ragusa. Il nat. Sicil. 1881, p. 43 .... Sicile.

natala (1). (Buquet *in litteris*.) .... Natal.

nigricollis. Ménétr. Cat. rais. 1832, p. 211 .... Talysch.

nigro-œnea. Fairm. Le Naturaliste, 1879, p. 46. — Ent. Zeitg. Stettin.,
1880, p. 276 .... Adélaïde.

nigro-apicata. Fairm. Entom. Zeitg. Stettin 1880, p. 264 ..... Australie.
(Rockampton).

nigro-plagiata. Fairm. Entom. Zeitg. Stettin 1880, p. 271 .... Australie.
(Gantheaume-bay).

obscuripes. Fairm. Le Naturaliste 1879, p. 46; Ent. Zeitg. Stettin, 1880,
p. 262 .... Australie.
(Peack Downs)

Oculifer. Ab. de Perr. (*G. Zonitides*). Voir **Z. bipunctata**.

opacorufa. Fairm. Ent. Zeitg. Stettin 1880, p. 269 .... Adelaïde.

pallicolor. Fairm. Ent. Zeitg. Stettin 1880, p. 264 .... Australie occ.

pallida. Fabr. Ent. Syst. iv. Append., p. 447; — Syst. eleuth, p. 23. —
Gemminger et Harold. Cat. 1870. — de Marseul. Col. du Japon in Ann.
Soc. Ent. de Fr. 1873, p. 222 .... Nangasaki.
Var. : *testacea*. Western. Dej. Cat. 3e éd. p. 248 .... Indes Orient.

pallidipennis. Motsch. Bull. Mosc., 1845, i, p. 83. — Gemminger et Har.
Catal. Col 1870 .... Daurie.

Paulinœ. Muls. et Rey. Mém. Ac. de Lyon, 1858, p. 193. — Gemm. et Har.
Cat. Col .... Galilée.

polita. Gebl. Nouv. mém. Mosc. ii, p. 58. — Gemm. et Har. Cat. Col. 1870.
— de Mars. Col. du Japon. Ann. Soc. ent. de Fr., 1873, p. 222. Nangasaki.
Syn : *Megalrachelus politus* de Motsch., in Bull. de la Soc.
imp. des Nat. de Mosc., 1845, no 1, p. 84. — Muls. et Rey. Mém.
acad. des Sc. de Lyon, 1858, p. 187 .... Sibérie.

---

(1) Je trouve sous ce nom, dans la collection du musée de Bruxelles un individu long de
14 mm large de 4 mm 5. Tête et corselet jaune testacé. Elytres de même couleur sauf l'extrémité postérieure marquée d'une grosse tache noire. Tête, corselet et élytres sont de plus marqués de ponctuations très régulières et assez fortes pour donner à l'œil nu, à la surface de
ces parties un aspect chagriné. Le corselet est plus long que large, un peu atténué en avant.
Les antennes longues atteignent et dépassent même le tiers postérieur du corps. Patrie. Natal.

præusta. Fabr. Ent. Syst. t. I, p. 48. — Id. Syst. Eleut, t. II, p. 23. —
Panz. Faun. Germ., 36. — Latr. hist. nat., t X. p. 406, pl. 90, fig. 8. —
Illig. Mag. t. V, pl. 163. — Schoenh. Syn. ins., t. II, p. 339. — St-Fargeau
et Serville. Encycl. méth. t. X, p. 820. — de Casteln. Hist. nat., t. II,
p. 275. — Muls. Vésicants, 1857, p. 170. — Gemm. et Har. Cat.
1870.................... .... Italie.
Syn. : Myl., *testacea* Fabr. Sp. t. I, p. 331. — Rossi, Mantiss., t. I,
    p. 93 .... Espagne.
    Z. *flava*. Fabr. Syst. El. II, p. 24.— Ent. Syst. II, p. 49. Grèce.
    Lytta *afra*. Rossi. Faun. etr., t. I, p. 240, pl. III, fig. 1. France mérid
    Apalus *testaceus*. Oliv. Encycl. mét., t. IV, p. 166.
    Z. *fenestrata*, Pallas, l. c., p. 90, pl. E., fig. 17........ Caucase.
    Z. *nigripennis*. Fabr. Syst. eleuth., t. II, p. 23. — Lucas. Ann. Soc.
      ent. de Fr. 2e sér., t. VII, 1849, p. 63.
Var. : *afra*. Rossi, loc. cit., fig. 3.
    flava. Fabr., loc. cit.
    nigripennis. Fabr., Lucas., loc. cit.
    fenestrata. Pallas, loc. cit.
    præusta. Fabr. Ent. S. I, p. 49, ♂ — Panz. fn. Germ. xxxvi, 6.
pubescens. Waltl, Isis, 1838, p. 467, et l'Abeille de de Mars, t. VI, p. 38.
    — Gemm. ef Harold. Cat. Col. VII, 1870 .... Turquie.
puncticollis. Chevr. Voir **Z. abdominalis.**
purpureipennis. Waterh. Cistula entom., 1875, p. 54. — Fairm. Ent. Zeitg.
    Stettin., 1880, p. 278.. Australie.
4-maculata. Pall. Voir **4-punctata.**
4-punctata. Fabr. Syst. Eleuth, II, p. 24.-Cast. Hist. nat. II, p. 275.— Tausch.
    Enum. in Bull. Soc. nat. d. Mosc., p. 160, pl, xi, fig. 7. — Muls. et Rev.
    Mém. Ac. de Lyon, 1858, pl. 195. — Gemming. et Harold. Cat. Col., 1870.
    — Ann. Soc, Ent. de Fr., 1884, iv, p. 167.................... Asie mineure
Syn.: *bimaculata*.   Tausch., loc. cit., p. 158, pl. xi, fig. 3,4. Russie mérid.
    quadrimaculata. Pall. Ic., p. 91, pl. E., fig. 18. —
        Steven. Dej. Cat., loc. cit.
    fulvipennis (1). Fabr. Ent. Syst. I, p, 49, et Syst.
        Eleuth. II, p. 24. — Tausch. Enum., p. 163,
        pl. xi, fig. 12. — Muls. Mém. Ac. Lyon,
        1858, p. 198. — Gemm. Harold. Cat. Col.,
        1870 .... Hongrie.
rostrata. Blessig. Hor, Soc. Rossicæ, 1861, p. 114, pl. III, fig. 5. — Fairm.
    Ent. Zeitg, 1880, p. 273. — Gemm. et Harold, Cat. Col. 1870. Australie.
rubida. Ménétr. Cat. rais., p. 211. — Falderm. Fn. transc. II, p. 136, pl, 4,
    fig. 4. — Gemm. et Har. Cat. col. 1870 .... Talysch.
rubra (Dugès) .... Mexique.
    Syn. : *Coccinea*. Klug. in litt.

---

(1) **Z. fulvipennis** nous parait après comparaison avec *4-punctata* n'être qu'une variété
sans tache de cette dernière. Mulsant qui avait été frappé de la ressemblance entre ces 2 espèces croyait toutefois distinguer fulvipennis à sa taille plus avantageuse, à sa tête sans trace de
ligne médiane, à son labre un peu échancré, à son prothorax proportionnellement un peu plus
large, et au 1er article des tarses postérieurs brièvement flavescent à la base. Or. nous avons
retrouvé ces divers caractères chez des individus de l'espèce 4-punctata à points noirs bien
marqués. La ligne de la tête en particulier est parfois à peine visible, et nous avons trouvé chez
presque tous les individus que nous avons eus à notre disposition la base du 1er article des
tarses postérieurs colorée en jaune testacé. — L'examen des échantillons du musée de Bruxelles
nous a confirmé dans cette manière de voir.

rufa. Lec. Proc. Acad. Philad. vii, 1854, p. 85. — Gemm. et Frontera.
Har. Cat. col. vii, 1870.   (Rio-Grande).

ruficollis. Frivald. Termesz. Füzetek. i, p. 85. — Ab. de Perr. Contrib Bull-
soc. d'hist. nat. de Toulouse 1880......................... Crète.

rufofasciata. Fairm. Ann. Soc. Ent. de Fr. 1883, p. 105.... Bulgarie.

rugata. Fairm. Ent. Zeitg. Stettin 1880, p. 275.............. Australie.
                                                           (Swan-River).

rugosipennis. Fairm. Le Naturaliste 1879. p. 46; — Ent. Zeitg, 1880,
p. 274.................. .... Australie.

Sedillotii. Fairm. Ent. Zeitg. Stettin 1880, p. 277 .... Australie.
                                                     (Gantheaume-bay.)

seminigra. Fairm. Le Naturaliste 1879, p. 46; — Ent. Zeitg, Stettin 1880,
p. 265.. Australie.
                                                        (Swan-River.)

semirufa Fairm. Ent. Zeitg. Stettin 1880, p. 274............ Australie occ.

6-maculata. Oliv. (apalus 6-maculatus). Enc. méth. iv, p. 166; Ent. iii,
p. 5, pl. 1, fig. 3. — Muls. Vésic., p. 173. — Jacq.-Duv. Gén. Col. iii, pl. 96,
fig. 478. — Gemm. et Har. Cat. col. vii, 1870.............. France mérid

sibirica. Tausch. Enum. loc. cit., p. 162, pl. XI fig. 10. — Gemm. et Har. Cat.
col. vii, 1870 .... Sibérie.

spectabilis Kraatz. Berl. Entom. Zeits. xxv, 1881, p. 326.

splendida. Fairm. Le Naturaliste 1879, p. 46; — Entom. Zeitg. Stettin 1880,
p. 267................... ... . Australie.

tenuicollis. (*Leptura tenuicollis*,) Fab. Syst. Eleuth., II, p. 366. — Gemm. et
Har. Cat. col., vii, 1870..................................... Guinée.
Syn.: *dispar.* Schoenh. Syn. Ins. iii, p. 498.
Var.: *allelaboïdes.* Fabr. loc. cit., p. 366.
      Cylindricollis. — Fabr. loc. cit, p. 356.

tenuicornis. Fairm. Ent. Zeitg. Stettin, 1880, p. 269......... Sidney.

terminata Ab. de Perr. — Contr. p. 255..................... Egypte.

thoracica. Cast. Hist. nat. ii, 1840, p. 276. — Gemm. et Har.
Cat. col. vii, 1870....................................... Algérie.

tricolor. Le Guillou, Rev. Zool, 1844, p. 225. — Gemm. et Har. Cat. col. vii.
1870. — Fairm. Ent. Zeitg., Stettin, 1880, p. 266 .... Australie.
Var. : Œnciventris. Redt. Reise Novara. ii, p. 144.

turcica. Friv. Termész. Füzetek. i....................... Brussa.

ventralis. Fairm. Ent. Zeitg. Stettin. 1880, p. 272............ Australie.
Syn. : *Tmesidera rubricollis.* Hope. (in coll.)

violaceipennis. Waterh. Cistula entom., 1875, p. 54. — Fairm. Ent. Zeitg.
Stettin, 1880, p. 278 .... Swan-River.

viridipennis. Fabr. Ent. syst. suppl, p. 103. — Syst. Eleut., ii, p. 24. — Casteln. Hist, nat., ii, p. 276. — Gemm. et Har. Cat. col. vii, 1870. Cap.

xanthoptera. Fairm. Pet. nouv., ii. 1876, p. 94............. Algérie.

RÉPARTITION GÉOGRAPHIQUE DES ZONITIS

EUROPE ET ASIE ....
abdominalis, 1; bifasciata, 2; biimpressa,3; bipunctata 4;
Bellieri,5; Chevrolati, 6; cothurnata, 7; Davidis, 8;
Dollei,9; Downesi, 10; funeraria,11; fuscimembris, 12;
Haroldi, 13; gibbicollis,14; immaculata,15; lunata,16;
melanocephala, 17; nana, 18; nigricollis, 19; pallida,

EUROPE ET ASIE..... 20; pallidipennis, 21, Paulinœ, 22; polita, 23; prœusta, 24; pubescens, 25; 4-punctata, 26: rubida, 27;
ruficollis, 28; rufo-fasciata, 29; 6-maculata, 30; sibirica. 31; spectabilis, 32; terminata, 33; turcica, 34.

AFRIQUE .... abyssinica. 1; analis, 2; collaris, 3: concolor, 4; chori-
na, 5; geniculata, 6; maculicollis, 7; natala, 8; te-
nuicollis, 9; thoracica, 10; viridipennis, 11; xanthoptera 12.

AMERIQUE .... atra, 1; atripennis, 2; bilineata. 3; flavida, 4; flavicollis, 5; flohri, 6; rubra, 7; rufa, 8.

OCÉANIE..... ...... angulata, 1; annulata, 2, apicalis. 3; bipartita, 4; bizonata 5: cyanipennis, 6; cylindracea, 7; dichroa, 8;
flaviceps, 9; flavicrus, 10; fuscicornis, 11; Guerini, 12;
indigacea, 13; janthinipennis 14; Latreillei, 15; limbi
pennis, 16; lutea, 17; nigro-œnea, 18; nigro-apicata,
19; nigro-plagiata, 20; obscuripes, 21; opaco-rufa, 22;
pallicolor, 23; purpureipennis 24; rostrata, 25; rugata,
26; rugosipennis, 27; Sedillotii, 28; seminigra, 29;
semirufa, 30; splendida, 31; tenuicornis, 32; tricolor,
33; ventralis, 34; violaceipennis, 35.

MADÈRE............. imperialis.

Stenodera. Esch. (1 espèce.)

(Voir page 397.)

caucasica. Pall. (Meloe) Icon., p. 94. vi, fig. 24........... Caucase.
Syn. : *Caucasica* (Lytta). Tausch. enum. t. II, 1882, p. 161. — St. Farg. et
Serv. Encycl. mét., t. X, p. 821. — Casteln. Hist. nat. ii, p. 275.
Caucasicus (Megatrachelus) de Motsch. Bull. Soc. Mosc. 1845, t. XVIII,
p. 84. — Muls et Rey. Mém. Ac. Lyon., 1858, p. 189.
Sex-Maculata (Mylabris) Fabr. Ent. syst. suppl., p. 120, et Syst. El. ii,
p. 84. — Latr. Hist. nat., t. X, p. 372. —Schoenh. Syn. ins., t. III, p. 43.
Sex-punctata. Esch. Mém. Ac. Pet. VI, 1818, p. 469.

Zonitoïdes. Fairm. (1 espèce.)

(Voir page 396.)

megalops, Fairm. Ann. ent. Belg. 1883, S. 32..... Arch. de la Nouv^lle Bret.

Hapalus. Fabr. (9 espèces.)

(Voir page 399.)

apicalis. Heyd. et Kraatz.; Berl. Ent. Zeitsch. 1882, p. 335. Samarkand.
bimaculatus. Linn. Fn. Suec. 1761. p. 228. — De Geer. Ins. v, p. 22, pl.
fig. 18-19.— Muls. et Rey, Mém. ac. Lyon., 1858, p. 208.— Gemm. et Har. Cat.
col. vii, 1870. — de Mars. Col. du Japon, in Ann. Soc. Ent. de Fr. 1873,
p. 222. — (Larve) Géné. Ann. Sc. nat. xxiii, p. 138........ Europe mér.
bipunctatus. Germ. Fn. Ins. Eur. 14. 6. — Ziegl. Dej. Cat. 3e édit. p. 249. —
Muls. Vés. p. 183.— Muls. et Rey, Mém. ac. de Lyon, 1858, p. 210. — Jacq.
Duv. et Fairm. Gén. Col. iii, pl. 96, p. 476. — Gemm. et Har., loc.
cit.. Hongrie.

creticus. Frivalds. Terméz. Füzetek, i, p. 83............... Crète.
Davidis. Fairm. Ann. Soc. ent. Fr. 1886, p. 351............. Chine.
fasciatus. Falderm. Mém. Ac. Pet. ii, 1835, p. 416. — Gemm. et Har. Cat. col., vii, 1870..... .... Mongolie.
necydaleus. Pall. Icon., p. 92, pl. E, fig. 19. — Küst. Kæf Eur., ii, 35. — Gebl. Bull. Mosc. 1847, iv. p. 508. — Gemm. et Har., loc. cit. Sibérie.
Syn. : *Rufipennis*. Gebl. Ledeb. Reis., ii, 3, p. 142.
Var. : *Spectabilis*. Frivald's. A'Magyar tudès. 1885, p. 205, pl. 6, fig. 8. — Schaum, Berl. Zeit. 1859. p. 52..................... Crète.
rubripennis. Casteln. Hist. nat. ii, p. 276. — Gemm. et Har. Cat. col., vii, 1870... Cap deB.-Esp.
sexmaculatus. Ménétr. Cat. rais., p. 212. — Gemm. et Har., loc. cit.................. .... Talysch.
Syn. : *acutipennis*, Falderm. Fn. transc., ii, p. 137.

Leptopalpus. Guér. (1 espèce.)
(Voir page 401.)

rostratus. Fabr. (Zonitis). Ent. Syst. i, 2, p. 50. — Latr. Gen., t. II, p. 224. Obs. pl. 10, fig. 12. — Schoenh. Syn. ins., t. II, p. 340. — Oliv. (Nemognatha). Encycl. méth., t. VIII, 1811, p. 175. — Rosenh. Dict. thier. Andal., p. 232. — Guér. (Leptopalpus). Icon. règne An. (texte), p. 136, pl. 35, fig. 13. — Luc. Expl. Sc. de l'Algérie, p. 395, pl. 34, fig. 7............. Esp. et Alg.
Syn. *Quadrinotata* (Nemognatha). Dej. Cat. 1838, p. 227. — Id., 1837, p. 249. *Chevrolati* (Leptopalpus) Guér. (par erreur), Ic. règne An. (planches), pl. 35, fig. 13.

SITARITES

Ctenopus. Fisch. (3 espèces.)
(Voir page 404.)

abdominalis, Motsch. Bull. Mosc. 1845, I, 83. — Gemm. et Har. Cat. col. vii, 1878, p. 2163........................... Russie mér.
melanogaster. Fisch. Ent. Ross. ii, p. 176, pl. 38, fig. 1. a-i. Gemm. et Har. loc. cit...................................... Perse.
Sturmi Küstl, Käf. Eur. 5.72. — Gemm. et Har. loc. cit..... Dalmatie.

Onyctenus. Serv. (1 espèce.)
(Voir page 404.)

Sonnerati. Serv. Encycl. méth. x. p. 440. — Cast. his nat. ii. p. 279 — Gemm. et Har. Cat. col. vii. 1870, p. 2162...................... Indes Or.

Sitaris. Latr. (14 espèces.)
(Voir page 406.)

acutipennis. Fairm. Bull. soc. Ent. de Fr. 1881. xliv....... Catalogne.

analis. Schaum. Berl. Zeit. 1859, p. 51. — Gemm. et Har. Cat. col. vii·
1870.. Allemagne.
Syn.: *nigra.* Knoch, in. litt.
Var. : *adusta* Schaum. loc. cit. — Ziegl. Dej. cat. 3ᵉ édition p.
249... Silésie.
colletis. V. Mayet, Ann. Soc. ent. de Fr., 1873, p. cxcviii, et id. 1875, p.
87................................ Fr. mér.
Guerini. Muls. Col. fr. 1858. Vésic. suppl. — Jacq. Duv. Gén. col. iii, pl. 95.
fig. 473. — Gemm. et Har. Cat. col. vii, 1870 .... France mér.
lativentris. Schauf. Sitzgb. Ges. Isis, 1861, p. 49. — Gemm. et Har. Cat. col.
vii, 1870.. Andalousie.
melanura. Kustl. Kœf. Eur. 16, 84. — Gemm. et Har. Cat. col. vii,
1870 .... Espagne.
Mulsanti. Reiche. Bull. ent. de Fr. 1878. lxxiii . ... Caramanie.
muralis Forst. Nov. sp. ins. 1771, p. 48. — Muls. vés., p. 191, fig. 26
(larve), p. 193, fig. 27, 28. — Gemm. et Har. Cat. col. vii, 1870. Europe mér.
Syn : *attenuata.* Fourcr. Ent. par. I, p. 154.
       humeralis. Fabr. Syst. ent., p. 109. — Guer. Icon. p. 137, pl. 35, fig. 15,
        a, b. — Küst. Kœf. Eur., 16, 82.
Var. : *nitidicollis.* Ab. de Per. Nouv. col. Fr. in Ann. Soc. ent de Fr., 1870-1871,
    p. 84 et Bull. Soc. hist. nat. de Toulouse 1880 p. 258....... France mérid.
pectoralis. Bates. (*Criolis*) Cist. entom. ii, p. 484.......... Kaschgar.
rufipennis Kust., l. c. 16, 83. — Dufour. Dej., cat. 3ᵉ éd., p. 249. — Jacq.
Duv., gén. col. iii, pl. 95, fig. 475. — Gemm. et Har. Cat. col. vii. 1870
.... Espagne.
rufipes. Gory. Mag. zool. ins. 1841, p. 7, pl. 73. — Gemm. et Har., loc.
cit... Algérie.
Solieri. Pecchioli. Ann. Soc. Ent. Fr., p. 529. — Muls. Vésic., p. 18. — Gemm.
et Har., loc. cit...... . ... Europe mér.
Var. : *longicornis* Kraatz, Berl., Zeit., 1858, p. 388 .... Italie.
splendida. Schauff. Sitzg. Gen. Isis, 1861, p. 49. — Gemm. et Har., loc.
cit....... .... Espagne.
thoracica. Kraatz, Berl. Zeitsc., 1862, p. 126. — Gemm. et Har., loc.
cit... .... Grèce.

Stenoria Muls. (1 espèce.)

(Voir p. 405.)

apicalis. Latreille. (*Sitaris*). Hist. nat., x, p. 403. — Muls. Vésic., p. 186.
Jacq. Duv. Gen., col. iii, pl. 95, fig. 474. — Gemm. et Har. Cat. col. vii,
1870........ .... Europe mér.
Syn. , *Kraatzi.* Muls. et Rey. Opusc. entom. xii, 1861, p. 191. Pyrénées.
Var. : *melanocephala.* Stev. Dej. Cat., 3ᵉ édit., p. 249........ Russie mér.
    thoracica. Dej. Cat., loc. cit.

Sitarida. White (1 espèce.)

(Voir p. 407.)

Hopei. White. Stoke's Discov., i, 1846, p. 508, pl. 2, fig. 2. — Gemm. et Har.
Cat. col. vii, 1870, p. 2162............... .. .. Nⁱˡᵉ-Hollande.

Goëtymes. Pascoe. (1 espèce.)

(Voir page 407.)

flavicornis. Pascoe. Journ. of. Entom. ii, 1863, p. 48, pl. 2, fig. 5. — Gemm. et Har. Cat. col. vii. 1870, p. 2163 . . . . Port Stephens.

Sitarobrachys. Reitter (1 espèce.)

(Voir page 407 et additions.)

brevipennis. Reitter. Wiener entom. Zeitg, ii, 1883, p. 309, pl. 4 fig. b, b a . . . . Balkans.

Hornia. Riley (1 espèce.)

(Voir page 407.)

minutipennis. Riley Trans. of the Ac. sc. of Saint-Louis, vol. iii, pl. 4, fig. 13 . . . . Amérique.

Leonia E. Dugès (1 espèce.)

(Voir page 408 et additions.)

Rileyi. E. Dugès, Ins. Life, vol. i, n° 7, 1889, p. 211 . . . Mexique.

MELOITES

Meloe. Linn. (78 espèces.)

(Voir page 410.)

œgyptius. Brandt. et Erichs. Monogr. p. 119. — Gemm. et Har. Cat. col. vii. 1870, p. 2124 . . . . Égypte.

æneus. Tausch. Mém. Mosc. iii, 1812, p. 151. — Morawitz, Bull. Mosc., 1861. i, p. 293. — Gemm. et Har. loc. cit . . . . Sarepta.

afer Bland. Proc. ent. Soc. Phil. 1864. p. 70. — Gemm. et Har., loc. cit . . . . Nebraska.

affinis. Luc. Explor. Alg., 1849, p. 398, pl. 33, fig. 2. — Gemm. et Har., loc. cit . . . . Algérie.

americanus. Leach. Lin. Tr. II, 251. pl. 18, fig. 5, 6. — Leconte, Sinops, p. 329. — Gemm. et Har., loc. cit . . . . · . . . . Georgie.

angulatus. Leach, Monogr., p. 247. — Br. et Er., Monogr., p. 132, pl. 8, fig. 5. — Gemm. et Har. Cat. col. vii, 1870, p. 2125 . . . . Cap de Bᵉ-Esp. Syn. *quadriçollis*. Hoffsmegg, Dej. Cat.. 3ᵉ édit., p, 243.

angusticollis. Say. Journ. Ac. Phil.. ii, 1823. p. 280. — Lec. Synops, p. 328. — Gemm. et Har. Cat. col. vii, 1870, p. 2125 . . . . Pennsylvanie.

atrocyaneus. Fairm. Ann. Soc. ent. de Fr. 1887, p. 304 . . . . . Taboja.

auriculatus De Mars. Ann. soc. Ent. de Fr., 1876, p. 480 . . Japon.

austrinus. Wollast. Ins. Mad., 1854, p. 527. — Gemm. et Har., loc. cit . . . . Madère.

autumnalis. Oliv. Ent. iii, t. III, p. 7, pl. I, fig. 1, a, b (♂) — Br. et Erich. Mon., p. 120. pl. 8 fin. 1. ♂. — Muls. Vésic., p- 52. — Gemm. et Har. Cat. col., p. 2125 . . . . Europe.

Syn. : *glabratus*. Leach. Trans. of. the Linn. Soc. of Lond., t. XI, 1re partie, p. 43, p. 7, fig. 12 .... France.

punctatus. Marsh. Ent. Brit. p. 483, 6 .... Angleterre.

barbarus. Lec. Proc. Ac. Phil, 1861, p. 483. — Gemm. et Har., loc. cit. p. 2125 .... Ile de Barbara.

Barranci (*Treiodus*). E. Dugès. Voir **M. Cordillerœ**.

Baudueri (1), Grenier. Cat. Gren., 1863. p. 92. — Gemm. et Har., loc. cit., p. 2125. — Baudi, Atti d. R. Ac. Sc. de Torino, 1878. xiii, p. 860. — Ab. de Perrin, Bul. Soc. d'hist. nat. de Toulouse, 1880, p. 235 .. France mérid.

bilineatus. Arragona. De quibud. Col. 1830, p. 20. — Baudi, loc. cit., p. 859 .... Sardaigne.

brevicollis. Panz. Faun. Germ., 10, 15. — Leach. Trans. of the Linn. Soc. of Lond., t. XI, p. 41 pl. 6, fig. 9. — Br. et Er. Monog., p. 123. — Muls., Vés. p. 88, fig. 1. — Gemm. et Har. Cat. col. vii, 1870, p, 2125 Europe.

Syn. : *Æstivus*. Stev. Dej. Cat., 3e éd., p. 242 .... Russie mér.

Cephalotes. Curtis. Aguide, 1828. p. 38 .... Angleterre.

semipunctatus, Kryncki, Bull. Mosc. p. 140. — Ziegl. Dej. Cat., 1re édit., 1821, p. 76 .... France.

cœlatus. Reiche et de Saulcy. Ann. Soc. ent. de Fr., 1857, p. 271. — Gemm. et Har., loc. cit .... Bords du Jourdain.

carbonaceus. Lec. New sp., Col., 1866, p. 155. — Gemm. et Har., loc. cit .... Nebraska.

Chevrolati. Coquerel. Rev. Zool., 1851, p. 89, et Ann. soc, ent. de Fr., 1852. p. 395. — Gemm. et Har, loc. cit .... Madagascar.

chrysocomus. Mill. Vien. Ent. Monatsch., 1861, p. 206. — Gemm. et Har., loc. cit. — Baudi, loc. cit., 1878, p. 861 .... Syrie.

cicatricosus. Leach. An. essay., etc., in Trans. of the Linn. Soc. 1813, t. II, p. 39, pl. 6, fig. 5, 6. — Br. et Erich, monogr. p. 130. — Muls., vésic., p. 63 Gemm. et Har., loc. cit. 15. — (*Larve*) Newport. Trans., Lin. Soc., xx, p. 297 et 321, pl. 14, fig. 5-15 — Id., xxi, p. 167, pl. 20 .... Europe.

Syn. : *radialo-punctatus* ? Latr. Hist. natur. t. X, p. 391.

reticulatus. Ziegl. Dej. Cat., 1821, 1re éd., p. 75.

coarctatus. Motsch. Ess. Ent., vi, 1857, p. 35. — Gemm. et Har., loc. cit. — De Mars. Ann. soc. ent. de Fr., 1876, p. 480 .... Japon.

compressipes, (in coll. (2) .... Madagascar.

corallifer. Germ. Mag. Ent., iii, 1818, p. 259. — Br. et Ratz. Medic. zool., ii, p. 110, pl. 16, fig. 9. — Muls., Vésic., p. 62. — Illig. Dej. Cat., 3e éd., p. 243. — Gemm. et Har., loc. cit .... Espagne.

corallipes. Dahl., in litt. — Gebl. Bull. Mosc., 1847, p. 492. Italie.

cordillerœ. Chevr., in Guer. Ic. régn. An., p. 133, pl. 35, fig. 6. — Gemm. et Har. Cat. col., vii, 1870. — E. Dugès. Bull. soc. zool. de Fr. 1886, p. 582 .... Mexico.

Syn. : *tridentatus*. Jimenez. Gaceta med. Mexico, ii, n° 15, 1886, p. 225.

tuccius. Barranco, loc. cit., avec fig.

Barranci. E. Dugès (*Treiodus*).

---

(1) Suivant Ab. de Perrin, *M. Baudueri* ne se distinguerait pas de *M. Flavicomus*, Woll ; d'autre part *M. Flavicomus* n'est qu'une variété de *M. Murinus* et Baudi de Selve considère *M. Murinus* comme ayant de grandes affinités avec *M. Baudueri*. Il y a donc lieu de penser que les trois espèces *murinus*, *Baudueri* et *flavicomus* ne sont que des variétés d'une seule espèce.

(2) J'ai vu dans la collection du British Museum une espèce de Madagascar sous le nom de *compressipes*. N'est-elle qu'une variété de *Chevrolati*, Coq.

coriarius. Br. et Erich, Monogr., p. 131.— Baudi, l. cit., p. 855.   France.
Syn : *reticulatus.* Br. et Ratz. Med. zool., ii, p. 108, pl. 16. fig. 1-2.
ruficentris. Germ. Fn. ins. Eur., 15-6................... Hongrie.
Hoffmannseggii. Germ. (à la table du même ouvrage, fin de la 4e centurie).
cribripennis. Dej. Cat. 3e édit.. 1837.
corvinus. De Mars. Ann. Soc. Ent. de Fr., 1876, p. 481..... Japon.
crispatus. Fairm. Ann. Soc. Ent. de Fr., 3e série, t. IV, 1884, p. 173..... ..... Asie mineure.
curticollis. Heyden et Kraatz. Käfer um Margelan in Berl. Ent. Zeitsch., 1882, p. 117.................................. Turkestan.
cyaneus. Muls. Voir **proscarabœus**.................... France.
decorus. Br. et Er. Monog. p. 137. pl. 8, fig. 7. — Creutz. Dej. Cat., 3e éd.. p. 243. — Gemm. et Har. Cat., p. 2125.................. Hongrie.
Syn.:*pygmœus.* Redt. Fn. Austr., ed. 1, p. 619.—Muls. Ves., p. 82. Allem. mér.
erytrochnemus. Pall. Ic. ii, p. 76, pl. E, fig. 1. — Br. et Er. Mon., p. 132. — Jacq. Duv. Gen. Col. iii, pl. 92, fig. 460. — Muls. Vésic., p. 76. — Gemm. et Har., loc. cit. — Baudi. Atti. d. R. Soc. d. Sc. di. Torino xiii, 1878, p. 856..................... Sibérie.
exaratus. Ménétr. Cat. Rais., 1832, p. 210. — Falderm. Fn. trans., ii, 1837, p. 116. — Gemm. et Har., loc. cit.................. Perse.
excavatus. Leach, Mon., p. 248, pl. 18, fig. 3. — Gemm. et Har., cat., p. 2126 .... Incert. sed.
fascicularis. Arragona. Voir m. **murinus.**
foveolatus. Guer. Rev. zool., 1842, p. 133. — Gemm. et Har., loc. cit...................... Barbarie.
hiemalis. Gredler. Kaf. Tirol., ii, 1866, p. 289........ Tyrol.
Var. : *lœvis.* Gredl , loc. cit., p. 290
humeralis. Guer. Rev. zool., t. V, 1842, p. 338............. Cordillères.
hungarus. Schranck. Bejt., z. natg., 1776, p. 71. — Redtenb. Fn. Austr., 1858, p. 650. — Gemm. et Har., loc. cit., p. 2126............. Allemagne.
Syn. : *limbatus.* Fabr. Syst. Eleut., ii, p. 588. — Br. et Ratz., med. zool., ii, p. 109, pl. 16, fig. 10. — Muls., vés., p. 59...... .... France.
marginatus. Tausch. Mém. mosc., iii, p. 152............. Russie mérid.
impressus. Kirby. Fn. Bor. Am., iv, 1837, p. 242. — Lec. Syn., p. 328. — Gemm. et Har., loc. cit., p. 2126.................. Amér. bor.
Syn. : *americanus.* Br. et Er. Mon., p. 118.
Var. : *niger.* Kirby., l. c., p. 241.
insignis. Charpentier ; Ric. J. Gorriz. Monogr. de las Col. Mel., 1882, Saragosse, p. 53.......................... Aguilas (Murcie).
Klugi. Br. et Er. Mon., p. 133, pl. 8, fig. 6.............. Montevideo.
lœvipennis. Br. et Er. Mon., p. 124. — Eschsch. Dej. Cat., 3e éd., p. 242. — Gemm. et Har., loc. cit.................... Kamtschatka.
lœvis. Leach. Mon., p. 240, pl. 18, fig. 4. — Br. et Er. Mon., p. 135. — Gemm. et Har., loc. cit...................... St-Domingue.
Var. : *Colombianus.* Buq., in litt. (1).................. Colombie.
Latreillei. Voir **purpurascens.**
luctuosus. Br. et Er. Mon., p. 122. — Gemm et Har., loc. cit. Sicile

(1) J'ai trouvé avec cette indication, dans la collection du musée de Bruxelles, un individu ressemblant assez à la variété tecta de lœvis; mais à corselet proportionnellement un peu plus long, et marqué seulement dans sa moitié postérieure d'un sillon médian. — Les antennes sont aussi un peu plus longues.

Lefebvrei. Guer. Voy. Lefebvre, 1849 p. 322 pl. 5, fig. 4. — Gemm. et Har.
loc. cit....... .... Abyssinie.

lobatus. Gebl. Nouv. mém. Mosc., ii, 1832, p. 57. — Gemm. et Har., loc.
cit....... .... Sibérie or.

maculifrons. Luc. Expl. Alg. Ent., p. 399, pl. 33, fig. 3. — Gemm. et Har., loc.
cit.. Oran.

majalis. Linn. Syst. nat., éd. 12, p. 679. — Leach, monog., p. 38, pl. 6,
fig. 3-4. — Br. et Er., monogr., p 139, pl. 8, fig. 8. ♂ — Muls. Vés., p. 55. —
Gemm. et Har., loc. cit. — Ric. J. Gorriz, monogr. 1882, p. 36. Espagne.
Var. : *lævigatus*. Oliv. Ent., iii, 45, p. 6. — Fabr. Syst. Eleut., ii, p. 587. —
Cast., Hist. nat., ii, p. 278. — Ric. J. Gorr. l. cit., p. 37. France mér.
fissicornis. Ric. J. Gorriz, loc. cit .... Aragon.

marginatus. Fisch. Cat. col., Karel., 1843, p. 27. — Gemm. et Har., loc.
cit .... Sibérie.

maurus. Tausch. Mém. Mosc. iii, 1812, p. 152. — Gemm. et Har., loc.
cit... Russie.

megacephalus. Fisch. Cat. col., Karel., p. 27. — Gemm. et Har., loc.
cit.. Sibérie.

mœrens. Lec. Syn., p. 328 — Gemm. et Har., loc. cit...... New-York.

montanus. Lec. New. sp. Col., 1866, p. 155 .... Amérique.

murinus. Br. et Er. Mon., p. 127, pl. 8, fig. 4. — Muls. Vésic., p. 81. —
Wollast. Cat. Canar. col., p. 514. — Gemm. et Har., loc. cit. — Ric. J. Gorr.
Monog., p. 51. — Baudi, loc. cit., p. 859 .... Espagne.
Syn : *cinereus*. Dahl. in litt.................................. Sicile.
    soricinus Géné in coll.
    flavicomus. Wollast. Ins. Mader., 1854, p. 528, pl. 13, fig. 1. Madère.
    fascicularis, Arragona, de quib. col. 1830 p. 20. — Baudi, Atti, d. R. Soc.
    d. Sc. di Torino xiii, 1878 p. 859.

nanus. Luc. Expl. alg. Ent., p. 400, pl. 33, fig. 5. — Gemm. et Har., loc.
cit... Oran.

nudus. Wollast. Cat. Canar. Col., 1864, p. 514. — Gemm. et Har., loc.
cit.. .... Fuertevent.

Olivieri. Chevr. Mag. Zool., 1833, ix, pl. 57................ Orient.
Syn. : *sericeus*. Oliv., in litt.

opacus. Lec. Proc. Ac. Phil., 1861. p. 354. — Horn., Trans. Am. Ent.. Soc. ii.
1867, p. 139. — Gemm. et Har, loc. cit.................... Californie.

perplexus. Lec. Synops, p. 329. — Gemm. et Har., loc. cit. Pennsylvanie.

plicatipennis. Luc. Expl. Alg. Ent., p. 400, pl. 33, fig. 4. — Gemm. et Har.,
loc. cit. — Bedel, Ann. Soc. Ent. de Fr., 1877, p. xx...... Algérie.

proscarabœus. Linn. Syst. nat., éd. 10, p. 419. — Leach, mon., p. 46,
pl. 7. fig. 6-7. — Br. et Er. Mon., p. 113. — Muls. Vésic., p. 41 — (*larve*)
Degeer Mém. V. 1, p. 8, pl. 1, fig. 5-8. — Gemm. et Har., loc. cit. Europe.
Syn.: *atratus*. Meyer, Tent. consp., p. 15 .... Allemagne.
    brunsvicencis. Meyer, loc. cit., p. 25 .... —
    cyanellus. Ziegl. Dej. Cat., 1re éd., p. 75.............. Styrie.
    punctatus. Fabr. Ent. syst., 2, p. 518.............. Suisse.
    rugicollis. Steph. Illust. Brit., v. p. 66............. .. Angleterre.
    rugipennis Mannerh. Humm. Ess. iv, 1825, p. 31. —
    Gebl. Ledeb. Reis., ii, 3, p. 240.
    vulgaris. Steph., l. c.
Var : *cyanellus*. Brullé. Exp. sc. Morée, iii, p. 229, pl. 41, fig. 11. — Kiesenw.

Berl. Ent. Zeitsc., 1861, p. 249..................... Grèce.
pannonicus. Ziegl. Dej., cat., 3ᵉ éd. p. 242............ Illyrie.
cyanellus, var. Brullé, loc. cit., p. 230, pl. 41, fig. 12... Illyrie.
cœruleus, Besser, in litt.
gallicus. Dej., cat., 1ʳᵉ éd., p. 75.................. ..... France.
incertus. Tausch. Mém. mosc., iii, p. 149............. Sarepta.
Tauricus. Dej. cat., 1ʳᵉ éd., p. 75.................... Taurie.
Volgensis. Tausch., loc. cit., p. 148 .... Volga.
tectus. Panz. Fn. Germ., 10-14. — Leach., Monogr. p. 47,
    pl. 7, fig. 8-9...................................... Angleterre.
cyaneus. Muls., vés., p. 47.

purpurascens. Germ. Fn. Ins. Eur., 16, 12. — Muls. Vés. p. 71.
  — Gemm. et Har., loc. cit., p. 2,127. — Bedel, Bull. soc. ent. de Fr., 1874.
  p. cli. — Baudi, loc. cit., p. 857......................... France.
Syn. : *œneus*. Cast. Hist. des Ins., ii, p. 278.................. Espagne.
   Sardous. Géné. Mém. Ac. Turin, 1836, p. 198, pl. 1 fig. 29. Sardaigne.
   Latreillei. (Reiche), *in de Mars.* Cat. Coléop., Eur., 1856..
pygmœus. Redt. Voir **M. decorus.**

pygmœus. Heyden et Kraatz. Berl. Ent. Zeitsch., 1882, p. 334.. Samarkand.
rugipennis. Lec. Syn., p. 328. — Gemm. et Har., loc. cit..... Am. bor.
rugosus. Marsh. Ent. Brit., i, p. 483. — Br. et Er., mon., p. 126. — Muls.
  vés., p. 77 — Gemm. et Har., loc. cit., p. 2127....... ..... Allemagne.
Syn. : *autumnalis*. Leach., mon., p. 40, pl. 6, fig. 7-8..... .. Angleterre.
   globosus. Knoch, in litt...................... .... France.
   microthorax. Stev. Dej. Cat. 1833, p. 221............. Russie mér.
   nervosus. Dahl, in litt........... .... Italie.
   pullus. Hoffmansegg. Dej. Cat., 3ᵉ éd., p. 242.. .... Lusitania.
   punctatus. Curtis., Brit. Ent., vi, p. 279.— Steph. Illust.
    Brit., v, p. 68.......................... .... Angleterre.
   rugulosus. Brullé, expéd. Morée iii, p. 230, pl. 41, fig.
    10. — Ziegl. Dej. Cat., 1ʳᵉ éd. p. 76................. Grèce.
scabriusculus. Br. et Er. Monog., p. 125. — Muls. Vés., p. 85. — Gemm. et
  Har., loc. cit...................................... Allemagne.
Syn. : *brevicollis*. Stev. Dej. Cat., loc. cit................... Russie mér.
   laticollis. Meg. Dej. Cat., loc. cit.................... France.
sericellus. Reiche. Ann. Soc. Ent. de Fr., 1857, pl. 5, fig. 12. — Reiche. Ann.
  Soc. Ent. de Fr., 1884, p. 167. — Gemm. et Har., loc. cit.... Asie Mineure.
servulus. Bates, Cist. Ent. ii, nr. xxi, p. 483......... ..... Kaschgar.
siculus. Dej., cat., 3ᵉ édit., 1837, p. 241.................... Sicile.
specularis. Gredl. Verh. Zool. Bot. Ges. Wien., xxvii, 1877,
  p. 518.......................... .... Afrique trop.
strigulosus. Mannerh. Bull. Mosc., 1852, p. 349. — Gemm. et Har., loc.
  cit... Californie.
subcyaneus. Wollast. Cat. Canar. col., p. 514. — Gemm. et Har., loc.
  cit... Samarkand.
sublœvis. Lec. Proc. Ac. Philad., vii, 1854, p. 84. — Gemm. et Har., loc.
  cit... New-Mexico.
sulcicollis. Heyden et Kraatz, in Berl. Ent. Zeitsch. 1882, p. 334. Samarkand.
tinctus. Lec. New Spec. col., 1866, p. 155. — Gemm. et Har., loc.
  cit .... Nebraska.
tridentatus. Jimenez. Voir **M. Cordilleræ.**

Tnccius. Rossi. Fn. Etr. I, p. 283, pl. 4, fig. 5. — Br. et Ratz. Médic. zool.,
II, p. 109, pl. 16, fig. 5. — Muls., vés., p. 74. -- Gemm. et Har., loc. cit. —
Fairm. Ann. Soc. Ent. de Fr., 3ᵉ sér., t. IV, 1884, p. 167... Asie min.
Syn. : *punctatus*. Leach, mon., p. 244 et 245, pl. 18, fig. 1.... Taurie.
     sulcicollis. Latr. Hist. nat. x, p. 391....... .... Lusitanie.
Var. : *corrosus*. Br. et Er. mon. p. 122. — Dej. Cat., 3ᵉ éd., p. 242. Sicile.
     scabricollis. Br. et Er., loc. cit. — Dahl., in litt...... Italie.
uralensis. Pall., I, t. II, app., p. 722. — Ic., p. 76, pl. E.. fig. 2. — Leach,
mon., p. 247, pl. 18, fig. 2. — Muls. Vésic., p. 61. — Gemm. et Har., loc.
cit., p. 2128........... ... Sibérie.
Syn. : *glabratus*. Ziegl. Dej., cat., 1ᵉʳ éd., p. 75........... Hongrie.
     punctatus. Meyer, Tent. consp., p. 28.............. Angleterre.
     Viennensis. Schrank, Beit., p. 71. — enum., Ins., p. 227. Allemagne.
variegatus. Donov. Brit. Ins., p. 67. — Leach, mon., p. 37, pl. 6, fig. 12. —
Muls.Vésic.,p.68.—Baudi,l. cit.,p.856.—Gemm.etHar.,loc.cit. Europe.
Syn. : *majalis*. Fabr. Syst. Ent., p. 259. — Oliv. Ent. III, 45, p. 6, pl. 2
     fig. 4, c .... Sibérie.
     proscarabœus. Var. I, Kalcken. Fn. Par., I, p. 267..... France.
     scabrosus. Marsh. Ent. Brit., I, p. 483. — Siebold, Stett. zeit., 1841,
     p. 130 (*larve*)........... Angleterre.
Var. : *cupreus*, Dej. Cat., l. cit........... Espagne.
variolosus. Fisch. Cat. col. Kar., 1843, p. 27. — Gemm. et Har., loc.
cit.. .... Sibérie.
violaceus. Marsh. Ent. Brit., I, p. 482. — Leach, mon., p. 45, pl. 7, loc.
cit. — Schöyen. Entom. Tidskrift, I p. 178.............. Europe.
Syn. : *proscarabœus*. Sulz. Kennzeich, p. 92, pl. 7, fig. 54, c. — Panz. Fn.
     Germ., 10, 12........... France.
     similis. Marsh, loc. cit., p. 482. Angleterre.
Var. : *aprilinus*. Meyer, Tent., p, 21.......... Allemagne.
     rufipes. Bremi. Stett. Zeit., 1855, p. 199, 71........... Suisse.

RÉPARTITION GÉOGRAPHIQUE DES MELOE

AMERIQUE.......... afer, 1 ; americanus, 2 ; angusticollis, 3 ; carbonaceus, 4 cordilleræ, 5 ; excavatus (?) 6 ; humeralis, 7 ; impressus, 8 ; Klugi, 9 ; lœvis, 10 ; mœrens, 11 ; montanus, 12 ; opacus, 13 ; perplexus, 14 ; rugipennis, 15 ; specularis, 16 ; strigulosa, 17 ; sublœvis, 18 ; tinctus, 19 ; tridentatus, 20.

AFRIQUE.......... Ægyptius, 1 ; affinis, 2 ; angulatus, 3 ; Lefebvrei, 4, maculifrons, 5 ; nanus, 6 ; plicatipennis, 7 ;

EUROPE ET ASIE..... Æneus, 1 ; auriculatus, 2 ; autumnalis, 3 ; Bandueri, 4 ; bilineatus, 5 ; brevicollis, 6 : cœlatus, 7 ; chrysocomus, 8 ; cicatricosus, 9 ; coarctatus, 10 ; corallifer, 11 ; corallipes, 12 ; coriarius, 13 ; corvinus? 14 ; crispatus, 15 ; curticollis, 16 ; decorus, 17 ; erytrochemus, 18 ; exaratus, 19 ; fascicularis, 20 ; foveolatus, 21 ; hiemalis, 22 ; hungarus, 23 ; insignis, 24 ; levipennis, 25 ; onctuosus, 26 ; lobatus, 27 ; majalis, 28 ; marginatus, 29 ; maurus, 30 ; megacepha-

EUROPE ET ASIE..... (suite) — lus; 31: murinus, 32; Olivieri, 33; proscarabæus, 34; purpurascens, 35; pygmœus, 36; rugosus, 37; scabriusculus, 38; sericellus, 39; servulus, 40, siculus, 41; sulcicollis, 42; Tuccius, 43; uralensis, 44; variegatus, 45; variolosus, 46; violaceus, 47.

MADÈRE............ austrinus, 1.

MADAGASCAR........ Chevrolati, 1.

ILES CANARIES...... nudus, 1; subcyaneus, 2.

ILE SAN BARBARA... Barbara, 1.

Pseudo-meloe. Fairm. (18 espèces.)

(Voir page 410.)

andensis. Guérin, revue zool., 1842, p 339. — Gemm. et Har., loc. cit., p. 2, 128 .... Andes.

cancellatus. Sol. Gay, Hist. Chili., v, 1851, p. 285. — Fairm. et Germ. Ann, Fr., 1863, p. 260. — Gemm. et Har., loc. cit., p. 2128... Chili.

chiliensis. Guér. (*meloe*) Voy. de Duperrey t. II, 2ᵉ part., p. 108, pl. V, fig. 12. — Rev., zool., 1842, p. 339. — Gemm. et Har., loc. cit...... Chili.
Syn. : *Chilensis.* Sol., Gay, hist. Chil., p. 284. — Fairm. et Germ. Ann. Soc. Ent. de Fr., 1863.

collegialis. Audouin, Guer. mag. zool., 1835, cl. ix, pl. 169. — Gemm. et Har., loc. cit... Andes.

costipennis. Sol. Gay. Hist. Chil., v, p. 283. — Fairm. et Germ. Ann. Soc. ent. de Fr., 1863. — Gemm. et Har., loc. cit............... Chili.

flavipennis. Philippi, Stett. Zeitg., 1864, p. 356. — Gemm. et Har., loc. cit., p. 2129 .... Chili.

hœmopterus. Philippi, loc. cit., p. 352. — Gemm. et Har., loc. cit... Chili.

humeralis. Guér. Rev. zool., 1842, p. 338. — Gemm. et Har., loc. cit .... Cordillières.

magellanicus. Fairm. Ann. Soc. Ent. de Fr., 1883, p. 496.. Santa-Cruz.

miniaceo-maculatus. Blanch. Voy. de d'Orb., p. 200. pl. 15, fig. 6. — Gemm. et Har., loc. cit...... .... Bolivie.

parvus. Sol. Gay. Hist. Chil. v, p. 284. — Lacord. Gen. col. V. p. 660, note 2. — Fairm. Ann. Soc. ent. Fr., 1863, p. 259. — Gemm. et Har., loc. cit... Chili.
Syn. : *anthracinus.* Fairm. et Germ. Col. Chili. 1, 1860, p. 4. — Philippi, Stett. Zeit., 1864, p. 357.

picipes. Fairm. et Germ. Col. Chili. 1, 1860, p. 4. — Philippi, Stett. Zeitg. 1861, p. 356. — Fairm. et Germ. Revis., Col. Ch. in Ann. Soc. Ent. de Fr., 1863. — Gemm. et Har., loc. cit.. Chili.

pictus. Philippi, loc. cit., p. 356. — Gemm. et Har., loc. cit. Chili.

pustulatus. Erich. Wiegm. Arch., 1847, 1, p. 123. — Gemm. et Har., loc. cit... Pérou.

sanguinolentus. Sol. Gay, hist. Chili, v, p. 283. pl. 21, fig. 13. — Fairm. et Germ. Ann. Soc. Ent. Fr., 1863. — Gemm. et Har., loc. cit... Chili.

Sauleyi. Guér. Mag. zool., 1834. Cl. ix., 100. — Gemm. et Har., loc. cit........ .... Pérou.

stenopterus. Erichs. Wiegm. Arch. 1847. I, p. 123, 6. — Gemm. et Har.,
loc. cit. . . . . Pérou.
venosulus. Fairm. Ann. Soc. Ent. de Fr., 1883, p. 496 . . . . . . Santa-Cruz.

Megetra. Lec. (2 espèces.)
(Voir page 412.)

cancellata. Br. et Er. Mon., p. 141, pl. 8, fig. 9. — Gemm. et Har. loc. cit.
(*Cysteodemus*), p. 2129 . . . . Mexico.
vittata. Lec. Synops. p. 330.·— Id. Col. of Kansas, 1859, p. 16, pl. 2, fig. 9. —
Gemm. et Har. loc. cit. (*Cysteodemus*) p. 2129 . . . . New-Mexico,

Cysteodemus. Lec. (2 espèces.)
(Voir page 411.)

armatus. Lec. Ann. Lyc. v. p. 158 — Id. Synops., p. 330. et Arc. nat. 1859,
126, pl. 13, fig. 3 — Lacord. Gen. Atl., pl. 58, fig. 2 — Gemm. et Har., loc. cit.,
p. 2129 . . . . Californie.
Wislizeni. Lec. Ann. Lyc. v. p. 158 note, — Id. Synops., p. 330. — Gemm.
et Har. loc. cit . . . . Californie.

Nomaspis. Lec. (2 espèces.)
(Voir page 412.)

parvula. Haldem. Stansb. expl., 1852. App. c. p. 377 — Id. Proc. ac. Philad. vi
1853, p. 404 — Lec. Syn., p. 329, — Id, new-spec. col., 1866, p. 156 — Gemm.
et Har., loc. cit., p. 2128 . . . . Utah.
sublœvis. Horn, Trans. Amer. Ent. Soc. ii, 1867, p. 140. — Gemm. et Har.,
loc. cit . . . . Fort-Tejon.

Poreospasta. Horn. (1 espèce.)
(Voir page 411.)

polita. Horn, Trans. Amer. Ent. Soc. 1867, p. 139. — Gemm. et Har., loc. cit.,
p. 212 . . . . Californie.

Gynapteryx. Fairm. et Germ. (1 espèce.)
(Voir page 412.)

flavocincta. Fairm. et Germ. *Rev., des col. du Chili.* Ann. Soc. Ent. de Fr.
1863, p. 261. — Gemm. et Har., loc. cit., p. 2130 . . . . Chili.

CANTHARITES
1° HORIIDES

Horia. Fabr. (6 espèces.)
(Voir page 414.)

apicalis. Perty, Del, Anim. 1830, p. 66, pl. 13, fig. 14. — Gemm. et Har., loc.
cit. p. 2130 . . . . Brésil.

cephalogona. Fairm. In notes from the Leyden Museum. Vol. x, p. 269, 1888.. Congo.
cephalotes. Oliv. Ent. iii, 53, p. 5, pl. 1, fig. 3. — Casteln. Hist. nat. ii, p. 279. — Gemm. et Har., loc. cit.- — Westerm. Silb. Rev. ent. I, p. 111 (♀). — Gerst. in Baron von Decken's Reise Bd III, 1873, 'p. 205. Afrique.
maculata. Sweder. Vetensk. Ac. nya Handl., 1787, p. 199, pl. 8, fig. 8, — Fabr. Ent. Syst. I, 2, p. 90 — Casteln. Hist. nat., II, p. 279. — Guilding, Trans. linn. soc. XIV, p. 316, pl. 8, fig. 6, XV, p. 511, (larve)........ ... Cayenne.
    maculata Vœt. Cat. col. II, p. 76, pl. 49, fig. 9 β.
maxillosa. Fabr. Syst. Eleut. II, p. 86.—Gerst., l. c., p. 205. Sumatra.
senegalensis. Casteln. Hist. nat. ii. p. 280.— Gemm. et Har., loc. cit., p. 2130 (*Cissites*). — Preudh. de B. Soc. Ent. Belg. 1883. — Lacord. Gen. des col., v. p. 663 (*Cissites*).. Sénégal

Cissites. Latr. (1 espèce.)

(Voir page 416.)

testacea. Fabr. Spec. Ins., i. 1781. p. 256, — Hubner, Naturf. 24, 47; pl. 2, fig. 14, 17.— Sturm. Cat., 1826, p. 71, pl. 3, fig. 25. —Casteln. Hist. nat. ii, p. 280. — Westerm. Silberm. Rev. Ent. i, p. 111. — Gemm. et Har., loc. cit., p. 2130 .... Indes Or.
Syn: *clavipes*. Fabr. Gener. ins. Mant., p. 233, ♂
    sanguinolenta, Schot. Abhandl i, p. 364, pl. 3, fig. 6.

Tricrania. Lec. (3 espèces.)

(Voir page 416.)

Murrayi. Lec. Ac. Philad., 1860, p. 320. — Gemm. et Har., loc. cit., p. 2130 .... Orégon.
sanguinipennis. Say. Journ. Ac. Philad. iii 1823, p. 279. — Lec. Synop., p. 350. — Gemm. et Har., loc. cit...................... Pennsylvanie.
Stansburyi. Haldem. Stansb. exped. to great Salt Lake, 1852 p. 377.—Lec. Synops., p. 350. — Lacord. Gen. Col., v, p. 664, note 3. — Gemm. et Har., loc. cit... Utah.

2° CANTHARIDES

Tetraonyx. Latr. (78 espèces.)

(Voir page 417.)

albomaculatus Haag-Rut. (Buq. in litt.) Stett. Ent. Zeitg 1879. p. 258. Brésil.
albomarginatus. Haag-Rut. (Chevrol. in coll.) Stett. Ent. Zeitg. 1879, p. 304.. Brésil.
angulicollis. Haag-Rut. Stett. Entom. Zeitg, 1879, p. 270.. Mexico.
anthracinus. Haag-Rut. (Buq. in litt.) Stett. Ent. Zeitg, 1879, p. 257. Brésil.
Badeni. Haag-Rut. Stett. Ent Zeitg, 1879, p. 271........ .. Venezuela.
Syn: *quadraticollis* Buq. in litt.
Batesi. Haag-Rut. Stett. Ent. Zeitg., 1879, p. 267 .... Mexico.
bicolor Serv. Encycl. méth. x, p. 596. — Gemm. et Har., loc. cit , p. 2145. — Haag-Rut., loc. cit., p. 265 .... Brésil.
Syn.: *ventralis*. Chevr. Guer. Ic. règne anim. Ins., p. 135, pl. 35, fig. 8.

Lacordairei Des. Cat., 3ᵉ éd., p. 248 (selon indic. de la collect. du
transversesulcatus. Waterh. (musée de Bruxelles.

bilineatus. Deyr. in coll. — Haag-Rut. Stett. Ent. Zeitg.,
    1879, p. 311... Pernambuco.
bimaculatus, Klug, voir **T. 4 maculatus**.
bipartitus. Haag-Rut. Stett. Ent. Zeitg., 1879, p. 267........ Mexico.
bipunctatus, Serv. voir **T. 3 notatus**.
Borrei. Haag-Rut. Stett. Ent. Zeitg., 1879, p. 263........... Brésil.
    Var. : *ocularis*. Haag-R., id.
        ornatus, id. id.
Brucki. Haag-Rut. Stett. Ent. Zeitg., 1879, p. 288........... Brésil.
brunnescens. Haag-Rut. Stett. Ent. Zeitg., 1879, p. 268 .... Brésil.
    Var. : *minor*. Id.
Chevrolati. Haag-Rut. Stett. Ent. Zeitg., 1879, p. 296 ...... Bolivie.
chrysomelinus. Klug., in litt. — Haag-Rut. Stett. Ent.
    Zeitg., 1879, p. 302.................................... Brésil.
    Syn. : *nigripennis*. Deyr., in coll.
cinctus. Curtis. Trans. Linn. Soc., 1845, p. 473. — Haag-Rut. Stett. Ent.
    Zeitg., 1879, p. 294................................... Lima.
    Syn. : *cinctipennis*, Dej., cat. 3ᵉ éd., p. 248.
circumscriptus. Haag-Rut., loc. cit., p. 305 .... Brésil.
circumseptus. Fairm. Voir **T. limbatus**.
clythroïdes. Haag-Rut. Stett. Ent. Zeitg. 1879, p. 290........ Salto-Grande.
collaris. Serv. Encycl. méth. X. pl. 569, n° 4. — Gemm. et Har. loc. cit, p. 2145.
    — Haag-Rut. Stett. Ent. Zeitg., 1879, p. 313 .... Brésil.
colon Burm. Stett. Ent. Zeitg., 1881, p. 33.................. Cordova.
crassus. Klug (*Lytta*). Nov. Act. Ac. Cur. Leop. XII 1825, p. 451, pl. 41,
    fig. 12. — Gemm. et Har., l. cit. — Haag-Rut. Stett. Ent.
    Zeitg., 1879, p. 256... Rio-Janeiro.
    Syn. : *Cyaneus*. Dej. cat., 3ᵉ édit., p. 248.
croceicollis. Haag-Rut. Stett. Ent. Zeitg., 1879, p. 266 ..... Rio-Janeiro.
cruciatus [1] Cast. Voir **T. 4 maculatus**.
cubensis. Cherv. Voir **T. 4 maculatus**.
cyanipennis. Moritz, in litt. — Haag-Rut. Stett. Ent. Zeitg.,
    1879, p. 298 .... Colombie.
    Syn. : T. *rubricollis*. Chevr., in litt.
decipiens. Haag-Rut. Stett. Ent. Zeitg., 1879 p. 269......... Mexico.
decoratus. Kirsch. Berl. Ent. Zeitsch., 1866, p. 208. — Gemm. et Har., loc. cit.,
    p. 2145. — Haag-Rut. Stett. ent. Zeitg., 1879, p. 261........ Bogota.
depressus. Klug (*Lytta*). Nova act. Ac. Cur. Leop. XII, p. 445, pl. 41, fig. 9.
    — Haag-Rut. Stett. ent. Zeitg., 1879, p. 273............... Brésil.
Deyrollei. Haag-Rut. Stett. Ent. Zeitg., 1879, p. 259........ Pat. ign.
dilutus. Haag-Rut. Stett. Ent. Zeitg., 1879, p. 309........... Brésil.

---

[1] Haag-Rut. (loc. cit., p. 303) indique comme synonymes de cette espece : T. cubensis,
Chevr. et nemogn. cubœcola Duv. — D'autre part Chevr. (Bull. Soc. Ent. de Fr. 1877, p. X) indique T. cubensis comme synonyme de 4-muculatus ; après comparaison de nombreux spécimens de ces deux espèces, je pense que les deux entomologistes ont raison et que cruciatus n'est
qu'une variété de 4-muculatus à tâches très développées en largeur, Je renvoie donc pour cette
espèce à T. 4-maculatus.

dispar, Germ. voir **Pyrota dispar.**

Dohrni. Haag-Rut. Stett. Ent. Zeitg., 1879, p. 290.......... St-Jao-de-Rey.

femoralis [1]. Dugés. La Naturaleza, 1869, p. 104. — Haag-Rut. Stett. Ent. Zeitg., 1879, p. 287.—Horn, trans. amer. ent. Soc. 1885, p. 116. Mexico.

femoratus. Cast. Hist. nat. ii, p. 277. — Déj. Cat. 3e édit., p. 248. — Gemm. et Har., loc. cit., p. 2149. — Haag-Rut. Stett. Ent. Zeitg., p. 301, 1879............................... Brésil.

flavipennis. Guér. Rev. Zool. 1843, p. 22. — Goudot Mag. Zool., 1844, pl. 141 (larve).— Gemm. et Har., loc. cit., p. 2146. —Haag-Rut. Stett. Ent. Zeitg., 1879, p. 272..................................... Colombie.

frontalis. Chevr. Col. Mex. Cent. i, fasc. I, 1834. — Klug. Dej. cat. 3e édit., p. 248. — Dugés, Naturaleza, 1869, p. 105. — Gemm. et Har., loc. cit. — Haag-Rut., Stett. Ent. Zeitg., 1879, p. 287............... Mexico.

Syn. : *bicolor*. Klug, Dej. cat. l. cit.

    cinnamomeus. Sturm. Cat., 1843.

fulvus. Lec. Syn. Meloid., 1853, p. 344. — Gemm. et Har., loc. cit. —Haag-Rut. Stett. Ent. Zeitg., 1879, p. 288........................... New-Mexico.

Syn. : *rufus*. Dug. Natural., 1869, p. 105.— Horn, Trans. amer. ent. Soc. 1885, p. 108.

Haroldi. Haag-Rut. Stett. Ent. Zeitg., 1879, p. 265.......... Brésil.

Syn. : *analis*. Mus. Berl.

    croceicollis. Buq^t in litt.

humeralis. Buq^t in litt. — Haag-Rut. Stett. Ent. Zeitg., 1879, p. 291....................................... Brésil.

infelix. Fairm. et Germ. Ann. Soc. ent. de Fr., 1863, p. 262... Chili.

Syn. : *septemguttatus*. Sol. Gay. Col. Chili V, pl. 21, fig. 12 (non le texte). Gemm. et Har., loc. cit. — Haag-Rut., loc. cit.

intermedius. Haag-Rut. Stett. Ent. Zeitg., 1879, p. 266 ..... Brésil.

Kirschi. Haag-Rut. Stett. Ent. Zeitg., 1879, p. 295 .... Mendoza.

Kraussi. Haag-Rut. Stett. Ent. Zeitg., 1879, p. 262........ . Brésil.

Lacordairei. Voir **T. Bicolor.**

lampyroïdes. Burm. Stett. Ent. Zeitg. 1881, p. 33............ Rép. Argent.

limbatus. Cast. Hist. nat. II., p. 277 ; — Gemm. et Har., loc. cit. — Haag-Rut., loc. cit., p. 293.............................. Chili.

Syn. : *limbatus* (Picnoseus). Fairm. Ann. Soc. Ent. de Fr., 1863, p. 263.
    circumseptus (Tetraonyx). Fairm. et Germ. Col. Chili, 1861, I.

lugubris. Haag-Rut. Stett. Ent. Zeitg., 1879, p. 259......... Brésil.

maculatus. Cast. Hist. nat., ii, p. 277. — Gemm. et Har., loc. cit. ; — Haag-Rut. Stett. Ent. Zeitg., 1879, p. 306....................... Brésil.

Syn. : *maculicollis*. Deyr. in litt.

maculicollis. Haag-Rut. Stett. Ent. Zeitg. 1879, p. 301.... Brésil.

Marseuli. Haag-Rut. Stett. Ent. Zeitg., 1879, p. 309 .... Bolivie.

minor. Haag-Rut. Sol. in coll. Stett. Ent.-Zeitg. 1879, p. 305. Bahia.

Mniszechi. Haag-Rut. Stett. ent. Zeitg., 1879, p. 273....... Colombie.

Moritzi. Haag-Rut. Stett. Ent. Zeitg., 1879, p. 304.......... Venezuela.

mylabrinus. Klug, Nov. Act. Cur. Léop., xii, p. 450, pl. 41, fig. 11.— Gemm. et Har., loc. cit. — Haag-Rut., loc. cit., p. 268........... Rio-Janeiro.

nanus. Haag-Rut. Stett. ent. Zeitg. 1879, p. 300............ Brésil.

---

(1) Femoralis n'est peut-être qu'une variété de frontalis. Les échantillons de la collection du musée de Bruxelles qui ont été envoyés par Dugés ne diffèrent en effet de frontalis que par les cuisses marquées en leur milieu d'une bande transversale jaune.

nigriceps. Haag-Rut. Stett. ent. Zeitg., 1879, p. 303....... Brésil.

nigricornis. Haag-Rut. Stett. ent. Zeitg., 1879, p. 275...... Colombie.

nigrifrons. Haag-Rut., Stett. ent. Zeitg., 1879, p. 298 ..... Pérou.

nitidipennis. Fairm. et Germ., Col. Chili 1860, 2, et 1863. Ann. Soc. ent. de Fr., p. 263 (*Picnoseus*). — Haag.-Rut., Stett. ent. Zeitg., 1879, p. 312. — Gemm. et Har., loc. cit.................................... Chili.

ochraceoguttatus. Dugés, La natural. V, fig. 1 *a*........ Mexico.

octomaculatus. Latr. Humb. et Bompl., Voy. 1811, i, p. 237., pl. 16, fig. 7. — Cast. Hist. nat.. ii, p. 276. — Gemm. et Har., loc. cit. — Haag-Rut., loc. cit., p. 311.................................... Mexico.

pallidus. Haag-Rut., Stett. Zeitg. 1879, p. 294.............. Brésil.

pectoralis. Buqt. in litt.—Haag-Rut. Stett. ent. Zeitg, 1879, p. 257   Colombie.

propinquus. Burm., Stett. ent. Zeitg., 1881, p. 31........... Mendoza.

proteus. Haag-Rut. Stett. ent. Zeitg., 1879, p. 260........ Mexico.

Var. : *Humboldti.* Chevr. in. coll.

    biguttatus. Chevr. in. coll

    sanguinolentus. Haag .... Mirador.

    sellatus. Id....................................... Oaxaca.

    centromaculatus. Id.

quadrilineatus. Haag-Rut., Stett. ent. Zeitg., 1879, p. 292.   Rép. argentine.

Syn. : *variabilis.* Klug, in litt.

    aberrans. Germ., in. coll.

    ridens. Dohrn., in. coll.

quadrimaculatus. Fabr. Ent. Syst. i, 2, p. 250. — Lec. Syn. mel., p. 344. — Gemm. et Har., loc. cit. — Chevr. Bull. Soc. ent. de Fr., 1877, p. x. — Haag-Rut., Stett. ent. Zeitg., 1873, p. 308.................. Amérique.

Syn. : *ruficollis* (Mylabris), Oliv. Ent., iii, 47, p. 14-19, pl. 2, fig. 17.

    bimaculata (Lytta) Klug., Nov. act. Cur. Léop. xii, p. 448, pl. 41. fig. 10.

    cubensis. Chevr. Rev. Zool., 1858, p. 210.

    cubæcola (Nemognatha) Duv. Hist. Cub., 1857, p. 161, pl. 8, fig. 18.

Var: *cruciatus.* (1) Cast. Hist. nat., ii, 1840, p. 277. — Haag-Rut., loc. cit., p. 308 .... St-Domingue.

quadrinotatus. Haag-Rut. Stett. ent. Zeitg., 1879, p. 309..... Colombie.

Rogenhoferi. Haag-Rut. Stett. ent. Zeitg., 1879, p. 271.... Brésil.

rubricollis. Chev., voir **T. cyanipennis**

ruficollis. Cast. Hist. nat., ii, p. 277. — Gemm. et Har., loc. cit.................... .... Brésil.

rufus, Dugés, voir **T. fulvus.**

Sallei. Haag-Rut. Stett. ent. Zeitg., 1879, p. 299............ Cordova.

scutellaris. Dej. Cat., 3ᵉ éd., p. 248. — Haag-Rut., loc. cit., p. 303 .... Brésil.

septemguttatus. Curt. Trans. linn. Soc., xix, 472. — Sol., Gay. Hist. Chili, p. 281 (non la figure). — Gemm. et Har., loc. cit. — Haag-Rut., Stett. ent. Zeitg., 1879, p. 289.............................. Chili.

Syn. : *babioïdes,* in. coll. mus. Brux .... Brésil.

sexguttatus. Oliv., Ent., iii, 47, p. 11, pl. 1, fig. 15.— Klug. Nov. Act. Cur. Léop., xii, p. 449. — Dej., Cat., 3ᵉ éd., p. 248. — Cast., Hist. nat., ii, p. 276. — Blanch., Cuv., Règne anim., 1841, pl. 55, fig. 2. — Lucas, Cast. Voy. 1857, p. 146. — Gemm. et Har., loc. cit. — Haag-Rut., loc. cit. p. 359.

---

(1) Nous avons indiqué page 487 les raisons qui nous font considérer *cruciatus* comme une variété de 4-maculatus.

Syn.: *atrata* (MYLABRIS). FABR. Syst. Eleut., II, p. 83.. .... Brésil.
telephoroïdes. HAAG-RUT. Stett. ent. Zeitg., 1879, p. 300.... Brésil.
thoracicus. HAAG-RUT. Stett. ent. Zeitg., 1879, p. 299 .... Brésil.
Var.: *sanguinicollis*. id.
trinotatus. KLUG. (LYTTA). Nov. Act. Cur. Leop., XII, p. 450. — GEMM. et HAR.,
loc. cit. — HAAG-RUT., loc. cit., p. 262..................... Cayenne.
Syn.: *trinotata* (LYTTA). KLUG., loc. cit.
Var.: *bipunctatus*. SERV. Enc. méth., x, p. 596. N. 6.
niger. REICHE, in coll.
melas. DEYR., in coll.
undulatus. HAAG-RUT. Stett. ent. Zeitg., 1879, p. 258 .... Cayenne.
variabilis. HAAG-RUT. Stett. ent. Zeitg., 1879, p. 274 .... Brésil.
ventralis, CHEVR. Voir **T. bicolor**.
violaceipennis. LUCAS. Casteln. Voy. 1857, p. 146.— GEMM. et HAR., loc. cit.
— HAAG-RUT., Stett. ent. Zeitg. 1859, p. 146................. Brésil.
Syn.: *Clarki* (JODEMA). PASCOE, Journ. of. entom., 1860, p. 57, pl. 3, fig. 1.
vittatus. DEJ., Cat., 3e éd., p. 248. — HAAG-RUT., Stett. ent.
Zeitg., 1879, p. 310.............................. Brésil.
Syn.: *brevis*. KLUG, in. litt.
variabilis. KLUG, in litt.
flavicollis. CHEVR., in coll.
Var.: *lineatopilosus* (1), in. coll. mus. de Brux................. Cayenne.
xanthopterus. GEMM. Col. Heft., VI, 1870. — HAAG-RUT., loc.
cit., p. 293...................................... Chili.
Syn.: *flavipennis* (PICNOSEUS). SOL., Gay. hist. Chili, v. p. 282. — FAIRM. et
GERM., Ann. Soc. ent. de Fr., 1863, p. 265................. Santiago.
zonatus. HAAG-RUT., Stett. ent. Zeitg., 1879, p. 264.......... Brésil.

Spastica. LACORD. (17 espèces.)

(Voir page 419.)

abdominalis. KLUG, (Lytta). Ent. Bras. Nov. act. Leop. XII. p. 444.—HAAG-RUT.
Stett. ent. Zeitg., 1879, p. 519........................... Brésil.
aurita. KLUG, Ent. Bras. in Nov. Ac. Leop. XII, p. 444.—HAAG-RUT. Stett. ent.
Zeitg., 1879, p. 519 .... Brésil.
bivittata DEJ. Voir **S. Suturalis**.
Chilensis. HAAG-RUT., loc. cit., p. 514..................... Chili.
corallicollis. HAAG-RUT., loc. cit., p. 519.................. Brésil.
femoralis. KLUG, (LYTTA). Ent. Bras. in. Nov. act. Leop. XII, p. 435.—HAAG-RUT.,
loc. cit., p. 517 .... Brésil.
flavicollis. CHEVR. Guér. Ic. du R. an., p. 136. pl. 35, fig 14. — LUC.
Voy. Casteln., p. 147, — GEMM. et HAR., loc. cit. — HAAG-RUT., loc. cit.,
p. 518...................................... Brésil.
Syn. *thoracica* DEJ. Cat. 3e éd., p. 248.
glandulosa. ERICHS. (LYTTA) Schomb. Reis. 1848, p. 556, — GEMM. et HAR., loc.
cit. — HAAG-RUT., loc. cit., p.518..................... Guyane.
globicollis. GERM. in coll. — HAAG-RUT. Stett. ent. Zeitg. 1879, p. 515.
Brésil.

---

(1) Cette variété que nous trouvons sous ce nom dans la collection du musée de Bruxelles se
distingue par une rangée de poils plus serrés et plus clairs qui limite en dehors la bandelette
jaune médiane des élytres.

inconstans. Fairm. et Germ. Ann. soc. ent. de Fr., 1863, p. 265, — Gemm. et Har. loc. cit., — Haag-Rut. loc. cit., p. 519 . . . . Chili.

limbata. Klug, (Lytta). *Ent. Bras. Nov. Ac. Cur. Leop.* xii, p. 443. — Haag-Rut, p. 516 . . . . Brésil.
       Syn : *apicalis* Buq�ᵗ., in. litt.

maculicollis. Klug. (Lytta). *Ent. Bras.* Nov. Ac. cur. Leop. xii, p. 445. — Haag-Rut., loc. cit., p. 515 . . . . Brésil.

marginalis. Haag-Rut. Stett. ent. Zeitg., 1879, p. 518 . . . . . . Brésil.

scutellaris Klug, (Lytta), loc. cit., p. 442., — Haag-Rut., loc. cit., p. 518.
                                                                   Brésil.

sphœrodera.. Burm. Stett. ent.Zeitg., 1881, p. 34 . . . . Buenos-Ayres.

suturalis. Klug, (Lytta), loc. cit., p. 443, — Haag-Rut. loc. cit. p. 517
Syn. *Klugii* (Lytta) Fisch. Tent. consp. canth., 1817, p. 23.. Brésil.
      bivittata Dej. Cat. 3ᵉ éd. p., 248.

variabilis. Haag-Rut. Stett. ent. Zeitg., 1879, p. 514 . . . . Bahia.

zonata. Klug, (Lytta), loc. cit., p., 444. — Haag-Rut loc. cit. p. 516
      Syn : *subcincta.* Dej. cat. 3ᵉ éd., p. 248. . . . . Brésil.
       dorsata. Buqᵗ in litt.

Cantharis. Lin. (121 espèces.)

(Voir page 420.)

abbreviata. Klug. Nov. Act., cur. Leop., xii, 1825, p. 439.. Para.

ænea. Say. Journ. Acad. Philad., 1823, iii, p. 301 — Lec. (*Pomphopœa*) Proced. Ac. Phil., 1853, p. 337. — Gemm. et Har. Cat. col., 1870. p. 2147. — Horn, Proc. Amer. Phil. Soc., 1873, p. 117 . . . . Pennsylvanie.
Syn. *nigricornis.* Lec. Journ. Ac. Phil. Sèr. 2, i, p. 90.
      filiformis. Lec., loc. cit., p. 91 et Proced. Ac. Phil., 1853.
      tarsalis Bland. Proced. Entom. Soc. Phil.. 1864, p. 71.
      rubripes. Dej. Cat., 3ᵉ édit., p. 246.

æneipennis. Lec. Ann. Lyc. v, 1851, p. 160, et Proced. Acad. Phil., 1853, p. 338. — Gemm. et Har. Cat. col., 1870, p. 2147.— Horn, Proc. Am. Phil, Soc., 1873, p. 113 . . . . Californie.

æneiventris. Haag-Rut. Deut. Ent. Zeit., 1880, xxiv, p. 75. Hong Kong.

æthiops. Latr. Voy. Cailliaud., 1827, iv, p. 286 . . . . Sennaar.

albovittata. Gestro. Ann. Mus. Civ. Gen. xiii. p. 321 . . . . Abyssinie.

Alfredi. E. Dugès Bull. Soc. Zool. de Fr., 1886, p. 582... Mexique.

anceps. Fisch. Tentam. consp. canth , p. 21. — Gemm. et Har. Cat. col., 1870, p. 2147.. . . . . Brésil.

antennalis. de Mars. Ann. Soc. ent. de Fr., 1873, p. 230. — Haag-Rut. Deut. Ent. Zeitsch, 1880, xxiv, p. 75 . . . . Indes Or.

apicalis. Haag-Rut. Deut. Ent. Zeitsch., 1880, p. 71 . . . . Indes Or.
Syn : *posticalis.* Deyr., in coll. Mus. Brux.

atripennis. Klug. Nov. Act. Ac. cur. Leop., xii, p. 447. — Gemm. et Har , l. c.. . . . . Brésil.

atrovirens. E. Dugès Bull. Soc. Zool., de Fr., 1886, p. 582. Mexique.

Augusti Deyr. voir **C. puberula.**

auriculata. Horn, Trans. Am. Ent. Soc., 1870, p. 91., et Proc. Am. Phil. Soc., 1873, p. 113 . . . . Californie.

Bassii. Cast., Hist. nat. ii, p. 272........................ Sicile.
bicolor. Fisch. Ent. Ross. ii, p. 230, pl. 43, fig. 1.......... Russie mérid.
biguttata. Lec. Synops. in Proc. Ac. Phil., 1853, p. 332. — Gemm. et Har.
   Cat. col.. 1870, p. 2148. — Horn, Proced. Am. Phil. soc., 1873, p. 109.
   .... New-Mexico.
bilateralis. de Mars. (Lyttonyx). in Abeille, 1878, p. 35 Jeddah.
bilineata. (Dej.) Haag-Rut. Deut. Ent. Zeitsch., 1880, p. 68 Sénégal.
bipuncticollis.(Chevr.). Haag-Rut. Deut. Ent.Zeit., 1880, p. 36 Mexique.
bivirgata. E. Dugés. La Naturaleza. v fig. 2.............. Mexique.
brevipennis.(Dej.) Haag-Rut. Deut. Ent. Zeitsch., 1880, p. 69 Afrique mér.
brevis, Klug, Nov. Acta. cur. Leop. xii, p. 448. — Gemm. et Har., l. c.
Syn. *oculata* Fabr. Syst. él. ii, p. 86 ♀
var.: *mutillata*, Haag, loc. cit............................. Brésil.
Brucci. Cast. Hist., nat. ii, p. 273...................... Dongola.
Syn. *Brucei* Gemm. et Har. Cat. p. 2148.
   infernalis Waltl. in litt.
brunneovittata. Haag. note., p. 84 in Deut. Ent. Zeitsch. 1880. Indes Or.
caraganœ. Pall. Ic., p. 97, pl. E, fig. 28. — Gebl. Bull. Mosc., 1847, iv,
   p. 503. — Gemm. et Har. Cat. col., 1870. p. 2148........ Sibérie.
Syn. : *Pallasii.* Gebl. Ledeb. Reis., ii, p. 141.— Muls. Mém. Ac. Lyon, 1858, p. 159.
cardinalis. Chevr., Col. Mex. Cent., i, 1834, 1er et 3e fasc. — Lec., Proc.
   Am. Phil. Soc., 1853, p. 447. — Gemm. et Har. Cat. col.. 1870, p. 2148. —
   Horn, Proc. Am. phil. Soc. 1873, p. 112 .... Texas.
Syn. : *fulvipennis.* Lec., loc. cit., p. 331 et 447.
   Dejeani. Höpfn. Dej. Cat., 3e édit., p. 246.
   sanguinipennis, Klug. Dej., Cat., loc. cit.
chalybenta. Gemm. Voir **C. sphœricollis.**
Childii. Lec., Pacif. R. Ent. Report, 1857, p. 52. — Gemm. et Har., Cat. col.,
   1879, p. 2148. — Horn, Proc. Am. Phil. Soc., 1873, p. 108.. Californie.
chrysomelina. Klug, Nov. Act. Cur. Leop. xii, p. 446. —
   Gemm. et Har., loc. cit................................... Brésil.
cinereovestita. Fairm. Pet. nouv. ent., ii, 1876, p. 49....... Afrique bor.
clematidis. Pall. Ic., p. 95, pl. E., fig. 25. — Gebl., Bull. Mosc.. 1847, iv..
   p. 503. — Muls. et Rey., Mém. Ac. de Lyon, 1858, p. 165. — Gemm. et Har.
   Cat. col., 1870. p. 2149...................................... Sibérie.
Syn. : ♀ *Fischeri.* Gebl. Bull. Mosc., v, p. 317.— Fisch. Ent. Russe, ii, p. 230,
   pl. 43, fig. 4 et 7.
   ♂ Var. : *bivittis.* Pall. Icon, pl. E., fig. 21. — Fisch. Ent. Russe, ii,
      p. 231, pl. 43, fig. 6 et 7.
      bivitta. Schönh. Syn. ins., iii, p. 28.
compressicornis. Horn, Trans. Am. Ent. Soc., 1870, p. 91, et Proc. Am.
   Phil. Soc., 1873, p. 115.................................... Californie.
concinna. Dej. Voir **C. luctifera.** Fairm.
convexa. Lec., Proc. Ac. Phil., 1853, p. 336. — Gemm. et Har. Cat. col.,
   1870, p. 2149. — Horn, Proc. Am. Phil. Soc., 1873, p. 115... Texas
Cooperi. Lec. Voir **C. vulnerata.**
coracina. Burm. Voir **C. Courbonii.**
corallifera (Dej). Haag-Rut. Deut. ent. Zeitsch, 1880, p. 35. Mexico.
Courbonii. Guer. (*Causima*) Rev. et Magn. de zool. Ser., 2, 1855, p. 590. —
   Berg., Stett. entom. Zeitg., 1881............................ Montevidéo.
Syn. : *vidua.* Courb., C. R. Ac. des Sc. 1855, p. 1005.

Courboni. GEMM. et HAR. Cat. col., 1870, p. 2149. — BURM. Stett. ent. Zeitg., 1881, p. 30.

coracina. BURM., Stett. Ent. Zeitg., 1881, p. 26.

crassicornis. COSTA, p. 35. — HEYDEN. Deut. ent. Zeits., 1883, p. 364.

cribrata. LEC. Proc. Ac. Phil., 1853, p. 447. — GEMM. et HAR., Cat. col , 1870, p. 2149. — HORN, Proc. Am. Phil. Soc., 1873. p. 111 ... Texas.

cyanescens. DEJ. Voir **C. Koltzei**.

cyanicornis. DEYR. Voir **C. flavipennis**. MOTSCH.

cyanipennis. LEC.. Ann. Lyc., v, 1851, p. 160, et Proced. Ac. Phil., 1853. p. 333. — GEMM. et HAR. Cat. col., 1870, p. 2149. — HORN, Proc. Amer. phil. Soc., 1873, p. 107......... .... Orégon.

Var. : *salicis*. LEC., loc. cit.

debilis. LEC. Voir **Macrobasis unicolor**.

deserticola. HORN, Trans. Amer. Ent. Soc., 1870, p. 90 ; VIII, 1878-1879, p. XI, et Proc. Amer. Phil. Soc., 1873, p. 111.................... Mexique.

dichroa. LEC., Proc. Ac. Phil., 1853, p. 332. — GEMM. et HAR., Cat. col., 1870 p. 2149. — HORN, Proc. Am. Phil. Soc., 1873, p. 111........ Texas.

digramma. BURM. Voir **C. griseo-nigra**. FAIRM.

dives. BRULLÉ. Exped. Morée, 1832, p. 232, pl. 41, fig. 7-8. — CAST. Hist. nat., II, p. 272. — GEMM. et HAR., Cat., 1870, p. 2149............. Grèce.

Var. : *phalerata*. FRIVALD., A'Magyar Tudos, 1837, p. 182, pl. 7, fig. 12. — WALTL., Isis, 1838, p. 467. — MULS. et REY, Mém. Ac. Lyon, 1858, p. 161.............................. Turquie.

villata. BRULLÉ, loc. cit., p. 232, pl. 41, fig. 9. — CAST. Hist. nat., II, p. 272.

flavipes. MULS. et REY., loc. cit., 1853, p. 163.

fulgurans. DEYR. in coll.

fulgida. DEYR., in coll.

violaceipennis. m. (1). in coll. M. de Brux.

dolosa. LEC. Voir **Canth. stygica**.

ebenina. DUGÈS., in coll...... .... Mexique.

erosa. LEC. (*Tegrodera*). Ann. Lyc. v. p. 159. et Synop. Proced.,Ac. s. Phil. 1853, pl. 342. — GEMM. et HAR. Cat. Col., 1870, p. 2147..... Californie.

Var. : *Extincta*. m. (2).

erythrothorax DUGÈS. — HAAG-RUT. Stett. ent. Zeitsch, 1880, p. 35. Note à L. Sanguinea...................................... Mexique.

Var. *bisignata*. Sturm.

eucera (KLUG). CHEVR. Col. du Mex. 3ᵉ fasc. 1ʳᵉ cent., 1834. — GEMM. et HAR. Cat. 1870, p. 2150. — HORN, Proc. Amér. Philos. Soc. 1873, p. 104. Mexico.

Syn. : *occipitalis*. STURM.

spectabilis. CAST. Hist. nat. II, p. 273. — LAC. Gen., v, p. 676. GEMM. et HAR., cat. 1870, p. 2150. — HAAG-RUT., l. c.

---

(1) Ce nom me paraît convenir à une variété que je trouve dans la collection du musée de Bruxelles. Les élytres sont d'un beau violet sans bande mordorée. Les pattes jaunes, la taille un peu plus petite que *dives*. Patrie : Anatolie (Lederer).

(2) Je désigne sous ce nom une variété dont je possède 2 individus dans ma collection. Le thorax est complètement noir, mais par contre la bande noire médiane des élytres a complètement disparu, en même temps que la coloration rouge des élytres s'est complètement éteinte et est devenue tout à fait pâle. Dans la collection du Musée de Bruxelles, j'ai vu deux individus de l'espèce *erosa* qui établissent très nettement le passage à la variété ci-dessus. Le corselet est rouge, mais fortement teinté de noir et en même temps la fascie noire transversale du milieu des élytres est très atténuée.

femoralis. Lec. Voir **C. polita.**

femoralis. Klug. Voir **Spastica femoralis.**

femoralis. Erichs. Voir **Epicauta erythroscelis.**

filiformis. Lec. Voir **C. ænea.**

Fischeri. Gebl. Voir **C. clematidis.**

fissiceps. Lec. (Eupompha). Journ. Ac. Phil., iv. 1, 1858, p. 21. — Gemm. et Har. Cat. 1870, p. 2147............ .... Estacado.

fissiceps. Haag-R. Voir **C. inflaticeps.**

fissicollis. Fairm. Ann. Soc. ent. de Fr., 1886, p. 358....... Yunnam.

flavicollis. Klug. Nov. Act. Cur. Leop., xii, p. 446. — Gemm. et Har., loc. cit..................... .... Brésil.

Syn. : *olfersi*. Fisch. tent. consp. Canth., p. 22.

flavipennis. Motsch. Schrenk's Reisen, 1860, p. 45. — Gemm. et Har. Cat. 1870. p. 2150. — Haag-Rut. Deut. Ent. Zeitsch, 1880. p. 74............................. Indes. Or.

Syn. : *cyanicormis*. Deyr., in litt.

flavipennis. Dej. Voir **C. pallidipennis.**

flavipes. Muls. et Rey, Voir **C. dives.**

frontalis. Kolbe. Berl. Ent. Zeitsch, 1883, p. 24............ Chinchoxo.

fulgifer. Lec. Voir **C. nuttali.**

fulvescens. Lec. Voir **Macrobasis immaculata.**

fulvipennis. Lec. Voir **C. cardinalis.**

glandulosa. Er. Voir **Spastica glandulosa.**

grisco-nigra. Fairm. Ann. del mus. Civ. di Genova, 1873, p. 534. — Berg, Stett. ent. Zeitg. 1881, p. 304............................ Rép. Argent.

Syn. : *digramma*. Burm. Stett. ent. Zeitg., 1881, p. 24.

hæmorrhoïdalis. Fabr. Ent. syst. i, 2, p. 87. — Gemm. et Har., Cat., 1870, p. 2151............................. Cap de B. Esp.

Syn. : *violacea*. Dej. Cat., 3ᵉ édit., p. 249.

viridana. Gory, in coll. Musée de Bruxelles.

Heydeni. Haag-Rut. Deut. Ent. Zeitsch, 1880, p. 73... .... Asie Mineure.

Syn. : *viridicincta*. Heyden.

Prasnowskii. Kinderm. in coll................ . ... Turquie.

Hildebrandti. Haag-Rut. Deut. ent. Zeitsch, 1880, p. 64... Zanzibar.

hirsuta. Thunb. Voir **Iselma hirsuta.**

humilis. Haag-Rut. Deut. ent. Zeitsch., 1880, p. 39........ Panama.

inflaticeps. m (1). Haag-Rut. (*fissiceps*) Deut. ent. Zeitsch., 1880. Brésil.

Klugii. Fisch. Voir **Spastica sutnralis.**

Koltzei. Haag-Rut. Deut. ent. Zeitsch., 1880, p. 38 .... Panama.

Var ? *cyanescens* Dej. Cat., 3ᵉ éd., 1837.

Kraatzi (2). Haag-Rut. Deut. ent. Zeitsch., 1880............. Brésil.

laticollis. Klug, Nov. Act. Cur. Leop. xii, p. 447. — Gemm. et Har., loc. cit.................................. Brésil.

limbata Klug, Voir **Spastica limbata.**

lineola. Klug, Nov. Act., p. 448. — Gemm. et Har., loc. cit .. Brésil.

lucida. (Dej.) Haag-Rut. Deut. ent. Zeitsch., 1880, p. 65.... Cap de B.-Esp.

---

(1) Je propose ce nom pour remplacer celui de *fissiceps*, qui fait double emploi avec C. *fissiceps* (*Eupompha*) de Leconte.

(2) Cette espèce que Haag-Rut. suppose venir du Brésil, est peut-être un *pyrota*, d'après la description de l'auteur.

luctifera. Fairm. Ann. del mus., civ. di Genova., 1873, p. 534. — Berg. Stett.
ent. Zeitg,, 1881, p. 303. . . . . Montevideo.
Syn. *concinna (epicauta)* Dej. Cat. 3° éd., 1837, p. 247.
    pulchella (epicauta) Klug, Dej. Cat. 3° éd. 1837, p. 247.
    leucoloma. Burm. Stett. ent. Zeitg. xlii, p. 22, 1881.
luctuosa (causima) (Dej.) voir **C. vidua**.

lugens. Lec. Ann. Lyc., v, 1851, p. 161 ; Proced. Ac. Phil. 1853, p. 335. —
Gemm. et Har. Cat., p. 2151. — Horn, loc. cit., 1873, p. 112. Californie.
lugubris. Mannerh., voir **C. vidua**.
lugubris. Ulke Voir **C. Ulkei**.

luteo-vittata. Krtz. Berl. ent. Zeitsch., 1882, p. 334. . . . . . Samarkand.
maculicollis Klug, Voir **Spastica maculicollis.**.

magister. Horn, Trans. Am. ent. Soc.. 1870, p. 90, et Proc. Am. phil. Soc.,
1873, p. 106. . . . . Arizona.

melœna. Lec. Proc. Ac. Phil. 1858, p. 76. — Horn, Proc. Am. Phil. soc.,
1873, p. 105. . . . . Arizona.

meloidea. Fairm. Le naturaliste, 1883, p. 197. — id. Ann. Soc. ent. de Fr.
1883, p. 104. . . . . Abyssinie.

mendax. Fairm. Pet. nouv. ent. ii, 1876, p. 50. . . . . Afrique.

Menetriesi. Ménetr. Cat. rais. 1832, p. 210, — Fald. Fn. Transc. ii, p. 132,
pl. 4, fig. 7, — Gemm. et Har., Cat. 1870, p. 2151 . . . . Sibérie.

mœrens. Lec. Ann. Lyc. v, p. 216, et Proced Ac. Phil. 1853, p. 332. —
Gemm. et Har. Cat. 1870, p. 2151. — Horn, Proc. Am. Phil. soc., 1873,
p. 110. . . . . Californie.

molesta. Horn, Trans. amer. ent. Soc., 1885, p. 121. . . . . . Californie.

monilicornis. E. Dugès, La Naturaleza, v, fig. 3. . . . . Mexique.
murina. Lec. Voir **Macrobasis unicolor.**

mus. Haag-Rut. Deut. ent. Zeitsch., 1880, p. 55. . . . . Mexique.
Syn. *brevicornis*, Chevr. in coll.
myagri. Ziegl. voir **Alosimus collaris.**
nigra. Wood. Voir **Epicauta Pennsylvanica**.
nigricornis. Lec. Voir **C. œnea.**

nimbata. Gemm. Col. Heft. vi, 1870. . . . . Kaschmir.
Syn. *limbata* (1). Koll. et Redt. Hüg. Kaschm. iv, 2, p. 523, pl. 25, fig. 9.
    biplagiata. Deyr., in coll., mus. de Brux.

nitidicollis. Lec. Ann. Lyc., 1851, v. p. 160 et Proc. Ac. Phil., 1853, p. 332.
— Gemm. et Har. Cat. 1870, p. 2152. — Horn, Proc. Am. Phil. Soc., 1873,
p. 112. . . . . Californie.

nitidula. Fabr. Syst. ent. App., p. 820. — Oliv. Ent., iii, 46, p. 12, pl. 2.
fig. 17. — Gemm. et Har. Cat. 1870, p. 2152 . . . . Cap de B.-Esp,
Syn. : (?) *sumptuosa*. Cast. His. ins., ii, p. 272.

nobilis. Dej. — Haag-Rut. Deut. ent. Zeits., 1880, p. 48. . . . . Mexico.

Nuttali. Say. Journ. Ac. Phil., iii, 1823, p. 300 — id. Am. Ent., i, pl. 3, fig. 1 ;
— Lec. Proc. Ac. Phil., 1853, p. 334. — Mac Leay. Dej. Cat., 3° éd., p. 246.
— Gemm. et Har. Cat., 1870, p. 2152. — Horn, Proc. Am. Phil. Soc., 1873,
p. 106. . . . . Kansas.
Syn. : *fulgifer*. Lec Journ. Ac. Phil. ser., 2, i, p. 90. — Proced. Ac. Phil.,
p. 334, 1853 et vii, p. 220.

---

(1) On remarquera que *C. limbata*, Koll. pourrait conserver son nom puisque *C. limbata*
Klug est un *Spastica*.

ochrea. Lec. Proc. Ac. Phil., 1852-53, p. 342. — Gemm. et Har. Cat., 1870,
p. 2152.. Texas.
oculata. Fabr. Ent. Syst., i, 2, p. 86. — Haag-Rut. Deut. ent. Zeitschr., 1880,
p. 68 et 69.. Guinée.
optabilis. Ménétr. Cat. rais., 1832, p. 209. — Falderm. Fn. Transc., ii, p. 133,
pl. 4, fig. 6. — Gemm. et Har. Cat. 1870, p. 2152 .... Leukoran.
Pallasii. Gebl. Voir **C. caraganæ**.
pallidipennis. Haag-Rut. Deut. ent. Zeitsch., 1880, p. 66... Cap. de B.-Esp.
Syn. : *flavipennis*. Dej. Cat. Ed., ii. p. 246.
parallela. Klug, Nov. Act. Cur. Leop., xii, p. 445, p. xli, fig. 8. — Gemm. et
Har., loc. cit.. Brésil.
pedestris. Gemm. Voir **C. polita**.
Perroudi. Muls. et Rey (*cabalia*). Mém. Ac. de Lyon, 1858,
p. 154.. Algérie.
phalerata. Frivald. Voir **C. dives**.
Philippii. Reed. Voir **Epic. frontalis**. Fairm.
platycera. Fairm. Ann. Soc. ent. de Fr., 1876, p. 386........ Chili,
plumbea (Klug). Haag.-Rut. Deut. ent. Zeitsch , 1880, p. 38. Mexico.
polita. Say. Journ. Ac. Phil., 1823, p. 302. — Lec. Proc. Acad. Phil., 1853,
p. 336. — Gemm. et Har. Cat., 1870, p. 2153. — Horn, Proced. Am. Phil.
Soc., 1873, p. 116... Géorgie.
Syn. : *femoralis*. Lec., loc. cit., p. 336.
      pedestris. Gemm. Col. Hefte, vi, 1870 et Gemm. et Har. Cat. 1870, p.2152.
Prasnowskii. Kind. Voir **C. Heydeni**.
proteus. Haag.-Rut. Deut. ent. Zeitsch., 1880, p. 37........ Mexico.
puberula. Lec. New spec, p. 162. — Gemm. et Har. Cat., 1870, p. 2153. —
Horn, Proc. Am. Phil. Soc., 1873, p. 109................. Arizona.
Syn. : *variabilis*. Dugès ; Horn, Trans. am. ent. Soc., 1885, p. 107.
Var : *Augusti*. Deyr.
pulchella. Klug, Voir **C. luctifera**.
quadri-maculata. Chevr. Col. Mex. Cent., 1, 1834, fasc. 3, n° 79. — Gemm.
et Har. Cat. 1870, p. 2153. — Horn, Proc. Am. Phil. Soc.
1873. p. 105.. Mexique.
    ♀ Syn. : *disparicornis*. Chevr. Olim.
          mexicana. Klug, Dej. Cat., 3e édit., p. 246
Rathvoni. Lec. Proc. Ac. Phil., 1853, p. 335. — Gemm. et Har., Cat., 1870,
p. 2153. — Horn, Proc. Am. Phil. Soc. 1873, p. 112...... Californie.
refulgens. Horn, Trans. Amer. Ent. Soc., 1870, p. 91, et Proc. Am. Phil.
Soc., 1873, p. 114... Californie.
Reichenbachi. Kirsch, Berl. Zeit., 1866, p. 208.— Gemm. et Har. Cat., 1870,
p. 2153 .... Bogota.
reticulata. Say. Journ. Ac. Phil., iii, 1823, p. 305. — Gemm. et Har. Cat.
p. 2153.— Horn, Proc. Am. Phil. Soc., 1870, p. 111 ...... New-Mexico.
rubriventris. Fairm. Voir **Lydus rubriventris**.
rufescens E. Dugès. La Naturaleza. v. fig. 4.............. Mexique.
salicis. Lec. synops. p. 333. — Gemm. et Har., loc. cit...... Utah.
sauguinea. Haag-Rut. Deut. ent. Zeitsch, 1880.............. Mexico.
sanguineoguttata. Haag-Rut., loc. cit., p. 40.............. Guatemala.
Sayi. Lec. (*Pomphopæa*) Proc. Ac. Phil. 1853. p. 336. — Say Long's exped.
II. p. 228. — Gemm. et Har. cat. 1870, p. 2154. — Horn, Proc. Am phil.
Soc. 1873, p. 117.

Syn. : *pyrivora*, Fitch. Reports on the nox. ins., 1859.

scutellaris. Klug. Voir **Spastica scutellaris**.

scutellata. Cast. Voir **C. sericea**.

segetum. Fabr. Ent. syst., t. 1, p. 84. — Lucas, Expl. scient. de l'Alg., p. 593. 1832, pl. 34, fig. 3. — Muls. et Rey, Mém. Ac. de Lyon, 1858, p. 157. — Gemm. et Har. Cat., 1870, p. 2153 .... Barbarie.

Syn. : *nobilis*, Dahl. Dej. Cat. 3ᵉ éd., p. 246 .... Sicile.

semilineata. (Chevr.) Haag-Rut. Deut. Ent. Zeitsch., 1880, p. 67.
Cap de B.-Esp.

sericea. Waltl. (Lagorina). Reis. Span., 1835, 2ᵉ part., p. 76. — id., l'Abeille, t. VI, 1869, p. 25. — Muls. et Rey, Mém. Ac. de Lyon, 1858, p. 150. — Gemm. et Har. Cat. 1870, p. 2154 .... Espagne.

Syn. : *herbivora*. Ramb. Dej. Cat. 3ᵉ éd., p. 246.

    rubivora. Ramb., in litt.

    scutellata. Cast. hist. nat., ii, p. 373. — Lucas, expl. Alg. p. 394, t. 34, fig. 5. — Muls. l. cit., p. 152 .... Algérie.

smaragdina. Voir **Alosimus viridissimus.**

smaragdula. Lec. Voir **Cantharis stygica.**

sobrina. Dugès, La naturaleza, v, fig. 6 .... Mexique.

spectabilis. Cast. Voir **C. Eucera.** Chevr.

sphaericollis. Say, Journ. Ac. Phil. iii, 1828, p. 229, et Am. Ent., i, pl. 3. — Lec. Proc. Ac. Phil., 1853, p. 344. — Gemm. et Har. Cat., 1870, p. 2154. — Horn, Proc. Am. Phil. Soc., 1873, p. 114 .... Nebraska.

Syn. : *chalybœa*. Lec. Ann. Lycé. v., p. 160. — Proc. Ac. Phil., 1853, p. 335.

    chalybeata. Gemm. Col. Heft. vi, 1870, et Cat. col., 1870, p. 2148.

Steinheili. Haag-Rut. Voir **C. viridipennis.**

stigmata. Dugès, in. coll .... Mexique.

stygica. Lec. Ann. Lyc. v, 1851, p. 161. — Proc. Ac. Phil., 1873, p. 335. — Gemm. et Har. Cat. 1870., p. 2154. — Horn, Proc. Am. Phil. Soc. 1873, p. 113 .... Orégon.

Syn. : *smaragdula*. Lec. Ann. Lyc. v, p. 160; Proc. Ac. Phil., 1853, p. 334, et 1859, p. 78.

    dolosa. Lec. Proc. Ac. Phil. 1861, p. 354.

sumptuosa. Voir **C. nitidula.**

suturella. Motsch. Schrenck. Reis., 1860, p. 144, pl. 9, fig. 21. — Gemm. et Har. Cat., 1870, p. 2154. — De Mars. Abeille, t. XV, 1878, p. 110, et Ann. Soc. ent. de Fr., 1873, p. 222 .... Daourie.

tarsalis. Bland. Voir **C. ænea.**

tenebrosa. Lec. Ann. Lyc. v, 1851, p. 160. — Proc. Ac. Phil., 1853, p. 333. — Gemm. et Har. Cat. 1870, p. 2154. — Horn, Proc. Amer. Phil. Soc. 1873, p. 108 .... Californie.

terminata. Mannh. (nec. Lec.) Voir **C. apicalis.**

terminata. Lec. Voir **Pyrota terminata.**

testaceipes. Fairm. Voy. Revoil Somalis, in. Ann. Soc. Ent. de Fr., 1887 p. 308 .... Somalis.

texana. Lec. (Pomphopœa). New spec., 1866, p. 161. — Gemm. et Har. Cat., 1870. p. 2154. — Horn, Proc. Am. Phil. Soc. 1873, p. 117 ... Texas.

thibetana. E. Oliv. Ann. Soc. ent. de Fr., 1888, p. xvi ...... Thibet.

Thiebaultii. Fairm. Pet. nouv. entom. ii. 1876, p. 49 .... Afrique N.

togata. Fisch. Bull. Mosc., 1844, i, p. 135, pl. 3, fig. 1. — Gemm. et Har. Cat. 1870, p. 2154 .... Russie.

Syn. : *phalerata*. Var. Fisch. Cat. Col. Karel., p. 17 .... Sibérie Or.

tricolor. Haag-Rut. Deut. ent. Zeitschr., 1880, p. 76......... Perse.

Ulkei (1) m.. Californie.

Syn. : *lugubris*. Ulke, Bull. Brookl. ent. Soc. iv, p. 42. 1875. et Wheeler's Rep.
    Geogr. expl.... p. 812, pl. 41. fig. 2. — Horn. Proc. Am. Phil. Soc
    1873, p. 107... Illinois.

unguicularis. Lec. New spec.. p. 160. — Gemm. et Har. Cat. 1870. p. 2155. —
    Horn, Proc. Am. Phil. Soc.. 1873. p. 116.

ursa. Thunb. Voir **Iselma ursa**.

validicornis. Fairm. Ann. Soc. ent. de Fr.. 1887. p. 307..... Afrique.

variabilis. Klug, Voir **Tetraonyx variabilis.**

variabilis. Dugès, Voir **C. puberula**. Lec.

vesicatoria. Linn. Syst. nat. ii, 679. — Oliv. ent. 46. pl. 1. fig. 1. — Fabr. 2-
    76-1. — Muls. Vésic., p. 155...................... Europe.

vidua. Klug. Nov. Act. Cur. Léop. xii. p. 437. pl. 41. fig. 7. — et Ent. Bras. Spec.
    Alter. p. 11, pl. 41, fig. 7. 1825. — Lucas, Casteln. voy. 1857, p. 145. — Gemm.
    et Har. Cat. 1870, p. 2155. — Burm. Stett. Zeitg. 1881. p. 23. — Berg. ibid..
    p. 303 .... Brésil.

Syn. : *luctuosa (Causima)*. Dej. Cat. 3ᵉ éd.. p. 248.
    lugubris (Cantharis) Mannh. Dej. Cat. 3ᵉ éd., p. 248.

viridana. Lec. New sp. p. 162. — Gemm. et Har. Cat. 1870, p. 2155. — Horn.
    Proc. Am. Phil. Soc. 1873, p. 107............... Amér. N.

viridicincta. Heyd. Voir **C. Heydeni**.

viridipennis. Burm. Revista farmac. Buen-Air. iv, p. 131, 1865. — C. Berg.
    Stett. Ent. Zeitg.. 1881. p. 301..................... Rép. Argent.

Syn. : *Steinheili*. Haag-Rut. Deut. Ent. Zeitsch., 1880, p. 32.

vulnerata. Lec. Ann. Lyc. v, 1851. p. 159. — Synops. p. 331. — Gemm. et
    Har. Cat., 1870, p. 2151. — Horn, Proc. Am. Phil. Soc. 1873. p. 106.
                                  Californie.

Syn. : *Cooperi*. Lec. Proc. Ac. Phil., 1854. p. 18. Pacific. R. R. Report.
    1857, p. 5, pl. 2, fig. 6. — Gemm. et Har. Cat., 1870, p. 2149.
                                  Californie.

Zonata. Klug, Voir **Spastica zonata**.

RÉPARTITION GÉOGRAPHIQUE DES ESPÈCES DU GENRE CANTHARIS

EUROPE	Bassii, 1; bicolor, 2; dives, 3; sericea, 4; togata, 5; vesicatoria, 6.
ASIE	œneiventris, 1; antennalis, 2: apicalis, 3; bilateralis, 4: brunneovittata, 5: caraganæ 6; clematidis, 7; fissicollis, 8; flavipennis, 9; Heydeni, 10; luteo-vitatta, 11; Menetriesi, 12; nimbata, 13; optabilis, 14; suturella, 15; thibetana, 16; tricolor, 17..
AFRIQUE	æthiops, 1; albovittata, 2; bilineata, 3; brevipennis, 4: Brucci, 5; cinereovestita, 6; hæmorrhoïdalis, 7; Hildebrandti, 8; lucida, 9: meloidea, 10; mendax, 11; nitidula, 12; oculata. 13; pallidipennis, 14; Perroudi, 15; segetum, 16; semilineata, 17; testaceipes, 18; Thiebaultii, 19; validicornis, 20.

(1) Je propose *Ulkei* pour remplacer *lugubris* (Ulke) qui fait double emploi avec *Epicauta lugubris*. Klug.

AMÉRIQUE..........

abbreviata, 1; ænea, 2; ancipennis, 3; Alfredi, 4; anceps, 5; atripennis, 6; atrovirens, 7; auriculata, 8; biguttata, 9; bipuncticollis, 10; bivirgata, 11; brevis, 12; cardinalis, 13; childii, 14; compressicornis, 15; convexa, 16; corallifera, 17; Courbonii, 18; chrisomelina, 19; cribrata, 20; cyanipennis, 21; deserticola, 22; dichroa, 23; ebenina, 24; erosa, 25; erythrothorax, 26; eucera, 27; fissiceps, 28; flavicollis, 29; griseo-nigra, 30; humilis, 31; inflaticeps, 32; Koltzei, 33; Kraatzi (?), 34; laticollis, 35; lineola, 36; luctifera, 37; lugens, 38; magister, 39, melœna, 40; mœrens, 41; monilicornis, 42; mus, 43; myagri, 44; nitidicollis, 45; nobilis, 46; nuttali, 47; ochrea, 48; parallela, 49; perpulchra, 50; platycera, 51; plumbœa, 52; polita, 53; proteus, 54; puberula, 55; 4-maculata, 56; 4-nervata, 57; Rathvoni, 58; refulgens, 59; Reichenbachi, 60; reticulata, 61; rufescens, 62; salicis, 63; sanguinea, 64; sanguineoguttata, 65; Sayi, 66; sobrina, 67; sphœricollis, 68; stigmata, 69; stygica, 70; tenebrosa, 71; texana, 72; Ulkei, 73; unguicularis, 74; vidua, 75; viridana, 76; viridipennis, 77; vulnerata, 78.

LYTTITES

Calospasta. Lec. (6 espèces.)

(Voir page 432.)

elegans. Lec. (*Epicauta*). Ann. Lyc. v, p. 161. — Lec. (*Lytta*). Proc. Ac. Phil., 1853, p. 341. — Lec. (*Calospasta*). Class. Col. N A., 1866. p, 273. — Horn, Trans. Am. Ent. Soc., 1870, p. 93......... .... Californie.
Syn. : *Calopasta elegans.* Gemm. et Har. Cat., 1870, p. 2147.
Var. : *humeralis.* Horn, loc. cit., p. 73.
Fulleri. Horn, Trans. Am. Ent. Soc., 1878-79, p. 59........ Californie.
mirabilis. Horn, Trans. Am. Ent. Soc., 1870, p. 93.... ..... id.
mœsta. Horn, Trans. Am. Ent. Soc., 1878-79, p. 59......... id.
nemognathoïdes. Horn, Trans. Am. Ent. Soc., 1870, p. 92. id.
perpulchra. Horn, Trans. Am. Ent. Soc., 1870, p. 92....... id.

Henous. Hald. (1 espèce.)

(Voir page 425.)

confertus. Say, Journ. Ac. Phil. iii, 1823, p. 281. — Lec. Synops., p. 330. — Gemm. et Har. Cat., 1870, p. 2129....................... Missouri.
Syn. : *techanus.* Haldem. Stansb. Expéd. p. 377, pl. 9, fig. 12-14. Texas.

Apterospasta. Lec. (1 espèce.)

(Voir page 427.)

segmenta. Say. (*Lytta*). Journ. Ac. Phil. iii, 1823, p. 303. — Lacord. Gen. Col. v, p. 662, note 3............................... ...... Arkansas.

Syn. : *seymentata*. Lec. (*Lytta*). Proc. Acad. Philad., 1853, p. 342. — Gemm. et
Har. (*Apteropasta*). Cat. 1870. p. 2130. — Horn, (*Macrobasis*). Proc.
Am. Phil. Soc., 1873, p. 93.
Var. : *valida*. Lec. Journ. Ac. Phil. iv, 1858, p. 59.

Macrobasis. Lec. (22 espèces.)

(Voir page 428.)

albida. Say. (*Lytta*). Journ. Ac. Phil. iii, 1823, p. 305. — Am. Ent. i, pl. 3 .
— Gemm. et Har. Cat. 1870, p. 2147. — Horn, (*Macrobasis*). Proc. Am. Phil.
Soc. 1873, p. 89.................................... Arkansas.
Syn. : *luteicornis* ♂. Lec. Proc. Ac. vii, p. 84.............. Texas.
atrivittata. Lec. (*Lytta*). Proc. Ac. Phil. vii, 1854, p. 224. — Gemm. et Har.
Cat. 1870, p. 2148. — Horn, (*Macrobasis*). Proc. Am. Phil. Soc. 1873,
p. 90... Texas.
Borrei. Dugès, (*Cantharis*) la Naturaleza v. fig. 8........... Mexique.
Candezi. Haag-Rut. (*Lytta*). Deut. Ent. Zeitsch., 1880, p. 43. Guatemala.
curvicornis. Haag-Rut. loc. cit., p. 43.. .... Mexico.
Syn. : *antennalis* Deyr. (non Mars.) in. coll. — E. Dug. (*Macrobasis*). Bull.
Soc. Zool. de Fr., 1886, p. 582.
Fouresi. Boucard, in coll.
diversicornis. Haag-Rut. (*Lytta*). Deut. Ent. Zeitsch.,1880, p. 43. Mexico.
? Var. : *pallida*, Cuevr., in coll.
Fabricii. Lec. Voir **Macrobasis unicolor.**
flagellaria. Erichs. Schomb. Reis. iii, 1848, p. 566. — Gemm. et Har. Cat.,
1870, p. 2150. — Haag-Rut. Deut. Ent. Zeitsch., 1880, p. 42. Guyanne.
forticornis. Haag-Rut. Deutsch. Ent. Zeitsch., 1880, p. 41... Mexico.
Gissleri. Horn, Trans. Am. Ent. Soc., 1878-79, p. 58...... New-Mexico.
immaculata. Say, (*Cantharis*) Journ. Ac. Phil. iii, p. 301. — Gemm. et Har.
Cat. 1870, p. 2150. — Horn, Proc. Am. Phil. Soc., 1873, p. 93. Arkansas.
Syn. : *articularis*. Say, ibid............................. Texas.
fulvescens. Lec. Proc. Ac. Phil., 1853, p. 447. — Gemm. et Har. Cat.,
1870, p. 2150.
labialis E. Dugès, la Naturaleza v. fig. 9, et Bull. Soc. Zool. de Fr., 1886,
p. 582...... .... Penjamo.
lauta. Horn, Trans. Am. Ent. Soc., 1885, p. 108........... Arizona.
linearis. Lec. Journ. Ac. Phil., 1858, p. 23. — Gemm. et Har. Cat. Col., 1870,
p. 2151. — Horn, Proc. Am. Phil. Soc., 1873, p. 94, et Trans. of the Am.
Ent. Soc., 1878-79, p. 58............................ Texas.
longicollis. Lec. Syn. p. 343, in Proc. Ac. Phil., 1853. — Gemm. et Har. Cat.
1870, p. 2151. — Horn, Proc. Am. Phil. Soc. 1873, p. 90... Texas.
Syn. : *sublineata*. Lec. Synops., 1853, p. 447. — Horn, Trans. Am. Ent. Soc.,
1885, p. 109.
luteicornis. Lec. Voir **Macrobasis albida.**
ochrea. Lec. Synops. in Proc. Ac. Phil., 1853, p. 342. — Gemm. et Har. Cat.,
1870, p. 2152. — Horn, Proc. Am. Phil. Soc., 1873, p. 91... Texas.
protarsalis. E. Dug. la Naturaleza., iv, p. 62, fig. 7 et 8. — *id.* Bull. Soc.
Zool. de Fr., 1886, p. 582 (*Macrobasis*)................... Mexico.
purpurea. Horn, Trans. Am. Ent. Soc., 1885, p. 108........ Arizona.
sublineata. Lec. Voir **M. longicollis.**

tenella. Lec. Journ. Ac. Phil., iv, 1858, p. 24. — Gemm. et Har. Cat., 1870,
p. 2154. — Horn, Proc. Am. Phil. Soc. 1873, p. 94........ Texas.
tenuis. Lec. Proc. Ac. Phil., 1853, p. 343. — Gemm. et Har. Cat. Col., 1870,
2154. — Horn, Proc. Am. Phil. Soc., 1873, p. 92......... Géorgie.
torsa. Lec. Proc. Ac. Phil., 1853, p. 343. — Gemm. et Har. Cat., 1870, p. 2155.
— Horn, Proc. Am. Phil. Soc., 1873, p. 92.............. Texas.
unicolor. Kirby, Faun. Bor. Am., iv, 1837, p. 241. — Gemm. et Har. Cat., 1870,
p. 2155. — Horn, Proc. Am. Phil. Soc., 1873, p. 92........ Illinois.
Syn. : *cinerea*. Fabr. Ent. Syst. suppl. p. 119. — Harris, Bost. Journ. i, p. 497.
Fabricii. Lec. Proc. Ac. Phil., 1853, p. 343. — Gemm. et Har. Cat., 1870,
p. 2150.
murina. Lec. loc. cit. — Gemm. et Har. Cat. p. 2152.
debilis. Lec. loc. cit., p. 344. — Gemm. et Har. Cat., p. 2149.
virgulata. Lec. New spec., 1866., p. 156. — Gemm. et Har. Cat., 1870, p. 2152.
— Horn, Proc. Am. Phil. Soc., 1873, p. 91............... Cap S. Lucas.

Epicauta. Redtenb. (229 espèces.)

(Voir page 429.)

abdominalis. Klug, Voir **Spastica abdominalis.**
Actæon. Cast. Hist. nat., ii, 1840, p. 273. — Gemm. et Har. Cat., 1870,
p. 2147.. Coromandel.
Syn. : *gigas*. (Epicauta) Dej. Cat. 3e éd., p. 246.
adspersa. Klug, Nov. Ac. Cur. Léop. xii, p. 434, et Ent. Brés., 1825, p. 16. —
Fisch. (*Cantharis*). Tent. consp. Canth. p. 24, 1827. — Courbon, C. R. Ac. des
Sc., 1855, p. 1006. — Guér. Rev. et mag. Zool., 1855, p. 586. — Gemm. et
Har. Cat. 1870, p. 2147. — Burm. Stett. Ent. Zeitg.. 1881, p. 29. — Berg, ibid.,
p. 307... Rép. Argent.
Syn. : *conspersa*. Germ. Dej. Cat. 3° éd., 1837, p. 248. — Curtis, Trans. Linn.
Soc., 1845, p. 472.
ægyptiaca. (Reiche, in Dej. Cat. 3e éd.) Mækl. Ac. Soc. Sc. fennicæ, 1875,
p. 613... Sennaar.
æmula. Fisch. Tent. consp. Canth. 1827, p. 20. — Gemm. et Har. Cat., 1870,
p. 2147. — Haag-Rut. Deut. Ent. Zeitsch., 1880, p. 52..... Brésil.
affinis, Dej. Voir **E. Fumosa.**
albicincta. Haag-Rut. Deut. Ent. Zeitsch., 1880, p. 23....... Merida.
albolineata. Dugès.. Mexique.
albomarginata. (Guer. in litt.) Mækl. Ac. Soc. Sc. fennicæ, 1875,
p. 625 .... Bolivie.
albovittata. Gestro, Ann. Mus. Civ. Gen., xiii, p. 321...... Scioa.
albovittata. Dej. — Haag-Rut. Voir **E. somnolenta.**
amabilis. Haag-Rut. Deut. Ent. Zeitsch., 1880, p. 60....... Nyassa.
ambusta. Pall. (*Meloe*) Ic. p. 102, pl. E, fig, 34. —Schoenh. (*Lytta*). Syn. ins.
iii, p. 25. — Fisch. Tent. Consp. Canth., p. 19. — Muls. et Rey, mém. Ac.
Lyon, 1858, p. 180. — Gemm. et Har. Cat., 1870, p. 2148.... Sibérie.
amethystina. *Dej.* Mækl. Ac. Soc. Sc. fennicæ, 1875, p. 602.. Sénégal.
angusticollis. (Kollar). Haag-Rut. Deut. Ent. Zeitsch., 1880, p. 62.
Dongola.
Var. : *suturella*. Haag. loc. cit. — Fairm. Ann. Soc. Ent. de Fr., 1885,
p. 451.......... .... Obock.

annulicornis. Chevr. Ann. Soc. Ent. de Fr., 1877, p. ix..... Porto-Rico.

anthracina. Erich. Schomb. Reis. iii, 1848, p. 566. — Gemm. et Har. Cat.,
 1870, p. 2148... Guyanne.

articularis. Lec. Voir **Macrobasis immaculata**.

assamensis. Waterh................................... Asie.

assimilis. Haag-Rut. Deut. Ent. Zeitsch., 1880, p. 26...... Rio-Grande.

aterrima. Klug, nov. Ac. Cur. Leop. xii, p. 432, et Ent. Brés., 1825. —
 Gemm. et Har. Cat., 1870, p. 2148. — Burm. Stett. Ent. Zeitg., 1880, p. 27.
 — Berg, ibid., p. 305..................................... Rép. Argent.

Atkinsoni (1). *m*................................... Himalaya.
Syn. : *niveolineata*. Haag-Rut. Deut. Ent. Zeitsch., 1880,, p. 85.

atomaria. Germ. (*Lytta*). Mag. für Ent., iv, 1821. — Gemm. et Har. Cat, p. 2148.
 — Burm. Stett. Ent. Zeitg., 1881, p. 29. — Berg, ibid., p. 308. Brésil.
Syn. : *punctata*. Germ. Ins. sp. nov., 1824, p. 173.
  Germari. Fisch. Tent. consp. Canth., 1827, p. 24. — Gemm. et Har. Cat.,
   p. 2150.
  multipunctata. Schüpp. (*Epicauta*). Dej. Cat. 3ᵉ éd., 1837, p. 248.
  punctata. Klug, Dej. Cat., p. 248.
  cribrosa. Klug, in Mus. Berl.

atrocœrulea. Har. Diagn., p. 108, et Col. Hefte., xvi, 1879, p. 140.. Afrique.

aurita. Klug, Voir **Spastica aurita**.

Audouini, Haag-Rut. Deut. Ent. Zeitsch., 1880, p. 89...... Indes Or.
Syn. : *rufilabris*. Reiche, in coll.

Badeni. Haag-Rut. Deut. Ent. Zeitsch., 1880, p. 77........ Indes Or.

basalis. (Chevr.) Dugès. la Naturaleza, v. fig. 7........... Mexique.

basimacula. Haag-Rut. Deut. Ent. Zeitsch., 1880, p. 48.... Mexico.

Batesii. Horn, in coll................................... Amérique.

Baulnyi. Mækl. Ac. Soc. Sc. fennicæ, 1875, p. 610. — Haag-Rut. Deut. Ent.
 Zeitsch., 1880, p. 62, note 1............................. Guinée.
Syn. : *Leclusei*. Feisthamel, in Dej. Cat., 3ᵉ éd., p. 246 ?
  tenuitextura. Deyr. in coll.

Beccarii. Haag-Rut. Deut. Ent. Zeitsch., 1880, p. 71........ Kursi-Aden.

bella. Mækl. Ac. Soc. Sc. fennicæ, 1875, p. 631. — Haag-Rut. Deut. Ent.
 Zeitsch., 1880, p. 30...................................... Bolivie.
Syn. : *renivittata*. Chevr. in Coll.

bimaculata. Klg. Voir **Tetraonyx bimaculata**.

bisignata. Mækl. Ac. Soc. Sc. fennicæ, 1875, p. 620....... Afr. mér.

brunneipennis. Haag-Rut. Deut. Ent. Zeitsch., 1880, p. 29. — Burm. Stett.
 Ent. Zeitg. 1881, p. 24. — Berg, ibid., p. 304............. Rép. Argent.

Buquetii. (Déj.) Mækl., loc. cit., p. 603................... Sénégal.

callosa. Lec. New spec., 1866, p. 158. — Gemm. et Har. Cat. 1870, p. 2148. —
 Horn, Proc. Am. Phil. Soc. 1873, p. 99................... Texas.

canescens. Klug, Erman. Reis., 1835, p. 42. — Casteln. Hist. nat. ii, p. 275.
 — Dej. Cat. 3ᵉ éd., p. 246. — Gemm. et Har. Cat. 1870, p. 2148. Guinée.

capitata. Cast. Voir **Epicauta philæmata**.

carmelita. (Chevr.) Haag-Rut. Deut. Ent. Zeitsch., 1880, p. 46. Colombie.

castaneipennis. Deyr. in litt. — Lacord. Gen. Col. v, p. 676, note 2. — Mækl.
 loc. cit., p. 611... Guinée.

caustica. Rojas, Rev. Zool., 1857, p. 441. — Haag-Rut. Deut. Ent. Zeitsch.,

---

(1) Nous proposons ce nom pour remplacer *niveolineata*. Haag., loc. Himalaya (recueilli par
Atkinson), qui fait double emploi avec *niveolineata*. Haag., loc. Mexico.

1880, p. 52 (obs. à *itticollis*)..... .... Vénézuéla.

♀ Syn. : *Rostaini*. Brq'. in coll.

cavernosa. Coqreb. C. R. Ac. des Sc., 1855, p. 1006. — Guer. Rev. et Mag. Zool. sér. ii. vii. p. 589. — Gemm. et Har. Cat. 1870. p. 2148. — Berg, Stett. Ent. Zeitg.. 1881, p. 306..................... . Montévidéo.

Syn. : *nigro-punctata*. Burm. (non Blanch.) Stett. Ent. Zeitg., 1881, p. 28.

caviceps. Horn, Proc. Am. Phil. Soc. 1873, p. 99.......... Arizona.

centralis. Burm. Stett. Ent. Zeitg., 1881, p. 25. — Berg. ibid., p. 305. Rép. Argentine.

cervina. (Dej. Cat. 3ᵉ éd. p. 247.) Mækl. Ac. Soc. Sc. fennicæ, 1875, p. 628. — Haag-Rut. Deut. Ent. Zeitsch. 1880, p. 28............... Brésil.

chalybœa. Erichs. Wiegm. Arch. 1848, i, p. 258. — Har. Col. Hefte, xvi, 1879, p. 141..................... Angola.

Chanzyi. Fairm. Pet. nouv. nᵒ 148, p. 38................. Ben Saïda.

chinensis. Cast. Hist. nat. ii. p. 274. — Dej. Cat. 3ᵉ éd. p. 247. — Motsch. Et. ext. ii, 1853, p. 48. — Redt. Reis. Nov. ii, p. 143, note 1. — Gemm. et Har. Cat., 1870, p. 2149..................... Chine.

cinctella.(Dugès.)Haag-Rut. Deut. Ent. Zeitsch.,1880, p. 56(obs. à L.*intermedia*).

cinctipennis (1). Chevr. Col. Mex. cent. i, fasc. 3, 1834. — Gemm. et Har., Cat., 1870, p. 2149..................... Mexico.

Syn. : *circumscripta*. Klug., Dej. Cat. 3ᵉ éd., p. 247.

cineracea. (*Buquet*. in. Cat. *Dej*.) Mækl. Ac. Soc. Sc. fennicæ, 1875, p. 618..................... Sénégal.

cinerea. Fabr. Voir **Macrobasis unicolor**.

cinerea. Koll. Boh. Voir **E. nigronotata**.

cinerea. Forst. (*Meloe*). Cent. Ins. 1771, p. 62. — Pall. Icon. Ins. Ross., p. 98, pl. E., fig. 30. — Lec. Synops. p. 339 — Gemm. et Har. Cat., 1870, p. 2148. — Horn, Proc. Am. Phil. Soc., 1873, p. 101....... Amér. bor.

Syn. : *marginata* (*Lytta*). Fabr. Syst. Ent. 1775, p. 260. — Syst. Eleut. ii, p. 79. — Oliv. Ent. iii, 46, p. 16, pl. i, fig. 2.

    fimbriata. Thumb. Diss. nov. Ins. spec., vi. p. 109.

    clematidis. Woodhouse, Médical reposit., iii, p. 213.

    stigmata. Dug. — Horn, Trans. Am. ent. Soc., 1885, p. 107.

clericalis. Berg, Stett. ent. Zeitg. 1881, p. 308............. Rép. argent.

cœlestina. Haag-Rut. Deut. ent. Zeitsch., 1880, p. 61...... Bechuanaland.

cœrulea. Leuck. Geiger's mag. pharm.,1825., xi, p. 132 .... Bengale.

Syn. : ? *Violacea*. Mækl. Voir aussi, Haag-Rut. Deut. entom. Zeitsch., 1880, p. 57, note.

    ? *violacea*. Brandt et Ratz, Méd. zool. ii, p. 123.

    cyanea. Dej., in. coll.

    aptera. Chevr., in. coll.

    curta. Deyr., in. coll.

cognata. Haag-Rut. Stett. ent. Zeitsch., 1880, p. 87........ loc. ?

Syn. : *rubriceps*, Reiche, in coll.

conspersa. Germ. Voir **E. adspersa**. Klg.

conspersa. Lec. Voir **E. maculata**. Say.

convolvuli. Melsh. Proc. Ac. Philad., iii, p. 53. — Lec. ibid., 1853, p. 339. — New. spec, p. 157. — Gemm. et Har. Cat. 1870, p. 2149. — Horn, Proc. Am. Phil. Soc., 1873, p. 97..................... Pensylvanie.

---

(1) *Cinctipennis* est indiqué par Horn (Trans. ent. Soc., 1885, p. 107) comme peut-être synonyme de *cinerea* Forst.

Var. : *atrata*. Melsh., loc. cit.

Coromandelensis. Haag-Rut. Deut. ent. Zeits., 1880. p. 90. Coromandel.

corvina. Lec. Journ. Acad. iv, 1858, p. 21. — Gemm. et Har. Cat., 1870 p. 2149. — Horn, Proc. Am. phil. Soc., 1873, p. 102........ Arizona.

Syn. : *nigerrima*. Dugès. Horn, Trans. Am. ent. Soc., 1885, p. 107.

costata. Lec. (*Pleuropompha*) Proc. Ac. phil., vii., 1854, p. 84. — Gemm. et Har. cat., 1870, p. 2149......................... .... Frontera.

cribrosa. Klug, Voir **E. atomaria**.

croccicincta. E. Dugès La Naturaleza, v. fig. 5. — Bull. Soc. zool. de Fr. 1886, p. 582............................... Mexique.

cupreola. E. Dugès.......................... .... Mexique.

depressa. Klug, Voir **Tetraonyx depressa**.

depressicornis. (Sturm. Dej.), Cast. Voir **E. flabellicornis**.

Deyrollei. Mækl. Acta. Soc. sc. fennicæ, 1875, p. 605...... Sénégal.

Syn. : *brevicornis*. Deyr., in. coll.

diadema (1). Klug, Nov. Acta. Ac. Cur. Leop. xii, p. 436, pl. xli., fig. 3. — Gemm. et Har., l. c......................... .... Brésil.

discolor. Haag-Rut. Deut. ent. Zeitsch., 1880, p. 63........ Sénégal.

divisa. (Chevr.). Haag-Rut. Deut. ent. Zeitsch., 1880, p. 88. Bombay.

Dohrni. Haag-Rut. Deut. ent. Zeitsch., 1880, p. 45........ Panama.

Syn. : *Bremei*. Buq., in. coll. M. de Brux.

   Gemmingeri. Chevr. id.

dubia. Fabr. Spec. Ins., i, p. 329. — Illig. Magaz., iii, p. 172. — Schoenh. Syn. ins. iii., p. 26. — Fischer (*Cantharis*). Tent. consp. Canth., p. 21. — Muls. et Rey, Mém. Ac, de Lyon, 1858, p. 172. — Gemm. et Har. Cat., 1870, p. 2149......................... .... Sibérie.

Syn. : *sibirica*. De Cast. Hist. nat., ii, p. 274.

Dugesi. m.

Syn. : *vittata* (2). E. Dugès. Bull. Soc. zool. de Fr., 1886, p. 582. Mexique.

Dusaulti. Duf. Ann. Sc. phys. Brux., viii, 1821, p. 360, pl. 80, fig. 6-7. — Cast. Hist. nat., ii, p. 274. — Gemm. et Har. Cat., 1870, p. 2149. Sénégal.

elegans. Klug., Nov. Act. Ac. Cur. Leop., xii., p. 437, pl. xli, fig. 4. — Gemm. et Har., l. c..................... .... Brésil.

episcopalis. Har. Diagn., p. 108, 69 (1878), et col. Hefte., xvi, 1879, p. 140.
                    Afrique.

erythrocephala. Pall. (*meloe*), Reise., i, p. 466. — Tausch. Enum... Mém. de la Soc. imp. des nat. de Moscou, iii, 1812, pl. 11, fig. 2. — Fisch. Tent. consp., p. 20. — Fisch. de Waldh. Ent. Russe, ii, p. 229, pl. 42, fig. 6. — Muls. et Rey, Mém. Ac. Lyon, 1858, p. 177. — Jacq. et Duv. Gen. Col., iii, pl. 95, fig. 471. — Gemm. et Har. Cat., 1870, p. 2150....... Russie mérid.

Syn. : *albivittis*. Pall., Ic. ins., p. 101, pl. E., fig. 33. ...... Sibérie.

   lineata. Thunb. Diss., iii, 6. p. 228.................. Oural.

   sonchi. Gmel. Ed. Linn. i, 4, p. 1896. — Lepech. Reise. i, p. 264, pl. 16, fig. 8......................... .... Russie mérid.

excavata. Klug. Nov. Ac. Cur. Leop. xii, p. 448. — Gemm. et Har. Cat. 1870. p. 2150......................... .... Brésil.

---

(1) Cette espèce est probablement à classer parmi les Pyrota , d'après la forme du corselet ndiquée sur la figure que donne Klug et la distribution des couleurs. N'ayant pu étudier les pièces buccales, je ne saurais prendre de décision définitive.

(2) Le nom de *vittata* fait double emploi avec celui de Fabr., de là le nom de Dugesi que nous donnons à l'espèce de Dugès.

Syn. : *sulcifrons*. (Chevr.) Haag-Rut. Deutsch. ent. Zeitsch., 1879, xxiii, Heft. ii.

    ♀, *virgata*. Klug, Nov. Ac., p. 441. — Gemm. et Har. Cat. 1880, p. 2155.

fallax. Horn, Trans. am. ent. Soc., 1885, p. 111............ Californie.

fasciceps. Walk. List. of. Col. Lord., 1871, p. 16.......... Afrique.

? Syn. : *nigronotata*. Haag-Rut. Deut. Ent. Zeitsch., 1880, p. 67. — Fairm. Ann. Soc. ent. de Fr., 1885, p. 451.

femoralis. Klug. Voir **Spastica femoralis**.

femoralis. Erichs. Nov. Act. Cur. Leop. xvi Suppl. i, p. 251. — Sol. Gay Hist. Chili, v, 279 (*epicauta*), pl. 21, fig. 11................ Chili.

Syn. : *Caligata*(1)(*mylabris*). Eschsch., in litt.— Gemm. et Har. Cat., 1870, p. 2135.

    erythroscelis (2). Berg, Ann. Soc. scient. Arg. xvi, p. 270.

ferruginea. Say, (nec Lec.) Journ. Ac. Phil., iii, p. 298. — Horn, Pr. Ac. Phil. Soc., 1873, p. 98............................... Missouri.

? Var. : *Sartorii*. Haag-Rut. Voir **E. Sartorii**.

fissilabris. Lec. Agass. Lake. sup., 1850, p. 232; Synops., p. 339. — Gemm. et Har. Cat., 1870, p. 2150....................... Amérique.

flabellicornis. Germ. Reis. Dalm., 1817, p. 210. — Kraatz, Berl. Zeitsch., 1868, p. 296. — Gemm. et Har. Cat., 1870, p. 2150.......... Dalmatie.

Syn. : *depressicornis*. Cast. Hist. nat., ii, p. 274. — Sturm. Dej. Cat., 3ᵉ éd., p. 247.

    laticornis. Ulrich. Dej. Cat. loc. cit.................. Illyrie.

flavicornis (3). Maekl., (Dejean.) Voir **E. fuscicornis**.

flavilabris. Maekl. loc. cit., p. 619...................... Sénégal.

flavogrisea. Haag-Rut. Deut. ent. Zeitsch., 1880, p. 31. — Burm. Stett. Ent. Zeitg., 1881, p. 29. — Berg, ibid., p. 307 .... Rép. Argent.

frontalis. Fairm. Voir **E. Philippii**. Reed.

fucata. Dej. Voir **E. suturalis**. Germ.

fulviceps Maekl. Voir **E. nepalensis**. Wat.

fulvicollis Faehreus. Voir **E. strangulata**. Gerst.

fulvipes. Klug, Nov. Ac. Cur. Leop. xii, p. 433. — Gemm. et Har. Cat., 1870, p. 2150..................................... Brésil.

famosa. Germ. Ins. sp. nov., p. 173..................... Brésil.

? Syn. : *affinis*. (Dej.)

famosa (4). Sturm. Cat. 1826, p. 161.— Haag-Rut. Deut. ent. Zeitsch., 1880, p. 40 .... Mexico.

funebris. Horn, Proc. Am. Phil. Soc., 1873, p. 102........ .... Texas.

---

(1) Gemm. et Har. par suite d'une erreur que je n'ai pu m'expliquer attribuent comme synonymie à mylabris *caligata*, un soi-disant epicauta *femorata*, Sol. et un Lytta *femorata*, Erichs. Ces deux auteurs n'ont point décrit d'insectes sous ce nom spécifique, mais bien sous celui de *femoralis* et de leurs descriptions concordantes il résulte qu'ils ont bien eu en vue un epicauta ou lytta et non un mylabris. Il y a donc lieu de rétablir l'espèce E. *femoralis*, Er. et de lui donner la synonymie que nous indiquons.

(2) Berg proposait *erythroscelis* pour remplacer *emoralis*. Erichs, qui faisait double emploi avec *femoralis* Klug., mais du moment que ce dernier est un Spastica et non un Epicauta, il ne nous paraît pas nécessaire de changer le nom de Erichson.

(3) L'examen que nous avons fait des échantillons de la collection du musée de Bruxelles, nous laisse croire qu'il n'y a pas de différence entre *flavicornis*, Maekl., et *ægyptiaca* du même auteur.

(4) Cette espèce appartient peut-être au genre Macrobasis. C'est pourquoi je ne crois pas actuellement devoir changer le nom qui fait double emploi avec *fumosa*, Germ.

funesta. Chevr. Col. Mex. Cent. i, fasc. 3. — Gemm. et Har. Cat., 1870,
p. 2150.. Mexico.
fusca. Oliv. Ent. iii, p. 8, pl. 2. fig. 10.—Gemm. et Har. loc. cit. Sénégal.
fuscicornis. Klug, Erman's. Reis., 1835, p. 42. — Lac. Gen. Col., v, p. 676,
note 2. — Gemm. et Har. Cat., 1870, p. 2150. — Haag-Rut. Deut. ent. Zeitsch.
1880, p. 18 .... Guinée.
Syn. : *flavicornis*. (Dej.) Mækl. loc. cit., p. 614.
geniculata (Klug). Haag-Rut. Deut. ent. Zeitsch., 1880, p. 28. Brésil.
Germari. Fisch. Voir **E. atomaria**. Germ.
Gestroi. Haag-Rut. Deut. ent. Zeitsch, 1880, p. 58 .... Abyssinie.
gigas. Fabr. (?) Syst. I, 2. p. 84. — Oliv. ♂ Ent.. iii, 46. p. 7, pl. I, fig. 9.
a, b, c. — Cast. Hist. nat., ii, p. 273. — Gemm. et Har. Cat., 1870, p. 2150.
— Mækl., loc. cit., p. 601. — Fæhr. C. R. Ac. Sc. de Stockh., 1870, p. 352.
Cafrerie.
Syn. : *janthina* (*Epicauta*). Dej. Cat.
Gorrhami. de Mars. Ann. Soc. ent. de Fr., 1873, p. 222... Japon.
grammica. Fisch. Tent. consp. Canth, p. 19, 1827. — Gemm. et Har. Cat.,
1870, p. 2151 .... Brésil.
Syn. : ? *lineolata*. Dej.
grandiceps. Haag-Rut. Deut. ent. Zeitsch, 1880, p. 68.... Abyssinie.
granulipennis. Cast., hist. nat., ii, p. 272. — Gemm. et Har. Cat., 1870.
p. 2151. — Fæhr. C. R. Ac. des Sc. de Stockh, 1870, p. 351.. Sénégal.
Syn. : *rugipennis*. Mækl., loc cit., p. 604.
griseovittata. Haag-Rut. Deut. ent. Zeitsch., 1880, p. 85.... Indes Or.
Haagi. Bates, Cist. Ent., ii, p. 483. — Haag-Rut. Deut. ent. Zeitsch, 1880,
p. 90 .... Kaschgar.
hæmatocephala. Haag-Rut., ibid., p. 86 .... Ceylan.
Haroldi. Haag-Rut., ibid., p. 44 .... Costa-Rica.
hemigramma. Mækl. Voir **E. semivittata**.
hieroglyphica. Haag-Rut., ibid., p. 26......... .... Brésil.
hirticornis. Haag-Rut., ibid., p. 79........... .... Assam.
hirtipes. Waterh .... Asie.
hypoleuca. Klug, Nov. Act. cur. Leop., xii, p. 433. — Gemm. et Har.,
loc. cit... Brésil.
immerita. Walk. Voir **E. sericans**.
insignis. Horn, Trans. am. ent. Soc., 1885, p. 110........ Arizona.
insularis. Haag-Rut. Deut. ent. Zeitsch., 1880, p. 80....... Philippines.
intermedia. Haag-Rut., ibid., p. 56....................... Colombie.
iridescens. Haag-Rut., ibid., p. 59 .... Zanzibar.
Jaloffa. Cast. Hist. nat., ii, p. 275. — Gemm. et Har. Cat., 1870, p. 2151.
Sénégal.
Kraussi. Haag-Rut. Deut. ent. Zeitsch., 1880, p. 25 .... Brésil.
Lacordairei. Berg, Voir **Pyrota Lacordairei**.
lævicollis. Mækl. Act. Soc. Sc. fennicæ, 1875, p. 629.. .... Brésil.
laminicornis. Fairm. Notes from the Leyden Mus. Vol. x, p. 270, 1888.
Humpata.
latelineolata (Motsch.) Muls. et Rey. Mém. Ac. de Lyon, 1858, p. 175. —
Opusc. ent., viii, p. 99 .... Russie.
laticornis. (Buq'.) Haag-Rut. Deut. ent. Zeitsch, 1880, p. 78. Timor.
latitarsis. Haag-Rut., loc. cit., p. 33 .... Pérou.
lemniscata Fabr. Syst. El. ii. p. 289. — Lec. Proc. Ac. Phil., 1853, p. 344. —

Gemm. et Har. Cat., 1870, p. 2151. — Horn, Proc. Am. Phil. Soc. 1873,
p. 100.. Amérique.
leopardina. Haag-Rut. Deut. Ent. Zeitsch., 1880, p. 30. — Burm. (*Cantharis*).
Stett. Ent. Zeitsch., 1881, p. 24. — Berg, ibid., p. 304... Rép. Argent.
Lepricuri. (Buq^t. in Dej. Cat.) Mækl. Act. Soc. Sc. fennicæ, 1875,
p. 616..... .... Sénégal.
Syn. : *cinctipes*. Chevr.. in litt.
        maxillosa. Chevr., in coll.
leucoloma. Burm. Voir **Cantharis luctifera**. Fairm.
leucophœa Mækl. (Dej.), loc. cit., p. 617.................. Sénégal.
limbalis. Lec. New spec. Col., 1886, p. 160. — Gemm. et Har. Cat., 1870,
p. 2151.................................. .... Norfolk.
lineata. (1). Oliv. Ent. iii, 46, p. 14, pl. 2, fig. 21. — Gemm. et Har. Cat.,
1870, p. 2151.................. .... Amérique.
lineolata. Dej. Voir **E. grammica**
lugubris. (Klug,) Haag-Rut. Deut. Ent. Zeitsch., 1880, p. 24. Brésil.
luridipennis. Dugès.. Mexique.
maculata. Klug, Voir **Pyrota Lacordairei**. Berg.
maculata. Say. Journ. Ac. Phil., iii, p. 98. — Lec. Proc. Ac. Phil. 1853,
p. 340. — Gemm. et Har. Cat., 1870, p. 2151. — Horn, Proc. Am. Phil.
Soc. 1873, p. 100.. Missouri.
Syn. : *conspersa* Lec., ibid.
        punctuata. Dug. Bull. Soc. Zool. de Fr. 1886, p. 582. — Horn, Tr. am. ent.
        Soc. 1885, p. 107.
        ocellata, Dugès, ibid. — Horn, ibid., p. 107.
maculifrons. (Bauln.), Mækl. loc. cit., p. 608............ Sénégal.
Mæklini. Haag-Rut. Deut. Ent. Zeitsch., 1880, p. 88....... Siam.
Mannerheimi Mækl. loc. cit., p. 623..................... Himalaya.
Syn. : *rubriceps*. Mannerh. in coll. (nec Blanch. Voy. d'Orbigny. Ent. p. 200.
    Neque Kollar. et Redt.)
marginata. Dugès.................................. .... Am. Bor.
marginicollis. (Deyr.) Haag-Rut. Deut. Ent. Zeitsch., 1880, p. 72.
                                                Mésopotamie.
maura. Lec. Ann. Lyc. v., p. 162 et Proc. Ac. Phil., 1853, p. 339. — Gemm.
et Har. Cat. 1870, p. 2151. — Horn, Proc. Am. Phil. Soc. 1873, p. 103.
                                                Californie.
media. E. Dugès, in Bull. Soc. Zool. de Fr., 1886, p. 582.... Mexique.
megalocephala. Gebl. Mém. Soc. imp. nat. de Moscou, iii, 1812, p. 318. —
Fischer, Tent. Consp. Canth., p. 20. — Fisch. de Waldh. Ent. de Russie, ii,
p. 229. — Dej. Cat., 1833, p. 225, et 1837, p. 247. — Muls. et Rey, Mém. Ac.
Lyon, 1858, p. 182. — Gemm. et Har. Cat., 1870, p. 2151.... Sibérie.
Var. : *maura*. Falderm. Bull. Moscou, vi, 1833, p. 61........ Mongolie.
melanocephala. Fabr. Syst. El., ii, p. 77. — Cast. Hist. nat., ii, p. 274. —
Gemm. et Har. Cat., 1870, p. 2151..................... Guinée.
melanophthalmos. Oliv. Voir **E. testacea**. Fab.
melanota. (Dej.) Mækl. Acta. Soc. Sc. fennicæ, 1875, p. 625. N^{lle} Grenade.
metasternalis. Fairm. Notes from the Leyden Mus. vol. X, p. 269. 1888.
                                                Humpata.
missionum. Berg, Stett. Ent. Zeitg. 1881, p. 306. — Burm. (*Canth. spec.?*)
Ent. Zeitg., 1881, p. 28., n° 15.

---

(1) Cette espèce que j'ai vue dans la collection du musée de Bruxelles me paraît appartenir
au genre Pyrota.

mixta. E. Dug. in Bull. Soc. Zool. de Fr., 1886, p. 582. .... Mexique.

modesta. Haag-Rut. Deut. Ent. Zeitsch., 1880, p. 53........ Mexico.

monachica. Berg, Ann. Soc. cient. Argent., xv, p. 68...... Mendoza.

morio. Lec. Voir **E. pennsylvanica**, de Geer.

Mouffleti. Baulny, (*macrobasis*.) Mekl. loc. cit., p. 615. .. Sénégal.
Syn. : *megalognatha.* Chevr. in coll.

multipunctata. Schüpp. Dej. Voir **E. atomaria.**

Nattereri. Haag-Rut. Deut. Ent. Zeitsch., 1880, p. 24........ Brésil.

neglecta (Chevr.) Haag-Rut. Deut. ent. Zeitsch. 1880, p. 54.. Mexico.

Nepalensis. Wat. Haag-Rut.. l. c.. p. 82.................. .. Asie.
? Syn. : *fulriceps.* Mekl. loc. cit.

nigerrima. Dugès. Voir **E. corvina.**

nigra. E. Dugès. Bull. Soc. Zool. de Fr., 1886, p. 582........ Mexique.

nigra. Woodh. Voir **E. Pennsylvanica.**

nigrans. Mekl. Act. Soc. Sc. fennicæ. 1875, p. 629....... .. Pérou.

nigricornis. Klug, Nov. Act. Cur. Léop., xii, p. 449.— Gemm. et Har. loc. cit.
Brésil.

nigritarsis. Lec. Proc. Ac. Phil., 1853, p. 340. — Gemm. et Har., cat. 1870,
p. 2152. — Horn, Proc. Am. Phil. Soc., 1873, p. 100....... New-Mexico.

nigromarginata. (Dej.) Mekl. Acta. Soc. Sc., fennicæ, 1875, p. 626.
Sénégal.

nigronotata. Haag-Rut. Voir **E. fasciceps** Walk.

nigropunctata. Burm. (non Blanch). Voir **E. cavernosa** Courb.

nigropunctata. Blanch. Voy. d'Orb., 1843, p. 200, pl. 15, fig. 9. — Gemm. et
Har. Cat., 1870, p. 2152.................... Bolivie.

niveolineata. Haag-Rut. Deut. ent. Zeitsch., 1880. p. 46..... Mexico.

niveolineata. Haag-Rut. (loc. Himalaya, nec Mexico). Voir **E. Atkinsoni. m.**

Nyassensis. Haag-Rut., loc. cit., p. 62..................... Nyassa.

obesa. Chevr. Col. Mex. Cent., i, 1834, fasc. 4. — Gemm. et Har. Cat., 1870,
p. 2152..................................... Mexique.
Syn. : *grisea.* Dej. Cat., 3° éd., p. 247.

oblita. Lec. Ann. Lyc., v, p. 162. — Proc. Ac. Phil., 1853, p. 339. — Gemm. et
Har. Cat., 1870, p. 2152. — Horn, Proc. Am. Phil. Soc., 1873, p. 97.
Californie.

obscuricornis. Chev. Bull. Soc. Ent. de Fr., 1877, p. X..... Porto-Rico.

ochreipennis. E. Dugès......................... Mexique.

ochropus. (Dej.) Haag-Rut. Deut. ent. Zeitsch., 1880, p. 28 .. Brésil.

pardalis. Lec. New. Spec., p. 157. — Horn, Proc. Am. Phil. Soc., 1873,
p. 99........................ Arizona.

pectinata. Goeze. Voir **E. Sibirica.**

pectoralis. Gerst. Monatsb. Berl. Ac., 1854, p. 695. — Gemm. et Har. Cat.
1870, p. 2152. — Fahreus, C. R. Ac. des Sc. de Stockh., 1870, p. 351.
Cafrerie.

pedalis. Lec. New Spec., p. 157. — Gemm. et Har. Cat., 1870, p. 2152. —
Horn, Proc. Am. Phil. Soc., 1873, p. 99................. Californie.

pennsylvanica. de Geer. Mém., v, 1775, p. 15, pl. 13, fig. 1. — Lec. Proc. Ac.
Phil., 1853, p. 339. — Gemm. et Har. Cat., 1870, p. 2152. — Horn, Proc. Am.
Phil. Soc., 1873, p. 102........................ .. Texas.
Syn. : *atrata.* Fabr. Syst. ent., p. 260. — Oliv. Ent., iii, 46, p. 17, pl. 2, fig. 19.
coracina. Illig. Mag., iii, p. 171.
nigra. Woodhouse. Med. Repos., iii, p. 213.
morio. Lec. Proc. Ac. Phil., 1853, p. 447.

pharmaceuti. Chevr. In coll....................... ..... Amérique.
philomata. Klug, Nov. Act. Cur. Leop., xii. p. 434, pl. 11, fig. 6. — Gemm.
  et Har. Cat., 1870. p. 2152....................... .... Brésil.
Syn. : *capitata*. Cast. Hist. nat., ii, p. 175. — Dej. Cat., 3° édit., p. 246. —
  Gemm. et Har. Cat., 1870 p. 2149.
Philippii. Reed, Ent. mont. mag., 1873, p. 208. — Fairm. Ann. Soc. ent. de
  Fr., 1876, p. 385......................... .... Chili.
Syn. : *frontalis*. Fairm. Ann. Mus. Genova., 1873, iv, p. 534.
picitarsis. Fairm. Ann. Soc. ent. de Fr., 1885, p. 452 .... Obock.
picta. Cast. Hist. nat., ii, p. 275. — Gemm. et Har. Cat., 1870, p. 2152.
                                                        Bengale.
picticollis. Haag-Rut. Deut. ent. Zeitsch., 1880, p. 70. ...... Zanzibar.
pilipes. Dej. Cat. 3° éd., p. 246. — Lacord. Gen. Col. v, p. 676, note 2. --
  Gemm. et Har. Cat. 1870, p. 2152. — Mækl., loc. cit., p. 613. Sénégal.
platycera. Fairm., Ann. Soc. ent. de Fr., 1876, p. 385........ Chili.
plumicornis. Cast. Voir **E. ruficeps**. Illig.
pruinosa. Lec., New. spec., p. 158. — Gemm. et Har., cat. 1870, p. 2153. —
  Horn, Proc. Amer. Phil. Soc. 1873, p. 98........... ..... Colorado.
punctata. (Klug, Germ.). Voir **E. atomaria**.
punctuata. Dugès, Voir **E. maculata**. Say.
puncticollis. Mann. Bull. Mosc., 1843, p. 288. — Lec. Ann. Lyc., v, p. 162;
  Proc. Ac. Phil., 1853, p. 338. — Gemm. et Har. Cat., 1870, p. 2153. – Horn,
  Proc. Am. Phil. Soc., 1873, p. 97....................... California.
punctum. Dugès........... .... Mexico.
resplendens. Cast. hist. nat., ii, p. 273. — Gemm. et Har. Cat., 1870, p. 2153.
  — Fairm., Ann. Soc. ent. de Fr., 1887, p. 306 .... Sénégal.
reversa. Gemm. Voir **E. rubriceps**. Redt.
Rostaini. Buq'. Voir **E. caustica**. Roj.
Rouxii. Cast. Hist. nat., ii, 1840, p. 274................ .... Bombay.
Syn. : *Rouxi*. Gemm. et Har., Cat., 1870, p. 2153.
rubriceps. Redt. Hüg. Kaschm., iv, 2, p. 535............. Kaschmir.
Syn. : *reversa*. Gemm. et Har., Cat., 1870, p. 2154, et Gemm. Col. Hefte, 1870, xii.
rubriceps. Reiche, in. coll. Voir **E. cognata**. Haag-Rut.
rubriceps. Blanch. Voir **E. strigata**. Gyll.
rubricollis. Reiche. Gal., voy. Abyssin., 1850, p. 382, pl. 23, fig. 8. — Gemm.
  et Har. Cat., 1870, p. 2154............... .... Abyssinie.
ruficeps. Illig. Wied. Arch., i, 3, 1800, p. 140. — Gemm. et Har, Cat., 1870,
  p. 2154. —Haag-Rut. Deut. ent. Zeitsch., 1880, p. 81, note 1. Sumatra.
♂ Syn. : *plumicornis*. Cast. Hist. nat., ii, p. 274. — Gemm. et Har. Cat.
  1870, p. 2153.
rufidorsum. Goeze. Ent. beytr., i, 1777, p. 704. — Gemm. et Har. Cat., 1870,
  p. 2154 .... Europe mérid.
Syn. : *algirica*. Sulz. Abg. Gesch. d. Ins., p. 66, pl. 7, fig. 12. Allemagne.
     dubia. Oliv. Ent., iii, 46, p. 16, pl. 1, fig. 7. — Cast. Hist. nat., ii, p. 274.
                                                        France.
     erythrocephala. Panz. Ins. Germ., 41, 6............. Italie.
     marginata. Dorthes. Mém. Soc. agr., Paris, p. 69 et 70, fig. 9-10.
                                                        Dalmatie.
     rufa. Gmel. Ed. Linn., i, 4, p. 2016................... Illyrie.
     verticalis. Illig. Mag., iii, p. 172. — Muls. Vésic., p. 161, fig. 20-22. —
     Muls. et Rey, Mém. Ac. Lyon. 1858, p. 175........... Europe.
rufifrons. Fåhr. C. R. A. des Sc. de Stockh., 1870, p. 353.. Cafrerie.

rufilabris. REICHE, in. coll. Voir **E. Andouini.**

rufipennis. CHEVR. Col. Mex. cent. I. 4ᵉ fasc., 1834. — GEMM. et HAR., loc. cit.—
E. DUGÉS. Bull. Soc. zool. de Fr., 1886, p. 582............. Mexique.

rufipes. DUGÉS.. id.

rugipennis. BUQᵗ -MÆKL. Voir **E. granulipennis.**

rugulicollis. FAIRM. Ann. Soc. ent. de Fr., 1887, p. 308..... Afrique.

sanguiniceps. FAIRM. Bull. Soc. ent. de Fr., 1885, 1ᵉʳ trim.. p. xxxviii. —
BEDEL. Ann. Soc. ent. de Fr.. 1885, p. 87................. Afriq. (Biskra).

sanguinicollis. LEC. Proc. Ac. Phil., 1853, p. 344. — GEMM. et HAR. Cat..
1870, p. 2153.. Géorgie.

sanguinithorax. HAAG-RUT. Deut. ent. Zeitsch., 1880, p. 34. Pérou.

saphirina. REICHE., in. coll. — MÆKL., loc. cit., p. 609 ..... Sénégal.
Syn. : *coriacea*. CHEVR., in. coll.

Sartorii. HAAG-RUT. Deut. ent. Zeitsch., 1880, p. 56......... Mexico.

Scharpi. de MARS., in. coll. Mus. Paris........ Japon.

semivittata. FAIRM. Ann. Soc. ent. de Fr., 1875, p. 200 et ibid., 1876, p. 386. —
BERG, Stett. ent. Zeitg., 1881, p. 304.....................
Syn.: *hemigramma*. MÆKL., p. 482, 1875.
luctuosa. CHEVR., in. litt.
virgata. BURM. (nec KLUG.) Stett. Ent. Zeitg.. 1881. p. 25.

sericans. LEC. New. spec., p. 158, 1866. — GEMM. et HAR. Cat., 1870, p. 2153.
— HORN, Proc. am. Phil. Soc., 1873, p. 98.......... ...... Kansas.
? Syn. : *immerita*. WALKER. Nat. Brit. Col. II, p. 330.

sibirica. PALL. Reis. II, app., p. 720, 50. — GEB. Bull. Mosc., 1847, IV,
p. 506. — MULS. et REY, Mém. Ac. Lyon, 1858, p. 167. — GEMM. et HAR. Cat.,
1878, p. 2154... Sibérie.
Syn.: *dubia*. FISCH. Ent. Russ., II, p. 230, pl. 42, fig. 8-9.
erythrocephala. PALL. Ic., p. 97, pl. 1 fig. 26, *a* ♂, *b* ♀.
pectinata. GOEZE. Ent. Beitr. I, 1777, p. 701. — GMEL. Ed. Linn. I, 4,
p. 2016.

signifrons. FÆHR. C. R. Ac. des Sc. de Stockh., 1870, p. 352.. Cafrerie.

somnolenta (1). LAC. DEJ., 3ᵉ éd., 1837, p. 247............. Rép. Arg.
Syn. : *albovittata* (Dej.). HAAG-RUT. Deut. ent. Zeitsc. 1880, p. 20. — Burm.
Stett. ent. Zeitg., 1881, p. 23. — BERG, ibid., p. 304.

spinifera. MÆKL. Acta Soc. Sc. fennicæ, 1875, p. 611. — HAAG-RUT. loc. cit..
p. 57.. .... Sénégal.

spurcaticollis. FAIRM. Ann. Soc. Ent. de Fr., 1883, p. 104.. Abyssinie.

stigmata, DUG. Voir **E. Cinerea.** FORST.

strangulata. GERST. Peter. Reise, 1862, p. 295. — GEMM. et HAR. Cat., 1870,
p. 2154. — FAIRM. Ann. Soc. Ent. de Fr., 1887, p. 307...... Mozambique.
? Syn. : *fulvicollis*. FÆHR. C. R. Ac. des Sc. de Stockh., 1870, p. 353.
Cafrerie.

strigata. GYLL. Schœnh. Syn. ins. III, app., p. 18. — GEMM. et HAR. Cat.
1870, p. 2154. — HAAG-RUT. loc. cit. p. 52 (observ. à *vitticollis*).
Inc. Sed.
? Syn. : *rubriceps*. BLANCH. Voy. d'Orb. ent. p. 200, pl. 25, fig. 8.
Bolivie.

strigosa. SCH. (GYLL.) Syn. Ins. III, app. p. 18. — LEC. Proc. Ac. Phil., 1853,

---

(1) Je rétablis l'espèce *somnolenta* pour remplacer *albovittata*. Dej. et Haag-Rut. qui fait
double emploi avec *albovittata* Gestro. *Somnolenta* est considéré par Berg comme synonyme de
albovittata Dej.

1873, p. 97... Amérique.

p. 341. — Gemm. et Har. Cat. 1870, p. 2154. — Horn, Proc. Am. Phil. Soc..

Syn. : *nigricornis*. Melsh. Proc. Ac. Ph. iii. p. 53.

    affinis. Sturm. Cat.. 1826, p. 166.

    vittata. Bosc. Dej. Cat., 3ᵉ éd., p. 247.

Var. : *ferruginea*. Lec. (nec. Say.) Proc. Ac. Phil., 1853, p. 341. — Horn, loc. cit., 1873, p. 98, (obs. sur *ferruginea*, Say.)

Stuarti. Lec. Trans. Am. Ent. Soc., 1868, p. 54. — Gemm. et Har. Cat., 1870, p. 2154.. — Horn, Proc. Am. Phil. Soc., 1873, p. 101....... New-Mexico.

suavis Haag-Rut. Deut. ent. Zeitsch. 1880, p. 83.......... Perse.

subcoriacea. Mækl. loc. cit., p. 607..................... Abyssinie.

sublineata. Lec. Voir **Macrobasis longicollis**.

subrubra. E. Dugès. Bull. Soc. Zool. de Fr., 1886, p. 582... Mexique.

subrugulosa. Mækl. loc. c., p. 606...... .... Afrique mérid.

substrigata. Cast. Hist. nat. ii, p. 274. — Gemm. et Har. Cat. 1870, p. 2154. Californie.

subvittata (1). Haag-Rut. Voir **E. vittula**.

sulcata. (Dej.) Mækl. Acta Soc. sc. fennicæ, 1875, p. 601.. Sénégal.

Syn. : *gigas* ♀. Oliv. Ent. iii, 46, p. 7, pl. 1, fig. 9.

sulcicollis. (Dej.) Mækl. Act. Soc. sc. fennicæ, 1875, p. 624. Brésil.

Syn. : *submarginata*, Chevr. in. coll.

sulcifrons. Chevr. Voir **E. excavata**. Klug.

suturalis. Klug. Voir **Spastica suturalis**.

suturalis. Germ. Mag. für. Ent. iv, p. 154. (1821). — Gemm. et Har. Cat. 1870, p. 2154. — Berg, Stett. ent. Zeitg., 1881, p. 306........ .... Rép. Argent.

Syn. : *E. fucata*. Dej. Cat., 3ᵉ éd., 1837, p. 247.

    Canth. Sp? Burm. Stett. ent. Zeitg., 1881, p. 27, nº 14.

Taishoensis. Lewis. Ann. a. Magaz., iv, p. 464.......... Tsusima (Japon).

talpa. Haag-Rut. Deut. ent. Zeitsch., 1880, p. 32. — Berg, Stett. ent. Zeitg. 1881, p. 306..... .... Rép. Arg.

tenuicollis. Pall. Ic., p. 102, pl. E, fig. 35................ Indes Orient.

Syn. : *ruficollis*. Fabr. Ent. Syst., 1, 2. p. 85. — Oliv., ent., iii, 46, p. 11, pl. i, fig. 6.

    Syriaca. Herbst. Füssl. Arch., v, p. 145, pl. 30, fig. 1.

tenuicostalis. Dugès............................... Mexico.

terminata. Dugès............... .... Mexico.

testacea. Fabr. Ent. Syst., 1, 2, p. 85. — Gemm. et Har. Cat., 1870, p. 2154. Tranquebar.

Syn. : *melanophthalmos*. Oliv. Ent., iii, 46, p. 10, pl. 2, fig. 13.

tetragramma. (Chevr.) Haag-Rut. Deut. ent. Zeitsch, 1880, p. 84. Bombay.

textilis. Haag-Rut. Deut. ent. Zeitsch., 1880, p. 82........... Mésopotamie.

thoracica. Erichs. Wiegm. Arch., 1843, i, p. 258. — Gemm. et Har. Cat., 1870, p. 2155................................... .... Angola.

tibialis. Waterh................................... Asie.

tomentosa. (Dej.). Mækl. Act. Soc. Sc., fennicæ, 1875, p. 627. Sénégal.

---

(1) Nous substituons à *subvittata*. Haag-Rut. le nom de *vittula* sous lequel cette espèce est connue dans les collections. Nous évitons ainsi le double emploi avec *subvittata* Erichs, qui est attribribué à une espèce que nous n'avons pas vue et que nous reléguons à cause de cela dans notre groupe de Lyttites indéterminées mais qui est peut-être un Epicauta.

tristis. Mækl. Act. Soc. Sc. fennicæ, 1875, p. 630. — Chevrol,
    in. coll.. Bolivie.
trivittis. Pall. Ic., p. 92. pl. E. fig. 20. — Fisch. Ent. Consp. Canth., p. 20. —
    Gemm. et Har. Cat., 1870. p. 2155.. .. .. Russie.
Syn. : *trifasciata*. Gmel. Ed. Linn.. t. 4, p. 2020.
      trifascis. Pall., It., ii. App., p. 721.
      trivitta. Schoenh. Syn. Ins., i, 3, p. 25.
velata. Gerst. Peter. Reise.. 296 et Monatsb. de Berl. Ac., 1854, p. 695. —
    Gemm. et Har. Cat. 1870, p. 2155. — Fæhr. C. R. Ac. des Sc. de Stockh.,
    1870, p. 354. — Fairm. Ann. Soc. ent. de Fr., 1887, p. 307. Caffrerie.
verrucicollis. Karsh. Berl. ent. Zeitsch., 1881, xxv, p. 49, pl. ii, fig. 7.
                                       Afrique.
verticalis. Illig. Voir **E. rufidorsum**.
vestita. Duf. Ann. Soc. phys. Brux., viii, p. 359, pl. 80. fig. 3. — Gemm. et
    Har. Cat. 1870, p. 2155............................. Sénégal.
vicina. Haag-Rut. Deut. ent. Zeitsch, 1880, p. 27... .... Brésil.
villipes (Reiche.). Haag-Rut, loc. cit., p. 87................ Indes ?
Syn. : *bicoloricornis*. Chevr., in. coll.
villosa. Fabr. Ent. syst. suppl., p. 119 ; et Syst. El., ii, p. 77. — Gemm. et
    Har. Cat , 1870, p. 2155 .... Guinée.
violacea. (Brandt) ; Mækl. Voir **E. cœrulea**. Leuck.
virgata. Klug. Voir **E. excavata**. Kl.
virgata. Burm. Voir **E. semivittata**. Fairm.
vittata. Fabr. Syst. ent., p. 260. — Oliv. Ent., iii, 46, p. 13, pl. 1, fig. 3. —
    Lec. Proc. Ac. Phil. 1853, p. 340. — Gemm. et Har. Cat. 1870, p. 2155. —
    Horn, Proc. Am. Phil. Soc., 1873, p. 100................. Amér. Bor.
Syn. : *Chapmani*. Woudh. Med. Repos., iii, p. 214.
vittata. E. Dugès. Voir **E. Dugesi. m**
vitticollis. (Gory.) Haag-Rut., loc. cit., p. 52.............. Nicaragua.
Syn. : *ruficrus*. Chevr.
      ? confluens. Deyr.
vittigera. Burm. Voir **Pyrota Lacordairei**. Berg.
vittula (1). Baulny. in.
Syn. : *subvittata*. Haag-Rut. Deut. ent. Zeitsch., 1880, p. 47.
      nigritarsis. Boucard. in coll.
Waterhousei. Haag-Rut. Deut. ent. Zeitsch., p. 79......... Indes Or.
Westermanni. Mækl, Act. Soc. Sc. fennicæ 1875, p. 621... Guinée.
Syn. : *fulvicollis*. Westerm. in Dej. Cat. 3ᵉ éd., p. 247. (Nec *fulvicollis*. Fæhr.)
Wheeleri. Ulke. Bull. Brookl. ent. Soc., 1875, iv, p. 42. — Horn, Proc. Am.
    Phil. Soc., 1873, p. 101............................. Arizona.
xanthocephala. Klug, Nov. Act. Cur. Léop., xii, p. 434, pl. 41, fig. 5. —
    Gemm. et Har. Cat., 1870, p. 2155.................. Brésil.
xanthocera. Dej. Cat. 3ᵉ éd., p. 246. — Lac. Gen. col., v, p. 676, note 2. —
    Gemm. et Har. Cat. 1870, p. 1255. .... Sénégal.

RÉPARTITION GÉOGRAPHIQUE DU GENRE EPICAUTA

EUROPE............ { flabellicornis, 1 ; latelineolata, 2 ; rufidorsum, 3 ; tri-
                / vittis, 4.

---

(1) Nous remplaçons par *vittula* Baulny in coll. le nom de *Subvittata* donné à cette espèce
par Haag et qui fait double emploi avec *subvittata* Erichs.

ASIE ....

actæon, 1; albovittata (Gestro), 2; ambusta, 3; assamensis, 4; Atkinsoni, 5; Audouini, 6; Badeni, 7; Beccarii, 8; chinensis, 9; cœrulea, 10; coromandelensis, 11; divisa, 12; dubia, 13; erythrocephala, 14; Gorrhami, 15; griscovittata, 16; Haagi, 17; hæmatocephala, 18; hirticornis, 19; hirtipes, 20; Mäklini, 21; Mannerheimi, 22; marginicollis, 23; megalocephala, 24; nepalensis, 25; picta, 26; Rouxii, 27; rubriceps, 28; ruficeps, 29; Scharpi, 30; sibirica, 31; suavis, 32; Taishœnsis, 33; tenuicollis, 34; testacea, 35; tetragramma, 36; textilis, 37; tibialis, 38; villipes, 39; Waterhousei, 40.

AFRIQUE ....

ægyptiaca, 1; amabilis, 2; amethystina, 3; angusticollis, 4; atrocœrulea, 5; Baulnyi, 6; bisignata, 7; canescens, 8; castaneipennis, 9; chalybœa, 10; Chanzyi, 11; cineracea, 12; cœlestina, 13; Deyrollei, 14; discolor, 15; Dusaulti, 16; episcopalis, 17; fasciceps, 18; flavilabris, 19; fusca, 20; fuscicornis, 21; Gestroi, 22; gigas, 23; grandiceps, 24; granuleipennis, 25; iridescens, 26; jaloffa, 27; laminicornis, 28; leucophœa, 29; Leprieuri, 30; maculifrons, 31; metasternalis, 32; melanocephala, 33; Mouffleti, 34; nigromarginata, 35; nyassensis, 36; pectoralis. 37; picitarsis, 38; picticollis, 39; pilipes, 40; resplendens, 41; rubricollis, 42; rufifrons, 43; rugulicollis, 44; sanguiniceps, 45; saphirina, 46; signifrons, 47; spinifera 48; spurcaticollis, 49; strangulata, 50; subcoriacea, 51; subrugulosa, 52; sulcata, 53; thoracica, 54; tomentosa, 55; velata, 56; verrucicollis, 57; vestita, 58; villosa, 59; Westermanni, 60; xanthocera, 61.

AMÉRIQUE.... ......

adspersa, 1; æmula, 2; albicincta, 3; albolineata, 4; albomarginata, 5; annulicornis, 6; anthracina, 7; assimilis, 8; aterrima, 9; atomaria, 10; basalis, 11; Batesii, 12; basimacula, 13; bella, 14; brunneipennis, 15; Buqueti, 16; callosa, 17; carmelita, 18; caustica, 19; cavernosa, 20; caviceps, 21; centralis, 22; cervina, 23; cinctella 24; cinctipennis, 25; cinerea, 26; clericalis, 27; convolvuli, 28; corvina, 29; costata, 30; croceicincta, 31; cupreola, 32; diadema, 33; Dohrni, 34; Dugesi, 35; elegans, 36; excavata, 37; fallax, 38; femoralis, 39; ferruginea, 40; fissilabris, 41; flavogrisea, 42; fulvipes, 43; fumosa (Germ.), 44; fumosa (Sturm), 45; funebris, 46; funesta, 47; geniculata, 48; grammica, 49; Haroldi, 50; hieroglyphica, 51; hypoleuca, 52; insignis, 53; intermedia, 54; Kraussi, 55; lœvicollis, 56; latitarsis, 57; lemniscata, 58; leopardina, 59; limbalis, 60; lineata, 61; lugubris, 62; luridipennis, 63; maculata, 64; marginata, 65; maura, 66, media, 67, melanota, 68; missionum, 69; mixta, 70; modesta, 71; monachica, 72; Nattereri, 73; ne-

AMÉRIQUE..........
(Suite).

glecta, 74; nigra, 75 ; nigrans, 76 ; nigricornis, 77 ; nigritarsis, 78 ; nigropunctata, 79 ; niveolineata, 80 ; obesa, 81 ; oblita, 82 ; obscuricornis, 83 ; ochreipennis, 84 ; ochropus, 85 ; pardalis, 86 ; pedalis, 87 ; pennsylvanica, 88 ; pharmaceuti, 89 ; philœmata, 90 ; Philippii, 91 ; platycera, 92 ; punctata, 93 ; pruinosa, 94 ; puncticollis, 95 ; punctum, 96 ; rufipennis, 97 ; rufipes, 98 ; sanguinicollis, 99 ; sanguinithorax, 100 ; Sartorii, 101 ; semivittata, 102 ; somnolenta, 103 ; sericans, 104 ; strigata (?), 105 ; strigosa, 106 ; Stuarti, 107 ; sublineata, 108 ; subrubra, 109 ; substrigata, 110 ; sulcicollis, 111 ; suturalis, 112 ; talpa, 113 ; tenuicostalis, 114 ; terminata, 115 ; tristis, 116 ; vicina, 117 ; vittata, 118 ; vitticollis, 119 ; vittula, 120 ; Wheleri, 121 ; xanthocephala, 122 ;

OCÉANIE...........   insularis, 1 ; laticornis, 2.

INC. SED..........   cognata, 1.

Incertæ sedis [1].

aratæ. BERG, Ann. Soc. Cientif. Arg., xv, p. 66............ Mendoza.

armeniaca. FALD. Fn. transc., II, 1837, p. 135. — GEMM. et HAR. Cat., loc. cit.. Arménie.

astur. HEYD. (*Ancistronycha*). Deut. ent. Zeitsch., 1880, p. 298. Sibérie.

bicolor. FÆHR. C. R. Ac. des Sc. de Stockh., 1870, p. 353 ... Cafrerie.

bilunata. (de MARS). HEYD. Berl. ent. Zeitsch., xvi, 1882, p. 154. Palestine.
(non France.)

cantharoides. THUNB. Diss. Nov. Ins. spec., vi, 1791, p. 108. — GEMM. et HAR., loc. cit... Cap. de B. Esp.
Syn. : *melooïdes*. THUNB. Mus. Ac. Ups., iv, 1787, p, 55.

chrysomeloides. LINN. Amœn. Ac., vi, 1763, p. 396. — GEMM. et HAR., loc. cit....................................... Surinam.

coccinea. FABR. Syst. El., II, p. 277. — GEMM. et HAR., loc. cit.
Guinée.

dongolensis. CAST. Hist. nat., II, p. 274. — GEMM. et HAR., loc. cit.
Dongola.

fasciolata. JIMÉNEZ. Gaceta. médic. d. Mexico., II, n° 16, 1866, p. 253, fig. C.
— GEMM. et HAR., loc. cit...................... Mexico.

flava. THUNB. Diss. nov. Ins. spec., 1791, p. 108. — BILLB. Mon., p. 73. —
GEMM. et HAR., loc. cit........................ Chine.

flaviventris. BALLION, Bull. Soc. Imp. Moscou. 1878, LIII, 1. Kuldsha.

flavovittata. BALLION, ibid............................ id.

Fryi. WOLLAST. Ann. nat. hist., 1861, p. 252. — GEMM. et HAR., loc. cit.
Saint-Vincent.,

fulvicornis. BURM. Stett. ent. Zeitg., 1881, p. 29. — BERG, ibid., p. 307.
Rép. Argent.

hirtifer. CAST. Hist. nat., II, p. 274.... .. .. Sénégal.
Syn. : *hirtifera*. GEMM. et HAR., loc. cit.

---

[1] Je place sous ce titre un certain nombre d'espèces que je n'ai pu voir dans les collections et dont les descriptions données sont insuffisantes pour me permettre de décider si elles appartiennent au genre Cantharis ou au genre Epicauta.

inconstans. Fisch. Tent. consp. Canth., 1827, p. 17. — Gemm. et Har.,
   loc. cit.. Brésil.
lorigera. Gerstoeck. Monatsb. Berl. Ac. 1854, p. 695. — Péters. Reis.,
   1862. p. 295, pl. 17, fig. 10. — Gemm. et Har., loc. cit.... Mozambique.
myrmido. Fairm. Pet. nouv., ii, 1876, p. 93.............. Afrique.
nigritinis. Walk. Ann. nat. Hist., sér. 3, ii, 1858, p. 285. — Gemm. et Har.,
   loc. cit.... .... Ceylan.
nodicornis. Klug, Dej. Cat. 3ᵉ éd., p. 248. — Gemm. et Har., loc. cit.
                                                                 Mexico.
8-maculata, Barranco, Gaceta med. Mexico, ii, nº 15, p. 225, 1865, fig. C. —
   Gemm. et Har., loc. cit........ .... Mexico.
ornata Cast. Hist. nat., ii, p. 273. — Gemm. et Har., loc. cit. Bengale.
pilosella. Solsky, Russ. Ent. Ges. Pétersb., 1883.......... Russie.
punctata. Pall. Ic., p. 100, pl. E, fig. 31. — Gemm. et Har., loc.
   cit .... Sibérie.
subvittata. Erisch. Schomb. Reis., iii, p. 556. — Gemm. et Har.,
   loc. cit.. Guyane.
trichrus. Pall. Ic., p. 100, pl. E, fig. 32. — Gemm. et Har.,
   loc. cit... Amér.-Bor.
vellicata. Erichs. Wiegm. Arch., 1843, i, p. 258. — Gemm. et Har., loc.
   cit... Angola.
Voeti. Schoenh. Syn. ins., i, 3, p. 24. — Gemm. et Har., loc. cit. Am.-Bor.
Syn. : *flavostriata*. Voet. Cat., col., ii, index p. 20, pl. 48, fig. 2, β.
       vittata. Panz. Ed. Voet, p. 118. pl. 48, fig. 2, β.
xanthomeros. Fisch. Tent. consp. canth., p. 19. — Gemm et Har.,
   loc. cit...... .... Brésil.

PYROTA (22 espèces).

(Voir p. 430.)

afzeliana. Voir **P. sinuata**. Oliv.
bilineata Horn, Trans. am. ent. Soc., 1885, p. 115........ Colorado.
clavipalpis. Haag-Rut. Deut. ent. Zeitsch. 1886, p. 50...... Mexico.
decorata. Haag-Rut., loc. cit., p. 51 .... Guatemala.
discoïdea. Lec. Syn., p. 338. — Gemm. et Har. Cat., 1870,
   p. 2149 .... Texas.
dispar. Germ. (*Tetraonyx*). Ins. sp. nov., 1824, p. 171. — Gemm. et Har. Cat.,
   1870, p. 2146. — Germ. (*Lytta*). Ins. sp. nov., p. 623, 1824. — Haag-Rut.
   (*Canth.*), loc. cit., p. 412, et Stett., ent. Zeitg., 1879., p. 251.— Burm. Stett.
   ent. Zeitg. xlii, p. 22. — Berg, ibid., 1881, p. 60 et 302... Brésil.
divirgata. Villad. Voir **P. Lacordairei**. Berg.
dubitabilis[1]. Horn, Trans. am. ent. Soc., 1885, p. 113..... Texas.
Syn. : *vittigera*. Lec. Journ. Ac. Phil. 1858, p. 22. — Gemm. et Har., loc. cit.
Engelmanni. Lec. Journ. Ac. Phil., série 2, i, 1848, p. 91 ; Synops., p. 337.
   — Gemm. et Har. Cat. 1870, p. 2146....... .... Missouri.
Germari. Hald. Proc. Ac. Phil. i, 1843, p. 303. — Lec. Journ. Ac. nat. sc., p.
   89 et synops , p. 338............................... Caroline.
Syn. : *mutata*. Gemm. Col. Hefte, xvi, 1870, et Gemm. et Har. Cat. p. 2152.

---

(1) Horn donne le nom de *dubitabilis* à *vittigera* de Lec. nom déjà employé. D'après Crotch
(*Check list*) cette espèce est peut-être la même que *rufipennis*, Chevr. (Voir *Epicauta rufipennis*.

herculeana. Germ. Ins. spec. nov., p. 172. — Klug, Nov. Ac. Cur. Léop., xii,
  p. 439. pl. 41, fig. 1. — Lac. Gen. col. v, p. 676, note 4..... Brésil.
Syn. : *dimidiata*. Dej. Cat., 3ᵉ édit., p. 246.
insulata. Lec. Journ. Ac. Phil., iv, 1, 1858, p. 22. — Gemm. et Har. Cat. 1870,
  p. 2151... Texas.
invita. Horn, Trans. am. ent. Soc. 1885. p. 114............ Texas.
Lacordairei. Berg (*Cantharis*). Stett. ent. Zeitg., 1885., p.
  303.. Mexico.
Syn.: *maculata*(Klug). Lac. Gen. Col. v, Atl.,pl. 60, fig. 4, 1859. — Gemm. et
    Har. (non Say). Cat. Col., vii, p. 2151.
      vittigera. Burm. (nec Blanch. nec Lec.). Stett. ent. Zeitg., xlii, 1881,
      p. 22.
mutata. Gemm. Voir **Pyr. Germari**.
mylabrina. Chevr. Col. Mex. Cent., i, fasc. 3, n° 57. — Lec. Synops, p. 337.
  — Gemm. et Har. p. 2152........................... Mexico.
Syn.: *quadripunctata*. Klug, Dej. Cat., 3ᵉ éd., p. 246.
nigro-vittata. Haag-Rut. (Hœpf). Deut. ent. Zeit., 1880, p. 51   Mexique.
plagiata (1). (Sturm). Haag-Rut., loc. cit., p. 49............ Mexico.
postica. lec. New-spec. Col. 1866, p. 160. — Gemm. et Har. loc. cit.— Horn,
  Tr. am. ent. Soc. 1885............................... New-Mexico.
Syn. : *mylabrina*, var β. Lec. Journ. Ac. Phil. sér. II, IV, 1858, p. 22.
quadrinervata. Herrera, Gaceta méd. de Mexico, ii, 1866, p. 264. — Gemm.
  et Har. Cat. 1870, p. 2153. — E. Dugès, Bull. Société zool. de Fr., 1886,
  p. 582.. Mexique.
signata. Klug. Nov. Ac. Cur. Leop., xii p. 435, pl. 41, fig. 2. — Dej. Cat.
  3ᵉ édit., p. 246....................................... Rio-Janeiro.
sinuata. Oliv. Ent., iii, 46, p. 9, pl. 2, fig. 14. — Gemm. et Har. Cat., 1870,
  p. 2154.. Caroline.
Syn. : *afzeliana*. Fabr. Syst. El., ii, p. 78.
tenuicostata. Dugès............................ Mexique.
terminata. (2) Lec. New Spec. Col.,1866, p. 159.— Gemm. et Har, loc. cit.—
  Horn, trans. am. ent. soc., 1885, p. 113................. Kansas.
vittigera. Blanch. (*Pyrota*), d'Orbigny Voy. vi, 2, p. 200, pl. 15, fig. 7, 1843.
  — Gemm. et Har. (*Cantharis*), Cat., 1870, p. 2155.— Burm., Stett. ent. Zeitg.,
  1881, p. 22. — Berg, ibid., p. 302.

Eletica. Dej. (8 espèces.)

(Voir page 431.)

bicolor. Schönh. (*Cantharis*). Voir **El. testacea**.
colorata. Har. Diagn. in Mitth. Münch., 1878, p. 108,70 et Col. Hefte, 1879,
  xvi, p. 141... Afrique.
gigantea. Dohrn, Voir **El. testacea**.
luteo-signata. Fæhr. C. R. Ac. des Sc. de Stockh., 1870, p. 349.   Cafrerie.
ornatipennis. Luc. (♀) Ann. Soc. ent. de Fr., 1887, p. xxvii.   Angola.

---

(1) Cette espèce, dit Haag, porte aussi le nom de *maculata* Klug. Dans ce cas, *Lacordairei*
Berg, créé pour remplacer *maculata* Klug,qui fait double emploi avec *maculata* Say,devrait dis-
paraitre, car le nom de *plagiata* Haag est de 1880 et par suite antérieur à *Lacordairei* Berg,
qui est de 1851.

(2) D'après Horn, l'espèce *terminata* de Lec. n'est peut-être qu'une variété locale de Pyr.
mylabrina.

rufa. Fabr. Syst. El., ii, p. 78. — Lac. Gen. Col., v, p. 672, note 2; Gen. Atl., pl. 59, fig. 4 et 5. — Gemm. et Har. Cat., 1870, p. 2145 (*Iletica*)   Sénégal.
Syn. : *bipustulata*. Fabr., l. c., p. 78..................... .....   Guinée.
rugiceps. Ancey, Natur., 1880, p. 205......... ....   Zanzibar.
testacea. Oliv. (*Cantharis*). Ent. iii, 46, p. 7, pl. 2, fig. 11.   Sénégal.
Syn. : *bicolor* (*Cantharis*). Schoenh. Syn. Ins., iii, p. 23.
Var. : *gigantea*. Dohrn. Stett. ent. Zeitg., 1873, p. 70. — Haag-Rut. Syn. des
    Heter. in Deut. Ent. Zeitsch., 1879, xxiii. part. ii.
verticalis. Fæhr. C. R. Ac. des Sc. de Stockh., 1870, p. 351..   Cafrerie.
Wahlbergii. Fæhr., l. c., p. 350.......................   Cafrerie.

Iselma. Haag-Rut. (8 espèces.)

(Voir page 432.)

brunneipes. Chevr. (*Zonitis*), in coll. — Haag-Rut. Berl. ent. Zeitsch., 1879,
    p. 405.......................................   Inc. Sed.
erythroptera. Haag-Rut. Berl. Ent. Zeitsch., 1879, p. 407..   Cap de B.-Esp.
flavipennis. (Dej. *Zonitis*) Haag-Rut., l. c., p. 404........   Cap de B.-Esp.
hirsuta. (Thunb. *Meloe*). Thunb., l. c., p. 107. — Billb. Mon. des Mylabres.
    p. 73. — Haag-Rut., l. c., p. 404......................   Cap de B.-Esp.
pallidipennis. Haag-Rut., l. c., p. 406...................   Cap de B.-Esp.
rubripennis. (Dej. *Zonitis*) Haag-Rut., l. c., p. 406........   Cap de B.-Esp.
rufipennis. (Germ. *Zonitis*, in coll.) Haag-Rut., l. c., p. 405. ...   Inc.-Sed.
Syn. : *rugosus* (*Meloe*) Thunb. Diss. nov. Ins. Spec., vi, p. 108.— Gemm. et Har.
    Cat., l. c. (*Cantharis*).
ursus. Thunb. (*Meloe*), l. c., p. 107.— Billb. Mon., p. 73.— Haag-Rut., l. c.,
    p. 403.......................................   Cap de B.-Esp.
Syn : *morio*. Dej. (*Zonitis*) Cat., 3ⁿ éd., p. 249.

Phodaga. Lec. (1 espèce.)

(Voir page 433.)

alticeps. Lec. Proc. Ac. Phil., ix, 1858, p. 77. — Horn, Proc. ent. Soc. Phil.,
    vi, 1867, p. 296. — Gemm. et Har., l. c., p. 2146...........   Sonora.

MYLABRITES.

Lydus. Latr. (21 espèces.)

(Voir page 435.)

algiricus. Linn. (*Meloe*) Syst. nat., i, p. 681. — Fabr. (*Mylabris*) Spec., i,
    p. 330. — Oliv. Ent., iii, n° 47, p. 9, pl. 1, fig. 5. — Billb. Mon. myl.,
    p. 69, pl. 7, fig. 15. — Muls. et Rey, Mém. Ac. de Lyon 1858, p. 133. —
    Gemm. et Har. Cat., 1870, p. 2156.....................   Europe mérid.
Syn.: *fulvus*. de Geer (*Cantharis*) Mém., t. 7, p. 650, pl. 48, fig. 17   Italie.
    immaculatus. Fabr. Syst. Ent. App., p. 826............   Grèce.
    maurus. Pall. (*Mylabris*) Icon., p. 93, pl. E, fig. 22.....   Algérie.
Var. : *indicus*. Herbst. Füssl. Arch., v, p. 147, pl. 30.........   Russie mér.
brevicornis. Ab. de Perr., Bull. Soc. d'Hist. nat. de Toulouse, 1880,
    p. 249...... ....   Nazareth.
cerastes. Ab. de Perr., l. c., p. 247...... ... .   Constantine.

cupratus. Ab. de Perr. Bull. Soc. d'Hist. natur. de Toulouse, 1880.
p. 251.. Amasie.
decolor. Ab. de Perr., l. c., p. 249..... .... Anatolie.
depilis. Ab. de Perr., l. c., p. 250......... .... Syrie.
flavicollis. Gyll. Schœnh. Syn. ins., i, 3, App. p. 17 —Gemm. et Har. Cat., 1870
p. 2156..................................... .... Inc.-Sed.
gracilis. Ab. de Perr., l. c., p. 251........ .... Jérusalem.
Halbhuberi. Reitt., in litt. Voir **L. tenuitarsis**............... Abyssinie.
humeralis. Gyll. Schœnh. Syn. ins., iii, app., p. 16. — Dej. Cat., 3ᵉ éd.,
p. 245. — Muls. et Rey, Mém. Ac. Lyon, 1858, p. 136. — Gemm. et Har.
Cat., 1870, p. 2156.................... .... Asie orientale.
janthinus. Fairm. (*Cantharis*). Ann. Soc. ent. de Fr., 1860, p. 338. — Fairm. et
Coquer. (*Lydus*). Ann. Soc. ent. de Fr., 1866, p. 56. — Gemm. et Har.
Cat., 1870, p. 2157... .... Oran.
maculicollis. Muls. et Wach. Voir **Alosimus noticollis**. Muls.
marginatus. Fabr. Ent. syst., i, 2, p. 88. — Coqueb. Illust. Ins. iii, p. 131,
pl. 30, fig. 5. — Cast. Hist. nat., ii, p. 271. — Gemm. et Har. Cat., 1870,
p. 2157....... .... Barbarie.
Syn. : *margineus*. Schoenh. (*Lytta*). Syn. Ins., iii, p. 27. — Muls. et Rey, Mém.
Ac. Lyon, 1858, p. 134.
pallidicollis. Gyll. Voir **Alosimus pallidicollis**.
prœustus. Redt. Denks. Wien. Ac. I. 1850, p. 49. — Gemm. et Har. Cat. 1870,
p. 2157....................................,........ Perse mérid.
quadrisignatus. Falderm. Mém. Ac. Pet., ii, 1835, p. 45. — Gemm. et Har.
Cat., 1870, p. 2157...................... Mongolie.
rubriventris. Fairm. (*Cantharis*) Ann. Soc. ent. de Fr., 1860, p. 339. —
Fairm. et Coquer. (*Lydus*). Ann. Soc. ent. de Fr., 1866, p. 55. — Gemm. et
Har. Cat. 1870, p. 2157....... .... Algérie.
rufulus. Fairm. Ann. Soc. ent. de Fr., 1863, p. 645. — Gemm. et Har. Cat. 1870,
p. 2157... .... Algérie.
sanguinipennis. Chevr. Silb. Rev. ent., v, 1838, p. 279. — Gemm. et Har.,
l. cit... .... Algérie.
servulus. Bates, Cist. ent., ii, n° xxi, p. 483............. ... Kaschgar.
sulcicollis. Ab. de Perr. Bull. Soc. d'hist. nat. de Toulouse, 1880,
p. 248......................... .... Jaffa.
tarsalis. Ab. de Perr., l. c., p. 247......................... Constantine.
tenuitarsis. Ab. de Perr., loc. cit., p. 247................... Algérie.
Syn. : *Halbhuberi*. Reitt., in litt.
trimaculatus. Fabr. Syst. Ent., p. 261. — Billberg, Mon., p. 61, pl. 6,
fig. 15-16. — Jacquel. Duv. Gen. Col., iii, pl. 94, f. 466. — Muls. et Rey, Mém.
Ac. Lyon, 1858, p. 136......... .... Italie.
Var. : *quadrimaculatus*. Tausch. Enum., p. 141, pl. 10, fig. 12.
Russie mér.
quadrisignatus. Fisch. Ent. Russe, ii., p. 228, pl. 41, fig. 7, 8.
Turquie.

Alosimus. Muls. (9 espèces.)

(Voir page 436.)

chalybœus. Tausch. (*OEnas*). Enum. in Mém. Soc. imp., des nat. de Mosc. iii.
(1812), p. 153, pl. 10, fig. 19. — Schönh. Syn. ins. iii, p. 29. — Dejean (*Lytta*)

Cat. 1821. p. 75. — WALTL, Isis, 1838, p. 466. — MULS. et REY, (*Alosimus*), mém. Ac. de Lyon, 1858, p. 141. — GEMM. et HAR. (*Halosimus*), cat., 1870, p. 2157... Russie.

cirtanus. LUC. Expl. Alg. 1849, p. 394. pl. 34, fig. 6.......... Algérie.

collaris. FABR. (*Lytta*). Mant. I. p. 215. — OLIV., (*Meloe*), Enc. méth, v. p. 278. — MULS. et REY, (*Alosimus*) Mém. Ac. de Lyon 1858, p. 147. — GEMM. et HAR. (*Halosimus*), Cat., 1870, p. 2157................... Russie.

Syn. : *erythrocyaneus*. PALL. Ic. p. 96 pl. E. fig. 27, a, b....... Perse.
    syriacus. PALL. It. p. 328.

elegantulus. MULS. et REY, Mém. Ac. Lyon 1858, p. 143. — GEMM. et HAR., l. cit. p. 2157... .... Turquie.

Syn. : *elegans* (*Lytta*). KINDERM. in litt.

luteus. WALTL. Isis 1838, p. 467, et l'Abeille de Mars. 1869, VI, p. 57. — GEMM. et HAR., cat. 1870, p. 2157............................... Turquie.

noticollis. MULS. et REY, Mém. ac. Lyon, 1858, p. 137. — GEMM. et HAR., l. c.
                                          Caramanie.

Syn.: *maculicollis*. MULS. et WACH. (*Lydus*), Mém. Ac. de Lyon, II, 1852, p. 12.
Var.: *cinctus*, SCHAUF. Ann. Soc. ent. de Fr. 1862, p. 310. — Sitz. Ges. Isis. 1863, p. 31............................. : .... Grèce.

pallidicollis. GYLL. SCHOENH. (*Lytta*). Syn. ins., III., app. p. 16.— DEJ. (*Lydus*). Cat. 1837. p. 245. — GEMM. et HAR. Cat. 1870, p. 2157...... Turq. d'Asie.

Syn. : *maculicollis*. REICHE. (*Cantharis*) Cat. des ins. rec. par M. de Saulcy, p. 16, 509.

syriacus. LINN. Mus. Lud. Ulr. 1764, p. 102. — PANZ. Faun. Germ. 41. 5. — MULS. Vésic. p. 151. et Mém. ac. Lyon 1858, p. 140. — JACQ. DUV. Gen. col. III, pl. 94, fig. 467. — GEMM. et HAR. Cat. 1870. p. 2157..... Syrie.

Syn.: *austriacus*. SCHRANK, Enum. Ins. p. 223. — MEG. Dej. Cat. 3e éd., p. 246.................................. Allemagne.
    crambes. PALL. Ic., p. 95., pl. E., fig. 26............... Russie.
    ruficollis. HERBST. Füssl. Arch. VIII, p. 179, pl. 48, fig. 4. France.
Var. : *myagri*. FISCH. Ent. Ross. II. 1824, p. 228. pl. 42, fig. 1. — FISCH. Tent. consp. 1827, p. 16. — ZIEGL. Dej. cat., l. c........... Espagne.

viridissimus. LUC. (*Cantharis*). Expl. Alg. p. 395. pl. 34, fig. 4 et 4 *a*. — MULS. et REY, (*Alosimus*). Mém. Ac. Lyon 1858. p. 145. — FAIRM. et COQ. (*Lydus*). Ann. Soc. ent. de Fr. 1866, p. 56. — GEMM. et HAR. Cat., 1870, p. 2157.. Algérie.

Syn. : *smaragdinus*. DEJ. (*Lytta*). Cat., 1833, p. 224, et 1837, p. 246.

OEnas. LATR. (15 espèces,)
(Voir page 438.)

afra. LINN. (*Meloe*) Syst. nat. édit. 12. p. 680. — OLIV. (*Cantharis*) Ent. III. 46. p. 17, pl. 1, fig. 4 *a*. *b*.—LATR. Gen. Crust. et Ins. II, p. 219, pl. 10, fig. 10.— LUC. Expl. Alg. p. 392. — MULS. Mém. Ac. Lyon 1858, p. 127. — GEMM. et HAR., Cat. 1870, p. 2156............................... Espagne.

Syn.: *africana*. DESMAREST, Dict. sc. nat. 1823, p. 435..... Turq. d'Asie.
Var.: *unicolor*. CAST. Hist. nat. II, p. 271................. Barbarie.

bicolor. CAST., l. cit., p. 271. ... . Angola

brevicollis. AB. de PERR. Bull. Soc. d'hist. nat. de Toulouse, 1880, p. 244.
                                          Nazareth.

coccinea. MENETR. Mém. Ac. Pet., VI, 1849, p. 247, pl. 4, fig. 14. — GEMM. et HAR., l. c., p. 2156................................... Turcomanie.

crassicornis. Illig. Wiedem. Arch. i, 3. 1800, p. 142. — Fabr. Syst. El. ii..
p. 80. — Jacq. Duv. Gen. Col. iii, pl. 93, fig. 465. — Muls. et Rey, Mém. ac..
Lyon 1858. p. 128. — Gemm. et Har., loc. cit. p. 2156....... Hongrie.
Syn. : *ruficollis.* Oliv. Encycl. méth. viii, p. 453............ ...... Asie Min.
Var. : *luctuosa.* Latr. Hist. nat. x, p. 393, et Gen. crust. et Ins. ii, p. 220.
Tanger.

cribricollis. Ab. de Perr., Bull. Soc. d'h. nat. de Toulouse, 1880, p. 244.
Jaffa.

fuscicornis. Ab. de Perr., l. c., p. 242.................. Algérie.
Syn. : *afer.* Duv. Gener., Col. texte et fig. — Muls. Opusc.

hispanus. Ab. de Perr., l. c., p. 243..... . ... Andalousie.

lævicollis. Ab. de Perr., l. c., p. 245................... .. Beyrouth.

melanura. Erichs. Wiegm. Arch. 1843 i, p. 259. — Gemm. et Har., l. cit., p. 2156.
Angola.

nigricollis. Oliv. Encycl. méth. viii, 1811, p. 453. — Gemm. et Har., l. c., p. 2156.
Bagdad.

sericea. Oliv. (*Cantharis*). Ent., iii, 46, p. 18, pl. I, fig. 8. — Fairm. et Coq.
Ann. Soc. ent. de Fr., 1866, p. 55. — Gemm. et Har., l. cit., p. 2156.
Barbarie.

tarsensis. Ab. de Perr. Bull. Soc. d'hist. nat. de Toulouse, 1880, p. 244.
Caramanie.

tenuicornis. Ab. de Perr., l. c., p. 245.................... Syrie.

Wilhelmsi. Ménetr. Cat. rais. 1832, p. 209. — Fald. Faune Transc. ii, p. 130
pl. 4, fig. 11. — Cast. Hist. nat., ii, p. 272. — Gemm. et Har., l. c., p. 2156.
Leukoran.

Mylabris. Fabr. (332 espèces.)
(Voir page 439.)

abiadensis. De Mars. Monogr. Mylabres, in Mém. Soc. roy. des Sc. de Liège,
1873, p. 402. — Gemm. et Har., 1870, p. 2133.............. Egypte.

abyssinica (Chevr). De Mars. Mon., loc. cit., p. 424.—Gemm. et Har., loc. cit.,
p. 2133.. Abyssinie.

ægyptiaca. De Mars. Monogr., loc. cit., p. 351. — Gemm. et Har., loc. cit.,
p. 2133................ .... Egypte.

æstuans. Klug, Symb. phys., iv, 1845, pl. 31, fig.3 ♂ —De Mars. Mon., p.415.
— Gemm. et Har., loc. cit., p. 2133..................... Arabie.
Var.: *scapularis.* Klug, loc. cit., pl. 31, fig 6 ♀.

affinis. Billb. Mon. myl. 17, 8, pl. 11, fig. 8, 1813. — De Mars. (*Decatoma*),
p. 571.................................... Sénégal.
Var. : *Callernauti.* De Mars, loc. cit., p. 572............... Guinée.

africana. Oliv. Ent. iii, 47, pl. 2, fig. 21. (1795). Encycl. méth., viii, p. 97
(1811) (nec Billb.) — de Mars (*Decatoma*) Monogr., p. 576.. Cap de B.-E.
Syn. : *10-punctata.* Var. a. Thunb. Spec. nov., vi, 1791., pl. xii, fig. 6.

Afzelli ; Billb., De Mars. Voir **M. terminata.**

Allardi. De Mars (*Coryna*). Monogr., p. 632. — Baudi, Atti del Reale Ac. del
Sc. di Torino, 1878, p. 1116............................... Algérie.

alpina (1). Ménetr. Cat. Rais., 1882, p. 208. — de Mars. Monogr., p.514. —
Gemm. et Har. Cat., 1870, p. 2.133.

(1) Dejean dans son cat. 3e éd., p. 244 indique *alpina* comme variété de *flexuosa* Oliv. —
Après examen de nombreux individus des 2 espèces dans diverses collections de Bruxelles. Paris,
Fumouze etc. nous serions assez tentés de donner raison à Dejean car nous avons trouvé de nom-
breuses formes de passage entre les 2 espèces.

alterna (1). Cast. Hist. nat., ii, p. 269.— De Mars. Monogr., p. 410. — Gemm. et Har. Cat., p. 2133. — Fæhr. C. R. Ac. des Sc. de Stockh., 1870, p. 342.. Cap. de B.-E.

alternata. Gemm. Col. Hefte, vi, 1870...................... Ceylan.
Syn. : *alterna*. Walk. Ann. nat. hist., 3ᵉ sér., ii, p. 285.

amabilis. Fairm. (*Actenodia*). Ann. Soc. ent. de Fr., 1887, p. 306 Somâlis.

amoena. Dej. Cat., 3ᵉ éd., p. 243.—De Mars. (*Actenodia*). Mon., p. 621.—Gemm. et Har. Cat., 1870, p. 2134.. Cap. de B.-E.

amoenula. Ménétr. Mém. Ac. Pét., vi, 1849, p. 247, pl. 4, fig. 13.—Gemm. et Har. Cat., 1870, p. 2134.. Turcomanie.

ambigna. Gerst. Baron v. Decken's. Reis. 1873, iii, p. 210, pl. X, fig. 14.
Afrique.

amori. Graëls. Mém. Mapa. zool., 1858, p. 76, pl. iv, fig. 6. — de Mars. Mon. p. 512. — Gemm. et Har. Cat., p. 2134......................... Andalousie.

amphibia. de Mars. Monogr., p. 559.—Gemm. et Har., Cat., p. 2134 Angola.

amplectens. Gerst. in Bar. v. Decken's, Reis. iii, 1873, p. 207, pl. X, fig. 9.
Zanzibar.

andongoana. Har. (*Zonabris*). Col. Hefte, xvi, 1879, p. 138. Andongo (Afriq.).

angolensis. Gemm. Col. Hefte, vi, 1870,
Syn. : *phalerata*. Erichs. Wiegm. Arch., 1843, i, p. 256. — de Mars, loc. cit., p. 563.— Fæhr. C. R. Ac. des Sc. de Stockh., 1870, p. 346 Angola.

angulata. Klug, Symb. Phys., iv, 1834, nᵒ 18, pl. 32, fig. 6. — Reiche, Ann. Soc. ent. de Fr., 1865, p. 640.— Gemm. et Har. Cat., p. 2134. Egypte.
Syn. : *gilvipes*. Chevr. Silb. Rev., v., 1838, p. 273.— Dej. Cat., 3ᵉ éd., p. 245. — *diffinis*. Ab. de Perr. Bull. Soc. d'H. n. de Toulouse, 1880, p. 238. — Ann. Soc. ent. de Fr. 1885, p. xxxix.................. Tunisie.
Lameyi. de Mars, l'Abeille 1885, 1ʳᵉ série, nᵒ 36, p. cxlvii.— Bedel, Ann. Soc. ent. de Fr., 1887, p. 200...................... Afrique.
Var. : *incerta*, Klug, loc. cit., pl. 32, fig. 95. — de Mars. Mon., p. 509.—Gemm. et Har. Cat., p. 2238.— Baudi, Atti delle Reale Ac. del Sc. di Torino, 1878, p. 1143.
usta. Baudi, loc. cit., p. 1143........................... Perse.

apicicornis Guer. (*Coryna*). Voy. Lefebv. Abyss., p. 324, pl. 4, fig. 6, 1847. — de Mars. Monogr., p. 608.......................... Abyssinie.

apicipennis. Reiche, Ann. Soc. ent. de Fr., 1865, p. 635. — de Mars. Mon. p. 486. — Gemm. et Har. Cat., 1870, p. 2134............... Egypte.
Syn. : *apicalis*. Waltl., in coll.

apicipustulata. de Mars. (*Coryna*). Mon., p. 602. — Gemm. et Har. Cat. p. 2134.. Cafrerie.

arabica. Pall. Ic., p. 87, pl. H, fig. E, 1782. — Klug, Symb. phys., iv, pl. 31, fig. 7. — Fisch. Tent. consp. canth. 10,57. — de Mars. Mon., p. 434.— Gemm. et Har. Cat. 1870, p. 2134.............................. Arabie
Syn. : *erythrocera*. Dej. Cat., 3ᵉ éd., p. 243.

argentata. Fabr. (*Coryna*). Ent. syst. ii, p. 90. — Reiche, Ann. Soc. ent. de Fr., 1865, p. 628. — Baudi, Atti delle R. Ac. del Sc. di Torino, 1878, xiii, p. 1053... Egypte.

---

(1) Fæhreus l. cit. indique avec doute *bifasciata* Oliv. comme synonyme de *alterna* Cast. — Après comparaison de nombreux individus des 2 espèces, malgré la ressemblance du dessin des elytres, je ne crois pas qu'on puisse les confondre.

Syn. : *ocellata* (1). Oliv. (nec Pall.) Encycl. méth.. v. 1790, p. 397 et viii. p. 102.
— Gemm. et Har. (*Coryna*). Cat., 1870. p. 2133 . . . . Egypte.
atrata. Pall. Voir **M. floralis**.

Andouini. De Mars. Mon., p. 530. — Gemm. et Har. Cat., p. 2134. Kirghises.

aulica Ménetr. Cat.. 1832, 208, 924. — De Mars. Mon.. p. 637. — Baudi, loc. cit., p. 1120 . . . . Russie.

aurantiaca. Fairm. (*Ceroctis*). Ann. Soc. ent. de Fr., 1885, p. 1850.
Obock.

axillaris. Billb. Mon., Myl., p. 24, pl. 3, fig. 2.—De Mars. Mon., p. 633. (Add.)
— Gemm. et Har. Cat., p. 2134 . . . . Syrie.

balteata. Pall. Ic., 1781, p. 88, pl. II., fig. E. 14. — Gemm. et Har. Cat., p. 2134 . . . . Indes or.
Syn. : *bicolor*. Thunb. Diss. Nov. Ins. Spec., vi., p. 111, fig. 2.
{ *coromanda*. Lichtenst. Cat., Hamb., 1795, p. 75.
{ *fasciata*. Voet. Cat. Col., II. Index., p. 20, pl, 48. fig. 2. *a*.
indica. Herbst. Füesll. Arch., 1784, p. 147, pl. 30, fig. 6. — Oliv. Ent. III. 47, p. 14, pl. 2, fig. 19, 20. — De Mars. Mon., p. 474.
lacticlavia. Licht., loc. cit.
punctum. Fabr. Ent. Syst. I. 2, p. 89. — Billb. Mon., p. 15, pl. 2, fig. 15, 18.

basibicincta.De Mars.Mon.,p.497.—Gemm.etHar.Cat.,p.2134 N'Gami.

Batesi. De Mars. Mon., p. 455. — Gemm. et Har. Cat., p. 2134. Indes Orient.

bathnensis.De Mars.Mon.,p.523.—Gemm.etHar.Cat.,p.2134. Algérie.

Baulnyi. De Mars. Voir **M. tenebrosa**. Cast.

bella. De Mars. Mon., p. 539. — Gemm. et Har. Cat., p. 2134. Sénégal.

Bertrandi. Cast. Hist. nat., ii, 1840, p. 270. — De Mars. Mon. — Gemm. et Har. Cat., p. 2134 . . . . Guinée.

bicincta (Klug). De Mars. Mon., p. 521. — Gemm. et Har. Cat., p. 2134 . . . . N'Gami.

bicolor. Waltl. Voir **M. cincta**. Oliv.

bifasciata. de Geer (Fær.) Voir **M. Oculata**. Oliv.

bifasciata. Oliv. Ent. iii, 47, p. 5, pl. 1, fig. 10. et encycl. méth., viii, 92, 5. — Billb. Mon., p. 52, pl. 6, fig. 2. — Cast. Hist. nat., ii, p. 270. — De Mars. Monogr., p. 412. — Gemm. et Har. Cat., 2134.— Har. (*Zonabris*). Col., Hefte, xvi, 1879, p. 134 . . . . Sénégal.

biguttata. Gebl. Bull. Ac. Pet., 1841, p. 374. et Bull. Mosc., 1859, IV, p. 342. — Gemm. et Har. Cat., p. 2134 . . . . Russie.

bihumerosa. De Mars. Mon., p. 442.—Gemm. et Har., p. 2134. Sénégal.

Billbergi. Gyll. Schönh. Syn. ins., iii, app., p. 33. — Cast. Hist. nat., ii, 268, 5. — Muls. Vésic., p. 109, fig. 9, 10.—De Mars. (*Coryna*). Mon.,p.619.— Gemm. et Har. Cat., p. 2134. — Baudi, Att. D. R. Soc. d. Sc. di Torino, 1878, p. 1062 . . . . Sicile.
Var. : *circumfusa*. Baudi, loc. cit.
Syn. : *clavicornis*. Duméril, Dict. Sc. nat., 1815, p. 13. — Illig. Dej. Cat., 1re éd., p. 74 . . . . France mér.

bimaculata. Klug, Voir **M. maculata**. Oliv.

bipartita. De Mars. Mon., p. 427.— Gemm. et Har. Cat.,p. 2134. Cafrerie.

bipunctata. Oliv. Enc. méth. viii, p. 94. — Billb. Mon., 31, 12, Pl. iii, fig. 1.— De Mars. Mon., p. 474.—Gemm. et Har. Cat.,p. 2134. Arabie.
Syn. : *laticincta*. Redt. in litt.

birecurva. De Mars. (*Coryna*). Mon., p. 616. — Gemm. et Har. Cat., p. 2134 . . . . Syrie.

---

(1) On ne peut conserver ce nom à l'espèce, si l'on fait rentrer *Coryna* dans le genre *Mylabris*, car il existe aussi mylabris *ocellata*. Pall. antérieur en date par conséquent, à *ocellata* Oliv.

bivittata. De Mars. (*Ceroctis*). Mon., p. 560. — Gemm. et Har. Cat.,
p. 2134.. Afrique.
bivulnera. Pall. Voir **M. splendidula**.
bizonata. Gerst. Voir **M. dicincta**. Bertol.
boghariensis. Fairm. et Raffray, Rev. et Magaz. de Zool. Deyrolle, 1872,
p. 49.. Algérie.
Bohemanni. De Mars. (*Ceroctis*). Mon., p. 558.—Gemm. et Har. Cat., p. 2134.
— Fæhr. C. R. Ac. des Sc. de Stockh. 1870, p. 345........ Cafrerie.
brevicollis. Baudi, Atti. S. R. Ac. d. Sc. di Torino 1878, p. 1111 Algérie.
brunuipes. Klug, Symb. phys., iv, 1845, pl. 32, fig. 3. — Reiche, Ann.
Soc. ent. de Fr., 1866, p. 637. — De Mars. Mon., p. 528. — Gemm. et Har.
Cat., p. 2134.. Arabie.
Burmeisteri. Bertol. (*Decatoma*). In Ac. Bol., x, 1849, p. 420, pl. 9, fig. 8. —
De Mars. Mon., p. 437. — Gemm. et Har. Cat., p. 2134. — Fæhr. C. R. Ac.
des Sc. de Stockh., 1870, p. 343........................... Cafrerie.
caffra. De Mars. (*Decatoma*). Mon., p. 587. — Gemm. et Har. Cat.,
p. 2135... Cap de B. E.
Syn. : *africana*. Billb. (nec Oliv.). Mon. Myl., p. 57, pl. 6, fig. 8. — Fisch.
Tent. Consp., 9, 56.
10-*punctata*. Thunb. Var. *h*. Lag. sp. nov. vi, 1791, pl. xii, 6.
calida Gebler. Voir **M. lutea**. Oliv.
calida. Pall. Ic., p. 85, pl. E, fig. 10.—Tausch. Enum. p. 138 — De Mars. *Mon.*,
p. 519... Russie.
Syn. : *maculata*. Oliv. Ent., iii, p. 47, pl. i, fig. 9.— Billb. Mon., p. 59, pl. 6,
Klug, Symb. phys., iv., pl. 31, fig. 8. — De Mars. Mon., p. 483. —
Baudi, Atti. d. R. Soc. di Torino, 1878, p. 1129...... Eur. Mér.
superba. Fald. Faun. transc., ii, 1837.............. ..... Caucase.
contigua. Schm. et Helf. Sturm. Cat., 1843, p. 172.
decora. Oliv. Encycl. méth., viii, p. 94.
⎰ *maura*, Chevr. Silb. Rev., v, p. 273. — Luc. Expl. Alg.,
⎱   p. 388, pl. 33, fig. 10.......................... Algérie.
⎰ *bimaculata*. Klug, l. c., pl. 32, fig. 2................. Syrie.
Var. : *bimaculata*. Oliv. Encycl. méth., viii, p. 93.— Fisch. Tent. consp., p. 10.
— Jacq. Duv. Gen. Col. iii, pl. 93, fig. 463.
niligena. Reiche, Ann. Soc. ent. de Fr., 1865, p. 638.
adusta. Baudi, l. c., p. 1131 .... Algérie.
caligata. Eschsch. et Gemm. et Har. Voir **Epicauta femoralis**, Erichs.
callicera. Gerst. in bar. v. Decken's Reis. iii. 1873.
pl. x, fig. 10.. Afrique.
capensis. Linn. Syst. nat., 12ᵉ éd., 1667, p. 680. — Thunb. Nov. sp. vi, pl. 16.—
Billb. Mon., p. 37, pl. 4, fig. 11. — Cast. Hist. nat., ii, p. 270.— De Mars.
(*Ceroctis*). Mon., p. 553. — Gemm. et Har. Cat., p. 2135....... Cap de B.-Esp.
capitulata. Klug, Germ. ins. spec. nov. 1824, p. 171. — De Mars. Mon., p. 631.
— Gemm. et Har. Cat., p. 2135......................... Cap de B.-Esp.
catenata. Gerst. Monatsb. Berl. Ac., 1854, p. 695. — Pet. Reise, 1862, p. 302.
pl. 18, fig. 3. — De Mars. Mon., p. 589.—Gemm. et Har. Cat., p. 2135. Cafrerie.
caudanigra. Ab. de Perr. (*Coryna*). Bull. Soc. d'hist. nat. de Toulouse, 1880,
p. 237... Syrie.
Chevrolati (1) (*m.*)

---

(1) Nous donnons le nom de *Chevrolati* à Coryna *12-punctata* de Chevr. qui fait double emploi avec *12-punctata* Oliv. du moment où nous réunissons coryna et mylabris.

Syn. : 12 *punctata*. Chevr. (nec Oliv.) Guer., I con., p. 132, pl. 35, fig. 3.
10-*guttata*. Cast. Hist. nat., ii, p. 268.
senegalensis. Dej. Cat. 3ᵉ éd., p. 234... . ... Sénégal.

chodshentica. Ballion. Bull. Soc. imp. Moscou, liii, 1, p. 337 Russie.

chrysomelina. Erich. Wiegm. Arch. 1843, i, p. 258. — De Mars. (*Actenodia*)
Mon., p. 629. — Gemm. et Har. Cat., p. 2135.......... .... Angola.

chrysuros. Fisch. Tent. consp., 1827, p. 12. — Lac. Gen. Col., v, p. 668, note 1.
— Gemm. et Har. Cat., p. 2135............................ Brésil (1).

cichorii, Linn. Iter. Hasselquist, 1757, p. 410. — et Mus. Lud. Ulr., p. 103. —
Fabr. Syst., El. ii, p. 81. — Gemm. et Har. Cat., p. 2135.

Syn. : *cichorei*. Fabr. Syst. ent., p. 261.................... Chine.

cincta. Oliv. Encycl. méth., viii, 1811, p. 93. — Gemm. et Har. Cat., p. 2135. —
Baudi, Atti del R. Ac. d. Sc., di Torino, 1878, p. 1170..... Syrie.

Syn. : { *bicolor*. Waltl. Isis, 1838, p. 465.
{ *conspicua*. Helfer, in litt. .... Turquie.
interrupta. Latr. Dej. Cat., 3ᵉ éd., p. 244.
militaris. Klug, Sturm. Cat., 1843, p. 172.
tœniata. Waltl, Isis, 1838, p. 465.

Var. : *Mathesi*. Fald. Fn. transc. ii, p. 120.............. .. . Perse.

cinctuta. De Mars. (*Coryna*). Mon., p. 600......... .... Cafrerie.

Syn. : *cinctata*. Gemm. et Har. Cat., p. 2132.

cingulata. Fald. Fn. transc, ii, p. 122, pl. 4, fig. 10. — Latr. Dej. Cat., 3ᵉ éd.
p. 224. — De Mars. Mon., p. 483. — Gemm. et Har. Cat., p. 2135.. Perse.

Syn. : *succincta*. Fald. olim.

circumflexa. Chevr. Silb. Rev., v., p. 273. — Luc. Expl. Alg., p. 389, pl. 33,
fig. 8. — De Mars. Mon., p. 520. — Gemm. et Har. Cat., p. 2135. — Baudi, Atti.
d. R. Soc. di Torino, 1878, p. 1126. .... Algérie.

Syn. : *bissexpunctata*. Latr. Dej. Cat., 3ᵉ éd., p. 244.
distincta. Dej. Cat., l. c.

Var. : *scapularis*. Chev., l. c., p. 278. — Luc., l. c., p. 391, note.

cocca. Thunb. Diss. nov. ins. sp., vi, 1791, p. 112, fig. 11 et 12. — Billb. Mon,
p. 34, pl. 4, fig. 6-9. — de Mars. Mon., p. 487. — Gemm. et Har.
Cat., p. 2135.. .... Cap de B.-Es.

Syn.: *nitida*. Sturm, Cat. 1826, p. 172.
ochroptera. Gmel. éd. Linn. i, 4, p. 2020.
picta. Oliv. ent., iii, 47, p. 9, pl. 1, fig. 3. Billb. Mon., p. 23, pl. 2, fig. 14.

cœruleomaculata. Redt. Col. Syr., 1843, p. 987, pl. 21. — de Mars, Mon.,
p. 594. — Gemm. et Har. Cat., p. 2135........ .... Syrie.

Var : *viridiflua*. de Mars. loc. cit.

cœrulescens. Gebl. Bull, Ac. Pet. 1841, p. 374. — Bull. Moscou, 1859, iv.
p. 342. — de Mars. Mon., p. 541. Gemm. et Har. Cat., p. 2135. Sibérie.

colligata. Redt. Akad. Wien., 1850, p. 49. — de Mars. Mon., p. 484. —
Gemm. et Har., loc. cit .... Perse.

concinna. de Mars. Mon., p. 634.... .... Palestine.

concolor. de Mars., ibid., p. 518. — Gemm. et Har. Cat., p. 2135. Asie-Mineure.

confluens. (Klug), Reiche (*Coryna*). Ann. soc. ent. de Fr., 1865, p. 629. —
de Mars. Mon., p. 617. — Gemm. et Har. Cat., p. 2135 .... Roumélie.

(1) Il y a là comme le dit Lacordaire, erreur d'habitat ou de genre, car il n'existe pas de
mylabres en Amérique.

connexa. DE MARS. Mon., p. 505. — DÉJ. Cat., 3ᵉ édit., p. 244. — GEMM. et HAR. Cat., p. 2135........ .... Cap de B.-Es.

contaminata. AB. DE PERR. (*Coryna*). Bull. Soc. d'hist. nat. de Toulouse, 1880, p. 236............ .... Syrie.

coronata. DE MARS. (*Ceroctis*), Mon., p. 556. — GEMM. et HAR. Cat., p. 2135. Égypte.

corynoïdes. REICHE. Ann. Soc. ent. de Fr., 1865, p. 631. — DE MARS. (*Ceroctis)* Mon., p. 555. — GEMM. et HAR. Cat., p. 2135... ...... Algérie.
Syn.: *trizonata*. REICHE., loc. cit.

crocata. PALL. Voir **M. lutea**. PALL.

cruentata. KLUG, Symb. phys., IV, pl. 31, fig. 1 — DE MARS. Mon., p. 422. — GEMM. et HAR. Cat., p. 2136............................ Arabie.

curta. CHEVR. Voir **M. Wagneri**. CHEV.

curtula. FÆHR. (*Actenodia*). C. R. Ac. Sc. de Stockh., 1870, p. 348. Afrique.

damascena. REICHE, Ann. Soc. ent. de Fr., 1865, p. 634. — DE MARS. Mon., p. 468. — GEMM. et HAR. Cat., p. 2136.................... Syrie.

daurica. MANN. Voir **M. lutea**. CHEV.

10-guttata. THUNB. Nov. Spec., VI, p. 234, pl. XI, fig. 13, 1791. — OLIV. Enc. méth., VIII, 95, 23. — BILLB. Mon. myl., p. 45, pl. 5, fig. 5. — CHEVR. (*Arithmema*). GUER. Icon. du R. Anim., 2, III, p. 131, note. — DE MARS. (*Actenodia*), Mon., p. 626. — GEMM. et HAR. Cat., p. 2136. Cap de B.-Esp.
Syn.: *guttata*. CAST. (*Actenodia*), Hist. nat., II, p. 268. — FISCH. tent. Consp., 8, 45.

decempunctata. FABR. Spec. ins. I, p. 331. — BILLB. Mon., p. 65, pl. 6., fig. 17. — MULS. Vésic., p. 131. — REICHE, Ann. Soc. ent. de Fr., 1866, 636. — DE MARS. Mon., p. 525. — GEMM. et HAR. Cat., p. 2136.... Crimée.

decipiens. DE MARS. (*Decatoma*), Mon., p. 574. — DÉJ. Cat., 3ᵉ édit., p. 243. — GEMM. et HAR. Cat., p. 2136............................ Cap de B.-Esp.

Deckeni. GERST. Bar. v. Decku's Reis, 1873, III, p. 209, pl. 10, fig. 12.......................... .... Afrique.

decora. FRIVALDS. A'magyar tudos, 1835, p. 264, pl. 6, fig. 6. — KUST. Kœf., faun. Eur., XXIV, 1852. — De MARS. mon., p. 636. — GEMM. et HAR., cat., p. 2136.............................. Turquie.

decorata. ERICHS. Wiegm. Arch., IX, I, p. 257 (1843).— De MARS. Mon., p. 590. — GEMM. et HAR. Cat., p. 2136. — HAR. Col. Hefte, XVI, 1879, p. 139. Loanda.

Dejeani. GYLL. Schönh. Syn. Ins., III, 1847, app., p. 35. — FISCH. Tent. cons., p. 11. — REICHE, Ann. Soc. ent. de Fr., 1885, p. 636. — DE MARS. Mon., p. 515. — GEMM. et HAR. Cat., p. 2136............ .... Espagne.
Syn.: *elongata*. DEJ., in litt.................... Turquie.

Delarouzei. REICHE, Ann. Soc. ent. de Fr., 1865, p. 639. — DE MARS. Mon., p. 547. — GEMM. et HAR. Cat., p. 2136................... Syrie.

dentata. OLIV. Encycl. méth., VIII, 97 (1811).—FISCH. Tent., p. 3. — DE MARS. Mon., p. 496. — GEMM. et HAR. Cat., p. 2136. — HAR. (*Zonabris*). Col. Hefte., XVI, 1879, p. 138........................... Loanda.
Syn.: *tortuosa*. ERICHS. Wiegm. Arch., IX, 1, p. 256 (1843). — FÆHR. C. R. Ac. Sc. de Stockh., p. 344........................ ..... Loanda.

designata. REICHE, Voy. Abyss., 1850, p. 377, pl. 23, fig. 4. — DE MARS. Mon., p. 413. — GEMM. et HAR. Cat., p. 2136............. Abyssinie.

dicincta. BERTOL. Nov. Ac. Bonon., X, 1849, p. 419.—DE MARS. Mon., p. 409. — GEMM. et HAR. Cat., p. 2136. — HAR. (*Zonabris*), loc. cit... Mozambique.
Syn.: *bizonata*. GERST. Monatsb. Berl. Ac., 1854. p. 694...... Angola.

Var. : *Buqueti*. Reiche, in. litt........................ ... ... Benguela.

diffinis. Ab., De Perr. Voir **M. angulata**. Klug.

diffinis. Kolbe. (*Decatoma*) Berl. ent. Zeitsch., 1883, p. 24.. Chinchoxo.

Dilloni. Guer. Voy. Lefebv. Abyss., 1847, p. 323, pl. 5, fig. 5. — De Mars. Mon.. p. 425. — Gemm. et Har. Cat., p. 2136............. Abyssinie.

dimidiata (1). Fisch. Tent. consp.. 1827, p. 8. — Lacord. Gén. col. v, p. 668, note 1. — Gemm. et Har. Cat., p. 2136................... Brésil.

dispar. De Mars. Mon., p. 435.— Gemm. et Har. Cat., p.2136. Afr. mér.

distincta. Chevr. (*Coryna*). Silb. Rev., v, p. 269.— Reiche, Ann. Soc. ent. de Fr., 1865, p. 629. — De Mars. Mon., p. 619. — Gemm. et Har. Cat., p. 2132... Oran.

Dohrni. De Mars. Mon., p. 506.— Gemm. et Har..loc. cit., p. 2136. Bombay.

doriæ. De Mars. Mon., p. 545. — Gemm. et Har. Cat., p. 2136. Perse.

dorsalis. Gerst. Bar. v. Decken's Reis. 1873, iii, p. 270, pl. 10. fig. 13... Afrique.

dubiosa. De Mars. Mon., p. 421.— Gemm. et Har. Cat., p.2136. Egypte.

Dufouri. Grælls, Rev. Zool., 1849, p. 621, et Ann. Soc. ent. de Fr., 1851, p. 16, pl. 1, fig. 5. — Reiche, ibid., 1869, p, 629. — De Mars. Mon., p. 511. — Gemm. et Har., loc. cit. — Ric. J. Gorriz. Monogr. des Meloïdes, 1882, p. 100................................ .... Espagne.

Dumolini. Cast. Hist. nat., ii, p. 270. — De Mars. Mon., p. 417. — Gemm. et Har., loc. cit............................... Sénégal.

duodecimguttata (Klug). Germ. Spec., 1824, p. 171. — De Mars. (*Coryna*). p. 631. — Gemm. et Har. Cat., p. 2132.................. Cap de B.-E.

duodecimmaculata. Oliv. Enc. méth., vii, 1611, p. 98.—Chevr. Silb. Rev., v, p.272.— De Mars. Mon., p. 592. — Gemm. et Har. Cat., p. 2136. Barbarie.

duodecimpunctata. Oliv. Enc. méth., viii, p. 498. — Muls. Vesic., p. 134. — Reiche, Ann. Soc. ent. de Fr., 1866, p. 636. — De Mars. Mon., p. 525. — Gemm. et Har., loc. cit................................. France mér.

Syn. : *crocata*. Oliv. Ent., iii, p. 11, pl. 2, fig. 23.
  cyanescens. Illig. Dej. Cat., 3ª éd., p. 245.

elegans. Oliv., l. c., p. 101. — Fisch., Tent. consp., 1827, p. 12. — De Mars., Mon., p. 535. — Gemm. et Har., Cat., l. c............... Egypte.

Syn. : *caudata*, Waltl., in. litt.................... Syrie.
  tenella, ibid.

elegantissima. Zubkoff. Bull. Mosc. 1837, v, p. 70, pl. 11, fig. 4. — Fisch. Spec., 1843, p. 130, pl. iii, fig. 2.—De Mars., Mon., p. 533. — Gemm. et Har., l. cit................................... Perse.

Syn. : *formosissima*, Karoly, in litt.

elongata. Herbst. Füessl., Arch., v, p. 147, pl. 30, fig. 7 *b*. — Billb. Mon., p. 66, pl. 7, fig. 7. — Gemm. et Har. Cat., p. 2136........ Inc. sed.

Erichsoni. Gemm. Col. Heft., vi, 1870.................. Angola.

Syn. : *duodecimguttata*. Erichs. Wiegm. Arch., 1843, i, p. 257.

euphratica. De Mars. Mon., p. 508. — Gemm. et Har. Cat., p. 2137.
                    Perse.

excisofasciata. Heyd. et Kr.(*Zonabris*).Deut. ent. Zeitsch., 1885, p. 281.

Var. : *Oschensis*. Heyd., l. c., 1883, p. 353.............. . Turkestan.

exclamationis. De Mars. (*Ceroctis*. Mon., p. 562.—Gemm. et Har. Cat., p.2137.
                    Angola.

---

(1) De même que pour M. *chrysuros*, il y a évidemment erreur de localité ou de genre.

externepunctata. Fald. Fn. Transc. ii. 1837, p. 129. — De Mars. Mon. p. 516. — Gemm. et Har., l. c................................... Caucase.

famelica. Ménetr. Motsch., Etud. ent., iii, 1854. p. 36. — Gemm. et Har., l. c. Chine Bor.

fasciata. Fabr. Syst. ent., 1775, p. 261. — Billb. Mon., p. 53. — Cast. Hist. nat., ii, p. 269. — De Mars. (*Lydoceras*). Mon., p. 377. — Gemm. et Har., l. c.
Syn. : *herculeana.* Klug., Dej. Cat., 3° éd., p. 213.... .... Arabie.
unifasciata. Oliv. Enc. méth., viii, p. 92.. ...... Egypte.

femorata. Klug. Symb. phys., iv, n° 8, pl. 31, fig. 8. — De Mars. Mon., p. 534. — Gemm. et Har., l. c.. .... Arabie.
Syn. : *pallidicornis.* Deyr., in. coll. M. de Brux .... Djedda.

festiva. Oliv. Voir **M. Ledebouri** Gebl.

festiva. Pall. Voir **M. sericea.** Pall.

festiva., var. *a.* Pall. voir **M. speciosa.** Pall.

filicornis. De Mars. Mon., p. 485. — Gemm. et Har. Cat., p. 2137. Egypte.
Syn. : *angusta.* Blanch., in litt.

fimbriata. (Dej.) De Mars. Mon., p. 507. - - Gemm. et Har. Cat., p. 2137. Egypte.

Fischeri. Gebl. Bull. Mosc. 1847, iv, p. 502.— Gemm. et Har. l. cit. Kirghises.
Syn. : *Tauscheri.* Fisch. Bull. Mosc., 1844, i, p. 130, pl. 3, fig. 4. — De Mars. Mon., p. 523. — Baudi, Atti. d. R. S. d. Sc. di Torino, 1878, xiii, p. 1117.......... .... Sibérie.
8-maculata. Mann. (*Dices.*), in coll. Dej.

flavicornis. Fabr. Syst. El., ii, p. 84. — Billb. Mon., p. 54, pl. 6, fig. 3 — De Mars. Mon., p. 434. — Gemm. et Har. Cat., p. 2137 — Fæhr. C, R. Ac. de Stockh. 1870, p. 342..................................... Cap de B.-Esp.

flavoguttata. Reiche. Galin. Voy. Abyss, 1850, p. 380, pl. 23, fig. 6. — De Mars. Mon., p. 457. — Gemm. et Har., l. c................ Abyssinie.

flavosellata. Fairm. Ann. Soc. ent. de Fr. 1887, p. 305..... Afrique,

flexuosa. Oliv. Enc. méth., viii, p. 111. 1811. — Billb. Mon., p. 39, pl. 4, fig. 13-15. -- Muls. Vésic., p. 145. — De Mars. Mon., p. 514. — Gemm. et Har., l. c. Europ. Mérid.

floralis. Pall. Ic. 1781. p. 82 pl. H., fig. E., 8. — Fisch. Tent. consp., p. 5. — Reiche, Ann. soc. ent. de Fr., 1865, p. 637. — Gemm. et Har., l. c. — Baudi. Atti. d. R. S. di Torino, 1878, xiii, p. 1153.................. Europ. Mérid.
Syn. : *cichorei.* Schr. enum. ins., p. 222. — Rossi. Fn. Etr, i, p. 240. Italie.

Dahli Ménetr. Cat., rais., p. 207. — Gebl. Bull. Moscou, 1847, iv, 495. Sibérie.

atrata. Pall. It., ii, app., p. 722. — De Mars. Mon., p. 195.

Var. : { *minuta.* Fabr. Ent. syst., 1798, p. 121. — Syst. El., ii, p. 85.
{ *metatarsalis.* Eschsch. in litt.

australis. Parreyss. Dej. Cat., l. c.

fasciata. Fuessl. Verz., p. 20, fig. 1 e... .... Suisse.

Fuesslini. Panz. Fn. Germ. 30-18. — Billb. Mon., p. 22, pl. 2, fig. 12-13. — Muls. Vesic., 115. — De Mars. Mon., p. 494...... Allemagne.

octo-maculata. Villers. Linn. ent. i, p. 404.

ononis. Dahl, Sturm. Cat., 1843, p. 173........ ...... Italie.

polymorpha. Pall. It. i, app. p. 465.................. Russie Mérid.,

spartii. Germ. Reise. Dalm., p. 210, pl. 10, fig. 4.

Tauscheri, Gebl. i. p. 153. — Ledeb. Reise., ii. 3, p. 139. — Bull. mosc., iv,
p. 501. — Eschsch. Dej. Cat.
tenera. Germ. Fn. Ins. Eur. 17.5. . . . . Hongrie.
Var. : *Gyllenhali*. Cat. Dej., 3° éd. . . . . France mérid.
agilis. Frivaldsk. . . . . Grèce.
nigrita. Baudi, l. c., p. 1156. . . . . Syrie.
variabilis Oliv. (nec Pall.) Ent. iii, 47. p. 10, pl. 2 fig. 14 d. France.
? *solonica*. Pall. Ic. p. 87, pl. H, fig. E, 12. — De Mars. Mon , p. 510. —
Waltl. Journ. l'Abeille, 1869. vi, p. 55. — Gemm. et Har. Cat., p. 2143.
Russie Mérid.
Forti. Muls. Vés., p. 133. — Gemm. et Har. Cat., p. 2137... Italie.
Frohlovi Gebl. voir **M. splendidula**. Pall.
Frolovii. Germ. Spec. nov., p. 173. — Reiche, Ann. soc. ent. de Fr., 1865, p.
635. — De Mars. Mon., p. 543. — Gemm. et Har., l. c. . . . . . Sibérie.
Fuesslini. Panz. Voir **M. floralis**, Pall.
fulgurita. Reiche. Ann. Soc. ent. de Fr., 1865, p. 640. — De Mars. Mon..
p. 534. — Gemm. et Har., loc. cit. . . . . Égypte.
fuliginosa. Oliv. Encycl. méth., viii, p. 100. — De Mars. Mon., p. 634. —
Gemm. et Har., loc. cit. . . . . Cap. de B.-E.
fusca. Oliv. Encycl. méth., viii, 1811, p. 100. — Reiche, Ann. Soc. ent. de
Fr., 1865, p. 636. — De Mars. Mon., p. 511. — Gemm. et Har , loc.
cit. . . . . Syrie, Perse.
fuscicornis. Drapiez. Ann. gén. Sc. phys. Brux., viii, 1821, p. 277, pl. 127,
fig. 6. — Gemm. et Har. Cat., p. 2137. . . . . Chine,
gamicola. De Mars. Mon., p. 436. — Gemm. et Har., loc. cit. N'Gami.
Gebleri. Fald. Voir **M. syriaca**.
Gebleri. Heyd. Voir **M. splendidula**.
geminata. Fabr. Ent. syst. suppl., p. 120. — Syst. El., ii, p. 84. — Bills.
Mon., p. 68, pl. vii, fig. 9, 10. — Muls. Ves., p, 136. — De Mars. Mon.,
p. 515. — Gemm. et Har. Cat., p. 2138. — Baudi, Att. d. R. Ac. del Sc. di
Torino, 1878, p. 1117. . . . . Europe mérid.
Var. : *centro-punctata*. Eschsch. Dej., Cat., 3° éd. . . . . Russie.
gemmula. Dohrn., Stett. ent. Zeitg., 1873, p. 73. . . . . Perse.
Syn. : *vittata*. Kirsch. Ent. monatsbl. Kraatz, ii, 1880, p. 77.
gilvipes. Chevr. Voir **M. angulata**. Klug.
Goryi. Mars. Mon., p. 509. — Gemm. et Har., loc. cit. . . . . . . Perse.
Goudoti. Cast. Hist. nat., ii, 1840, p. 270. — Chevr. Silb. Rev., v, 1837
p. 274. — Baudi, Atti d. R. S. d. Sc. di Torino, 1878, p. 1126. Tanger.
gratiosa. De Mars. Mon., p. 528. — Gemm. et Har. Cat., p. 2138 Sénégal.
grisescens. Tausch. Voir **M. impar**. Thunb.
Groendali. Bills. Mon. myl., p. 30, pl. 3, fig. 18. — Schönh. Syn. ins., iii,
p. 34. — De Mars. (*Ceroctis*) Mon., p. 556. — Gemm. et Har., loc. cit. —
Fæhr. C. R. Ac. des Sc. de Stockh., 1870, p. 344. . . . . Cap. de B.-E.
guineensis. De Mars. (*Coryna*). Mon., p. 599. — Gemm. et Har. Cat.,
p. 2132. . . . . Guinée.
guttata. Bills. Mon., p. 44, pl. v, fig. 3 et 4. — De Mars. Mon.,
p. 580. . . . . Cap. de B.-E.
Gyllenhali. Bills. Mon., p. 21, pl. 2, fig. 9, 11. — De Mars. (*Ceroctis*). Mon.,
p. 550. — Gemm. et Har., loc. cit. Cap de B.-E.
hœmacta. Fairm. Ann. Soc. ent. de Fr., 1888, p. 199. . . . . Afrique mér.

haccolyssa, DE ROCHEB. Bull. Soc. Philom. 7ᵉ Sér. VII. 1882-83, p. 182.
Abyssinie, Sénégambie.

Henoni, BEDEL. in coll.................................. Algérie.

Hemprichi. KLUG, Symb. phys., IV, 1845, pl. 32, fig. 9. — REICHE, Ann. Soc.
ent. de Fr., 1865, p. 639. — DE MARS. Mon., p. 541 — GEMM. et HAR., loc. cit.
Egypte.

Hermanniæ. FABR. Ent. syst., I, 2, p. 89.— BILLB. (*Coryna*). Mon., p. 50, pl. V,
fig. 16. — DE MARS. Mon., p. 609. — GEMM. et HAR., loc. cit. — HAR. Col.
Hefte., XVI, 1879, p. 140.................................. Guinée.
Syn. : *affinis*. OLIV. Ent., III, 47, p. 8, pl. 2, fig. 16.— BILLB. Mon., p. 17, pl. 2.

hieracii. GRÆLLS, Rev. Zool., 1849, p. 621, et Ann. Soc. ent. de Fr., 1851, p. 17.
— DE MARS. Mon., p. 512. — GEMM. et HAR., loc. cit...... Espagne.
Syn. : *scabricollis*. CHEVR. In litt.
Var. : *suspiciosa*. ROSENH. Thier. Andal., 1856, p. 229.

hirtipennis. FAIRM. et RAFFR. Rev. et mag. de Zool. de Deyrolle, 1873.
Algérie.

histrio. DEJ. Cat., 3ᵉ éd., p. 243. — DE MARS. Mon., p. 581.— GEMM. et HAR.,
loc. cit.............................. .... Cap de B.-Esp.
Syn. : *Mellyi*. CHEVR. In. litt.

holosericea. KLUG, Erm. Reise, 1835, p. 41. — DEJ. Cat., 3ᵉ éd., p. 245. —
DE MARS. Mon., p. 502. — GEMM. et HAR., loc. cit.......... Guinée.
hottentotta. FÆHR. Voir **M. transversalis**. DEJ.

humeralis. WALK. Ann. nat. hist. Sér. III, 2, p. 285..... .. Ceylan.

Husseini. REDT. Denksc. Wien. Ac. I., 1850, p. 49. — DE MARS. Mon.
p. 473. — GEMM. et HAR., loc. cit...................... Perse.

hybrida. (BOHM.) DE MARS. Mon., p. 419.—GEMM. et HAR., l. cit. Natal.

impar. THUNB. Diss. nov., Ins. spec., VI, 1791, p. 110, fig. 3. — GEMM. et HAR.,
l. c. — BAUDI, Atti d. R. S. di Torino, 1878, p. 1140....... Russie mér.
Syn. : *caspica*. MÉNETR. Cat., rais., p. 206.
    cohærens. FISCH. in litt.
    grisescens. TAUSCH. énumér., p. 145, pl. 10, fig. 17. — SCHOENH. Dej.
    Cat., 3ᵉ éd., p. 245. — DE MARS, l. c............... Caucase.
    Olivieri. BILLB. Mon., p. 71., pl. 7, fig. 13.
    rufipes. FISCH. Ent. Ross. II, p. 226, pl. 40, fig. 6..... Sibérie.

impedita. HEYD. (*Zonabris*) Deut. ent. Zeit. 1883, p. 66...... Turkestan.

impressa. CHEVR. Silb. Rev. ent., V, p. 275. — LUCAS. expl. Alg., p. 390. —
REICHE, Ann. Soc. ent. de Fr., 1866, p. 636. — DE MARS. Mon., p. 524. —
GEMM. et HAR., l. c. — BAUDI, Atti. d. R. Soc. di Torino, 1878,
p. 1105.. Algérie.
Var. : *stillata*. BAUDI, l. c., p. 1107........................ Sicile.

impunctata. OLIV. (*Coryna*). Encycl. méth., VIII, 1811, p. 100.— DE MARS. Mon.
p. 620. — GEMM. et HAR., l. c............................ Cap de B.-Esp.
Syn. : *immaculata*. OLIV. Mus. Paris.
incerta. KLUG, Voir **M. angulata**. Klug.
indica. FUESSL. Voir **M. balteata**. Pall.

interna. HAR. (*Ceroctis*) Col. Hefte, 1879, XVI, p. 139......... Afrique.
Syn. : *internus (Bruchus)*. HAR., diagn., p. 108 (1878).

interrupta. OLIV. Enc. méth., VIII, p. 93. — LUC. Expl. Alg. ent., p. 387, pl. 33,
fig. 7.—DE MARS. Mon., p. 464. — GEMM. et HAR. Cat., p. 2138. Algérie.
Syn. : *excellens*. RENDT. Denkschr. Wien. Ac., I, p. 49, 1850... Perse.
intersecta. REICHE, voir **M. syriaca**. KLUG.

irrorata. Lichtenst. Cat. Hamb., 1795, p. 74. — Gemm. et Har. Cat..,
p. 2138.. Cap de B.-Esp.
Isis. De Mars. L'Abeille, xiv, p. 28...................... Egypte.
Jacquemonti. Blanch. Jacq. Voy. Indes, ins. iv, 1844, p. 26 Kaschmir.
Javeti. De Mars. Mon., p. 485. — Gemm. et Har., l. c...... Perse
jucunda. Erichs. Wiegm. Arch., 1843, i, p. 257. — De Mars. (*Actenodia*)..
Mon., p. 623. — Gemm. et Har., l. c.................... Angola.
jugatoria. Reiche. Ann. Soc. ent. de Fr., 1865, p. 633.—De Mars. Mon., p. 469.—
Gemm. et Har., l. c... Egypte.
Karelini. Fisch. Cat., col. Karel, p. 25.—Gemm. et Har., l. c. Sibérie.
Kersteni. Gerst. in Bar. v. Deck. Reis. iii., 1873, p. 209, pl. x, fig. 11.
Afrique.
Klugi. Redt. Denksch. Wien. Ac., i, 1850, p. 49. — De Mars. Mon., p. 529. —
Gemm. et Har., l. c... Perse.
Syn. : *subocellata*. Redt., in litt. (Coll. mus. de Brux.)
    Argus. Klug. (Coll. mus. de Brux.)
Kraatzii. Heyd. (*Decatoma*). Deut. ent. Zeitsch., 1881, p. 329. Perse.
lactea. De Mars. Mon., p. 530. — Gemm. et Har., l. c...... Egypte.
lævicollis. De Mars. Mon., p. 517. — Gemm. et Har., l. c.. Caucase.
lanuginosa. Gerst., voir **M. mylabroïdes**. Cast.
Lameyi, De Mars, voir **M. angulata**, Klug.
lata. Reiche. (*Coryna*). Ann. Soc. ent. de Fr., 1865, p. 628. — De Mars.
Mon., p. 617. — Gemm. et Har., l. c..................... Egypte.
Syn. : *fasciata*. Waltl., in litt.
lateplagiata. Fairm. Ann. Soc. ent. de de Fr. 1887, p. 305. Afrique.
Latreillei. Billb. Mon., p. 36, pl. 4, fig. 10.............. Egypte.
Lavateræ. Fabr. Syst. El., ii, p. 83. — Billb. Mon., p. 10, pl. 1, fig. 7. —
Cast. Hist. nat., ii, p. 270. — De Mars. Mon., p. 459. — Gemm. et Har. l. c.
Cap de B.-Esp.
Syn. : *cichorii*. ♀, Sulz. Abg. Gesch., Ins., p. 66, pl. 7, fig. *a*.
    pustulata. Var. Thunb. Diss. nov. Ins. spec., vi, p. 114. — Oliv. Ent.
    iii, 47, p. 4, pl. 1, fig. 1, f.
Ledebouri. Gebl. Myl., p. 166. — De Mars. Mon., p. 544. — E. Oliv. Bull.
Soc. ent. de Fr., 1875, p. cliii. — Bedel, ibid., p. clxiii.. Sibérie.
Syn. : *festiva*. Oliv. (nec Pall.) Ent., iii, p. 15, pl. 2.
Ledereri. De Mars. Mon., p. 483. — Gemm. et Har., l. c.. Syrie.
Lichtensteini. R. J. Gorriz. Ensayo p. la monog. de los Col. mel., p. 124,
pl. ii, fig. 3 (1882) .... Espagne.
ligata. (Chevr.), De Mars. Mon., p. 417. — Gemm. et Har., l. c. Egypte.
liquida. Erichs. Wiegm. Arch., ix, 1, p. 255, 1843. — De Mars. Mon., p. 417.
— Gemm. et Har., l. c. — Har. Col. Hefte xvi, 1879, p. 136. Angola.
litigiosa. Chev. Sillb, Rev., ent., v, p. 271. — De Mars. Mon., p. 467. —
Gemm. et Har., l. c... Algérie.
Var. : *islamita*, De Mars., l. c.......................... Arabie.
lugens. Fåhr. C. R. Ac. de Stockh.. 1870, p. 347......... Cafrerie.
lunata. Pall. Icon., p. 79, pl. E, fig. 5, *a*, *b*. — Thunb. Diss. nov., Ins.
Spec., vi, p. 111, fig. 15. — Oliv. Ent., ii, p. 6, pl. i, fig. 2, *a*, *b*. —
Billb. Mon., p. 55, pl. 6, fig. 4. — Cast. Hist. nat., ii, p. 268. — De Mars.
(*Decatoma*) Mon., p. 583. — Gemm. et Har., l. c. — Fåhr., l. c., p. 346.
Cap de B.-Esp.
Syn. : *americana*. Herbst. Füssl. Arch., v, p. 146, pl. 30, fig. 5 *a*.
    cichorii. Wulf. Ins. Cap., p. 17, pl. 1, fig. 6, *a*, *b*.

`Var : *cichorii*. WULF., l. c., pl. 1, fig. 3, *a, b*. — BILLB. Mon., pl. 6, fig. 6, 7.

lutea. PALL. It., I., app. p. 722. — REICHE, Ann. Soc., ent. de Fr., 1865, p. 638. GEMM. et HAR., l. c. — BAUDI, l. c., p. 1107 .... Russie mérid.

Syn. : *calida*, GEBL. (nec PALL.) Bull. Mosc., 1847, p. 495.

crocata. PALL. Ic., p. 87, pl. E, fig. 13. — BILLB. Mon., p. 67, pl. 7, fig. 8. — MULS. Vésic., p. 137.

duodecimpunctata. TAUSCH. Enum., p. 139.

maculata. FISCH. Ent. R., II, p. 225, pl. 40, fig. 5 ..... Turcomanie.

Var. : *spectabilis*. FALD. Dej. Cat., 3° éd .... Sibérie.

daurica. MANNH.

macilenta. DE MARS. Mon., p. 489. — GEMM. et HAR., l. c... Indes Or.

Syn. : *submissa*. Musée Vindobon.

maculata. OLIV. Voir **M. calida**. PALL.

maculicollis. DE MARS. (*Mimesthes*) Mon., p. 567. — GEMM. et HAR., l. c.
Cap de B.-Esp.

maculiventris. KLUG, Symb. phys. IV, pl. 31, fig. 2. — DE MARS. Mon., p. 411. — GEMM. et HAR., l. c .... Arabie.

Syn. : *rufiventris*. Mus. Francof .... Nubie.

maculosa. KLUG. Erman. Reise, 1835, p. 41. — DOHRN. Stett. ent. Zeitg., 1859, p. 85. — DE MARS. Mon., p. 633. — GEMM. et HAR., l. c... Sénégal.

maculoso-punctata. GRÆLLS, voir **M. 4-punctata**, Linn.

madoni DE MARS. Nouv. et faits, II, p. 178 .... Chypre.

magnoguttata. HEYD. Deut. ent. Zeitsch., 1881, p. 329 ..... Margelan.

Mannerheimi. GEBL. Bull., phys. Ac. Petersb., III, 1845, p. 103; Bull. Moscou, 1860, III, p. 23.— DE MARS. Mon., p. 514. — GEMM. et HAR., l. c. Sibérie.

manophoros. LICHTENST. Cat. Hamb., 1795, p. 76. — GEMM. et HAR., loc. cit.
Cap de B.-Esp.

marginata. FISCH., voir **M. splendidula**. PALL.

Marseuli. BALLION. Bull. Soc. Imp. nat. Moscou, L III, 1, 1878. Dzongarie.

Marsculii. KIRSCH. Voir M. **plurivulnera**. DOHRN.

mauritia. DE MARS. (*Coryna*). Mon., p. 610. — GEMM. et HAR. Cat., p. 2133
Ile Maurice.

melanura. DEJ. Voir **M. 4-punctata**, LINN.

menthæ. KLUG, Voir **M. tigrinipennis**. LATR.

mimosæ. OLIV. Encycl. méth., VIII, p. 99. — DE MARS, l. c. — GEMM. et HAR., l l. c .... Euphrate.

minuta. CAST. Hist. nat., II, 1840, p. 268. — DE MARS. (*Decatoma*). Mon. p. 579. - — GEMM. et HAR., l. c .... Cap de B.-Esp

mixta. DE MARS. (*Coryna*). Mon., p. 605. — GEMM. et HAR., p. 2133.
Cafrerie.

muata. HAR. (*Zonabris*). Col. Hefte XVI, 1879, p. 136 .... Afrique.

Syn. : *Bruchus muatus*. HAR. Diagn., p. 108, 1878.

mylabroïdes. CAST. Hist. nat. II, p. 268. — REICHE, (*Coryna*). Ann. Soc. ent. (de Fr., 1865, p. 628. — DE MARS. Mon., p. 605. — GEMM. et HAR., l. c. p. 2133.
Egypte.

Syn. : *fimbriata*. (*Dices*) DEJ. Cat., 3° éd. p. 243 .... Sénégal.

lanuginosa. GERST. Monatsb. Berl. Ac. 1854, p. 695. — Peters. Reise, 1862, p. 303. — FÆHR. (*Decatoma*). C. R. Ac. des Sc. de Stockh., 1870, p. 346 .... Cafrerie.

myops. CHEVR. Guer. Incon., 1844, p. 133, pl. 35, fig. 4. — DEJ. Cat. 3° éd., p p. 243. — DE MARS. Mon., p. 404. — GEMM. et HAR. Cat. p. 2139. — FÆHR. C C. R. Ac. de Stockh., 1870, p. 341 .... Cap de B.-Esp.

myrmidon. De Mars. Mon., p. 539. — Gemm. et Har., l. c. .. Algérie.

nigricaudis. Oliv. Enc. méth., viii, p. 96.................. Timor.

nigricornis. Dej. Cat., 3e éd., p. 143. — De Mars. (*Decatoma*). Mon., p. 577.
— Gemm. et Har., loc. cit., p. 2140....................... Cap de B.-Esp.

nigriplantis. Klug, Symb. phys., iv, pl. 31, fig. 9.—De Mars. Mon., p. 538.—
Gemm. et Har. loc. cit.., Arabie.

Syn. : *lanuginosa.* Chevr., in litt.

niligena. Reiche, Voir **M. calida**, Pall.

19-punctata Oliv., Encycl. méth., viii, p. 98. — Reiche, Ann. Soc. ent. de Fr.
1865, p. 641.—De Mars. Mon. p. 593.— Gemm. et Har., loc. cit. — Baudi, Atti.
d. R. Soc. di Torino, 1878, p. 1096 .... Egypte.

Syn. : 18-*punctata.* Klug. (*Decatoma*). Symb. phys., iv, pl. 32, fig. 11.
(♀) 18-*maculata.* De Mars. Mon., p. 534.

nubica (Bohm.) De Mars. Mon., p. 349. — Gemm. et Har., loc. cit.
Sénégal.

Syn. : *Cleryi.* Petit, Dej. Cat. 3e éd., p. 245.
ruficornis. Buq. Dej. Cat., loc. cit.

ocellaris (1). Oliv. (*Cerocoma*). Ent., iii. 48, pl. i, fig. 7, 1795. — De Mars.
(*Coryna*). Mon., p, 598. — Baudi, Atti. delle Reale Soc. di Torino, 1878,
p. 1052.. Sénégal.

Syn. : *ocellata.* Oliv. Encycl. méth. ,v, 1790, p. 397 et viii, p. 102.. Egypte.
argentata. Fabr. Ent. syst. i, 2, p. 90. — Cast. Hist. nat., ii, p. 267.
Sénégal.
ocellatus (*Hyclæus*). Cast., ins. ii. 1840, p. 267.
pavonina. Reiche, Ann. Soc. ent. de Fr., 1865, p. 268 ... Egypte.

ocellata. Pall. Ic., p. 89, pl. E, fig. 15.—Tausch. Enum., p. 144, pl. 10, fig. 16
— De Mars. Mon. — Gemm. et Har. Cat. 2140. — Baudi, loc. cit., p. 1101.
Sibérie.

Syn. : *argus.* Oliv. Enc. méth., viii, p. 98.
pupillata. Schönh. Syn. ins., iii, p. 43, n° 60.

18-*maculata.* De Mars. Voir **M. 19-punctata**. Oliv.

8-*maculata.* Mann. Voir **M. Fischeri**, Gebl.

8-notata. Fisch. Bull. Mosc. 1844, i, p. 132.—De Mars. Mon., p. 526.—Gemm.
et Har., loc. cit... Sibérie.

oculata. Thunb. Nov. spec. Ins. VI. 1791, p. 114.—Cast. Hist. nat. ii, p. 269.—
Lacord. Genera. atl., pl. 59, fig. 3. — De Mars. Mon., p. 402. — Gemm. et
Har., loc. cit.. Cap de B.-Esp.

Syn. : *bifasciata.* De Geer, Ins., vii, p. 647. pl. 48, fig. 13.— Fæhr. C. R. Ac. des
Sc. de Stock. 1870, p. 340.

Var. : *Mouffleti.* De Mars. Mon., p. 402.
ophthalmica. Dej. De Mars. loc. cit.

oleæ. Cast. Hist. nat., ii, 1840, p. 269. — Erichs. Wagn. Reis iii, 1841, p. 185,
pl. 8. — Luc. Explor. Alger. Ent., p. 387. — De Mars. Mon., p. 458. — Gemm.
et Har., loc. cit.. Maroc.

Syn. : *maroccana.* Dej. Cat., 3e éd., p. 244.

Var. : *rimosa.* De Mars, loc. cit .... Algérie.

omega (*Decatoma*). De Mars. Mon., p. 585. — Gemm. et Har., loc. cit.
Cafrerie.

---

(1) Nous substituons à *Ocellata* Oliv. qui est le premier en date (1790) le nom de *Ocellaris*
du même auteur (1795), puisque réunissant le genre Coryna au genre Mylabris, ce nom ferait
double emploi avec *M. Ocellata* Pall (1775).

orientalis. De Mars. Mon., p. 451. — Dej., Cat., p. 244. — Gemm. et Har., loc. cit.. Indes Orient.

ornata. Reiche, (*Coryna*), Ann. Soc. ent. de Fr., 1865, p. 630. — De Mars. Mon., p. 618. — Gemm. et Har. Cat., p. 2155............... Syrie.

Pallasi. Gebl., Mém. Moscou 1829, vii, p. 29. — De Mars. Mon. p. 546. — Gemm. et Har. Cat., p. 2140........ .. .. Sibérie.

palliata. De Mars. Mon.. p. 432. — Gemm. et Har., loc. cit.... Cafrerie.

pallidomaculata. Redt. Denksch. Wien. Ac., i, 1850, p. 49. — De Mars. Mon., p. 518. — Gemm. et Har., loc. cit........................... Perse.

pallipes. Oliv. Encycl. méth. viii, 1811, p. 96. — Fisch. Tent. consp. canth., 1827, p. 12. — De Mars. Mon., p. 503. — Gemm. et Har., loc. cit. Sénégal.

parenthesis. Gerst. Baron v. Deck. Reis. 1873, III, p 211, pl. x, fig. 15.
Afrique.

parumpicta. Heyd. (*Zonabris*). Deut. ent. Zeits., 1883, p. 353. Perse.

pavonina. Reiche, Voir **M. ocellaris.** Oliv.

Paykulli. Billb. Mon., p. 63, pl. 7, fig. 1-6. — Chevr. Silb. Rev., v, p. 275. — Gemm. et Har., loc. cit............................ .... Algérie.

Syn. : { *rubrofasciata.* Voet. Cat. Col. ii, index, p. 20, pl. 48, fig. 5 β.
{ *trifasciata.* Panz., éd. Voet, iv, 1798, p. 120, pl. 48, fig. 5 β.
sanguinolenta. Var. De Mars. Mon., p. 94.

persica. n[1].
Syn. : *signata.* De Mars. Mon., p. 526. — Fald. in litt........ Perse.

Peyronis. Reiche (*Coryna*), Ann. Soc. ent. de Fr., 1865, p. 630.
Syn. : *Peyroni.* De Mars. Mon., p. 618. — Gemm. et Har., loc. cit., p. 2133.
Syrie.

phalerata. Erichs. De Mars. (*Ceroctis*), voir **M. Angolensis**, Gemm.

phalerata. Pall. Ic. p. 78, pl. E, fig. 3-b. — Gemm. et Har., p. 2140. Chine.
Syn. : *patruelis.* Sturm. Cat., 1843, p. 172.
sidæ. Fabr. Ent. Syst. suppl., p. 120. — Billb. Mon., p. 7, pl. I, fig. 1-5.
Var.: *Moquinia.* Ferr. Rev. Zool. 1859, p. 539, pl. 21, fig. 8.

Picteti. De Mars. Mon., p. 480. — Gemm. et Har., loc. cit.... Afrique Mér.

pilosa. Fæhr. (*Coryna*), C. R. Ac. des Sc. de Stockh. 1870, p. 347 Cafrerie.

plagiata. Pall. Icon., p. 77, pl. E, fig. 3, *a.* — De Mars. Mon., p. 405.
Cap de B. Esp.

Syn. : *oculata.* Billb. Mon., 1813, p. 46, pl. v, fig. 6, 10.
Thunbergi. Cast. Hist. nat. ii, p. 269.

plurivulnera. Dohrn. Stett. ent. Zeitg., 1873, p. 73. — Heyden, Deut. ent. Zeitschr., 1881, p. 327, note 2.............................. Perse.
Syn. : *Marseulii.* Kirsch. Ent. monatstb, 1880, ii, p. 77.
viridula. De Mars. Nouv. et faits. ii. p. 170.

posthuma. De Mars. (*Coryna*). Mon., p. 603. — Gemm. et Har. Cat., p. 2133.. Angola.

præstans, Gerst. Bar. v. Deck. Reis. 1873, III, p. 206, pl. x, fig. 8.
Zanzibar.

præusta. Fabr. Ent. syst., 2, p. 38. — Billb. Mon., p. 70, pl. 7, fig. 12. — Reiche, Ann. Soc. ent. de Fr., 1865, p. 637. — Luc. Expl. Alg., p. 391. pl. 34, fig. 1. — De Mars. Mon., p. 482. — Gemm. et Har., loc. cit. Algérie.
Var.: *apicalis.* Chevr. Sillb. Rev. v, 1838, p. 278.
contexta. Chevr. Ibid.

---

[1] Nous proposons le nom *persica* pour remplacer *signata* (de Mars.) qui fait double emploi avec *signata* (Fisch).

Var. : *nigra*. De Mars. Mon.
    semirufa. De Mars. Mon.
    superflua. De mars. Mon.

pruinosa. Gerst. Monatsb. Berl.'Ac., 1854, p. 694. — Pet. Reise., 1862, pl. 18, fig. 2. — De Mars. Mon., p. 443. — Gemm. et Har.. loc. cit. Mozambique.

pubescens. Klug, Erman. Reise.. Atl., p. 41. — Dej. Cat., 3° éd.. p. 245. — Gemm. et Har. Cat., p. 2141... .... Sénégal.

pulchella. Fald. Bull. Mosc., vi, 1833., p. 59, pl. 3. fig. 5. — De Mars. Mon., p. 545. — Gemm. et Har., loc. cit........................... Sibérie.

pullata. Heyd. (*Zonabris*) Deut. ent. Zeitsch., 1883, p. 65.... Turkestan.

punctofasciata. Fairm. Ann. del Mus. civ. di Genova, 1875, vii, p. 531.
                                               Tunisie.

pusilla. Oliv. Enc., méth., viii. 1811, p. 101. — Tausch. Enumer., p. 137, pl. 10, fig. 7. — Gebl. Bull. Mosc., 1847, iv, p. 498. — De Mars. Mon., p. 489. — Gemm. et Har., loc. cit................................ Sibérie.

pustulata. Thunb. Diss. nov. sp. ins., vi. 1791, p. 113. fig. 13. — Oliv. Ent. iii, p. 4, pl. 2, fig. 10,*b*. — Billb. Mon., p. 9, pl. 1, fig. 6. — Cast., hist. nat. ii, p. 269. — De Mars. Mon., p. 449. — Gemm. et Har., loc. cit. Chine.

Syn. : *biundulata*. Pall. Ic., p. 78, pl. II, fig. E, 4.
    cleroïdes. Lichtenst. Cat. Hamb., p. 74.
    undulata. Herbst. Füssl. Arch. viii., p. 179, pl. 48, fig. 3. Indes Or.

quadrifasciata. Thunb. Diss. nov. Spec., Ins. vi, p. 144.— Billb. Mon., p. 19, pl. 2, fig. 4-8. — De Mars. Mon., p. 551. — Gemm et Har., loc. cit. Cap de B.-Esp.
Syn. : *binotata*. Dej. Cat., 3° éd., p. 244.
Var.. *bipunctata*. Billb., loc. cit., pl. iv, fig. 1.

quadriguttata. Wulf. Ins. Cap. p. 48, pl. 1, fig. 7, *a*, *b*. — Billb. Mon., p. 44, pl. 5, fig. 3,4. — Gemm. et Har.. loc. cit.................. Cap de B.-Esp.

quadripunctata. Linn. Syst. nat., éd. 12, p. 680. — Billb. Mon. p. 27, pl. 3, fig. 7, 8. — Muls. Vésic. p. 125 — De Mars. Mon., p. 494. — R. J. Gorriz, loc. cit. — Baudi., loc. cit., p. 1162........................,.... Eur. Mér.

Syn. : 10-*punctata*. Oliv. Ent., iii, p. 12, pl. 1, fig. 4 ; pl. 2, fig. 18, *a*.
                                               Italie.

Var. : *melanura*. Pall. Ic., p. 86. — Fisch. Tent. consp.. canth., p. 6.
                                               Russie Mér.

    8-*punctata*. Oliv. Encycl., méth. viii, p. 95............. France Mér.
    Adamsi. Fisch. Ent. Russe,ii, p. 224, pl. 40, fig. 2...... Perse.
    fasciato-punctata. Fisch., loc. cit.
    Var. : *hispanica*. Motsch. Bull. Mosc., 1849, p. 132..... Espagne.
        mutans. Guér. Dict. pitt., v, p. 551, pl. 397, fig. 8. France Mér.
    rubra. Parreyss, in litt.
    cichorii. Oliv. Ent., iii, 47, p. 7, pl. 2, fig. 13......... Id.
    12-*punctata*. Lichtenst. Cat. Hamb., 1795, p. 75..... ... Sibérie.
    fasciata. Fuessl. Verz., p. 20, fig. 1, *b*............... Suisse.
    Maldinesi. Chevr. Rev. Zool., 1865, p. 393............. Espagne.
    mutans. Guer. Dict. pitt., v, p. 551, pl. 397, fig. 6,7..... France Mér.
    4-*punctata*. Billb. Mon., p. 27, pl. 3, fig. 9-13......... Russie.
    variabilis. Pall. Ic., pl. E, fig. 14, *a*................ Id.
    maculoso-punctata. Grælls. Mém., loc. cit., p. 113..... Espagne.
    Beauregardi. R. J. Gorriz, in Bull. R., Ac. des Sc. de Barcelone, 1884.
                                                Espagne.

quadrisignata. Gebl. Ledeb. Reise., ii, 1830, p. 139.— Fisch. Ent. Ross., ii, p. 226, pl. 40, fig. 9.—Bull. Mosc., 1844, i, p. 134.—Gemm. et Har., loc. cit. Asie centrale.

quadrizonata. Fairm. Ann. del Mus., Civ. di Genova, 1875, vii, p. 530.
Tunisie.

14-punctata. Pall. Ic., p. 80, pl. E, fig. 6. — Billb. Monogr., p. 32, pl. 4,
fig, 2-5. — Reiche. Ann. Soc. ent. de Fr., 1865, p. 636.— De Mars. Mon., p. 510.
— Gemm. et Har., loc. cit............................... Sibérie.
Syn. : *confusa*. Fisch. Tent. consp., p. 6.
famelica. Ménetr. Motschsch. Et. ent., iii, 1854, p. 36. Chine.
setigera. Waltl. Isis, 1838, p. 466 .... Balkans.
Var.: *combusta*. Tausch. Enum., p. 143, pl. 10, fig. 15.
meliloti. Oliv. Enc. méth., viii, p. 99.
polymorpha. Pall. Iter., p. 466, var. β............... Sibérie.
14-signata. De Mars. Mon., p. 527.—Gemm. et Har., loc. cit. Egypte.
rajah. De Mars. Mon., p. 452. — Gemm. et Har., loc. cit...... Indes Or.
Raphaël. De Mars. L'Abeille, xiv, p. 29..................... Perse.
recognita. Walk. Ann. nat. hist., 3, sér. iii, 1859, p. 259.... Ceylan.
restricta. Motsch. Bull. Moscou, 1849, iii, p. 133. — De Mars. Mon., p. 634.
— Gemm. et Har.,loc. cit.... .... Espagne.
Rouxi. Cast. (*Decatoma*) Hist. nat., ii, p. 268. — De Mars. Mon., p. 592. —
Gemm. et Har., loc. cit.................................. Indes Or.
ruficornis. Fabr. Ent. syst. suppl., p. 121. — Syst. El., ii, p. 84. — Billb. Mon.
p. 72, pl. 7, fig. 14, *a*, *b*.— Reiche, Ann. Soc. ent. de Fr., 1865, p. 639. — De
Mars. Mon., p. 536. — Gemm. et Har., loc. cit........... ... Tanger.
ruficrus. Gerst. Monatsb., Berl. ac. 1854, p. 695. — De Mars. (*Ceroctis*). Mon.
p. 566. — Gemm. et Har., loc. cit......................... Mozambique.
rufonigra. De Mars. (*Actenodia*.) Mon., p. 628. — Gemm. et Har., loc. cit.
Cafrerie.
rutilipubis. De Mars. Mon., p. 453. — Gemm. et Har.,loc. cit. Indes Orient.
sairamensis. Ballion, Bull. soc. imp. nat. Mosc., liii, 1, p. 342. Sairam (Asie).
sanguinolenta. Oliv. Encycl. méth., viii, p. 95. — De Mars. Mon., p. 494.
Egypte.
Syn. : *Latreillei*. Klug, Symb. phys., iv, pl. 32, fig. 4.
scabiosæ. Oliv. Encycl. méth., viii, p. 99. — Reiche, Ann. soc. ent. de Fr.,
1865, p. 636. — De Mars. Mon., p. 508. — Gemm. et Har., loc. cit.
Syrie. Perse.
scabrata. Klug, Symb. phys., iv, 1845, pl. 32, 10. — De Mars. Mon., p. 583.
— Gemm. et Har., loc. cit............................... Egypte.
scalaris. De Mars. Mon., p. 407. — Gemm. et Har., loc. cit. Afrique Mérid.
scapularis. Chevr. Voir **M. circumflexa**.
schah. Reiche, Ann. soc. ent. de Fr. 1865, p. 632. — De Mars, Mon., p. 457.
— Gemm. et Har., loc. cit.................................. Perse.
Scœnherri. Billb. Mon., p. 14, pl. 2, fig. 1. — De Mars. Mon., p. 471. —
Gemm. et Har., loc. cit................................. Chine.
Schreibersi. Reiche, Ann. Soc. ent. de Fr., 1865, p. 636. — De Mars. Mon.,
p. 493. — Gemm. et Har., loc. cit .... Algérie.
Syn. : *terminata*. Chevr. (nec Illig.) Silb. Rev., v. p. 276.
Schrenki. Gebl. Bull. Ac. Petersb. viii, 1841, p. 374. — De Mars. Mon., p. 470,
Gemm. et Har., loc. cit................................ Dzongarie.
scutellata Rosenh. Thier Andal., p. 231. — Gemm. et Har., loc. cit. —
Baudi, Atti d. R. Soc. des Sc. di Torino, 1878, p. 1114..... Espagne.
sedecimguttata. Thunb. nov. sp. Ins. vi, 1791, p. 115, fig. 20. — Billb.
Mon., p. 42, pl. 5, fig. 1. — Cast. Hist. nat. ii, p. 270. — De Mars. Mon.,
p. 479. — Gemm. et Har., loc. cit....................... Cap. de B.-Esp.

sedecimpunctata. Gebl. Humm. Essai iv, 1825, p. 49.; Ledeb. Reise ii, 3, 1830, p. 139. — De Mars. Mon., p. 256. — Gemm. et Har., loc. cit.   Turcomanie.

septempunctata. Baudi (*Coryna*) Atti d. R. soc. del. Sc. Torino, 1878. p. 1059, et Deut. ent. Zeitsch, 1878, p. 361 .... Algérie.

sericea. Pall. Ic., p. 85, pl. E. fig. 11. — Tausch, Enum., p. 142, pl. 10. fig. 13. — De Mars. Mon. p. 544. — Gemm. et Har., loc. cit. .... Russie Mér.
Syn.: *festiva*. Pall. It. ii, app. p. 721. — E. Oliv. Bull. Soc. ent. de Fr., 1875. p. cliii. — Bedel, ibid. p. clxiii.

serricornis. Gerst. Monatsb. Berl. Ac., 1854, p. 694. — De Mars. (*Ceroctis*). Mon., p. 548. — Gemm. et Har., loc. cit. .... Mozambique.

sexmaculata. Tausch. Enum., p. 145, pl. 10, fig. 18. — Gemm. et Har., loc. cit. .... Caucase.

sexnotata. Redt. Kotsky Col. Syr., 1843, p. 987, pl. 22. — De Mars. Mon., p. 517. — Gemm. et Har., loc. cit. .... Syrie.

sibirica. Fisch. Ent. Russe, ii, 1824, p. 225, pl. 40, fig. 4. — Gebl. Ledeb. Reise., ii, p. 139; et Bull. Moscou 1847, iv, p. 500. — Reiche, Ann. Soc. ent. de Fr., 1865, p. 635. — De Mars. Mon., p. 513. — Gemm. et Har., loc. cit. — Baudi, loc. cit., 1878, p. 1117. .... Sibérie.
Var. : *Besseri* Mannh. Dej. Cat., 3e éd.
sidæ. Fabr. Voir **M. phalerata**. Pall.
signata. De Mars. Voir **M. Persica**. N.

signata. Fisch. Ent., ii, 1824, p. 226, pl. 21, fig. 9. — De Mars. Mon., p.489
Sibérie.

Silbermanni. Chevr. Silb. Rev. v. p. 277. — De Mars. Mon., p. 508. — Gemm. et Har., loc. cit. .... Algérie.
Syn. : *affinis*. Luc. Expl. alg. pl. 34, fig. 2.
vicina. Luc. Ibid., p. 389.

sinnata. Klug, Symb. phys. iv. pl. 32, fig. 7. — Gemm. et Har., loc. cit.   Syrie.

sisymbrii. Klug, loc. cit., pl. 31, fig. 12. — Reiche, Ann. Soc. ent. de Fr., 1865, p. 640. — De Mars. Mon., p. 538. — Gemm. et Har., loc. cit.   Egypte.

smaragdina. Gebl. Bull. Mosc., 1841. p. 597. — De Mars. (*Decatoma*). Mon., p. 594. — Gemm. et Har., loc. cit. .... Sibérie.

sobrina Graells. Rev. zool., 1849, p. 621. — Ann. Soc. ent. de Fr., 1851. p. 20. — Reiche, ibid. 1865. p. 639. — De Mars. loc. cit. — Gemm. et Har., loc. cit. .... Espagne.

sodalis. Heyd. Deut. ent. Zeitsch., 1883, p. 65 .... Turkestan.
solonica. Pall. Voir **M. floralis**. Pall.

speciosa. Pall. Ic. p. 84, pl. E, fig. 9. — Fisch. Ent. Russe, p. 224, pl. 40, fig. 1. — De Mars. Mon., p. 543. — Gemm. et Har., loc. cit. — E. Oliv. Bull. Soc. ent. de Fr., 1875, p. cliii. — Bedel, ibid., p. clxiii .... Sibérie.
Syn. : *festiva* (*var.*) Pall. It. ii, app. p. 721.
spectabilis. Fald. Voir **M. lutea**. Pall.

splendidula Pall. Ic., p. 83. pl. E, fig. 8. — Reiche, Ann. Soc. ent. de Fr., 1865, p. 637. — De Mars. Mon., p. 542. — Gemm. et Har., loc. cit. — Baudi, Atti R. Soc. del Sc. di Torino, 1878. p. 1088. .... Sibérie.
Var.: *bimaculata*. Pall. It. app. p. 446. — Fisch. Ent. Russe, ii, p. 226, pl. 40, fig. 8.
bivulnera. Pall. Ic. p. 94. pl. E, fig. 23. — Tausch. Enum. p. 154, pl. 11, fig. 21.
caspica. Gmel. éd., Linn. i, 4, p. 1896.
confluens. Fisch. Ent. Russe ii, p. 227, pl. 40, fig. 10.
Frolovi. Gebl. (nec Germar). Myl., p. 164; Bull. Mosc. 1847, p. 496.
rohlovi. Fisch. Ent. Russe, ii, p. 226, pl. 40, fig. 7.

intermedia. Fisch. Bull. Mosc., 1844, i, p. 132. pl. 3, fig. 5.
Syn.: media (par erreur) Kraatz, Deut. ent. Zeitsch., 1881, p. 327.
marginata. Fisch. Bull. Mosc. 1844, I. p. 133, pl. 3, fig. 6.
Gebleri. Heyden, Deut. ent. Zeitsch. 1883, p. 66, note.

spuria. De Mars. Mon., p. 500. — Gemm. et Har., loc. cit. — Fæhr. C. R. Ac.
des Sc. de Stockh. 1870, p. 344.............. .... Cafrerie.

Stalii. Fæhr., loc. cit., p. 343............................. Cafrerie.

Staudingeri. Heyd. (*Zonabris*). Berl. ent. Zeitsch. 1881, p. 25. Turkestan.

superba. Fald. Fn. transc., ii, p. 123. — Gemm. et Har., loc. cit. — Baudi.
Atti d. R. Soc. de Sc. di Torino, 1878, p. 1144............. Arabie.
Syn.: 6-*maculata.* Oliv. Encycl. méth. viii, p. 98.

svacopina. De Mars. Mon., p. 478. — Gemm. et Har., loc. cit. Afrique mér.

Swartzi. Billb. Mon., p. 38, pl. 4, fig. 12. — De Mars. Mon., p. 554. —
Gemm. et Har., loc. cit.. Sierra-Leone.
Syn.: *anastomosis.* Panz. Voet. éd. iv, p. 120, pl. 48, fig. 4 β.
flavofasciata. Voet. Cat. Col. ii, index, p. 20, pl. 48, fig. 4 β.

syriaca. Klug, Symb. phys., iv, 1834, pl. 32, fig. 1. — Reiche, Ann. Soc.ent.
de France 1865. p. 633. —. De Mars. Mon., 464. — Gemm. et Har., loc. cit.
— Baudi, loc. cit., p. 1173.... .... Syrie.
Syn.: *intersecta.* Reiche. Ann. Soc. ent. de France, 1857, p. 274. — Dej. cat.
3ᵉ éd., p. 244.
Var.: *Gebleri.* Fald. En. transc. ii, p. 124, pl. 4, fig. 9....... Perse.
tæniata. Waltl. Voir **M. cincta.** Oliv.

tauricola. De Mars. Mon., p. 493. — Gemm. et Har., loc. cit. Syrie.
Tauscheri. Fisch. Voir **M. Fischeri.** Gebl.

tekkensis. Heyd. Deut. ent. Zeitsch. 1883, p. 360........... Perse.

tenebrosa. Cast. Hist. nat., ii, p. 270. — De Mars. Mon., p. 468. — Gemm. et
Har., loc. cit. — Bedel, Ann. Soc. ent. de Fr., 1885, p. 87.. Egypte.
Syn.: *luctuosa.* Dej. Cat., 3ᵉ éd., p. 244.
Baulnyi. De Mars. L'Abeille 1870, vii, p. 49.

tergemina. De Mars. (*Coryna*). Mon., p. 614. — Gemm. et Har., Cat. p. 2133.
Angola.

terminata. Illig. Wied. Arch., i, 2, 1800, p. 143. — Gemm. et Har. loc. cit. —
Baudi, loc. cit., p. 1177 .... Sénégal.
Syn.: *Afzelii.* Billb. Mon., p. 48, pl. 5, fig. 11-15. — De Mars. Mon.
Billbergi. Sturm. Cat.,1843, p. 172.
Var.: *hœmorrhoa,* Klug, Erm. Reise, 1835, p. 41.
ustulata. Reiche, Ann. Soc. ent. de Fr., 1865, p. 633. — De Mars. Mon.,
p. 433. — Gemm. et Har., loc. cit..................... Algérie.

testudo. De Mars. Mon., p. 462. — Gemm. et Har., loc. cit... Cafrerie.

tettensis. Gerst. Mon. Berl. Ac. 1854, p. 694. — De Mars. Mon., 422. — Gemm.
et Har., cat. p. 2144.. Cafrerie.

Thunbergi. Billb. Mon., p. 18, pl. 2, fig. 3. — De Mars. Mon., p. 476. —
Gemm. et Har., loc. cit.................................... Indes Or.

tibialis. De Mars. Mon., p. 499. — Gemm. et Har., loc. cit.. Sénégal.

tiflensis. Billb. Mon., p. 13, pl. 3, fig. 1. — De Mars. Mon., p. 472. — Gemm.
et Har., loc. cit... Indes Or.

tigrina. Klug, Symb. phys., iv, pl. 32, fig. 12. — Reiche, Ann. Soc. ent. de
Fr. 1865, p. 628. — De Mars. (*Coryna*). Mon., p. 607. — Gemm. et Har, loc.
cit., p. 2133..................... .... Egypte.
Syn.: *Reichei* (*Dices*), in coll. Dej.

tigrinipennis. Latr. Voy. Calliaud, 1827, iv, p. 286. — Gemm. et Har., loc. cit . . . . Sennaar.

Syn. : *menthæ*. Klug, 1845. Symb. phys. myl. n° 11, pl. xxi, fig. 11. — Bedel, Ann. Soc. ent. de Fr., 1887, p. 200.

tigripennis. De Mars. Mon. — Gemm. et Har., loc. cit . . . . . . Egypte.

tincta. Erichs. Wiegm. Arch. 1843, i, p. 256. — De Mars. Mon., p. 531. — Gemm. et Har., loc. cit . . . . Afrique.

tortuosa. Erichs. Voir **M. dentata**. Oliv.

transversalis. (Dej.). De Mars. Mon., p. 400. — Gemm. et Har., loc. cit. Cafrerie.

? Syn. : *hottentotta*. Fæhr. C. R. Ac. des Sc. de Stockh., 1870, p. 341.

triangulifera. Heyd. Deut. ent. Zeitsch., 1883, p. 359 . . . . Perse.

tricincta. Chevr. Voir **M. variabilis**. Pall.

tricingulata. Redt. Denksch. Wien. Ac., i, 1850, p. 49. — De Mars. Mon., p. 465. — Gemm. et Har., loc. cit . . . . Perse.

tricolor. Gerst. Monatsb. Berl. Ac., 1854, p. 694. — De Mars. Mon., p. 399. — Gemm. et Har., loc. cit . . . . Mozambique.

trifasciata. Thunb. Diss. spec. nov. ins. vi, 1791, p. 113, fig. 9. — Billb. Mon., p. 51, pl. 6, fig. 1. — Cast. hist. nat. ii, p. 270. — De Mars. Mon., p. 430. — Gemm. et Har., loc. cit . . . . Sénégal.

Syn. : *cichorii*. De Geer, Ins., v, p. 17, pl. 13, fig. 2, 3.

trifolia. De Mars. Mon., p. 461. — Gemm. et Har., loc. cit . . Cafrerie.

trifurca. Gerst. Monatsb. Berl. Ac., 1854, p. 694. — De Mars. (*Ceroctis*) Mon., p. 564. — Gemm. et Har., loc. cit. — Fæhr. loc. cit. p. 346. Mozambique.

trigonalis. Lichtenst. Cat. Hamb., 1795, p. 76. — Gemm. et Har., loc. cit . . . . Indes Or.

tripartita. Gerst. Ac. Berl., 1854, p. 694, pl. 17, fig. 14. — De Mars. Mon. p. 430. — Gemm. et Har., loc. cit . . . . Mozambique.

tripunctata. Thunb. Diss. nov. ins. spec., vi, p. 112. — Billb. Mon., p. 29, pl. 3, fig. 14-16. — De Mars. Mon., p. 486. — Gemm. et Har., loc. cit. Cap de B.-Esp.

tristigma. Gerst. loc. cit., p. 694. — De Mars. Mon., p. 429. — Gemm. et Har., loc. cit . . . . Mozambique.

tristis. Reiche, Voy. Abyss., 1850, p. 379, pl. 13, fig. 5. — De Mars. Mon., p. 415. — Gemm. et Har., loc. cit . . . . Abyssinie.

trizonata. Reiche, Voir **M. corynoïdes**, Reiche.

undata. Thunb. Ins. sp. nov., vi, p. 114, fig. 17. — Billb. Mon., p. 40, pl. 4, fig. 16-17. — De Mars. (*Decatoma*). Mon., p. 573. — Gemm. et Har., loc. cit . . . . Cap de B.-Esp.

Syn. : *arcuata*. Gmel. ed. Linn. i, 4, p. 2019.

undato-fasciata. De Geer. Ins. vii, p. 469, pl. 48, fig. 15-16.

undecim-notata. Heyd. Deut. ent. Zeitsch., 1883, p. 66 . . . . Turkestan.

undecim-punctata. Fisch. Cat. col. Karel. p. 17. — Bull. Mosc., 1844, i, p. 131, pl. 3, fig. 3. — De Mars. Mon., p. 530. — Gemm. et Har., loc. cit. Sibérie.

unicolor. Menetr. Cat. rais., 1832, p. 209. — Fald. Fn. transc. ii, p. 127, pl. 4, fig. 8, — Reiche, Ann. Soc. ent. de Fr., 1865, p. 636. — De Mars. Mon., p. 518. — Gemm. et Har., loc. cit . . . . Perse.

unifasciata. Ballion. Bull. soc. imp. nat. Moscou, liii, 1 . . . . Kuldsha (Asie).

ustulata. Reiche. Voir **M. terminata**. Illig.

varia. Oliv. Encycl. méth., viii, p. 96. — Fisch. Tent. consp. canth., p. 4. — De Mars. Mon., p. 50. — Gemm. et Har., l. c . . . . Egypte.

variabilis. Pall. Ic. p. 81, pl. E. fig. 7.— Billb. Mon., p. 25, pl. 3, fig. 3-6.
— Muls. Vésic., p. 120. fig. 11 *a-c*.— De Mars. Mon. p. 491. — Gemm. et Har.,
l. c. — Baudi, Atti d. R. Soc. di Torino, 1878, xiii, p. 1158 (1).   Europe mér.
1ʳ groupe. Syn. : *cichorii*. Dorthes. Obs. Mém. Soc. Agr. Paris 1787, p. 67 et
        68, fig. 5. — Casteln. Hist. nat., ii, p. 271.   France.
    fasciata Füssl. Verz.. p. 20, fig. 1, *a*......   Suisse.
    fasciato-punctata. Tauscu. Enum., p. 133, pl. 10, fig. 1.
                                  Sibérie.
    mutans Guér. Dict. pitt., v, p. 554, pl. 397, fig. 5.
                                  Italie.
   Var. : *armeniaca*. Fald. Fn. transc., ii, p. 125.—(Larve) Jacq. Duv.
      Ann. Soc. Ent. de Fr. 1857, p. 96......   Arménie.
      cichorei. Latr. Hist. nat., p. 370, pl. 88, fig. 9.   Hongrie.
      fasciata. Füssl. Verz., p. 20, fig. 1, *c, d*....   Russie Mérid.
      lacera. Krst. Kæf. Eur. 7, 49. — Meg. Dej. Cat., 3ᵉ éd.,
        p. 244........................   Dalmatie.
      mutabilis. Dej. Cat. 3ᵉ éd., p. 244........   Espagne.
      similaris. Muls. Vésic., p. 125............   Crimée.
      disrupta. Baudi, l. c., p. 1160............   Calabre.
      melanura. Petagna, in coll.

2ᵉ groupe. Var. : *tricincta*. Chevr. Silb. Rev., v. p. 270.... .   Tanger.
      Guerini. Chevr., ibid., p. 271... ....   Algérie.
      rubripennis. Chevr., ibid., p. 270. — Luc. Expl. Alg., p. 387.
        pl. 33, fig. 9...........................   Algérie.
      lacera. Baudi, loc. cit., p. 1162.
      disrupta. Baudi, ibid.

varians. Gyll. Schœnh. Syn. Ins., iii, app. 1817, p. 34. — Dej. Cat., 3ᵉ éd.,
   p. 245. — Reiche, Ann. Soc., ent. de Fr. 1865, p. 636. — De Mars. Mon.,
   p. 516. — Gemm. et Har.. l. c. — Baudi, Atti. d. R. Soc. d. Sc. di Torino.
   1878, p. 1103..........................   Espagne.
Syn. : *inconstans*. Chevr. Rev. zool., 1865, p. 393.
Var. : *decemspilota*. Chevr. l. c.
    luteipennis. Duf., in litt.
vestita. Reiche, Galin. Voy. Abyss., p. 381, pl. 23, fig. 7. — Dej. Cat. 3ᵉ éd.,
   p. 245. — De Mars. Mon., p. 444. — Gemm. et Har., l. c....   Abyssinie.
vicinalis. De Mars. Mon., p. 441. — Gemm. et Har., l. c....   Soudan.
vigintipunctata. Oliv. Encycl. méth., viii, p. 97. — Klug, Symb. phys., iv,
   n° 10, pl. 31, fig. 10. — Reiche, Ann. Soc. ent. de Fr. 1865, p. 640. — De
   Mars. Mon., p. 535. — Gemm. et Har., l. c ....   Syrie.
villosa. De Mars. (*actenodia*) Mon., p. 625, — Gemm. et Har., l. c. — Fæhr.
   C. R. Ac. des Sc. de Stockh., 1870, p. 345...............   Cap de B.-Esp.
villata. Kirsch. Voir **M. gemmula**. Dohrn.
Wagneri. Chevr. Voir **M. curta**, Chevr.
Wahlbergi. De Mars. (*Coryna*) Mon., p. 612. —Gemm. et Har., Cat. p. 2133.
   — Fæhr. C. R. Ac. des Sc. de Stockh., 1870, p. 349.......   Cafrerie.
zebroca. De Mars. Mon.—Gemm. et Har. l. c.— Baudi, Atti. d. R. Soc. d. Sc.
   di Torino, 1878, p. 1156..........................   Asie Mineure.
Syn. : *Kotskyi*. Koll. in coll.

---

(1) Baudi admet deux races distinctes, comportant des variétés : 1ʳᵉ race: *variabilis* et ses
variétés, plus particulièrement répandues en Europe ; 2° race: *tricincta* Chevr. et ses variétés,
plus particulièrement répandues en Afrique.

— 540 —

zigzaga. De Mars. Mon., p. 467. — Gemm. et Har., l. c.... Cafrerie.
zonata. Klug, Symb. phys. iv, n° 5, pl. 31, fig. 5, ♂. — De Mars. Mon., p. 414.
— Gemm. et Har., l. cit. — Baudi. l. c., p. 1179............. Arabie.
Syn. : *duplicata*. Klug, l. c. ♀

RÉPARTITION GÉOGRAPHIQUE DES ESPÈCES DU GENRE MYLABRIS

EUROPE............

alpina, 1; amori, 2; aulica, 3; biguttata, 4; Billbergi, 5; calida, 6; confluens, 7; 10-punctata, 8; decora, 9; Dejeani, 10; Dufouri, 11; 12-punctata, 12; flexuosa, 13; floralis, 14; Forti, 15; geminata, 16; hieracii, 17; impar, 18; Lichtensteini, 19; lutea, 20; 4-punctata, 21; restricta, 22; scutellata, 23; sericea, 24; sobrina, 25; variabilis, 26; varians, 27.

ASIE............

œstuans, 1; alternata, 2; amœnula, 3; arabica, 4; Audouini, 5; axillaris, 6; balteata, 7; Batesi, 8; bipunctata, 9; bircurva, 10; brunnipes, 11; caudanigra, 12; Chodshentica, 13; chicorii, 14; cincta, 15; cingulata, 16; cœruleomaculata, 17; cœrulescens, 18; colligata, 19; concinna, 20; concolor, 21; contaminata, 22; cruentata, 23; damascena, 24; Delarouzei, 25; Dohrni, 26; doriæ, 27; elegantissima, 28; euphratica, 29; excisofasciata, 30; externepunctata, 31; famelica, 32; fasciata, 33; femorata, 34; Fischeri, 35; Frolovii, 36; fusca, 37; fuscicornis, 38; gemmula, 39; Goryi, 40; humeralis, 41; Husseini, 42; impedita, 43; Jacquemonti, 44; Javeti, 45; Karelini, 46; Klugi, 47; Kraatzi, 48; lœvicollis, 49; Ledebouri, 50; Ledereri, 51; macilenta, 52; maculiventris, 53; madoni, 54; magnoguttata, 55; Mannerheimi, 56; Marseuli, 57; mimosœ, 58; nigriplantis, 59; ocellata, 60; 8-notata, 61; orientalis, 62; ornata, 63; Pallasi, 64; pallidomaculata, 65; parumpicta, 66; persica, 67; Peyronis, 68; phalerata, 69; plurivulnera, 70; pulchella, 71; pullata, 72; pusilla, 73; pustulata, 74; signata 75; 14-punctata, 76; rajah, 77; Raphael, 78; recognita, 79; Rouxi, 80; rutilipubis, 81; sairamensis, 82; scabiosœ, 83; schah, 84; Schœnherri, 85; 16-punctata, 86; 6-maculata, 87; 6-notata, 88; sibirica, 89; signata, 90; sinuata, 91; smaragdina, 92; sodalis, 93; speciosa, 94; splendidula, 95; Schrenki, 96; Staudingeri, 97; superba, 98; syriaca, 99; tauricola, 100; tekkensis, 101; Thunbergi, 102; tiflensis, 103 triangulifera, 104; tricingulata, 105; trigonalis, 106; 11-notata, 107; 11-punctata, 108; unicolor, 109; unifasciata, 110; 20-punctata, 111; zebroea, 112; zonata, 113.

ILE MAURICE........   mauritia, 1.
TIMOR............ .....   nigricaudis, 1.

Cerocoma Geoff. (10 espèces.)

(Voir p. 447.)

Dahlii. Kraatz. Rev., p. 112, pl. 4, fig. 10, *a*, *b*. in Berl. ent. Zeitsch., 1863.—
Gemm. et Har. Cat., p. 2131............................... Roumélie.
festiva. Fald. Faun. Transc. ii, p. 118, pl. 3, fig. 1, ♀, 2 ♂. — Kraatz, loc.
cit. p. 144. — Gemm. et Har., loc. cit...................... Perse occid.
Syn. : *Schreberi*. Var. Dej. Cat., 3ᵉ éd., p. 243.
gloriosa. Muls. Vésic., p. 103 ♂. — Kraatz. Berl. ent. Zeitsch., 1863, p. 114.
— Gemm. et Har., loc. cit............................... Caramanie.
Kunzei. Frivald. Waltl. Voir **C. Mühlfeldi**.
Mühlfeldi. (Gyll.) Schoenh. Syn. ins., iii, app., 1817, p. 13. — Cast. Hist. nat.,
ii, p. 267. — Germ. Faune Ins. Eur., 9, 10. — Muls. Vésicants, p. 103. —
Gemm. et Har., loc. cit. — Baudi, Atti. d. R. Soc. d. Sc. di Torino, 1878,
p. 1045.. Hongrie.
Var. : *Kunzei*. Frivald. A'Magyar Tudôs, 1835, p. 265, pl. 6, fig. 7. — Waltl.
Isis, 1830, p. 465. — Muls. Vésic., p. 101. — Gemm. et Har., l. c. Turquie.
aurata. Parreys, in litt.
cuprea. Dahl, in litt.
Syn.: *Faldermanni*. Cast. Hist. nat., ii, p. 267.............. Perse occid.
micans. Ménétr. Cat. rais., p. 106. — Falderm. Dej. Cat., 3° éd., p. 243.
patelligera. Meg. Dej. Cat., loc. cit................... Hongrie.
Schæfferi. Linn. Syst. nat., éd. 12, p. 681. — Panzer Faune Germ., 106. —
Guér. Ic., pl. 35, fig. 1, *a*, *b*. — Muls. Vésic., p. 104, fig. 6-8. — Gemm. et
Har., loc. cit. — R. J. Gorriz. Ensayo para la monogr. de los Col. Mel. Saragosse 1882, p. 66...................................... Europe.
Syn. : *Adamovichiana*. Pill. et Mitterp. It. 1783, pl. 9, fig. 1. Allemagne.
viridis. Fourcr. Ent. Par. i, p. 163................... France.
Schraderi. Kraatz, Revis., p. 111, pl. 4, fig. 9, *a*, *b*, in Berl. ent. Zeitsch.
1863. — Gemm. et Har., loc. cit...................... Eubée.
Schreberi. Fabr. Spec. ins., i, p. 331. — Oliv. Ent. iii, 48, p. 5, pl. 1, fig. 2,
a, *b*, ♂. — Muls. Vésic. p. 94. — Jacq. Duv. Gen. Col. iii, pl. 93, fig. 461.
— Gemm. et Har., loc. cit............................ Allemagne.
Syn. : *Schæfferi*. Rossi, Faune Etr., i, p. 241.............. Italie.
Scovitzi. Fald. Faune transc. ii, p. 117, pl. 3, fig. 3. — Kraatz, Revis., loc.
cit., p. 113. — Gemm. et Har., l. c...................... Perse occid.
Syn. : *Beckeri*. Kinderm. in litt........................... Syrie.
Olivieri. Dej. Cat., 3ᵉ éd., p. 244...................... id.
syriaca. Abeille de Perr. Contrib. in Bull. Soc. d'hist. nat. de Toulouse,
1880, p. 235.. Palestine.
Wahlii. Fabr. Mant. Ins., i, 217. — Oliv. Encycl. méth., v, p. 395. — Luc.
Expl. Alg. p. 386, pl. 33, fig. 6, *a-f*. — Muls. Vésic., p. 98. — Gemm. et
Har., loc. cit.. Barbarie.
Syn. : *Schreberi*. ♀ Schoenh. Syn. Ins., iii. p. 18.
Var. : *chalybeiventris*. Chevr. Silb. Rev. 1838, p. 268......... Algérie.
Wagneri. Kust. Kœf. Eur. 2,32.

Cephaloon, Newm. (4 espèces.)
(Voir p. 447.)

angulare. Lec. Synops............. .... Amérique.
lepturoïdes. Newm. Ent., magaz. v, p. 377. — Lec. Synops., p. 350 ;
Agass. Lake sup., pl. 8, fig. 8. — Dej. Cat., 3ᵉ éd., p. 248. — Gemm. et Har.,
loc. cit............. .... Canada.
Var. : *varians*. Hald. Journ. Ac. Phil., sér. 2, ɪ, 1848, p. 95. — Lec. Synops.
p. 350.
pallens. Motsch. Schrenck Reis. 1860, p. 140, pl. 9, fig. 15. — Gemm. et
Har., loc. cit............. .... Amur.
variabile. Motsch., loc. cit., p. 141, pl. 9, fig. 16. — Gemm. et Har., loc. cit.
Amur.

Sybaris. Steph. (5 espèces.)
(Voir p. 446.)

ictericus. Gyll. Schoenh. Syn. ins. ɪɪɪ, app. 1817, p. 19. — Gemm. et Har.,
p. 2158..................... Sierra Leone.
immunis. Steph. Ill. Brit., v, p. 70, pl. 25, fig. 4. — Lac. Gen. col., v, p. 683.
— Gemm. et Har., loc. cit..................... Angleterre.
prœustus. Koll. et Redt. Hügel. Karch. 2, p. 536, pl. 25, fig. 7. — Gemm. et
Har., loc. cit..................... Kaschmir.
semivittatus, Koll. et Redt., loc. cit., p. 537. — Gemm. et Har., loc. cit.
Kaschmir.
tunicatus. Koll. et Redt., loc. cit., p. 537, pl. 25, fig. 8. — Gemm. et Har.,
loc. cit..................... Kaschmir.

Rampholyssa. Kraatz. (1 espèce.)
(Voir p. 446.)

Steveni. Fisch. Ent. Russe, ɪɪ, p. 227, pl. 41, fig. 3,4. — Kraatz, Berl. ent.
Zeitsch. 1863, p. 110, pl. 4, fig. 8, *a-d*. — Gemm. et Har., loc. cit. Russie mér.
Syn. : *prœusta*. Stev. Dej. cat., 3ᵉ éd., p. 243.

Diaphorocera. Heyd. (5 espèces.)
(Voir p. 447.)

chrysoprasis. Fairm. Ann. soc. ent. de Fr. 1863, p. 644. — Gemm. et Har.,
Cat., p. 2132..................... Algérie.
Hemprichi. Heyd. Berl. ent. Zeitsch., 1863, p. 127, pl. 4, fig. 7, *a, c*. — Gemm.
et Har., loc. cit............. .... Egypte.
Kerimii. Fairm. Ann. d. mus. civ. di Genova, 1875, vɪɪ, p. 530. — Baudi, Atti
d. R. Soc. d. Sc. di Torino, 1878, p. 1028.......... .... Tunisie.
obscuritarsis. Fairm. Ann. soc. ent. de Fr., 1885, p. xxxviii. Algérie.
promelæna. Fairm. Pet. nouv. entom., ɪɪ, p. 49, 1876. — Baudi, Atti. d. R.
Soc. d. Sc. di Torino, 1878, p. 1029..................... Algérie.

Cordylospasta. Horn. (1 espèce.)
(Voir p. 446.)

Fulleri. Horn, Col. of N. Am. in Smiths. miscell. 1883, p. 419. Nevada.

Palœstrida [1]. White. (1 espèce.)

bicolor. White. Stoke's Discov. p. 509. — Lac. Gen. Col. v, p. 687. — Gemm.
et Har., Cat. p. 2161.. .... N^lle Hollande.

Palœstra. Casteln. (5 espèces.)

eucera. Fairm. Pet. nouv. ent., ii, p. 167................... Gayndah.
(Australie.)
platycera. Fairm. Stett. ent. Zeitg. 1880, p. 280............ Australie occid.
quadrifoveata, Fairm. Stett. ent. Zeitg. 1880, p. 281........ Australie.
Syn. : *foveicollis*. Deyr. in coll.
rubripennis. Cast. Hist. nat., ii, p. 251. — Lacord. Gen. Atl., pl. 60, fig. 3.
— Gemm. et Har., p. 2158. — Fairm. Stett. ent. Zeitg. 1880, p. 280 (*rufipennis*,
par erreur)..................................... N^lle Hollande.
rufocincta. Fairm. Stett. ent. Zeitg. 1880, p. 281........... Australie.

[1] Les genres Palœstra et Palœstrida, par omission, ne figurent pas dans notre genera. Nous
relevons ici les espèces qui ont été signalées. On verra page 388 que Lacordaire range ces
2 genres parmi les Cantharides vraies, mais entre Cephaloon et Apalus.

ERRATA ET ADDENDA

Page 467. *Nemog. Cubœcola*. Duv. voir *Tetraonyx 4-maculatus*.
— 478. Meloe, Linn. 78 espèces, lire 79 espèces.
— 483. N° 20. *M. tridentatus* est à supprimer, comme étant synonyme de
M. cordillerœ.
— 483. N° 4, lire *Baudueri* et non *Bandueri*.
— 491. Ajouter aux espèces du genre Cantharis, les suivantes qui ne
m'étaient pas connues quand cette partie du catalogue a été préparée : C. *gentilis*, C. *occipitalis*, C. *incommoda*, Horn. Tr. am. Ent.
Soc. T. x — et C. *hellenica*, Heyden, Deut. ent, zeitsch. xxvii.
p. 310, Grèce.
— 492. A l'espèce *clematidis*, lire var. : *bivitta* et non *biritta*.
— 494.   — *flavipennis*, Syn. : *cyanicornis* et non *cyanicormis*.
— 516.   — *Lacordairei*, Berg, ajouter à la synonymie, L. *divirgata*
Vill. et Pen. d'après Berg, Ann. Soc. Arg. xv, p. 67.
— 520. Genre Mylabris, lire 328 espèces et non 332.
— 524. A l'espèce *chodshentica*, lire Dzongarie et non Russie.

ÉVREUX. IMPRIMERIE DE CHARLES HÉRISSEY

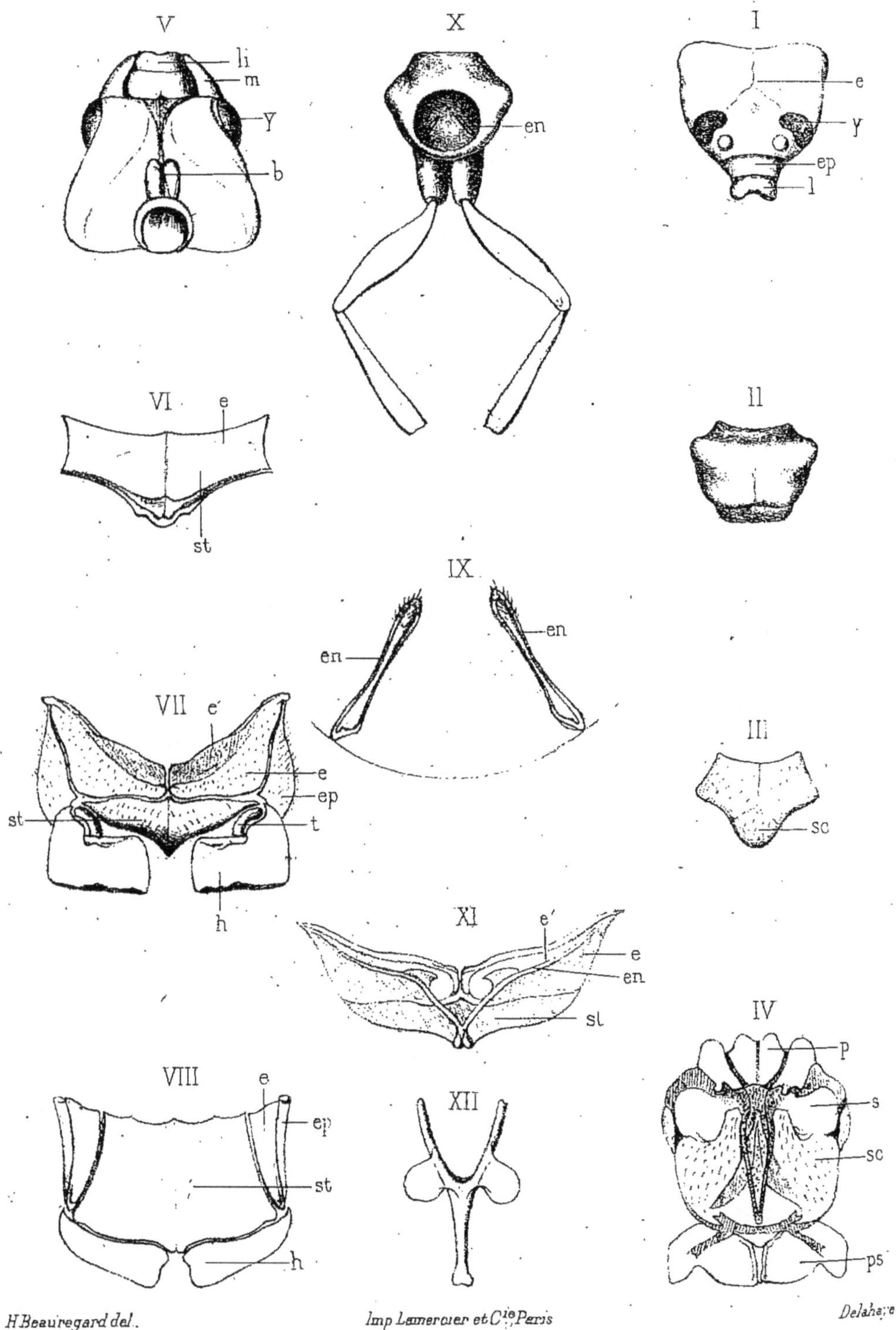

Squelette tégumentaire de la Cantharide.

Squelette tégumentaire de la Cantharide (C. Vesicatoria).

Fig. 1. — Tête vue par sa face supérieure. — *l*, labre; *ep*, épistome; *e*, épicrâne; *y*, yeux.

Fig. 2. — Prothorax, face supérieure.

Fig. 3. — Mésothorax, face supérieure. — *sc*, scutellum.

Fig. 4. — Métathorax, face supérieure. — *s*, scutum; *sc*, scutellum *p*, proscutum; *ps*, postscutellum.

Fig. 5. — Tête, face inférieure. — *li*, lèvre inférieure; *m*, menton *b*, pièce basilaire.

Fig. 6. — Arceau sternal du prothorax, face inférieure. — *st*, sternum; *e*, épisternum; *ep*, épimère.

Fig. 7. — Arceau sternal du mésothorax (mêmes lettres). — *t*, trochanter; *h*, portion de la hanche; *e'* bord de l'épisternum.

Fig. 8. — Arceau sternal du métathorax (mêmes lettres).

Fig. 9. — Entothorax du prothorax; une pièce seulement a été figurée.

Fig. 10. — Vue de l'extrémité antérieure du prothorax, montrant l'entothorax *en* en place.

Fig. 11. — Entothorax du mésothorax.

Fig. 12. — Entothorax du métathorax.

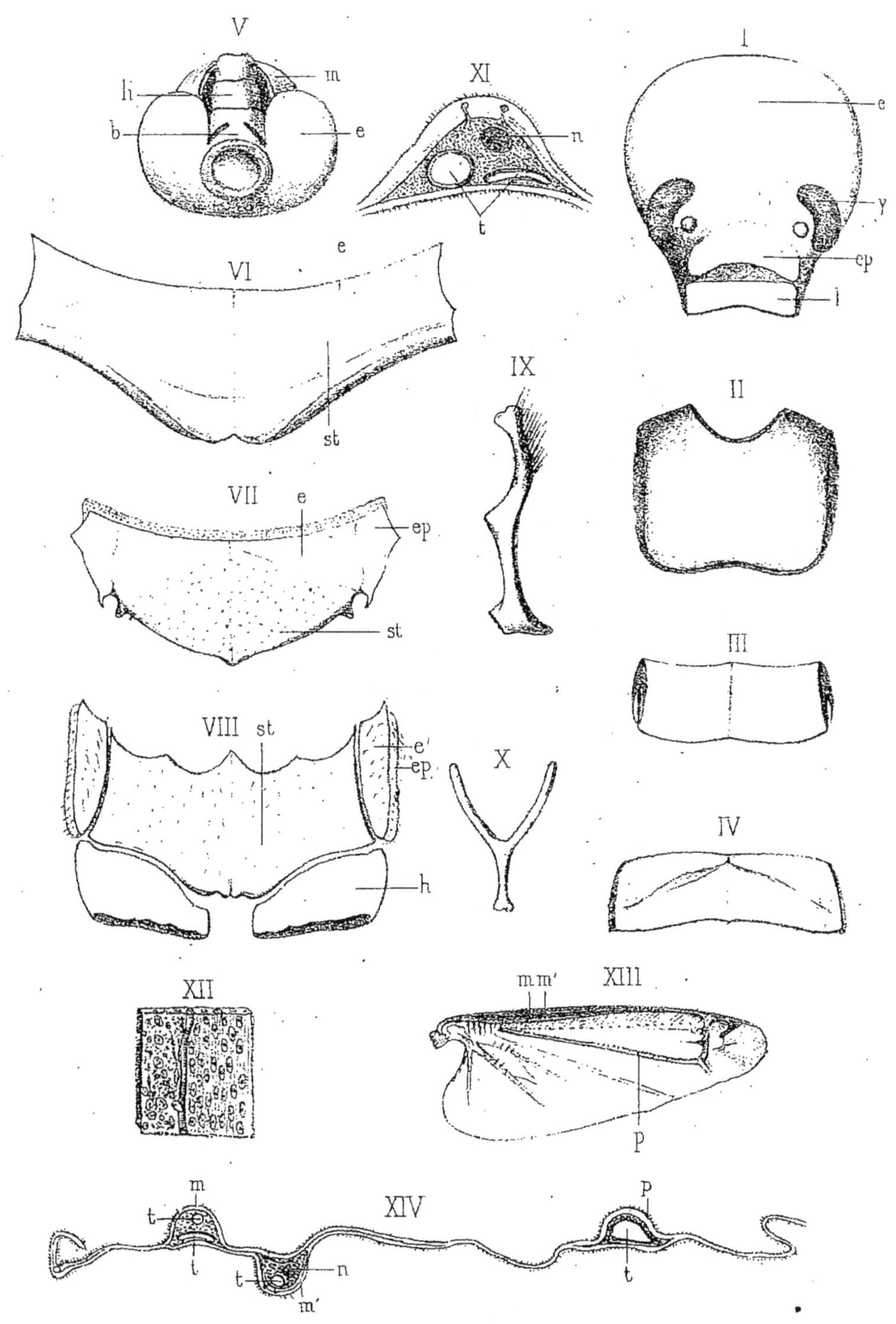

Beauregard del.   Imp. Lemercier et C.ie Paris.   Delahaye sc.

.Squelette tégumentaire du Meloe majalis.

Félix Alcan, Editeur.

Test des Vésicants.

Mêmes lettres que dans la planche I.

Fig. 1. — Meloe proscarabœus. Tête, face supérieure.

Fig. 2. — Prothorax du même.

Fig. 3. — Arceau dorsal du mésothorax du même; face supérieure.

Fig. 4. — Arceau dorsal du métathorax du même; face supérieure.

Fig. 5. — Tête du même, face inférieure.

Fig. 6. — Arceau sternal du prothorax du même.

Fig. 7. — Arceau sternal du mésothorax.

Fig. 8. — Arceau sternal du métathorax.

Fig. 9. — Entothorax du prothorax. Une seule pièce a été figurée.

Fig. 10. — Entothorax du métathorax.

Fig. 11. — Coupe transversale d'une nervure de l'aile de la Cantharide. — *n*, nerf; *t*, trachée.

Fig. 12. — Coupe longitudinale d'une nervure de l'aile de l'*Epicauta verticalis*. — *t*, trachée.

Fig. 13. — Aile de Cantharide étalée, vue en surface.

Fig. 14. — Coupe transversale perpendiculaire au grand axe de l'aile de la Cantharide. — *m*, nervure marginale; *m'*, nervure intermédiaire; *p*, nervure postérieure.

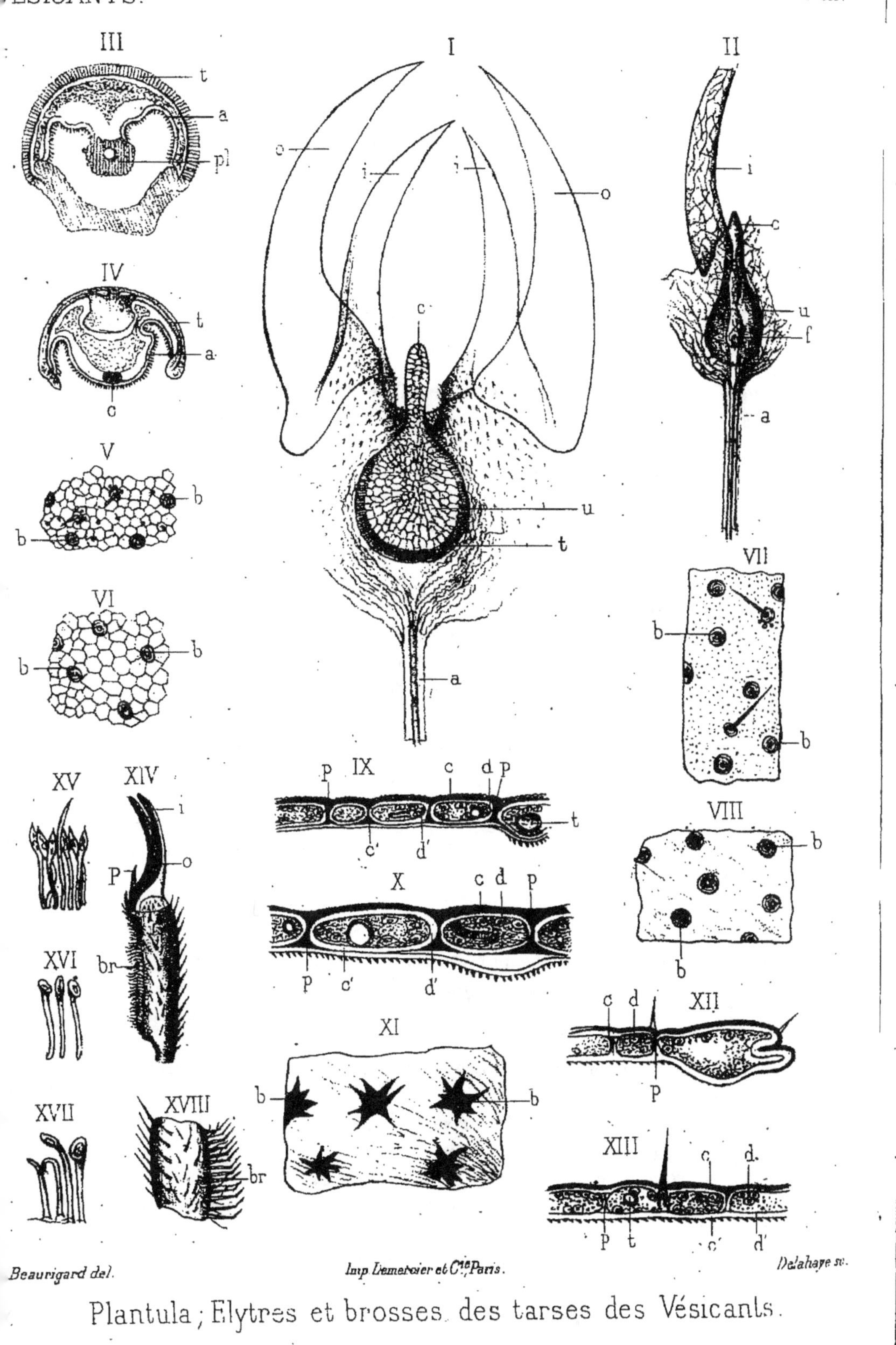

Beaurigard del.

Imp Lemercier et Cie Paris.

Delahaye sc.

Plantula; Elytres et brosses des tarses des Vésicants.

Félix Alcan, Editeur.

Ailes et pattes des Vésicants.

FIG. 1. — Plantula en rapport avec les ongles ; l'organe est vu par sa face ventrale, les ongles sont écartés ; préparation sur un Meloe Majalis. — *c*, col ; *u*, corps ; *a*, apodème d'insertion du fléchisseur des ongles ; *o*, ongles externes ; *i*, ongles internes.

FIG. 2. — Plantula du Meloe proscarabœus, vue par sa face postérieure ; mêmes lettres. — *f*, fente de la face supérieure du corps.

FIG. 3. — Coupe transversale du dernier article du tarse à l'union du col de la plantula avec le corps chez *Epicauta verticalis*. — *pl*, plantula ; *a*, apodème articulaire ; *t*, tégument de la face dorsale de l'article.

FIG. 4. — Coupe transversale du dernier article du tarse chez le même, au niveau du col *c*.

FIG. 5. — Portion de la lame supérieure d'une élytre de Cantharide, vue en surface. — *b*, base des piliers d'écartement.

FIG. 6. — Portion de la lame inférieure d'une élytre de Cantharide, vue de face. Mêmes lettres.

FIG. 7. — Portion de la lame supérieure de l'élytre du Mylabris 4-punctata, vue de face. Mêmes lettres.

FIG. 8. — Portion de la lame inférieure de l'élytre du même.

FIG. 9. — Coupe transversale de l'élytre de la Cantharide près du bord marginal. — *c*, cuticule ; *d*, couche chitineuse dermique ; *p*, piliers d'écartement.

FIG. 10. — Coupe longitudinale d'élytre de Meloe majalis. Mêmes lettres.

FIG. 11. — Vue de face d'une portion de la lame inférieure de l'élytre du Meloe majalis, montrant la base *b* des piliers d'écartement.

FIG. 12. — Coupe transversale de l'élytre du Mylabris 4-punctata au niveau du bord marginal.

FIG. 13. — Coupe transversale vers le milieu de la surface de l'élytre ; — *t*, trachée.

FIG. 14. — Dernier article du tarse, chez Meloe proscarabœus. — *br*, brosse ; *p*, plantula ; *o*, ongles.

FIG. 15. — Poils de la brosse chez Pomphopœa texana.

FIG. 16. — Poils de la brosse chez Mylabris 4-punctata (pattes antérieures).

FIG. 17. — Poils de la brosse chez Cantharis sphœricollis.

FIG. 18. — Article du tarse chez Nemognatha lutea.

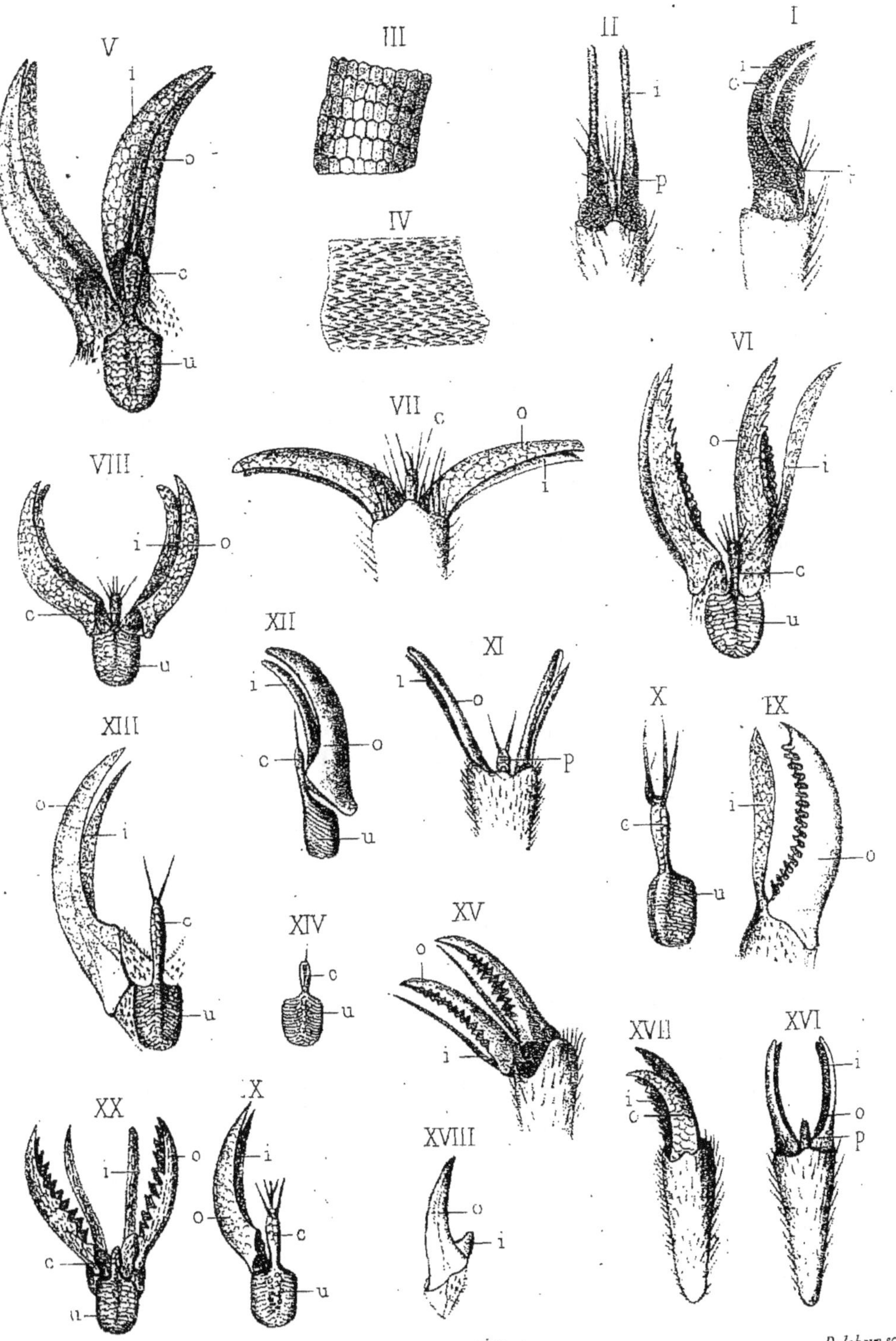

Beaurigard, del.

Imp. Lemercier et Cie Paris.

Delahaye sc

Ongles et plantula des Vésicants.

Félix Alcan, Editeur.

Tarse et ongles des Vésicants.

Fig. 1. — Ongles *o*, et plantula *p* vus par leur face latérale chez Mylabris pustulata.

Fig. 2. — Les mêmes, vus par leur face ventrale.

Fig. 3. — Portion très grossie d'ongle externe montrant le dessin polygonal de la surface, chez le même.

Fig. 4. — Portion très grossie d'ongle interne montrant les saillies aiguës qui hérissent la surface.

Fig. 5. — Plantula et ongles, chez Pyrota insulata.

Fig. 6. — Les mêmes organes, chez Nemognatha lutea.

Fig. 7. — Ongles pectinés et plantula de Cantharis sphœricollis.

Fig. 8. — Les mêmes organes chez Tetraonyx fulva.

Fig. 9. — Ongles externes pectinés et ongle interne lisse de Lydus marginatus.

Fig. 10. — Plantula et ongles du même.

Fig. 11. — Ongles et plantula de Cantharis dichroa; patte antérieure.

Fig. 12. — Les mêmes organes; patte postérieure.

Fig. 13. — Ongles et plantula de Cantharis cardinalis.

Fig. 14. — Plantula de Tricrania Stansburii.

Fig. 15. — Ongles pectinés du même.

Fig. 16. — Ongles et plantula de Meloe murinus.

Fig. 17. — Ongles internes, pectinés, de Cantharis segetum.

Fig. 18. — Ongles de Cysteodemus vittatus. L'ongle interne *i* est réduit à une sorte d'éperon.

Fig. 19. — Ongles et plantula de Cantharis viridana.

Fig. 20. — Ongles et plantula de Zonitis bilineata.

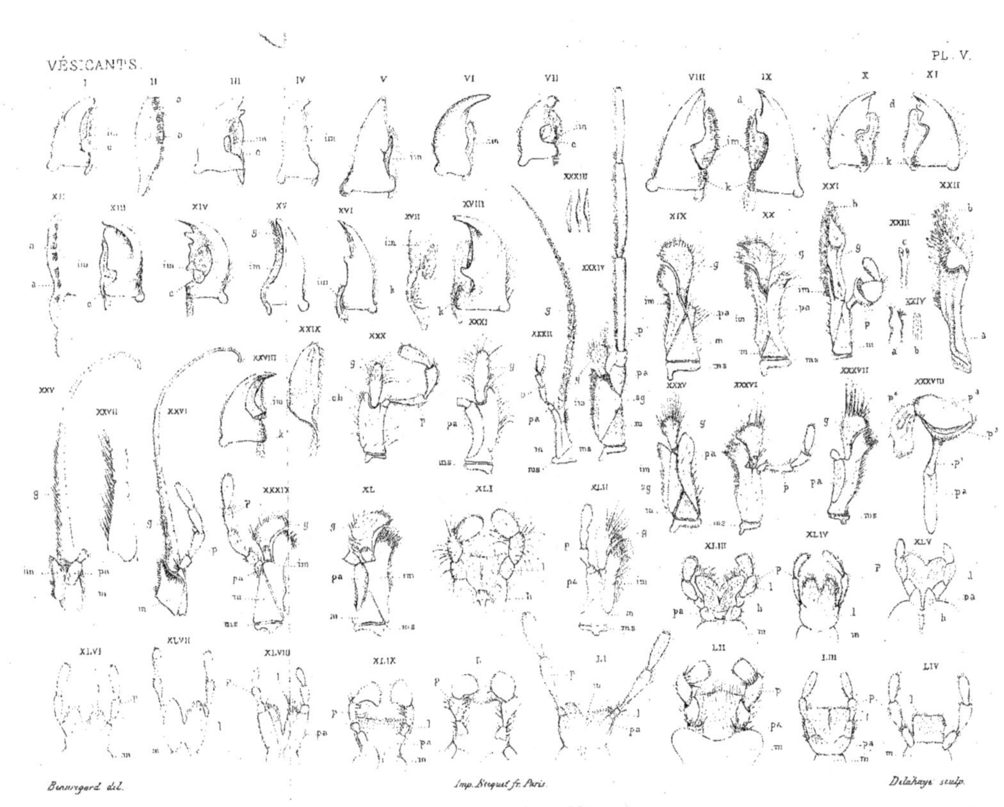

Pièces buccales des Vésicants

PLANCHE V.

Pièces buccales des Vésicants.

Fig. 1. — Mandibule de *Lagorina scutellata*, $\frac{15}{1}$.

Fig. 2. — Prostheca du même, très grossie.

Fig. 3. — Mandibule de *Lytta pennsylvanica* avec prostheca.

Fig. 4. — Mandibule de *Pomphophœa texana*, $\frac{20}{1}$.

Fig. 5. — Mandibule de *Leptopalpus rostratus*, $\frac{25}{1}$.

Fig. 6. — Mandibule de *Sitaris humeralis*, $\frac{20}{1}$.

Fig. 7. — Mandibule de *Cantharis (Cabalia) segetum*, $\frac{20}{1}$.

Fig. 8. — Mandibule gauche de *Mylabris varians* avec prostheca, $\frac{20}{1}$.

Fig. 9. — Mandibule droite du même avec dent *d*, $\frac{20}{1}$.

Fig. 10. — Mandibule gauche de *Coryna distincta*, $\frac{25}{1}$.

Fig. 11. — Mandibule droite du même, $\frac{25}{1}$; *d*, dent.

Fig. 12. — Prostheca de *Cantharis vesicatoria*, $\frac{40}{1}$; *a*, groupe de papilles.

Fig. 13. — Mandibule du même, $\frac{20}{1}$, face inférieure.

Fig. 14. — Mandibule de *Lytta Erythrocephala*, $\frac{20}{1}$, face inférieure.

Fig. 15. — Mandibule de *Cerocoma Vahli* ♂ $\frac{20}{1}$; *g*, galea.

Fig. 16. — Mandibule de *Tricrania Stansburii*, $\frac{15}{1}$.

Fig. 17. — Prostheca de *Halosimus viridissimus*, $\frac{40}{1}$, avec molaire hérissée *k*.

Fig. 18. — Mandibule du même, $\frac{20}{1}$, face supérieure.

Fig. 19. — Mâchoire de *Mylabris variabilis*, $\frac{20}{1}$, face inférieure.

Fig. 20. — Mâchoire du même, $\frac{20}{1}$, face supérieure montrant le palpigère en place.

Fig. 21. — Mâchoire de *Cerocoma Vahli* ♂ $\frac{20}{1}$, face supérieure ; *b*, poils.

Fig. 22. — Galea du même ♂ $\frac{40}{1}$; *a*, renforcement chitineux.

Fig. 23. — Poils du sommet du galea *c*.

Fig. 24. — Poils du bord interne ; *a*, poils ramifiés ; *b*, poils simples.

Fig 25. — Mâchoire de *Nemognatha lutea*, $\frac{20}{1}$, face supérieure.

Fig. 26. — Mâchoire du même, $\frac{20}{1}$, face inférieure.

Fig. 27. — Portion du galea du même, $\frac{40}{1}$.

Fig. 28. — Mandibule de *Œnas afer*, $\frac{20}{1}$.

Fig. 29. — Prostheca du même, $\frac{40}{1}$; *ch*, tige chitineuse de soutien.

Fig. 30. — Mâchoire de *Hapalus bipunctatus*, $\frac{30}{1}$, face inférieure.

Fig. 31. — Mâchoire du même, $\frac{30}{1}$, face supérieure.

Fig. 32. — Mâchoire de *Gnathium minimum*, $\frac{20}{1}$.

Fig. 33. — Poils du galea du même.

Fig. 34. — Mâchoire de *Leptopalpus rostratus*, $\frac{20}{1}$, face inférieure.

Fig. 35. — Mâchoire du même, $\frac{20}{1}$, face supérieure.

Fig. 36. — Mâchoire de *Zonitis mutica*, face inférieure, $\frac{20}{1}$.

Fig. 37. — Mâchoire du même, face supérieure, $\frac{20}{1}$.

Fig. 38. — Palpe grossi $\frac{30}{1}$ de la mâchoire de *Cerocoma Vahli* ♂ ; p^1, à p^4 articles du palpe.

Fig. 39. — Mâchoire de *Lagorina scutellata*, face inférieure, $\frac{20}{1}$.

Fig. 40. — Mâchoire du même, face supérieure, $\frac{20}{1}$.

Fig. 41. — Lèvre inférieure de *Mylabris cichorii* $\frac{40}{1}$.

Fig. 42. — Mâchoire de *Sitaris humeralis*, $\frac{20}{1}$.

Fig. 43. — Lèvre inférieure de *Cantharis segetum*, face supérieure, $\frac{30}{1}$.

Fig. 44. — — *Gnathium minimum*, face inférieure, $\frac{40}{1}$.

Fig. 45. — — *Œnas afer*, face supérieure, $\frac{30}{1}$.

Fig. 46. — — *Leptopalpus rostratus*, face inférieure, $\frac{20}{1}$.

Fig. 47. — Lèvre inférieure de *Zonitis mutica*, face supérieure, $\frac{20}{1}$.

Fig. 48. — — *Sitaris humeralis*, face supérieure, $\frac{20}{1}$.

Fig. 49. — — *Meloe murinus*, face inférieure, $\frac{20}{1}$.

Fig. 50. — — *Lytta pennsylvanica*, face inférieure, $\frac{30}{1}$.

Fig. 51. — — *Hapalus bipunctatus*, face inférieure, $\frac{20}{1}$.

Fig. 52. — — *Tegrodera erosa*, face inférieure, $\frac{30}{1}$.

Fig. 53. — — *Cerocoma Vahli* ♂, face inférieure, $\frac{20}{1}$.

Fig. 54. — — *Cissites testacea*, face inférieure, $\frac{30}{1}$.

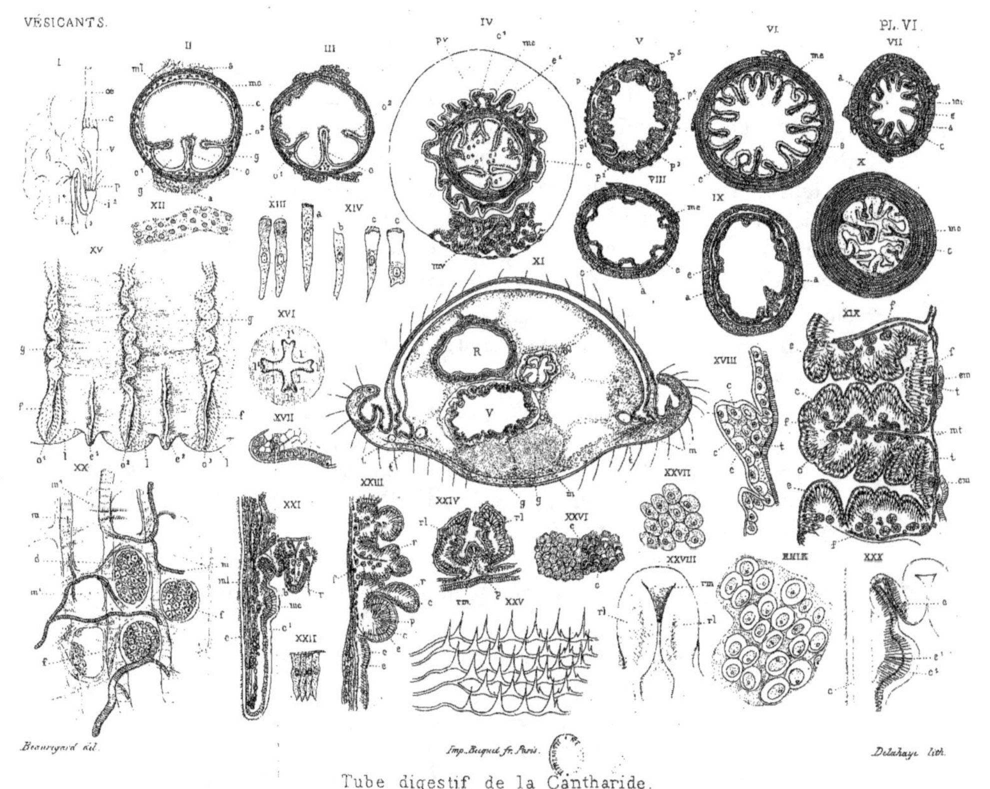

Tube digestif de la Cantharide.

PLANCHE VI.

Appareil digestif de la Cantharide.

Fig. 1. — Tube digestif avec trois des canaux de Malpighi en place; les 3 autres ont été coupés. — *œ*, œsophage; *c*, renflement cardiaque; *v*, ventricule chylifique; *p*, renflement pylorique; i^2, i^3, i^4, i^5, les quatre portions suivantes de l'intestin.

Fig. 2. — Coupe transversale de l'œsophage dans sa région antérieure, $\frac{..}{.}$. — *o*, repli de premier ordre, ventral; o^1, o^2, replis de premier ordre, latéraux; *m c*, musculeuse à fibres circulaires; *m l*, coupe des fibres longitudinales de la musculeuse interne; *a*, tissu adipeux; *c*, cuticule de l'œsophage; *g*, gouttières.

Fig. 3. — Coupe transversale de la région moyenne de l'œsophage, $\frac{..}{.}$, mêmes lettres; *e*, repli de second ordre apparaissant irrégulièrement.

Fig. 4. — Coupe transversale au niveau du bourrelet périvalvulaire, $\frac{..}{.}$. — o^1, o^2, o^3, o^4, replis de premier ordre; e^1, e^2, e^3, e^4, replis de second ordre; *c*, cuticule; *m c*, sphincter; *pv*, bourrelet périvalvulaire; c^1, cuticule de ce bourrelet; *e'*, épithélium du bourrelet; *mv*, muqueuse du ventricule.

Fig. 5. — Coupe transversale de l'estomac au niveau de la valvule pylorique, $\frac{..}{.}$; *p* à p^5, corps pyloriques; pour le reste, mêmes lettres que plus haut.

Fig. 6. — Coupe transversale de l'intestin; région à 18 replis, $\frac{..}{.}$. — *c*, cuticule; *e*, épithélium.

Fig. 7. — Coupe transversale de l'intestin; région à 12 replis, $\frac{..}{.}$; mêmes lettres. — *a, a*, corps adipeux.

Fig. 8. — Coupe transversale de l'intestin, région à 6 replis, $\frac{..}{.}$; mêmes lettres.

Fig. 9. — Coupe transversale de l'intestin, région dilatée à peu près lisse, $\frac{..}{.}$.

Fig. 10. — Coupe transversale du rectum, $\frac{..}{.}$; mêmes lettres.

Fig. 11. — Coupe transversale de l'abdomen de la Cantharide dans sa région antérieure au niveau de la valvule pylorique. — V, ventricule chylifique; I, intestin, région à 6 replis; R, intestin, région renflée à muqueuse à peu près lisse; *t*, trachées; T, portion de testicule; *m*, muscles; G, glande de l'organe mâle.

Fig. 12. — Portion de tissu adipeux de la surface de l'œsophage.

Fig. 13. — Cellules épithéliales à mucus du ventricule chylifique, $\frac{....}{.}$.

Fig. 14. — Cellules épithéliales du ventricule, $\frac{....}{.}$; *ab*, cellule avec cuticule poreuse; *cc*, cellules à mucus.

Fig. 15. — Portion ventrale de la valvule cardiaque étalée, $\frac{50}{1}$. Cette figure montre les gouttières *g* à surface cannelée transversalement, les replis de premier ordre o^1, o^2, o^3, et 2 replis de second ordre e^1, e^2; *f*, lames foliacées qui terminent les replis de premier ordre; *l*, les lobes qui frangent les bords de la valvule.

Fig. 16. — Orifice interne de la valvule vu de face; *l*, grands lobes; l^1, petits lobes.

Fig. 17. — Coupe transversale d'une portion d'épithélium de la muqueuse du ventricule chylifique, montrant les cloisonnements chitineux, $\frac{100}{1}$.

Fig. 18. — Coupe transversale d'une portion de la muqueuse de l'intestin, région à 6 replis très bas; *c*, cuticule; *e*, épithélium.

Fig. 19. — Coupe longitudinale d'un repli tranversal de la muqueuse du ventricule, $\frac{100}{1}$; *c*, cuticule; *e*, épithélium; *f*, follicules; *mt*, sections de fibres musculaires transversales; *t*, trachées; *em*, épithélium du fond des replis.

Fig. 20. — Portion très grossie de la couche conjonctive; *d*, fibres du tissu lamineux; *m*, faisceaux musculaires; m^1, cellules musculaires; *f*, follicules.

Fig. 21. — Coupe longitudinale de la valvule cardiaque, $\frac{100}{1}$; *c*, cuticule de l'œsophage; c^1, cuticule du bourrelet périvalvulaire; *mc*, muscles à fibres circulaires; *ml*, musculeuse à fibres longitudinales; *v*, muqueuse du ventricule; *b*, bourrelet périvavulvaire.

Fig. 22. — Cellules épithéliales avec cuticule poreuse de la partie postérieure du ventricule chylifique, $\frac{100}{1}$.

Fig. 23. — Coupe longitudinale de l'extrémité postérieure de l'estomac, comprenant un corps pylorique *p*; *r*, replis de la muqueuse de l'estomac; les autres lettres comme fig. 21.

Fig. 24. — Coupe transversale d'un corps pylorique; *rm*, repli médian; *rl*, replis latéraux; *p*, pédicule du corps pylorique.

Fig. 25. — Armature de la cuticule de l'œsophage.

Fig. 26. — Épithélium du ventricule chylifique dans le fond des replis, vu en surface; *c*, calottes hyalines des cellules à mucus.

Fig. 27. — Cellules épithéliales de la muqueuse de l'intestin, 4ᵐᵉ portion, $\frac{250}{1}$.

Fig. 28. — Un corps pylorique très grossi; *rm*, repli médian; *rl*, replis latéraux.

Fig. 29. — Portion du corps adipeux prise à la surface de l'intestin, $\frac{100}{1}$.

Fig. 30. — Coupe longitudinale au niveau du bourrelet périvalvulaire, montrant son passage à la muqueuse du ventricule, $\frac{150}{1}$; *c*, cuticule de l'œsophage; c^1, cuticule du bourrelet; e^1, épithélium du bourrelet; *e*, épithélium du ventricule.

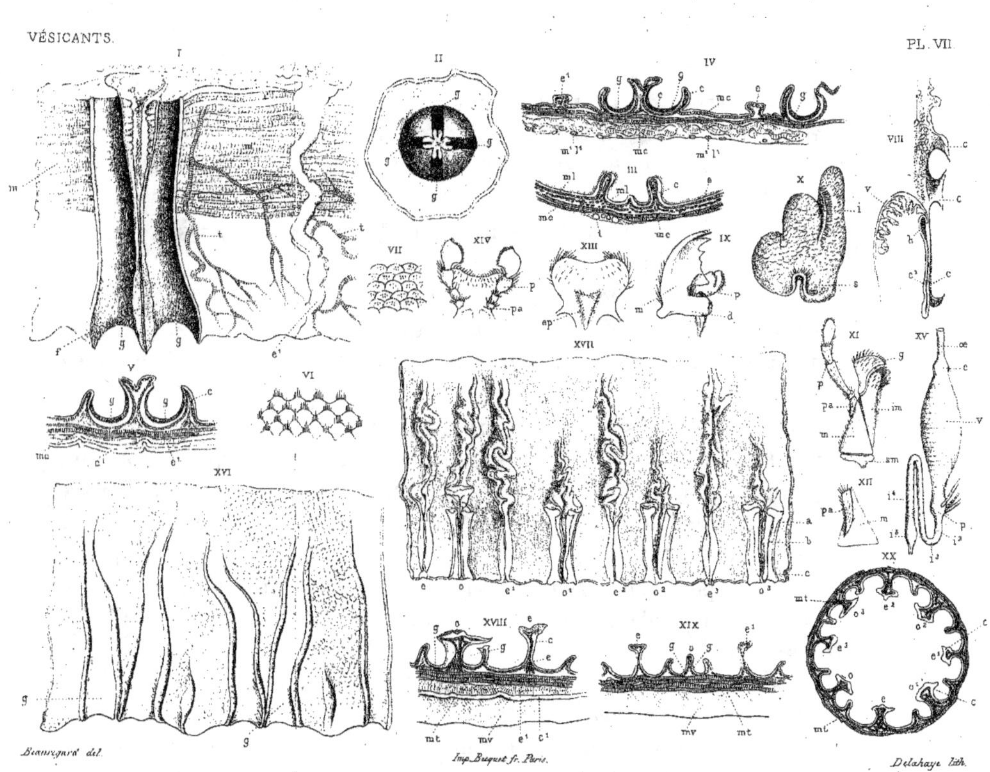

Appareil digestif des Meloe.

Appareil digestif des Meloe.

(Mêmes lettres que dans la planche précédente.)

Fig. 1. — Portion de la valvule cardiaque du *Meloe majalis*, $\frac{40}{1}$, montrant une paire de gouttières *g* et un repli de second ordre *e¹*; *f*, portion foliacée d'un repli de premier ordre; *t*, trachée; *m*, muscle du sphincter.

Fig. 2. — Orifice de la valvule cardiaque du même, vu par sa face postérieure; *gg*, gouttières cornées.

Fig. 3. — Coupe d'un repli de premier ordre de l'œsophage du même au-dessus de la valvule, $\frac{40}{1}$; *c*, cuticule; *e*, épithélium; *ml*, musculeuse à fibres longitudinales; *mc*, musculeuse à fibres circulaires; *t*, trachées.

Fig. 4. — Coupe transversale d'une portion de la valvule cardiaque au niveau où celle-ci pénètre dans le ventricule chylifique, $\frac{40}{1}$; *m*, muqueuse du ventricule; *m¹ l¹*, musculeuse longitudinale du ventricule; *mc*, musculeuse à fibres circulaires de l'œsophage; *c, e¹*, replis de second ordre; *gg*, gouttières.

Fig. 5. — Coupe transversale d'une paire de gouttières au niveau du bourrelet périvalvulaire *b*, $\frac{40}{1}$; *c¹*, cuticule; *e¹*, épithélium du bourrelet.

Fig. 6. — Armature de la cuticule de l'œsophage du Meloe majalis dans sa région antérieure, $\frac{200}{1}$.

Fig. 7. — Armature de la cuticule du même au niveau des replis, $\frac{200}{1}$.

Fig. 8. — Coupe longitudinale d'une moitié du tube digestif au niveau de la valvule cardiaque chez Meloe majalis, $\frac{35}{1}$; *c*, cuticule de l'œsophage; *c¹*, cuticule de la membrane périvalvulaire; *b*, bourrelet épithélial; *v*, muqueuse du ventricule chylifique.

Fig. 9. — Mandibule de Meloe majalis, $\frac{5}{1}$; *m*, maxillaire; *p*, prostecha; *d*, molaire.

Fig. 10. — Prostecha de la même; *i*, région papilleuse; *s*, surface d'insertion à la mandibule.

Fig. 11. — Mâchoire du même, $\frac{10}{1}$; *m*, maxillaire; *sm*, sous-maxillaire; *im*, intermaxillaire; *g*, galea; *pa*, palpigère; *p*, palpe maxillaire.

Fig. 12. — Maxillaire, *m* et palpigère *pa*, du même.

Fig. 13. — Labre, face inférieure avec épipharynx, *ep*, $\frac{5}{1}$.

Fig. 14. — Lèvre inférieure du même; face inférieure, $\frac{10}{1}$; *pa*, palpigère; *p*, palpes.

Fig. 15. — Tube digestif du Meloe majalis; *œ*, œsophage ; *c*, renflement cardiaque; *v*, ventricule chylifique ; *p*, renflement pylorique ; i^2, i^3, i^4, i^5, intestin.

Fig. 16. — Portion de la valvule cardiaque étalée du *Meloe proscara-bœus*, montrant deux paires de gouttières *g*, $\frac{21}{1}$.

Fig. 17. — Valvule cardiaque étalée, et vue par sa surface interne, du *Meloe angusticollis*, $\frac{10}{1}$; *o* à o^3, replis de premier ordre; *e* à e^3, replis de second ordre.

Fig. 18. — Coupe transversale d'une portion de cette valvule, comprenant une paire de gouttières et un repli de second ordre, faite au niveau du bourrelet périvalvulaire $\frac{41}{1}$ vers *a* de la figure 17 ; *mt*, muscles du sphincter; c^1, cuticule périvalvulaire; e^1, épithélium périvalvulaire.

Fig. 19. — Coupe transversale d'une portion de valvule vers son extrémité terminale *c*, $\frac{41}{1}$; les autres lettres comme fig. 18.

Fig. 20. — Coupe transversale totale de la valvule cardiaque du même vers le niveau *b*; milieu de la valvule, $\frac{10}{1}$.

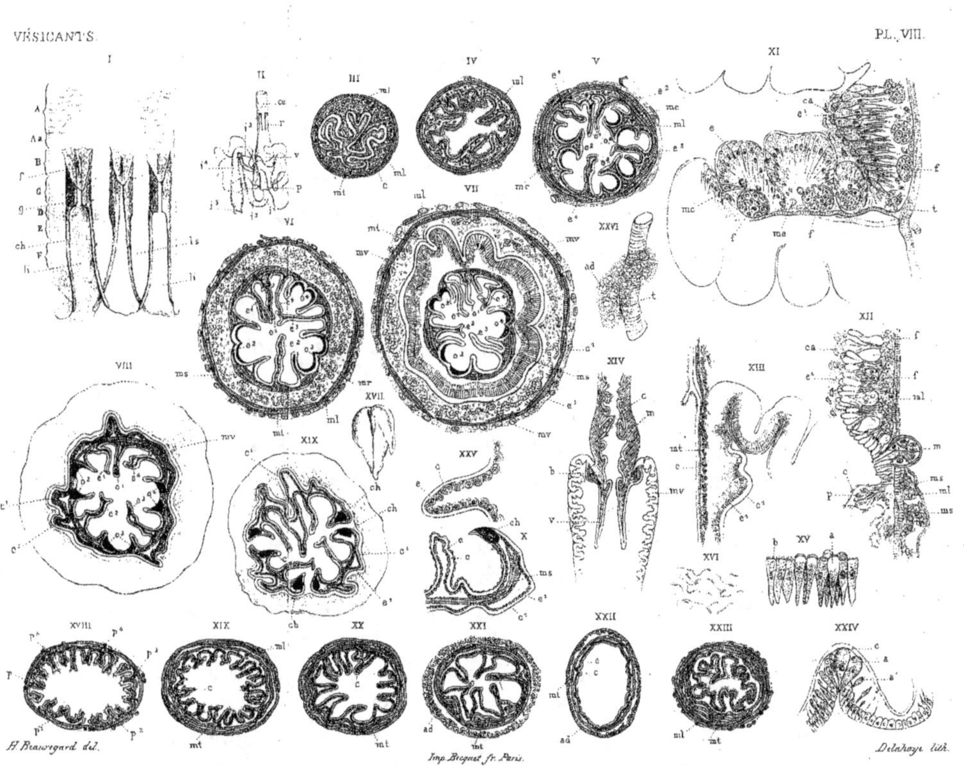

Tube digestif de l'Epicauta verticalis.

Félix Alcan, Editeur.

Appareil digestif de l'Épicauta verticalis.

(Mêmes lettres que dans les planches précédentes.)

Fig. 1. — Œsophage et valvule cardiaque, vue d'ensemble; *ls*, lobe supérieur de la valvule; *li*, lobes latéraux inférieurs; *f*, prolongements foliacés des replis; *g*, gouttières; *cl*, lames cornées qui soutiennent les lobes.

Fig. 2. — Appareil digestif entier, $\frac{2}{1}$; *r*, pièces de la valvule visibles par transparence à travers les parois de l'œsophage et de l'estomac.

Fig. 3. — Coupe transversale de l'œsophage dans sa région antérieure, $\frac{10}{1}$, A, fig. 1.

Fig. 4. — Coupe transversale de l'œsophage dans sa région moyenne, A*a*, fig. 1, $\frac{10}{1}$; les huit replis sont complètement développés.

Fig. 5. — Coupe transversale de l'œsophage dans sa portion renflée B, fig. 1, $\frac{10}{1}$; *o*¹, repli dorsal de premier ordre.

Fig. 6. — Coupe au niveau où la valvule pénètre dans le ventricule chylifique immédiatement en avant du bourrelet périvalvulaire, $\frac{10}{1}$, *ms*, muscles du sphincter.

Fig. 7. — Coupe transversale au niveau du bourrelet périvalvulaire, $\frac{10}{1}$; les gouttières commencent à s'écarter.

Fig. 8. — Coupe transversale de l'estomac un peu en arrière du bourrelet, $\frac{10}{1}$.

Fig. 9. — Coupe au niveau des lobes de la valvule cardiaque. Ils sont séparés et limités par les tiges chitineuses *ch*, $\frac{10}{1}$.

Fig. 10. — Bord très grossi, $\frac{100}{1}$, de l'un de ces lobes, en coupe transversale, pour montrer l'union de la membrane périvalvulaire à la lame cuticulaire de l'œsophage.

Fig. 11. — Coupe longitudinale d'un repli circulaire du ventricule chylifique, montrant la structure de la muqueuse, $\frac{300}{1}$; *e*, épithélium de la portion saillante du repli; *e*¹, épithélium de la portion rentrante; *ca*, corps hyalins hémisphériques au milieu d'une substance granuleuse; *f*, follicules; *t*, trachées; *me*, fibres musculaires circulaires, en coupe.

Fig. 12. — Coupe longitudinale de l'extrémité postérieure du ventricule chylifique, $\frac{300}{1}$, montrant la disposition des cellules de la muqueuse dans cette région. Au-dessus du corps pylorique *p*, on voit déboucher un tube de Malpighi, *m*.

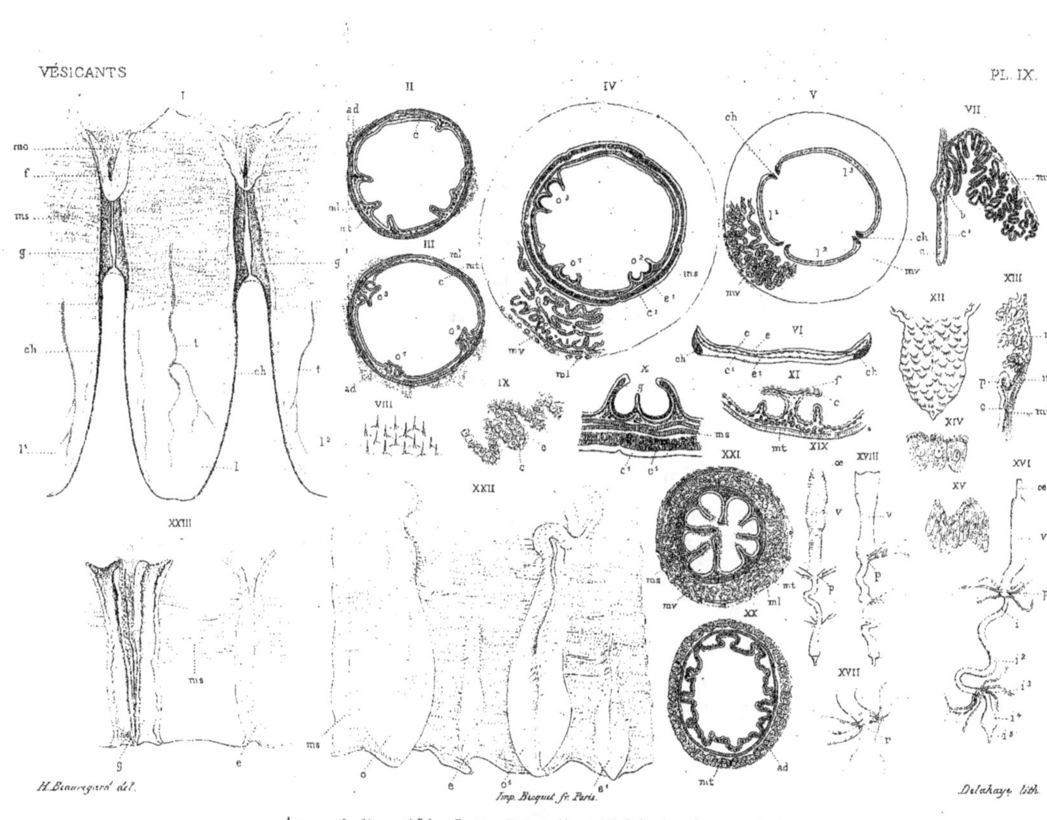

H. Beauregard del.

Imp. Becquet fr. Paris.

Delahaye lith.

Appareil digestif des Lytta Fabricii et Mylabris 4 punctata.

Felix Alcan, Editeur.

Appareil digestif des Lytta Fabricii et Mylabris 4-punctata.

(Mêmes lettres que dans la planche précédente.)

Fig. 1. — *Lytta Fabricii*. Portion de la valvule cardiaque étalée, montrant les trois lobes l à l^2, soutenus par les tiges chitineuses, $\frac{45}{1}$; *mo*, muscles obliques.

Fig. 2. — *Lytta Fabricii*. Coupe transversale de l'œsophage vers sa partie antérieure, montrant le commencement des replis, $\frac{80}{1}$.

Fig. 3. — Coupe transversale de l'œsophage du même au niveau des appendices foliacés qui recouvrent les gouttières, $\frac{80}{1}$.

Fig. 4. — Coupe transversale de la valvule cardiaque du même, au niveau du bourrelet périvalvulaire, $\frac{80}{1}$.

Fig. 5. — Coupe transversale de la valvule cardiaque du même, au niveau de sa division en trois lobes l^1 à l^3, $\frac{80}{1}$.

Fig. 6. — Coupe transversale très grossie de l'un de ces lobes, pour montrer l'union de l'intima de l'œsophage à celle de la membrane périvalvulaire.

Fig. 7. — Coupe longitudinale de l'estomac du *Lytta Fabricii*, au niveau de la valvule cardiaque, montrant les replis très profondément lobés de la muqueuse du ventricule *mv*.

Fig. 8. — Surface de la cuticule de l'œsophage au-dessus de la valvule cardiaque.

Fig. 9. — Coupe transversale de la muqueuse du ventricule dans sa région moyenne; on y voit l'épaisse cuticule poreuse.

Fig. 10. — Une gouttière de la valvule pylorique, en coupe transversale très grossie, prise au niveau du bourrelet périvalvulaire chez *Lytta Fabricii*, $\frac{80}{1}$.

Fig. 11. — Coupe d'une gouttière dans sa région antérieure, au niveau de l'appendice foliacé, $\frac{80}{1}$.

Fig. 12. — Un appendice foliacé vu en surface.

Fig. 13. — Coupe longitudinale de l'extrémité postérieure du ventricule, montrant la coupe d'un corps pylorique.

Fig. 14. — Trois cellules de l'estomac, montrant la cuticule poreuse, $\frac{300}{1}$.

Fig. 15. — Cellules de la partie postérieure de l'estomac, $\frac{300}{1}$.

Fig. 16. — Tube digestif de *Zonitis mutica*.

Fig. 17. — Extrémité postérieure grossie des tubes de Malpighi, montrant leur mode d'insertion à l'intestin, dans la même espèce.

Fig. 18. — Tube digestif du *Mylabris geminata*.

Fig. 19. — Tube digestif du *Mylabris 4-punctata*.

Fig. 20. — Coupe transversale de la région à douze replis de l'intestin du *Mylabris 4-punctata*, $\frac{40}{1}$.

Fig. 21. — Coupe transversale de la valvule cardiaque du même, au point où elle pénètre dans le ventricule, $\frac{40}{1}$.

Fig. 22. — Portion de la valvule cardiaque du *Mylabris 4-punctata* étalée et vue par sa face interne, $\frac{40}{1}$.

Fig. 23. — Portion de la valvule cardiaque du *Meloe angusticollis*, montrant une paire de gouttières et un repli intermédiaire, $\frac{40}{1}$.

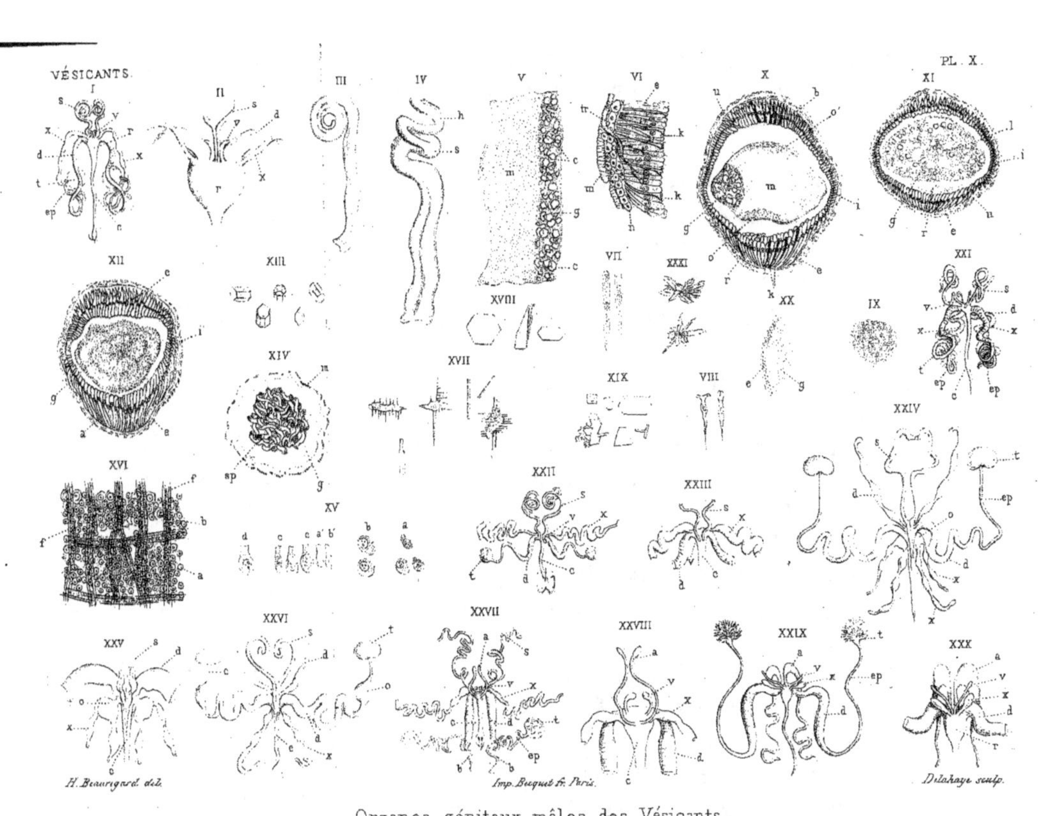

Organes génitaux mâles des Vésicants.

Félix Alcan, Éditeur

Organes génitaux internes des Vésicants.

Fig. 1. — Organes génitaux ♂ de la Cantharide. — *t*, les testicules; *d*, canaux déférents (réservoirs spermatiques); *ep*, portion épididymaire de ces canaux; *c*, conduit éjaculateur et son extrémité antérieure renflée *r*; *s*, tubes scorpioïdes; *v*, glandes de la seconde paire; *x*, tubes à cantharidine.

Fig. 2. — Extrémité antérieure du conduit éjaculateur de la Cantharide. Mêmes lettres que dans la figure précédente.

Fig. 3. — Tube scorpioïde (Cantharide).

Fig. 4. — Le même déroulé pour montrer le petit tube *h* qui se greffe; à son sommet *s*.

Fig. 5. — Portion du contenu du tube scorpioïde. — *m*, mucus épais *g*, matière gélatineuse renfermant les cristaux *c, c, c*.

Fig. 6. — Portion grossie d'une coupe transversale de l'un des bourrelets épithéliaux du tube scorpioïde. — *m*, fibres musculaires transversales; *n*, fibres musculaires longitudinales; *tr*, trachée; *e*, épithélium avec prolongements hyalins; *k*, cellules en régression.

Fig. 7. — Deux cellules épithéliales isolées par dissociation.

Fig. 8. — Deux cellules épithéliales en régression, isolées par dissociation.

Fig. 9. — Portion de la masse muqueuse de l'extrémité antérieure des tubes scorpioïdes, montrant l'empreinte des cellules épithéliales.

Fig. 10. — Coupe transversale de l'un des tubes scorpioïdes dans la région moyenne; grossissement : $\frac{120}{1}$. — *m*, mucus épais; *g*, substance gélatineuse avec cristaux; en *o* et *o*^{1}, empreintes des cellules épithéliales, et petits tubes où pénétraient les prolongements des cellules épithéliales; *e*, épithélium; *i*, épithélium à cellules courtes; *k*, cellules en régression; *k*^{1}, état ultime de régression; *u*, couches musculaires de l'enveloppe; *r*, calottes muqueuses, produit des cellules.

Fig. 11. — Coupe transversale d'un tube scorpioïde dans la portion antérieure de la région moyenne; grossissement : $\frac{100}{1}$. — Mêmes lettres que dans la figure précédente; *l*, vacuoles.

Fig. 21. — Coupe transversale d'un tube scorpioïde vers son extrémité antérieure, grossissement : $\frac{100}{1}$. — Mêmes lettres que figure 10.

Fig. 13. — Forme des cristallisations que renferme le mucus gélatineux des tubes scorpioïdes.

Fig. 14. — Coupe transversale de l'extrémité libre d'un tube à cantharidine. — *m*, paroi musculaire ; *g*, contenu muqueux ; *sp*, amas de
faisceaux de spermatozoïdes.

Fig. 15. — *a, b*, cellules de l'épithélium de la paroi des tubes à cantharidine, prises dans les portions renflées de ces tubes ; *c, d*, glandes
unicellulaires siégeant dans l'épithélium, particulièrement au niveau
des espaces étranglés ; *a' b'*, deux de ces cellules en régression.

Fig. 16. — Portion étalée de la paroi d'un tube à cantharidine. —
f, faisceaux musculaires ; *a*, cellules épithéliales ; *b*, grosses cellules.

Fig. 17. — Figures cristallines obtenues en traitant le contenu des tubes
à cantharidine par l'acide azotique.

Fig. 18. — Cristaux de cantharidine pure.

Fig. 19. — Cristaux obtenus par addition d'eau à la solution des cristaux de la figure 17 dans le chloroforme.

Fig. 20. — Coupe transversale d'une portion d'un tube de la seconde
paire de glandes accessoires. — *g*, mucus ; *e*, épithélium.

Fig. 21. — Appareil génital mâle de *Lytta pensylvanica*. — Mêmes lettres
que figure 1.

Fig. 22. — Appareil génital mâle de *Cerocoma Schœfferi*.

Fig. 23. — Portion grossie de l'appareil mâle du même.

Fig. 24. — Appareil mâle de *Mylabris quadripunctata*. — *o*, renflement
d'où naissent les deux tubes moniliformes de la troisième paire.

Fig. 25. — Portion grossie de l'appareil mâle du même.

Fig. 26. — Appareil mâle de *Mylabris geminata*. — *o*, renflement de la
région épididymaire du canal déférent.

Fig. 27. — Appareil mâle de *Epicauta verticalis*. — *a*, glandes formant
une quatrième paire ; *b*, tubes annexés à l'extrémité de la portion
renflée du conduit déférent.

Fig. 28. — Portion grossie du même appareil.

Fig. 29. — Appareil mâle de *Zonitis mutica*. — *a*, portion renflée du
tube de la première paire de glandes accessoires.

Fig. 30. — Portion grossie du même appareil.

Fig. 31. — Formes cristallines obtenues en traitant par l'eau ammoniacale les cristaux préparés par addition d'acide azotique au contenu
des tubes à cantharidine.

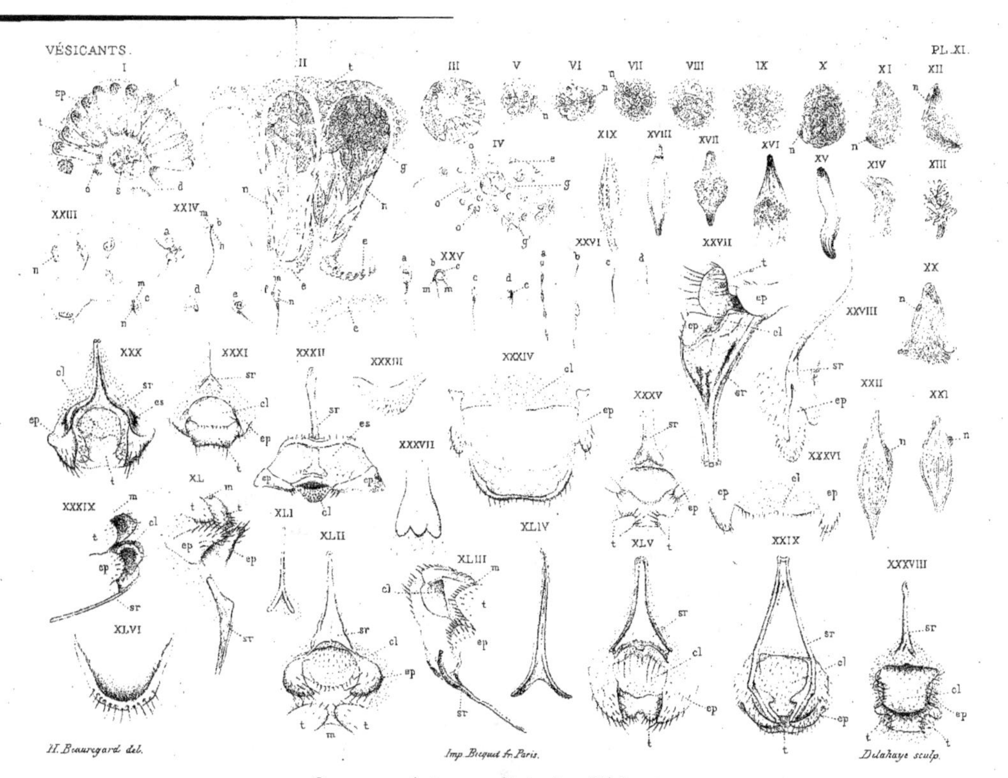

Organes génitaux mâles des Vésicants.

Spermatogénèse et organes mâles.

Fig. 1. — Coupe transversale d'une moitié du testicule de Cantharis vesicatoria, passant par le canal déférent. — *t*, tubes testiculaires; — *d*, canal déférent; — *o*, orifices des tubes dans le réservoir central; — *s*, faisceaux de spermatozoïdes; — *sp*, région profonde des tubes testiculaires, où se développent les spermatoblastes.

Fig. 2. — Deux tubes testiculaires très grossis (Cantharide). — Mêmes lettres que dans la figure précédente. — *t*, tissu qui enveloppe le testicule; — *e*, épithélium du canal déférent et du réservoir; — *n*, noyaux dans la paroi des tubes testiculaires; — *g*, groupes de spermatoblastes à divers degrés de développement.

Fig. 3. — Coupe transversale du canal déférent au voisinage du testicule (Cantharide).

Fig. 4. — Portion de la paroi d'un tube testiculaire dans sa région profonde. — *o*, ovules mâles, dont quelques-uns en division; — *c*, petites cellules; — *gg'*, groupes en division étoilés, début des amas de spermatoblastes.

Fig. 5 à 22. — Évolution successive des groupes de spermatoblastes chez la Cantharide jusqu'à la formation des faisceaux fusiformes de spermatozoïdes. En 13, 14, 16 et 20, les faisceaux sont partiellement dissociés. — *n*, noyau.

Fig. 23. — Enveloppes de groupes de spermatoblastes, vides de leur contenu.

Fig. 24 à 26. — Évolution des spermatoblastes jusqu'à la formation du spermatozoïde filiforme. — *n*, noyau du spermatoblaste; — *m*, corpuscule brillant accompagnant le noyau (corpuscule céphalique ou sphère spermatogène); — *c*, coiffe céphalique.

Fig. 27. — Pièces du neuvième urite chez *Mylabris melanura*, vue latérale. — T, neuvième tergite; — *Ep*, épimérites; — *et*, épisternite; — *sr*, sternorhabdite; — *c l*, cloison entre l'orifice génital et l'anus (9e sternite).

Fig. 28. — *Stenoria apicalis* ♂. — Epimerite *ep*, et branche correspondante du sternorhabdite *st*.

Fig. 29. — *Stenoria apicalis* ♂. — Pièces du neuvième urite, vues par la face ventrale. — Mêmes lettres que figure 27.

Fig. 30. — *Sitaris humeralis* ♂. — Pièces du neuvième urite. Face ventrale.

Fig. 31. — *Cerocoma schreberi* ♂. —   Id.   Id.

Fig. 32. — *Meloe majalis* ♂. — Orifice génital et pièces qui l'entourent (face ventrale); les épisternites forment une lame qui est rabattue en bas et en avant.

Fig. 33. — Languette chitinisée formée par l'extrémité de la cloison. (Meloe majalis.)

Fig. 34. — Orifice anal de la femelle du même et pièces qui l'entourent.

Fig. 35. — *Meloe americanus* ♂. — Pièces du neuvième urite; face ventrale.

Fig. 36. — *Epicauta verticalis* ♂. — Cloison et épimérites.

Fig. 37. — Extrémité postérieure du sternorhabdite du même.

Fig. 38. — *Cantharis vesicatoria* ♂. — Pièces du neuvième urite; face ventrale. — *m*, portion médiane mince du tergite.

Fig. 39. — Les mêmes vues de côté.

Fig. 40. — *Epicauta adspersa* ♂. — Pièces du neuvième urite vues latéralement.

Fig. 41. — Sternorhabdite du même.

Fig. 42. — *Lytta Fabricii* ♂. — Pièces du neuvième urite; face ventrale.

Fig. 43. — *Œnas afer* ♂. — Pièces du neuvième urite; vue latérale.

Fig. 44. — Sternorhabdite du même.

Fig. 45. — *Lydus marginatus* ♂. — Pièces du neuvième urite; face ventrale.

Fig. 46. — *Meloe majalis*. — Tergite du neuvième urite, vu par sa face ventrale, très grossi.

———

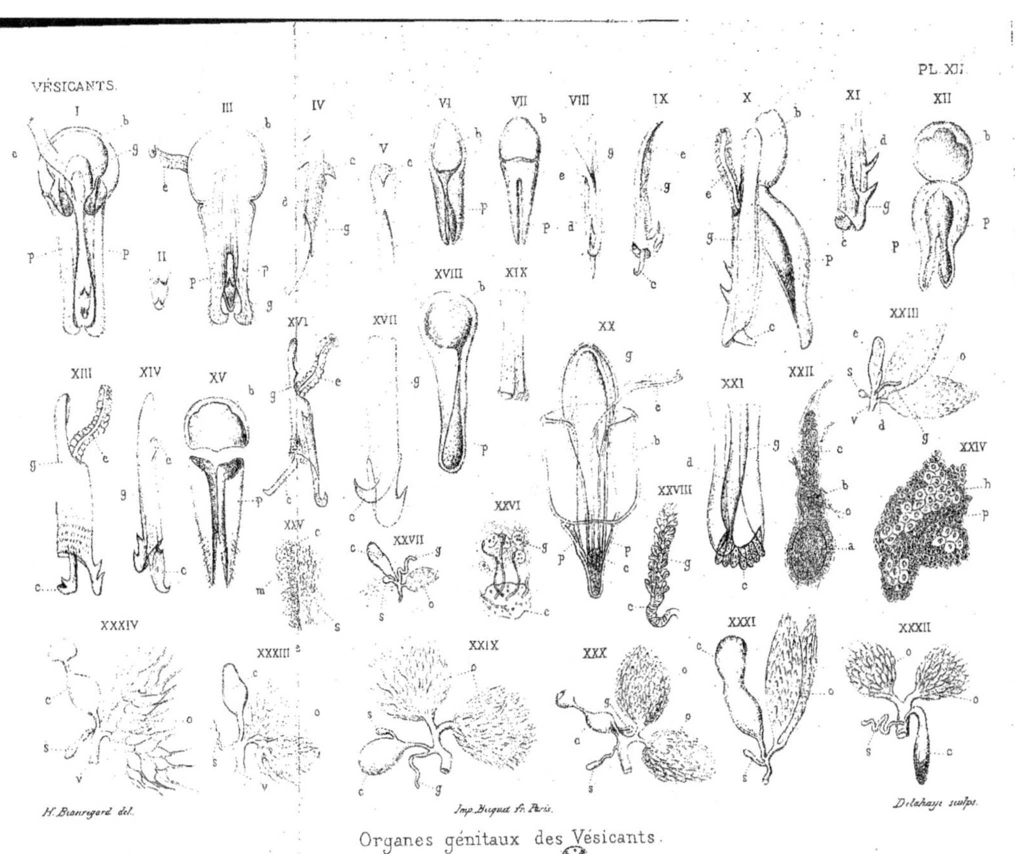

Organes génitaux des Vésicants.

Planche XII.

Organes génitaux mâles et femelles.

Fig. 1. — Appareil copulateur de la Cantharide, vu du côté droit et très grossi. *b*, pièce basilaire; *p*, branches de la pince; *g*, gouttière péniale; *e*, conduit éjaculateur.

Fig. 2. — Les crochets de la gouttière péniale à un plus fort grossissement (mêmes lettres que fig. 1).

Fig. 3. — Appareil copulateur du même, vu du côté gauche.

Fig. 4. — La gouttière péniale et le pénis, isolés du reste de l'appareil.

Fig. 5. — Extrémité de la verge avec l'armure en croc (*c*).

Fig. 6. — *Mylabris melanura*. Étui corné extérieur de l'appareil copulateur vu du côté droit.

Fig. 7. — Le même vu du côté gauche.

Fig. 8. — Gouttière péniale avec crochets, de *Mylabris melanura*, vue du côté droit.

Fig. 9. — La même, vue par la face ventrale.

Fig. 10. — Appareil copulateur de *Meloe majalis*. — Une seule valve de l'étui extérieur est figurée.

Fig. 11. — Extrémité terminale de la gouttière péniale et du pénis de *Meloe americanus*.

Fig. 12. — Étui corné extérieur de l'appareil copulateur de *Cerocoma Schœfferi*.

Fig. 13. — Gouttière péniale et pénis du même.

Fig. 14. — Gouttière péniale et pénis de *Cerocoma Schreberi*.

Fig. 15. — Étui corné extérieur de l'appareil copulateur de l'*Epicauta verticalis*, 25/1.

Fig. 16. — Gouttière péniale et pénis du même.

Fig. 17. — Extrémité terminale du pénis de *Lydus marginatus*.

Fig. 18. — Étui corné extérieur de l'appareil copulateur de *Sitaris humeralis*.

Fig. 19. — Extrémité terminale du pénis du même.

Fig. 20. — Appareil copulateur de *Stenoria apicalis*.

Fig. 21. — Extrémité de l'étui pénial et de la verge du même.

Fig. 22. — Gaîne ovigère de *Cantharis vesicatoria*. — *a*, chambre postérieure renfermant l'œuf en développement; — *b*, petite chambre intermédiaire avec ovule *o*; — *c*, cellules vitellogènes.

FIG. 23. — Organes génitaux internes femelles de *Cantharis vesicatoria*. — *o*, ovaires; — *d*, oviductes; — *c*, vésicule copulatrice; — *s*, réservoir séminal; — *g*, glande accessoire; — *v*, vagin.

FIG. 24. — Cellules épithéliales du fond de la vésicule copulatrice. — *p*, cellules prismatiques; — *h*, éléments hyalins.

FIG. 25. — Portion de coupe longitudinale du réservoir séminal de la Cantharide. — *m*, couche musculaire; — *e*, épithélium; — *c*, cuticule; — *s*, spermatozoïdes dissociés contenus dans le réservoir.

FIG. 26. — Un amas sphérique de cellules glandulaires *g* de la glande accessoire. La cuticule *c* du réservoir a été écartée pour montrer les conduits des glandes unicellulaires.

FIG. 27. — Organes génitaux internes ♀ de *Lytta Pennsylvanica*. Mêmes lettres que figure 25.

FIG. 28. — Glande accessoire grossie, du même, montrant la disposition en grappe simple des groupes de glandes unicellulaires sur le réservoir central. — *g*, partie glandulaire; — *c*, portion non glandulaire de la glande accessoire.

FIG. 29. — Organes génitaux internes ♀ de *Zonitis mutica*. — Mêmes lettres que figure 25.

FIG. 30. — Organes génitaux internes ♀ de *Meloe autumnalis*.

FIG. 31. — Organes génitaux internes ♀ de *Meloe majalis*.

FIG. 32. — Organes génitaux internes ♀ de *Epicauta verticalis*.

FIG. 33. — Organes génitaux internes ♀ de *Mylabris melanura*, grossis.

FIG. 34. — Organes génitaux internes ♀ de *Mylabris geminata*, grossis.

Organes femelles externes des Vésicants.

Félix Alcan, Éditeur.

Organes femelles externes.

Les lettres employées dans les figures de cette planche correspondent aux organes ci-après : — *t,* tergite ; — *s,* sternite ; — *cl,* cloison ; — *em,* épimérite ; — *es,* épisternite ; — *sr,* sternorhabdite ; — *a,* orifice anal ; — *v,* orifice vaginal.

Fig. 1. — Orifice vaginal et épisternites *es,* avec leur rhabdite cylindrique chez *Meloe majalis.* — Les épisternites ónt été déjetés un peu de côté.

Fig. 2. — Armure génitale ♀ de *Cerocoma Schreberi,* vue par la face ventrale.

Fig. 3. — Tergites *t* et épimérites *em* de l'armure ♀ de *Mylabris melanura.*

Fig. 4. — Sternite *s,* épisternite (?) *es,* sternorhabdites *sr* et *s'r'* du même.

Fig. 5. — Armure génitale ♀ de *Œnas afer,* vue par la face ventrale.

Fig. 6. — Armure génitale ♀ de *Pomphopœa texana,* vue latéralement.

Fig. 7. — Tergite formé de deux pièces et épimérites du même, vus par la face dorsale ; à un plus fort grossissement.

Fig. 8. — Épisternite (?) *es* et sternorhabdites du même, vus par la face ventrale.

Fig. 9. — Épimérite de l'armure ♀ de la Cantharide ordinaire, à un fort grossissement.

Fig. 10. — Huitième tergite *T* du même, avec le neuvième tergite *t* et les épimérites *em* saillants en arrière.

Fig. 11. — Sternorhabdite du même, très grossi.

Fig. 12. — Huitième sternite *S* du même et épisternite (?), avec sternorhabdites vus par la face ventrale.

Fig. 13. — Sternite et épisternites de l'*Epicauta verticalis* ♀ vus par la face ventrale.

Fig. 14. — Pièces étalées de l'armure génitale ♀ de l'*Epicauta adspersa.*

Fig. 15. — Pièces droites étalées de l'armure génitale femelle de *Meloe americanus.*

Fig. 16. — Armure génitale ♀ de *Macrobasis albida.*

Fig. 17. — Sternorhabdite de *Lydus algiricus* ♀.

Fig. 18. — Armure génitale ♀ de *Coryna distincta.* Pièces étalées.

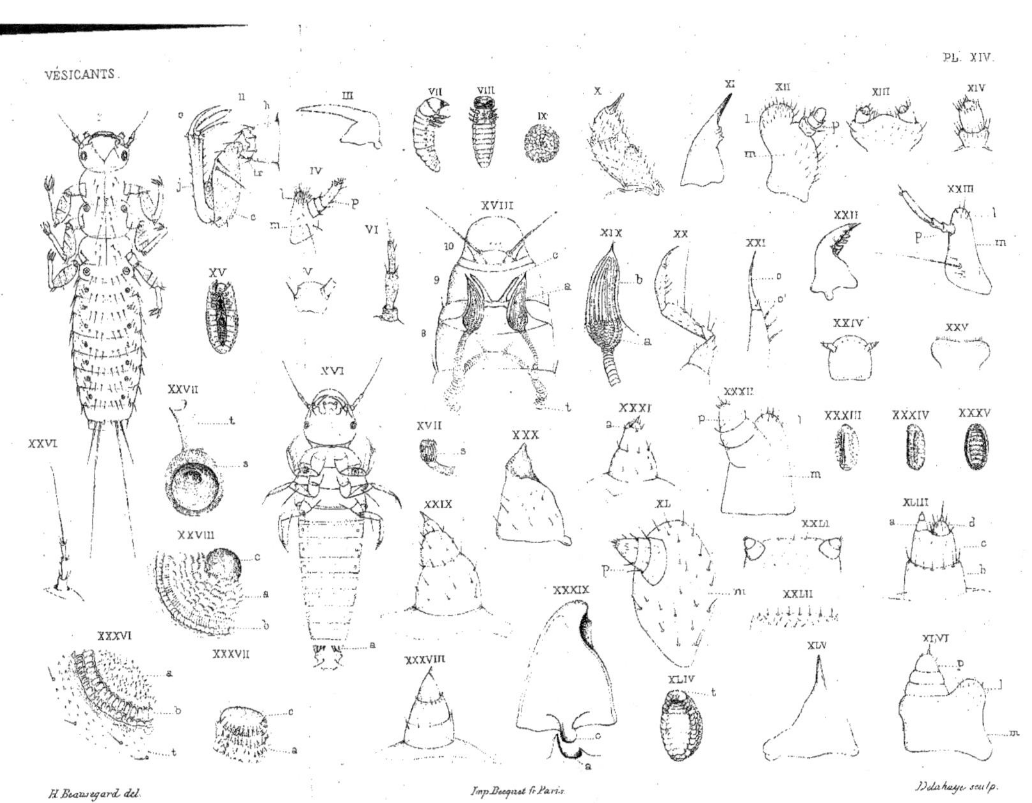

Etats Larvaires des Meloe et Sitaris.

Félix Alcan Éditeur.

PLANCHE XIV.

États larvaires des Meloe et Sitaris.

Fig. 1. — Première larve de *Meloe*, $\frac{50}{1}$, prise sur un diptère (*Merodon clavipes*).

Fig. 2. — Patte de cette larve grossie d'environ $\frac{100}{1}$. *h*, hanche ; *tr*, trochanter; *c*, cuisse ; *j*, jambe ; *o*, ongles.

Fig. 3. — Mandibule de la même.

Fig. 4. — Mâchoire de la même. *m*, maxillaire ; *l*, lobe ; *p*. palpe.

Fig. 5. — Lèvre inférieure de la même.

Fig. 6. — Antenne de la même.

Fig. 7. — Deuxième larve de *Meloe cicatricosus* arrivée à l'état ultime, vue de côté (grandeur naturelle).

Fig. 8. — Deuxième larve de *Meloe*, vue par sa face ventrale.

Fig. 9. — Stigmate du 1er anneau abdominal du triongulin du Meloe.

Fig. 10. — Patte de la deuxième larve du *Meloe*.

Fig. 11. — Mandibule de la même.

Fig. 12. — Mâchoire de la même. *m*, maxillaire ; *l*, lobe ; *p*, palpe.

Fig. 13. — Lèvre inférieure et palpes de la même.

Fig. 14. — Antenne de la même.

Fig. 15. — *Meloe* arrivé à l'état adulte et encore enveloppé dans la mue déchirée de la pseudo-chrysalide; d'après une pièce de notre collection.

Fig. 16. — Première larve de *Sitaris humeralis*, vue par la face ventrale, grossissement $\frac{60}{1}$. *a*, appendices fixateurs.

Fig. 17. — Stigmate de la même.

Fig. 18. — Les 3 derniers anneaux très grossis de la première larve du *Sitaris humeralis*. 8. 9. 10. 8e à 10e anneaux. *a*, appareil érectile fixateur ; *c*, cornes chitineuses ; *t*, trachée.

Fig. 19. — Organe érectile de la même, gross. $\frac{300}{1}$. *a*, cupule formée à l'extrémité de la trachée ; *b*, prolongements chitineux.

Fig. 20. — Patte du triongulin du *Sitaris humeralis*, gross. $\frac{100}{1}$.

Fig. 21. — Extrémité de la jambe et ongle du même, à un plus fort grossissement.

Fig. 22. — Mandibule du même, gross. $\frac{300}{1}$.

Fig. 23. — Mâchoire du même, gross. $\frac{300}{1}$. *m*, maxillaire ; *l*, lobe ; *p*, palpe.

Fig. 24. — Lèvre inférieure et palpes du même. $\frac{200}{1}$.

Fig. 25. — Labre du même.

Fig. 26. — Antenne du même.

Fig. 27. — Stigmate de la deuxième larve de *Sitaris humeralis* (2ᵉ mue). *t*, trachée ; *s*, cupule stigmatique.

Fig. 28. — Détails de ce stigmate à un plus fort grossissement. *l*, cellules marginales ; *a*, surface interne de la cupule ; *c*, orifice de la trachée.

Fig. 29. — Patte de la deuxième larve de *Sitaris humeralis*, (2ᵉ mue).

Fig. 30. — Mâchoire de la deuxième larve de *Sitaris humeralis*.

Fig. 31. — Antenne de la deuxième larve de *Sitaris humeralis*. *a*, article hyalin à la base et au côté de l'article terminal.

Fig. 32. — Mâchoire de la même. *m*, maxillaire ; *l*, lobe ; *p*, palpe.

Fig. 33. — Pseudo-chrysalide de *Sitaris humeralis*, vue de dos, en grandeur naturelle, et dans l'état de vacuité où elle se présente au milieu de l'hiver.

Fig. 34. — La même, vue de côté.

Fig. 35. — La même, vue par sa face ventrale.

Fig. 36. — Portion très grossie d'un stigmate de la deuxième larve de *Sitaris humeralis* (3ᵉ mue, ou état ultime). *t*, tégument du segment abdominal ; *b*, cellules marginales du stigmate ; *a*, paroi interne.

Fig. 37. — Portion profonde très grossie, du même stigmate. *a*, cellules à poils coniques hérissés de mamelons, qui bordent l'orifice *c* de la trachée.

Fig. 38. — Patte de la deuxième larve de *Sitaris humeralis* (3ᵉ mue ou état ultime).

Fig. 39. — Mandibule de la même, grossiss. $\frac{120}{1}$. *c*, condyle ; *a*, cavité articulaire creusée dans les téguments de la tête.

Fig. 40. — Mâchoire de la même, grossiss. $\frac{120}{1}$; *m*, maxillaire ; *p*, palpe.

Fig. 41. — Lèvre inférieure et palpes labiaux de la même.

Fig. 42. — Labre de la même.

Fig. 43. — Antenne de la même. *b*, article basilaire ; *c*, deuxième article ; *d*, troisième article, à côté duquel siège un article hyalin *a*, divisé en 2 pièces (moins nettement que sur la figure).

Fig. 44. — Troisième larve de *Sitaris humeralis*, grossiss. $\frac{2}{1}$.

Fig. 45. — Mandibule de cette troisième larve.

Fig. 46. — Mâchoire de la même. *m*, maxillaire ; *l*, lobe ; *p*, palpe.

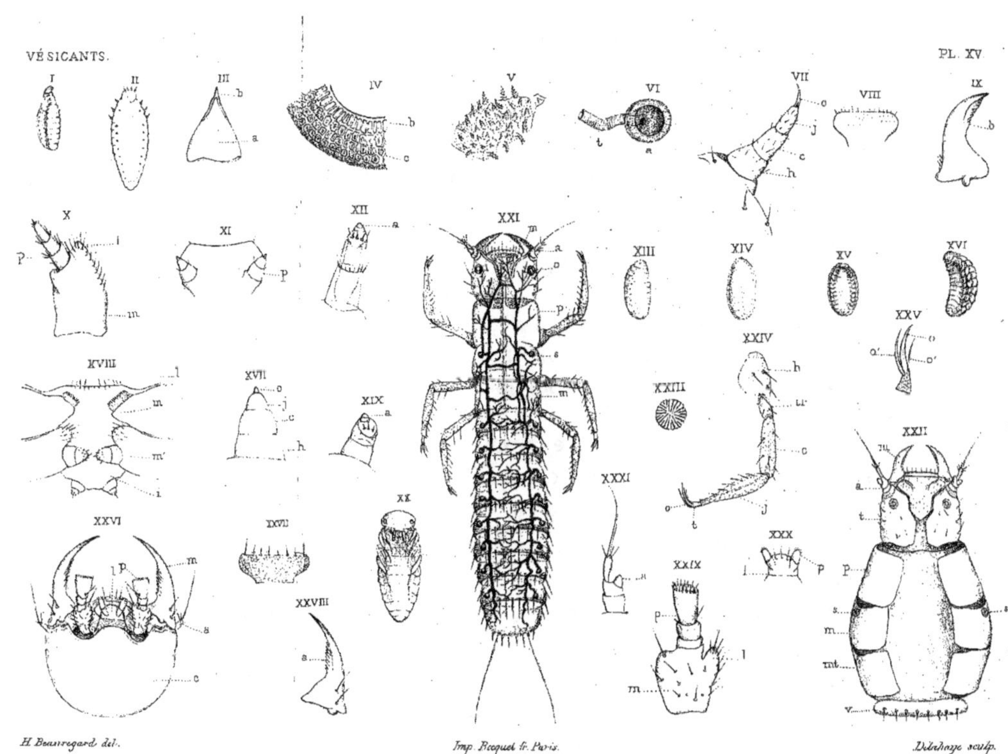

H. Beauregard del.

Imp. Becquet fr. Paris.

Delahaye sculp.

Etats larvaires de Stenoria apicalis et de la Cantharide

Félix Alcan Éditeur.

États larvaires de Stenoria apicalis et de Cantharis vesicatoria.

Fig. 1. — Deuxième larve de *Stenoria apicalis*, vers le milieu de son développement. Grossissement $\frac{5}{7}$.

Fig. 2. — Deuxième larve du même, à son état ultime. Grossissement $\frac{3}{1}$.

Fig. 3. — Mandibule de la deuxième larve du même, vers le milieu de son développement (1re mue). *a*, corps membraneux ; *b*, pointe chitineuse.

Fig. 4. — Portion du bord du stigmate de la deuxième larve de *Stenoria apicalis* à l'état ultime; *b*, cellules marginales; *c*, surface extérieure de la cupule stigmatique.

Fig. 5. — Poils tuberculeux qui entourent l'orifice de la trachée, au fond de cette cupule stigmatique.

Fig. 6. — Cupule stigmatique *a*; trachée *t*.

Fig. 7. — Patte de la deuxième larve de *Stenoria* à l'état ultime. Grossissement $\frac{75}{1}$; *h*, hanche; *c*, cuisse; *j*, jambe; *o*, ongle.

Fig. 8. — Labre de la même larve.

Fig. 9. — Mandibule de la même avec son bord interne *b*, finement denticulé. Grossissement $\frac{50}{1}$.

Fig. 10. — Mâchoire de la même. Grossissement $\frac{50}{1}$. *m*, maxillaire; *l*, lobe; *p*, palpe maxillaire.

Fig. 11. — Lèvre inférieure et palpes labiaux *p*.

Fig. 12. — Antenne de la même larve, grossissement $\frac{100}{1}$. *a*, lobe terminal.

Fig. 13. — Pseudo-chrysalide de *Stenoria apicalis*, vue de côté. Grossissement $\frac{2}{1}$.

Fig. 14. —   —   —   vue par la face ventrale.

Fig. 15. — Troisième larve de *Stenoria*, vue par la face ventrale et un peu contractée. Grossissement $\frac{2}{1}$.

Fig. 16. — Troisième larve de *Stenoria*, vue de côté, presque trois fois grossie.

Fig. 17. — Patte de cette troisième larve. *h*, hanche; *c*, cuisse, *j*, jambe; *o*, ongle court et obtus, chitineux.

Fig. 18. — Pièces buccales de la troisième larve de *Stenoria*; *l*, labre; *m*, mandibules; *m'*, mâchoire; *i*, lèvre inférieure.

Fig. 19. — Antenne de la même. *a*, article terminal, atrophié.

Fig. 20. — Nymphe de *Stenoria apicalis* vue par la face ventrale et grossie environ 3 fois.

Fig. 21. — 1re larve (triongulin) de la *Cantharide (C. vesicatoria)*; *m*, mandibules; *a*, antennes; *o*, ocelle; *p*, prothorax; *s*, stigmate du mésothorax; *m*, métathorax. — grossissement. $\frac{50}{1}$. On voit sur cette figure la distribution des trachées et leur mode de communication d'un côté à l'autre, tant dans la région abdominale que dans les segments thoraciques et céphaliques.

Fig. 22. — Portion céphalothoracique de la mue du triongulin de la Cantharide très fortement grossie, et montrant comment se fait la déchirure des téguments tant de la tête que de la partie dorsale du thorax, pour donner issue à la 2e larve. *m*, mandibules; *a*, antennes, *t*, portion latérale de la tête; *p*, prothorax divisé; *s*, stigmate du mésothorax *m*; *mt*, métathorax; *v*, premier anneau abdominal.

Fig. 23. — Stigmate du triongulin de la Cantharide.

Fig. 24. — Patte de ce triongulin, grossissement $\frac{40}{1}$; *h*, hanche; *tr*, trochanter; *c*, cuisse; *j*, jambe; *t*, tarse; *o*, ongles.

Fig. 25. — Ongles du même à un fort grossissement; *o*, ongle médian; *o' o'*, ongles latéraux plus faibles.

Fig. 26. — Détails de la tête du triongulin de la Cantharide, vue par sa face ventrale; grossissement $\frac{100}{1}$; *m*, mandibules dentées en scie; *p*, palpes maxillaires; *a*, antenne; *l*, lèvre inférieure; *c*, tête.

Fig. 27. — Labre du même $\frac{150}{1}$.

Fig. 28. — Mandibule du même $\frac{100}{1}$.

Fig. 29. — Mâchoire du même $\frac{100}{1}$. *m*, maxillaire: *l*, lobe; *p*, palpe maxillaire à dernier article remarquablement développé.

Fig. 30. — Lèvre inférieure du triongulin, grossissement $\frac{100}{1}$; *p*, palpes labiaux.

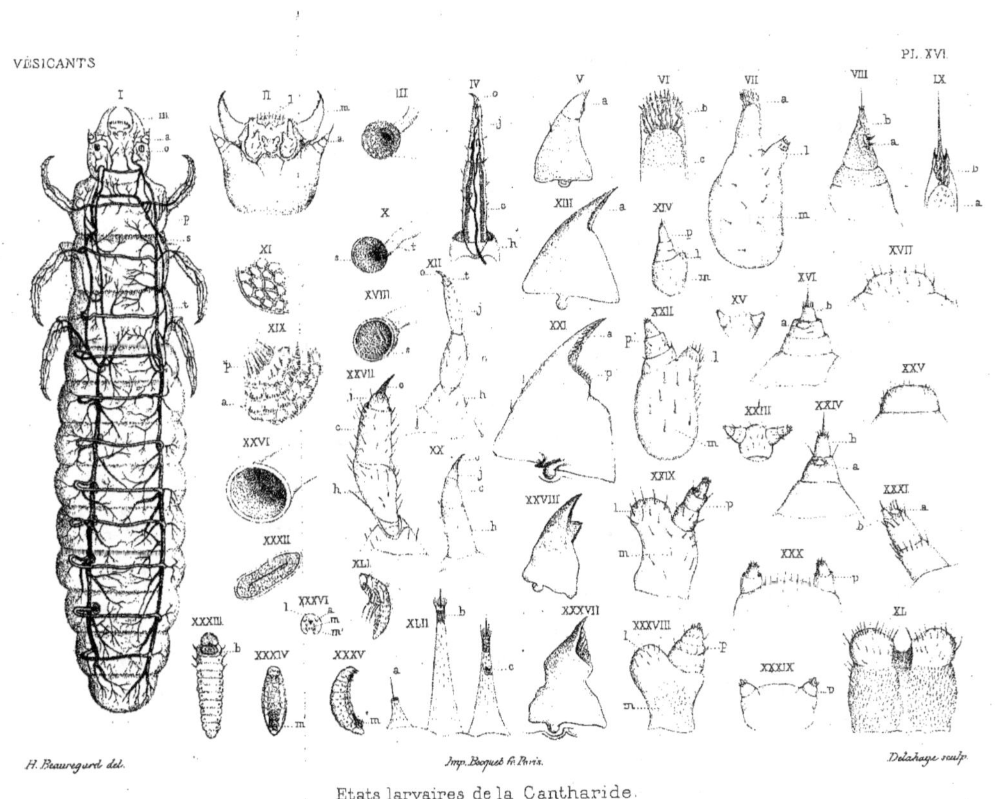

Etats larvaires de la Cantharide.

Etats larvaires de la Cantharide (C. vesicatoria).

Nous avons figuré dans cette planche les détails de structure de la deuxième larve à ses divers degrés de développement, ceux de la troisième larve et ceux de la nymphe. Pour faciliter la comparaison des organes à ces périodes successives de l'évolution, nous les avons fait disposer autant que possible en séries verticales.

Fig. 1. — Deuxième larve de Cantharide, au troisième jour de son développement, c'est-à-dire avant sa première mue. Grossissement $\frac{50}{1}$. *M*, mandibules; *a*, antennes: *o*, ocelle, ou mieux, tâche pigmentaire oculiforme; *p*, prothorax; *s*, stigmate du mésothorax; *t*, métathorax. La répartition et la disposition de l'appareil trachéen, comparées à celles de la fig. 21, pl. XV montrent les modifications qui se sont produites du triongulin à la seconde larve.

Fig. 2. — Tête de la deuxième larve au troisième jour. $\frac{50}{1}$. *M*, mandibules; *l*, labre; *a*, antennes.

Fig. 3. — Trachée de la même avec stigmates *s*.

Fig. 4. — Patte de la même avec trachées. *h*, hanche; *c*, cuisse; *j*, jambe; *o*, ongle.

Fig. 5. — Mandibule de la même. $\frac{100}{1}$. *a*, bord interne dentelé.

Fig. 6. — Extrémité très grossie du palpe maxillaire de la deuxième larve au troisième jour, montrant les filaments hyalins *b*, qui partent de la substance granuleuse *a*, et se rendent aux poils de la surface terminale.

Fig 7. — Mâchoire de la même. Grossissement $\frac{200}{1}$. *m*, maxillaire; *l*, lobe. Le palpe n'est pas nettement articulé.

Fig. 8. — Antenne de la deuxième larve de Cantharide au troisième jour. *a*, enfoncement clair, répondant, semble-t-il, à une invagination de l'article hyalin; *b*, extrémité terminale.

Fig. 9. — Extrémité terminale de la même antenne, montrant les filaments *b* qui, partant de la substance granuleuse *a*, se rendent aux poils qui entourent la soie centrale.

Fig. 10. — Stigmate de la première mue de la deuxième larve de Cantharide (4° et 5° jour); *t*, trachée arrivant au stigmate *s*.

Fig 11. — Détail de la paroi interne de cette cupule stigmatique.

Fig. 12. — Patte de la première mue de la deuxième larve (4° au 5° jour). *h*, hanche; *c*, cuisse, *j*, jambe; *t*, tarse; *o*, ongle.

Fig. 13. — Mandibule de la même. *a*, bord interne denticulé $\frac{50}{1}$.

Fig. 14. — Mâchoire   —   *m*, maxillaire; *l*, lobe; *p*, palpe $\frac{50}{1}$.

Fig. 15. — Lèvre inférieure de la même $\frac{100}{1}$.

Fig. 16. — Antenne   —   Grossissement $\frac{75}{1}$. a, excavation répondant à la place occupée par l'article hyalin, qui paraît n'avoir pas suivi la mue; b, article terminal.

Fig. 17. — Labre de la même. Grossissement $\frac{50}{1}$.

Fig. 18. — Stigmate de la deuxième mue de la seconde larve de la Cantharide. Grosssissement $\frac{50}{1}$.

Fig. 19. — Détails de la paroi interne a de ce stigmate; p, poils aigus et à surface mamelonnée qui bordent l'orifice de la trachée.

Fig. 20. — Patte de la deuxième mue de la seconde larve de la Cantharide (mêmes lettres que précédemment).

Fig. 21. — Mandibule de la même $\frac{60}{1}$. a, bord interne denticulé; b, plateau hérissé de pointes à la base de ce bord.

Fig. 22. — Mâchoires de la même $\frac{5}{1}$ (lettres comme précédemment).

Fig. 23. — Lèvre inférieure — $\frac{50}{1}$.

Fig. 24. — Antennes — $\frac{100}{1}$.

Fig. 25. — Labre — $\frac{30}{1}$.

Fig. 26. — Stigmate cupuliforme de la troisième mue (état ultime) de la deuxième larve de la Cantharide.

Fig. 27. — Patte de cette troisième mue, (lettres comme précédemment), grossiss. $\frac{15}{1}$.

Fig. 28. — Mandibule de la même, grossiss. $\frac{25}{1}$.

Fig. 29. — Mâchoire — $\frac{50}{1}$.

Fig. 30. — Lèvre inférieure — — $\frac{50}{1}$.

Fig. 31. — Antenne — — $\frac{50}{1}$. Le dernier article b est très réduit; la trace de l'article hyalin est fortement marquée en a.

Fig. 32. — Stigmate de la troisième larve de la Cantharide.

Fig. 33. — Deuxième larve de la Cantharide, à l'état ultime, grossie à peine de $\frac{1}{3}$, et vue par la face dorsale; b, écusson chitineux du prothorax.

Fig. 34. — Pseudo-chrysalide de la Cantharide, en grandeur naturelle, vue par la face ventrale; à l'extrémité postérieure, la mue, m, de la deuxième larve est restée adhérente.

Fig. 35. — Même pseudo-chrysalide, vue de côté; m, mue de la deuxième larve.

Fig. 36. — Détails de la tête de cette pseudo-chrysalide; masque céphalique où on reconnaît en : a, les antennes, l, le labre, m, les mandibules, et au-dessous d'elles les mâchoires m' entre lesquelles sont compris les palpes labiaux.

Fig. 37. — Mandibule de la troisième larve de la Cantharide.

Fig. 38. — Mâchoire de la même.

Fig. 39. — Lèvre inférieure de la même.

Fig. 40. — Labre, montrant 2 lobes séparés par une échancrure.

Fig. 41. — Nymphe de la Cantharide vue de côté, grand. nat.

Fig. 42. — Poils a, b, c, en faisceaux à la surface des segments.

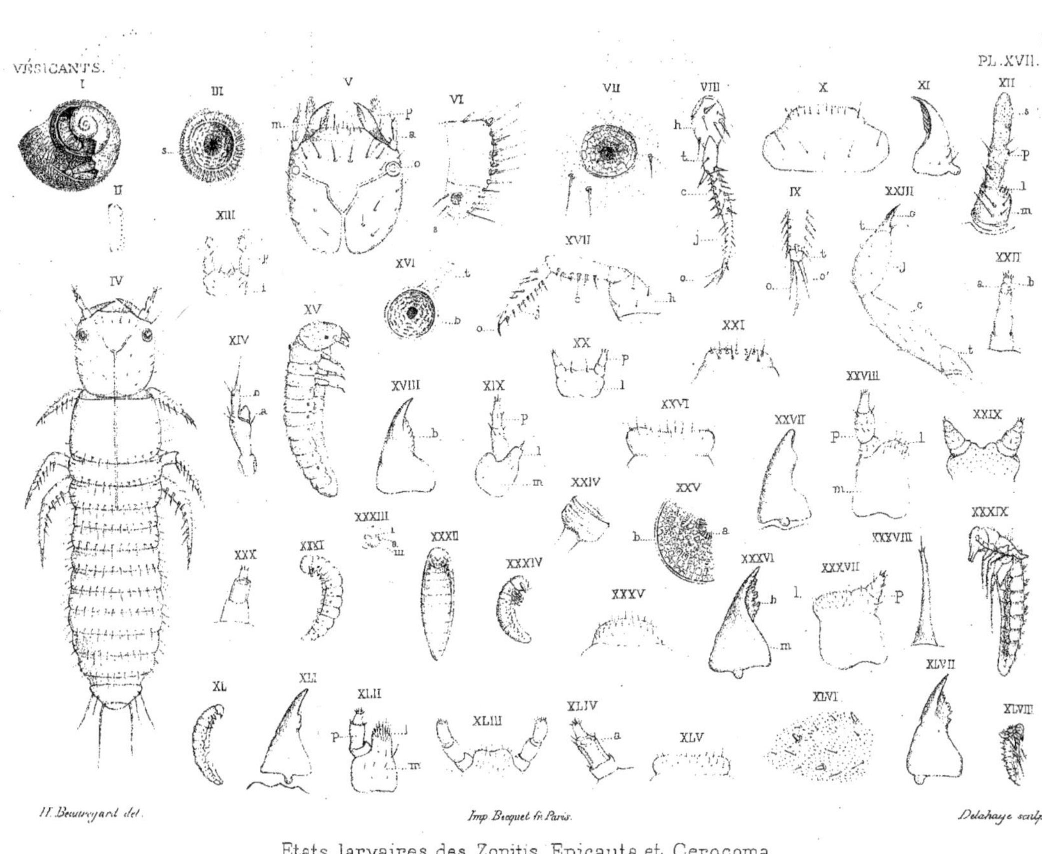

Etats larvaires des Zonitis Epicauta et Cerocoma

Félix Alcan Editeur.

Etats larvaires des Zonitis, Epicauta et Cerocoma.

FIG. 1. — Helix montrant l'enveloppe pseudo-chrysalidaire ouverte et le *Zonitis mutica* adulte qui est mort sans pouvoir sortir de la spire, d'après une pièce de ma collection, trouvée à Sérignan.

FIG. 2. — Pseudo-chrysalide de *Zonitis mutica,* vue littéralement, grossie de 1/3 environ.

FIG. 3. — Stigmate de la deuxième larve de *Zonitis mutica.*

FIG. 4. — Première larve de l'*Epicauta verticalis,* grossissement $\frac{23}{1}$

FIG. 5. — Tête de cette première larve, grossissement $\frac{40}{1}$ *p.* article terminal des palpes maxillaires ; *m,* mandibules ; *a,* antennes ; *o,* ocelle.

FIG. 6. — Face latérale du segment dorsal du troisième anneau abdominal de la première larve de l'*Epicauta verticalis, s,* stigmate.

FIG. 7. — Stigmate de la même $\frac{150}{1}$.

FIG. 8. — Patte   — $\frac{50}{1}$; *h,* hanche ; *t,* trochanter; *c,* cuisse; *j,* jambe; *o,* ongles.

FIG. 9. — Les ongles à un plus fort grossissement ; *o,* ongle médian; *o', o',* ongles latéraux.

FIG. 10. — Labre du même triongulin.

FIG. 11. — Mandibules   —   grossissement $\frac{50}{1}$.

FIG. 12. — Mâchoire   —   grossissement $\frac{100}{1}$ *m,* maxillaires; *l,* lobe ; *p,* palpe, dont le dernier article très fort est terminé par une surface *s,* oblique, hérissée de poils courts.

FIG. 13. — Lèvre inférieure du même.

FIG. 14. — Antenne   — *a,* article hyalin ; *b,* article terminal, grossissement $\frac{100}{1}$.

FIG. 15. — Deuxième larve de *Epicauta verticalis,* état ultime, grossissement $\frac{6}{1}$.

FIG. 16. — Stigmate de la deuxième larve de *Epicauta verticalis.*

FIG. 17. — Patte   —   — *h,* hanche; *c,* cuisse ; *j,* jambe ; *o,* ongle.

FIG. 18. — Mandibule de cette deuxième larve.

FIG. 19. — Mâchoire   —   ; *l,* lobe terminé par une pointe aiguë.

FIG. 20. — Lèvre inférieure de la même.

BEAUREGARD.   *c*

Fig. 21. — Labre de la même.

Fig. 22. — Antenne   —   *a*, organe hyalin ; *b*, article terminal.

Fig. 23. — Jambe de la deuxième larve (état ultime) de *Cerocoma Schreberi*, *t*, trochanter ; *c*, cuisse ; *j*, jambe ; *t*, tarse ; *o*, ongle ; grossissement $\frac{40}{1}$.

Fig. 24. — Stigmate de cette deuxième larve.

Fig. 25. = Détail de la paroi du stigmate, *a*, poils qui convergent vers l'orifice de la trachée.

Fig. 26. — Labre de la deuxième larve de *Cerocoma Schreberi*, très grossi.

Fig. 27. — Mandibule de la même.

Fig. 28. — Mâchoire   —

Fig. 29. — Lèvre inférieure et palpes labiaux.

Fig. 30. — Antenne.

Fig. 31. — Pseudo-chrysalide de *Cerocoma Schreberi* vue de côté, et grossie de $\frac{1}{2}$ environ.

Fig. 32. — Même pseudo-chrysalide, vue par sa face ventrale.

Fig. 33. — Détails du masque céphalique de cette pseudo-chrysalide.

Fig. 34. — Troisième larve de *Cerocoma Schreberi*, de grandeur naturelle.

Fig. 35. — Labre de cette troisième larve.

Fig. 36. — Mandibule de la même avec bord interne profondément et irrégulièrement découpé.

Fig. 37. — Mâchoire de la même ; *l*, lobe ; *p*, palpe.

Fig. 38. — Un des poils qui hérissent les tergites de la nymphe de *Cerocoma Schreberi*.

Fig. 39. — Nymphe de *Cerocoma Schreberi* grossie environ 3 fois.

Fig. 40. — Pseudo-chrysalide de *Cerocoma Schœfferi* vue de côté, grossissement $\frac{2}{1}$.

Fig. 41. — Mandibule de la deuxième larve de *Cerocoma Schœfferi*, $\frac{30}{1}$

Fig. 42. — Mâchoire de la même ; *m*, maxillaire ; *l*, lobe ; *p*, palpe ; grossissement $\frac{40}{1}$.

Fig. 43. — Lèvre inférieure de la même, $\frac{100}{1}$.

Fig. 44. — Antenne, grossissement $\frac{50}{1}$; *a*, place de l'organe hyalin.

Fig. 45. — Labre.

Fig. 46. — Surface du tégument de la deuxième larve de *Cerocoma Schœfferi*.

Fig. 47. — Mandibule de la troisième larve de *Cerocoma Schœfferi*.

Fig. 48. — Pseudo-chrysalide du même ; grossissement $\frac{2}{1}$.

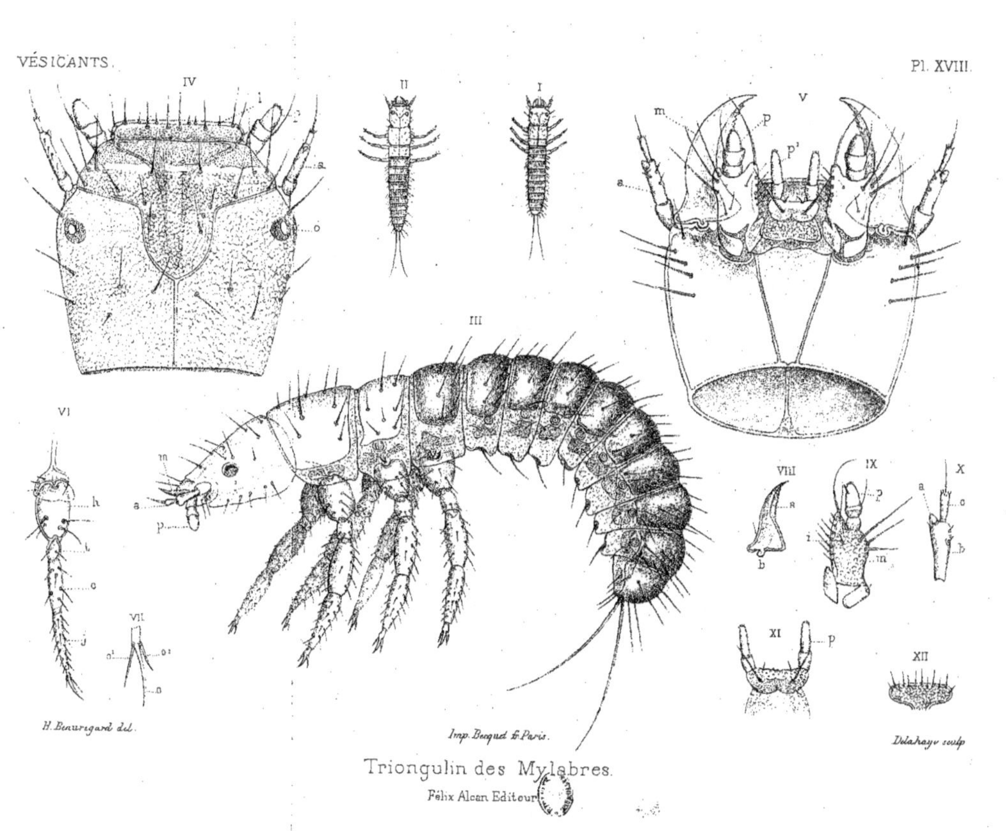

VÉSICANTS.
Pl. XVIII.
IV
II
I
V
III
VI
VII
VIII
IX
X
XI
XII
H. Beauregard del.
Imp. Becquet fr. Paris.
Delahaye sculp.
Triongulin des Mylabres.
Félix Alcan Editeur

Triongulins des Mylabres.

Fig. 1. — Triongulin de *Mylabris varians*, grossiss. $\frac{10}{1}$

Fig. 2. — Triongulin de *Mylabris* 4-*punctata* var. *maculoso-punctata* (Graëlls), grossiss. $\frac{10}{1}$.

Fig. 3. — Triongulin de *Mylabris varians*, grossiss. $\frac{50}{1}$. *a*, antenne ; *p*, palpe maxillaire ; *m*, mandibule.

Fig. 4. — Tête du même, vue par sa face supérieure ; grossiss. $\frac{100}{1}$. *a*, antenne ; *p*, palpe maxillaire ; *l*, labre ; *o*, œil.

Fig. 5. — Tête du même, vue par sa face inférieure ; grossiss. $\frac{100}{1}$. a, antenne ; *m*, mandibule ; *p*, palpe maxillaire ; *p*, palpe labial et lèvre inférieure.

Fig 6. — Patte antérieure du même, grossiss. $\frac{50}{1}$. *h*, hanche et son articulation au prothorax ; *t*, trochanter ; *c*, cuisse ; *j*, jambe ; *o*, ongles.

Fig. 7. — Ongles au grossiss. de $\frac{100}{1}$. *o*, ongle médian ; *o'*, ongles latéraux.

Fig. 8. — Mandibule ; *a*, bord interne dentelé ; *b*, condyle articulaire.

Fig. 9. — Mâchoire, grossiss. $\frac{100}{1}$. *p*, palpe maxillaire ; *m*, maxillaire ; *i*, intermaxillaire.

Fig. 10. — Antenne, grossiss. $\frac{120}{1}$. *b*, deuxième article ; *c*, article terminal portant la soie ; *a*, article hyalin.

Fig; 11. — Lèvre inférieure ; *p*, palpe labial.

Fig. 12. — Labre.

VÉSICANTS.

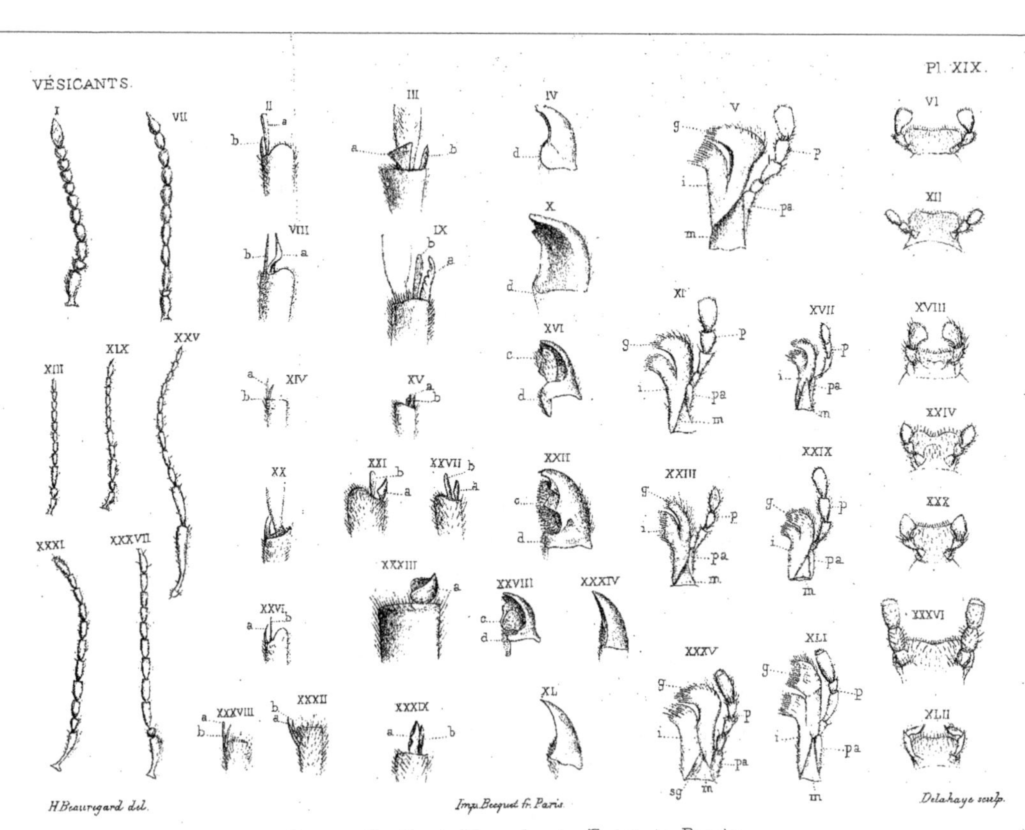

Genres Cantharis, Macrobasis, Epicauta, Pyrota.

Félix Alcan, Éditeur.

PLANCHE XIX.

Genres Cantharis, Macrobasis, Epicauta, Pyrota.

Les mêmes lettres sont employées pour toutes les figures :

a, éperon interne ; *b*, éperon externe ; *c*, prostheca ; *d*, molaire ;
g, galea ; *i*, intermaxillaire ; *m*, maxillaire ; *pa*, palpe maxillaire ;
p¹, palpe labial ; *sg*, sous-galea ; *sm*, sous-maxillaire.

Fig. 1. — Antenne de *Cantharis dichroa*.

Fig. 2. — Éperons de la jambe antérieure du même.

Fig. 3. —   —   —   postérieure   —

Fig. 4. — Mandibule.

Fig. 5. — Mâchoire et son palpe.

Fig. 6. — Lèvre inférieure et palpes.

Fig. 7. — Antenne de *Cantharis cyanipennis*.

Fig. 8. — Eperons des jambes antérieures du même.

Fig. 9. —   —   —   postérieures   —

Fig. 10. — Mandibule   —

Fig. 11. — Mâchoire   —

Fig. 12. — Lèvre inférieure   —

Fig. 13. — Antenne de *Epicauta convolvuli*.

Fig. 14. — Eperons des jambes antérieures du même.

Fig. 15. —   —   —   postérieures   —

Fig. 16. — Mandibule   —

Fig. 17. — Mâchoire   —

Fig. 18. — Lèvre inférieure   —

Fig. 19. — Antenne de *Epicauta callosa*.

Fig. 20. — Eperons des jambes antérieures du même.

Fig. 21. —   —   —   postérieures   —

Fig. 22. — Mandibule   —

Fig. 23. — Mâchoire   —

Fig. 24. — Lèvre inférieure   —

Fig. 25. — Antenne de *Macrobasis Fabricii*.

JOURNAL DE L'ANATOMIE

ET DE LA PHYSIOLOGIE

NORMALES ET PATHOLOGIQUES DE L'HOMME ET DES ANIMAUX

Fondé par **Charles ROBIN** (de l'Institut)

Professeur à la Faculté de médecine de Paris,

Publié par **G. POUCHET**

Professeur-administrateur au Muséum d'histoire naturelle,

Et **Mathias DUVAL**

Professeur à la Faculté de médecine de Paris,

Avec le concours de MM. **BEAUREGARD, CHABRY** et **TOURNEUX**

VINGT-SIXIÈME ANNÉE (1890)

Ce journal paraît tous les deux mois. et contient : 1° des *travaux originaux* sur les divers sujets que comporte son titre; 2° l'*analyse* et l'*appréciation* des travaux présentés aux Sociétés françaises et étrangères; 3° une *revue* des publications qui se font à l'étranger sur la plupart des sujets qu'embrasse le titre de ce recueil.

Il a en outre pour objet : la *tératologie*, la *chimie organique*, l'*hygiène*, la *toxicologie* et la *médecine légale* dans leurs rapports avec l'anatomie et la physiologie.

Les applications de l'anatomie et de la physiologie à la *pratique de la médecine, de la chirurgie et de l'obstétrique.*

Un an, pour Paris.................................... 30 fr.
   — pour les départements et l'étranger........... 33 —
   La livraison .... 6 —

Les treize premières années, 1864, 1865, 1866, 1867, 1868, 1869, 1870-71, 1872. 1873. 1874, 1875, 1876 et 1877 sont en vente au prix de 20 fr. l'année, et de 3 fr. 50 la livraison. Les années suivantes depuis 1878 coûtent 30 fr., la livraison 6 fr.

Coulommiers. — Imp. P. Brodard et Gallois